普通高等教育“十一五”国家级规划教材

数学物理方法（第四版）

刘连寿　王正清　李高翔　吴少平　编

中国教育出版传媒集团
高等教育出版社·北京

内容简介

本书是在第三版的基础上，吸取最新的教学经验并结合新时期教学改革的要求修订而成的。此次修订，本书保留了第三版的一些特点，诸如着重通过和实变函数性质的对比讲述复变解析函数的性质，以解方程的方法系统讲述数学物理方程等。同时，本书对第三版中的一些内容作了适当调整和增减。例如，对“连带勒让德函数”和“球函数”的内容进行了改写，补充了一些与后续课程相关的典型例题。

本书可作为高等学校物理学类专业数学物理方法课程的教材，也可供相关专业的研究生、教师和科技人员参考。

图书在版编目（CIP）数据

数学物理方法 / 刘连寿等编. --4版. --北京：高等教育出版社，2023.9

ISBN 978-7-04-060902-8

Ⅰ.①数… Ⅱ.①刘… Ⅲ.①数学物理方法-高等学校-教材 Ⅳ.①O411.1

中国国家版本馆CIP数据核字(2023)第135829号

SHUXUE WULI FANGFA

策划编辑 汤雪杰　责任编辑 缪可可　封面设计 张　楠　马天驰　版式设计 李彩丽
责任绘图 邓　超　责任校对 刘丽娴　责任印制 朱　琦

出版发行	高等教育出版社	网　　址	http://www.hep.edu.cn
社　　址	北京市西城区德外大街4号		http://www.hep.com.cn
邮政编码	100120	网上订购	http://www.hepmall.com.cn
印　　刷	唐山市润丰印务有限公司		http://www.hepmall.com
开　　本	787mm×1092mm 1/16		http://www.hepmall.cn
印　　张	23.75	版　　次	1990年9月第1版
字　　数	500千字		2023年9月第4版
购书热线	010-58581118	印　　次	2023年9月第1次印刷
咨询电话	400-810-0598	定　　价	46.60元

本书如有缺页、倒页、脱页等质量问题，请到所购图书销售部门联系调换

物 料 号 60902-00

第四版前言

本书是在第三版的基础上,根据近些年的教学实践修订而成的。此次修订仍然保持了第三版的基本结构,全书由复变函数论、数学物理方程两大主要部分组成,以常见物理问题中三类偏微分方程定解问题的建立、求解和特殊函数为中心内容。本书保持了前三版数学紧密联系物理、讲解流畅的特点,并对内容作了适度的调整,以适应当前人才培养的要求。此次修订特别关注了内容的前后呼应与关联,并结合后续课程补充了少量典型例题。下面对此次修订作简要说明。

首先,在第三版使用过程中,我们发现个别地方有排版错误,借此次修订进行了更正。其次,我们对"连带勒让德函数"和"球函数"的内容进行了改写,使其与量子力学中的角动量理论的数学表示相一致,也与常用计算软件的程序包相匹配。此外,在一些内容重要而例题偏少的地方,我们补充了一些与后续课程相关的典型例题,以加深学生对重要内容的理解,并为学生后续课程的学习打下基础。考虑到华中师范大学物理科学与技术学院的数学物理交叉班在使用本教材,因此我们从数学的角度,对"§5-3 方程的分类 定解问题的适用性"进行了改写,使其与二阶偏微分方程常用分类方法相一致。

借此次再版的机会,我们对高等教育出版社和给本书提过宝贵意见或建议的教师和学生表示衷心的感谢。书中的不当之处,恳请读者批评指正。

编　者

2023 年 2 月

第三版前言

自本书第二版问世以来又过了五年。在此期间，我国的国民经济迅速发展，社会对科技人才的培养提出了更高要求。数学物理方法是高等学校物理学、力学、电子通信、天文、气象等专业和许多现代工程技术专业的重要基础课，我们深感对第二版教材有加以认真修订、再版的必要。

第三版继承了第二版选材适当、安排合理、叙述生动、便于教学的特点，在系统安排上作了进一步的调整完善，并适当补充了一些当代物理和科技中广泛应用的内容，使之更加符合培养创新型人才的需要。

在复变函数部分，加强了对复变函数不同于实变函数的丰富、美妙性质的描述。正如第三版第一章引言中所述，学习实变函数的理论相当于在挡住我们视线的板上开了一条缝——实数轴，使我们看到了一些五颜六色的图案，但还看不到板所挡住的风景的全貌，产生很多疑问；而学习复变函数论帮我们将遮住视线的板全部拿开，让我们看到全平面上的美丽风景，使一些疑问迎刃而解。在第三版中进一步加强了这一方面的叙述，引导学生深入思考和理解复变函数的美妙性质。

在数理方程部分，继承了第二版以解方程的方法为主线的特点，并作了一些必要的调整。重点突出了"分离变量法""积分变换法""格林函数法""泛函方法"等四种基本方法。原书中列出的"几种特殊方法"——行波法、延拓法、保角变换法，则不再自成一章，而分散到有关章节中。这样，就使得重点更突出、眉目更清晰。

在第三版中着力加强了一些现代物理学和科学技术中广泛应用的内容。在"积分变换法"一章中加强了现代科技，特别是电子通信中应用广泛、发展迅速的"小波变换"；对于"非线性方程的单孤子解"原书作为"特殊方法"中的一节，显然不合适，现将它扩展成为独立的一章，并增加了在物理学中应用的例子；"泛函方法"在现代物理学的各个分支中均有广泛应用，第二版只将泛函的变分和里兹方法列为一章——"变分法"，而在本版中则将这一章扩展成为"泛函方法"，较全面地讲述了在物理学中导出泛函的一些例子；较仔细地讨论了泛函的泰勒展开、变分和变分导数以及泛函积分。而里兹方法则放在该章中作为泛函极值问题的一种近似方法。

第三版所采用的系统安排是否合理，所增加的内容以及一些具体问题的新论述，如球坐标中由于坐标的拓扑紧致化导致在 $\theta=0,\pi$ 处出现奇点，是否确当，均望读者不吝指正。

在前两版中，对有些部分加了星号表示学时不够时可以删去。由于使用教材的单位情况复杂，难以作出统一规定，所以在第三版中删去了这些星号。在实际教学中，如何处理教材内容，由教师根据情况酌定。

本书第一、第二版系由华中师范大学刘连寿和三峡大学王正清合作编写，在此次修订过程中，三峡大学王正清教授承担了大量的任务，并着力进行了教材系统的调整完善。华中师范大学李高翔作为一名优秀的年轻教授，长期从事本课程的教学和量子光学的研究，对教材的修订提了许多关键性意见，并编写了梅林反演公式和拉普拉斯变换在计算级数求和及解常微分方程组中的应用等内容。他还将修订初稿在华中师范大学物理学基地班中试用,收集意见。第三版的修订是由刘连寿、王正清、李高翔三人通力合作完成的。

编　者

2009年10月

第二版前言

本书第一版问世十多年以来,得到许多老师和同学的支持与帮助。他们的教学经验表明,本书在材料的选取、内容的安排和叙述的生动性方面有其特色,适合于教学。由于第一版的印数不多,不易购到,以致有些学校采用内部胶印的方式提供教学使用。因而我们感到有修订再版的必要。

这次再版,除了订正一些印刷错误以外,没有作很大的改动。特别是,保留了原书的特点:着重通过和实变函数性质的对比讲述复变解析函数的性质,按解方程的方法系统讲述数学物理方程。在内容上加强了关于鞍点和特殊函数的渐近表达式以及 Γ 函数的性质的讨论;补充了双曲贝塞尔函数、艾里方程、复平面上的拉普拉斯变换等在物理上有重要应用的内容。

20 世纪数学物理发展迅速,形成了许多新的分支。但是,复变函数和数学物理方程仍然是数学物理的重要基础,是物理专业及其他有关专业本科大学生必须具备的知识。因此,我们基本上保持了本书作为"数学物理方法"基础课教材的特点。数学物理的新发展也许可以留到一些选修课中解决。例如,有些学校开设"现代数学物理方法"选修课,已经积累了很好的经验。

我们愿借此再版的机会,对高等教育出版社和给本书提过宝贵意见的教师和同学表示衷心的感谢。书中的不当之处,恳切期望读者给予批评指正。

编　者

2003 年 6 月

第一版前言

数学物理方法是应用数学基础知识解决实际问题的方法.它所研究的内容除了与电动力学、量子力学等物理理论有紧密联系之外,还与弹性力学、流体力学、电气工程等问题有关。它是高等学校物理、力学、无线电、天文、气象等系及工程技术等专业学生的必修课程。它既讲数学基础,又讲物理方法,内容十分丰富。为了便于学习,本书在讲授复变函数论的基础上,着重讲授各种求解数学物理方程的方法。复变函数部分以解析函数的性质和留数定理的应用为重点;数理方程部分以分离变量法、积分变换法和格林函数法为重点。由于不同层次的学校要求不同,或受学时的限制,在使用本书时,可删去第十二章和第十三章,即使在前面各章节中,有些定理的证明及某些扩充性的知识,如模数原理、δ函数的某些性质等内容,也可酌情删减。这样处理不会影响本课程的教学。

本书在正式出版前曾于1982年由华中师大教材科铅印,有不少师范院校及专科学校多次使用,后又重印两次。在此期间不少教师和同学给本书提过宝贵意见,对于这次出版很有帮助。出版前经南开大学潘忠诚教授审阅并提出宝贵意见。编者谨在此致谢。

由于作者水平有限,错误和不妥之处在所难免,恳切希望读者批评指正。

编　者

1989年9月

目　　录

第一章
复变函数论基础

本书前四章讲述复变函数论.它是求解数学物理方程和研究数学物理的重要基础.复变函数是自变量和因变量都是复数的函数.这意味着它将函数的定义域和值域从一根直线——实数轴扩展到一个平面——复平面.这一扩展使得复变函数具有了实变函数所不可比拟的丰富、美妙的性质.这就像我们的面前有漂亮的山水风景,却被一块板挡住了视线.过去我们在这块板上开了一条缝——实数轴,看到了一些五颜六色的图案,但还看不到风景的全貌,会产生很多疑问.复变函数论帮我们将遮住视线的板全部拿开,让我们看到全平面上的美丽风景,使一些疑问迎刃而解.举一个简单的例子.实变函数的幂级数展开有收敛区域$(-a,a)$,但在区域的两端点$x=\pm a$,函数并没有奇异性.为什么当$|x|>a$级数就发散?这令人费解.扩展到复平面后可以看到,原来在半径为a的圆周上函数的确有奇点,只不过不在实轴上.正是这一复平面上的奇点阻碍了级数收敛圆的扩大,决定了实变函数幂级数的收敛区域.学习前四章——复变函数论,特别要注意将它和实变函数的相应性质进行对比,体会复变函数的美妙特点.关于复数的性质和运算,本来在中学就大体学过.为了完整起见,本章第一节仍对它作了系统的讲述,我们学习时可以略去,仅备参考.

§1-1 复　　数

复变函数就是自变量取复数值的函数.在研究复变函数之前,我们先在这一节里复习一下复数的定义和运算,并讨论与复数的几何表示有关的一些问题.

复数

(一) 复数的定义和运算

在实数范围内,一些简单的代数方程也可能没有根.例如方程

$$x^2+1=0$$

就没有实根,因为任何实数的平方都不等于-1.因此,有必要将“数”的概念加以扩大.引进虚数单位i,按定义

$$i^2=-1. \tag{1-1-1}$$

用x和y表示两个任意的实数,则具有形式

$$z=x+iy \tag{1-1-2}$$

的z称为**复数**.

在式(1-1-2)中,实数x和y分别称为复数z的**实部**和**虚部**,记为$\mathrm{Re}\,z$和$\mathrm{Im}\,z$.

实部为零的复数 $0+\mathrm{i}y=\mathrm{i}y$ 称为纯虚数,简称为虚数;虚部为零的复数 $x+\mathrm{i}0=x$ 就是实数.实部和虚部都为零的复数称为复数 0:$0+\mathrm{i}0=0$.

两复数相等的充分必要条件是它们的实部和虚部分别相等.就是说,如果

$$x_1+\mathrm{i}y_1=x_2+\mathrm{i}y_2,$$

则必须且只要

$$x_1=x_2,\quad y_1=y_2.$$

因此,一个复数等式等效于两个实数等式.

复数的加减法和乘法是利用定义(1-1-1)按通常的代数运算法则进行运算.除法 $(x_1+\mathrm{i}y_1)/(x_2+\mathrm{i}y_2)$ 是将分母"实数化",其办法是分子分母同乘以 $(x_2-\mathrm{i}y_2)$,即

$$\frac{x_1+\mathrm{i}y_1}{x_2+\mathrm{i}y_2}=\frac{x_1+\mathrm{i}y_1}{x_2+\mathrm{i}y_2}\cdot\frac{x_2-\mathrm{i}y_2}{x_2-\mathrm{i}y_2}$$

$$=\frac{x_1x_2+y_1y_2}{x_2^2+y_2^2}+\mathrm{i}\frac{x_2y_1-x_1y_2}{x_2^2+y_2^2}\quad(x_2^2+y_2^2\neq 0),\qquad(1-1-3)$$

$(x_2-\mathrm{i}y_2)$ 是由 $(x_2+\mathrm{i}y_2)$ 改变虚部符号得来的.我们定义:将复数 $z=x+\mathrm{i}y$ 的虚部改号所得到的复数 $x-\mathrm{i}y$ 称为 z 的共轭复数,用符号 z^* 表示,即 $z^*=x-\mathrm{i}y$.显然,z 也是 z^* 的共轭复数.因此也可以说 z 和 z^* 两个复数相互共轭.

两个相互共轭的复数之积与和是实数,而两者之差是虚数:

$$zz^*=(x+\mathrm{i}y)(x-\mathrm{i}y)=x^2+y^2,\qquad(1-1-4)$$

$$z+z^*=(x+\mathrm{i}y)+(x-\mathrm{i}y)=2x=2\mathrm{Re}\,z,\qquad(1-1-5)$$

$$z-z^*=(x+\mathrm{i}y)-(x-\mathrm{i}y)=2\mathrm{i}y=2\mathrm{i}\mathrm{Im}\,z.\qquad(1-1-6)$$

在式(1-1-3)中计算两复数相除时,正是利用了性质(1-1-4),在分子分母中同乘以分母的共轭复数 z_2^*,从而使分母实数化.

(二) 复平面

在平面上建立一个直角坐标系,将任意复数 z 的实部 $\mathrm{Re}\,z$ 标在它的横轴上,而将 z 的虚部 $\mathrm{Im}\,z$ 标在纵轴上,如图 1-1-1 所示,就建立起了平面上全部点和全体复数之间的一一对应关系.这样的平面称为复平面,而上述直角坐标系的横轴和纵轴分别称为实轴和虚轴.平面上的点可以用从原点 O 引向这一点的矢量表示,所以复数 z 也可以用从原点出发终点在 z 的矢量来表示.用矢量表示一个复数 z 时,矢量的起点不一定在原点 O,终点也不一定在 z 点,只要矢量在实轴和虚轴方向上的投影分别等于 z 的实部和虚部即可.如图 1-1-2 中的矢量 $\overrightarrow{OA}$ 与 $\overrightarrow{O'A'}$ 都代表同一复数 z.

不难看出,复数的加法对应于复平面上矢量求和的平行四边形法则,如图1-1-3 所示.

利用 $z_2-z_1=z_2+(-z_1)$,只要按照平行四边形法则使矢量 z_2 与 $-z_1$ 相加,就可以得到表示 z_2-z_1 的矢量,如图 1-1-4 所示.从图上还可看出,z_2-z_1 就是由 z_1 引向 z_2 的矢量.

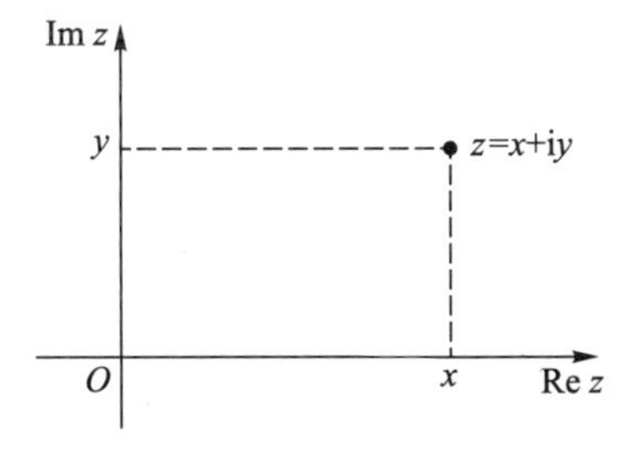

图 1-1-1

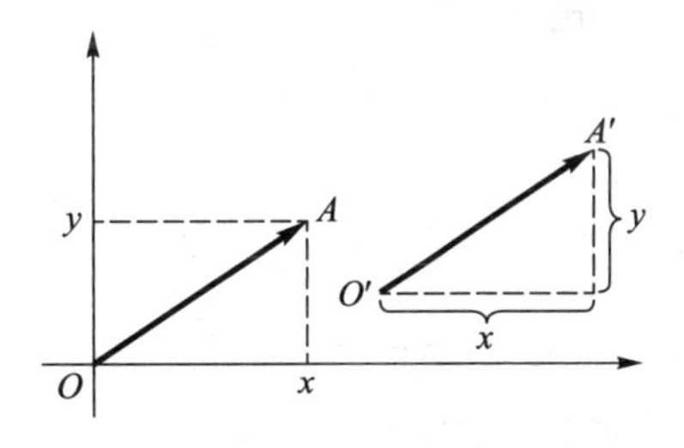

图 1-1-2

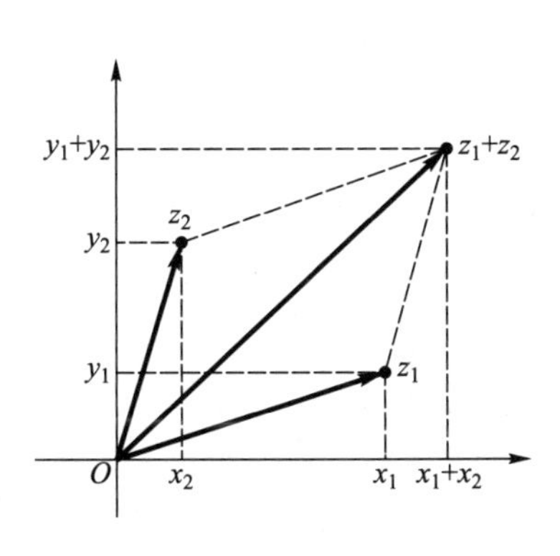

图 1-1-3

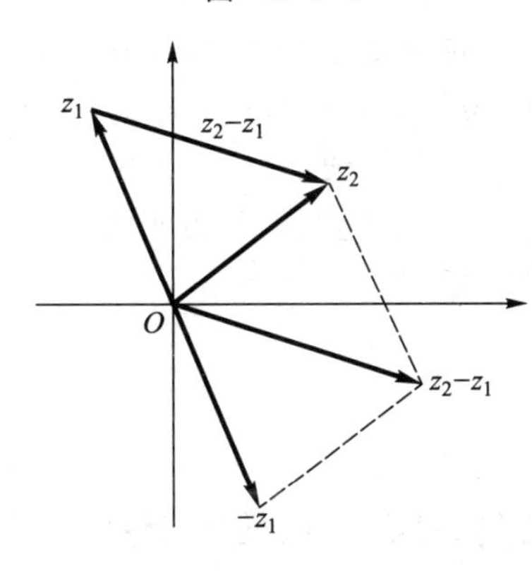

图 1-1-4

(三) 模与辐角

复平面上的点还可以用极坐标(ρ,θ)表示，如图 1-1-5 所示. 因而复数 z 也可以用(ρ,θ)表示：

$$z=\rho\cos\theta+\mathrm{i}\rho\sin\theta=\rho(\cos\theta+\mathrm{i}\sin\theta). \tag{1-1-7}$$

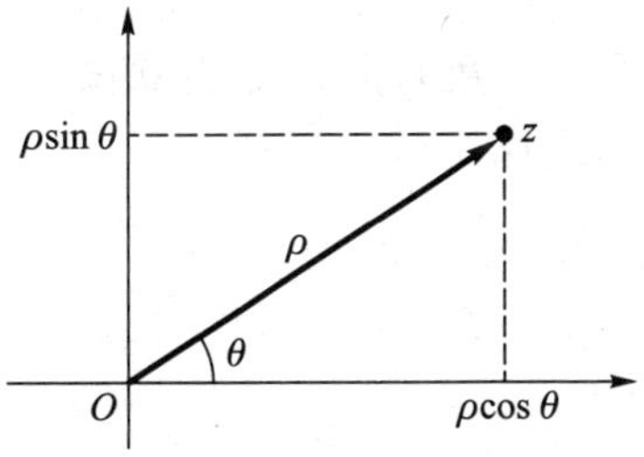

图 1-1-5

ρ 称为复数 z 的模，用符号 $|z|$ 表示；θ 称为 z 的辐角，用符号 $\operatorname{Arg} z$ 表示，它们和 z 的实部 x 与虚部 y 之间有如下关系①：

$$\rho\equiv|z|=\sqrt{x^2+y^2}, \tag{1-1-8}$$

$$\theta\equiv\operatorname{Arg} z=\operatorname{Arctan}\frac{y}{x}. \tag{1-1-9}$$

注意，复数的模等于表示这一复数的矢量的长度，它永远取正值(或零)：

$$\rho\equiv|z|\geqslant 0.$$

对于一个复数 z，它的辐角 θ 可以取无穷多个值，彼此相差 2π 的整数倍. 为了使辐角成为单值，可以将它限制在宽为 2π 的区间内，例如要求它满足条件

$$0<\arg z\leqslant 2\pi \quad 或 \quad -\pi<\arg z\leqslant\pi.$$

① 符号 Arctan 表示反正切的一切可能值.

这里我们用符号 $\arg z$ 表示具有单值性的辐角.这样一来,同一复数 z 的各辐角之间有下列关系:

$$\operatorname{Arg} z=\arg z+2k\pi,\quad k=0,\ \pm1,\ \pm2,\cdots. \tag{1-1-10}$$

注意,复数没有大小的概念.我们不能比较两个复数 z_1 和 z_2 的大小,而只能比较它们的模 $|z_1|$ 和 $|z_2|$ 的大小.如果 $|z_1|<|z_2|$,就表示 z_1 离原点 O 的距离比 z_2 离原点 O 的距离近,如图 1-1-6 所示.

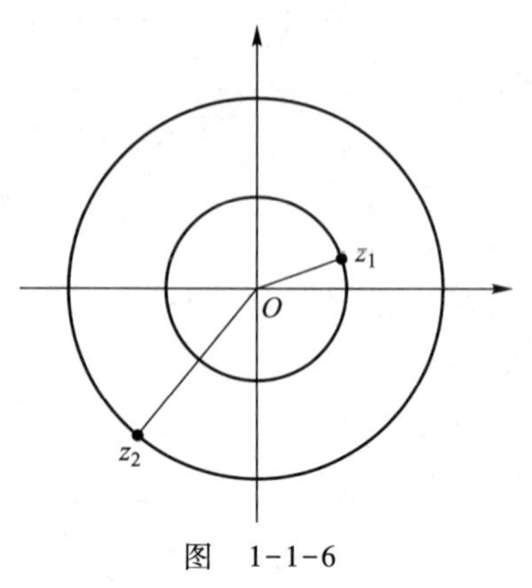

图　1-1-6

利用复数加减法的几何作图(图 1-1-3 和图 1-1-4),根据"三角形两边长之和不小于第三边"和"三角形两边长之差的绝对值不大于第三边",容易得到下列重要不等式:

$$\left.\begin{aligned}&|z_1+z_2|\leqslant|z_1|+|z_2|,\\&|z_1-z_2|\geqslant\big||z_1|-|z_2|\big|.\end{aligned}\right\} \tag{1-1-11}$$

(四) 复数的指数表示式

复数 z 除了有代数式(1-1-2)和三角式(1-1-7)之外,还有另一种形式——指数形式.为了得到复数的指数形式,我们首先定义纯虚数的指数函数为

$$\mathrm{e}^{\mathrm{i}\theta}=\cos\theta+\mathrm{i}\sin\theta, \tag{1-1-12}$$

这称为欧拉公式.利用它,我们可以将式(1-1-7)改写为

$$z=\rho\mathrm{e}^{\mathrm{i}\theta}, \tag{1-1-13}$$

称之为复数的指数式.由欧拉公式容易证明,虚指数的指数函数和实指数的指数函数有相同的运算规则:

$$\left.\begin{aligned}&\mathrm{e}^{\mathrm{i}\theta_1}\cdot\mathrm{e}^{\mathrm{i}\theta_2}=\mathrm{e}^{\mathrm{i}(\theta_1+\theta_2)},\\&\frac{\mathrm{e}^{\mathrm{i}\theta_1}}{\mathrm{e}^{\mathrm{i}\theta_2}}=\mathrm{e}^{\mathrm{i}(\theta_1-\theta_2)},\\&\frac{1}{\mathrm{e}^{\mathrm{i}\theta}}=\mathrm{e}^{-\mathrm{i}\theta}.\end{aligned}\right\} \tag{1-1-14}$$

利用它们我们可以使复数的乘除法大为简化.此时

$$z_1\cdot z_2=\rho_1\mathrm{e}^{\mathrm{i}\theta_1}\cdot\rho_2\mathrm{e}^{\mathrm{i}\theta_2}=\rho_1\rho_2\mathrm{e}^{\mathrm{i}(\theta_1+\theta_2)}, \tag{1-1-15}$$

$$\frac{z_1}{z_2}=\frac{\rho_1\mathrm{e}^{\mathrm{i}\theta_1}}{\rho_2\mathrm{e}^{\mathrm{i}\theta_2}}=\frac{\rho_1}{\rho_2}\mathrm{e}^{\mathrm{i}(\theta_1-\theta_2)},\quad\rho_2\neq0. \tag{1-1-16}$$

特别是,当 $z_2=\mathrm{e}^{\mathrm{i}\theta}$ 时,我们得到

$$z_1\mathrm{e}^{\mathrm{i}\theta}=\rho_1\mathrm{e}^{\mathrm{i}\theta_1}\cdot\mathrm{e}^{\mathrm{i}\theta}=\rho_1\mathrm{e}^{\mathrm{i}(\theta_1+\theta)}.$$

这表明,用 $\mathrm{e}^{\mathrm{i}\theta}$ 乘一个复数,不改变这一复数的模,只是将它转过 θ 角,如图 1-1-7 所示.因而 $\mathrm{e}^{\mathrm{i}\theta}$ 称为转角因子.

例 1　由复数 $z=\sqrt{3}-\mathrm{i}$ 的代数式求它的三角式和指数式.

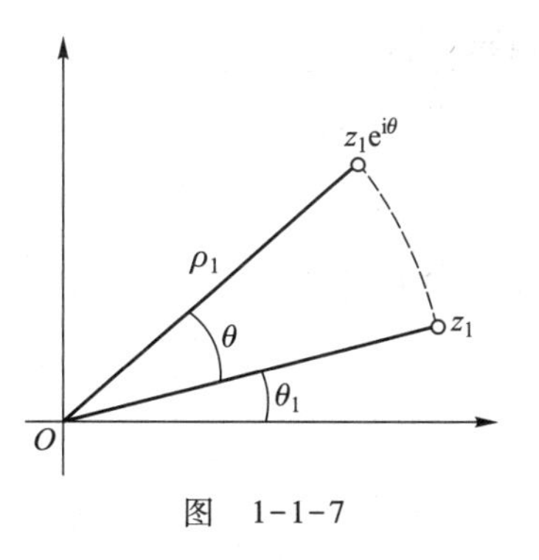

图　1-1-7

解　利用式(1-1-8)和(1-1-9)求它的模和辐角：

$$\rho=\sqrt{3+1}=2,$$

$$\theta=\arctan\frac{-1}{\sqrt{3}}=-\frac{\pi}{6}+n\pi,\quad n=0,\ \pm1,\ \pm2,\cdots.$$

由此知 θ 在第Ⅳ或第Ⅱ象限.为了完全确定 θ,根据 $\cos\theta>0$,$\sin\theta<0$ 判断 θ 在第Ⅳ象限,故上式中的 n 只能取 0,±2,±4,….取 $n=0$,得到

$$z=2\left[\cos\left(-\frac{\pi}{6}\right)+\mathrm{i}\sin\left(-\frac{\pi}{6}\right)\right]=2\mathrm{e}^{-\mathrm{i}\frac{\pi}{6}}.$$

【解毕】

按定义,相互共轭的复数只是虚部相差一负号.因此,在复平面上,两个相互共轭的复数所对应的点,对称地分布在实轴的上下两边,如图 1-1-8 所示.

由此还可以看出,相互共轭的复数,模相等而辐角相差一负号：

$$z=\rho\mathrm{e}^{\mathrm{i}\theta},\quad z^*=\rho\mathrm{e}^{-\mathrm{i}\theta}.\qquad(1-1-17)$$

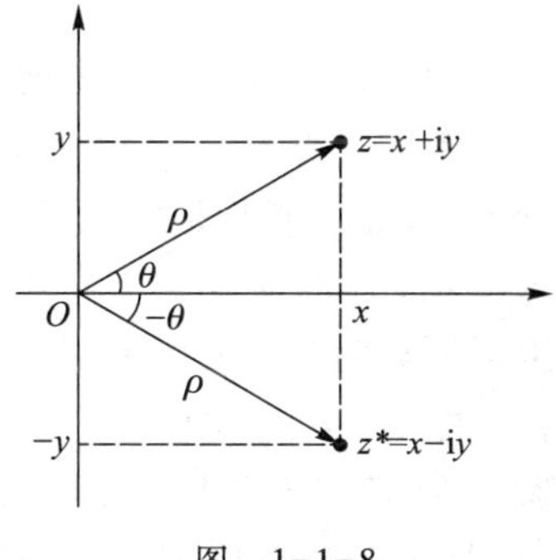

图　1-1-8

当两个相互共轭的复数相乘时,它们的指数因子相消,成为一个实数,这个实数就是它们的模的平方：

$$zz^*=|z|^2,\quad |z|=\sqrt{zz^*}.\ (1-1-18)$$

参看式(1-1-4)、(1-1-8).

(五) 复数的乘幂和开方

将式(1-1-15)用到复数的自乘上,可以得到

$$z^n=\rho^n\mathrm{e}^{\mathrm{i}n\theta}=\rho^n(\cos n\theta+\mathrm{i}\sin n\theta).\qquad(1-1-19)$$

令 $\rho=1$ 得到棣莫弗公式

$$(\cos\theta+\mathrm{i}\sin\theta)^n=\cos n\theta+\mathrm{i}\sin n\theta.\qquad(1-1-20)$$

将左边乘开,分出实部和虚部,可以得到 $\cos n\theta$ 和 $\sin n\theta$ 用 $\cos\theta$ 和 $\sin\theta$ 表示的公式.

现在来看复数的开方.设 $z=\rho\mathrm{e}^{\mathrm{i}\theta}$,我们要求$\sqrt[n]{z}$.令

$$\sqrt[n]{z}=w=r\mathrm{e}^{\mathrm{i}\varphi},$$

两边乘 n 次方,则得

$$z=\rho\mathrm{e}^{\mathrm{i}\theta}=r^n\mathrm{e}^{\mathrm{i}n\varphi}.$$

令模和辐角分别相等,可以得到两个方程,但必须注意辐角的多值性(1-1-10)：

$$r^n=\rho,\quad r=\sqrt[n]{\rho},$$

$$n\varphi=\theta_0+2k\pi,\quad \varphi=\frac{\theta_0}{n}+\frac{2k\pi}{n}\quad(0<\theta_0\leqslant2\pi).$$

值得注意的是，对于 $k=0,1,2,\cdots,n-1$，所得到的 n 个 φ 值不等效，因为它们之间并不是相差 2π 的整数倍．只是在 $k=n,n+1,\cdots$ 时才分别和 $k=0,1,\cdots$ 等效．因此 $\sqrt[n]{z}$ 共有 n 个值：

$$\sqrt[n]{z}=\sqrt[n]{\rho e^{i\theta}}=\sqrt[n]{\rho}\,e^{i\left(\frac{\theta_0}{n}+\frac{2k\pi}{n}\right)}\quad(k=0,1,\cdots,n-1).\tag{1-1-21}$$

这 n 个值均匀分布在半径为 $\sqrt[n]{\rho}$ 的圆上，图 1-1-9 上举了一个 $n=5$ 的例子．

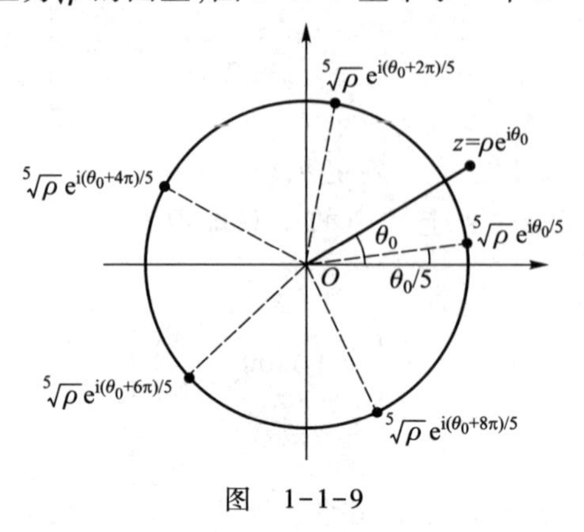

图　1-1-9

（六）复数球面　无限远点

复数不仅可以用平面上的点表示，而且可以用球面上的点表示．如图1-1-10所示，过复平面上的坐标原点 O 作一个球和复平面相切；过原点 O 作复平面的垂线 Oz 和上述球面交于 N；过 N 点作射线，和球面交于 z'，和复平面交于 z．这样就在球面上的点 z' 和复平面上的点 z 之间建立了一一对应的关系．这个球面称为**复数球面**．由图 1-1-10 可见，复平面上以原点为中心的圆 C，在复数球面上对应于一个位于和 Oz 轴垂直的平面上的圆 C'（即一根“纬线”）．复平面上圆 C 内部和外部分别对应于复数球面上圆 C' 的下方和上方．当圆 C 的半径 R 增大时，圆 C' 逐渐向上移．当 $R\to\infty$ 时，圆 C' 移到球顶，缩成一点 N．由此可见，复平面上的无限远处，对应于复数球面上的一点 N．正是在这个意义上，我们说复平面上的无限远是一个“点”，称为**无限远点**．

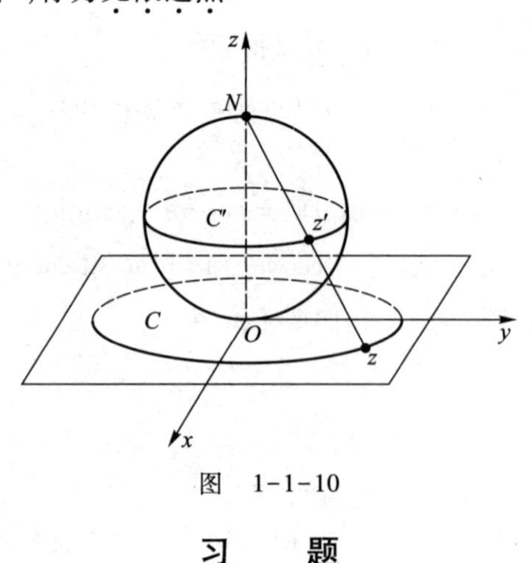

图　1-1-10

习　　题

1．写出下列复数的实部、虚部、模和辐角，并写出（1）—（5）的指数式和三角式：

(1) $-1-\sqrt{3}\mathrm{i}$; (2) $\dfrac{1+\mathrm{i}\sqrt{3}}{1-\mathrm{i}\sqrt{3}}$;

(3) $2\left(\cos\dfrac{\pi}{3}-\mathrm{i}\sin\dfrac{\pi}{3}\right)$; (4) -1;

(5) $-\mathrm{i}$; (6) $\mathrm{e}^{\mathrm{i}R\sin\theta}$($R,\theta$为实常数).

2. 计算下列复数:

(1) $\dfrac{1+\mathrm{i}}{1-\mathrm{i}}$; (2) $(1+\mathrm{i})^3$;

(3) $\sqrt{\mathrm{i}}$; (4) $\sqrt[4]{1+\mathrm{i}}$;

(5) $\sqrt{a+b\mathrm{i}}$ (a,b为实常数).

3. 证明下列关系式:

(1) $(z_1\pm z_2)^*=z_1^*\pm z_2^*$;

(2) $z_1z_2^*+z_2z_1^*=2\mathrm{Re}(z_1z_2^*)=2\mathrm{Re}(z_2z_1^*)$;

(3) $|z_1z_2|=|z_1||z_2|$;

(4) $\mathrm{Re}\,z\leqslant|z|$.

4. 利用棣莫弗公式将 $\cos 4\theta$ 和 $\sin 4\theta$ 展开成 $\sin\theta$ 和 $\cos\theta$ 的多项式.

5. 求证:

$$\cos\varphi+\cos 2\varphi+\cos 3\varphi+\cdots+\cos n\varphi=\frac{\sin\left(n+\dfrac{1}{2}\right)\varphi-\sin\dfrac{\varphi}{2}}{2\sin\dfrac{\varphi}{2}};$$

$$\sin\varphi+\sin 2\varphi+\sin 3\varphi+\cdots+\sin n\varphi=\frac{\cos\dfrac{\varphi}{2}-\cos\left(n+\dfrac{1}{2}\right)\varphi}{2\sin\dfrac{\varphi}{2}}.$$

6. 用欧拉公式证明式(1-1-14).

§1-2 复变函数

复变函数

(一) 复平面上的区域

如果复变量 z 在复平面上某个范围内取值时,复变量 w 也随之取值,则 w 称为 z 的**复变函数**,记作

$$w=f(z), \tag{1-2-1}$$

这里 z 和 w 都取复数值:

$$\left.\begin{aligned}z&=x+\mathrm{i}y,\\w&=u+\mathrm{i}v.\end{aligned}\right\} \tag{1-2-2}$$

在复变函数中,自变量 z 的取值范围通常是复平面上的**区域**.

区域是满足以下两个条件的复平面上的点的集合 $\mathscr{D}$:(1) 在 $\mathscr{D}$ 中的每一个点,都有以它为圆心的一个充分小的圆属于集合 $\mathscr{D}$;(2) 在 $\mathscr{D}$ 中的任意两个点,都可以用一条由 $\mathscr{D}$ 内的点组成的线连接起来.

满足上述条件(1)的点称为区域 $\mathscr{D}$ 的内点.以上对区域的定义规定区域的全部点都是内点,这样的区域叫作开区域.下面在不特别说明时,所谈到的“区域”都是指开区域.

如果复平面上的一个点本身不属于区域 $\mathscr{D}$,但以它为圆心的任意小的圆中都有属于区域 $\mathscr{D}$ 的点,则这样的点称为区域 $\mathscr{D}$ 的边界点.区域 $\mathscr{D}$ 的全部边界点的集合称为它的边界.一个区域(指开区域)$\mathscr{D}$ 和它的边界一起所形成的集合称为闭区域,用符号 $\overline{\mathscr{D}}$ 表示.

按照上述定义,整个复平面是一个开区域,它只有一个边界点——无限远点.如果将无限远点也包括进来,则将其称为闭复平面.

显然,复平面上任何一条自身不相交的闭合曲线内部的点构成一个区域,如图 1-2-1(a)所示.如果在这区域中挖掉一块,或两块,或更多块,如图1-2-1(b)、(c)所示,则余下的部分仍形成一个区域.

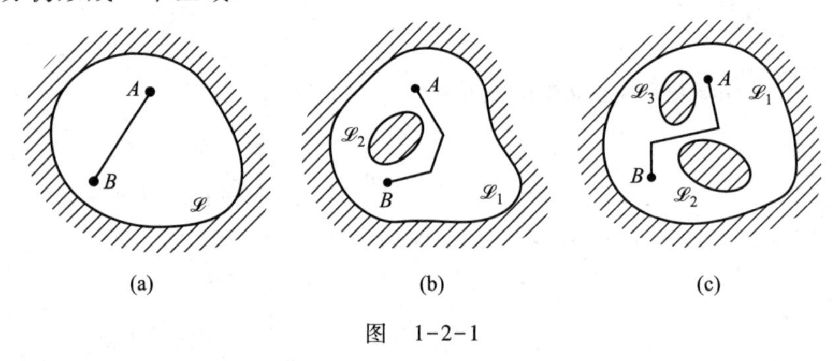

图 1-2-1

在研究复平面上的区域时,有一个重要性质必须注意,那就是它的“连通阶数”.考察图 1-2-1 中的三个图可以发现,它们之间是有区别的.在图(a)中,区域的边界仅由一条闭合曲线组成;在图(b)中,除了 $\mathscr{L}_1$ 是区域的边界线以外,和 $\mathscr{L}_1$ 不相连接的曲线 $\mathscr{L}_2$ 也是区域的边界;在图(c)中,三条不相连接的曲线 $\mathscr{L}_1$、$\mathscr{L}_2$、$\mathscr{L}_3$ 共同组成区域的边界.

如果有界区域 $\mathscr{D}$ 的边界被分成若干不相连接的部分,则这些部分的数目叫作区域的连通阶数.图 1-2-1(a)中的区域是一个单连通区域;而图(b)和图(c)中的区域分别是双通和三通区域.连通阶数高于 1 的区域统称为复通区域.

单连通区域和复通区域有一个重要区别——在单连通区域中,一条任意闭合曲线[如图 1-2-2(a)中的 l, l'所组成的闭合曲线]可以通过连续变形缩成一点;换句话说,在单连通区域的任意两点 A 和 B 之间的任意两根曲线(l 和l')可以通过连续变形从一根变到另一根;而复通区域却不具有这样的性质,例如,图 1-2-2(b)所画出的双通区域中的闭合曲线 l、l'不能通过连续变形缩成一点;或者换句话说,双通区域的两点 A 和 B 之间可能有这样的曲线 l 和 l',它们不能通过连续变形而相互变换.

如果作一些适当的割线将复通区域的不相连接的边界线连起来,就可以降低区域的连通阶数.例如,在图 1-2-3 中,用割线 $\mathscr{L}$ 将双通区域的两根边界线 $\mathscr{L}_1$ 和 $\mathscr{L}_2$ 连接起来,就将它变成了一个单连通区域.由图可见,在这一区域中的任意闭合曲线(如 l_1 和 l_2)都可以通过连续变形缩成一点.

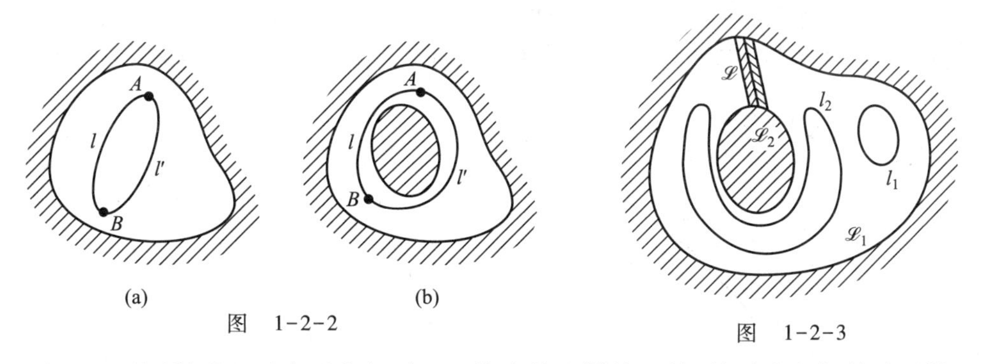

(a) (b)

图 1-2-2

图 1-2-3

例 1 画图说明以下式子在复平面上代表什么样的区域,并讨论它们的连通性:

(a) $|z|<2$; (b) $1<|z+\mathrm{i}|<3$; (c) $0<|z-1|<2$.

解 这三个区域见图 1-2-4.其中,(a)是一个圆域,它只有一条边界线,即以原点为圆心,半径为 2 的圆周,因此是一个单连通区域;(b) 是一个环域,它有两条边界线——以 $-\mathrm{i}$ 为圆心的两个同心圆,这是一个双通区域;(c)的边界除了以 $z=1$ 为圆心,半径为 2 的圆周外,还有一个点 $z=1$,它们相互不连接,因此这也是一个双通区域.通常区域(c)称为内半径等于零的环域. 【解毕】

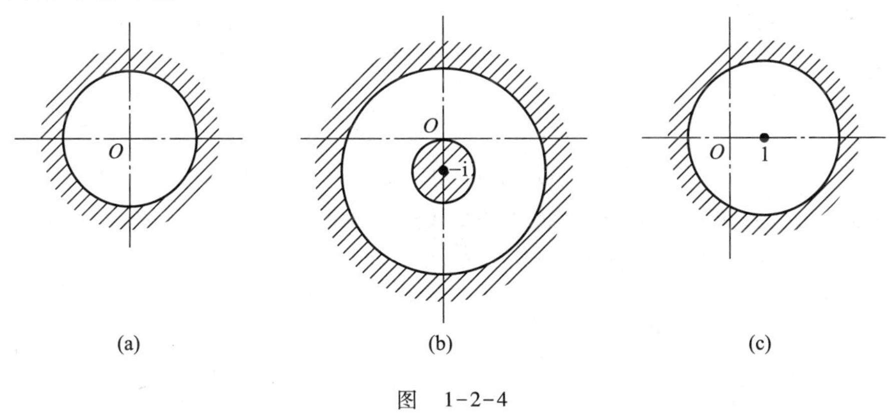

(a) (b) (c)

图 1-2-4

(二) 复变函数的几何意义

我们知道,单实变函数可以表示成平面上的一条曲线,而它的导数则是该曲线切线的斜率.对函数和它的导数赋予这样的几何意义非常直观,有助于对函数性质的研究和应用.

对于单复变量的函数 $w=f(z)$,自变量 z 包含两个实变量(实部和虚部)x 和 y,而它的复函数 $w=f(z)$ 也分为实部 u 和虚部 v.这样,总共有四个变量 x,y,u,v,因而无法用三维空间把它们表示出来.

为了给复变函数以几何意义,可以将自变量 z 的实部 x、虚部 y 和函数 w 的实部 u、虚部 v 分别画在两个平面上.

设 $w=f(z)$ 是在区域 $\mathscr{D}$ 内单值的函数.对于区域 $\mathscr{D}$ 内的每一点 $z=x+\mathrm{i}y$,在 w 平面上有一点 $w=u+\mathrm{i}v$ 和它对应.设当 z 在 xy 平面上区域 $\mathscr{D}$ 内沿着某一曲线 l 变动时,与它对应

的点w也在uv平面上描绘出曲线l'①,则这样一种对应关系称为由z平面到w平面的一个映射.因此,复变函数$w=f(z)$的几何意义就是由z平面到w平面的映射,如图1-2-5所示.

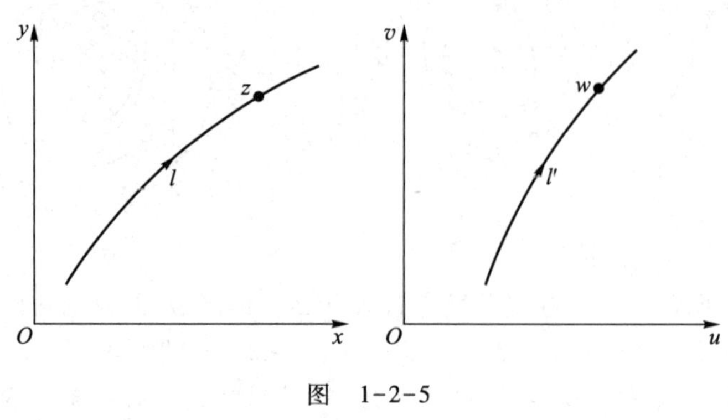

图 1-2-5

例2 试讨论由函数

$$w=z^2$$

所实现的映射.

解 令

$$z=re^{i\theta},\quad w=\rho e^{i\varphi},$$

则

$$w=\rho e^{i\varphi}=z^2=r^2e^{i2\theta},$$
$$\rho=r^2,\quad \varphi=2\theta.$$

z平面上的点映射到w平面上时,其模平方,而辐角加倍.由此可见,z平面上的第Ⅰ象限变成了w平面上的上半平面,如图1-2-6所示. 【解毕】

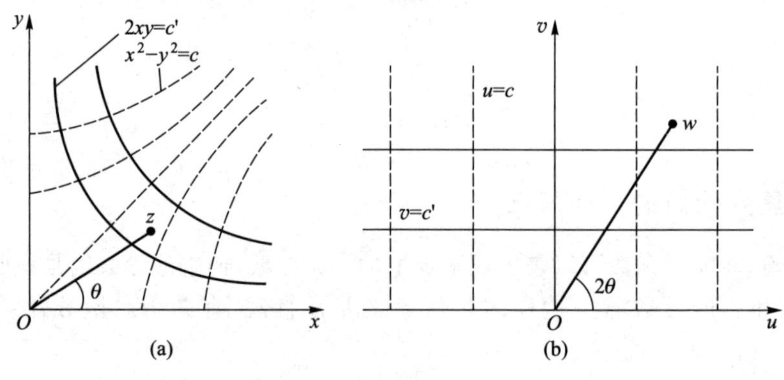

图 1-2-6

我们来看,映射$w=z^2$将z平面上的什么曲线变成w平面上的平行于坐标轴的直线族

$$u=c \quad 和 \quad v=c'. \tag{1-2-3}$$

为此将z^2展开:

$$w=z^2=x^2-y^2+2ixy,$$

即

① 当$f(z)$在区域$\mathscr{D}$内解析时,就有这一性质,见§1-3.

$$u = x^2 - y^2, \quad v = 2xy.$$

因而和 w 平面上的直线族(1-2-3)相对应的是 z 平面上的曲线族

$$x^2 - y^2 = c \quad 和 \quad 2xy = c', \tag{1-2-4}$$

如图 1-2-6(a)中的虚线和实线,这是两族相互正交的双曲线族.

(三) 初等函数

现在我们来研究一些具体的复变函数.最简单的复变函数是多项式和有理函数.它们可以由实变函数自然地推广得到.

$$f(z) = a_0 + a_1 z + a_2 z^2 + \cdots + a_n z^n \tag{1-2-5}$$

是 n 次多项式,其中 $a_k(k=0,1,\cdots,n)$是已知复常数,n 为正整数.仿此,

$$f(z) = \frac{a_0 + a_1 z + \cdots + a_n z^n}{b_0 + b_1 z + \cdots + b_m z^m} \tag{1-2-6}$$

为复变的有理函数,其中 $a_k(k=0,1,\cdots,n)$ 和 $b_k(k=0,1,\cdots,m)$ 都是已知复常数,n,m 为正整数.

下面把常用的其他一些初等实变函数推广到复变情形,并着重指出它们与实变函数的不同之处.

1. 复变量的指数函数

对于任何复变量 $z=x+\mathrm{i}y$,定义指数函数为

$$\mathrm{e}^z = \mathrm{e}^{x+\mathrm{i}y} = \mathrm{e}^x(\cos y + \mathrm{i}\sin y). \tag{1-2-7}$$

当 $x=0$ 时,它就是欧拉公式(1-1-12).这样定义的复指数函数具有与实指数函数相似的性质:

(a) e^z 在整个复平面上都没有零点.

$$\mathrm{e}^z \neq 0. \tag{1-2-8}$$

(b)

$$\mathrm{e}^{z_1} \cdot \mathrm{e}^{z_2} = \mathrm{e}^{z_1+z_2}. \tag{1-2-9}$$

但也有完全不同于实指数函数的新性质.

(c) e^z 是以 $2\pi\mathrm{i}$ 为周期的周期函数:

$$\mathrm{e}^{z+2\pi\mathrm{i}} = \mathrm{e}^z. \tag{1-2-10}$$

现在来证明上述性质:

(a) 由 $|\mathrm{e}^z| = \mathrm{e}^x \neq 0$ 就得到性质(a).

(b) 令 $z_1=x_1+\mathrm{i}y_1, z_2=x_2+\mathrm{i}y_2$,我们有

$$\begin{aligned}\mathrm{e}^{z_1} \cdot \mathrm{e}^{z_2} &= \mathrm{e}^{x_1}(\cos y_1 + \mathrm{i}\sin y_1) \cdot \mathrm{e}^{x_2}(\cos y_2 + \mathrm{i}\sin y_2) \\ &= \mathrm{e}^{x_1+x_2}[\cos(y_1+y_2) + \mathrm{i}\sin(y_1+y_2)] \\ &= \mathrm{e}^{z_1+z_2}.\end{aligned}$$

(c) 由定义式(1-2-7)及性质(b)得

$$e^{z+2\pi i}=e^{z}\cdot e^{2\pi i}=e^{z}.$$

【证毕】

因为 e^z 是一个以 $2\pi i$ 为周期的周期函数，所以只要在一个平行于实轴、宽为 2π 的带形区域（例如图 1-2-7 中打斜线的区域）中研究函数 e^z，然后沿纵坐标轴移动 $2k\pi i$ $(k=\pm1,\pm2,\pm3,\cdots)$，就可以知道 e^z 在全平面上的性质.

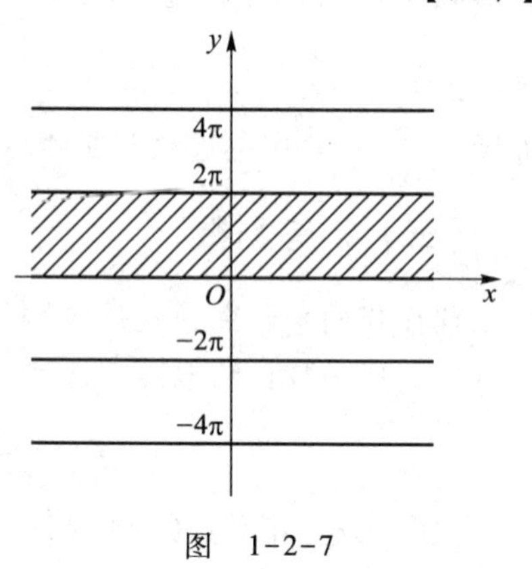

图 1-2-7

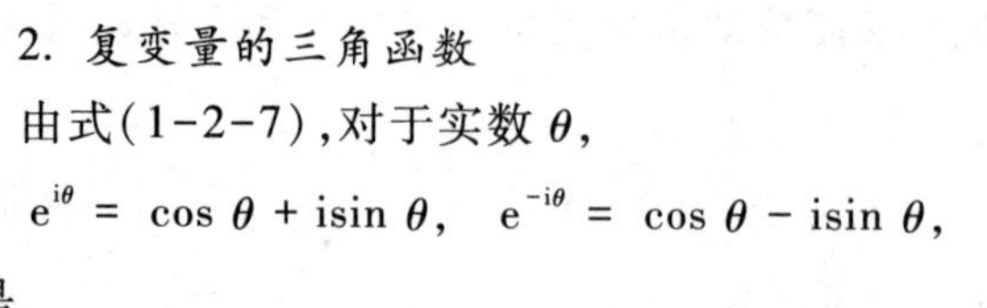

2. 复变量的三角函数

由式(1-2-7)，对于实数 θ，

$$e^{i\theta}=\cos\theta+i\sin\theta,\quad e^{-i\theta}=\cos\theta-i\sin\theta,$$

于是

$$\cos\theta=\frac{e^{i\theta}+e^{-i\theta}}{2},\quad \sin\theta=\frac{e^{i\theta}-e^{-i\theta}}{2i}.$$

仿照这一形式，我们定义任意复变量 z 的余弦和正弦函数为

$$\left.\begin{aligned}\cos z&=\frac{e^{iz}+e^{-iz}}{2},\\ \sin z&=\frac{e^{iz}-e^{-iz}}{2i}.\end{aligned}\right\}\qquad(1-2-11)$$

根据这个定义不难看出，复变量三角函数和实变量三角函数有许多相似的性质：

(a) 对任意复数 z，欧拉公式成立：

$$e^{iz}=\cos z+i\sin z.\qquad(1-2-12)$$

(b) $\cos z$ 是偶函数，$\sin z$ 是奇函数：

$$\cos(-z)=\cos z,\quad \sin(-z)=-\sin z.\qquad(1-2-13)$$

(c) $\cos z$ 和 $\sin z$ 是以 2π 为周期的周期函数：

$$\begin{aligned}\cos(z+2k\pi)&=\cos z,\\ \sin(z+2k\pi)&=\sin z,\end{aligned}\qquad(1-2-14)$$

其中 k 为任意整数.

(d) 满足通常的三角函数关系式：

$$\cos^2z+\sin^2z=1,\qquad(1-2-15)$$

$$\cos(z_1\pm z_2)=\cos z_1\cdot\cos z_2\mp\sin z_1\cdot\sin z_2,\qquad(1-2-16)$$

$$\sin(z_1\pm z_2)=\sin z_1\cdot\cos z_2\pm\cos z_1\cdot\sin z_2,\qquad(1-2-17)$$

等等.但是，复变量三角函数还具有和实变量三角函数完全不同的性质：

(e) $|\cos z|$ 和 $|\sin z|$ 可以大于 1.

为了证明这一点，只需取虚轴上的 z，令 $z=iy$，于是式(1-2-11)成为

$$\cos(iy)=\frac{e^{-y}+e^{y}}{2},\quad \sin(iy)=\frac{e^{-y}-e^{y}}{2i}.$$

显然它们的模在 $y\to\infty$ 时趋于无穷大.一般说来,对于任意复数 z,只要 z 的虚部 y 足够大,$|\sin z|$ 和 $|\cos z|$ 可以大于任何正数.

引进了函数 $\sin z$ 和 $\cos z$,就可以定义其他复变三角函数:

$$\left.\begin{aligned}&\tan z=\frac{\sin z}{\cos z},\quad \cot z=\frac{\cos z}{\sin z},\\&\sec z=\frac{1}{\cos z},\quad \csc z=\frac{1}{\sin z}.\end{aligned}\right\}\tag{1-2-18}$$

3. 复变量的双曲函数

双曲余弦函数和双曲正弦函数的定义是

$$\cosh z=\frac{e^{z}+e^{-z}}{2},\quad \sinh z=\frac{e^{z}-e^{-z}}{2}.\tag{1-2-19}$$

将式(1-2-11)与式(1-2-19)比较,可以看到双曲函数和三角函数之间的关系:

$$\cosh z=\cos iz,\quad \sinh z=-i\sin iz.\tag{1-2-20}$$

因此,从复变函数的意义上来说,双曲函数与三角函数基本上是一个变量代换

$$z\to iz$$

的关系,两者没有本质的差别.

利用定义(1-2-19)可以得到双曲函数的一系列性质.但是,更简单的办法是由式(1-2-20)出发来推出这些性质:

(a) 周期性

$$\cosh(z+2\pi i)=\cosh z,\quad \sinh(z+2\pi i)=\sinh z.\tag{1-2-21}$$

(b) 奇偶性

$$\cosh(-z)=\cosh z,\quad \sinh(-z)=-\sinh z.\tag{1-2-22}$$

(c) 平方差公式

$$\cosh^2 z-\sinh^2 z=1.\tag{1-2-23}$$

(d) 和角公式

$$\cosh(z_1\pm z_2)=\cosh z_1\cosh z_2\pm\sinh z_1\sinh z_2,\tag{1-2-24}$$

$$\sinh(z_1\pm z_2)=\sinh z_1\cosh z_2\pm\cosh z_1\sinh z_2.\tag{1-2-25}$$

双曲函数的这些公式和三角函数的对应公式形式上很类似,但应特别注意,式(1-2-23)、(1-2-24)以及后面(1-3-12)中的最后一个式子和三角函数的对应公式相差一个符号.

其他双曲函数的定义是

$$\left.\begin{aligned}&\tanh z=\frac{\sinh z}{\cosh z}=\frac{e^{z}-e^{-z}}{e^{z}+e^{-z}},\\&\coth z=\frac{\cosh z}{\sinh z}=\frac{e^{z}+e^{-z}}{e^{z}-e^{-z}},\\&\operatorname{sech} z=\frac{1}{\cosh z},\quad \operatorname{csch} z=\frac{1}{\sinh z}.\end{aligned}\right\}\tag{1-2-26}$$

在图 1-2-8 上画出了当 z 取实数值 x 时，双曲函数 $\sinh x$ 和 $\operatorname{csch} x$[图(a)]，$\cosh x$ 和 $\operatorname{sech} x$[图(b)]的图形.

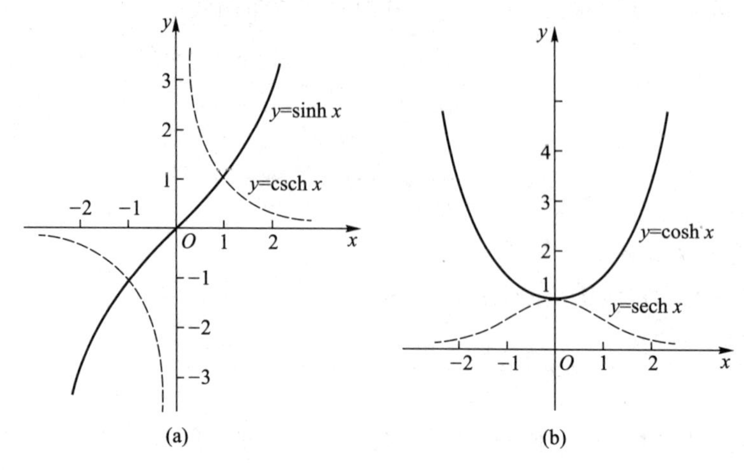

图 1-2-8

4. 复变量的对数函数

对于 $z\neq 0$ 或 $z\neq\infty$ 的复变量，定义满足 $e^w=z$ 的 w 为 z 的对数函数，记为

$$w=\operatorname{Ln} z=\ln|z|+\mathrm{i}\operatorname{Arg} z. \tag{1-2-27}$$

对数函数 $\operatorname{Ln} z$ 为多值函数，在 §3-5 中还将作进一步讨论.

注意，在实数域内，负数的对数没有意义，但在复数域内，复数的对数有意义. 例如，$\operatorname{Ln}(-1)=\ln 1+\mathrm{i}\operatorname{Arg}(-1)=\mathrm{i}(2k+1)\pi$（$k$ 为整数）.

5. 复变量的幂函数

设 s 为复数，z 为不为零的复变量，定义

$$w=z^s=e^{s\operatorname{Ln} z} \tag{1-2-28}$$

为幂函数. 因为 $\operatorname{Ln} z$ 为多值函数，所以，幂函数 $w=z^s$ 一般也是多值函数，关于其多值性的详细讨论见 §3-5. 但是，当 $s=n$（n 为整数）时，z^n 为单值函数.

（四）复变函数的极限和连续性

设复变函数 $w=f(z)$ 是在 z_0 的无心邻域中有定义的单值函数，并且对于任意给定的正实数 ε，总能找到正实数 δ，使得当 $0<|z-z_0|<\delta$ 时，有 $|f(z)-w_0|<\varepsilon$，那么复常数 w_0 就称为 $f(z)$ 当 z 趋近 z_0 时的极限，记为 $\lim\limits_{z\to z_0}f(z)=w_0$.

由定义可见，极限值 w_0 与 $z\to z_0$ 的方式无关. 即要求 z 沿复平面上任何方向趋于 z_0（图1-2-9）时，$f(z)$ 都有共同的极限值 w_0. 换句话说，当 z 以不同方式趋于 z_0，如果 $f(z)$ 的取值不同，则其极限不存在.

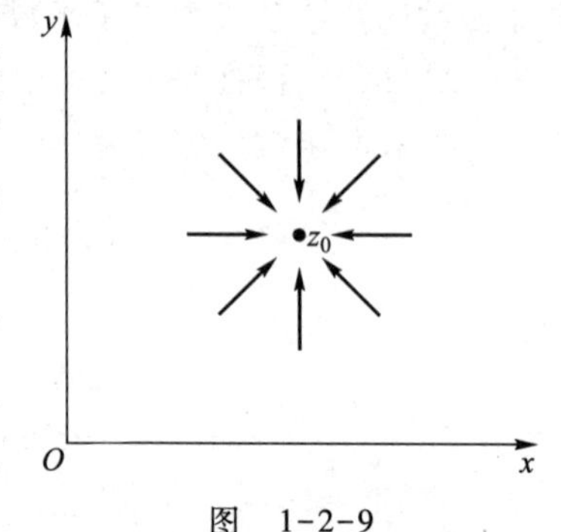

图 1-2-9

由于 $w=f(z)=u(x,y)+\mathrm{i}v(x,y)$，因此复变函数中极限的定义可归结成通常的实变二元函数极限的定义，这样实变函数中有关极限的性质，对于复变函数来说，也同样成立. 例如，若 $\lim\limits_{z\to z_0}f(z)$ 和 $\lim\limits_{z\to z_0}g(z)$ 存在，则有

$$\lim_{z\to z_0}(f\pm g)=\lim_{z\to z_0}f\pm\lim_{z\to z_0}g,$$

$$\lim_{z\to z_0}(fg)=\lim_{z\to z_0}f\cdot\lim_{z\to z_0}g,$$

$$\lim_{z\to z_0}\left(\frac{f}{g}\right)=\frac{\lim\limits_{z\to z_0}f}{\lim\limits_{z\to z_0}g}\quad\left(\lim_{z\to z_0}g\neq 0\right).$$

设在复平面的某一区域 $\mathscr{D}$ 内定义了一个函数 $w=f(z)$.如果自变量 z 在这区域内以任何方式趋向于一点 z_0 时,$f(z)$ 都以 $f(z_0)$ 为极限,即

$$\text{当 } z\to z_0 \text{ 时},\quad f(z)\to f(z_0),$$

则称 $f(z)$ 在 z_0 连续.如果 $f(z)$ 在区域 $\mathscr{D}$ 内的所有点上都连续,就称它在区域 $\mathscr{D}$ 内连续.

类似于极限情况的讨论,连续函数的和、差、积、商(在分母不为零的点)仍为连续函数,连续函数的复合函数仍为连续函数.

从以上的讨论可以发现,在复变函数的极限概念中强调 $0<|z-z_0|<\delta$,这是点 z_0 的去心邻域.这也就是说,$f(z)$ 在点 z_0 的极限是否存在与 $f(z)$ 在点 z_0 有无定义并无关系.但是在讨论 $f(z)$ 在点 z_0 的连续性时,$f(z)$ 就必须在点 z_0 有定义,并且在此点的极限值必须等于函数在此点的值.

函数 $f(z)$ 在 $z_0=x_0+\mathrm{i}y_0$ 处的连续性也就是二元函数 u 和 v 在点 (x_0,y_0) 处的连续性,例如,指数函数

$$\mathrm{e}^z=\mathrm{e}^x\cos y+\mathrm{i}\mathrm{e}^x\sin y,$$

由于实变函数 $\mathrm{e}^x\cos y$ 和 $\mathrm{e}^x\sin y$ 对任何实变量 x,y 都是连续的,所以 e^z 在全 z 平面也是连续的.

习　　题

1. 画图说明下列式子在复平面上代表什么样的区域:

(1) $|z+\mathrm{i}|\leqslant|2-\mathrm{i}|$;　(2) $|z|<1,\mathrm{Re}\,z\leqslant\dfrac{1}{2}$;

(3) $\mathrm{Re}\,z^2>\dfrac{1}{2}$;　(4) $2\leqslant\mathrm{Re}\,z<4$;

(5) $0<\arg(z-1)<\dfrac{\pi}{4}$;　(6) $0<\arg\dfrac{z-\mathrm{i}}{z+\mathrm{i}}<\dfrac{\pi}{4}$.

2. 下列方程表示 z 平面的什么曲线?

(1) $\mathrm{Im}\,z^2=4$;　(2) $|z-1|+|z+3|=10$;

(3) $|z-5|-|z+5|=8$;　(4) $|z-\mathrm{i}|=\mathrm{Im}\,z$.

提示:解(2)、(3)两小题时可利用曲线的几何意义.

3. 分开 $\sin z$ 和 $\cos z$ 的实部与虚部.

4. 证明三角函数的下列性质:

(1) $\sin^2 z+\cos^2 z=1$;

(2) $\cos(z_1+z_2)=\cos z_1\cos z_2-\sin z_1\sin z_2$;

(3) $\sin(z_1+z_2)=\sin z_1\cos z_2+\cos z_1\sin z_2$.

5. 证明双曲函数的下列性质:

(1) $\cosh^2 z-\sinh^2 z=1$;

(2) $\sinh(z_1+z_2)=\sinh z_1\cosh z_2+\cosh z_1\sinh z_2$;

(3) $\cosh(z_1+z_2)=\cosh z_1\cosh z_2+\sinh z_1\sinh z_2$.

6. 说明下列函数 $w=f(z)$ 分别将 z 平面上指定的区域 $\mathscr{D}$ 变换成 w 平面上的什么区域,并画出 z 平面和 w 平面上相应区域的示意图.

(1) $w=z^3$, $\mathscr{D}$ 为第 I 象限;

(2) $w=\mathrm{e}^z$, $\mathscr{D}$ 为 $0<\mathrm{Im}\, z<\dfrac{\pi}{2}$ 的带形区域.

§1-3 复变函数的导数与解析性 保角映射

(一)复变函数的导数 柯西-黎曼条件

1. 导数的定义

复变函数及其导数的定义

现在把实变函数的导数概念推广到复变函数.设 $w=f(z)$ 是定义在区域 $\mathscr{D}$ 内的单值函数,即对于 $\mathscr{D}$ 内的每个 z 值,相应的 w 值是唯一确定的.如果对 $\mathscr{D}$ 内的某一点 z,极限

$$\lim_{\Delta z\to 0}\frac{f(z+\Delta z)-f(z)}{\Delta z}$$

存在,我们就说 $f(z)$ 在 z 点可导.这个极限称为函数 $f(z)$ 在 z 点的导数,记作 $f'(z)$ 或 $\dfrac{\mathrm{d}f}{\mathrm{d}z}$,即

$$f'(z)=\lim_{\Delta z\to 0}\frac{f(z+\Delta z)-f(z)}{\Delta z}. \qquad (1-3-1)$$

这在形式上和实变函数导数的定义一样,但两者实际上有重大区别.在计算实变函数 $f(x)$ 的导数时,只要求 Δx 由大于零或小于零两个方向趋于 0 时,比值 $\dfrac{f(x+\Delta x)-f(x)}{\Delta x}$ 有同一极限;而对于复变函数 $f(z)$,则要求 Δz 在复平面上以任意方式趋于 0 时,式(1-3-1)右边的极限都存在,而且相等.因此,和实变函数的可导条件相比,复变函数的可导条件要严格得多.

2. 函数可导的条件

我们来研究复变函数 $f(z)$ 在某一点可导的条件.根据定义,$f(z)$ 在 z 点可导,要求 Δz 沿复平面上任一曲线趋于零时,式(1-3-1)有相同的极限.我们首先考虑 Δz 沿平行于实轴和平行于虚轴两种方式趋于零的情况.

当 Δz 沿平行于实轴的方式趋于零时,

$$\Delta y = 0 \quad 而 \quad \Delta z = \Delta x,$$

所以

$$\begin{aligned} f'(z) &= \lim_{\Delta z \to 0} \frac{f(z+\Delta z)-f(z)}{\Delta z} \\ &= \lim_{\Delta x \to 0} \frac{[u(x+\Delta x,y)-u(x,y)]+\mathrm{i}[v(x+\Delta x,y)-v(x,y)]}{\Delta x} \\ &= \frac{\partial u}{\partial x}+\mathrm{i}\frac{\partial v}{\partial x}. \end{aligned} \tag{1-3-2}$$

当 Δz 沿平行于虚轴的方式趋于零时,

$$\Delta x = 0 \quad 而 \quad \Delta z = \mathrm{i}\Delta y,$$

于是

$$\begin{aligned} f'(z) &= \lim_{\Delta z \to 0} \frac{f(z+\Delta z)-f(z)}{\Delta z} \\ &= \lim_{\Delta y \to 0} \frac{[u(x,y+\Delta y)-u(x,y)]+\mathrm{i}[v(x,y+\Delta y)-v(x,y)]}{\mathrm{i}\Delta y} \\ &= \frac{\partial v}{\partial y}-\mathrm{i}\frac{\partial u}{\partial y}. \end{aligned} \tag{1-3-3}$$

如果 $f(z)$ 在 z 点可导,式(1-3-2)和(1-3-3)应该相等,因而得到

$$\left.\begin{aligned} \frac{\partial u}{\partial x} &= \frac{\partial v}{\partial y}, \\ \frac{\partial v}{\partial x} &= -\frac{\partial u}{\partial y}. \end{aligned}\right\} \tag{1-3-4}$$

这两个方程叫柯西-黎曼方程,简称为 C-R 方程,它们是 $f(z)$ 在 z 点可导的必要条件.那么,什么是 $f(z)$ 在 z 点可导的充要条件呢?

定理一 如果 $f(z)=u(x,y)+\mathrm{i}v(x,y)$ 在区域 $\mathscr{D}$ 内有定义,则 $f(z)$ 在 $\mathscr{D}$ 内的一点 $z=x+\mathrm{i}y$ 可导的必要与充分条件是:函数 $u(x,y)$ 及 $v(x,y)$ 在点 (x,y) 可微,并满足 C-R 方程(1-3-4).

证 先证条件的必要性.如果 $f(z)$ 在 z 点是可导的,根据导数的定义,我们有

$$f(z+\Delta z)-f(z)=\alpha\Delta z+o(|\Delta z|) \quad (|\Delta z|\to 0 \text{ 时}),$$

其中 $\alpha=a+\mathrm{i}b$,$\Delta z=\Delta x+\mathrm{i}\Delta y$,符号 $o(|\Delta z|)$ 的意义是,当 $|\Delta z|\to 0$ 时,该项的实部和虚部与 $|\Delta z|$ 之比趋于零.让上式两边的实部和虚部分别相等,得到

$$\left.\begin{aligned} u(x+\Delta x,y+\Delta y)-u(x,y)&=a\Delta x-b\Delta y+\mathrm{Re}[o(|\Delta z|)], \\ v(x+\Delta x,y+\Delta y)-v(x,y)&=b\Delta x+a\Delta y+\mathrm{Im}[o(|\Delta z|)]. \end{aligned}\right\} \ (|\Delta z|\to 0)$$

让 $\Delta y=0,\Delta x\to 0$,得 $a=\frac{\partial u}{\partial x},b=\frac{\partial v}{\partial x}$;让 $\Delta x=0,\Delta y\to 0$,得 $b=-\frac{\partial u}{\partial y},a=\frac{\partial v}{\partial y}$.所以这些偏导数必满足 C-R 方程,且函数 $u(x,y)$ 及 $v(x,y)$ 是可微的,即

$$\mathrm{d}u=\frac{\partial u}{\partial x}\mathrm{d}x+\frac{\partial u}{\partial y}\mathrm{d}y,$$

$$\mathrm{d}v=\frac{\partial v}{\partial x}\mathrm{d}x+\frac{\partial v}{\partial y}\mathrm{d}y.$$

现在来证明条件的充分性.因为 $u(x,y)$ 及 $v(x,y)$ 是可微的,所以

$$\Delta u=\frac{\partial u}{\partial x}\Delta x+\frac{\partial u}{\partial y}\Delta y+\varepsilon_1\Delta x+\varepsilon_2\Delta y+o(|\Delta z|),$$

$$\Delta v=\frac{\partial v}{\partial x}\Delta x+\frac{\partial v}{\partial y}\Delta y+\varepsilon_3\Delta x+\varepsilon_4\Delta y+o(|\Delta z|),$$

其中 $\varepsilon_1,\cdots,\varepsilon_4$ 的值随 $\Delta x,\Delta y$ 一道趋于零,由此得到

$$\begin{aligned}&\frac{f(z+\Delta z)-f(z)}{\Delta z}\\&=\frac{\Delta u+\mathrm{i}\Delta v}{\Delta x+\mathrm{i}\Delta y}\\&=\frac{\left(\frac{\partial u}{\partial x}\Delta x+\frac{\partial u}{\partial y}\Delta y\right)+\mathrm{i}\left(\frac{\partial v}{\partial x}\Delta x+\frac{\partial v}{\partial y}\Delta y\right)}{\Delta x+\mathrm{i}\Delta y}+\frac{\varepsilon_5\Delta x+\varepsilon_6\Delta y+o(|\Delta z|)}{\Delta x+\mathrm{i}\Delta y},\end{aligned}$$

式中

$$\varepsilon_5=\varepsilon_1+\mathrm{i}\varepsilon_3,\quad \varepsilon_6=\varepsilon_2+\mathrm{i}\varepsilon_4$$

也是随 $\Delta x,\Delta y$ 一道趋于零的无穷小量,将式(1-3-4)代入上式得到

$$\begin{aligned}&\frac{f(z+\Delta z)-f(z)}{\Delta z}\\&=\frac{\frac{\partial u}{\partial x}(\Delta x+\mathrm{i}\Delta y)+\mathrm{i}\frac{\partial v}{\partial x}(\Delta x+\mathrm{i}\Delta y)}{\Delta x+\mathrm{i}\Delta y}+\varepsilon_5\frac{\Delta x}{\Delta x+\mathrm{i}\Delta y}+\varepsilon_6\frac{\Delta y}{\Delta x+\mathrm{i}\Delta y}+\frac{o(|\Delta z|)}{\Delta z},\end{aligned}$$

因为 $\left|\frac{\Delta x}{\Delta z}\right|$ 与 $\left|\frac{\Delta y}{\Delta z}\right|$ 之值不大于 1,所以当 $\Delta z\to 0$ 时,上式的极限值为

$$\lim_{\Delta z\to 0}\frac{f(z+\Delta z)-f(z)}{\Delta z}=\frac{\mathrm{d}f}{\mathrm{d}z}=\frac{\partial u}{\partial x}+\mathrm{i}\frac{\partial v}{\partial x}.\tag{1-3-5}$$

这一极限具有有限而确定的值,因而定理得证.【证毕】

3. 复变函数导数的几何意义

为了说明导数 $f'(z)$ 的几何意义,让我们来看 z 的增量 $\Delta z=z-z_0$.它在 z 平面上是由 z_0 指向 z 的一个矢量 $\overrightarrow{z_0z}$.将它写成指数形式,则

$$\Delta z = |\Delta z| e^{i\theta},$$

模 $|\Delta z|$ 表示矢量 $\overrightarrow{z_0 z}$ 的长度，而辐角 θ 表示矢量 $\overrightarrow{z_0 z}$ 与水平线的夹角，如图1-3-1(a)所示. 对应地，w 的增量

$$\Delta w = w - w_0 = |\Delta w| e^{i\varphi}$$

在 w 平面上是矢量 $\overrightarrow{w_0 w}$. 它的模 $|\Delta w|$ 表示矢量 $\overrightarrow{w_0 w}$ 的长度，而辐角 φ 则是矢量 $\overrightarrow{w_0 w}$ 与水平线之间的夹角，如图 1-3-1(b)所示.

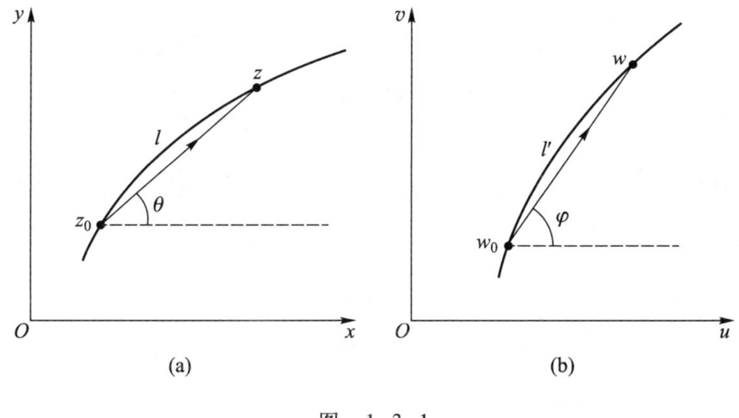

图 1-3-1

当 z 沿 z 平面上的曲线 l 趋于 z_0 时，与它对应的点 w 也就沿着曲线 l' 趋于 w_0. 此时，弦 $\overline{z_0 z}$ 和 $\overline{w_0 w}$ 分别趋于上述两条曲线在点 z_0 和 w_0 的切线.

函数 $w=f(z)$ 在 z_0 点的导数 $f'(z_0)$ 是 $\dfrac{\Delta w}{\Delta z}$ 在 Δz 趋于 0 时的极限：

$$f'(z_0) = \lim_{\Delta z \to 0} \frac{\Delta w}{\Delta z} = \lim_{\Delta z \to 0} \left(\left| \frac{\Delta w}{\Delta z} \right| e^{i(\varphi - \theta)} \right). \quad (1-3-6)$$

导数的模为

$$|f'(z_0)| = \lim_{\Delta z \to 0} \left| \frac{\Delta w}{\Delta z} \right|, \quad (1-3-7)$$

它代表当通过 z_0 点的无穷小线段 $\overline{z_0 z}$ $(\Delta z \to 0)$ 映射到 w 平面上的无穷小线段 $\overline{w_0 w}$ 时，长度的伸缩比. 导数的辐角

$$\arg f'(z_0) = \varphi - \theta \quad (1-3-8)$$

则是在 w_0 点和 z_0 点的两根切线与水平线间的夹角之差.

（二）复变函数的解析性

如果复变函数 $f(z)$ 在区域 $\mathscr{D}$ 内处处可导，就称它在 $\mathscr{D}$ 内解析，有时也称它为 $\mathscr{D}$ 内的解析函数. 由定理一立即推出定理二.

复变函数的导数与解析性(1)

定理二 如果函数 $f(z)$ 在区域 $\mathscr{D}$ 内有定义，则它在区域 $\mathscr{D}$ 内解析的必要与充分条件是：$u(x,y)$ 及 $v(x,y)$ 在 $\mathscr{D}$ 内是可微的，且满足柯西-黎曼方程(1-3-4).

复变函数的导数与解析性(2)

有时我们也说函数在某一点 z_0 解析，这应理解为函数 $f(z)$ 在 z_0 及其邻域内是可导的. 如果函数 $f(z)$ 在某一点 z_0 不解析，则 z_0 称为该函数的奇点.

根据以上定理不难证明，按式(1-1-19)、(1-2-7)、(1-2-11)定义的幂函数、指数函数和余弦、正弦函数都在全平面上解析.

由于复变函数导数的定义在形式上与实变函数相同，如果 $f(z)$ 和 $g(z)$ 是区域 $\mathscr{D}$ 内的解析函数，则与实变情形相似，在区域 $\mathscr{D}$ 内我们有

$$[f(z)\pm g(z)]'=f'(z)\pm g'(z), \tag{1-3-9}$$

$$[f(z)g(z)]'=f'(z)g(z)+f(z)g'(z), \tag{1-3-10}$$

$$\left[\frac{f(z)}{g(z)}\right]'=\frac{f'(z)g(z)-g'(z)f(z)}{[g(z)]^2}\quad(g(z)\neq 0). \tag{1-3-11}$$

为使后一关系成立，要假设 $g(z)$ 在 $\mathscr{D}$ 内每一点都不为零. 此外，与实变情形相似，容易求得一些初等函数的导数. 例如：

$$\left.\begin{aligned}&\frac{\mathrm{d}}{\mathrm{d}z}z^n=nz^{n-1}, &&\frac{\mathrm{d}}{\mathrm{d}z}\mathrm{e}^z=\mathrm{e}^z,\\ &\frac{\mathrm{d}}{\mathrm{d}z}\sin z=\cos z, &&\frac{\mathrm{d}}{\mathrm{d}z}\cos z=-\sin z,\\ &\frac{\mathrm{d}}{\mathrm{d}z}\sinh z=\cosh z, &&\frac{\mathrm{d}}{\mathrm{d}z}\cosh z=\sinh z.\end{aligned}\right\} \tag{1-3-12}$$

另一方面，由定理二我们知道，解析函数的实部和虚部是通过柯西-黎曼方程相互联系的. 也就是说，解析函数是从一般的复变函数中加上很强的条件后挑选出来的一类特殊的复变函数. 利用柯西-黎曼方程(1-3-4)，如果已知一个解析函数 $w=u+\mathrm{i}v$ 的实部 u(或虚部 v)，并给定 w 在某一点 $z=z_0$ 的值

$$w_0=w(z_0)=u_0+\mathrm{i}v_0, \tag{1-3-13}$$

就可以求出它的虚部 v(或实部 u). 事实上，根据

$$\mathrm{d}u=\frac{\partial u}{\partial x}\mathrm{d}x+\frac{\partial u}{\partial y}\mathrm{d}y,$$

$$\mathrm{d}v=\frac{\partial v}{\partial x}\mathrm{d}x+\frac{\partial v}{\partial y}\mathrm{d}y.$$

将柯西-黎曼方程(1-3-4)代入，得到

$$\mathrm{d}u=\frac{\partial v}{\partial y}\mathrm{d}x-\frac{\partial v}{\partial x}\mathrm{d}y,$$

$$\mathrm{d}v=-\frac{\partial u}{\partial y}\mathrm{d}x+\frac{\partial u}{\partial x}\mathrm{d}y.$$

积分得到

$$\left.\begin{aligned}u&=\int_{(x_0,y_0)}^{(x,y)}\left(\frac{\partial v}{\partial y}\mathrm{d}x-\frac{\partial v}{\partial x}\mathrm{d}y\right)+u_0,\\v&=\int_{(x_0,y_0)}^{(x,y)}\left(-\frac{\partial u}{\partial y}\mathrm{d}x+\frac{\partial u}{\partial x}\mathrm{d}y\right)+v_0.\end{aligned}\right\}\tag{1-3-14}$$

这就是已知 v 求 u 和已知 u 求 v 的公式.积分常数 u_0 和 v_0 由条件(1-3-13)决定.只要积分端点(x_0,y_0)、(x,y)固定,积分路径可以任意选取.

例 1 已知解析函数 $w=f(z)$ 的实部 $u(x,y)=x^2-y^2$,且 $w(0)=0$,求函数$f(z)$.

解 利用式(1-3-14),沿图 1-3-2 的路径进行积分

$$v=\int_{(0,0)}^{(x,0)}2y\mathrm{d}x+\int_{(x,0)}^{(x,y)}2x\mathrm{d}y+v_0=2xy+v_0,$$

因而

$$\begin{aligned}w&=u+\mathrm{i}v=x^2-y^2+\mathrm{i}(2xy+v_0)\\&=(x+\mathrm{i}y)^2+\mathrm{i}v_0.\end{aligned}$$

根据 $w(0)=0$,得到 $v_0=0$.因此,所求的函数是

$$w=f(z)=z^2.$$

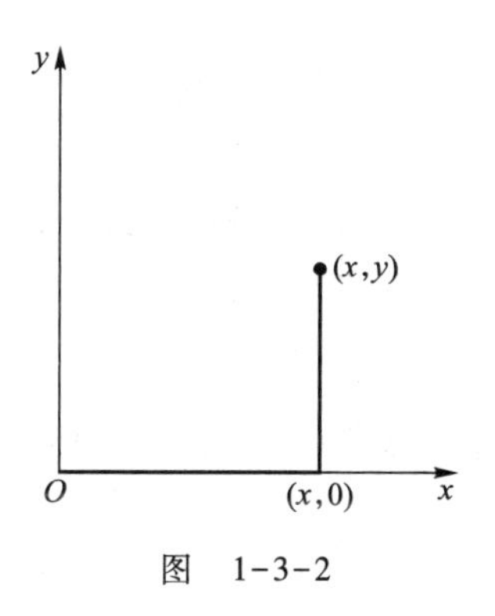

图 1-3-2

【解毕】

(三)复变函数可导的充分必要条件的另一种表示

前面讨论的关于$f(z)$在 z 点可导的充要条件中的柯西-黎曼方程是用实变量来表示的,现在来讨论与柯西-黎曼方程等价的另一种表示.在这种表示中,是将复变量 z 及其共轭复数 z^* 作为变量.

利用 $z=x+\mathrm{i}y$ 和 $z^*=x-\mathrm{i}y$, 可以得到

$$x=\frac{z+z^*}{2},\quad y=\frac{z-z^*}{2\mathrm{i}}\tag{1-3-15}$$

由此,凡是用实变量 x 和 y 表示的关系式均可用复变量 z 和 z^* 来表示.

设$f(z)$为定义在区域 $\mathscr{D}$ 内的复变函数,它的实部和虚部分别为 $u(x,y)$ 和$v(x,y)$,即$f(z)=u(x,y)+\mathrm{i}v(x,y)$,则有

$$\mathrm{d}f(z)=\mathrm{d}u(x,y)+\mathrm{i}\mathrm{d}v(x,y).\tag{1-3-16}$$

我们称 $\mathrm{d}f(z)$为$f(z)$在区域 $\mathscr{D}$ 内的微分.由于$f(z)$为 x、y 的函数,所以 $\mathrm{d}f(z)$可表示为

$$\mathrm{d}f(z)=\frac{\partial f}{\partial x}\mathrm{d}x+\frac{\partial f}{\partial y}\mathrm{d}y.\tag{1-3-17}$$

由式(1-3-15)得到

$$\mathrm{d}x=\frac{\mathrm{d}z+\mathrm{d}z^*}{2},\quad \mathrm{d}y=\frac{\mathrm{d}z-\mathrm{d}z^*}{2\mathrm{i}}.\tag{1-3-18}$$

因此,有

$$\mathrm{d}f(z)=\frac{1}{2}\left(\frac{\partial f}{\partial x}-\mathrm{i}\frac{\partial f}{\partial y}\right)\mathrm{d}z+\frac{1}{2}\left(\frac{\partial f}{\partial x}+\mathrm{i}\frac{\partial f}{\partial y}\right)\mathrm{d}z^{*}. \tag{1-3-19}$$

这样,可以形式地定义函数关于复变量 z 和 z^* 的偏导数

$$\frac{\partial}{\partial z}=\frac{1}{2}\left(\frac{\partial}{\partial x}-\mathrm{i}\frac{\partial}{\partial y}\right),\quad \frac{\partial}{\partial z^{*}}=\frac{1}{2}\left(\frac{\partial}{\partial x}+\mathrm{i}\frac{\partial}{\partial y}\right). \tag{1-3-20}$$

利用以上定义的偏导数,式(1-3-19)可写为

$$\mathrm{d}f(z)=\frac{\partial f}{\partial z}\mathrm{d}z+\frac{\partial f}{\partial z^{*}}\mathrm{d}z^{*}. \tag{1-3-21}$$

由于关于 z 和 z^* 的求导具有线性性质,且满足莱布尼茨求导规则,于是,在实际求偏导的过程中可将 z 和 z^* 看成相互独立的变量.

根据以上的讨论,我们可证明以下定理.

定理三 设函数 $u(x,y)$、$v(x,y)$ 在区域 $\mathscr{D}$ 内可微,则

$$f(z)=u(x,y)+\mathrm{i}v(x,y)$$

在区域 $\mathscr{D}$ 内解析的充分必要条件是

$$\frac{\partial f(z)}{\partial z^{*}}=0. \tag{1-3-22}$$

证 先证该条件的必要性.如果 $f(z)$ 在 $\mathscr{D}$ 内解析,则 u、v 满足柯西-黎曼方程

$$\frac{\partial u}{\partial x}=\frac{\partial v}{\partial y},\quad \frac{\partial u}{\partial y}=-\frac{\partial v}{\partial x}.$$

由式(1-3-20)的第二式,有

$$\begin{aligned}\frac{\partial f(z)}{\partial z^{*}}&=\frac{1}{2}\left(\frac{\partial}{\partial x}+\mathrm{i}\frac{\partial}{\partial y}\right)[u(x,y)+\mathrm{i}v(x,y)]\\&=\frac{1}{2}\left(\frac{\partial u}{\partial x}-\frac{\partial v}{\partial y}\right)+\frac{\mathrm{i}}{2}\left(\frac{\partial u}{\partial y}+\frac{\partial v}{\partial x}\right)\\&=0.\end{aligned}$$

现在来证明该条件的充分性.因为

$$\frac{\partial f(z)}{\partial z^{*}}=0,$$

所以

$$\frac{\partial f(z)}{\partial z^{*}}=\frac{1}{2}\left(\frac{\partial u}{\partial x}-\frac{\partial v}{\partial y}\right)+\frac{\mathrm{i}}{2}\left(\frac{\partial u}{\partial y}+\frac{\partial v}{\partial x}\right)=0.$$

因而,有

$$\frac{\partial u}{\partial x}=\frac{\partial v}{\partial y},\quad \frac{\partial u}{\partial y}=-\frac{\partial v}{\partial x}.$$

即 $u(x,y)$、$v(x,y)$ 满足柯西-黎曼方程.又因为 u、v 在区域 $\mathscr{D}$ 内可微,故 $f(z)$ 在 $\mathscr{D}$ 内解析.该条件的充分性与必要性都已证明,因而定理得证. 【证毕】

以上将 $f(z)$ 解析的充要条件用变量 z、z^* 来表示.对于一般的复变函数 $f=u(x,y)+$

$\mathrm{i}v(x,y)$，用复变量 z、z^* 可表示为

$$f=f\left(\frac{z+z^*}{2},\frac{z-z^*}{2\mathrm{i}}\right).$$

如果 f 为解析函数，则由定理三可知，f 不依赖变量 z^*，即对于解析的复变函数，有 $f=f(z)$. 可以证明，以下等式

$$\left(\frac{\partial f}{\partial z^*}\right)^*=\frac{\partial f^*}{\partial z} \tag{1-3-23}$$

成立. 这样，对于解析的复变函数，有

$$\frac{\partial f^*}{\partial z}=0,$$

即

$$f^*=f^*(z^*). \tag{1-3-24}$$

由此，若已知解析函数 $f(z)$ 的实部或虚部而需要求解整个解析函数时，可以方便地利用式(1-3-22)这一种形式来求得. 下面举一例子进行说明.

例 2 已知在区域 $\mathscr{D}$ 内解析的函数 f 的实部 $u(x,y)$ 及 $f(z_0)=w_0$，求该解析函数.

解 因为 f 在区域 $\mathscr{D}$ 内解析，所以

$$\frac{\partial f}{\partial z^*}=0,\quad \frac{\partial f^*}{\partial z}=0.$$

于是 $f=f(z)$，$f^*=f^*(z^*)$.

由 $f=u(x,y)+\mathrm{i}v(x,y)=f(z)$，$f^*=u(x,y)-\mathrm{i}v(x,y)=f^*(z^*)$ 得到

$$u(x,y)=\frac{1}{2}[f(z)+f^*(z^*)]. \tag{1-3-25}$$

根据式(1-3-25)，有

$$u\left[\frac{1}{2}(z+z^*),\frac{1}{2\mathrm{i}}(z-z^*)\right]=\frac{1}{2}[f(z)+f^*(z^*)],$$

于是可得

$$f(z)=2u\left[\frac{1}{2}(z+z^*),\frac{1}{2\mathrm{i}}(z-z^*)\right]-f^*(z^*). \tag{1-3-26}$$

由式(1-3-26)可知，如果给出了 $f^*(z^*)$ 在 z_0 的值，则只需将 $u(x,y)$ 中的 x、y 分别用 $\frac{1}{2}(z+z_0^*)$、$\frac{1}{2\mathrm{i}}(z-z_0^*)$ 去取代，就可以得到 $f(z)$ 关于复变量 z 的表达式. 例如，已知解析函数的实部

$$u=\frac{2\sin 2x}{\mathrm{e}^{2y}+\mathrm{e}^{-2y}-2\cos 2x}$$

及 $f\left(\frac{\pi}{2}\right)=0$，则由式(1-3-26)可得

$$\begin{aligned}f(z)&=2u\left[\frac{1}{2}\left(z+\frac{\pi}{2}\right),\frac{1}{2\mathrm{i}}\left(z-\frac{\pi}{2}\right)\right]-f^*\left(\frac{\pi}{2}\right)\\&=2\frac{2\sin\left(z+\frac{\pi}{2}\right)}{\mathrm{e}^{-\mathrm{i}\left(z-\frac{\pi}{2}\right)}+\mathrm{e}^{\mathrm{i}\left(z-\frac{\pi}{2}\right)}-2\cos\left(z+\frac{\pi}{2}\right)}\end{aligned}$$

$= \cot z$

如果已知解析函数 f 的虚部 $v(x,y)$ 及 $f(z_0)=w_0$，可用同样的方法求得该解析函数.

（四）由解析的复变函数所实现的映射的保角性

设函数 $w=f(z)$ 在区域 $\mathscr{D}$ 内解析，并且在 $\mathscr{D}$ 内的一点 z_0 有 $f'(z_0)\neq 0$.

考虑 z 平面上过 z_0 的任意两条曲线 l_1 和 l_2，如图 1-3-3(a) 所示，它们在 z_0 点的切线与水平线的夹角分别用 θ_1 和 θ_2 表示，则这两条切线之间的夹角是 $\theta_2-\theta_1$. 对应地，在 w 平面上也有过 w_0 的两条曲线 l_1' 和 l_2'，它们的切线与水平线之间的夹角是 φ_1 和 φ_2，而两切线间的夹角是 $\varphi_2-\varphi_1$，如图 1-3-3(b) 所示.

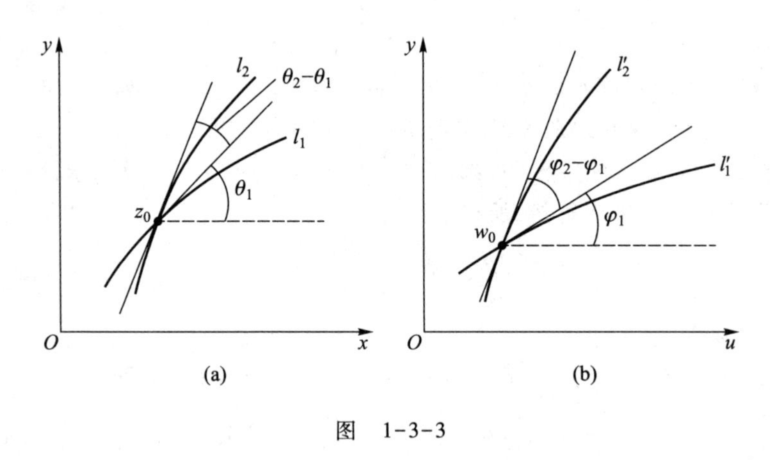

图　1-3-3

由于函数 $w=f(z)$ 在区域 $\mathscr{D}$ 内解析，它在 z_0 的导数与 z 沿什么方向趋于 z_0 无关，且有一个确定的值 $f'(z_0)$. 因此，由式(1-3-8)就知道，当 $f'(z_0)\neq 0$ 时，l'_1 与 l_1 的切线与水平线夹角之差 $\varphi_1-\theta_1$ 和 l'_2 与 l_2 的切线与水平线夹角之差 $\varphi_2-\theta_2$，都等于 $f'(z_0)$ 的辐角，因而两者相等：

$$\varphi_2-\theta_2=\varphi_1-\theta_1.$$

上式可改写为

$$\varphi_2-\varphi_1=\theta_2-\theta_1. \tag{1-3-27}$$

此式右边是 z 平面上两条任意曲线 l_2 与 l_1 的切线间的夹角，而左边是 w 平面上对应曲线的切线间的夹角. 式(1-3-27)说明，这两个夹角相等. 因此，解析函数 $w=f(z)$ 所代表的映射具有保持两曲线间夹角不变的性质，故这种映射称为保角映射（也称为保角变换）.

由于复数“零”的辐角没有明确意义，对 $f'(z)=0$ 的点，式(1-3-8)没有意义，因而也就谈不上夹角不变.

保角变换在边值问题中有重要应用，它使我们有可能将复杂的边界变为简单的边界，使问题易于求解，详见 §3-6.

以上讨论概括为

定理四　在区域 $\mathscr{D}$ 内解析的函数 $w=f(z)$ 所实现的由 z 平面到 w 平面的映射在 $f'(z_0)\neq 0$ 的点 z_0 具有保角性质.

习　　题

1. 证明 $e^z, \cos z, \sin z$ 在全平面上解析.
2. 下列函数是否解析？说明理由，并对其中解析的函数求导数 $\frac{dw}{dz}$.
   （1）$w=z-z^*$；　（2）$w=x^2+iy^2$；
   （3）$w=xy+iy$；　（4）$w=x^3-3xy^2+i(3x^2y-y^3)$.
3. 设函数 $f(z)$ 在区域 $\mathscr{D}$ 内解析，证明：如果 $f(z)$ 满足下列条件之一，那么它在 $\mathscr{D}$ 内为常数.
   （1）$\mathrm{Re}\,f(z)$ 或 $\mathrm{Im}\,f(z)$ 在 $\mathscr{D}$ 内为常数；
   （2）$|f(z)|$ 在 $\mathscr{D}$ 内为常数.
4. 证明在极坐标下的柯西-黎曼条件是

$$\frac{\partial u}{\partial r}=\frac{1}{r}\frac{\partial v}{\partial \theta},\quad \frac{\partial u}{\partial \theta}=-r\frac{\partial v}{\partial r}.$$

5. 已知在区域 $\mathscr{D}$ 内解析的函数 $f(z)$ 的实部 $u(x,y)$ 或虚部 $v(x,y)$，求该函数：
   （1）$u=x^3+6x^2y-3xy^2-2y^3$，　$f(0)=0$；
   （2）$v=\dfrac{y}{x^2+y^2}$，　$f(2)=0$；
   （3）$u=e^x(x\cos y-y\sin y)$，　$f(0)=0$.

§1-4　复变函数的积分　柯西定理

复变函数的积分与柯西定理(1)

（一）复变函数的积分

现在来讨论复变函数的积分. 和实变函数的积分一样，复变函数的积分也可以定义为求和的极限. 用 l 表示复平面上由 a 到 b 的一段路径，设复变函数 $f(z)$ 在 l 上有定义. 用任意选取的分点 $z_0=a$，$z_1, z_2, \cdots, z_n=b$ 将 l 分为 n 段，如图 1-4-1 所示. 用 ξ_k 表示在第 k 段 $[z_{k-1}, z_k]$ 上的任一点. 如果当 $n\to\infty$，同时每一小段曲线的长度

$$|\Delta z_k| \equiv |z_k - z_{k-1}|$$

复变函数的积分与柯西定理(2)

都趋于零时，和式

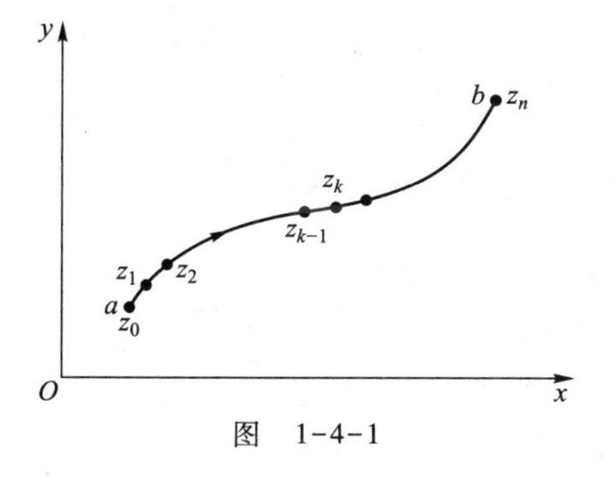

图　1-4-1

$$\sum_{k=1}^{n} f(\xi_k)\Delta z_k$$

的极限存在,并且其值与弧段的分法及 ξ_k 的选取方式无关,则称这一极限为$f(z)$沿 l 由 a 到 b 的积分:

$$\int_{l_{ab}} f(z)\,\mathrm{d}z = \lim_{\max|\Delta z|\to 0}\sum_{k=1}^{n} f(\xi_k)\Delta z_k. \qquad (1-4-1)$$

考虑到复变函数 $f(z)=u(x,y)+\mathrm{i}v(x,y)$,复变积分可以写成

$$\begin{aligned}\int_{l_{ab}} f(z)\,\mathrm{d}z &= \int_{l_{ab}}(u+\mathrm{i}v)(\mathrm{d}x+\mathrm{i}\mathrm{d}y)\\ &= \int_{l_{ab}}(u\mathrm{d}x - v\mathrm{d}y) + \mathrm{i}\int_{l_{ab}}(v\mathrm{d}x+u\mathrm{d}y).\end{aligned} \qquad (1-4-2)$$

这样,复变函数的积分可以归结为两个实变函数的线积分.因而实变函数线积分的许多性质对复变积分也成立,例如:

$$\text{Ⅰ}:\ \int_{l_{ab}} f(z)\,\mathrm{d}z = -\int_{l_{ba}} f(z)\,\mathrm{d}z, \qquad (1-4-3)$$

其中 l_{ab}和 l_{ba}分别表示沿同一曲线 l 由 a 到 b 和由 b 到 a;

$$\text{Ⅱ}:\ \int_{l} kf(z)\,\mathrm{d}z = k\int_{l} f(z)\,\mathrm{d}z, \qquad (1-4-4)$$

其中 l 表示复平面上的任意曲线,k 为任意常数;

$$\text{Ⅲ}:\ \left|\int_{l} f(z)\,\mathrm{d}z\right| \leqslant \int_{l}|f(z)|\,|\mathrm{d}z|. \qquad (1-4-5)$$

利用不等式(1-1-11),可以证明此式.

根据复变函数$f(z)$积分的定义(1-4-1)可以知道,在一般情况下,复变函数的积分(1-4-1)不仅依赖于端点 a 和 b,而且与积分路径 l 有关.一个重要问题是:在什么条件下,复变函数的积分只依赖于积分端点 a 和 b,而与积分路径无关?

按式(1-4-2),一个复变积分可以用两个实变线积分来表示.根据高等数学中学习过的格林公式①可知,实变线积分 $\int_{l_{ab}} u\mathrm{d}x - v\mathrm{d}y$ 与路径无关的条件是,在这些路径所包围的区域上(包括路径在内),偏导数$\dfrac{\partial u}{\partial y}$和$\dfrac{\partial v}{\partial x}$连续,且满足条件

$$\frac{\partial u}{\partial y} - \frac{\partial(-v)}{\partial x} = 0. \qquad (1-4-6)$$

同样,实变线积分 $\int_{l_{ab}} v\mathrm{d}x + u\mathrm{d}y$ 与路径无关的条件是$\dfrac{\partial v}{\partial y}$ 和 $\dfrac{\partial u}{\partial x}$连续,且满足条件

$$\frac{\partial v}{\partial y} - \frac{\partial u}{\partial x} = 0. \qquad (1-4-7)$$

---

① 若函数 $u(x,y)$和 $v(x,y)$在闭区域 $\mathscr{D}$ 上具有连续一阶偏微商,则格林公式

$$\oint_{l}(u\mathrm{d}x + v\mathrm{d}y) = \iint_{S}\left(\frac{\partial v}{\partial x} - \frac{\partial u}{\partial y}\right)\mathrm{d}x\mathrm{d}y$$

成立,此式左边的曲线积分沿 l 的正方向进行,S 是曲线 l 所包围的面积.

条件(1-4-6)和(1-4-7)正是柯西-黎曼方程,因而复变积分与路径无关的条件为:

定理一 如果函数$f(z)$的实部$u(x,y)$和虚部$v(x,y)$在单连通区域$\mathscr{D}$内每一点有连续偏导数,且满足柯西-黎曼方程,则函数$f(z)$由$\mathscr{D}$内一点到$\mathscr{D}$内另一点的积分与积分路径无关.

注意,在定理的条件中强调$\mathscr{D}$是单连通区域,这样才能保证$\mathscr{D}$内不同路径所包围的面积都属于区域$\mathscr{D}$.以后将看到,只要函数在$\mathscr{D}$内解析,即一阶导数存在,则任意阶导数也都存在,因而一阶导数$f'(z)$连续,其实部u和虚部v的一阶偏导数当然也连续.所以定理一还可表述为:

如果$f(z)$在单连通区域$\mathscr{D}$内解析,则函数$f(z)$由$\mathscr{D}$内一点到$\mathscr{D}$内另一点的积分与积分路径无关.

用a和z表示单连通解析区域$\mathscr{D}$中的任意两点.$f(z)$由a到z的积分与路径无关,因此可以像实变函数的积分一样,只在积分号上标明积分的"下限"a和"上限"z,而省去表示积分路径的符号l.这一积分的值是积分上限z的函数,用$F(z)$表示,

$$F(z)=\int_a^z f(z')\mathrm{d}z'.$$

和实变函数的情况类似,可以证明$F(z)$是$f(z)$的原函数,即

$$F'(z)=f(z). \tag{1-4-8}$$

(二)柯西定理

定理一指出,如果函数$f(z)$在单连通区域$\mathscr{D}$内解析,则它在这一区域内的积分与路径无关,即沿图1-4-2(a)中的两曲线积分有

$$\int_{l_1} f(z)\mathrm{d}z=\int_{l_2} f(z)\mathrm{d}z.$$

再利用性质(1-4-3)得

$$\oint_l f(z)\mathrm{d}z=0, \tag{1-4-9}$$

其中l是由l_1与l_2组成的闭合曲线,如图1-4-2(b)所示.因此我们得到

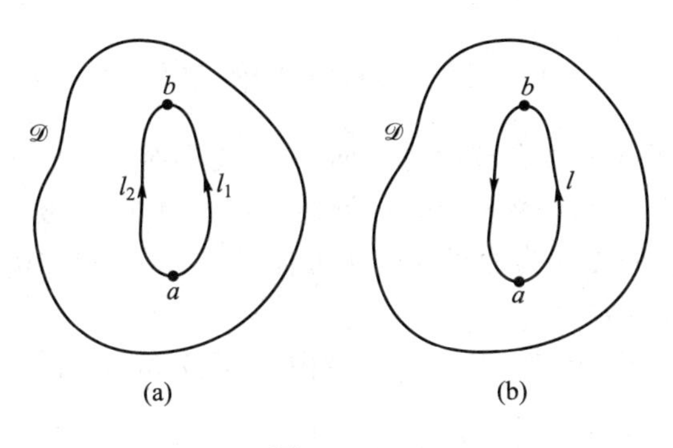

图 1-4-2

定理二 在单连通区域$\mathscr{D}$内解析的函数$f(z)$沿这一区域内的任意闭合曲线的积分等于零.

将这一定理推广到在闭区域中解析的函数上，可以得到复变函数论的一个重要定理——柯西定理.在讲述这一定理之前，先要对“闭区域中解析”给出明确的定义.

前面我们定义在区域 $\mathscr{D}$ 内解析的函数为在这个区域内部的每一点可导.现在我们希望在函数解析性的定义中把区域的边界也包括进去，也就是说要定义复变函数在闭区域中的解析性.

定义　如果函数 $f(z)$ 在包括区域 $\mathscr{D}$ 和它的边界在内的更大一些的区域内解析，就称它为在闭区域 $\mathscr{D}$ 中解析.

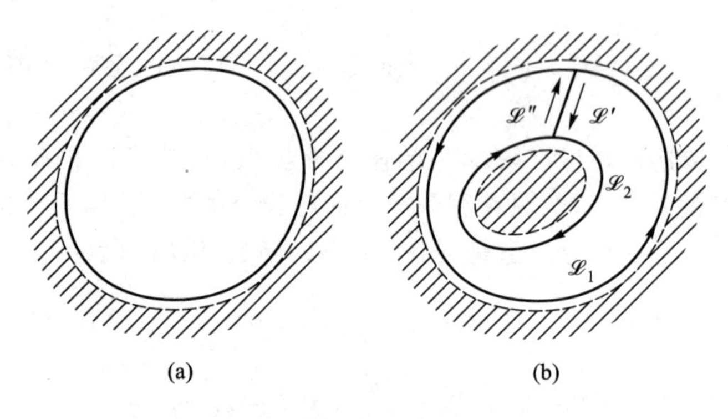

图　1-4-3

首先考虑 $\mathscr{D}$ 是一个单连通区域的情况，如图 1-4-3(a) 中实线所包围的区域.假定 $f(z)$ 在闭区域 $\mathscr{D}$ 中解析，也就是说，$f(z)$ 在比 $\mathscr{D}$ 更大一些的区域，如图 1-4-3(a) 中虚线所包围的区域内解析.此时，区域 $\mathscr{D}$ 的边界线是在 $f(z)$ 的解析区域内部的一条闭合曲线.根据以上的定理二就知道，$f(z)$ 沿区域 $\mathscr{D}$ 的边界线的积分为零.

再讨论区域 $\mathscr{D}$ 是一个复通区域的情况.此时，可以作一条(或多条)割线，将它变成一个单连通区域，如图 1-4-3(b) 所示.这一区域的边界线包括外边界线 $\mathscr{L}_1$，内边界线 $\mathscr{L}_2$，割线 $\mathscr{L}'$ 和 $\mathscr{L}''$.沿边界线的积分包括以下几个部分：逆时针经过 $\mathscr{L}_1$，然后经过割线 $\mathscr{L}'$，再顺时针通过 $\mathscr{L}_2$，最后再经过割线 $\mathscr{L}''$，如图1-4-3(b)所示.沿这一路径的积分为零：

$$\oint_{\mathscr{L}} f(z)\,\mathrm{d}z = \oint_{\mathscr{L}_1} f(z)\,\mathrm{d}z + \int_{\mathscr{L}'} f(z)\,\mathrm{d}z + \oint_{\mathscr{L}_2} f(z)\,\mathrm{d}z + \int_{\mathscr{L}''} f(z)\,\mathrm{d}z = 0.$$

利用性质(1-4-3)，沿割线 $\mathscr{L}'$ 与 $\mathscr{L}''$ 的积分相消，于是有

$$\oint_{\mathscr{L}} f(z)\,\mathrm{d}z = \oint_{\mathscr{L}_1} f(z)\,\mathrm{d}z + \oint_{\mathscr{L}_2} f(z)\,\mathrm{d}z = 0. \tag{1-4-10}$$

上式中沿 $\mathscr{L}_1$ 和 $\mathscr{L}_2$ 的积分一个是逆时针方向，一个是顺时针方向.但是，它们有一个共同点，那就是：当沿它们环行时，函数的解析区域始终在左边.我们规定，沿边界线环行时，所包围的区域始终在左边的方向为边界线的正方向.于是式(1-4-10)表明，$f(z)$ 沿全部边界线正方向的积分之和为零.

如果在式(1-4-10)中，改变 $\mathscr{L}_2$ 的积分方向，则积分改号，于是得到

$$\oint_{\mathscr{L}_1} f(z)\,\mathrm{d}z = \oint_{\mathscr{L}_2} f(z)\,\mathrm{d}z. \tag{1-4-11}$$

这是对双通区域[如图 1-4-3(b) 所示，但 $\mathscr{L}_2$ 已改变为逆时针方向]得到的公式.对于连通阶数更高的区域，可以类似地讨论，得到类似式(1-4-11)的公式，不过右边是沿

区域的各个内边界线的积分之和,这些积分都沿逆时针方向.

总括上述,得到一个定理,称为柯西定理.它可以表述为三个略微不同的形式:

定理三(柯西定理)

(Ⅰ)在闭单连通区域中解析的函数,沿边界线的积分为零;

(Ⅱ)在闭复通区域中解析的函数,沿所有边界线的正方向的积分之和为零;

(Ⅲ)在闭复通区域中解析的函数,按逆时针方向沿外边界线的积分等于按逆时针方向沿所有内边界线的积分之和.①

(三)柯西定理的推论——积分路线的变形

复变函数积分的一个特点是,它的积分路线可以变形而保持积分之值不变.

首先考虑有两个端点的积分.由柯西定理(Ⅰ)可知,在这两个端点之间的积分与路径无关,只要这些路径和它们所包围的面积是在函数的解析区域内.这一事实表述为:

推论一 当积分的端点不动,而积分路径在$f(z)$解析的区域内连续地变形时,积分之值不变.

利用柯西定理,也可以将闭合路径积分的路径适当地变形.图1-4-4表示两个闭合路径$\mathscr{L}_1$和$\mathscr{L}_2$,它们之间的区域是函数$f(z)$的解析区域,因而可以通过连续变形,由$\mathscr{L}_1$变到$\mathscr{L}_2$,或由$\mathscr{L}_2$变到$\mathscr{L}_1$.此时,可以将$\mathscr{L}_1$和$\mathscr{L}_2$看成双通区域的外边界线和内边界线,因而根据柯西定理(Ⅲ)知道,沿$\mathscr{L}_1$和$\mathscr{L}_2$的积分相等(都按顺时针方向进行,或都按逆时针方向进行).这样就有

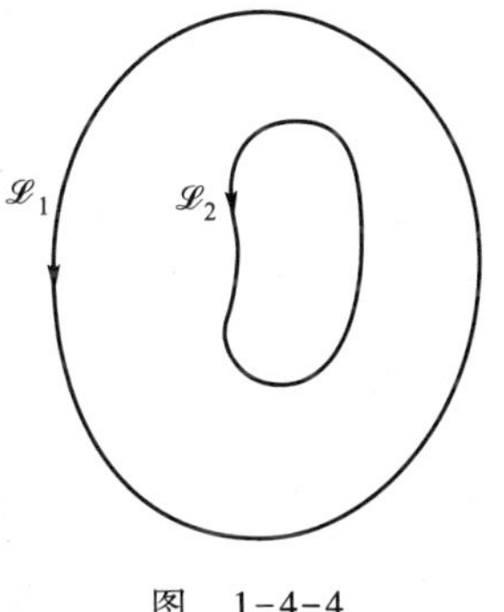

图 1-4-4

推论二 沿闭合回路的积分,当积分回路在$f(z)$解析的区域中连续地变形时,积分之值不变.

根据这些推论,我们可以在一定范围内改变积分路径,使积分容易计算.

例1 计算积分

$$I=\oint_l \frac{\mathrm{d}z}{z-a},$$

设:(1) a点在闭合曲线l之外;(2) a点在闭合曲线l之内.

解 如果a在闭合曲线l之外,则被积函数$f(z)=\dfrac{1}{z-a}$在曲线l所包围的闭区域内解析,因而积分I等于零(柯西定理).

如果a点在闭合曲线l的内部,则在$z=a$处,$f(z)$不具有解析性.在l内部作一个以a为圆心,ρ为半径的小圆C_ρ,如图1-4-5所示,则$f(z)$在C_ρ与l之间的闭环形区域中解析.回路l可以通过在解析区域内的连续变形变为回路C_ρ,

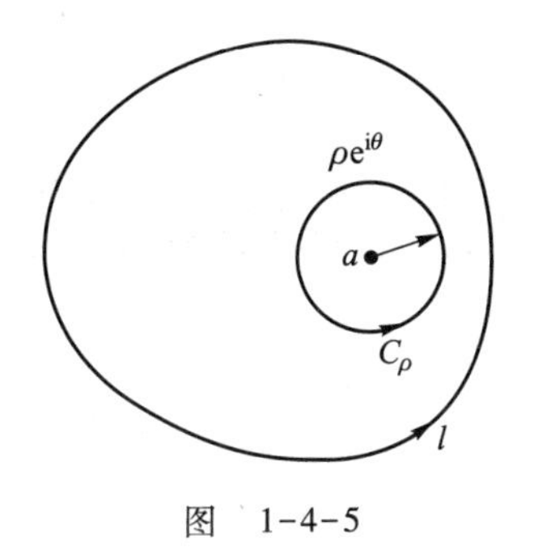

图 1-4-5

① 为证明简单起见,定理三中提出的条件过于严了一点.实际上,只要$f(z)$在区域$\mathscr{D}$中解析,在闭区域$\overline{\mathscr{D}}$上连续,就可以证明同样的结论.详见拉普伦捷夫和沙巴特著《复变函数论方法》.

因而沿 l 的积分等于沿 C_ρ 的积分.

在小圆 C_ρ 上

$$z-a=\rho e^{i\theta},$$

其中 ρ 是常数,而当沿 C_ρ 积分一周时,θ 由 0 变到 2π.由上式有

$$dz=i\rho e^{i\theta}d\theta,$$

于是

$$I=\oint_l \frac{dz}{z-a}=\oint_{C_\rho}\frac{dz}{z-a}=\int_0^{2\pi}\frac{i\rho e^{i\theta}d\theta}{\rho e^{i\theta}}=2\pi i,$$

因而得到

$$\oint_l \frac{dz}{z-a}=\begin{cases}0, & \text{当 } a \text{ 在 } l \text{ 外};\\ 2\pi i, & \text{当 } a \text{ 在 } l \text{ 内}.\end{cases} \tag{1-4-12}$$

这个结果我们以后常要用到. 【解毕】

习 题

1. 计算下列积分

(1) $\int_{l_1} z^2 dz$ 和 $\int_{l_2} z^2 dz$, l_1 为由 $z=0$ 到 $z=1+i$ 的直线;l_2 为由 $z=0$ 到 $z=1$ 再到 $z=1+i$ 的折线;

(2) $\int_{l_1} z^* dz$ 和 $\int_{l_2} z^* dz$, l_1 为由 $z=1$ 经上半平面的半圆周到 $z=-1$;l_2 为由 $z=1$ 经下半平面的半圆周到 $z=-1$;

(3) $\oint_l ze^{-z}dz$,l 为单位圆 $|z|=1$.

2. 如果 $f(z)$ 在曲线 l 上连续,M 为 $|f(z)|$ 在 l 上的最大值,L 是曲线 l 的长,试证不等式

$$\left|\int_l f(z)dz\right|\leqslant ML.$$

3. 设 $f(z)$ 和 $g(z)$ 在单连通区域 $\mathscr{D}$ 内解析,a 和 b 是 $\mathscr{D}$ 内两点,证明分部积分公式

$$\int_a^b f(z)g'(z)dz=f(z)g(z)\Big|_a^b-\int_a^b f'(z)g(z)dz,$$

在这里,从 a 到 b 的积分是沿 $\mathscr{D}$ 内连接 a 和 b 的任一简单曲线进行.

4. 如果 $f(z)$ 是在复通区域中的解析函数,问其积分值与路径有无关系.

§1-5 柯西公式

(一) 单连通区域中的柯西公式

利用柯西定理和由它推出的式(1-4-12),可以得到一个重要公式——柯西公式.

柯西公式(1)

柯西公式(2)

考虑一个单连通区域 $\mathscr{D}$,它的边界线为 $\mathscr{L}$.设 $f(z)$ 在闭区域 $\mathscr{D}$ 中解析,a 为区域 $\mathscr{D}$ 内的任意一点.作一个新的函数 $\dfrac{f(z)}{z-a}$,研究这一函数沿边界线 $\mathscr{L}$ 的积分.

函数 $\dfrac{f(z)}{z-a}$ 在 $\mathscr{D}$ 中不解析.但只要以 a 为心,ε 为半径,作一个圆 C_ε,则函数 $\dfrac{f(z)}{z-a}$ 在 $\mathscr{L}$ 和 C_ε 之间的区域中解析.利用柯西定理知道,沿 $\mathscr{L}$ 的积分等于沿 C_ε 的积分:

$$\oint_{\mathscr{L}} \frac{f(z)}{z-a}\mathrm{d}z = \oint_{C_\varepsilon} \frac{f(z)}{z-a}\mathrm{d}z. \qquad (1-5-1)$$

在上式右边的被积函数中令 $f(z)=f(a)+f(z)-f(a)$,得到

$$\oint_{\mathscr{L}} \frac{f(z)}{z-a}\mathrm{d}z = f(a)\oint_{C_\varepsilon} \frac{\mathrm{d}z}{z-a} + \oint_{C_\varepsilon} \frac{f(z)-f(a)}{z-a}\mathrm{d}z.$$

利用式(1-4-12)得到

$$\oint_{\mathscr{L}} \frac{f(z)}{z-a}\mathrm{d}z = 2\pi \mathrm{i} f(a) + \oint_{C_\varepsilon} \frac{f(z)-f(a)}{z-a}\mathrm{d}z. \qquad (1-5-2)$$

这一等式左边与 ε 无关,右边第一项也与 ε 无关.因此,右边第二项也应该与 ε 无关.可以证明,这一项在 $\varepsilon\to 0$ 时趋于零,因而它恒等于零.我们来证明这一点.用 M 表示 $|f(z)-f(a)|$ 在 C_ε 上的极大值:

$$\max_{z\text{在}C_\varepsilon\text{上}} |f(z)-f(a)| = M.$$

当 z 在 C_ε 上时,$|z-a|=\varepsilon$,而 $\oint_{C_\varepsilon}|\mathrm{d}z| = 2\pi\varepsilon$,于是利用式(1-4-5)有

$$\left|\oint_{C_\varepsilon} \frac{f(z)-f(a)}{z-a}\mathrm{d}z\right| \leqslant \oint_{C_\varepsilon} \frac{|f(z)-f(a)|}{|z-a|}|\mathrm{d}z|$$

$$\leqslant \frac{M}{\varepsilon}2\pi\varepsilon = 2\pi M,$$

当 $\varepsilon\to 0$ 时,C_ε 上的 $z\to a$,根据函数 $f(z)$ 的连续性,有 $|f(z)-f(a)|\to 0$,因而 M 也趋于零.这就证明了

$$\lim_{\varepsilon\to 0}\left|\oint_{C_\varepsilon} \frac{f(z)-f(a)}{z-a}\mathrm{d}z\right| = 0.$$

然而,前面已经指出,这一积分之值与 ε 无关,因此它恒等于零:

$$\oint_{C_\varepsilon} \frac{f(z)-f(a)}{z-a}\mathrm{d}z \equiv 0.$$

代入式(1-5-2)就得到

$$f(a) = \frac{1}{2\pi \mathrm{i}}\oint_{\mathscr{L}} \frac{f(z)}{z-a}\mathrm{d}z. \qquad (1-5-3)$$

将此式中的 z 改写为 z',a 改写为 z,得到

$$f(z) = \frac{1}{2\pi \mathrm{i}}\oint_{\mathscr{L}} \frac{f(z')}{z'-z}\mathrm{d}z'. \qquad (1-5-4)$$

这是一个非常重要的公式,称为柯西公式.

柯西公式(1-5-4)中的积分变量 z' 取回路 $\mathscr{L}$ 上的值,而 z 可取回路 $\mathscr{L}$ 所围成的区域内的任意值.因此,柯西公式的实质是将函数 $f(z)$ 在它解析区域内任一点 z 的值用它在区域边界线上的值表示出来.这是解析的复变函数所特有的性质,而实变函数不存在类似的性质.例如,即使实变函数 $f(x)$ 在区间 (a,b) 上连续,而且有连续的导数,仍然不可能将 $f(x)$ 在区间 (a,b) 内各点的函数值,用它在"边界"(即 a,b 两点)的值表示出来.或者换句话说,给定了 $f(a)$ 和 $f(b)$ 的值以后,仍然可以改变 $f(x)$ 在区间 (a,b) 内部的值,而保持 $f(x)$ 和它的导数连续.然而,复变函数却不是这样.当给定了在某一闭区域中解析的复变函数 $f(z)$ 在区域边界线 l 上的值以后,它在区域内部的值就完全确定了,如式(1-5-4).这是复变函数的一个重要性质.

(二) 复通区域中的柯西公式

柯西公式很容易推广到复通区域的情况.

设 $f(z)$ 在一个闭复通区域 $\mathscr{D}$ 中解析, $\mathscr{D}$ 的边界 $\mathscr{L}$ 由外边界线 $\mathscr{L}_0$ 及内边界线 $\mathscr{L}_1,\mathscr{L}_2,\cdots,\mathscr{L}_n$ 组成.用 a 表示这一复通区域中的任意点.作小圆 C_ε 包围点 a,则函数 $\dfrac{f(z)}{z-a}$ 在去掉小圆 C_ε 所包围的区域的闭复通区域中解析,如图1-5-1所示.这一复通区域的边界线为 $\mathscr{L}$ 及 C_ε,根据柯西定理:

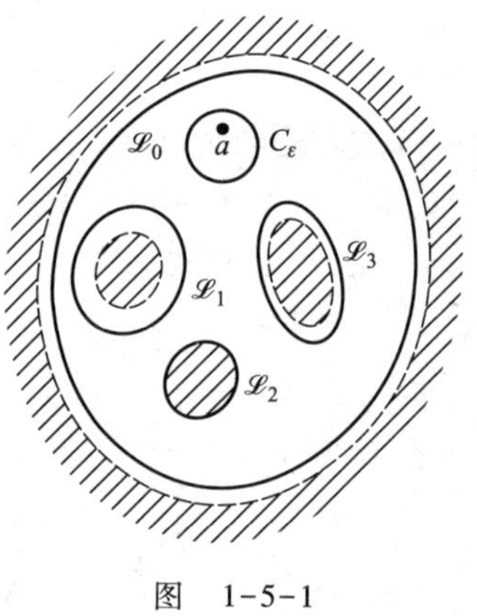

$$\oint_{\mathscr{L}}\frac{f(z)}{z-a}\mathrm{d}z+\oint_{C_\varepsilon}\frac{f(z)}{z-a}\mathrm{d}z=0,$$

图 1-5-1

式中 $\mathscr{L}=\mathscr{L}_0+\mathscr{L}_1+\cdots+\mathscr{L}_n$,全部积分都沿边界正方向进行,即对 $\mathscr{L}_0$ 为逆时针方向,对 $\mathscr{L}_1,\cdots,\mathscr{L}_n$ 及 C_ε 为顺时针方向.将上式中沿 C_ε 的积分反向进行,然后移到等式右边,于是在形式上又得到式(1-5-1):

$$\oint_{\mathscr{L}}\frac{f(z)}{z-a}\mathrm{d}z=\oint_{C_\varepsilon}\frac{f(z)}{z-a}\mathrm{d}z.$$

重复前面的讨论,就得到复通区域的柯西公式:

$$f(z)=\frac{1}{2\pi\mathrm{i}}\oint_{\mathscr{L}}\frac{f(z')}{z'-z}\mathrm{d}z'. \qquad (1-5-5)$$

注意, $\mathscr{L}$ 包括这一复通区域的全部边界线,积分沿正方向进行.

(三) 无界区域中的柯西公式

现在来讨论如何将柯西公式推广到无界区域的情形.

假定 $f(z)$ 在某一闭曲线 $\mathscr{L}$ 的外部解析,并且当 $z\to\infty$ 时一致地趋于零(即与辐角 θ 无关,随模 $|z|$ 的增大而趋于零):

$$|z|\to\infty \text{ 时}, f(z)\to 0. \qquad (1-5-6)$$

为了将柯西公式推广到这一情况,以原点为中心,作一个半径为 R 的大圆 C_R,将 $\mathscr{L}$ 全部包含在内，则在 $\mathscr{C}_R$ 与 $\mathscr{L}$ 之间的区域中 $f(z)$ 解析，如图 1-5-2 所示. 令 z 为这一区域中的任一点，则应用柯西公式于这一区域得到

$$f(z)=\frac{1}{2\pi \mathrm{i}}\oint_{\mathscr{L}}\frac{f(z')}{z'-z}\mathrm{d}z'+\frac{1}{2\pi \mathrm{i}}\oint_{C_R}\frac{f(z')}{z'-z}\mathrm{d}z'. \tag{1-5-7}$$

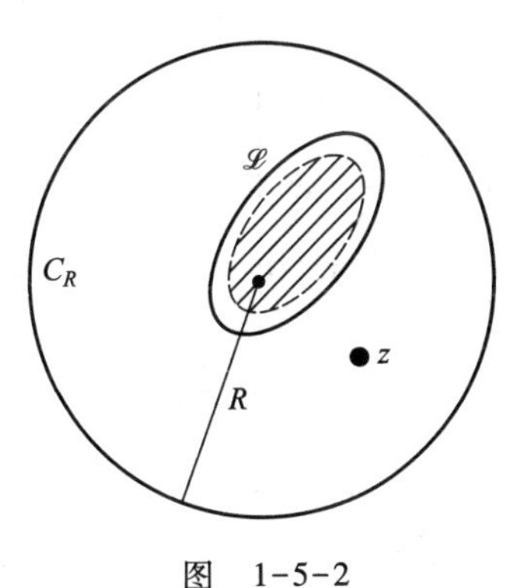

图　1-5-2

这一式子的左边与 R 无关，右边第一项也与 R 无关，因而右边第二项也应与 R 无关. 可以证明，当 $R\to\infty$ 时它趋于零，由此可以肯定它恒等于零.

我们来证明这一论断. 当 z' 在 C_R 上时，$|z'|=R$，

$$|z'-z|\geqslant |z'|-|z|=R-|z|.$$

因而利用式(1-4-5)得到

$$\left|\oint_{C_R}\frac{f(z')}{z'-z}\mathrm{d}z'\right|\leqslant M\cdot\frac{2R\pi}{R-|z|}=M\cdot\frac{2\pi}{1-\dfrac{|z|}{R}},$$

其中 M 表示 $|f(z')|$ 在圆 C_R 上的最大值. 根据条件(1-5-6)，当 $R\to\infty$ 时，$M\to 0$，由上式可知 $\left|\oint_{C_R}\dfrac{f(z')}{z'-z}\mathrm{d}z'\right|\to 0$. 然而前面已指出，这一积分的值与 R 无关，因而恒等于零：

$$\oint_{C_R}\frac{f(z')}{z'-z}\mathrm{d}z'=0.$$

代入式(1-5-7)得到

$$f(z)=\frac{1}{2\pi \mathrm{i}}\oint_{\mathscr{L}}\frac{f(z')}{z'-z}\mathrm{d}z'. \tag{1-5-8}$$

这就是适用于无界区域的柯西公式.　　　　【证毕】

注意这一公式和式(1-5-4)的差别：

(1) 式(1-5-4)中的 z 是闭合曲线 $\mathscr{L}$ 内部的一点，而式(1-5-8)中的 z 为 $\mathscr{L}$ 外部的一点；

(2) 应用式(1-5-4)的条件是 $f(z)$ 在 $\mathscr{L}$ 内部解析，而应用式(1-5-8)的条件是 $f(z)$ 在 $\mathscr{L}$ 外部解析，且当 $|z|\to\infty$ 时，$f(z)\to 0$；

(3) 式(1-5-4)中的积分沿逆时针方向进行，而式(1-5-8)中的积分沿顺时针方向进行(两种情况下都是正方向，即沿此方向环行，所讨论的区域在左边).

例 1　计算积分 $I=\oint_{\mathscr{L}}\dfrac{\mathrm{d}z}{z^2-a^2}$. 设 $\mathscr{L}$ 为：(a) $|z|=\dfrac{a}{2}$；(b) $|z-a|=a$；(c) $|z+a|=a$，如图 1-5-3 所示.

解　(a) 积分曲线 $\mathscr{L}$ 是以原点为心，半径为 $\dfrac{a}{2}$ 的圆. 如图 1-5-3(a)所示. 被积函数在 $\mathscr{L}$ 所包围的区域内解析，根据柯西定理，积分为零.

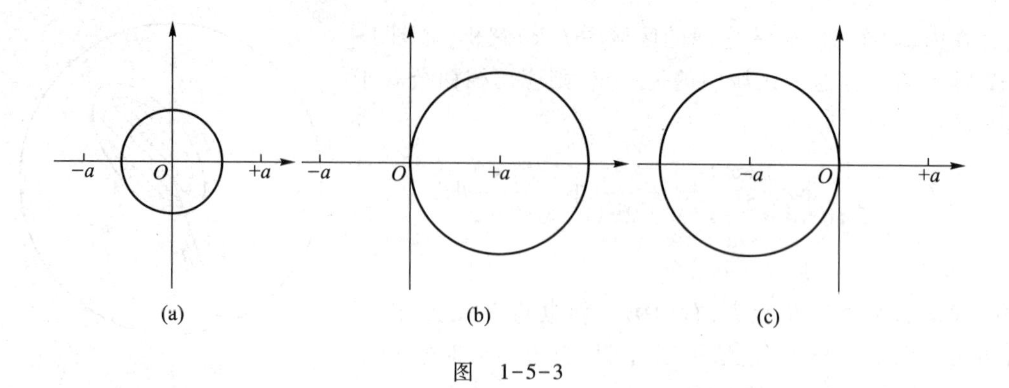

图 1-5-3

（b）$\mathscr{L}$是中心在 a 的圆，如图 1-5-3(b)所示.将积分写成

$$\frac{I}{2\pi\mathrm{i}}=\frac{1}{2\pi\mathrm{i}}\oint_{\mathscr{L}}\frac{1}{(z+a)(z-a)}\mathrm{d}z.$$

令$f(z)=\dfrac{1}{z+a}$，则$f(z)$在$\mathscr{L}$内解析，而 a 点位于$\mathscr{L}$内，因而根据柯西公式(1-5-4)有

$$\frac{I}{2\pi\mathrm{i}}=f(a)=\frac{1}{2a},\quad I=\frac{\pi\mathrm{i}}{a}.$$

（c）$\mathscr{L}$是中心在$-a$，半径为 a 的圆，如图 1-5-3(c)所示.将积分写成

$$\frac{I}{2\pi\mathrm{i}}=\frac{1}{2\pi\mathrm{i}}\oint_{\mathscr{L}}\frac{\mathrm{d}z}{(z-a)[z-(-a)]}.$$

令$f(z)=\dfrac{1}{z-a}$，则$f(z)$在$\mathscr{L}$内解析，而$-a$ 在$\mathscr{L}$内，故

$$\frac{I}{2\pi\mathrm{i}}=f(-a)=-\frac{1}{2a},\quad I=-\frac{\pi\mathrm{i}}{a}.$$

【解毕】

（四）复变解析函数的高阶导数

柯西公式是一个十分重要的公式，对于整个复变函数理论的建立起着关键性的作用.通过后面的学习我们将会越来越清楚地看到这一点.现在先举出它的一个重要推论.

从柯西公式(1-5-4)出发，可以证明$f(z)$的 n 阶导数$f^{(n)}(z)$也是存在的，而且

$$f^{(n)}(z)=\frac{n!}{2\pi\mathrm{i}}\oint_{\mathscr{L}}\frac{f(z')}{(z'-z)^{n+1}}\mathrm{d}z'\quad(n=1,2,3,\cdots),\tag{1-5-9}$$

上式中 z 是区域的内点，而积分变量 z'在区域的边界线$\mathscr{L}$上.

证 先证明 $n=1$ 时的情况.利用柯西公式$f(z)=\dfrac{1}{2\pi\mathrm{i}}\oint_{\mathscr{L}}\dfrac{f(z')}{z'-z}\mathrm{d}z'$，有

$$\frac{f(z+\Delta z)-f(z)}{\Delta z}=\frac{1}{2\pi\mathrm{i}}\oint_{\mathscr{L}}\frac{f(z')}{(z'-z)(z'-z-\Delta z)}\mathrm{d}z'.$$

可以证明

$$\lim_{\Delta z\to 0}\frac{f(z+\Delta z)-f(z)}{\Delta z}=\frac{1}{2\pi \mathrm{i}}\lim_{\Delta z\to 0}\oint_{\mathscr{L}}\frac{f(z')}{(z'-z)(z'-z-\Delta z)}\mathrm{d}z'$$
$$=\frac{1}{2\pi \mathrm{i}}\oint_{\mathscr{L}}\frac{f(z')}{(z'-z)^2}\mathrm{d}z'.$$

事实上,既然 z 是区域内的一点,则它到 $\mathscr{L}$ 的最短距离 $\min|z-z'|=d>0$.设边界线 $\mathscr{L}$ 的全长为 L.因为 $f(z')$ 在 $\mathscr{L}$ 上是连续的,所以是有界的,$|f(z')|\leqslant M$ (M 为常数).对于任意小的 $\varepsilon>0$,存在 $\delta=\min\left(\dfrac{d}{2},\dfrac{d^3\varepsilon}{2ML}\right)$,只要 $|\Delta z|<\varepsilon$,就有

$$\left|\oint_{\mathscr{L}}\frac{f(z')}{(z'-z)(z'-z-\Delta z)}\mathrm{d}z'-\oint_{\mathscr{L}}\frac{f(z')}{(z'-z)^2}\mathrm{d}z'\right|$$
$$=\left|\oint_{\mathscr{L}}\frac{\Delta z f(z')}{(z'-z)^2(z'-z-\Delta z)}\mathrm{d}z'\right|$$
$$\leqslant|\Delta z|\oint_{\mathscr{L}}\frac{|f(z')|}{|z'-z|^2(|z'-z|-|\Delta z|)}|\mathrm{d}z'|<\delta\oint_{\mathscr{L}}\frac{M}{d^2(d-\delta)}|\mathrm{d}z'|$$
$$\leqslant\frac{d^3\varepsilon}{2ML}\frac{M}{d^3/2}L=\varepsilon.$$

于是,我们证明了

$$f'(z)=\frac{1}{2\pi \mathrm{i}}\oint_{\mathscr{L}}\frac{f(z')}{(z'-z)^2}\mathrm{d}z'. \tag{1-5-10}$$

从式(1-5-10)出发,用类似的方法即可证明 $n=2$ 的情况.$n=3,4,\cdots$的情况可依次类推. 【证毕】

把柯西公式(1-5-4)从形式上对 z 微分,也可得到导数公式(1-5-9),以上的证明肯定了这样的微分过程是合法的.

这就证明了

定理一 复变函数在它的解析区域内可以求导任意多次,其 n 阶导数可以写成沿区域边界线的积分式(1-5-9).

注意,函数的解析性本来只要求它的一阶导数存在,而由此就可推知它具有任意阶导数.这是复变函数的特殊性质.对于实变函数,即使有连续的一阶导数,也不保证它存在二阶导数,更不用说高阶导数了.

(五)模数原理和刘维尔定理

由式(1-5-9)可以导出重要的柯西不等式.如果把函数 $f(z)$ 的模在区域 $\mathscr{L}$ 内的最大值记作 M,从点 z 到边界线 $\mathscr{L}$ 的最短距离记作 d,把边界线 $\mathscr{L}$ 的长度记作 L,由式(1-5-9),有

$$|f^{(n)}(z)|=\frac{n!}{2\pi}\left|\int_{\mathscr{L}}\frac{f(z')\mathrm{d}z'}{(z'-z)^{n+1}}\right|\leqslant\frac{n!\ ML}{2\pi d^{n+1}}. \tag{1-5-11}$$

特别地,如果 $f(z)$ 在圆 $|z-z_0|<d$ 内是解析的.那么,取这个圆作为所讨论的解析区域,式

(1-5-11)化为

$$|f^{(n)}(z_0)| \leqslant \frac{Mn!}{d^n}, \quad n=0,1,2,\cdots. \tag{1-5-12}$$

这就是我们所要证明的柯西不等式.

不等式(1-5-12)在 $n=0$ 的情形下给出

$$|f(z)| \leqslant M. \tag{1-5-13}$$

用更精确的方法可以证明,只有当 $f(z)$ 为常数时,上式中的等号才成立.

以上论断可表述为:

定理二(模数原理)　设 $f(z)$ 在闭区域中解析,则它的模必在区域边界上达到极大值.

利用柯西不等式(1-5-12)可证明解析函数论中一个重要定理:

定理三(刘维尔定理)　如果函数 $f(z)$ 有界,并且在整个平面内都是解析的,那么它必是一个常数.

证　设在整个平面内处处都有 $|f(z)| \leqslant M$.对于平面上的任意一个点 z 与任何 d 来说,不等式(1-5-12)在 $n=1$ 的情形下给出 $|f'(z)| \leqslant \frac{M}{d}$.由于这里的左端与 d 无关,而右端当 d 增大时可以变成任意小,所以 $|f'(z)|=0$.由此可见,在整个平面上 $f'(z)\equiv 0$.亦即函数 $f(z)$ 是常数.　　【证毕】

推论:一元 n 次方程一定有 n 个根.

证　对于任意 n 次多项式函数 $f(z)=\sum\limits_{k=0}^{n} a_k z^k (a_n \neq 0)$,假设 $f(z)$ 没有零点,则 $\frac{1}{f(z)}$ 在整个平面内解析并且有界,即 $f(z)$ 为解析且有界.由刘维尔定理可知,$f(z)$ 一定是一个常数,这与 $a_n \neq 0$ 相矛盾.因此,$f(z)$ 至少有一个零点,这样 $f(z)$ 可以表示为 $f(z)=f_1(z)(z-z_0)$,这里 $f_1(z)$ 为 $(n-1)$ 次多项式且至少有一个零点;同样可以表示为 $f_1(z)=f_2(z)(z-z_0)$.重复这一讨论,可以得出一元 n 次方程一定有 n 个根.　　【证毕】

习　　题

1. 计算下列积分:

(1) $\oint_l \frac{1}{z}\sin z\mathrm{d}z$,$l$ 为椭圆 $9x^2+4y^2=1$;

(2) $\oint_{|z|=2} \frac{1}{z^4-1}\mathrm{d}z$;

(3) $\oint_{|z|=1} \frac{1}{z^2+2}\mathrm{d}z$;

(4) $\oint_{|z|=1} \frac{z\mathrm{d}z}{(2z+1)(z-2)}$.

2. 已知函数 $\Psi(t,x)=\mathrm{e}^{2tx-t^2}$.把 x 当作参数,t 认为是复变量,试应用柯西公式把 $\left.\frac{\partial^n \Psi}{\partial t^n}\right|_{t=0}$ 表示为回路积

分.对回路积分进行变数代换 $t=x-z$,借以证明

$$\left.\frac{\partial^n \Psi}{\partial t^n}\right|_{t=0} = (-1)^n e^{x^2}\frac{d^n}{dx^n}e^{-x^2}.$$

(题中的 $\Psi(t,x)$ 是厄米多项式的生成函数.)

3. 通过计算积分 $\oint_{|z|=1}\left(z+\frac{1}{z}\right)^{2n}\frac{dz}{z}$,证明

$$\int_0^{2\pi}\cos^{2n}\theta d\theta = 2\pi\frac{1\cdot 3\cdot 5\cdot\cdots\cdot(2n-1)}{2\cdot 4\cdot 6\cdot\cdots\cdot 2n}.$$

4. 设 $f(z)$ 在原点的邻域内连续,试证明

$$\lim_{r\to 0}\int_0^{2\pi} f(re^{i\theta})d\theta = 2\pi f(0).$$

第二章
复变函数的级数

在这一章里，我们来讨论以复变函数为项的无穷级数，特别是广义的"幂级数"——包括正幂和负幂的级数.我们将看到，它是研究复变函数的有力工具.

§2-1 级数的基本性质

(一) 复数项级数

级数的基本性质(1)

首先考虑一般项是复常数的无穷级数.它可以写成

$$\sum_{k=1}^{\infty} z_k = z_1 + z_2 + \cdots + z_k + \cdots, \tag{2-1-1}$$

这里 $z_k = a_k + \mathrm{i}b_k$.它的前 n 项的和(部分和)是

$$s_n = z_1 + z_2 + \cdots + z_n, \quad n = 1,2,3,\cdots.$$

级数的基本性质(2)

如果当 $n\to\infty$ 时，序列 s_n 有确定的极限，就称级数(2-1-1)收敛，而序列的极限 $s=\lim\limits_{n\to\infty} s_n$ 称为级数(2-1-1)的和；否则称级数(2-1-1)发散.

对于复数项级数，存在类似于实数项级数收敛的充分与必要条件.级数(2-1-1)收敛的充分必要条件是对于任意给定的 $\varepsilon>0$，存在自然数 N 使得

$$当\ n > N\ 时，\left|\sum_{k=n+1}^{n+p} z_k\right| < \varepsilon, \tag{2-1-2}$$

其中 p 为任意正整数.

对于复数项级数，也可以引进绝对收敛的概念.如果级数

$$\sum_{k=1}^{\infty} |z_k| = |z_1| + |z_2| + \cdots + |z_k| + \cdots \tag{2-1-3}$$

收敛，就说级数(2-1-1)绝对收敛.要判断级数(2-1-1)的绝对收敛性，只需判断正项级数(2-1-3)的收敛性.因此正项级数的一切收敛性判别法，都可以用来判断复数项级数的绝对收敛性.以后主要用到比值判别法和根式判别法，现将这两个判别法叙述如下：

定理一 如果当 $n\to\infty$ 时，

$$\frac{|z_n|}{|z_{n-1}|} \quad 或 \quad \sqrt[n]{|z_n|}$$

趋向于极限 r，则级数(2-1-1)在 $r<1$ 时绝对收敛，$r>1$ 时发散.

一个绝对收敛的级数，它的各项的次序可以任意改换而不影响级数的和.两个绝对收

敛级数的乘积也是绝对收敛的.

(二) 复变函数项级数

如果复变函数项级数

$$\sum_{k=1}^{\infty} u_k(z) = u_1(z) + u_2(z) + \cdots + u_k(z) + \cdots \qquad (2-1-4)$$

在某区域 $\mathscr{D}$ 内每一点都收敛,我们就称级数在 $\mathscr{D}$ 内收敛.与条件(2-1-2)类似,复变函数项级数收敛的充分必要条件是对 $\mathscr{D}$ 内各点 z,任意给定 $\varepsilon>0$,必有 $N(z)$ 存在,使得对于任意的正整数 p,

$$\text{当 } n > N(z) \text{ 时}, \left| \sum_{k=n+1}^{n+p} u_k(z) \right| < \varepsilon. \qquad (2-1-5)$$

如果对于任意给定的 $\varepsilon>0$,存在一个与 z 无关的自然数 N,使得对于区域 $\mathscr{D}$ 内(或曲线 l 上)的一切 z 均有

$$\text{当 } n > N \text{ 时}, \left| \sum_{k=n+1}^{n+p} u_k(z) \right| < \varepsilon \quad (p \text{ 为任意正整数}), \qquad (2-1-6)$$

则称级数(2-1-4)在区域 $\mathscr{D}$ 内(或曲线 l 上)一致收敛.

和实变情形完全类似,对于一致收敛的复变函数项级数有下列性质:

性质一　如果级数(2-1-4)的每一项都是在区域 $\mathscr{D}$ 内(或曲线 l 上)的连续函数,并且级数在 $\mathscr{D}$ 内(或 l 上)一致收敛,则级数的和也是区域 $\mathscr{D}$ 内(或 l 上)的连续函数.

性质二　如果级数(2-1-4)的每一项都是曲线 l 上的连续函数,而且级数在 l 上一致收敛,则级数可以沿这一曲线逐项积分:

$$\int_l s(z)\,\mathrm{d}z = \sum_{k=1}^{\infty} \int_l u_k(z)\,\mathrm{d}z \qquad (2-1-7)$$

式中 $s(z)$ 表示级数(2-1-4)的和.

性质三　如果对于区域 $\mathscr{D}$ 内(或曲线 l 上)的所有的点 z,级数(2-1-4)的每一项的绝对值不大于一个收敛的正项级数

$$m_1 + m_2 + \cdots + m_k + \cdots \quad (m_k > 0)$$

的对应项:

$$|u_k(z)| \leqslant m_k \quad (k = 1,2,3,\cdots), \qquad (2-1-8)$$

则级数(2-1-4)在 $\mathscr{D}$ 内(或在 l 上)绝对而且一致收敛.

由此又可推出一个有用的性质:

性质四　如果级数(2-1-4)在区域 $\mathscr{D}$ 内(或曲线 l 上)一致收敛,而 $v(z)$ 是在区域 $\mathscr{D}$ 内(或曲线 l 上)的一个有界的函数(例如连续函数),则以 $v(z)$ 乘(2-1-4)的每一项,所得到的级数

$$u_1(z)v(z) + u_2(z)v(z) + \cdots \qquad (2-1-9)$$

也一致收敛.

证　按假定 $|v(z)|<M$,其中 M 为某一正数,而由于级数(2-1-4)一致收敛,有不等式(2-1-6).我们取这一不等式中的 N 和以上提到的 M 这两个数中较大的一个,称之为

N',并改式(2-1-6)中的那一个任意小的正数 ε 为 ε'/N',则当 $n>N'$时,

$$\left|\sum_{k=n+1}^{n+p} u_k(z)v(z)\right| = |v(z)| \cdot \left|\sum_{k=n+1}^{n+p} u_k(z)\right| < N' \cdot \frac{\varepsilon'}{N'} = \varepsilon'.$$

这证明了级数(2-1-9)一致收敛.　　【证毕】

以上列举的复变函数项级数的性质都是实变函数项级数对应性质的直接推广.但是,复变函数项级数还具有它自己所特有的性质,在实变函数项级数中不存在类似的性质.

定理二(魏尔斯特拉斯定理)　设级数(2-1-4)的每一项都在以 $\mathscr{L}$ 为边界线的闭区域 $\mathscr{D}$ 中解析,并在 $\mathscr{L}$ 上一致收敛,则它在整个闭区域 $\mathscr{D}$ 中都一致收敛,其和在 $\mathscr{D}$ 的内部解析,并可逐项微分任意多次.

证　根据一致收敛性条件(2-1-6),用 z'表示曲线 $\mathscr{L}$ 上的任一点,则对于任意的 $\varepsilon>0$,有自然数 N 存在,使得

$$\text{当 } n > N \text{ 时}, \left|\sum_{k=n+1}^{n+p} u_k(z')\right| < \varepsilon,$$

其中 p 为任意正整数.

根据模数原理,在闭区域 $\mathscr{D}$ 中解析的函数在 $\mathscr{D}$ 的边界线 $\mathscr{L}$ 上达到极大值,因而以上不等式不单对于边界线 $\mathscr{L}$ 上的 z'成立,而且对于整个闭区域 $\mathscr{D}$ 中的任意点z 都成立:

$$\text{当 } n > N \text{ 时}, \left|\sum_{k=n+1}^{n+p} u_k(z)\right| < \varepsilon.$$

这就证明了级数(2-1-4)在闭区域 $\mathscr{D}$ 中一致收敛.

根据级数(2-1-4)的一致收敛性,可知级数的和是区域 $\mathscr{D}$ 中的连续函数,但是我们要证明它解析.为此,考虑边界线 $\mathscr{L}$ 上的级数.根据定理的假设,知道这一级数一致收敛,其和是边界线 $\mathscr{L}$ 上的连续函数,用 $\varphi(z')$表示它:

$$\varphi(z') = u_1(z') + u_2(z') + \cdots + u_k(z') + \cdots. \tag{2-1-10}$$

用

$$\frac{1}{2\pi i}\frac{1}{z'-z} \quad (z\text{ 是区域 }\mathscr{D}\text{ 的内点})$$

乘上式的左右两边(注意 $z'-z\neq0$),得到

$$\frac{1}{2\pi i}\frac{\varphi(z')}{z'-z} = \frac{1}{2\pi i}\left(\frac{u_1(z')}{z'-z} + \frac{u_2(z')}{z'-z} + \cdots\right).$$

这仍然是 $\mathscr{L}$ 上的一致收敛级数,因而可以逐项积分,即

$$\frac{1}{2\pi i}\oint_{\mathscr{L}} \frac{\varphi(z')}{z'-z}dz' = \frac{1}{2\pi i}\oint_{\mathscr{L}} \frac{u_1(z')}{z'-z}dz' + \frac{1}{2\pi i}\oint_{\mathscr{L}} \frac{u_2(z')}{z'-z}dz' + \cdots.$$

按假定,$u_1(z)$,$u_2(z)$,$\cdots$都在区域 $\mathscr{D}$ 中解析,因而可以应用柯西公式(1-5-4):

$$\frac{1}{2\pi i}\oint_{\mathscr{L}} \frac{\varphi(z')}{z'-z}dz' = u_1(z) + u_2(z) + \cdots = \varphi(z).$$

仔细分析一下 § 1-5 中关于解析函数各阶导数存在的证明，就会发现在证明中只用到关于函数在曲线 $\mathscr{L}$ 上的连续性.因此，类似地可以证明，由于 $\varphi(z')$ 在边界线上连续，$\varphi(z)$ 可以写成柯西公式的形式，因而它在区域 $\mathscr{D}$ 中解析.

由于函数 $\varphi(z)$ 在区域 $\mathscr{D}$ 中解析，所以它可以对 z 微分任意多次.下面我们还要证明，级数(2-1-4)可以逐项微分任意多次，也就是说，要证明

$$\varphi^{(n)}(z)=u_1{}^{(n)}(z)+u_2{}^{(n)}(z)+\cdots+u_k{}^{(n)}(z)+\cdots.\qquad(2-1-11)$$

为此用有界函数

$$\frac{n!}{2\pi i}\frac{1}{(z'-z)^{n+1}}\quad(z'\text{ 在 }\mathscr{L}\text{ 上},z\text{ 在 }\mathscr{D}\text{ 内})$$

乘式(2-1-10)的两边，再沿 $\mathscr{L}$ 积分：

$$\frac{n!}{2\pi i}\oint_{\mathscr{L}}\frac{\varphi(z')}{(z'-z)^{n+1}}dz'=\frac{n!}{2\pi i}\oint_{\mathscr{L}}\frac{u_1(z')}{(z'-z)^{n+1}}dz'+\frac{n!}{2\pi i}\oint_{\mathscr{L}}\frac{u_2(z')}{(z'-z)^{n+1}}dz'+\cdots.$$

根据上述同样理由，就可以证明式(2-1-11).　　【证毕】

很容易看到，这一定理是复变函数特有的.对于实变量的函数项级数，绝不能根据它在区间的“边界”(即 a 点和 b 点)的收敛性，肯定它在区间内部收敛，当然更不能由此肯定其和的连续性和逐项可微性.而对于复变函数项级数，则可以得到这一系列重要结论.

(三) 幂级数

最重要的复变函数项级数是幂级数，它的一般形式是

$$a_0+a_1(z-b)+a_2(z-b)^2+\cdots,\qquad(2-1-12)$$

其中 $a_0,a_1,\cdots$ 和 b 都是复常数.

幂级数的收敛区域有特别简单的形状.对此有以下定理：

定理三(阿贝尔定理)　设幂级数(2-1-12)在 z_0 点收敛，则它必在以 b 为圆心并通过 z_0 的圆内绝对收敛，并在任何一个略小于这圆的闭圆 $|z-b|\leqslant\rho$ $(\rho<|z_0-b|)$ 上一致收敛.

证　设 z 是以 b 为中心，$|z_0-b|$ 为半径的圆内任意一点.

由于幂级数(2-1-12)在 z_0 点收敛，故有

$$\lim_{n\to\infty}a_n(z_0-b)^n=0,$$

因而存在一个正数 N，使得对于一切 k，

$$|a_k(z_0-b)^k|<N\quad(k=0,1,2,\cdots).\qquad(2-1-13)$$

这样一来，就有

$$|a_k(z-b)^k|=|a_k(z_0-b)^k|\left|\frac{z-b}{z_0-b}\right|^k\leqslant N\left|\frac{z-b}{z_0-b}\right|^k,$$

而级数 $\sum\limits_{k=0}^{\infty}N\left|\frac{z-b}{z_0-b}\right|^k$ 是一个收敛的等比级数，故知原幂级数 $\sum\limits_{k=0}^{\infty}a_k(z-b)^k$ 绝对收敛，定

理的前一部分得证.

其次,以 b 为中心、以 $\rho<|z_0-b|$ 为半径作圆 C_ρ,如图 2-1-1 中的实线所示.将$\rho<|z_0-b|$写成

$$\rho=\theta|z_0-b| \quad (0<\theta<1),$$

则当 z 在圆 C_ρ中时,$|z-b|\leqslant\rho$(见图 2-1-1),因而

$$|z-b|\leqslant\theta|z_0-b|,$$

此式两边 k 次方后再乘上 a_k,得到

$$|a_k(z-b)^k|\leqslant|a_k(z_0-b)^k|\cdot\theta^k.$$

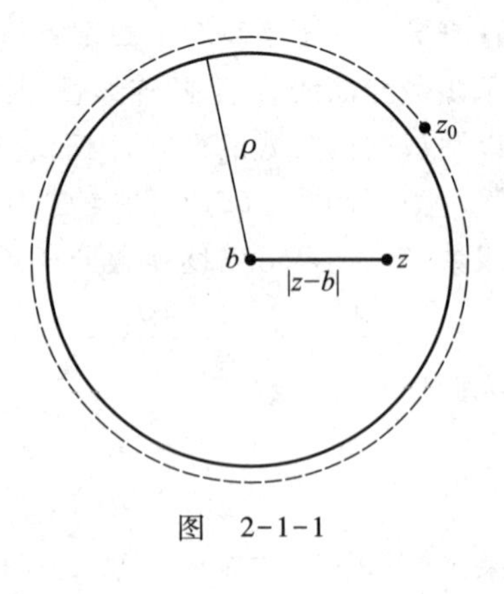

图 2-1-1

再利用式(2-1-13),得到

$$|a_k(z-b)^k|<N\theta^k.$$

注意到 $0<\theta<1$,就知道这个不等式右边是一个收敛的正项级数的一般项,而上式左边是级数(2-1-12)一般项的模.因此,根据一致收敛级数的性质三知道,级数(2-1-12)在闭圆 C_ρ中绝对而且一致收敛. 【证毕】

推论 如果幂级数(2-1-12)在 z_1点发散,则在距离 b 点比 z_1更远的一切点,级数都发散.

用反证法,如果级数在距 b 点比 z_1更远的一点 z_2收敛,则按定理三,它在 z_1点也收敛,而这与假设矛盾.由此知级数在 z_2点必发散.

根据定理三及其推论可以看出,对于任意一个幂级数(2-1-12),必然存在一个正数 R,使得级数在以 b 为中心、R 为半径的圆内绝对收敛,而在这个圆的外部发散.这样一个圆叫作幂级数的收敛圆,而 R 称为它的收敛半径.

根据阿贝尔定理,幂级数(2-1-12)在收敛圆内是绝对收敛的,因此,可以利用定理一来求收敛半径.由正项级数的比值判别法可知,如果

$$当\ n\to\infty\ 时,\left|\frac{a_n(z-b)^n}{a_{n-1}(z-b)^{n-1}}\right|=\left|\frac{a_n}{a_{n-1}}\right||z-b|\to r,$$

则 $r<1$ 时级数收敛,$r>1$ 时级数发散;亦即当

$$|z-b|<\lim_{n\to\infty}\left|\frac{a_{n-1}}{a_n}\right|$$

时级数收敛,当

$$|z-b|>\lim_{n\to\infty}\left|\frac{a_{n-1}}{a_n}\right|$$

时级数发散.故幂级数(2-1-12)的收敛半径:

$$R=\lim_{n\to\infty}\left|\frac{a_{n-1}}{a_n}\right|. \tag{2-1-14}$$

同样,利用根式判别法可以得到求收敛半径的另一公式:

$$R=\lim_{n\to\infty}\frac{1}{\sqrt[n]{|a_n|}}. \tag{2-1-15}$$

在特殊情况下，可能 $R=0$，此时幂级数(2-1-12)只在 $z=b$ 一点收敛；也有可能 $R=\infty$，此时幂级数(2-1-12)在全平面绝对收敛，而且在任一有限闭区域内一致收敛.

由于幂级数在收敛圆内的任何一个闭区域上一致收敛，所以应用魏尔斯特拉斯定理就知道，它在收敛圆内部解析，并可以逐项微分任意多次.根据一致收敛级数的性质二又知道它可以沿收敛圆内部的任意曲线逐项积分.这样进行逐项微分和逐项积分不改变级数的收敛半径.

例 1 求幂级数 $1+z+z^2+\cdots+z^n+\cdots$ 的解析区域，并说明这一幂级数在它的解析区域内代表什么样的解析函数.

解 本例中，所有系数 $a_n=1$，应用式(2-1-14)得

$$R=\lim_{n\to\infty}\left|\frac{a_{n-1}}{a_n}\right|=1.$$

因此，收敛范围是以 $z=0$ 为中心、半径为 1 的圆.根据魏尔斯特拉斯定理，它在 $|z|<1$ 范围内解析.

考虑部分和

$$S_n=1+z+\cdots+z^n.$$

此式两边乘 z，得

$$zS_n=z+z^2+\cdots+z^{n+1},$$

两式相减得

$$S_n=\frac{1-z^{n+1}}{1-z}.$$

如果 $|z|<1$，则

$$\lim_{n\to\infty}S_n=\lim_{n\to\infty}\frac{1-z^{n+1}}{1-z}=\frac{1}{1-z},$$

因而在收敛圆内，有

$$1+z+z^2+\cdots=\frac{1}{1-z}. \tag{2-1-16}$$

【解毕】

例 2 设 $-1<p<1$，证明以下等式

(1) $\displaystyle\sum_{n=0}^{\infty}p^n\cos nx=\frac{1-p\cos x}{1-2p\cos x+p^2}$，(2) $\displaystyle\sum_{n=0}^{\infty}p^n\sin nx=\frac{p\sin x}{1-2p\cos x+p^2}$.

这些等式在光学“多光束干涉”和“法布里-珀罗干涉仪”的理论计算中会用到.

证 令 $z=pe^{ix}$(x 为实数).由于 $-1<p<1$，所以 $|z|<1$.应用式(2-1-16)得

$$\begin{aligned}\sum_{n=0}^{\infty}p^n\cos nx+i\sum_{n=0}^{\infty}p^n\sin nx&=\sum_{n=0}^{\infty}p^ne^{inx}=\sum_{n=0}^{\infty}(pe^{ix})^n\\&=(pe^{ix})^0+(pe^{ix})^1+\cdots+(pe^{ix})^n+\cdots\\&=1+z+\cdots+z^n+\cdots=\frac{1}{1-z}=\frac{1}{1-pe^{ix}}\end{aligned}$$

$$= \frac{1 - p\cos x}{1 - 2p\cos x + p^2} + \mathrm{i}\,\frac{p\sin x}{1 - 2p\cos x + p^2}.$$

因而,有

$$\sum_{n=0}^{\infty} p^n \cos nx = \frac{1 - p\cos x}{1 - 2p\cos x + p^2},\ \sum_{n=0}^{\infty} p^n \sin nx = \frac{p\sin x}{1 - 2p\cos x + p^2}.$$

【证毕】

习　题

1. 求下列幂级数的收敛半径:

(1) $\sum\limits_{k=1}^{\infty} \frac{z^k}{k}$;　　(2) $\sum\limits_{k=1}^{\infty} \frac{1}{k!}(z-\mathrm{i})^k$;

(3) $\sum\limits_{k=1}^{\infty} z^{2k}$;　　(4) $\sum\limits_{k=1}^{\infty} \frac{k!}{k^k} z^k$;

(5) $\sum\limits_{k=1}^{\infty} k^k (z-5)^k$;　　(6) $\sum\limits_{k=1}^{\infty} q^{k^2} z^k$,其中 $|q| < 1$.

2. 证明:对幂级数逐项积分或逐项求导,不改变其收敛半径.

3. 利用级数(2-1-16)导出下列函数在 $z=0$ 邻域内的幂级数展开式,并指出收敛范围:

(1) $\frac{1}{az+b}$　(a,b 为复数,且 $b \neq 0$);

(2) $\frac{1}{(1-z)^2}$　$\left(提示:\frac{1}{(1-z)^2} = \left(\frac{1}{1-z}\right)'\right)$.

4. 证明:如果 $\lim\limits_{n\to\infty} \frac{a_{n-1}}{a_n}$ 存在,则下列三个幂级数有相同的收敛半径:

$$\sum_n a_n z^n,\ \sum_n \frac{a_n}{n+1} z^{n+1},\ \sum_n n a_n z^{n-1}.$$

§2-2　复变函数在圆形解析区域中的幂级数展开　泰勒级数　鞍点

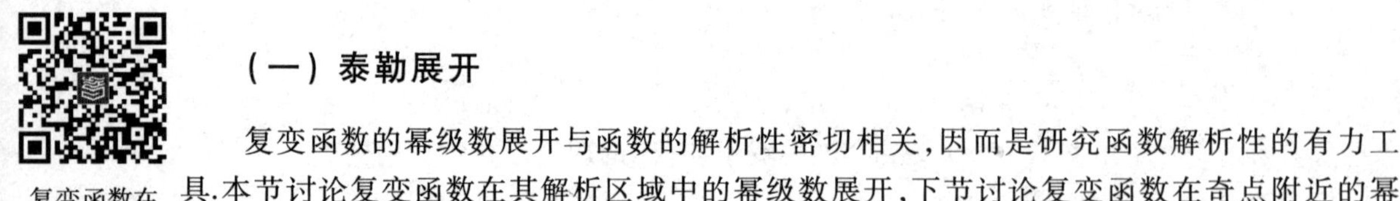

复变函数在圆形解析区域中的幂级数展开(1)

(一) 泰勒展开

复变函数的幂级数展开与函数的解析性密切相关,因而是研究函数解析性的有力工具.本节讨论复变函数在其解析区域中的幂级数展开,下节讨论复变函数在奇点附近的幂级数展开.

上节证明了幂级数(2-1-12)在收敛圆内解析.它的逆定理也成立:

定理　如果一个函数 $f(z)$ 在以 b 为圆心、R 为半径的圆内部解析,则它可以在此圆内部展开成幂级数(2-1-12),而且这一展开式是唯一的.

证　用 C_R 表示以 b 为圆心、R 为半径的圆,z 为圆 C_R 内的一点,则函数 $f(z)$ 在 z 点解析.为了保证函数在闭区域中解析，按照图1-4-3的办法以 $R'<R$ 为半径作圆 $C_{R'}$，将 z 点包含在内，如图 2-2-1 中的虚线，则根据柯西公式(1-5-4)，可将 $f(z)$ 写成

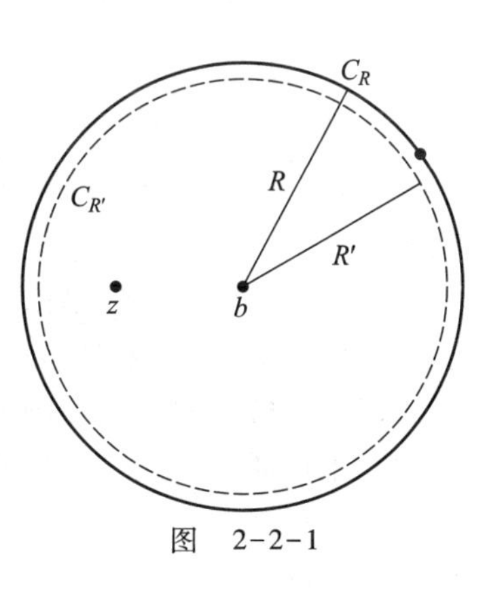

图　2-2-1

$$f(z)=\frac{1}{2\pi\mathrm{i}}\oint_{C_{R'}}\frac{f(z')}{z'-z}\mathrm{d}z'. \qquad (2-2-1)$$

由于 z 在 $C_{R'}$ 的内部，所以

$$|z-b|<|z'-b| \qquad (z' \text{ 在 } C_{R'} \text{ 上}),$$

用 q 表示两者之比：

$$q=\frac{|z-b|}{|z'-b|},$$

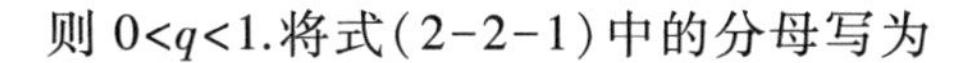
则 $0<q<1$.将式(2-2-1)中的分母写为

$$z'-z=(z'-b)-(z-b)=(z'-b)\left(1-\frac{z-b}{z'-b}\right).$$

由于括号中分式的模小于 1，所以利用式(2-1-16)得

$$\frac{1}{z'-z}=\frac{1}{z'-b}\cdot\frac{1}{1-\dfrac{z-b}{z'-b}}=\sum_{k=0}^{\infty}\frac{(z-b)^k}{(z'-b)^{k+1}}. \qquad (2-2-2)$$

这一无穷级数的一般项的模是

$$\left|\frac{(z-b)^k}{(z'-b)^{k+1}}\right|=\frac{q^k}{R'},$$

因为 $0<q<1$，所以上式右边是一个收敛的几何级数的一般项，因而根据上节中一致收敛级数的性质三知道，式(2-2-2)中的级数对于变数 z' 在 $C_{R'}$ 上一致收敛.

以 $\dfrac{1}{2\pi\mathrm{i}}f(z')$ 乘式(2-2-2)的两边，并对 z' 沿 $C_{R'}$ 积分，得到

$$\frac{1}{2\pi\mathrm{i}}\oint_{C_{R'}}\frac{f(z')}{z'-z}\mathrm{d}z'$$
$$=\sum_{k=0}^{\infty}(z-b)^k\frac{1}{2\pi\mathrm{i}}\oint_{C_{R'}}\frac{f(z')}{(z'-b)^{k+1}}\mathrm{d}z'.$$

根据式(2-2-1)，此式左边即 $f(z)$，而根据式(1-5-9)可见上式右边 $(z-b)^k$ 的系数是

$$\frac{1}{2\pi\mathrm{i}}\oint\frac{f(z')}{(z'-b)^{k+1}}\mathrm{d}z'=\frac{f^{(k)}(b)}{k!}, \qquad (2-2-3)$$

因而得到

$$f(z)=f(b)+\frac{f'(b)}{1!}(z-b)+\frac{f''(b)}{2!}(z-b)^2+\cdots$$

$$+\frac{f^{(k)}(b)}{k!}(z-b)^k+\cdots. \qquad (2-2-4)$$

展开式(2-2-4)称为函数 $f(z)$ 在圆域 $|z-b|<R$ 中的泰勒展开.系数 $f^{(k)}(b)/k!$ 称为泰勒系数.

泰勒展开式(2-2-4)是由 $C_{R'}$ 上绝对而且一致收敛的级数逐项积分而来的.因而知道右边的级数在圆 $C_{R'}$ 上绝对而且一致收敛,并且其和等于左边.由于 R' 是小于 R 的任意数,所以式(2-2-4)中的级数在圆 C_R 内部绝对收敛.

现在来证明这一展开式的唯一性.假设 $f(z)$ 在以 b 为中心的圆内可展开为另一形式:

$$f(z)=a_0+a_1(z-b)+a_2(z-b)^2+\cdots. \qquad (2-2-5)$$

我们来证明,系数 a_k 就是 $f(z)$ 的泰勒系数(2-2-3).事实上,令 $z=b$,得到 $a_0=f(b)$.对 z 微分一次后再令 $z=b$,得到 $a_1=f'(b)/1!$.这样继续进行下去,就看出展开式(2-2-5)与泰勒展开(2-2-4)完全相同. 【证毕】

根据展开的唯一性,我们可以选择方便的办法来求一个函数的泰勒展开,不一定要用式(2-2-3)去计算系数.常用的办法是借助于已知的级数展开式.

例 1 求 e^z 在 $z=0$ 的邻域中的泰勒展开式,并讨论其收敛区域.

解 按式(1-3-12)有 $(e^z)'=e^z$,因而 e^z 的任意阶导数都等于 e^z.代入式(2-2-4)得到

$$e^z=1+\frac{z}{1!}+\frac{z^2}{2!}+\cdots+\frac{z^n}{n!}+\cdots. \qquad (2-2-6)$$

由于已知 e^z 在全平面解析.故上述级数在全平面上收敛,这可以用比值判别法式(2-1-14)验证. 【解毕】

例 2 将函数 $f(z)=(1-z)^m$(m 为负整数),在 $z=0$ 的周围展开成泰勒级数,并讨论这一展开的收敛区域.

解 函数 $f(z)$ 在 $z=1$ 时成为无穷大,而在 $|z|<1$ 时解析.根据上述定理知道,它可以在以 $z=0$ 为心、半径为 1 的圆内部展开成泰勒级数.按式(2-2-3)计算展开系数:

$$\frac{f^{(k)}(0)}{k!}=(-1)^k\frac{m(m-1)\cdot\cdots\cdot(m-k+1)}{k!},$$

代入式(2-2-4)得

$$(1-z)^m=1-mz+\frac{m(m-1)}{2!}z^2+\cdots$$
$$+(-1)^k\frac{m(m-1)\cdot\cdots\cdot(m-k+1)}{k!}z^k+\cdots. \qquad (2-2-7)$$

当 m 为负整数时,这个级数在 $|z|<1$ 的圆内收敛.如果 m 为正整数,上式仍然成立,且退化成多项式,就是牛顿二项式定理.在 m 不是正负整数(或零)时,$(1-z)^m$ 是多值函数,留到以后再讨论(见 §3-5 习题第 7 题).

注意式(2-2-7)的最后一项不是通常意义上的级数"一般项",因为它对 $k=0$ 不成立.我们来将它改写.令 $m=-m'$,$k=k'-m'$,有

$$(-1)^k\frac{m(m-1)\cdot\cdots\cdot(m-k+1)}{k!}z^k=\frac{(k'-1)(k'-2)\cdots m'}{(k'-m')!}z^{k'-m'}$$

$$=\frac{(k'-1)!}{(k'-m')!\ (m'-1)!}z^{k'-m'},$$

当 $k'=m'$ 时上式等于 1，当 $k'=m'+1$ 时等于 $m'\cdot z$. 和式(2-2-7)比较可见(重新将 k',m' 写成 k,m)

$$(1-z)^{-m}=\begin{cases}\displaystyle\sum_{k=m}^{\infty}\frac{(k-1)!}{(k-m)!\ (m-1)!}z^{k-m}, & m>0,\ |z|<1;\\ 1, & m=0.\end{cases}\tag{2-2-8}$$

【解毕】

例 3 求 $f(z)=e^{z}\cos z$ 在 $|z|<\infty$ 的展开式.

解 对于这样的函数直接利用式(2-2-3)来求系数，计算较繁.因此将$f(z)$改写为

$$e^{z}\cos z=\frac{1}{2}\left[e^{(1+i)z}+e^{(1-i)z}\right],$$

再利用 e^{z}的展开式(2-2-6)得

$$e^{z}\cos z=\frac{1}{2}\sum_{n=0}^{\infty}\frac{1}{n!}\left[(1+i)^{n}+(1-i)^{n}\right]z^{n}\quad(|z|<\infty).$$

【解毕】

例 4 函数 $\sec z$ 在 $|z|<\dfrac{\pi}{2}$内解析，求它在这个圆内的泰勒展开式.

解 我们用待定系数法求这个展开式.设在 $|z|<\dfrac{\pi}{2}$内，$\sec z$ 可展成

$$\sec z=a_{0}+a_{1}z+\cdots+a_{n}z^{n}+\cdots,$$

但另一方面，在 $|z|<\dfrac{\pi}{2}$内，

$$\sec z=\frac{1}{\cos z}=\frac{1}{1-\dfrac{z^{2}}{2!}+\dfrac{z^{4}}{4!}-\cdots}.$$

因此在 $|z|<\dfrac{\pi}{2}$内有

$$1=(a_{0}+a_{1}z+\cdots+a_{n}z^{n}+\cdots)\left(1-\frac{z^{2}}{2!}+\frac{z^{4}}{4!}-\cdots\right).$$

将上式右边用级数乘法算出，并且与左边比较系数，就可以求得 $a_{n}(n=0,1,2,\cdots)$.例如 $a_{0}=1,a_{1}=0,a_{3}=0,a_{2k+1}=0\ (k=1,2,\cdots)$，

$$a_{2}-\frac{1}{2!}=0,\qquad \text{所以}\quad a_{2}=\frac{1}{2!},$$

$$a_{4}-a_{2}\frac{1}{2!}+a_{0}\frac{1}{4!}=0,\quad \text{所以}\quad a_{4}=\frac{5}{4!},$$

余类推，所以

$$\sec z = 1 + \frac{1}{2!}z^2 + \frac{5}{4!}z^4 + \cdots \quad \left(|z| < \frac{\pi}{2}\right). \tag{2-2-9}$$

【解毕】

（二）鞍点

我们来讨论复变函数的一阶导数为零的点的性质.

我们知道,实变函数 $f(x)$ 的一阶导数为零的点是它的极值点(只要二阶导数不为零).然而,这一结论对于复变函数 $f(z)$ 不成立.因为复变函数 $f(z)$ 取复数值,没有大小之分,因而也就没有极大和极小值.此时应该讨论的是它的实部和虚部在 $f'(z)=0$ 的点 b 附近的行为.

首先,将函数 $f(z)$ 在满足条件 $f'(b)=0$ 的 b 点附近作泰勒展开,当 $z \to b$ 时,可以只保留 $f(z)-f(b)$ 的展开式中不为零的第一项,即

$$f(z) = f(b) + \frac{1}{2!}f''(b)(z-b)^2 + o(z-b) \tag{2-2-10}$$

$f(z)$ 的实部和虚部在 $f'(z)=0$ 的点 $b=z_0=x_0+\mathrm{i}y_0$ 附近的行为依赖于沿什么方向离开 b 点.令 $z-b=r\mathrm{e}^{\mathrm{i}\theta}$,$f''(b)=a\mathrm{e}^{\mathrm{i}\theta_0}$.代入式(2-2-10),略去高次项,得到

$$f(z) - f(b) = \frac{ar^2}{2}\cos(2\theta+\theta_0) + \mathrm{i}\frac{ar^2}{2}\sin(2\theta+\theta_0), \tag{2-2-11}$$

所谓"沿某一方向离开 b 点"就是固定一个 θ 值,让 r 由零增大,考察在此过程中 $f(z)$ 的实部和虚部的行为.

例如,固定 $\theta=\dfrac{n\pi-\theta_0}{2}$ $(n=0,1,2,3)$,则

$$\begin{cases} \text{沿 } n=0,2 \text{ 方向离开 } b \text{ 点时,} \\ \qquad f(z)-f(b) \text{ 的实部 } u = \dfrac{ar^2}{2}\cos(2\theta+\theta_0) \text{ 上升最陡,而虚部 } v=0; \\ \text{沿 } n=1,3 \text{ 方向离开 } b \text{ 点时,} \\ \qquad f(z)-f(b) \text{ 的实部 } u = \dfrac{ar^2}{2}\cos(2\theta+\theta_0) \text{ 下降最陡,而虚部 } v=0. \end{cases} \tag{2-2-12}$$

实部 u 的图形如图 2-2-2 所示.

反之,固定 $\theta=\dfrac{(n+1/2)\pi-\theta_0}{2}$ $(n=0,1,2,3)$,则

$$\begin{cases} \text{沿 } n=0,2 \text{ 方向离开 } b \text{ 点时,} \\ \qquad f(z)-f(b) \text{ 的虚部 } v = \dfrac{ar^2}{2}\sin(2\theta+\theta_0) \text{ 上升最陡,而实部 } u=0; \\ \text{沿 } n=1,3 \text{ 方向离开 } b \text{ 点时,} \\ \qquad f(z)-f(b) \text{ 的虚部 } v = \dfrac{ar^2}{2}\sin(2\theta+\theta_0) \text{ 下降最陡,而实部 } u=0. \end{cases} \tag{2-2-13}$$

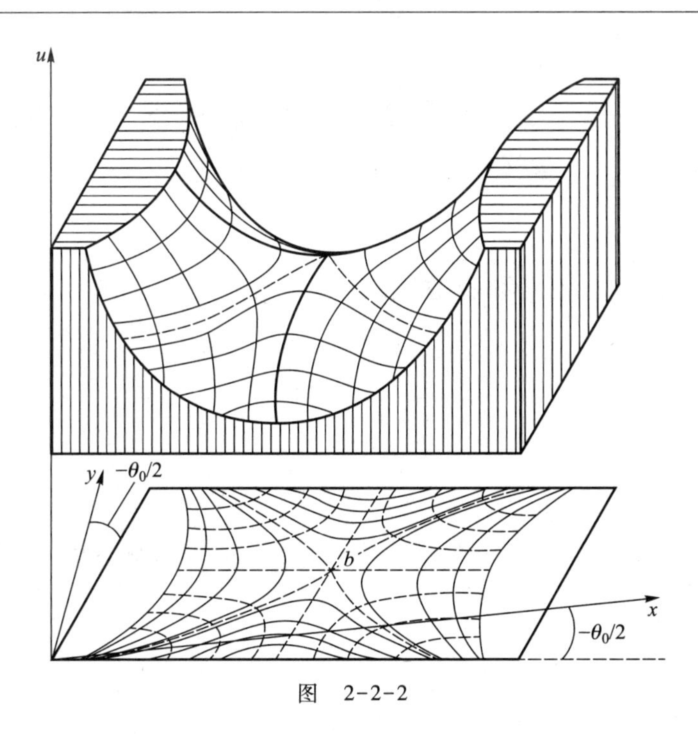

图　2-2-2

虚部 v 的图形类似于图 2-2-2，只是坐标转了 $\pi/2$.

由此可见，在 $f'(z)=0$ 的点 b，$f(z)-f(b)$ 的实部和虚部呈现为马鞍的形状，因而这种点称为**鞍点**. 我们得到：

复变函数 $f(z)$ 的一阶导数 $f'(z)=0$ 的点 $z=b$ 是鞍点，其特征为：在此点的邻域中，$f(z)-f(b)$ 的实部（或虚部）既可取正值，又可取负值.

习　　题

1. 求 $\sin z$ 和 $\cos z$ 在 $z=0$ 的邻域的泰勒展开式，讨论其收敛区域，并验证

$$e^{iz}=\cos z+i\sin z.$$

2. 将下列函数展开成泰勒级数，并说明其收敛区域：

（1）$\dfrac{1}{z}$在 $z=1$ 的邻域；

（2）$\dfrac{z-1}{z+1}$在 $z=0$ 和 $z=1$ 的邻域；

（3）$\sin^2 z$ 和 $\cos^2 z$ 在 $z=0$ 的邻域；

（4）$e^{\frac{1}{1-z}}$在 $z=0$ 的邻域；

（5）$\tan z$ 在 $z=0$ 的邻域（只计算前四项的系数）.

§2-3 复变函数在环形解析区域中的幂级数展开 洛朗级数

复变函数在环形解析区域中的幂级数展开(2)

(一) 洛朗级数的定义和收敛区域

既包含$(z-b)$的正幂项,又包含$(z-b)$的负幂项的级数

$$\cdots+\frac{a_{-2}}{(z-b)^2}+\frac{a_{-1}}{z-b}+a_0+a_1(z-b)+a_2(z-b)^2+\cdots \tag{2-3-1}$$

称为洛朗级数.为了研究它的收敛区域,将级数(2-3-1)分成两部分:正幂部分(称为洛朗级数的解析部分)

$$a_0+a_1(z-b)+a_2(z-b)^2+\cdots \tag{2-3-2}$$

和负幂部分(称为洛朗级数的主要部分)

$$\frac{a_{-1}}{z-b}+\frac{a_{-2}}{(z-b)^2}+\cdots. \tag{2-3-3}$$

根据§2-1定理三,可设级数(2-3-2)的收敛区域是以b为中心,R_1为半径的圆C_R的内部:

$$|z-b|<R_1. \tag{2-3-4}$$

作变量代换

$$t=\frac{1}{z-b}, \tag{2-3-5}$$

则级数(2-3-3)变成正幂项的形式:

$$a_{-1}t+a_{-2}t^2+\cdots. \tag{2-3-6}$$

因此,可设它在

$$|t|<\frac{1}{R_2} \tag{2-3-7}$$

内部收敛,则级数(2-3-3)在

$$|z-b|>R_2 \tag{2-3-8}$$

的外部收敛.

如果$R_1\leqslant R_2$,则不等式(2-3-4)与(2-3-8)不能同时成立,因而级数(2-3-2)与(2-3-3)没有共同的收敛区域.在此情况下,级数(2-3-1)不存在收敛区域.

如果$R_1>R_2$,则同时满足式(2-3-4)和(2-3-8)的z是

$$R_2<|z-b|<R_1. \tag{2-3-9}$$

这是一个内半径为R_2,外半径为R_1的圆环,如图2-3-1所示.在这样的圆环内部,级数

(2-3-2)和(2-3-3)都收敛,因而级数(2-3-1)收敛.

由此可见,如果洛朗级数(2-3-1)有收敛区域的话,它的收敛区域具有圆环的形状,如图 2-3-1 所示.

将§2-1 的定理三和定理二应用到级数(2-3-2)及(2-3-6),就可以看出,洛朗级数(2-3-1)在它的收敛环内部绝对收敛,而且在环内任一闭域上一致收敛,其和在这一环形区域内解析,并且可以逐项积分和微分.

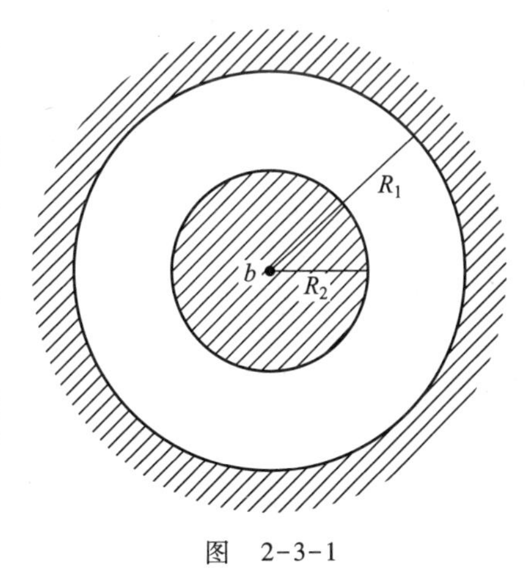

图　2-3-1

(二) 函数的洛朗展开

现在来讨论相反的问题,设 $f(z)$ 在环形区域 $R_2<|z-b|<R_1$ 内部解析,问它能否用洛朗级数展开,并求展开式的系数.

以 $R'_1<R_1$ 和 $R'_2>R_2$ 为半径作两个圆 $C_{R'_1}$ 和 $C_{R'_2}$ 如图 2-3-2 中的虚线所示,则 $f(z)$ 在闭环域 $R'_2\leqslant|z-b|\leqslant R'_1$ 中解析.写出它的柯西公式:

$$f(z)=\frac{1}{2\pi i}\oint_{C_{R'_1}}\frac{f(z')}{z'-z}dz'+\frac{1}{2\pi i}\oint_{C_{R'_2}}\frac{f(z')}{z'-z}dz'. \tag{2-3-10}$$

注意,积分都是沿边界线的正方向进行.下面来分别计算这两个积分.

在第一个积分中,变量 z' 在圆 $C_{R'_1}$ 上,它离 b 点的距离大于 z 点离 b 点的距离(见图 2-3-2):

$$\left|\frac{z-b}{z'-b}\right|<1,$$

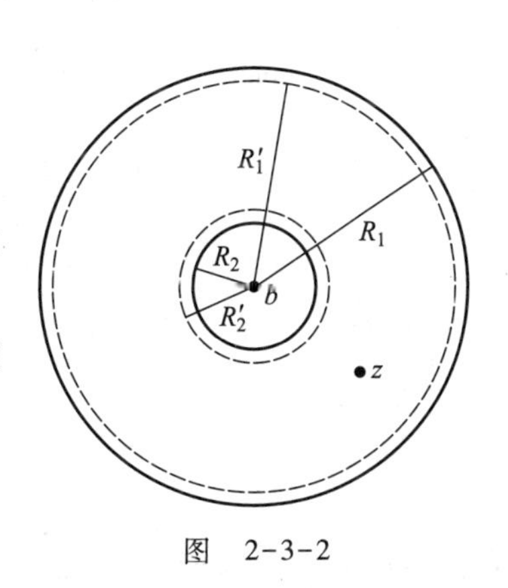

图　2-3-2

因此利用式(2-1-16)可将$\dfrac{1}{z'-z}$展开成级数:

$$\frac{1}{z'-z}=\frac{1}{(z'-b)-(z-b)}=\frac{1}{z'-b}\cdot\frac{1}{1-\dfrac{z-b}{z'-b}}$$

$$=\sum_{k=0}^{\infty}\frac{(z-b)^k}{(z'-b)^{k+1}}.$$

两边乘以$\dfrac{f(z')}{2\pi i}$并沿 $C_{R'_1}$ 积分,得到

$$\frac{1}{2\pi i}\oint_{C_{R'_1}}\frac{f(z')}{z'-z}dz'=\sum_{k=0}^{\infty}a_k(z-b)^k, \tag{2-3-11}$$

其中

$$a_k = \frac{1}{2\pi i}\oint_{C_{R_1'}} \frac{f(z')}{(z'-b)^{k+1}}dz'. \qquad (2-3-12)$$

对于式(2-3-10)的第二个积分,变量 z' 在圆 $C_{R_2'}$ 上,它离 b 点的距离小于 z 点离 b 点的距离(图 2-3-2):

$$\left|\frac{z'-b}{z-b}\right| < 1,$$

因而可以写成

$$\frac{1}{z'-z} = -\frac{1}{(z-b)-(z'-b)} = -\frac{1}{z-b}\cdot\frac{1}{1-\dfrac{z'-b}{z-b}}$$

$$= -\sum_{k=0}^{\infty}\frac{(z'-b)^k}{(z-b)^{k+1}}.$$

两边同乘以 $\frac{f(z')}{2\pi i}$,然后沿 $C_{R_2'}$ 积分,得到

$$\frac{1}{2\pi i}\oint_{C_{R_2'}}\frac{f(z')}{z'-z}dz' = \sum_{k=0}^{\infty} a_{-(k+1)}\frac{1}{(z-b)^{k+1}} = \sum_{n=1}^{\infty} a_{-n}(z-b)^{-n}, \qquad (2-3-13)$$

其中

$$a_{-n} = -\frac{1}{2\pi i}\oint_{C_{R_2'}}(z'-b)^{n-1}f(z')\,dz' \quad (n = 1,2,\cdots).$$

将 $-n$ 换为 k,并改变积分的方向,得到

$$a_k = \frac{1}{2\pi i}\oint_{C_{R_2'}}\frac{f(z')\,dz'}{(z'-b)^{k+1}} \quad (k = -1,\ -2,\cdots), \qquad (2-3-14)$$

它在形式上与式(2-3-12)完全一样,只是积分路径不同.根据复通区域的柯西定理,式(2-3-12)和(2-3-14)可统一地写为

$$a_k = \frac{1}{2\pi i}\oint_{C}\frac{f(z')\,dz'}{(z'-b)^{k+1}} \quad (k = 0,\ \pm 1,\ \pm 2,\cdots). \qquad (2-3-15)$$

式中 C 是环域内沿逆时针方向绕 b 点的任一闭回路.将式(2-3-13)和(2-3-11)一起代入式(2-3-10)得到

$$f(z) = \sum_{k=-\infty}^{\infty} a_k(z-b)^k, \qquad (2-3-16)$$

其中系数 a_k 由式(2-3-15)给出.这就证明了在环形区域内解析的函数可以展开成洛朗级数.

注意,尽管求洛朗展开系数的公式(2-3-15)与泰勒展开中求系数的积分公式形式相同,但不能像式(2-2-3)那样写成 $\frac{f^{(k)}(b)}{k!}$,因为 $f(z)$ 并不在圆 C_{R_1} 内部解析,而只是在环

形区域内解析.

其次,还要注意,我们经常遇到 $R_2=0$ 的情况.此时,环形区域(图 2-3-2)的内圆 C_{R_2} 缩成一点 $z=b$,函数 $f(z)$ 在圆 C_{R_1} 内部除 $z=b$ 一点外都解析.在此情况下,我们就称洛朗级数(2-3-16)为函数 $f(z)$ 在奇点 $z=b$ 附近的洛朗展开.

最后,可以证明洛朗展开也是唯一的.因此,可以用任何方便的方法求得洛朗展开,不一定要用式(2-3-15)来求展开系数.实际上,有时是利用已知的洛朗展开系数来计算式(2-3-15)中的积分.

常用的求洛朗展开的办法仍然是利用已知级数,不过在展开中要特别注意展开形式和收敛区域.下面举例说明.

例 1　将函数

$$f(z)=\frac{3z}{z^2-z-2}$$

分别以 $z=0$ 和 $z=2$ 为中心展开成泰勒级数或洛朗级数.

解　利用部分分式,将函数 $f(z)$ 写成

$$f(z)=\frac{3z}{(z+1)(z-2)}=\frac{1}{z+1}+\frac{2}{z-2},$$

显然,$z=-1$ 和 $z=2$ 是函数的奇点.

(1) 我们首先以 $z=0$ 为中心,将 $f(z)$ 展开成级数.

在以 $z=0$ 为圆心,半径为 1 的圆内 $f(z)$ 解析,因而可以在这个圆内展开成泰勒级数.为此利用展开式(2-1-16)得

$$\frac{1}{z+1}=1-z+z^2-z^3+\cdots\quad(|z|<1),$$

$$\frac{2}{z-2}=-\frac{1}{1-\dfrac{z}{2}}=-\left[1+\frac{z}{2}+\left(\frac{z}{2}\right)^2+\cdots\right]\quad(|z|<2);\quad(2-3-17)$$

两者相加即得

$$f(z)=-\frac{3z}{2}+\frac{3z^2}{4}-\frac{9z^3}{8}+\cdots\quad(|z|<1).$$

$f(z)$ 的另一个解析区域是 $1<|z|<2$ 的环域.在这个环域内它应展开成洛朗级数.仍然利用式(2-1-16),但所要求的收敛范围不同,故

$$\frac{1}{z+1}=\frac{1}{z}\cdot\frac{1}{1+\dfrac{1}{z}}=\frac{1}{z}\left(1-\frac{1}{z}+\frac{1}{z^2}-\cdots\right)\quad(|z|>1);\quad(2-3-18)$$

再和式(2-3-17)相加得到

$$f(z)=\cdots+\frac{1}{z^3}-\frac{1}{z^2}+\frac{1}{z}-1-\frac{z}{2}-\frac{z^2}{4}-\cdots\quad(1<|z|<2).$$

$f(z)$ 的最后一个以 $z=0$ 为心的解析区域是以半径为 2 的圆的外部.在这一区域中,

$$\frac{2}{z-2}=\frac{2}{z}\cdot\frac{1}{1-\frac{2}{z}}=\frac{2}{z}\left(1+\frac{2}{z}+\frac{4}{z^2}+\cdots\right)\quad(|z|>2);$$

再与式(2-3-18)相加,得到

$$f(z)=\frac{3}{z}+\frac{3}{z^2}+\frac{9}{z^3}+\cdots\quad(|z|>2).$$

(2) 下面我们再来求解 $z=2$ 为展开中心时,$f(z)$ 的级数表示.虽然展开中心 $z=2$ 为 $f(z)$ 的奇点,但 $f(z)$ 在环域 $0<|z-2|<3$ 和 $3<|z-2|<\infty$ 内解析,仍可以展开成级数.利用

$$\frac{1}{z+1}=\frac{1}{z-2+3}=\frac{1}{3}\cdot\frac{1}{1+\frac{z-2}{3}}$$

$$=\frac{1}{3}\sum_{k=0}^{\infty}(-1)^k\left(\frac{z-2}{3}\right)^k\quad(0<|z-2|<3),$$

$$\frac{1}{z+1}=\frac{1}{z-2+3}$$

$$=\frac{1}{z-2}\cdot\frac{1}{1+\frac{3}{z-2}}=\sum_{k=0}^{\infty}(-3)^k(z-2)^{-k-1}\quad(3<|z-2|<\infty),$$

最后得到

$$\frac{3z}{z^2-z-1}=\frac{2}{z-2}+\frac{1}{3}\sum_{k=0}^{\infty}(-1)^k\left(\frac{z-2}{3}\right)^k\quad(0<|z-2|<3),$$

$$\frac{3z}{z^2-z-1}=\frac{2}{z-2}+\sum_{k=0}^{\infty}(-3)^k(z-2)^{-k-1}\quad(3<|z-2|<\infty).$$

【解毕】

例 2 求函数 $e^{\frac{1}{2}t\left(z-\frac{1}{z}\right)}$ 在 $0<|z|<\infty$ 中的洛朗展开,其中 t 是参变量.

解 利用指数函数的展开式(2-2-6),得

$$e^{\frac{t}{2}z}=\sum_{k=0}^{\infty}\frac{1}{k!}\left(\frac{t}{2}\right)^k z^k\quad(|z|<\infty),\tag{2-3-19}$$

$$e^{-\frac{1}{2}\frac{t}{z}}=\sum_{l=0}^{\infty}\frac{1}{l!}\left(-\frac{t}{2}\right)^l z^{-l}\quad(|z|>0).\tag{2-3-20}$$

因此

$$e^{\frac{1}{2}t\left(z-\frac{1}{z}\right)}=\sum_{k=0}^{\infty}\frac{1}{k!}\left(\frac{t}{2}\right)^k z^k\cdot\sum_{l=0}^{\infty}\frac{1}{l!}\left(-\frac{t}{2}\right)^l z^{-l}.$$

对于固定的 t,右边两个级数在 $0<|z|<\infty$ 中都是绝对收敛的,可以逐项相乘,并用任意方式并项.为了得到乘积中的某个正幂 z^n $(n\geqslant 0)$ 项,应取式(2-3-20)所有各项分别用式

(2-3-19)中的 $k=l+n$ 项去乘;为了得到乘积中的某个负幂 z^{-m} $(m\geqslant 1)$项,应取式(2-3-19)所有各项分别用式(2-3-20)中 $l=k+m$ 的项去乘.这样

$$
\begin{aligned}
\mathrm{e}^{\frac{1}{2}t\left(z-\frac{1}{z}\right)} &= \sum_{n=0}^{\infty} z^n\left[\sum_{l=0}^{\infty}\frac{(-1)^l}{l!\,(l+n)!}\left(\frac{t}{2}\right)^{n+2l}\right]\\
&\quad+\sum_{m=1}^{\infty} z^{-m}\left[\sum_{k=0}^{\infty}\frac{(-1)^{k+m}}{k!\,(k+m)!}\left(\frac{t}{2}\right)^{m+2k}\right]\qquad(0<|z|<\infty).
\end{aligned}
$$

把 $-m$ 改作 n,k 改作 l,则

$$
\begin{aligned}
\mathrm{e}^{\frac{t}{2}\left(z-\frac{1}{z}\right)} &= \sum_{n=0}^{\infty} z^n\left[\sum_{l=0}^{\infty}\frac{(-1)^l}{l!\,(l+n)!}\left(\frac{t}{2}\right)^{n+2l}\right]\\
&\quad+\sum_{n=-1}^{-\infty} z^n(-1)^{|n|}\left[\sum_{l=0}^{\infty}\frac{(-1)^l}{l!\,(l+|n|)!}\left(\frac{t}{2}\right)^{|n|+2l}\right]\\
&=\sum_{n=-\infty}^{\infty}\mathrm{J}_n(t)z^n,
\end{aligned}
$$

其中

$$
\mathrm{J}_n(t)=\begin{cases}\displaystyle\sum_{l=0}^{\infty}\frac{(-1)^l}{l!\,(l+n)!}\left(\frac{t}{2}\right)^{n+2l}, & \text{当 } n\geqslant 0,\\[2ex] \displaystyle\sum_{l=0}^{\infty}\frac{(-1)^{l+|n|}}{l!\,(l+|n|)!}\left(\frac{t}{2}\right)^{|n|+2l}, & \text{当 } n<0.\end{cases}\qquad(2-3-21)
$$

在后一式中写 n 为 $-m$,则有

$$
\begin{aligned}
\mathrm{J}_{-m}(t) &= \sum_{l=0}^{\infty}(-1)^{l+m}\frac{1}{l!\,(l+m)!}\left(\frac{t}{2}\right)^{m+2l}\\
&=(-1)^m\mathrm{J}_m(t),\quad m=0,1,2,\cdots.\qquad(2-3-22)
\end{aligned}
$$

$\mathrm{J}_n(t)$称为 n 阶贝塞尔函数(参看 §9-1).　【解毕】

习　　题

求下列函数在指定区域内的洛朗展开:

1. $\dfrac{z}{(z-1)(z-3)}$在以 $z=1$ 和 $z=3$ 为心的环域内;
2. $\dfrac{1}{z^2(z-1)}$在以 $z=1$ 为心的环域内;
3. $\sin\dfrac{z}{1-z}$在 $0<|z-1|<\infty$ 内;
4. $\dfrac{\mathrm{e}^z}{z+2}$在 $2<|z|<\infty$ 内;
5. $\dfrac{z}{(z-1)(z-2)^2}$在 $|z|<1$,$1<|z|<2$ 及 $|z|>2$ 内.

第三章 解析延拓与孤立奇点

以上我们讨论了复变函数在给定的解析区域中的性质.在这一章里,我们来研究将复变函数的解析区域加以扩大的问题,即所谓"解析延拓".通过解析延拓能够完整地了解解析的复变函数——解析函数.我们将看到,解析函数的性质与它的孤立奇点有密切关系.因此,在本章里将着重讨论解析函数的孤立奇点,包括单值性奇点和多值性奇点——分支点.

§3-1 单值函数的孤立奇点

单值函数的孤立奇点

(一) 奇点的分类

设函数 $f(z)$ 在环域 $0<|z-b|<R$ $(0<R<\infty)$ 内解析,则称 b 点为 $f(z)$ 的**孤立奇点**.在这一节里,我们讨论单值性孤立奇点,假定 $f(z)$ 在上述环域中单值解析.

既然 $f(z)$ 在环域中单值解析,就可以将它展开成洛朗级数

$$f(z)=\sum_{n=-\infty}^{\infty}a_n(z-b)^n, \tag{3-1-1}$$

其中

$$a_n=\frac{1}{2\pi i}\oint_C\frac{f(z)}{(z-b)^{n+1}}dz,$$

C 是环域内沿逆时针方向绕 b 点的任一闭合路径,如图 3-1-1 所示.

我们根据函数 $f(z)$ 在孤立奇点 b 附近的洛朗展开(3-1-1)来把孤立奇点加以分类.有可能出现三种情况:

(1) 如果展开式(3-1-1)中没有负幂项,或者换句话说,所有负幂项的系数都等于零,则 b 点称为 $f(z)$ 的**可去奇点**.此时

$$f(z)=a_0+a_1(z-b)+a_2(z-b)^2+\cdots$$
$$(0<|z-b|<R). \tag{3-1-2}$$

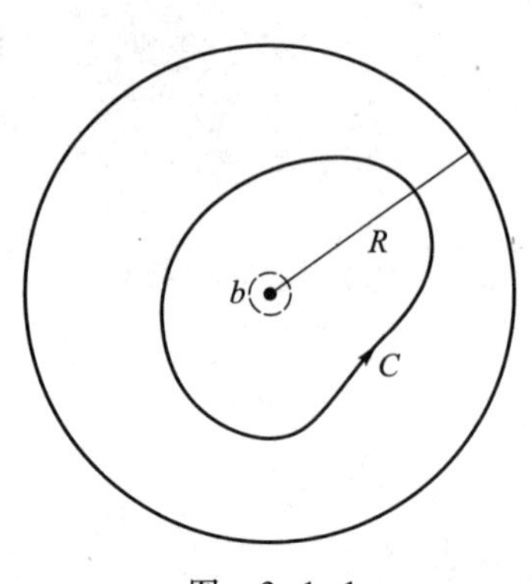

图 3-1-1

因此,我们有

$$\lim_{z\to b}f(z)=a_0. \tag{3-1-3}$$

这就是说,函数在可去奇点的邻域内是有界的.如果令

$f(b)=a_0$，就得到在圆域 $|z-b|<R$ 内解析的函数

$$g(z)=\begin{cases}f(z) & (z\neq b),\\ a_0 & (z=b).\end{cases} \tag{3-1-4}$$

对 $g(z)$ 来说，b 点不再是奇点.可去奇点一词正是由此而来.

（2）如果展开式(3-1-1)中只有有限个负幂项：

$$f(z)=\frac{a_{-m}}{(z-b)^m}+\cdots+\frac{a_{-1}}{z-b}+a_0+a_1(z-b)+a_2(z-b)^2+\cdots, \tag{3-1-5}$$

则称 b 点为 $f(z)$ 的**极点**，m 称为极点 b 的**阶**.显然有

$$\lim_{z\to b} f(z)=\infty. \tag{3-1-6}$$

这就是说，在极点附近，函数 $f(z)$ 是无界的.

（3）如果展开式(3-1-1)中有无穷多个负幂项，则称 b 点为 $f(z)$ 的**本性奇点**.可以证明，当 z 趋于本性奇点 b 时，$f(z)$ 没有确定的极限.例如，函数 $e^{1/z}$ 在奇点 $z=0$ 附近的展开式为

$$e^{1/z}=\sum_{n=0}^{\infty}\frac{1}{n!}\left(\frac{1}{z}\right)^n,$$

它包含无穷多个负幂项，因而 $z=0$ 是函数 $e^{1/z}$ 的本性奇点.很容易看出，当 $z\to 0$ 时，$f(z)$ 没有确定的极限.譬如说，设 z 沿正实轴趋于零：

$$z=x>0,\quad x\to 0,$$

则

$$f(z)=e^{1/z}=e^{1/x}\to\infty.$$

而如果 z 沿负实轴趋于零：

$$z=x<0,\quad x\to 0,$$

则

$$f(z)=e^{1/z}=e^{-1/|x|}\to 0.$$

可以证明，如果让 z 沿不同方式趋于零，则 $f(z)=e^{1/z}$ 可以等于任意复数.

（二）零点与极点间的联系

如果函数 $f(z)$ 在 b 点的邻域内可以表示成泰勒级数

$$f(z)=a_m(z-b)^m+a_{m+1}(z-b)^{m+1}+\cdots, \tag{3-1-7}$$

其中 $a_m\neq 0$，则 b 点称为函数 $f(z)$ 的 **m 阶零点**.

将 $f(z)$ 改写成

$$\begin{aligned}f(z)&=(z-b)^m[a_m+a_{m+1}(z-b)+\cdots]\\&=(z-b)^m\varphi(z),\end{aligned}$$

这里函数 $\varphi(z)$ 在 b 点解析，并且不等于零.考虑 $f(z)$ 的倒函数

$$\frac{1}{f(z)}=\frac{1}{(z-b)^m\varphi(z)}=\frac{1}{(z-b)^m}\psi(z),$$

其中函数 $\psi(z)=\dfrac{1}{\varphi(z)}$ 在 b 点解析,并且不等于零.$\psi(z)$ 在 b 点邻域有泰勒展开:

$$\psi(z)=\psi(b)+\psi'(b)(z-b)+\cdots,$$

因此我们看到,在 b 点的邻域内 $(z\neq b)$ 有

$$\frac{1}{f(z)}=\frac{\psi(b)}{(z-b)^m}+\frac{\psi'(b)}{(z-b)^{m-1}}+\cdots.$$

所以说,b 点是函数 $\dfrac{1}{f(z)}$ 的一个 m 阶极点.

反过来,假如 b 点是函数 $f(z)$ 的一个 m 阶极点,在 b 点的邻域内 $(z\neq b)$ 有

$$\begin{aligned}f(z)&=\frac{a_{-m}}{(z-b)^m}+\frac{a_{-m+1}}{(z-b)^{m-1}}+\cdots+\frac{a_{-1}}{z-b}+a_0+a_1(z-b)+\cdots\\&=\frac{1}{(z-b)^m}[a_{-m}+a_{-m+1}(z-b)+\cdots]\\&=\frac{\varphi(z)}{(z-b)^m},\end{aligned}$$

$\varphi(z)$ 在 b 点解析,且 $\varphi(b)\neq 0$ (因为 $a_{-m}\neq 0$).于是 $f(z)$ 的倒函数为

$$\frac{1}{f(z)}=(z-b)^m\frac{1}{\varphi(z)}=(z-b)^m\psi(z),$$

$\psi(z)$ 在 b 点解析,且 $\psi(b)\neq 0$,可作泰勒展开,故得

$$\frac{1}{f(z)}=\psi(b)(z-b)^m+\psi'(b)(z-b)^{m+1}+\cdots.$$

由此可见,b 点是 $\dfrac{1}{f(z)}$ 的 m 阶零点.

总之,我们得出结论:如果 b 点是函数 $f(z)$ 的一个 m 阶零点,则 b 点就是倒函数 $\dfrac{1}{f(z)}$ 的一个 m 阶极点;反之亦然.这个结论有助于我们寻找函数的极点,并判断极点的阶数.

例 1 求函数 $\dfrac{1}{\sin z-\sin a}$ 有哪些极点,并判断极点的阶数.

解 $\sin z-\sin a$ 的 n 阶零点就是所给函数的 n 阶极点.

$$\sin z-\sin a=0,\quad \sin z=\sin a,$$

此三角方程有解:

$$z_1=2n\pi+a,\quad z_2=(2m+1)\pi-a,$$

$$n,m=0,\ \pm 1,\ \pm 2,\cdots.$$

z_1, z_2 是函数 $\sin z - \sin a$ 的零点,也就是 $\dfrac{1}{\sin z - \sin a}$ 的极点.

为了判断零点的阶数,可以将 $\sin z - \sin a$ 在 z_1, z_2 作泰勒展开,看其不为零的最小正幂项的幂次为多少;也可求 $\sin z - \sin a$ 在 z_1, z_2 点的导数值,看其不为零的导数的次数为多少.

$$(\sin z - \sin a)'_{z_1} = \cos(2n\pi + a).$$

如果 $a \neq k\pi \pm \dfrac{\pi}{2}$ $(k = 0, \pm 1, \pm 2, \cdots)$,此导数不为零,故 z_1 为函数 $\sin z - \sin a$ 的一阶零点,因而是函数 $\dfrac{1}{\sin z - \sin a}$ 的一阶极点.当 $a = k\pi \pm \dfrac{\pi}{2}$ 时,需要求 $\sin z - \sin a$ 的二阶导数:

$$(\sin z - \sin a)''_{z_1} = -\sin z_1 = -\sin\left(k\pi \pm \frac{\pi}{2} + 2n\pi\right) \neq 0,$$

这表明,当 $a = k\pi \pm \dfrac{\pi}{2}$ 时,z_1 是 $\sin z - \sin a$ 的二阶零点,从而是函数 $\dfrac{1}{\sin z - \sin a}$ 的二阶极点.

同理可证,当 $a \neq k\pi \pm \dfrac{\pi}{2}$ 时,z_2 是 $\dfrac{1}{\sin z - \sin a}$ 的一阶极点;当 $a = k\pi \pm \dfrac{\pi}{2}$ 时,z_2 是 $\dfrac{1}{\sin z - \sin a}$ 的二阶极点.　【解毕】

在 § 1-2 中介绍过以部分分式呈现的有理函数,见式(1-2-6).在求导、积分、幂级数展开等计算中,常将部分分式分解为许多幂次较低的部分分式之和的形式,即部分分式分解.以下通过具体的例子来进行说明.

例 2　设有理函数为

$$f(z) = \frac{z - 3}{(z + 2)(z - 1)^2},$$

试将其进行部分分式分解.

解　显然,$f(z)$ 有两个极点:$z_1 = -2$(一阶)、$z_2 = 1$(二阶),容易得到 $f(z)$ 最简的部分分式之和的形式为

$$f(z) = \frac{a_{-1}}{z + 2} + \frac{b_{-1}}{z - 1} + \frac{b_{-2}}{(z - 1)^2},$$

其中 a_{-1}、b_{-1}、b_{-2} 为常数.

可以看出,上式实际上是将部分分式 $f(z)$ 在奇点 $z = -2$ 附近进行洛朗展开.该式等号右边的后两项为 $z = -2$ 邻域内的解析函数.若将 $f(z)$ 写为

$$f(z) = \frac{b_{-2}}{(z - 1)^2} + \frac{b_{-1}}{z - 1} + \frac{a_{-1}}{z + 2}, \tag{3-1-8}$$

同样地,这是将 $f(z)$ 在奇点 $z = 1$ 附近进行洛朗展开,其中等式右边第三项为 $z = 1$ 邻域内的解析函数.

现在,以一种较为简便的方法来求式(3-1-8)中的系数.为求 a_{-1},可将式(3-1-8)两边同乘以 $(z+2)$,再求 $z \to -2$ 的极限,即

$$\lim_{z\to -2}\left[(z+2)f(z)\right] = a_{-1} + \lim_{z\to -2}\left[(z+2)\frac{b_{-1}}{z-1}\right] + \lim_{z\to -2}\left[(z+2)\frac{b_{-2}}{(z-1)^2}\right],$$

易得 $a_{-1}=-\frac{5}{9}$.同理,将式(3-1-8)两边同乘以$(z-1)^2$,再求 $z\to 1$ 的极限,可得 $b_{-2}=-\frac{2}{3}$.

为求 b_{-1},将式(3-1-8)两边同乘以$(z-1)^2$,再对 z 求一阶导数,最后求 $z\to 1$ 的极限,有

$$\lim_{z\to 1}\frac{\mathrm{d}}{\mathrm{d}z}\left[(z-1)^2 f(z)\right] = \lim_{z\to 1}\frac{\mathrm{d}}{\mathrm{d}z}\left[(z-1)^2\frac{a_{-1}}{z+2}\right] + \lim_{z\to 1}\frac{\mathrm{d}}{\mathrm{d}z}\left[(z-1)^2\frac{b_{-1}}{z-1}\right] + \lim_{z\to 1}\frac{\mathrm{d}}{\mathrm{d}z}\left[(z-1)^2\frac{b_{-2}}{(z-1)^2}\right],$$

可得 $b_{-1}=\frac{5}{9}$.

由此,部分分式 $f(z)$ 分解的结果为

$$f(z) = -\frac{5}{9(z+2)} + \frac{5}{9(z-1)} - \frac{2}{3(z-1)^2}.$$

上式的结果还可理解为分别以 $z=-2$,$z=1$ 为展开中心,对 $f(z)$ 进行洛朗展开,其中用到的求展开式系数的方法,还会在后面求留数时用到.

(三)复变函数在无限远点的性质

为了讨论复变函数 $f(z)$ 在无限远点的性质,可以作变量代换:

$$t=\frac{1}{z},\quad f(z)=\varphi(t). \tag{3-1-9}$$

于是,z 平面上无限远点的邻域对应于 t 平面上原点的邻域,并且在 z 与 t 对应的点上,函数 $f(z)$ 与 $\varphi(t)$ 的值相等.因此,很自然地,可以根据函数 $\varphi(t)$ 在原点$t=0$ 的性质来定义 $f(z)$ 在无限远点的性质.

如果 $t=0$ 是 $\varphi(t)$ 的孤立奇点,则称 z 平面上的无限远点是 $f(z)$ 的孤立奇点,此时可以在 $t=0$ 的邻域将 $\varphi(t)$ 作洛朗展开:

$$\varphi(t) = \sum_{n=-\infty}^{\infty} a_n t^n. \tag{3-1-10}$$

利用式(3-1-9),我们就有

$$f(z) = \sum_{n=-\infty}^{\infty} b_n z^n, \tag{3-1-11}$$

其中 $b_n=a_{-n}$ $(n=0,\pm1,\pm2,\cdots)$.

注意,级数(3-1-11)中包含多少个正幂项,完全看级数(3-1-10)中有多少个负幂项,因此,根据有限远处孤立奇点的分类,我们规定:

(1) 如果展开式(3-1-11)中包含无穷多个含 z 的正幂项,则称无限远点为函数 $f(z)$ 的本性奇点.

(2) 如果展开式(3-1-11)中含有 z^m 项($m>0$),而不含 z 的更高次项,则称无限远点是 $f(z)$ 的 m 阶极点.

(3) 如果展开式(3-1-11)中根本不包含 z 的正幂项,则称无限远点是 $f(z)$ 的可去奇点.

在最后一种情形,我们有

$$z\to\infty\text{ 时,}\quad f(z)\to b_0=a_0.$$

因而可以去掉这个奇点,而说函数 $f(z)$ 在无限远点解析.

将这里对无限远点的讨论和(一)中对有限远的孤立奇点的讨论结合起来,可以看到:如果 $f(z)$ 在闭 z 平面上解析,或最多只有可去奇点,则 $f(z)$ 为常数.这是因为,在有限远只有可去奇点表明,$f(z)$ 的洛朗展开式中不含负幂项;而无限远点是可去奇点表明,这一展开式不含正幂项,因此,它只有一个常数项.

习 题

1. 下列各函数在有限远处有哪些孤立奇点?各属于哪一种类型?

(1) $\dfrac{z-1}{z(z^2+4)^2}$; (2) $\dfrac{1}{1-e^z}$;

(3) $\sin\dfrac{1}{1-z}$; (4) $\cot z$;

(5) $\dfrac{e^{\frac{1}{z-1}}}{e^z-1}$; (6) $\dfrac{\sin z}{z}$.

2. 设函数 $f(z)$ 与 $\varphi(z)$ 分别以 $z=b$ 为它们的 m 阶极点与 n 阶极点.那么对于下列函数,b 点有什么性质?

(1) $f(z)\varphi(z)$;(2) $\dfrac{f(z)}{\varphi(z)}$;(3) $f(z)+\varphi(z)$.

3. 指出 $z=\infty$ 是下列函数的什么样的奇点:

(1) $\dfrac{z^2+4}{e^z}$; (2) $e^{-z^{-2}}$;

(3) $\cos z-\sin z$; (4) $\sin\dfrac{1}{1-z}$;

(5) $a_nz^n+a_{n-1}z^{n-1}+\cdots+a_1z+a_0$.

§3-2　解析延拓　解析函数与全纯函数

(一) 解析延拓的概念

解析延拓
解析函数与
全纯函数

在 §1-2 中曾经给出正切函数 $\tan z$ 的定义(1-2-18).除了

$$z=\frac{\pi}{2}+k\pi \qquad (k=0,\ \pm 1,\ \pm 2,\cdots) \tag{3-2-1}$$

为它的一阶极点外,在有限区域内无其他奇点.因此可以将 $\tan z$ 在以 $z=0$ 为圆心、$\frac{\pi}{2}$ 为半径的圆内展开成泰勒级数.直接计算可得

$$\tan z=z+\frac{1}{3}z^3+\frac{2}{15}z^5+\cdots \quad \left(|z|<\frac{\pi}{2}\right). \tag{3-2-2}$$

式(3-2-2)右边的级数只在 $|z|<\frac{\pi}{2}$ 的圆 C_1 内收敛,我们用 $f_1(z)$ 表示这一级数所代表的函数:

$$f_1(z)=z+\frac{1}{3}z^3+\frac{2}{15}z^5+\cdots, \tag{3-2-3}$$

它在圆 C_1 内解析.

值得注意的是 $\tan z$ 和 $f_1(z)$ 只在圆 C_1 内相等,在圆 C_1 之外,$\tan z$ 有定义而 $f_1(z)$ 无定义.由于我们已知 $\tan z$,用通常的办法在圆 C_1 内进行级数展开,就可以得到 $f_1(z)$.现在提出一个相反的问题:如果我们所知道的只是按式(3-2-3)定义的 $f_1(z)$,它只在圆 C_1 内解析,能不能将它的定义域扩大而得到整个函数 $\tan z$ 呢?这是一个有实际意义的问题,因为在解决一些数学物理问题时,直接得到的往往是只在特定区域里有定义的级数形式(或积分形式)的解,在这种情况下,就有必要扩大函数的定义域.当然,在扩大定义域的时候,必须保持函数的解析性.

这个扩大定义域的问题就叫作函数的解析延拓,它的普遍定义是:设已知函数 $f_1(z)$ 在区域 $\mathscr{D}_1$ 内解析,如果在一个和 $\mathscr{D}_1$ 有公共部分 $\mathscr{D}_{12}$ 的区域 $\mathscr{D}_2$ 内存在一个解析的函数 $f_2(z)$,且在 $\mathscr{D}_{12}$ 中 $f_2(z)\equiv f_1(z)$,则 $f_2(z)$ 称为 $f_1(z)$ 在 $\mathscr{D}_2$ 中的**解析延拓**.反之,$f_1(z)$ 也称为 $f_2(z)$ 在 $\mathscr{D}_1$ 中的**解析延拓**.

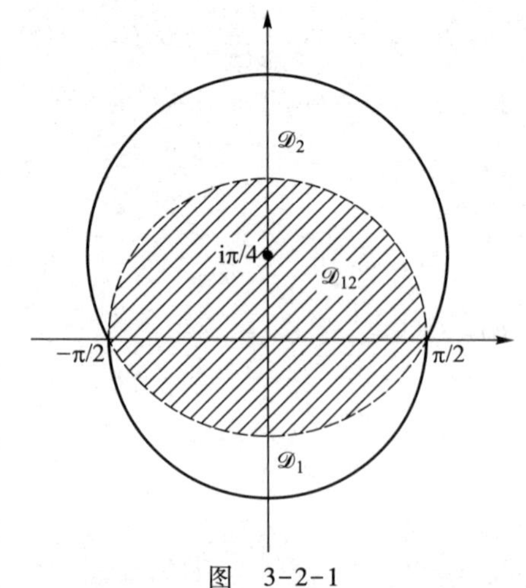

图　3-2-1

在上面的例子中,由式(3-2-3)给出的函数 $f_1(z)$ 在 $|z|<\frac{\pi}{2}$ 的区域 $\mathscr{D}_1$ 内解析,如图 3-2-1 所示.在区域 $\mathscr{D}_1$ 之外,级数是发散的,但是,利用这个级数可以算出 $f_1(z)$ 在区域 $\mathscr{D}_1$ 内任一点

$\left(\text{譬如说 } z=\frac{\pi i}{4}\right)$的函数值和各阶导数之值，由此得到$f_1(z)$在这点的泰勒展开.新的泰勒级数记作$f_2(z)$，如图 3-2-1 所示，$f_2(z)$在区域$\mathscr{D}_2$中收敛，是一个在$\mathscr{D}_2$内解析的函数.$\mathscr{D}_2$为圆$\left|z-\frac{\pi}{4}i\right|<\frac{\sqrt{5}}{4}\pi$，它跨出了原来的区域$\mathscr{D}_1$，且在$\mathscr{D}_1$和$\mathscr{D}_2$的公共区域$\mathscr{D}_{12}$（图 3-2-1 中阴影部分）中$f_2(z)=f_1(z)$，因而$f_2(z)$就是$f_1(z)$在$\mathscr{D}_2$中的解析延拓.

用泰勒展开进行解析延拓虽然是个普遍的方法，但具体计算较繁.通常总是采用一些特殊的方法来进行解析延拓，可是要这样做有意义，必须首先证明解析延拓是唯一的.

（二）解析延拓的唯一性

我们所需要证明的是，如果$f_2^{(1)}(z)$和$f_2^{(2)}(z)$都是$f_1(z)$在$\mathscr{D}_2$中的解析延拓，则在$\mathscr{D}_2$中$f_2^{(1)}(z)\equiv f_2^{(2)}(z)$.

根据解析延拓的定义，既然$f_2^{(1)}(z)$和$f_2^{(2)}(z)$都是$f_1(z)$的解析延拓，那么在公共区域$\mathscr{D}_{12}$中它们都应该等于$f_1(z)$，即在$\mathscr{D}_{12}$中$f_2^{(1)}(z)$和$f_2^{(2)}(z)$相等.因此，所需要证明的论断可表述为：

如果有两个在区域$\mathscr{D}$中解析的函数$f^{(1)}(z)$和$f^{(2)}(z)$，已知它们在$\mathscr{D}$的一个子区域Δ中恒等，则它们在整个$\mathscr{D}$中也必恒等.

进一步，考虑$f^{(1)}(z)$和$f^{(2)}(z)$之差$F(z)\equiv f^{(1)}(z)-f^{(2)}(z)$，可将上述论断表述为：

设$F(z)$在$\mathscr{D}$内解析，且在$\mathscr{D}$的子区域Δ中$F(z)\equiv 0$.则在整个区域$\mathscr{D}$中有$F(z)\equiv 0$.

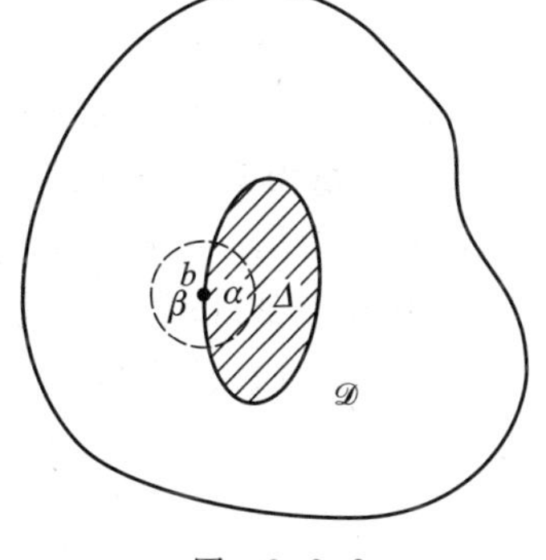

图　3-2-2

我们来证明后一论述.取Δ的边界线上的一点b，在图 3-2-2 中用虚线标明b的一个邻域，它的一部分α属于Δ，另一部分β不属于Δ.按照假定，$F(z)$在Δ上处处等于零，在β上并非处处等于零（否则它就可并入Δ中）.以b为中心，把在$\mathscr{D}$中解析的函数$F(z)=f^{(1)}(z)-f^{(2)}(z)$展开为泰勒级数.已知$z=b$是$F(z)$的一个零点，设它是$F(z)$的$m$阶零点，则

$$F(z)=(z-b)^m[a_m+a_{m+1}(z-b)+\cdots]$$
$$(a_m\neq 0).$$

取z为与b紧邻而不等于b的值，于是$|z-b|$的值虽小，但不等于零，因而方括号中的级数之和与a_m接近，即

$$a_m+a_{m+1}(z-b)+a_{m+2}(z-b)^2+\cdots\approx a_m,$$

故$F(z)=(z-b)^m[a_m+a_{m+1}(z-b)+\cdots]\approx(z-b)^m a_m\neq 0$.这就是说，$F(z)$在$b$的邻域（除$b$外）都不等于零，这与原假设$F(z)$在$\Delta$上处处为零相矛盾，说明展开系数$a_0,a_1,\cdots,a_k,\cdots$必须都等于零.如果所有的系数都为零，则$F(z)$不仅在$\Delta$内处处为零，而且在$\beta$上也处处为零.这就证明$F(z)$在区域$\Delta+\beta$上等于零.重复同样的论证，不断扩大$F(z)$为零的区域，就可证明在整个区域$\mathscr{D}$中$F(z)$恒等于零.因而，在$\mathscr{D}$中$f^{(1)}(z)\equiv f^{(2)}(z)$，这也就证明了解析延拓的唯一性.　【证毕】

注意,解析延拓的唯一性是复变函数所特有的重要性质,实变函数不可能有这样的性质.例如,在区间 $\mathscr{D}_1(a_1,b_1)$ 给定了一个连续而且有连续导数的函数$f_1(x)$,如图 3-2-3 所示.要求函数$f_2(x)$在区间 $\mathscr{D}_2(a_2,b_2)$ 中连续且有连续导数,并且在区间 $\mathscr{D}_{12}(a_2,b_1)$ 中 $f_1(x)\equiv f_2(x)$.显然这样的函数 $f_2(x)$ 可以有无穷多个,图 3-2-3 中画出了几个例子.

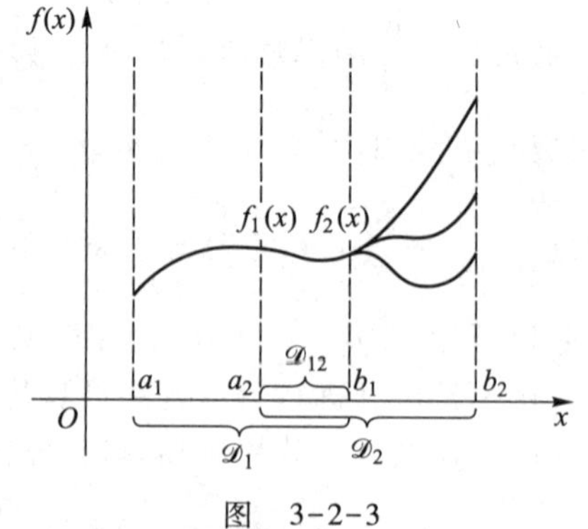

图　3-2-3

(三) 解析函数

我们来利用解析延拓的唯一性,进一步研究复变函数的性质.

设给定了在区域 $\mathscr{D}_1$ 中解析的函数 $f_1(z)$,并且找到了 $f_1(z)$ 在区域 $\mathscr{D}_2$ 中的解析延拓 $f_2(z)$,如图 3-2-4 所示,将 $f_1(z)$ 和 $f_2(z)$ 一道,看成是在扩大了的区域$\mathscr{D}_1+\mathscr{D}_2$ 中具有解析性的统一的函数 $f(z)$,根据解析延拓的唯一性,这样的函数$f(z)$是唯一的.

下一步,又设法将 $f_2(z)$进行解析延拓,而得到定义在区域 $\mathscr{D}_3$中的 $f_3(z)$……这样,从给定的在区域 $\mathscr{D}_1$ 中解析的函数 $f_1(z)$ 出发,将所有可能的解析延拓全部进行完毕,所得到的函数值的全体,形成一个完整的函数,称为解析函数.解析函数是一类应用最广的复变函数.以下,在没有特别说明时,我们将限于讨论解析函数.

注意,尽管作为出发点的 $f_1(z)$是单值解析的,将它沿 $\mathscr{D}_2,\mathscr{D}_3,\cdots\cdots$ 延拓至区域 $\mathscr{D}_n$时,设 $\mathscr{D}_n$ 和原出发的区域 $\mathscr{D}_1$ 有重叠区域 $\mathscr{D}_{n1}$,如图 3-2-5 所示,定义在 $\mathscr{D}_1$ 上的$f_1(z)$和定义在 $\mathscr{D}_n$上的 $f_n(z)$ 在重叠区域 $\mathscr{D}_{n1}$ 上的值不一定相同.如果它们不同,我们就得到了多值函数.

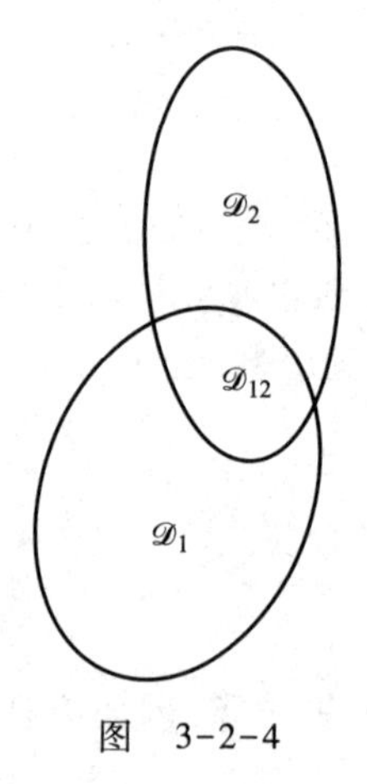

图　3-2-4

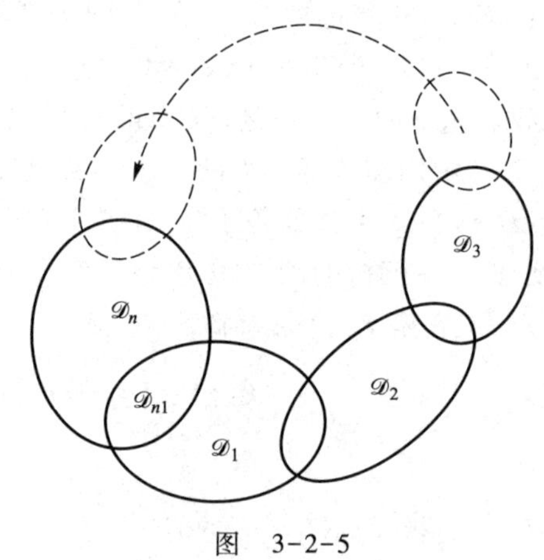

图　3-2-5

(四) 全纯函数

能在全平面上作泰勒展开的函数称为全纯函数.全纯函数是单值函数,它在全复平面,除无限远点外都解析.

全纯函数的例子有:多项式、正弦函数、余弦函数、指数函数等.

习　题

1. 证明级数$f(z)=\sum_{n=0}^{\infty}\left(\frac{1+z}{1-z}\right)^n$所定义的函数在左半平面内解析，并可解析延拓到除点$z=0$外的整个复平面.
2. 证明如果$f(z)$在区域$\mathscr{D}$中解析，在$\mathscr{D}$的一个子区域中等于零，则$f(z)$在整个$\mathscr{D}$中等于零.
3. 假定函数$f(z)$在原点是解析的，并且在原点的邻域内满足方程

$$f(2z)=2f(z)f'(z),$$

试证明$f(z)$可以延拓到整个平面.

§3-3　Γ 函　数

下面再来看解析延拓的一个例子.这个例子所要讨论的是在数学物理中有着广泛应用的Γ函数.

实变量**Γ函数**定义为下述反常积分：

$$\Gamma(x)=\int_0^{\infty}t^{x-1}e^{-t}dt\quad(x>0),\tag{3-3-1}$$

它在$x>0$时收敛，并且有以下递推公式：

$$\Gamma(x+1)=x\Gamma(x).\tag{3-3-2}$$

将式(3-3-1)中的x改为复变量z就得到

$$\Gamma(z)=\int_0^{\infty}t^{z-1}e^{-t}dt\quad(\mathrm{Re}\,z>0).\tag{3-3-3}$$

和证明式(3-3-1)的收敛性类似，可以证明式(3-3-3)中的积分在$\mathrm{Re}\,z>0$的半平面中代表一个解析的函数(证明略去).它满足类似于式(3-3-2)的递推公式：

$$\Gamma(z+1)=z\Gamma(z).\tag{3-3-4}$$

证明如下：

$$\begin{aligned}\Gamma(z+1)&=\int_0^{\infty}t^{z}e^{-t}dt=-t^{z}e^{-t}\Big|_0^{\infty}+z\int_0^{\infty}t^{z-1}e^{-t}dt\\&=z\Gamma(z)\qquad(\mathrm{Re}\,z>0).\end{aligned}$$

因为最后一步中用到了式(3-3-3)，所以上式限制在$\mathrm{Re}\,z>0$的右半平面.

现在来进行解析延拓，为此利用式(3-3-4)，将它改写成

$$\Gamma(z)=\frac{\Gamma(z+1)}{z}.\tag{3-3-5}$$

此式左边只在$\mathrm{Re}\,z>0$的区域内有意义，而右边在一个更大的区域$\mathrm{Re}\,z>-1$中(除$z=0$外)都有意义，因此可以将它作为等式左边$\Gamma(z)$在$\mathrm{Re}\,z>-1$区域中的解析延拓，如图3-3-1所示.这样定义的$\Gamma(z)$除了在$z=0$有极点外，在$\mathrm{Re}\,z>-1$的半平面解析.

现在$\Gamma(z)$已在 Re $z>-1$ 的区域中有定义,因而$\Gamma(z+1)$在 Re $z>-2$ 的区域中有定义.再次利用式(3-3-5)就得到在Re $z>-2$ 的区域中的解析延拓;在这一区域中,$\Gamma(z)$有两个极点 $z=0,-1$.这样继续下去,反复利用式(3-3-5)可以将$\Gamma(z)$延拓到整个复平面.在整个复平面上,$\Gamma(z)$除了有极点

$$z=0,\ -1,\ -2,\cdots$$

外,处处解析.

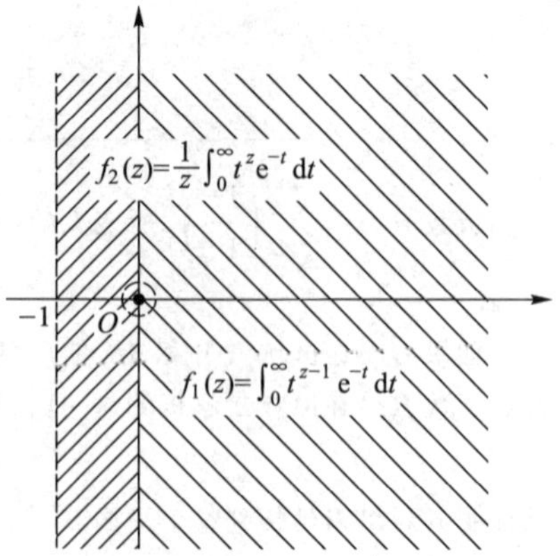

图 3-3-1

计算无穷积分可以证明:

$$\Gamma(1)=\int_0^\infty e^{-t}dt=-e^{-t}\Big|_0^\infty=1, \tag{3-3-6}$$

$$\Gamma\left(\frac{1}{2}\right)=\int_0^\infty e^{-t}t^{-1/2}dt=2\int_0^\infty e^{-t}d\sqrt{t}=\sqrt{\pi}. \tag{3-3-7}$$

根据式(3-3-4)和上面两个积分,容易求得 z 取整数和半整数值时,Γ 函数的值:

$$\Gamma(n+1)=n!, \tag{3-3-8}$$

$$\Gamma\left(n+\frac{1}{2}\right)=\frac{(2n-1)!!}{2^n}\sqrt{\pi}. \tag{3-3-9}$$

其中 $n!\equiv n(n-1)\cdot\cdots\cdot 1$ 是 n 的阶乘,而$(2n-1)!!\equiv(2n-1)(2n-3)\cdot\cdots\cdot 1$.

在下节中将证明,当 x 大时有

$$\Gamma(x)\sim x^{x-1/2}e^{-x}\sqrt{2\pi},\quad x\gg 1, \tag{3-3-10}$$

见式(3-4-6).因而

$$\ln\Gamma(x)\sim\left(x-\frac{1}{2}\right)\ln x-x+\frac{1}{2}\ln(2\pi),\quad x\gg 1. \tag{3-3-11}$$

当 x 取正整数 $n+1$ 时,得到[相对于 n 略去常数 1/2 和 $\ln(2\pi)$]:

$$\ln(n!)\sim n\ln n-n=n\ln\frac{n}{e},\qquad n\gg 1. \tag{3-3-12}$$

式(3-3-12)是阶乘的渐近表达式,称为**斯特林公式**.

习 题

1. 证明等式(3-3-8)、等式(3-3-9).
2. 利用 Γ 函数的定义和性质计算积分

$$I=\int_0^\infty x^{\frac{5}{2}}e^{-2x}dx.$$

§3-4　函数的渐近表示　最陡下降法

（一）函数的渐近展开

函数$f(z)$在$|z|$大时的行为称为它的渐近行为. $f(z)$的渐近行为可以用如下的展开式描述：

$$\varphi(z)\left[A_0+\frac{A_1}{z}+\frac{A_2}{z^2}+\cdots\right]. \qquad (3-4-1)$$

函数的渐进表示

上式方括号内的级数有可能是发散的,但即使那样,也可以用它来表示$f(z)$的渐近行为. 级数的"收敛"与"发散"指的是它在 z 值固定而项数 $n\to\infty$ 时的性质;而为了使式(3-4-1)能反映$f(z)$的"渐近行为",所需要的是在项数 n 固定而$|z|\to\infty$ 时,方括号内级数的部分和S_n乘上 $\varphi(z)$以后与 $f(z)$接近相等.

更精确地说,只要$f(z)/\varphi(z)$与上式方括号中级数前$n+1$项的部分和之差具有$1/z^{n+1}$的量级,则当$|z|$增加时这一差值就可以任意地小,此时称式(3-4-1)为$f(z)$的渐近展开式,用符号~表示.

定义　如果

$$\lim_{|z|\to\infty}\left\{z^n\left[\frac{f(z)}{\varphi(z)}-\sum_{k=0}^{n}\frac{A_k}{z^k}\right]\right\}\to 0, \qquad (3-4-2)$$

则称 $\varphi(z)\sum_{k=0}^{\infty}\frac{A_k}{z^k}$为$f(z)$的渐近展开式,并写为

$$f(z)\sim\varphi(z)\sum_{k=0}^{\infty}\frac{A_k}{z^k}. \qquad (3-4-3)$$

在实际应用中,常常只取展开式中的第一项作为$f(z)$的渐近表达式.

函数的渐近展开式在实用中很重要. 为了得到渐近展开式,常用的办法是：先将函数写成复平面上沿某一路径积分的形式,然后用"最陡下降法"进行计算.

设函数$f(z)$可以写成如下积分的形式：

$$f(z)=\int_C \mathscr{G}(t)\mathrm{e}^{zh(t)}\mathrm{d}t, \qquad (3-4-4)$$

其中 $\mathscr{G}(t)$和$h(t)$是在复t平面上一定区域中解析的函数,C为复t平面上的某一路径. 我们来求$f(z)$在$|z|$大时的渐近表达式.

先看一个简单例子,求Γ函数的渐近表达式.

（二）Γ函数的渐近表达式

按式(3-3-1)

$$\Gamma(x+1)=\int_0^{\infty}\tau^x e^{-\tau}d\tau,$$

作代换 $\tau=tx$，得到

$$\Gamma(x+1)=x^{x+1}\int_0^{\infty}t^x e^{-tx}dt=x^{x+1}\int_0^{\infty}e^{x(\ln t-t)}dt. \qquad (3-4-5)$$

这里的积分具有式(3-4-4)的形式，其中 $\mathscr{G}(t)=1$，$h(t)=\ln t-t$，而路径 C 为正实轴，因而在此例中可以令 t 取实数值.

求 $h(t)$ 的一阶和二阶导数

$$h'(t)=\frac{1}{t}-1,\quad h''(t)=-\frac{1}{t^2}.$$

由此可见，在 $t=1$ 时 $h(t)$ 有极大值.

当 x 大时，$q=e^{x(\ln t-t)}$ 在 $t=1$ 时有尖锐的峰，如图 3-4-1 所示. 因此积分的主要贡献来自 $t=1$ 附近的一个小区间 $[1-\delta,1+\delta]$. 在此区间中

$$\ln t-t\approx-1-\frac{1}{2}(t-1)^2,$$

因而有

$$\int_0^{\infty}e^{x(\ln t-t)}dx\sim\int_{1-\delta}^{1+\delta}e^{-x\left[1+\frac{1}{2}(t-1)^2\right]}dt$$

$$=e^{-x}\int_{-\delta}^{\delta}e^{-\frac{x}{2}u^2}du.$$

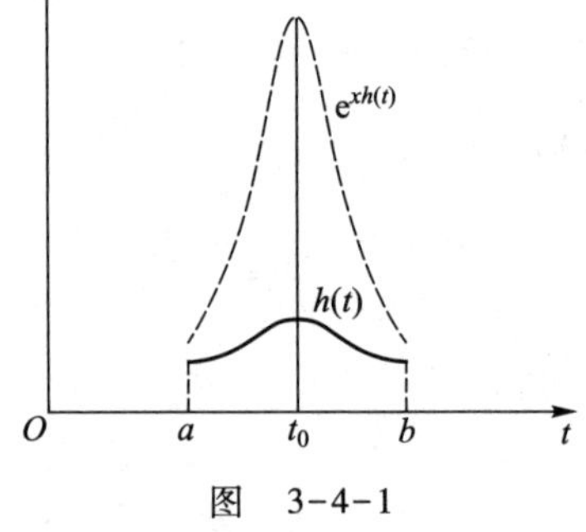

图 3-4-1

式中 $u=t-1$. 最后一个积分中的被积函数在 x 大时，很快地随 $|u|$ 的增加而减小，因而可以近似地将积分限扩展到 $\pm\infty$，而有

$$\int_0^{\infty}e^{x(\ln t-t)}dt\sim e^{-x}\int_{-\infty}^{\infty}e^{-\frac{x}{2}u^2}du=e^{-x}\sqrt{\frac{2\pi}{x}}.$$

代入式(3-4-5)得到

$$\Gamma(x+1)\sim x^{x+1}e^{-x}\sqrt{\frac{2\pi}{x}}.$$

再用式(3-3-5)就得到 Γ 函数的渐近表达式：

$$\Gamma(x)\sim x^{x-\frac{1}{2}}e^{-x}\sqrt{2\pi}, \qquad (3-4-6)$$

取对数得到

$$\ln\Gamma(x)\sim\left(x-\frac{1}{2}\right)\ln x-x+\frac{1}{2}\ln(2\pi), \qquad (3-4-7)$$

当 x 取正整数时，得到阶乘的渐近式[利用式(3-3-8)，并相对于 N 略去常数 1/2 和 $\ln(2\pi)$]，**斯特林公式**：

$$\ln(N!)\sim N\ln N-N=N\ln\frac{N}{e}. \qquad (3-4-8)$$

(三)最陡下降法

考虑一般情况,此时式(3-4-4)中的 z 和 t 都可以是复数.我们考虑当 z 的辐角 φ 固定而 $|z|\to\infty$ 时 $f(z)$ 的行为.为了简单起见,假定 $\varphi=0$,z 为大于 0 的实数.[如果 φ 不为零,可将因子 $e^{i\varphi}$归入 $h(t)$中,令 $e^{i\varphi}h(t)$为新的 $h(t)$. 因此,假定 $\varphi=0$ 并不失去一般性.]

用 u 和 v 表示 $h(t)$的实部和虚部,则

$$f(z)=\int_C e^{zu}e^{izv}\mathscr{G}dt. \tag{3-4-9}$$

当 z 大时,决定被积函数大小的主要因子是 e^{zu}. 根据在上一例子中得到的经验,应该设法使积分路径通过 zu 的极大值点,然后在这一点附近取一小段进行积分. 然而,由于 u 是解析函数 $h(t)$的实部,满足拉普拉斯方程 $\Delta u=0$,它在各个方向上的二阶偏导数不可能都是负的,所以 zu 不可能在任意方向上都有极大值. 在§2-2 中已指出,$\frac{d}{dt}h(t)=0$ 的点 t_0是鞍点.如果沿某些方向通过 t_0时,zu 有极大值(二阶方向导数小于零),则沿另一些方向通过 t_0时,zu 将有极小值(二阶方向导数大于零),图 3-4-2(a)上画出了在 t_0点附近 zu 的"等值线"的典型分布情况. 由图可见,沿 CD 路径通过 t_0时,zu 有极大值,而沿 AB 路径通过 t_0时,zu 有极小值. 在 t_0附近,zu 曲面呈马鞍形状,如图 3-4-2(b)所示,参看图 2-2-2.

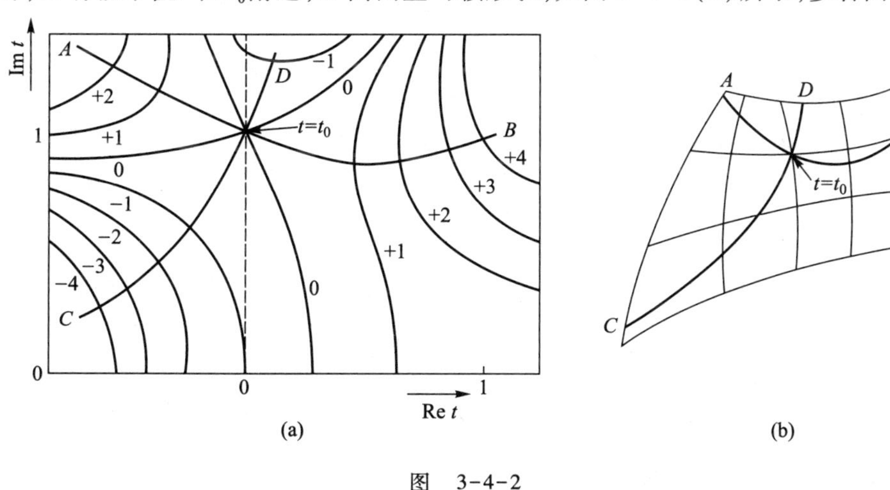

(a) (b)

图 3-4-2

于是,为了求式(3-4-9)中的 $f(z)$在 z 大时的渐近行为,应设法利用柯西定理改变积分路径,使之沿类似于图 3-4-2 中的 CD 这样的路径通过鞍点 t_0.在这一路径上 zu 下降最陡,因而 e^{zu}的峰最尖(参看图 3-4-1).这样就可以只取 t_0附近的一小段进行积分,而得到较好的近似值.

假定已经通过积分路径的变形使式(3-4-4)中的 C 通过鞍点 t_0.我们有$h'(t_0)=0$,因而 $h(t)$展开式的头两项是

$$h(t)\approx h(t_0)+\frac{h''(t_0)}{2}(t-t_0)^2.$$

令

$$h''(t_0)=a\mathrm{e}^{\mathrm{i}\theta_0},\quad t-t_0=\rho\mathrm{e}^{\mathrm{i}\theta},\tag{3-4-10}$$

如图 3-4-3 所示,则

$$h(t)\approx h(t_0)+\frac{a}{2}\rho^2\mathrm{e}^{\mathrm{i}(2\theta+\theta_0)},\tag{3-4-11}$$

它的实部和虚部分别是

$$u\approx \mathrm{Re}\,h(t_0)+\frac{a}{2}\rho^2\cos(2\theta+\theta_0),\tag{3-4-12}$$

$$v\approx \mathrm{Im}\,h(t_0)+\frac{a}{2}\rho^2\sin(2\theta+\theta_0).\tag{3-4-13}$$

用 s 表示和实轴成 θ 角的方向,如图 3-4-3 所示.在 s 方向上的偏导数是固定 θ 对 ρ 求导.因而

$$\partial_s u=a\rho\cos(2\theta+\theta_0),\tag{3-4-14}$$

$$\partial_s^2 u=a\cos(2\theta+\theta_0).\tag{3-4-15}$$

"最陡"方向是 $|\partial_s u|$ 最大的方向,即 $|\cos(2\theta+\theta_0)|=1$ 的方向:

$$2\theta+\theta_0=n\pi,\quad \theta=\frac{n\pi-\theta_0}{2}\quad (n=0,1,2,3).\tag{3-4-16}$$

它决定两条相互垂直的直线,$n=0,2$ 和 $n=1,3$,如图 3-4-4 所示.由式(3-4-15)可见,沿 $n=0,2$ 的线 $\partial_s^2 u>0$,这是"最陡上升"的方向;沿 $n=1,3$ 的线 $\partial_s^2 u<0$,这是"最陡下降"的方向.我们就沿后一方向求积分.

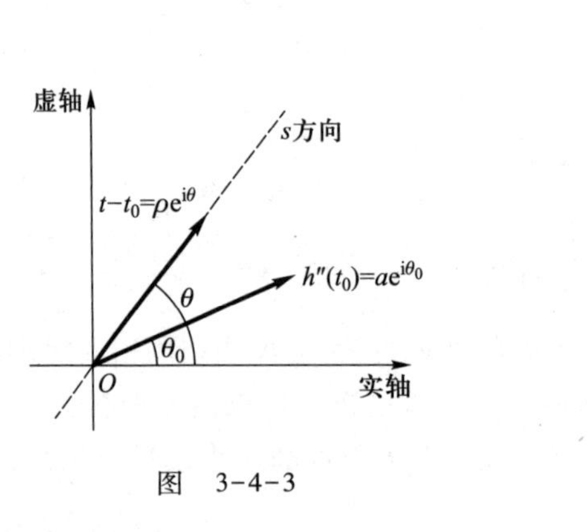

图 3-4-3

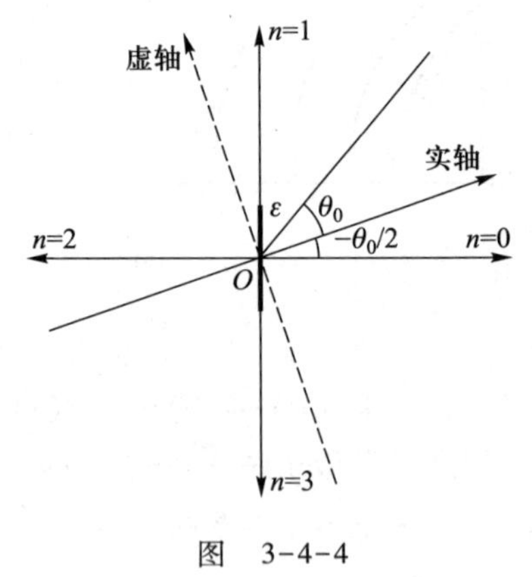

图 3-4-4

值得注意的是,在"最陡"方向上,取式(3-4-16)中的 $n=1,3$,式(3-4-13)右边第二项为零,因而

$$v\equiv \mathrm{Im}\,h(t)=\mathrm{Im}\,h(t_0)\tag{3-4-17}$$

(略去二阶以上的小量).也就是说,当 $zh(t)$ 的实部 zu 变化最陡时,它的虚部 zv 保持为常数.沿这样的方向求式(3-4-9)中的积分,被积函数的第一个因子 e^{zu} 有尖锐的峰,而第二个因子 $\mathrm{e}^{\mathrm{i}zv}$ 保持为常数,因而积分容易计算(如果 zv 不是常数,则当 z 大时,因子 $\mathrm{e}^{\mathrm{i}zv}$ 将迅速

振荡,使积分难于计算).

现在就选式(3-4-16)中 $n=1,3$ 的方向计算式(3-4-9)在鞍点 t_0附近一小段 C_ε上的积分. 此时式(3-4-11)成为

$$h(t)\approx h(t_0)-\frac{a}{2}\rho^2,$$

代入式(3-4-9),有

$$f(z)\sim\int_{C_\varepsilon}\mathscr{G}(t)\,\mathrm{e}^{z\left[h(t_0)-\frac{a}{2}\rho^2\right]}\,\mathrm{d}\rho\mathrm{e}^{\mathrm{i}\theta}.$$

积分路径 C_ε可以分为沿 $n=3$ 的方向由 ε 到 0 和沿 $n=1$ 的方向由 0 到 ε 的两段(见图 3-4-4,注意 ρ 是模,取大于等于零的值),而

$$\begin{aligned}f(z)&\sim\mathscr{G}(t_0)\,\mathrm{e}^{zh(t_0)}\left\{\mathrm{e}^{\mathrm{i}(\pi-\theta_0)/2}\int_0^\varepsilon\mathrm{e}^{-\frac{za}{2}\rho^2}\mathrm{d}\rho+\mathrm{e}^{\mathrm{i}(3\pi-\theta)/2}\int_\varepsilon^0\mathrm{e}^{-\frac{za}{2}\rho^2}\mathrm{d}\rho\right\}\\&=\mathscr{G}(t_0)\,\mathrm{e}^{zh(t_0)-\frac{\mathrm{i}\theta_0}{2}}\cdot2\mathrm{i}\int_0^\varepsilon\mathrm{e}^{-\frac{za}{2}\rho^2}\mathrm{d}\rho.\end{aligned}$$

当 z 大时,类似于上例中的做法,将积分上限扩展到∞,即得

$$f(z)\sim\mathrm{i}\sqrt{\frac{2\pi}{az}}\,\mathscr{G}(t_0)\,\mathrm{e}^{zh(t_0)-\frac{\mathrm{i}\theta_0}{2}}.\qquad(3-4-18)$$

§3-5　多值函数

多值函数(1)

到此为止,我们仅讨论了单值函数.现在来考察多值函数.

(一)根式函数 $w=\sqrt{z}$

我们从最简单的例子出发,考虑函数

$$w=\sqrt{z}.\qquad(3-5-1)$$

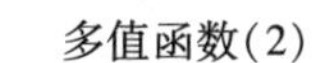
多值函数(2)

在§1-1 中讨论开方运算的定义时就曾指出,对于给定的

$$z=\rho\mathrm{e}^{\mathrm{i}\theta}=\rho\mathrm{e}^{\mathrm{i}(\theta_0+2k\pi)}\quad(k=0,\ \pm1,\ \pm2,\cdots;0\leqslant\theta_0<2\pi),$$

函数

$$w=\sqrt{\rho}\,\mathrm{e}^{\mathrm{i}\theta/2}=\sqrt{\rho}\,\mathrm{e}^{\mathrm{i}(\theta_0+2k\pi)/2}\qquad(3-5-2)$$

在 $k=0,1$ 时取两个不同的值:

$$w_1=\sqrt{\rho}\,\mathrm{e}^{\mathrm{i}\frac{\theta_0}{2}},\quad w_2=\sqrt{\rho}\,\mathrm{e}^{\mathrm{i}\left(\frac{\theta_0}{2}+\pi\right)}\quad(0\leqslant\theta_0<2\pi).\qquad(3-5-3)$$

我们说多值函数 $w=\sqrt{z}$分为两个**单值分支**:w_1 和 w_2,每一个分支是一个单值函数.

容易看出,函数 $w=\sqrt{z}$多值的原因在于 z 的辐角的多值性:

$$\mathrm{Arg}\,z=\theta=\theta_0+2k\pi\quad(k=0,\ \pm1,\ \pm2,\cdots).$$

在复平面上,Arg z 的多值性表现为:当自变量 z 由某一给定的 $z=\rho\mathrm{e}^{\mathrm{i}\theta_0}$出发,绕$z=0$ 点沿任

意路径 $\mathscr{L}_1$ 转一圈还原时(见图 3-5-1),Arg z 的辐角就由 θ_0 变为 $\theta_0+2\pi$,相应的函数值就由 w_1 变为 w_2;换句话说,函数就由一个单值分支变到另一个单值分支.但是,如果 z 沿不包含 $z=0$ 点的路径 $\mathscr{L}_2$(图 3-5-1)转一圈回到原点,Arg z 仍还原为 θ_0,当然函数值不变,仍为 w_1.由此可见,$z=0$ 点对函数 $w=\sqrt{z}$ 来说有着特殊的意义.

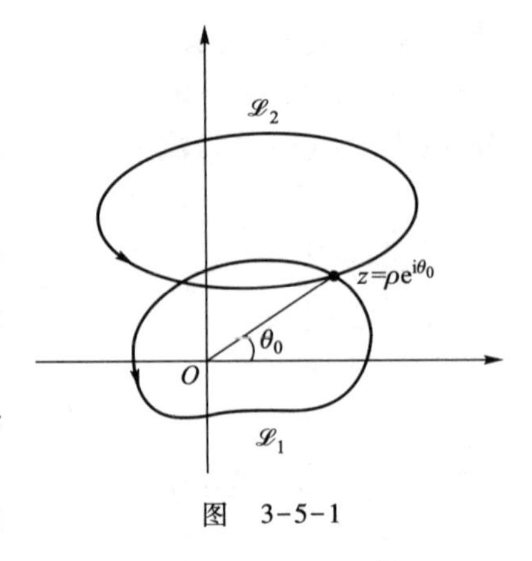

图 3-5-1

一般说来,对于一个多值函数 $w(z)$,如果当 z 绕某一点 a 转一圈回到原处时,函数 $w(z)$ 的值由一个单值分支变为另一个单值分支,就称 a 点为多值函数 $w(z)$ 的一个分支点(简称支点).由以上的讨论可见,$z=0$ 是函数 $w=\sqrt{z}$ 的一个分支点.

可以看出,当 z 绕任何其他有限远点转一圈还原时,辐角 Arg z 之值都不变;这就是说,除 $z=0$ 外,在有限远处函数 $\sqrt{z}$ 没有其他分支点.剩下的就要考虑无限远点,仍采用 §3-1 中的办法,作变量代换,令

$$z=\frac{1}{t},$$

则函数(3-5-1)变为

$$w=\frac{1}{\sqrt{t}}. \qquad (3-5-4)$$

在 t 平面上,绕 $t=0$ 转一圈就相当于在 z 平面上绕 $z=\infty$ 转一圈.当 t 绕 $t=0$ 转一圈时,Arg t 改变 2π,函数 $w=\dfrac{1}{\sqrt{t}}$ 之值不还原.这表明,z 绕 $z=\infty$ 转一圈时,函数 $w=\sqrt{z}$ 之值不还原.因此,$z=\infty$ 也是函数 $\sqrt{z}$ 的一个分支点.

由式(3-5-2)可见,当 Arg z 改变 2π 时,函数 $\sqrt{z}$ 的值从一个单值分支过渡到另一个单值分支.因此,为了限定函数 $\sqrt{z}$ 只取一个单值分支中的值,可以规定 z 的辐角只在 2π 范围内变化.例如,规定

$$0\leqslant \arg z<2\pi, \qquad (3-5-5)$$

$\sqrt{z}$ 就取单值分支 w_1,如果规定

$$2\pi\leqslant \arg z<4\pi, \qquad (3-5-6)$$

$\sqrt{z}$ 就取单值分支 w_2.

在复平面上,这种规定就是不允许自变量 z 绕分支点转一圈.为此,只需要在两个分支点($z=0$ 和 $z=\infty$)之间沿任意曲线作割缝将复平面割开.例如,可以从 $z=0$ 出发沿正实轴作割缝延伸到 $z=\infty$,如图 3-5-2 所示.规定当 z 的值在复平面上变化时,不允许穿过割缝,函数 $\sqrt{z}$ 就只能对应某一个单值分支,而不可能从一个分支变到另一分支.

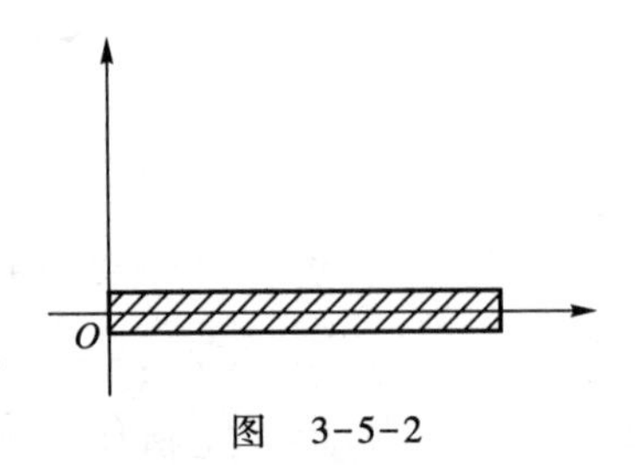

图 3-5-2

在这种有割缝的复平面上，多值函数只能取一个单值分支的值，究竟取哪一个单值分支的值，需要通过补充条件来决定.常用的补充条件有：（1）规定某一点 z_0 的辐角 θ_0；（2）给定某一点 z_0 的函数值 $w(z_0)$.譬如说，对于函数(3-5-1)，按图 3-5-2 作割缝，规定割缝上岸 $\arg z=0$，就得到式(3-5-5)；这样规定下的 z 平面对应于单值分支 w_1，如图 3-5-3(a)所示.而如果规定割缝上岸 $\arg z=2\pi$，就得到式(3-5-6)；这样规定下的 z 平面对应于单值分支 w_2，如图 3-5-3(b)所示.

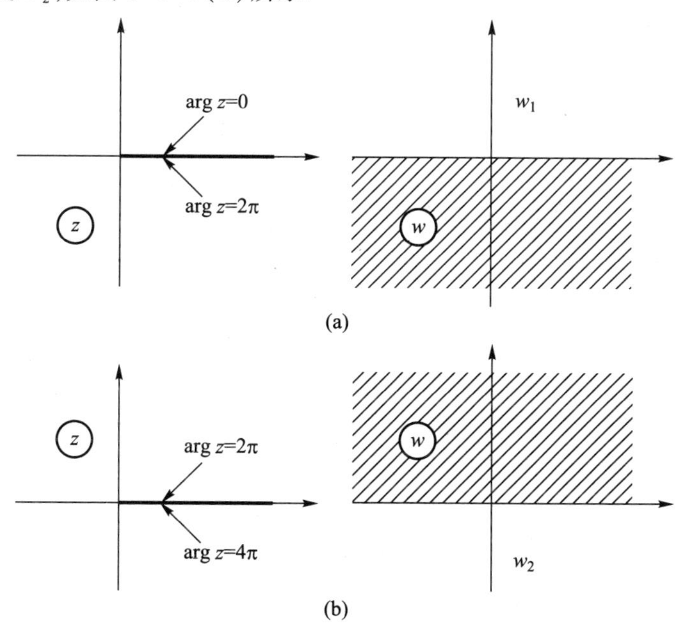

图 3-5-3

注意，为了使某一个多值函数 $w(z)$ 取一个单值分支，只要求在它的**两个分支点之间**作割缝，而对于这一割缝的具体形状并没有规定.例如对函数(3-5-1)，除了像图 3-5-2 那样沿正实轴作割缝以外，也可以沿正虚轴、负实轴，或由 $z=0$ 指向无穷的任一直线作割缝；甚至可以沿任意曲线作割缝，只要这一曲线以 $z=0$ 和 $z=\infty$ 为它的两个端点.

例如，可以选取和正实轴夹角为 $2\pi/3$ 的直线作割缝，如图 3-5-4 所示.规定割缝右上岸的辐角为 $2\pi/3$，则割缝左下岸的辐角为 $-4\pi/3$.由此得到单值分支

$$w_1=\sqrt{\rho}\,\mathrm{e}^{\mathrm{i}\frac{\theta_0}{2}}\quad\left(-\frac{4\pi}{3}\leqslant\theta_0<\frac{2\pi}{3}\right),$$

如图 3-5-4(a)所示，如果规定割缝左下岸的辐角为 $2\pi/3$，则右上岸的辐角为 $8\pi/3$，由此得到另一个单值分支

$$w_2=\sqrt{\rho}\,\mathrm{e}^{\mathrm{i}\left(\frac{\theta_0}{2}+\pi\right)}\quad\left(\frac{2\pi}{3}\leqslant\theta_0<\frac{8\pi}{3}\right),$$

如图 3-5-4(b)所示.

总结划分多值函数的单值分支的办法是：首先找出分支点，沿连接分支点的任意曲线作割缝，最后再规定某一参考点 z_0 的辐角或函数值.

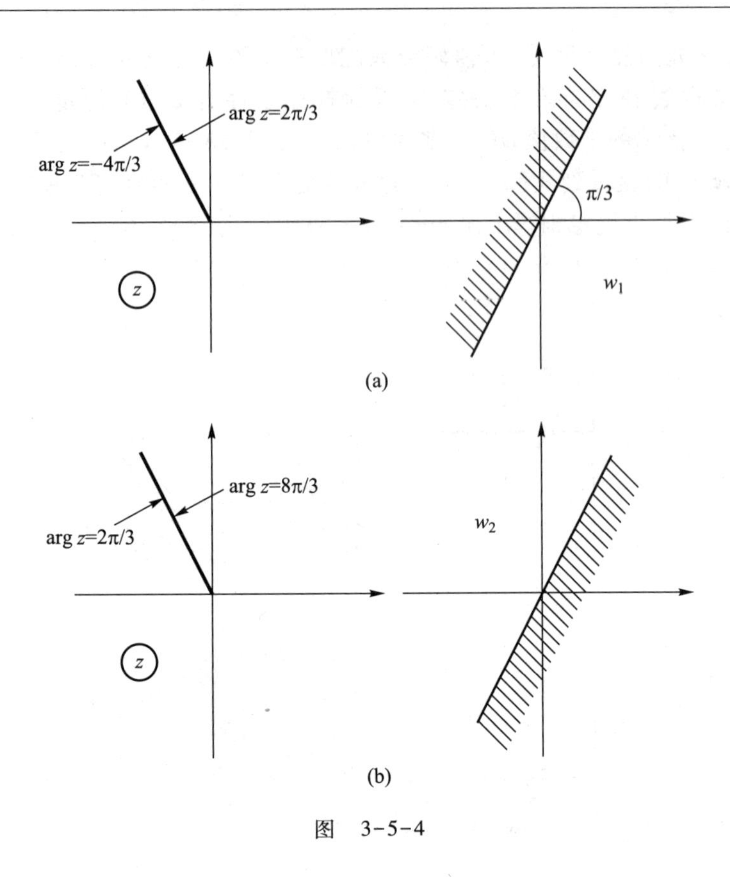

图　3-5-4

(二) 其他根式函数

现在考虑函数

$$w = \sqrt{z - a}, \tag{3-5-7}$$

其中 z 是自变量，a 是复常数.根式下的函数 $z-a$ 在复平面上是由 a 指向 z 的矢量，如图 3-5-5 所示.令

$$z - a = \rho e^{i\theta} = \rho e^{i(\theta_0 + 2k\pi)}$$

$$(k = 0,\ \pm 1,\ \pm 2, \cdots; 0 \leqslant \theta_0 < 2\pi),$$

对每一个 z 值，函数 w 有两个分支：

$$w_1 = \sqrt{\rho}\, e^{i\frac{\theta_0}{2}},$$

$$w_2 = \sqrt{\rho}\, e^{i\left(\frac{\theta_0}{2} + \pi\right)}.$$

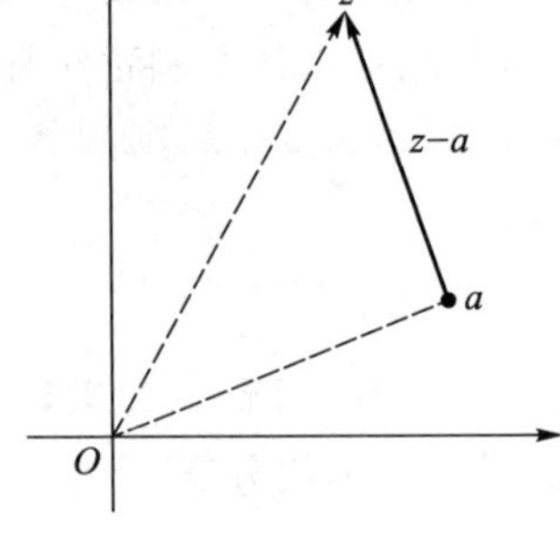

图　3-5-5

为了划分单值分支，首先找分支点.在复平面上考察矢量 $z-a$，当 z 绕 a 点转一圈时，$\operatorname{Arg}(z-a)$ 改变 2π，函数值从一个分支变到另一个分支，所以 $z=a$ 是分支点.同样可见，$z=\infty$ 也是分支点.因此，为了划分出单值分支，应该沿连接 $z=a$ 和 $z=\infty$ 的任意曲线作割缝.

再来看二次函数的根式

$$w = \sqrt{z^2 - 1}, \tag{3-5-8}$$

多值性是由根式下的函数 z^2-1 的辐角 $\mathrm{Arg}(z^2-1)$ 的多值性引起的，但是

$$\mathrm{Arg}(z^2-1)=\mathrm{Arg}(z-1)+\mathrm{Arg}(z+1). \qquad (3-5-9)$$

因此，我们来考察矢量 $z-1$ 和矢量 $z+1$ 的辐角的变化.令

$$z-1=\rho_1 e^{i\theta_1},$$

$$z+1=\rho_2 e^{i\theta_2},$$

则

$$w=\sqrt{(z-1)(z+1)}=\sqrt{\rho_1\rho_2}\,e^{i(\theta_1+\theta_2)/2}.$$

用 C_1 和 C_2 分别表示将+1 和−1 包围在内的两条闭曲线，如图 3-5-6 所示.从 z 点出发，逆时针方向沿 C_1 绕 $z=1$ 一圈时，$\mathrm{Arg}(z-1)=\theta_1$ 增加2π，而 $\mathrm{Arg}(z+1)=\theta_2$ 不变，因而

$$w\to w'=\sqrt{\rho_1\rho_2}\,e^{i(\theta_1+2\pi+\theta_2)/2}$$
$$=we^{i\pi}.$$

同样，绕 C_2 一圈，θ_1 不变，θ_2 增加2π，因而

$$w\to w''=\sqrt{\rho_1\rho_2}\,e^{i(\theta_1+\theta_2+2\pi)/2}=we^{i\pi}.$$

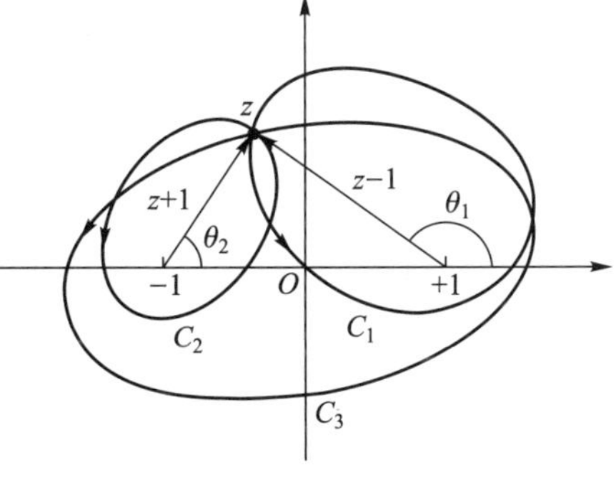

图 3-5-6

这表明，$z=1$ 和 $z=-1$ 是函数 $w=\sqrt{z^2-1}$ 的两个分支点.最后用 C_3表示将±1 两点包围在内的闭曲线.因为在有限远处函数(3-5-8)没有其他分支点，所以 C_3可以看作绕 $z=\infty$ 的闭曲线，当 z 逆时针绕 C_3转一圈时，θ_1 和 θ_2 都增加 2π，因而

$$w\to w'''=\sqrt{\rho_1\rho_2}\,e^{i(\theta_1+2\pi+\theta_2+2\pi)/2}=we^{i2\pi}=w.$$

这说明 $z=\infty$ 不是函数 $w=\sqrt{z^2-1}$ 的分支点.

为了使函数(3-5-8)取单值分支，需要沿连接分支点 $z=\pm1$ 的任意曲线作割缝.图 3-5-7 上画出了几种可能的割缝形式，其中图(c)中的割缝是由$z=+1$ 出发向右伸展到无限远点，最后再回到 $z=-1$(注意，无限远点是复平面上的**一个点**).

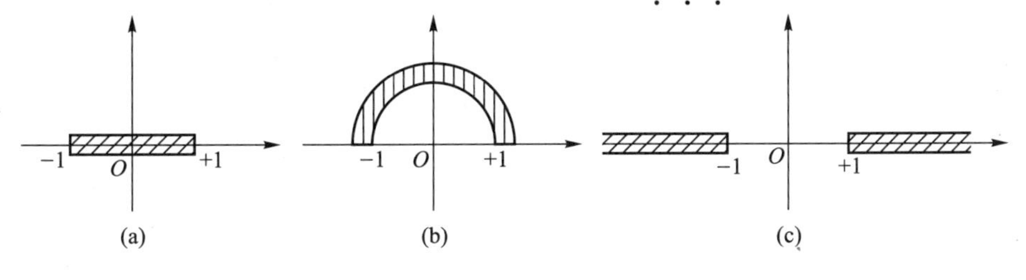

图 3-5-7

为了具体起见，选图 3-5-7(a)形式的割缝.带有这样的割缝的 z 平面对应于函数(3-5-8)的某个单值分支.要确定究竟对应哪个分支，还得规定任一点 z_0的函数值 w_0，或 z_0-1 和 z_0+1 的辐角值，因为

$$\mathrm{Arg}\,w=\frac{1}{2}\mathrm{Arg}(z^2-1), \qquad (3-5-10)$$

并由于有关系式(3-5-9)，所以只要规定在割缝上岸

$$\arg(z-1)=\pi, \quad \arg(z+1)=0, \tag{3-5-11}$$

就完全确定了函数的单值分支,由此可以求得任一点 z 的函数值.

(三) 多值函数函数值的确定

在实用中常常需要确定多值函数 $w=f(z)$ 在某一点的函数值.按上述办法规定好单值分支以后,不难办到这一点.

例 1 在规定(3-5-11)下求 $z=\mathrm{i}$ 处函数 $w=\sqrt{z^2-1}$ 之值.

解 欲求 $w(\mathrm{i})$ 之值,分别求出模 $|w(\mathrm{i})|$ 和辐角 $\arg w(\mathrm{i})$.将 $z=\mathrm{i}$ 直接代入式(3-5-8),求得其模为

$$|w(\mathrm{i})|=|\sqrt{-2}|=\sqrt{2}.$$

现在来求 $\arg w(\mathrm{i})$.根据规定(3-5-11),可以知道割缝上岸任一点(譬如说 $z=0$ 点)的辐角值

$$\arg w(0)=\frac{1}{2}[\arg(z-1)+\arg(z+1)]_{z=0}=\frac{\pi}{2}.$$

我们写

$$\arg w(\mathrm{i})=\arg w(0)+\Delta\arg w, \tag{3-5-12}$$

这里 $\Delta\arg w$ 是当自变量 z 由 $z=0$ 变到 $z=\mathrm{i}$ 时函数 w 的辐角的改变量.利用式(3-5-10)和式(3-5-9),我们有

$$\Delta\arg w=\frac{1}{2}[\Delta\arg(z-1)+\Delta\arg(z+1)]. \tag{3-5-13}$$

为了计算矢量 $z-1$ 和 $z+1$ 的辐角的改变量,考虑 z 沿任意不穿过割缝的曲线 C 由 $z=0$ 变到 $z=\mathrm{i}$ 时,这两个矢量辐角的变化,如图 3-5-8 所示.显然,

$$\Delta\arg(z-1)=-\frac{\pi}{4}, \quad \Delta\arg(z+1)=\frac{\pi}{4},$$

$$\Delta\arg w=0.$$

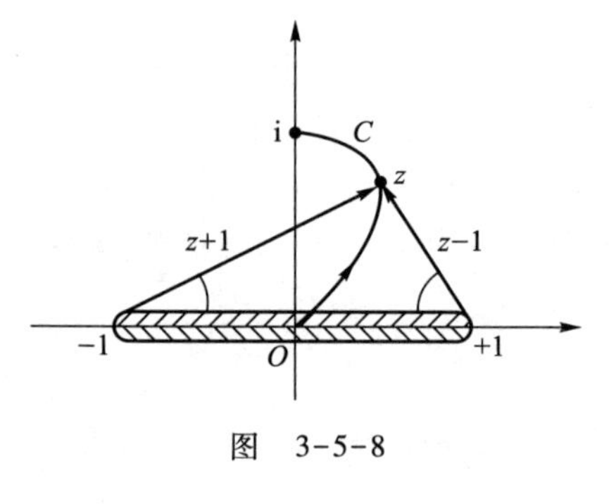

图 3-5-8

由此得

$$\arg w(\mathrm{i})=\frac{\pi}{2}+0=\frac{\pi}{2}.$$

因此

$$w(\mathrm{i})=\sqrt{2}\,\mathrm{e}^{\mathrm{i}\frac{\pi}{2}}=\mathrm{i}\sqrt{2}.$$

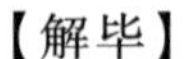
【解毕】

在上例中,由于规定了多值函数的一个单值分支,因而确定了整个 z 平面上每一点的函数值.如果只需要知道函数 w 在某一点 $z=z_1$ 的值,也可以不作割缝,而是规定由参考点 z_0 到 z_1 的变化路径.从以上例子可以看出,在确定多值函数之值时,割缝的作用是限制 z 的变化路径;因此,如果不作割缝,而是规定 z 的变化路径,也可以确定多值函数在任一点的值.

例 2　规定 $z=0$ 时,$w(0)=\mathrm{i}$,设 z 从 0 沿 C' 变到 i(图 3-5-9),求函数 $w=\sqrt{z^2-1}$ 之值.

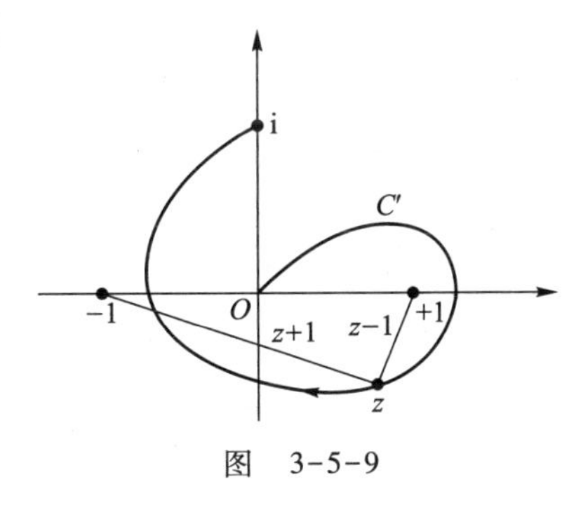

图　3-5-9

解　根据规定

$$\arg w(0)=\frac{\pi}{2}$$

由式(3-5-12)可见,求 $\arg w(\mathrm{i})$ 的关键是求

$$\Delta\arg w=\frac{1}{2}[\Delta\arg(z-1)+\Delta\arg(z+1)].$$

由图 3-5-9 看出,当 z 由 0 沿曲线 C' 变到 i 时,

$$\Delta\arg(z-1)=-\frac{9}{4}\pi,\quad \Delta\arg(z+1)=\frac{1}{4}\pi,$$

所以

$$\Delta\arg w=\frac{1}{2}\left(-\frac{9}{4}\pi+\frac{1}{4}\pi\right)=-\pi,$$

$$\arg w(\mathrm{i})=\frac{\pi}{2}-\pi=-\frac{\pi}{2}.$$

而 $|w(\mathrm{i})|=\sqrt{2}$,所以最后得

$$w(\mathrm{i})=-\mathrm{i}\sqrt{2}.$$

【解毕】

在上例中,我们得到了和例 1 不同的函数值,这是因为 z 的变化路径与图 3-5-8 中规定的不同,所得到的是函数 $w=\sqrt{z^2-1}$ 在 $z=\mathrm{i}$ 点的另一个单值分支之值.这种通过规定 z 的变化路径来确定多值函数之值的办法在复变积分中常常遇到.例如,已知积分下限对应的函数值和积分路径,要计算积分上限处的函数值.实际上,规定变量的变化路径和作割缝这两种确定多值函数的值的方法是等效的.

(四) 对数函数

定义对数函数为指数函数的反函数,即

$$w=\ln z \tag{3-5-14}$$

是指数函数

$$z=\mathrm{e}^{w} \tag{3-5-15}$$

的反函数.于是,令

$$w=u+\mathrm{i}v,$$

$$z=\rho\mathrm{e}^{\mathrm{i}(\theta+2k\pi)}\quad(k=0,\ \pm1,\ \pm2,\cdots).$$

代入式(3-5-15),比较等式两边的模和辐角,可以得到

$$w=\ln z=\ln\rho+\mathrm{i}(\theta+2k\pi)\quad(k=0,\ \pm1,\ \pm2,\cdots). \tag{3-5-16}$$

由此可见,对数函数是多值的,其原因也是由于自变量的辐角的多值性.式(3-5-16)表

明，对于对数函数，和每一个 z 值对应，有无穷多个函数值，它们的虚部相差 2π 的整数倍.

为了划分单值分支，首先找分支点.当 z 绕 $z=0$ 转一圈还原时，$\mathrm{Arg}\,z$ 改变2π，相应地函数的虚部也改变 2π.所以说，$z=0$ 是函数 $w=\ln z$ 的一个分支点.容易看出，$z=\infty$ 是它的另一个分支点.

在 z 平面上连接分支点 0 和∞ 作割缝，并规定

$$2k\pi \leqslant \arg z < 2(k+1)\pi \qquad (k\ 固定),$$

则得多值函数 $w=\ln z$ 的第 k 个分支，如图 3-5-10 所示.

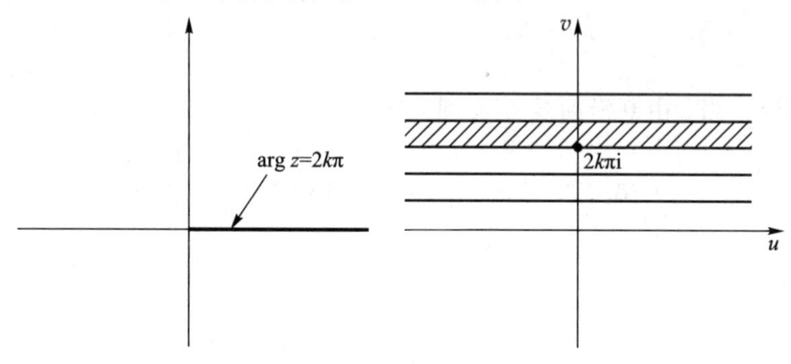

图　3-5-10

（五）其他多值函数

在初等实变函数中，有反三角函数，例如 $y=\arcsin x$，$y=\arccos x$ 等.与此类似，在复变函数中，也有反三角函数 $w=\arcsin z$，$w=\arccos z$ 等.下面以反正弦函数为例，来得到它的对数表达式.

由于 $w=\arcsin z$，即有 $z=\sin w$.又因为 $\sin z=\dfrac{e^{iz}-e^{-iz}}{2i}$，所以

$$z=\sin w=\frac{e^{iw}-e^{-iw}}{2i}.$$

上式可化为

$$e^{i2w}-2ize^{iw}-1=0.$$

求解关于 e^{iw}的二次方程得到

$$e^{iw}=iz+\sqrt{1-z^2}.$$

需要说明的是，因为根式函数本身为双值函数，所以仅以“+”代替在求解二次方程时所用公式中的“±”.将上式两边取对数，就得到反正弦函数的对数表达式

$$w=\arcsin z=-i\mathrm{Ln}(iz+\sqrt{1-z^2}).$$

其他的反三角函数还有

$$w=\arccos z=-i\ \mathrm{Ln}(z+\sqrt{z^2-1}),$$

$$w=\arctan z=-\frac{1}{2}i\ \mathrm{Ln}\frac{1+iz}{1-iz}.$$

显然，它们都是多值函数.

(六) 多值函数的解析性和黎曼面

对于多值函数 $w=f(z)$，导数是没有意义的，因为极限

$$\lim_{z\to z_0}\frac{f(z)-f(z_0)}{z-z_0}$$

不确定.但是，对于多值函数的每个单值分支，我们可以像前面一样讨论函数的解析性.例如，对于多值函数 $w=\sqrt{z}$，式(3-5-3)中的单值分支 $w_1(z)$ 在图 3-5-2 中的 z 平面内除 $z=0$ 和 $z=\infty$ 外解析.可以利用通常反函数微商法则求导数：

$$\frac{\mathrm{d}w}{\mathrm{d}z}=\frac{1}{\dfrac{\mathrm{d}z}{\mathrm{d}w}}=\frac{1}{2\sqrt{z}}.$$

分支点 $z=0$ 和 $z=\infty$ 是函数的奇点，因为在分支点的邻域内不可能把各个单值分支划分开，导数也就不存在.

能否把多值函数 $w=\sqrt{z}$ 的两个单值分支作为整体来研究呢？函数 $w=\sqrt{z}$ 有两个单值分支，分别对应 w 平面的上半平面和下半平面，如图 3-5-3(a)和(b)所示，这表明两个作了割缝的 z 平面才对应一个 w 平面.为了把多值函数的各个分支作为整体来研究，需要以适当的方式将这两个带有割缝的平面相互粘接起来.为此，回过来看图 3-5-3(a)和(b).由图可见，在第一个 z 平面的割缝下岸 $\arg z=2\pi$，而在第二个 z 平面的割缝上岸也有 $\arg z=2\pi$.因此，**应该将第一个 z 平面的割缝下岸和第二个 z 平面的割缝上岸粘接起来**.再看第二个 z 平面的割缝下岸[图 3-5-3(b)]，在这里 $\arg z=4\pi$，但是对于所研究的函数 $w=\sqrt{z}$ 而言，$\arg z=4\pi$ 和 $\arg z=0$ 对应于同一函数值[见式(3-5-2)]，因而不必加以区分.由此可见，**应该将第二个 z 平面的割缝下岸和第一个 z 平面的割缝上岸粘接起来**.经过这样两次粘接以后，形成一个完整的双叶面，如图 3-5-11(a)所示，称为多值函数 $w=\sqrt{z}$ 的**黎曼面**.在黎曼面的每一叶上，函数是单值的；而在上下两叶的同一位置处[如图 3-5-11(a)中的 $z_0^{(1)}$ 和 $z_0^{(2)}$]函数取不同值[图 3-5-11(b)中 $w_0^{(1)}$ 和 $w_0^{(2)}$].

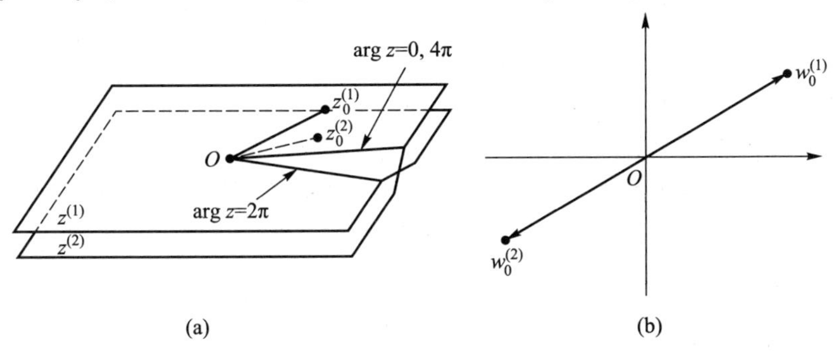

图　3-5-11

类似地，对于多值函数 $w=\sqrt[3]{z}$，可以作一个三叶的黎曼面，如图 3-5-12 所示，它的每一叶对应函数的一个单值分支.

完全类似，对数函数 $w=\ln z$ 的黎曼面由无穷多个作了割缝的 z 平面粘接而成，如图

3-5-13所示.每一叶对应 w 平面上的一条与实轴平行的无穷长带形区域,带宽为 2π,如图 3-5-10 所示(又见图 1-2-7).

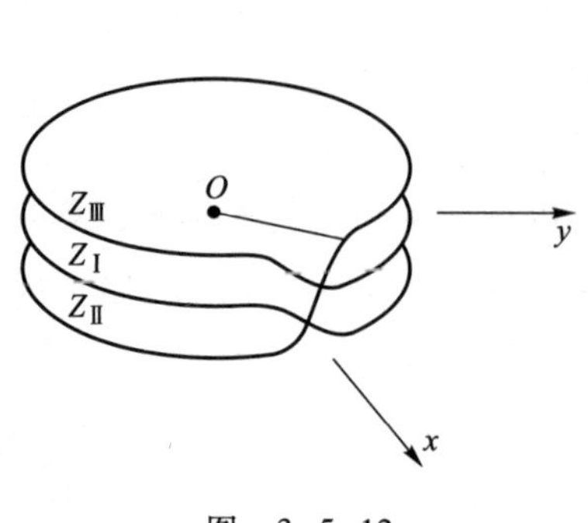

图 3-5-12

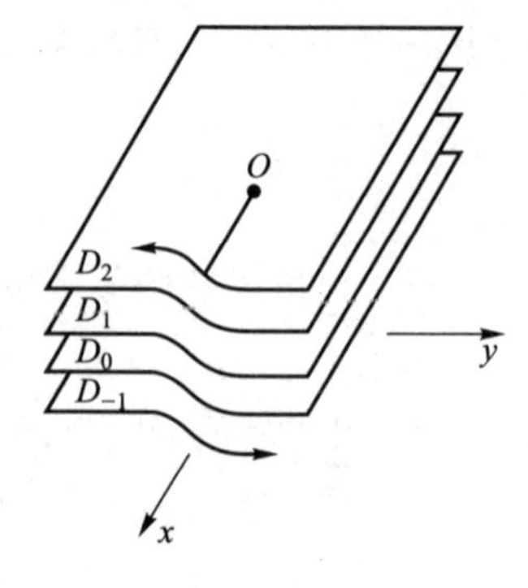

图 3-5-13

习 题

1. 求下列函数的分支点

(1) $\sqrt{(z-a)(z-b)}$; (2) $\ln(z-a)$;

(3) $\sqrt[3]{(z-a)(z-b)}$; (4) $z+\ln z$.

2. 给定 $w(0)=\mathrm{i}\mathrm{e}^{\mathrm{i}\frac{\varphi}{2}}$,自变量 z 由 $z=0$ 出发,沿直线运动到 $\mathrm{e}^{-\mathrm{i}\varphi}$,设 $0<\varphi<\dfrac{\pi}{2}$,求函数 $w=\sqrt{z-\mathrm{e}^{\mathrm{i}\varphi}}$ 在 $z=\mathrm{e}^{-\mathrm{i}\varphi}$ 之值.

3. 求函数 $w=\sqrt{z^2-1}$ 在 $z=\mathrm{i}$ 之值,所作割缝如图所示,并规定割缝上岸

$$\arg(z-1)=\pi,\quad \arg(z+1)=0,$$

并假定 z 由 $z=0$ 沿图中的曲线 C 变到 $z=\mathrm{i}$.所得结果说明什么?

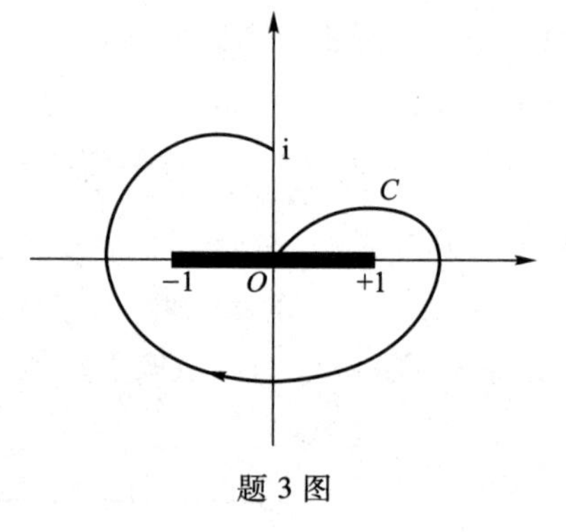

题 3 图

4. 求函数 $w=z^z=\mathrm{e}^{z\ln z}$ 在 $z=-\mathrm{e}$ 之值,规定出发点的 $\ln z=0$,设

(1) 从 $z=1$ 出发,沿上半平面运动到 $-\mathrm{e}$;

(2) 从同一点出发,沿下半平面运动到 $-\mathrm{e}$.

5. 在 z 平面上沿直线 $y=0$, $x\leqslant-1$ 与曲线 $y>0$, $x^2+y^2=1$ 作割缝;并设 $z=0$ 时函数 $w=\ln(1-z^2)$ 等于零,求这一函数在 $z=3$ 和 $z=3\mathrm{i}$ 的值.

6. 试证函数 $w=\sqrt{z^2-1}$ 在沿着实轴 $-\infty<x<-1$ 与 $+1<x<\infty$ 作割缝的平面上是单值的,并根据条件:在右割缝的上岸 w 是正的,求 w 在 $z=0,\pm\mathrm{i}$ 和 $z=-2$(割缝下岸)之值.

7. 求下列多值函数的幂级数展开,并指出其收敛范围.

(1) $(1+z)^a$ 在 $z=0$ 展开,a 为非整数.规定 $\arg(1+z)\big|_{z=0}=2\pi$.

(2) $\ln(1+z)$ 在 $z=0$ 展开,规定 $\arg(1+z)\big|_{z=0}=0$.

(3) $f(z)=\dfrac{1}{\sqrt{z}-2}$ 的两个单值分支在 $z=4$ 附近展开.

§ 3-6　二维调和函数与平面场　保角变换法

二维调和函数与平面场保角变换法(1)

二维调和函数与平面场保角变换法(2)

(一) 二维调和函数

用 $u(x,y)$ 表示两个实变量 x 和 y 的二元函数.方程

$$\frac{\partial^2 u}{\partial x^2}+\frac{\partial^2 u}{\partial y^2}=0 \tag{3-6-1a}$$

称为二维拉普拉斯方程(参看 § 5-1 式(5-1-14)).具有连续的二阶导数并满足二维拉普拉斯方程的函数称为二维调和函数.

关于复变函数与二维调和函数的关系有一条重要定理:

定理一　设复变函数

$$w=f(z)=f(x+\mathrm{i}y)=u(x,y)+\mathrm{i}v(x,y)$$

在复平面的区域 $\mathscr{D}$ 内解析,则它的实部 $u(x,y)$ 和虚部 $v(x,y)$ 都是 (x,y) 平面的区域 $\mathscr{D}$ 内的调和函数.

证　按假设,$w=f(z)$ 在 $\mathscr{D}$ 内解析,因而在 $\mathscr{D}$ 内可求导,并且满足柯西-黎曼方程(1-3-4)

$$\frac{\partial u}{\partial x}=\frac{\partial v}{\partial y},\qquad \frac{\partial v}{\partial x}=-\frac{\partial u}{\partial y}. \tag{3-6-2}$$

将第一式对 x 求导,第二式对 y 求导,得

$$\frac{\partial^2 u}{\partial x^2}=\frac{\partial^2 v}{\partial x\partial y},\qquad \frac{\partial^2 v}{\partial y\partial x}=-\frac{\partial^2 u}{\partial y^2},$$

再利用

$$\frac{\partial^2 v}{\partial x\partial y}=\frac{\partial^2 v}{\partial y\partial x},$$

就得到

$$\frac{\partial^2 u}{\partial x^2}+\frac{\partial^2 u}{\partial y^2}=0.$$

这就证明了 $u=u(x,y)$ 是调和函数.同理,将式(3-6-2)的第一式对 y 求导,第二式对 x 求导,可以证明

$$\frac{\partial^2 v}{\partial x^2}+\frac{\partial^2 v}{\partial y^2}=0, \tag{3-6-1b}$$

即 $v=v(x,y)$ 也是调和函数.　　　　【证毕】

我们证明了,在区间 $\mathscr{D}$ 内解析的复变函数的实部和虚部都是该区间内的二维调和函数.这两个二维调和函数之间有关系(3-6-2),通常称它们是相互共轭的调和函数.

(二)平面场的复电势

定理一可以用来研究平面上的拉普拉斯方程.

考虑定义在 xy 平面的区域 $\mathscr{D}$ 内的平面静电场,其场强为

$$\boldsymbol{E}=\boldsymbol{E}(x,y),$$

而电势为

$$U=U(x,y),$$

两者之间有关系 $\boldsymbol{E}=-\nabla U$,其分量式为

$$E_x=-\frac{\partial U}{\partial x},\quad E_y=-\frac{\partial U}{\partial y}. \tag{3-6-3}$$

设在区域 $\mathscr{D}$ 内无电荷,则场强 $\boldsymbol{E}$ 满足方程

$$\nabla\cdot\boldsymbol{E}=\frac{\partial E_x}{\partial x}+\frac{\partial E_y}{\partial y}=0. \tag{3-6-4}$$

将式(3-6-3)代入上式,得到[参看式(5-1-14)]:

$$\frac{\partial^2 U}{\partial x^2}+\frac{\partial^2 U}{\partial y^2}=0, \tag{3-6-5}$$

即 $U(x,y)$ 是二维调和函数.因此,可以将 U 看成是在 z 平面上区域 $\mathscr{D}$ 内解析的复变函数 $w=u+\mathrm{i}v$ 的实部或虚部.例如,可以令 U 等于 w 的实部:

$$U=u. \tag{3-6-6}$$

设已给定了平面静电场的电势 U,也就是给定了 w 的实部 u,利用式(1-3-14)可以求出 w 的虚部 v.这样得到的复变解析函数 w 称为静电场的**复电势**.

在 w 平面上,两个方程

$$u=C_1, \tag{3-6-7}$$

$$v=C_2 \tag{3-6-8}$$

是相互正交的两个直线族.根据保角映射的原理式(1-3-15),上述两个方程在 z 平面的区域 $\mathscr{D}$ 内是相互正交的两个曲线族.其中第一个曲线族

$$u(x,y)=C_1 \tag{3-6-9}$$

是静电场的等势线[根据式(3-6-6)],而第二个曲线族

$$v(x,y)=C_2 \tag{3-6-10}$$

和等势线正交,因而是电场的电场线.因此,只要知道了复电势,就很容易作出等势线和电场线.

例 1 已知平面电场的复电势是

$$w=\mathrm{i}\sqrt{z}, \tag{3-6-11}$$

作出它的电场线和等势线.

解 将式(3-6-11)平方

$$(u+\mathrm{i}v)^2=-(x+\mathrm{i}y),$$

因而

$$x = v^2 - u^2, \quad y = -2uv.$$

为了画电场线和等势线，从上述二式中分别消去 v 或 u，由第二式得

$$y^2 = 4u^2v^2,$$

将 $v^2 = u^2 + x$ 代入得到

$$y^2 = 4u^2(u^2 + x);$$

将 $u^2 = v^2 - x$ 代入，得到

$$y^2 = 4v^2(v^2 - x).$$

于是，电场线的方程(3-6-10)[$v = C_2$]成为

$$y^2 = 4C_2^2(C_2^2 - x), \tag{3-6-12}$$

这是一族抛物线，如图 3-6-1 中的实线所示.等势线的方程(3-6-9)[$u = C_1$]成为图 3-6-1 中的虚线.

$$y^2 = 4C_1^2(C_1^2 + x), \tag{3-6-13}$$

这也是一族抛物线，是带电平板边沿所产生的电场.　【解毕】

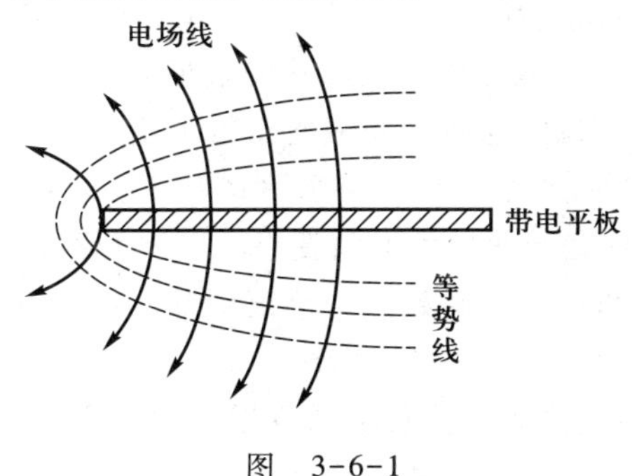

图　3-6-1

例 2　已知平面静电场电场线的方程为

$$x^2 - y^2 = C, \tag{3-6-14}$$

求等势线的方程并作图.

解　式(3-6-14)左边的函数应该是某一解析的复变函数 w 的虚部或实部.为了利用前面已经得到的结果，我们假定它是 w 的实部

$$u = x^2 - y^2,$$

因而 w 的虚部就是电势 U：

$$U = v$$

在 § 1-3 例 1 中已经求出了这一复变函数的虚部

$$v = 2xy,$$

故等势线的方程是

$$2xy = C'. \tag{3-6-15}$$

在 § 1-2 的例 2 中，画出过等势线方程(3-6-15)和电场线方程(3-6-14)的图形，

如图 1-2-6 所示.这是相互垂直的两块无限大带电导体平板在两板之间的空间中所产生的场. 【解毕】

(三)解平面场问题的保角变换法

用复电势方法可以画出等势线和电场线,但必须先给定复电势,或给定等势线(或电场线)的方程.

系统地求解平面场问题,是在给定电荷分布的情况下求平面场.此时,代替式(3-6-4)有

$$\nabla\cdot\boldsymbol{E}=\frac{1}{\varepsilon_0}\rho, \tag{3-6-16}$$

见式(5-1-6).上式中,$\rho=\rho(x,y)$是二维电荷密度.将式(3-6-3)代入,代替式(3-6-5)得到二维泊松方程[参看式(5-1-15)]:

$$\frac{\partial^2 U}{\partial x^2}+\frac{\partial^2 U}{\partial y^2}=-\frac{\rho}{\varepsilon_0}. \tag{3-6-17}$$

求解平面场问题归结为在给定的边界条件下求解泊松方程的边值问题.

求解泊松方程的边值问题,其难易程度主要取决于边界的形状.当边界有简单的几何形状时,求解比较容易.对于边界为一般形状的边值问题,可以先设法将它转化为简单形状边界的边值问题,然后求解.按这一思路解二维泊松方程的方法称为保角变换法.

在§1-3 中证明了,由解析函数 $w=f(z)$ 实现的从 z 平面到 w 平面的变换,在 $f'(z)\neq 0$ 的点有保角性质.因此,称这种变换为保角变换.以下将限于讨论具有一一对应关系的保角变换,即假定 $w=f(z)$ 和它的反函数都是单值函数;或者,如果它们之中有多值函数,就规定取它的黎曼面的一叶.

在电荷为零的区域中,电势满足拉普拉斯方程(3-6-5):

$$\frac{\partial^2 U}{\partial x^2}+\frac{\partial^2 U}{\partial y^2}=0.$$

设 $w=w(z)=u(x,y)+\mathrm{i}v(x,y)$ 在区域 $\mathscr{D}$ 内解析,则

$$z=x+\mathrm{i}y\rightarrow w=u+\mathrm{i}v \tag{3-6-18}$$

的映射是保角映射.将它看成二维变量

$$(x,y)\rightarrow(u,v) \tag{3-6-19}$$

的变量变换,称之为保角变换.在这一变换下,

$$U(x,y)\rightarrow\Phi(u,v)=\Phi[u(x,y),v(x,y)]. \tag{3-6-20}$$

如果在(x,y)平面的区域 $\mathscr{D}$ 内边界形状复杂,而在(u,v)平面上的相应区域有简单形状,则可以通过求 $\Phi(u,v)$ 而得到 $U(x,y)$.为此需要一个定理.

定理二 设由(x,y)到(u,v)的变换(3-6-19)为保角变换,即式(3-6-18)中的 $w=w(z)$ 在区域 $\mathscr{D}$ 内解析,那么,如果 $U(x,y)$ 满足拉普拉斯方程(3-6-5),则 $\Phi(u,v)$ 也满足拉普拉斯方程

$$\frac{\partial^2 \Phi}{\partial u^2}+\frac{\partial^2 \Phi}{\partial v^2}=0, \tag{3-6-21}$$

且

$$\frac{\partial^2 U}{\partial x^2}+\frac{\partial^2 U}{\partial y^2}=|w'(z)|^2\left(\frac{\partial^2 \Phi}{\partial u^2}+\frac{\partial^2 \Phi}{\partial v^2}\right). \qquad (3-6-22)$$

证 利用复合函数求导的法则有

$$\frac{\partial U}{\partial x}=\frac{\partial \Phi}{\partial u}\frac{\partial u}{\partial x}+\frac{\partial \Phi}{\partial v}\frac{\partial v}{\partial x},$$

$$\frac{\partial^2 U}{\partial x^2}=\frac{\partial \Phi}{\partial u}\frac{\partial^2 u}{\partial x^2}+\frac{\partial^2 \Phi}{\partial u^2}\left(\frac{\partial u}{\partial x}\right)^2+\frac{\partial \Phi}{\partial v}\frac{\partial^2 v}{\partial x^2}+\frac{\partial^2 \Phi}{\partial v^2}\left(\frac{\partial v}{\partial x}\right)^2+2\frac{\partial^2 \Phi}{\partial u\partial v}\frac{\partial u}{\partial x}\frac{\partial v}{\partial x}.$$

同理,

$$\frac{\partial^2 U}{\partial y^2}=\frac{\partial \Phi}{\partial u}\frac{\partial^2 u}{\partial y^2}+\frac{\partial^2 \Phi}{\partial u^2}\left(\frac{\partial u}{\partial y}\right)^2+\frac{\partial \Phi}{\partial v}\frac{\partial^2 v}{\partial y^2}+\frac{\partial^2 \Phi}{\partial v^2}\left(\frac{\partial v}{\partial y}\right)^2+2\frac{\partial^2 \Phi}{\partial u\partial v}\frac{\partial u}{\partial y}\frac{\partial v}{\partial y}.$$

两式相加,得到

$$\begin{aligned}\frac{\partial^2 U}{\partial x^2}+\frac{\partial^2 U}{\partial y^2}=&\left[\left(\frac{\partial u}{\partial x}\right)^2+\left(\frac{\partial u}{\partial y}\right)^2\right]\frac{\partial^2 \Phi}{\partial u^2}+\left[\left(\frac{\partial v}{\partial x}\right)^2+\left(\frac{\partial v}{\partial y}\right)^2\right]\frac{\partial^2 \Phi}{\partial v^2}\\&+\left(\frac{\partial^2 u}{\partial x^2}+\frac{\partial^2 u}{\partial y^2}\right)\frac{\partial \Phi}{\partial u}+\left(\frac{\partial^2 v}{\partial x^2}+\frac{\partial^2 v}{\partial y^2}\right)\frac{\partial \Phi}{\partial v}\\&+2\left(\frac{\partial u}{\partial x}\frac{\partial v}{\partial x}+\frac{\partial u}{\partial y}\frac{\partial v}{\partial y}\right)\frac{\partial^2 \Phi}{\partial u\partial v}.\end{aligned}$$

利用解析函数的柯西-黎曼方程(1-3-4):

$$\frac{\partial u}{\partial x}=\frac{\partial v}{\partial y},\qquad \frac{\partial v}{\partial x}=-\frac{\partial u}{\partial y},$$

以及解析函数的实部和虚部分别满足拉普拉斯方程的性质[见式(3-6-1)]:

$$\frac{\partial^2 u}{\partial x^2}+\frac{\partial^2 u}{\partial y^2}=0,\qquad \frac{\partial^2 v}{\partial x^2}+\frac{\partial^2 v}{\partial y^2}=0,$$

上式化简为

$$\frac{\partial^2 U}{\partial x^2}+\frac{\partial^2 U}{\partial y^2}=\left[\left(\frac{\partial u}{\partial x}\right)^2+\left(\frac{\partial v}{\partial x}\right)^2\right]\left(\frac{\partial^2 \Phi}{\partial u^2}+\frac{\partial^2 \Phi}{\partial v^2}\right).$$

按式(1-3-2)

$$w'(z)=\frac{\partial u}{\partial x}+\mathrm{i}\frac{\partial v}{\partial x},$$

因而

$$\frac{\partial^2 U}{\partial x^2}+\frac{\partial^2 U}{\partial y^2}=|w'(z)|^2\left(\frac{\partial^2 \Phi}{\partial u^2}+\frac{\partial^2 \Phi}{\partial v^2}\right). \qquad (3-6-23)$$

【证毕】

由此看出,对于保角变换,$w'(z)\neq 0$,只要 $U(x,y)$ 满足拉普拉斯方程,$\Phi(u,v)$ 也满足

同一方程

$$\frac{\partial^2 U}{\partial x^2}+\frac{\partial^2 U}{\partial y^2}=0 \longrightarrow \frac{\partial^2 \Phi}{\partial u^2}+\frac{\partial^2 \Phi}{\partial v^2}=0, \tag{3-6-24}$$

这样,如果在 $z=x+\mathrm{i}y$ 平面上给定了 $U(x,y)$ 的拉普拉斯方程边值问题,则利用保角变换 $w=f(z)$,可以将它转换为 $w=u+\mathrm{i}v$ 平面上 $\Phi(u,v)$ 的拉普拉斯方程边值问题. 以下我们来讨论几种简单的保角变换,以及用它们解拉普拉斯方程边值问题(在有源情况下是泊松方程的边值问题)的例子.

(四) 由分式线性函数所实现的变换

分式线性函数的一般形式是

$$w=\frac{az+b}{cz+d}, \quad \begin{vmatrix} a & b \\ c & d \end{vmatrix} \neq 0, \tag{3-6-25}$$

式中,a,b,c,d 为常数(若 $ad-bc=0$,则 w 将恒等于常数). 我们来讨论由它实现的保角变换.

若 $c\neq 0$,式(3-6-25)可改写为

$$w=\frac{\frac{a}{c}(cz+d)+b-\frac{ad}{c}}{cz+d}=A+\frac{B}{z+C}=A+\frac{|B|}{z+C}\mathrm{e}^{\mathrm{i}\arg B}; \tag{3-6-26}$$

$$A=\frac{a}{c}, \quad B=\frac{bc-ad}{c^2}, \quad C=\frac{d}{c}.$$

这一变换可以分四步实现:

$$\begin{aligned} &(1)\ z_1=z+C; \quad (2)\ z_2=|B|/z_1; \\ &(3)\ z_3=z_2\mathrm{e}^{\mathrm{i}\arg B}; \quad (4)\ w=A+z_3. \end{aligned} \tag{3-6-27}$$

(1)和(4)是 z 平面和 z_3 平面上的平移变换;(3) 是在 z_2 平面上转动角度 $\arg B$ 的变换. 下面着重讨论变换(2).

记 $|B|=R^2$,R 为正实数,令 $z_1=r\mathrm{e}^{\mathrm{i}\theta}$,$z_2=\rho\mathrm{e}^{\mathrm{i}\varphi}$,则变换 $z_2=R^2/z_1$ 可进一步分解为

$$\rho=R^2/r, \quad \varphi=-\theta. \tag{3-6-28}$$

图 3-6-2(b)中的 z_1 和 z'_1 是在以 R 为半径的圆的一条半径及其延长线上的两个点,它们和圆心距离的乘积等于半径的平方:$r\rho=R^2$. 这样的两个点称为对于这一圆周的一对**对称点**或**反演点**. 图 3-6-2(a)中的 z'_1 和 z_2 则是关于实轴的一对对称点. 式(3-6-27)中的(2)就是这两对关于圆和关于实轴的对称点变换的结合,也就是变换

$$z'_1=\frac{R^2}{z_1^*} \quad 和 \quad z_2=(z'_1)^*$$

的复合.

分式线性变换(3-6-25)有一个重要性质:**保圆性**,它将 z 平面上的圆变为 w 平面上的圆. 这里所说的“圆”包括圆心在无穷远,半径为无穷大的特殊情况,即直线. 式(3-6-27)

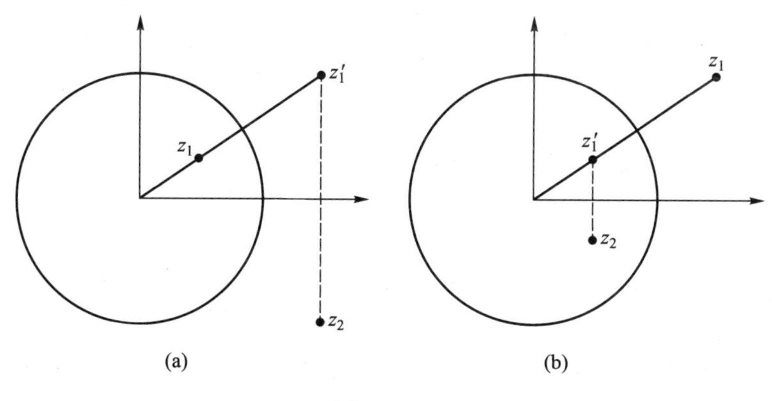

(a) (b)

图 3-6-2

中的平移变换(1)、(4)和转动变换(3)显然有保圆性. 下面来证明变换(2)$z_2=R^2/z_1$也有保圆性.

在 $z_1=re^{i\theta}$平面上以 $z_0=r_0e^{i\theta_0}$为心,A 为半径的圆的方程是

$$r^2+r_0^2+2rr_0\cos(\theta-\theta_0)=A^2$$

或

$$r^2+ar\cos(\theta-\theta_0)+b=0;\quad a=2r_0,\quad b=r_0^2-A^2, \tag{3-6-29}$$

如图 3-6-3 所示. 将式(3-6-28)代入,即作变换 $z_2=\dfrac{R^2}{z_1}$,

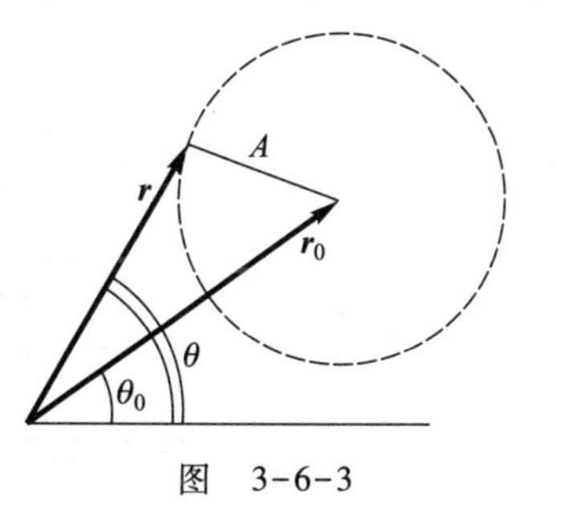

图 3-6-3

得到

$$b\rho^2+a|B|\rho\cos(\varphi+\theta_0)+|B|^2=0, \tag{3-6-30}$$

当 $b\neq0$ 时,这是在 $z_2=\rho e^{i\varphi}$平面上,以$\left(\dfrac{a|B|}{2b}\right)e^{-i\theta_0}$为心,以

$$\sqrt{\frac{a^2|B|^2}{4b^2}-\frac{|B|^2}{b}}=\frac{|B|}{2b}\sqrt{a^2-4b}$$

为半径的圆. 特殊情况:$b=0$,变换 $z_2=R^2/z_1$将 z_1平面上经过坐标原点的圆映射到 z_2平面上成为圆心在无限远点,半径为无穷大的圆,即直线 $\rho\cos(\varphi+\theta_0)=$ 常数. 反之,z_1平面上的一条直线 $r\cos(\theta-\theta_0)=$ 常数,映射到 z_2平面上是经过坐标原点的圆. 【证毕】

不难看到,分式线性变换(3-6-25)在整个复平面上除了一个点 $z_0=-d/c$ 外处处解析,并将整个闭 z 平面单值地映射到 w 平面上. 它的反函数

$$z=\frac{-dw+b}{cw-a},\qquad \begin{vmatrix}-d & b\\ c & -a\end{vmatrix}\neq0 \tag{3-6-31}$$

也是分式线性函数,它将整个闭 w 平面单值地映射到 z 平面上. 因此,分式线性变换(3-6-25)将闭 z 平面一一对应地映射到闭 w 平面,且具有保角性和保圆性. 下面我们来证明相反的论断也成立:

定理三 如果 $w=f(z)$在闭 z 平面上除了一个点 z_0(无限远点或有限远点)外处处解析,并且将 z 平面一一对应地映射到 w 平面,则 $f(z)$是分式线性函数.

证　按假设,z_0是一个孤立奇点,且在其邻域内$f(z)$及其反函数都是单值的.设z_0是有限远点,则$f(z)$在z_0附近的洛朗展开的解析部分(2-3-2)中不含$(z-z_0)^m(m>1)$项,而其主要部分(2-3-3)中不含$(z-z_0)^{-m}(m>1)$的项.这表明z_0是一阶极点,$f(z)-B/(z-z_0)$在闭z平面上解析,由刘维尔定理可知其为常数A.因此,

$$f(z)=\frac{B}{z-z_0}+A,$$

这是分式线性函数(3-6-26).如果z_0是无限远点,则由同样的讨论知它是一阶极点$f(z)=Bz+A$,同样是分式线性函数(3-6-25)中$c=0$的特殊情况.　【证毕】

例 3　和地面平行,距离地面h处有一根均匀带电无限长直导线,单位长度电荷量为e,求电场.

解　根据对称性,任何一个垂直于导线的平面上的电场都相同,可以选其中一个平面来研究,如图 3-6-4(a)所示.这一平面上的电势满足二维点源泊松方程①

$$\frac{\partial^2 U}{\partial x^2}+\frac{\partial^2 U}{\partial y^2}=-4\pi e\delta(x)\delta(y-h)\qquad(3-6-32)$$

和边界条件

$$U\big|_{y=0}=0.\qquad(3-6-33)$$

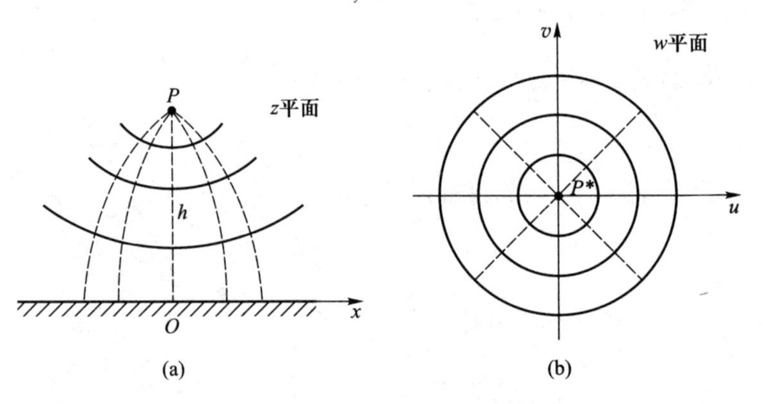

图　3-6-4

在§11-2中将看到,这一问题可以用镜像法解(参看§11-2例1),这里采用保角变换法.

我们来找一个分式线性变换$w=f(z)$,它将z平面上的直线$y=0$映射为w平面上的单位圆;点P映射为圆心P^*,如图 3-6-4(b).根据定理三,这样的分式线性变换是存在的.它将z平面的上半平面映射为w平面上以P^*为心的单位圆的内部.

设

$$w=\lambda\frac{z-\alpha}{z-\beta},\quad w=u+\mathrm{i}v\qquad(3-6-34)$$

是这一变换.三个常数λ,α,β由三个条件决定:

(1) P点$(z=\mathrm{i}h)$映射为$w=0$,由此得$\alpha=\mathrm{i}h$;

(2) 直线$y=0$映射为单位圆.这一条件可以换一句话表述为:相对于直线$y=0$的反

---

① 关于δ函数参看§11-1;关于"点源"参看§11-2.

演点对映射为相对于单位圆的反演点对. 例如,在 $z_1=\mathrm{i}h$ 映射为 $w_1=0$ 的同时,相对于直线 $y=0$ 的 z_1 的反演点 $z_2=-\mathrm{i}h$ 映射为相对于单位圆的 w_1 的反演点 w_2. 根据反演点的定义,w_1 和 w_2 的模 ρ_1 和 ρ_2 的乘积等于圆半径的平方. 由于 $\rho_1=0$,故 $\rho_2=\infty$,即 w_2 为无限远点. 将 $z_2=-\mathrm{i}h, w_2=\infty$ 代入式(3-6-34),得到 $\beta=-\mathrm{i}h$. 这样,式(3-6-34)成为

$$w=\lambda\frac{z-\mathrm{i}h}{z+\mathrm{i}h};$$

(3) 以上只决定了直线 $y=0$ 映射为以 P^* 为心的圆,还没有确定圆的半径. 为了保证圆的半径为 1(单位圆),要求直线 $y=0$ 上的一个点(例如 $z=0$)映射为单位圆上的一个点(例如 $w=-1$). 由此得 $\lambda=1$,即

$$w=u+\mathrm{i}v=\frac{z-\mathrm{i}h}{z+\mathrm{i}h}. \tag{3-6-35}$$

经过这一变换,方程和边界条件成为

$$\frac{\partial^2\Phi}{\partial u^2}+\frac{\partial^2\Phi}{\partial v^2}=-4\pi e\delta(u)\delta(v), \tag{3-6-36}$$

$$\Phi\big|_{|w|=1}=0. \tag{3-6-37}$$

它代表这样一个物理问题: 在半径等于 1 的接地圆柱导体面的轴线上有一均匀带电的导线,求柱面内的电势. 在 § 11-2 中将看到,它的解是[见式(11-2-11)]

$$\Phi=2e\ln\frac{1}{|w|}. \tag{3-6-38}$$

回到 z 平面就有

$$U(x,y)=2e\ln\left|\frac{z+\mathrm{i}h}{z-\mathrm{i}h}\right|=e\ln\frac{x^2+(y+h)^2}{x^2+(y-h)^2}. \tag{3-6-39}$$

【解毕】

(五) 由幂函数和对数函数所实现的变换

(1) 幂函数

$$w=z^n \tag{3-6-40}$$

将 z 平面上与正实轴夹角为 π/n 的角形区域变为 w 的上半平面. 在 § 1-2 例 2 中见过一个这种变换的例子. 注意,在 z 平面的上述角形区域内部(对应于 w 平面的上半平面内),变换有保角性,但在 $z=0$ 点不保角.

例 4 两块无穷大导体板相交成直角,电势为 V_0,求直角区域内的电场分布.

解 由对称性可知,在垂直于导体板交线的任意平面上电场都相同,因而可以取一个这样的平面求解二维拉普拉斯方程

$$\frac{\partial^2 U}{\partial x^2}+\frac{\partial^2 U}{\partial y^2}=0 \tag{3-6-41}$$

的边值问题:

$$U\big|_{x=0}=U\big|_{y=0}=V_0. \tag{3-6-42}$$

利用变换

$$w=z^2 \tag{3-6-43}$$

将所讨论的直角形区域映射成 w 平面的上半平面,参看图 1-2-6. 边值问题成为

$$\frac{\partial^2\Phi}{\partial u^2}+\frac{\partial^2\Phi}{\partial v^2}=0, \tag{3-6-44}$$

$$\Phi\big|_{v=0}=V_0. \tag{3-6-45}$$

由对称性可见,解与 u 无关,因而有

$$\frac{\mathrm{d}^2\Phi}{\mathrm{d}v^2}=0,\quad \Phi=Av+V_0. \tag{3-6-46}$$

等势面是 v=常数,而电场线是 u=常数. 回到 z 平面就成为图 1-2-6(a)上的实线和虚线,如式(1-2-4)所示. 【解毕】

(2) 对数函数

$$w=\ln z=\ln|z|+\mathrm{i}\arg z \tag{3-6-47}$$

将 z 平面的上半平面映射为 w 平面上平行于实轴宽为 π 的一个带形区域,如图 3-6-5 所示(参看图 3-5-10).

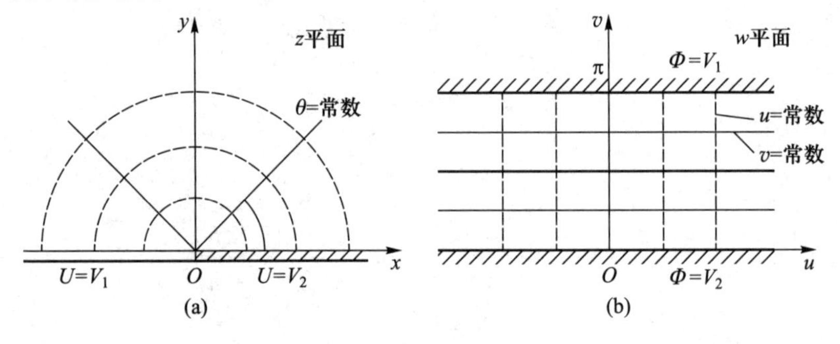

图 3-6-5

例 5 两块无穷大平板平放在一起,连接处绝缘. 两板的电势分别为 V_1和 V_2,求板外的电场分布.

解 由图 3-6-5 可见,利用变换(3-6-47)可以将问题转换为 w 平面上的两无穷大平行板之间的电场分布. 容易得到

$$\Phi(u,v)=\frac{V_1-V_2}{\pi}v+V_2. \tag{3-6-48}$$

回到 z 平面上得到

$$U(x,y)=\frac{V_1-V_2}{\pi}\arg z+V_2. \tag{3-6-49}$$

这是经过原点的射线(图 3-6-5(a)中的实线). 电场线是和这一直线族垂直的曲线族,即以原点为心的半圆,如图 3-6-5(a)中的虚线所示. 【解毕】

习 题

1. 已知等势线的方程为：$x^2+y^2=C$，求复势.

$\Big($提示：由 $x^2+y^2=C$ 并不能得出 $v=x^2+y^2$.因为 u 和 v 都必须是调和函数，故选取函数 $f(t)=f(x^2+y^2)$ 使得 $v=f(t)$ 满足 $\dfrac{\partial^2 v}{\partial x^2}+\dfrac{\partial^2 v}{\partial y^2}=0.\Big)$

2. 分式线性变换 $w=\mathrm{i}\dfrac{1-z}{1+z}$ 将单位圆周 $|z|=1$ 内部的区域变到什么区域?

3. 求一个分式线性变换，能把 z 平面上的圆周 $|z-3|=9$ 和 $|z-8|=16$ 所围成的区域变成 w 平面上圆心在 $w=0$ 的两同心圆之间的区域，并使其外半径为 1.

4. $w=z^2$ 把 z 平面上的下列区域变为 w 平面上的什么区域?

   (1) 上半平面； (2) 上半圆 $|z|<1, \mathrm{Im}\, z>0$； (3) 圆 $|z|<1$.

5. 求解一半径为 a 的无限长导体圆柱壳内的电场分布.设柱面上的电势为

$$u=\begin{cases} u_1 & (0<\varphi<\pi), \\ u_2 & (\pi<\varphi<2\pi). \end{cases}$$

6. 试求垂直于 z 平面，与 z 平面交于圆 $|z|=1$ 及 $|z-1|=5/2$ 的两个圆柱之间的静电场.设两柱面之间的电势差为 1.

第四章
留数定理及其应用

留数定理在复变函数理论的发展和应用中有重要意义.在这一章里,我们讨论留数的概念、留数定理和它在计算实变函数的定积分中的应用.

§4-1 留数定理

留数定理

(一) 留数和留数定理

如果函数 $f(z)$ 在闭区域 $\mathscr{D}$ 内解析,则根据柯西定理,在 $\mathscr{D}$ 内沿任意闭曲线 l 的积分为零:

$$\oint_l f(z)\,\mathrm{d}z = 0.$$

如果 b 点是函数 $f(z)$ 的孤立奇点,$f(z)$ 在包围 b 点的闭合回路 l 内(包括在 l 上)除 b 点外解析,如图 4-1-1 所示.我们来研究 $f(z)$ 在这一回路上的积分

$$\oint_l f(z)\,\mathrm{d}z. \tag{4-1-1}$$

将函数 $f(z)$ 在 b 点展成洛朗级数:

$$f(z) = \sum_{k=-\infty}^{\infty} a_k (z-b)^k, \tag{4-1-2}$$

然后把级数(4-1-2)代入式(4-1-1),进行逐项积分,得到一些如下形式的积分:

$$\oint_l (z-b)^k\,\mathrm{d}z. \tag{4-1-3}$$

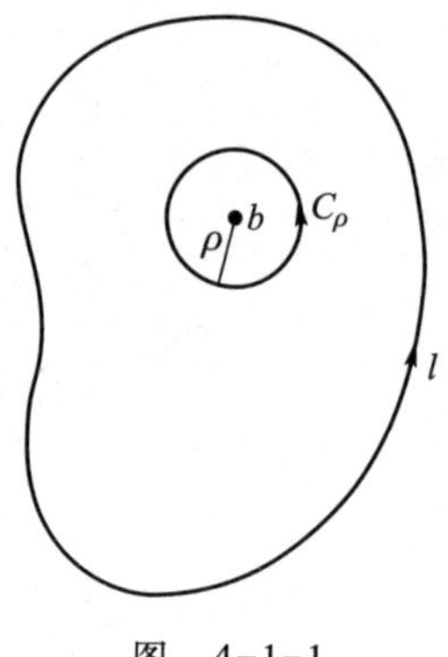

图 4-1-1

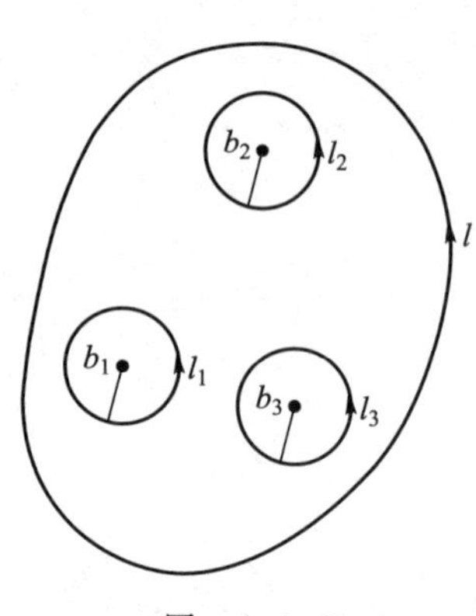

图 4-1-2

在§1-4的例1中，计算了$k=-1$时的上述积分，得到

$$\oint_l \frac{\mathrm{d}z}{z-b}=2\pi\mathrm{i}. \qquad (4-1-4)$$

其中，l是包围b点在内的一个闭合回路.对于$k\neq-1$时的积分，可以采用与上述例题完全相同的方法来计算.利用柯西定理，将沿曲线l的积分变为沿圆C_ρ的积分，见图4-1-1，且令$z-b=\rho\mathrm{e}^{\mathrm{i}\theta}$.于是，当$k\neq-1$时，

$$\oint_{C_\rho}(z-b)^k\mathrm{d}z=\int_0^{2\pi}\rho^k\mathrm{e}^{\mathrm{i}k\theta}\rho\mathrm{e}^{\mathrm{i}\theta}\mathrm{i}\mathrm{d}\theta$$

$$=\frac{\rho^{k+1}}{k+1}\mathrm{e}^{\mathrm{i}(k+1)\theta}\Big|_0^{2\pi}=0,\quad k\neq-1. \qquad (4-1-5)$$

由此可见，当式(4-1-2)右边级数的各项沿闭合回路l积分时，除$k=-1$的一项之外，其余各项都等于零.因此，展开式(4-1-2)中$k=-1$的一项有特殊意义.

定义一 在$f(z)$的洛朗展开式(4-1-2)中，$(z-b)^{-1}$项的系数a_{-1}称为$f(z)$在b点的**留数**，用符号$\mathrm{Res}\,f(b)$表示：

$$\mathrm{Res}\,f(b)=a_{-1}. \qquad (4-1-6)$$

利用式(4-1-4)和式(4-1-5)计算得到积分(4-1-1)为

$$\oint_l f(z)\mathrm{d}z=2\pi\mathrm{i}\,\mathrm{Res}\,f(b). \qquad (4-1-7)$$

以上假定闭合回路l只包围$f(z)$的一个奇点，如果回路l包围$f(z)$的若干个奇点，如图4-1-2所示，就作几个小回路$l_1,l_2,\cdots$将各个奇点围起来.这样，函数$f(z)$在以l为外边界线、$l_1,l_2,\cdots$为内边界线的闭区域中解析，因而可以应用柯西定理[§1-4定理三(Ⅲ)]，沿l的积分等于沿$l_1,l_2,\cdots$的积分之和：

$$\oint_l f(z)\mathrm{d}z=\oint_{l_1}f(z)\mathrm{d}z+\oint_{l_2}f(z)\mathrm{d}z+\cdots.$$

对右边的每一个积分应用式(4-1-7)，得到

$$\oint_l f(z)\mathrm{d}z=2\pi\mathrm{i}\sum_k\mathrm{Res}\,f(b_k). \qquad (4-1-8)$$

右边的求和是对回路l所包围的全部奇点求和.式(4-1-8)即留数定理的表达式：

定理一（留数定理） 如果函数$f(z)$在曲线l所包围的闭区域中除了有限个孤立奇点外解析，则$f(z)$沿l的积分等于$2\pi\mathrm{i}$乘以在这些奇点的留数之和.

（二）计算留数的方法

按定义，留数是洛朗展开式中$(z-b)^{-1}$项的系数.因此，只要将函数展开成洛朗级数，也就求出了它的留数.但是，在有些情况下，还有更简便的方法.

(1) 如果b点是$f(z)$的一阶极点，则$f(z)$的展开式是

$$f(z)=\frac{a_{-1}}{z-b}+a_0+a_1(z-b)+\cdots.$$

左右同乘$(z-b)$，再令$z=b$，得到

$$a_{-1}=(z-b)f(z)\big|_{z=b},\qquad(4-1-9)$$

这就是求$f(z)$在一阶极点的留数的公式.

有时$f(z)$具有分式的形式：

$$f(z)=\frac{\varphi(z)}{\psi(z)},\qquad(4-1-10)$$

$\varphi(z)$在b点不等于零，而$\psi(z)$以b点为一阶零点.此时，式(4-1-9)成为

$$a_{-1}=\left.\frac{(z-b)\varphi(z)}{\psi(z)}\right|_{z=b}.$$

这是0/0型不定式，应用洛必达法则得到

$$\left.\frac{(z-b)\varphi(z)}{\psi(z)}\right|_{z=b}=\left.\frac{\varphi(z)+(z-b)\varphi'(z)}{\psi'(z)}\right|_{z=b}=\frac{\varphi(b)}{\psi'(b)}.$$

因而

$$a_{-1}=\frac{\varphi(b)}{\psi'(b)}.\qquad(4-1-11)$$

这是当$f(z)$具有式(4-1-10)的形式(分子在b点不等于零，而分母以b点为一阶零点)时求留数的公式.在有些情况下，它比式(4-1-9)用起来更方便.

例 1 求函数

$$f(z)=\frac{2z}{z^2+4}$$

在它的各个极点的留数.

解 将分母分解因式

$$z^2+4=(z+2\mathrm{i})(z-2\mathrm{i}),$$

利用零点与极点的关系，可见$f(z)$有两个一阶极点$\pm2\mathrm{i}$.用式(4-1-9)求$z=2\mathrm{i}$的留数：

$$\operatorname{Res}f(+2\mathrm{i})=(z-2\mathrm{i})\left.\frac{2z}{z^2+4}\right|_{z=2\mathrm{i}}=1.$$

用式(4-1-11)求$z=-2\mathrm{i}$的留数：

$$\operatorname{Res}f(-2\mathrm{i})=\left.\frac{2z}{(z^2+4)'}\right|_{z=-2\mathrm{i}}=1.$$

【解毕】

(2) 如果b点是$f(z)$的m阶极点，则$f(z)$的展开式是

$$f(z)=\frac{a_{-m}}{(z-b)^m}+\cdots+\frac{a_{-1}}{z-b}+a_0+\cdots\quad(a_{-m}\neq0),$$

左右同乘以$(z-b)^m$：

$$(z-b)^m f(z)=a_{-m}+\cdots+a_{-1}(z-b)^{m-1}+a_0(z-b)^m+\cdots,$$

可见,a_{-1}是$(z-b)^m f(z)$的泰勒展开式中$(z-b)^{m-1}$项的系数.根据泰勒系数的公式(2-2-3)得到:

$$a_{-1}=\frac{1}{(m-1)!}\frac{\mathrm{d}^{m-1}}{\mathrm{d}z^{m-1}}[f(z)(z-b)^m]\bigg|_{z=b}. \qquad (4-1-12)$$

例 2 求函数

$$f(z)=\frac{1}{z^4-2z^2+1}$$

在它的各个极点的留数.

解 将分母分解因式

$$z^4-2z^2+1=(z^2-1)^2=(z-1)^2(z+1)^2.$$

因此,$f(z)$有两个二阶极点 $z=\pm1$.利用式(4-1-12)求留数:

$$\operatorname{Res} f(1)=\frac{\mathrm{d}}{\mathrm{d}z}\left[\frac{(z-1)^2}{z^4-2z^2+1}\right]\bigg|_{z=1}=-\frac{2}{(z+1)^3}\bigg|_{z=1}=-\frac{1}{4},$$

$$\operatorname{Res} f(-1)=\frac{\mathrm{d}}{\mathrm{d}z}\left[\frac{(z+1)^2}{z^4-2z^2+1}\right]\bigg|_{z=-1}=\frac{-2}{(z-1)^3}\bigg|_{z=-1}=\frac{1}{4}.$$

【解毕】

(三) 无限远点的留数

留数定理也能应用于无限远点.

设函数 $f(z)$ 在某一闭合回路 l 的外部(包括在回路 l 上)除无限远点外是解析的(无限远点可以是奇点也可以不是),则 $f(z)$ 在无限远点的展开式为

$$f(z)=\cdots+a_2z^2+a_1z+a_0+\frac{a_{-1}}{z}+\frac{a_{-2}}{z^2}+\cdots. \qquad (4-1-13)$$

以原点为圆心,作包含 l 在内的大圆 C_R,如图 4-1-3 所示.函数 $f(z)$ 在由 l 和 C_R所围成的闭区域内解析,应用柯西定理得

$$\oint_l f(z)\,\mathrm{d}z+\oint_{C_R} f(z)\,\mathrm{d}z=0. \qquad (4-1-14)$$

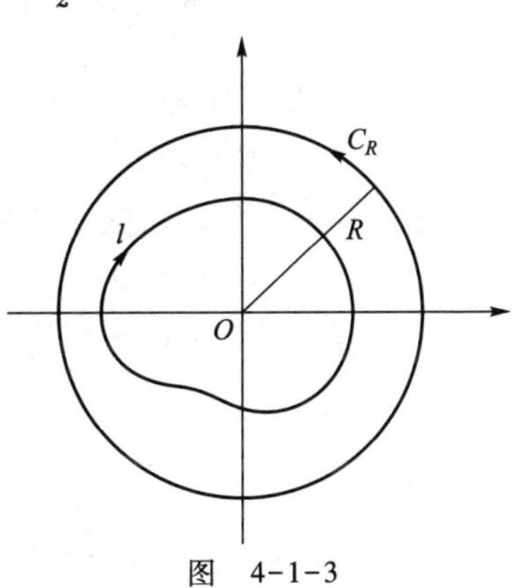

图 4-1-3

因为我们研究的是 l 外部的区域,所以,l 上的正方向为顺时针方向,C_R上的正方向为逆时针方向.

和前面一样,将级数(4-1-13)代入式(4-1-14)左边的第二个积分中,进行逐项积分,得到

$$\oint_{C_R} f(z)\,\mathrm{d}z=\sum_{k=-\infty}^{\infty}\oint_{C_R} a_k z^k\,\mathrm{d}z. \qquad (4-1-15)$$

令 $z=Re^{i\theta}$,计算上式右边的积分

$$\oint_{C_R} a_k z^k \mathrm{d}z = a_k \int_0^{2\pi} R^{k+1} e^{i(k+1)\theta} i\mathrm{d}\theta$$

$$= \begin{cases} 2\pi i a_{-1}, & k=-1; \\ 0, & k \neq -1. \end{cases} \quad (4-1-16)$$

将式(4-1-14)的第二项移至右边,再利用式(4-1-15)和式(4-1-16)得

$$\oint_l f(z)\mathrm{d}z = -\oint_{C_R} f(z)\mathrm{d}z = -2\pi i a_{-1}. \quad (4-1-17)$$

按留数定理,它应等于 $2\pi i$ 乘无限远点的留数,因此得到下述定义:

定义二 $f(z)$ 在无限远点的留数等于它在无限远点邻域的幂级数中 z^{-1} 项的系数的负值:

$$\mathrm{Res}\, f(\infty) = -a_{-1}. \quad (4-1-18)$$

有了这个定义以后,可以将式(4-1-17)改写为

$$\oint_l f(z)\mathrm{d}z = 2\pi i \mathrm{Res}\, f(\infty). \quad (4-1-19)$$

注意,即使 $z=\infty$ 不是函数 $f(z)$ 的奇点,只要展开式(4-1-13)中 z^{-1} 项的系数 $a_{-1}\neq 0$,留数 $\mathrm{Res}\, f(\infty)$ 就不等于零.

(四) 关于留数之和的定理

假定 $f(z)$ 除了有限个奇点(其中有可能包括无限远点)之外,在整个复平面解析.像图 4-1-2 那样,作许多小圆 $l_1, l_2, \cdots$ 将 $f(z)$ 的各个有限远奇点分别包围起来,再作一个大回路 l 将全部这些小圆都包围起来.根据柯西定理(§1-4 定理三)

$$\oint_l f(z)\mathrm{d}z = \oint_{l_1} f(z)\mathrm{d}z + \oint_{l_2} f(z)\mathrm{d}z + \cdots,$$

将左边的积分改变绕行方向,移到右边,得到

$$\oint_l f(z)\mathrm{d}z + \oint_{l_1} f(z)\mathrm{d}z + \oint_{l_2} f(z)\mathrm{d}z + \cdots = 0.$$

根据留数定理,第一个积分是 $2\pi i$ 乘无限远点的留数,而之后的各个积分等于 $2\pi i$ 乘上各该奇点的留数,因而上式可表为下述定理:

定理二 设函数 $f(z)$ 除了有限个奇点外,在全平面解析,则它在有限区域中所有奇点的留数之和加上它在无限远点的留数,总和为零.

这个定理可以用来检验留数的计算是否正确.

习 题

1. 求下列各函数的极点及其在各极点处的留数.

(1) $\dfrac{z}{z^2+1}$; (2) $\dfrac{1}{z^5-z^3}$;

（3）$\cot z$；　　（4）$\dfrac{1}{1-\mathrm{e}^{z}}$；

（5）$\dfrac{z^{2}}{(z^{2}+1)^{2}}$；　　（6）$\dfrac{\mathrm{e}^{\mathrm{i}z}}{1+z^{2}}$.

2. 计算下列积分.

（1）$\oint_{C}\dfrac{\mathrm{d}z}{z^{4}+1}$，$C$ 为圆周 $x^{2}+y^{2}=2$；

（2）$\oint_{C}\dfrac{\mathrm{d}z}{(z-1)^{2}(z^{2}+1)}$，$C$ 为圆周 $x^{2}+y^{2}=2x+2y$；

（3）$\oint_{|z|=\pi}\tan \pi z\mathrm{d}z$　$(n=1,2,3,\cdots)$；

（4）$\oint_{|z|=2}\dfrac{\mathrm{e}^{z}}{z-1}\mathrm{d}z$.

§4-2　利用留数定理计算积分

在本节里，我们举几个典型例子，来说明用留数定理计算实变积分的方法，所得到的结果也是经常要用到的.

留数定理的应用

（一）带有三角函数的积分

用留数定理可以计算定积分

$$I=\int_{0}^{2\pi}R(\cos\theta,\sin\theta)\mathrm{d}\theta,\tag{4-2-1}$$

其中被积函数 $R(\cos\theta,\sin\theta)$ 是 $\cos\theta$ 和 $\sin\theta$ 的一个有理函数.

要利用关于复变函数回路积分的留数定理来计算实变的定积分，关键是如何将实变的被积函数与某个复变函数联系起来，同时将定积分变为沿复平面某一闭合回路的积分.

为此，注意到

$$\cos\theta=\frac{\mathrm{e}^{\mathrm{i}\theta}+\mathrm{e}^{-\mathrm{i}\theta}}{2},\quad \sin\theta=\frac{\mathrm{e}^{\mathrm{i}\theta}-\mathrm{e}^{-\mathrm{i}\theta}}{2\mathrm{i}}.$$

如果令 $z=\mathrm{e}^{\mathrm{i}\theta}$，则函数 $R(\cos\theta,\sin\theta)$ 变为 $R\left(\dfrac{z+z^{-1}}{2},\dfrac{z-z^{-1}}{2\mathrm{i}}\right)$. 当 θ 由 0 变到 2π 时，对应的 $z=\mathrm{e}^{\mathrm{i}\theta}$ 在复平面上沿以原点为圆心半径为 1 的圆转一周，则

$$\int_{0}^{2\pi}R(\cos\theta,\sin\theta)\mathrm{d}\theta=\oint_{|z|=1}R\left(\frac{z+z^{-1}}{2},\frac{z-z^{-1}}{2\mathrm{i}}\right)\frac{\mathrm{d}z}{\mathrm{i}z}.\tag{4-2-2}$$

根据留数定理，右边的回路积分之值等于 $\dfrac{1}{\mathrm{i}z}R\left(\dfrac{z+z^{-1}}{2},\dfrac{z-z^{-1}}{2\mathrm{i}}\right)$ 在单位圆内各个奇点处的留数之和乘上 $2\pi\mathrm{i}$.

例 1　计算积分

$$I=\int_0^{2\pi}\frac{\mathrm{d}\theta}{1+a\cos\theta}\qquad(0<a<1).$$

解　由式(4-2-2)，

$$I=\oint_{|z|=1}\frac{1}{1+a\frac{z+z^{-1}}{2}}\frac{\mathrm{d}z}{\mathrm{i}z}$$

$$=\oint_{|z|=1}\frac{2\mathrm{d}z}{\mathrm{i}(az^2+2z+a)}.$$

被积函数的分母中的二次函数有两个一阶零点：

$$z_1=\frac{-1+\sqrt{1-a^2}}{a},$$

$$z_2=\frac{-1-\sqrt{1-a^2}}{a}.$$

当 $0<a<1$ 时，z_1 在单位圆内，而 z_2 在单位圆外.计算 z_1 点的留数，有

$$\operatorname{Res}(z_1)=\left.\frac{2(z-z_1)}{\mathrm{i}a(z-z_1)(z-z_2)}\right|_{z=z_1}=\frac{1}{\mathrm{i}\sqrt{1-a^2}},$$

于是，根据留数定理得

$$\int_0^{2\pi}\frac{\mathrm{d}\theta}{1+a\cos\theta}=\frac{2\pi}{\sqrt{1-a^2}}.$$　　【解毕】

(二) 沿实轴的无限积分

$$I=\lim_{R\to\infty}\int_{-R}^{R}\frac{\varphi(x)}{\psi(x)}\mathrm{d}x=\int_{-\infty}^{\infty}\frac{\varphi(x)}{\psi(x)}\mathrm{d}x,\qquad(4-2-3)$$

其中 $\varphi(x)$ 和 $\psi(x)$ 表示 x 的两个多项式，且设 $\psi(x)$ 在实轴上没有零点，其幂次比 $\varphi(x)$ 至少高两次.

对于这类积分，为了把它与复变函数的回路积分联系起来，常用的办法是将自变量 x 换为 z，于是被积函数 $f(x)=\frac{\varphi(x)}{\psi(x)}$ 变为 $f(z)=\frac{\varphi(z)}{\psi(z)}$.再将原来的积分路线(沿实轴从 $-R$ 到 $+R$)补上半径为 R 的半圆 C_R，构成一个闭合回路 l，如图 4-2-1 所示.显然有

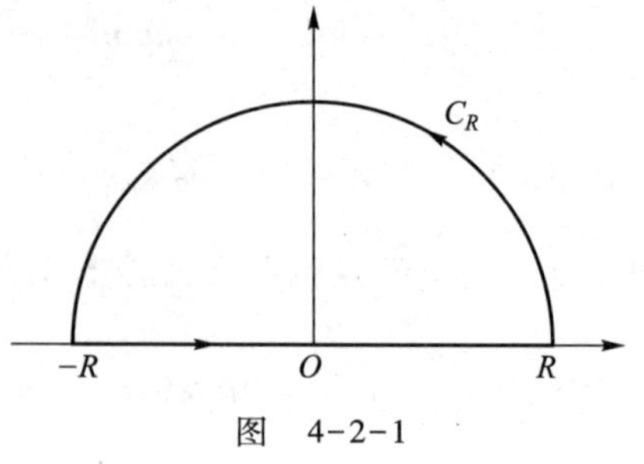

图　4-2-1

$$\oint_l f(z)\mathrm{d}z=\int_{-R}^{R}\frac{\varphi(x)}{\psi(x)}\mathrm{d}x+\int_{C_R}\frac{\varphi(z)}{\psi(z)}\mathrm{d}z.\qquad(4-2-4)$$

在上式中令 $R\to\infty$，根据留数定理，左边的积分趋于 $2\pi\mathrm{i}$ 乘 $f(z)$ 在上半平面所有奇点处的留数之和.右边的第一个积分就是我们所要算的积分.如果沿补充路线 C_R 的积分容易算出

(例如,在 R→∞ 时趋于零)①,问题就解决了.可以证明,上式右边的第二个积分在所设条件下,当 $R\to\infty$ 时确实趋于零.证明如下：

因为 $\varphi(z)$ 和 $\psi(z)$ 都是 z 的多项式,而 $\psi(z)$ 的幂次比 $\varphi(z)$ 至少高两次,所以

$$z\to\infty \text{ 时},\frac{z\varphi(z)}{\psi(z)}\to 0. \tag{4-2-5}$$

在 C_R 上,$z=Re^{i\theta}$,于是

$$\left|\int_{C_R}\frac{\varphi(z)}{\psi(z)}dz\right|\leqslant\int_{C_R}\left|\frac{z\varphi(z)}{\psi(z)}\right|\left|\frac{dz}{z}\right|\leqslant\max_{z\text{在}C_R\text{上}}\left|\frac{z\varphi(z)}{\psi(z)}\right|\frac{\pi R}{R}.$$

其中 $\max\limits_{z\text{在}C_R\text{上}}\left|\dfrac{z\varphi(z)}{\psi(z)}\right|$ 表示该函数在 C_R 上的最大值,πR 是半圆周 C_R 的周长.根据式(4-2-5)就知道,当 $R\to\infty$ 时,这一积分趋于零.　　【证毕】

因此,在式(4-2-4)中取极限 $R\to\infty$,得到

$$\int_{-\infty}^{\infty}\frac{\varphi(x)}{\psi(x)}dx=2\pi i\sum_k \operatorname{Res}(b_k), \tag{4-2-6}$$

右边的求和是对被积函数在上半平面全部奇点的留数求和.

例 2　计算积分

$$I=\int_{-\infty}^{\infty}\frac{dx}{x^4+1}.$$

解　这一积分显然满足上述条件.将被积函数的变量改写为

$$f(z)=\frac{1}{z^4+1},$$

它的极点是方程

$$z^4+1=0$$

的四个根

$$e^{i\frac{\pi}{4}},\quad e^{i\frac{3\pi}{4}},\quad e^{i\frac{5\pi}{4}},\quad e^{i\frac{7\pi}{4}},$$

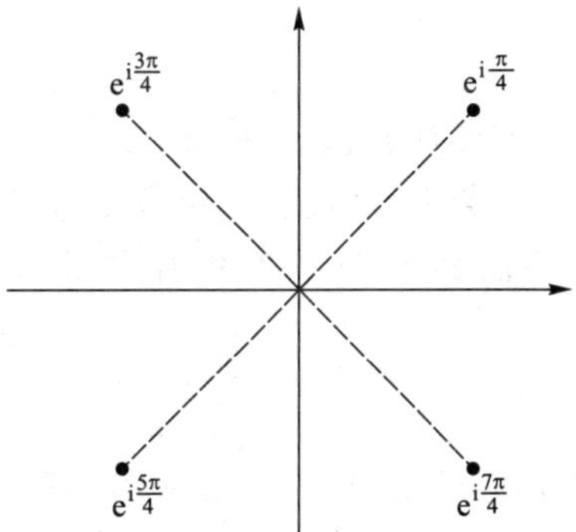

图　4-2-2

如图 4-2-2 所示,其中前两个根在上半平面,后两个根在下半平面.我们按式(4-1-11)计算上半平面极点处的留数：

$$\operatorname{Res}f(e^{i\frac{\pi}{4}})=\left.\frac{1}{4z^3}\right|_{z=e^{i\frac{\pi}{4}}}=\frac{1}{4}e^{-i\frac{3\pi}{4}}=-\frac{1}{4}e^{i\frac{\pi}{4}},$$

$$\operatorname{Res}f(e^{i\frac{3\pi}{4}})=\left.\frac{1}{4z^3}\right|_{z=e^{i\frac{3\pi}{4}}}=\frac{1}{4}e^{-i\frac{\pi}{4}}.$$

上半平面函数 $f(z)$ 的留数之和为

① 选择补充路线的一般原则是：沿这一路线的积分容易算出,或者能和待求的积分联系起来.后一情况的例子见以下的例 5.

$$\sum_k \mathrm{Res}(b_k) = -\frac{\sqrt{2}}{4}\mathrm{i}.$$

代入式(4-2-6)得所求积分：

$$\int_{-\infty}^{\infty} \frac{1}{x^4+1}\mathrm{d}x = \frac{\pi}{\sqrt{2}}. \tag{4-2-7}$$

【解毕】

最后应该指出，通常意义下的无穷积分应理解为下述极限：

$$\lim_{\substack{R_1\to\infty \\ R_2\to\infty}} \int_{-R_1}^{R_2} f(x)\,\mathrm{d}x = \int_{-\infty}^{\infty} f(x)\,\mathrm{d}x. \tag{4-2-8}$$

其中 R_1 和 R_2 分别趋于无穷.但有时这个极限不存在，而式(4-2-3)中的极限存在.我们称式(4-2-3)中的极限为无穷积分的**主值**，用积分号前加 P 表示：

$$\mathrm{P}\int_{-\infty}^{\infty} f(x)\,\mathrm{d}x = \lim_{R\to\infty}\int_{-R}^{R} f(x)\,\mathrm{d}x,$$

见式(4-2-24′).

（三）含三角函数的无穷积分

$$\int_0^{\infty} f(x)\cos mx\mathrm{d}x \quad (m>0) \tag{4-2-9a}$$

$$\int_0^{\infty} f(x)\sin mx\mathrm{d}x \quad (m>0) \tag{4-2-9b}$$

前面计算积分(4-2-3)的方法是简单地将 x 换为 z，然后用一个很大的半圆将积分路线闭合起来，从而应用留数定理.为了能够这样做，要求当 $R\to\infty$ 时，沿半圆周 C_R 的积分为零.然而对于式(4-2-9)中的被积函数，如果简单地将 x 换为 z，由于

$$\sin mz = \frac{\mathrm{e}^{\mathrm{i}mz}-\mathrm{e}^{-\mathrm{i}mz}}{2\mathrm{i}}, \quad \cos mz = \frac{\mathrm{e}^{\mathrm{i}mz}+\mathrm{e}^{-\mathrm{i}mz}}{2}$$

中既含 $\mathrm{e}^{\mathrm{i}mz}$ 又含 $\mathrm{e}^{-\mathrm{i}mz}$.若 $m>0$，当 $|z|$ 在上半平面(除实轴外)趋于无穷时，$\mathrm{e}^{\mathrm{i}mz}$ 一致地趋于零，$\mathrm{e}^{-\mathrm{i}mz}$ 却趋于无穷，因而沿半圆 C_R 的积分不可能为零.但是下面的引理帮助我们克服了这一困难.

若当引理 设在上半平面及实轴上，当 $z\to\infty$ 时 $f(z)$ 一致地趋于零，而 m 为一正数，C_R 是以原点为中心、半径为 R、位于上半平面的半圆周，则

$$\lim_{R\to\infty}\int_{C_R} f(z)\mathrm{e}^{\mathrm{i}mz}\mathrm{d}z = 0. \tag{4-2-10}$$

证 在 C_R 上，$z=R\mathrm{e}^{\mathrm{i}\theta}$，$\mathrm{d}z=\mathrm{i}R\mathrm{e}^{\mathrm{i}\theta}\mathrm{d}\theta$，于是积分成为

$$\int_0^{\pi} f(R\mathrm{e}^{\mathrm{i}\theta})\mathrm{e}^{\mathrm{i}mR(\cos\theta+\mathrm{i}\sin\theta)}\mathrm{i}R\mathrm{e}^{\mathrm{i}\theta}\mathrm{d}\theta.$$

由于 $|\mathrm{e}^{\mathrm{i}mR\cos\theta}\cdot\mathrm{e}^{\mathrm{i}\theta}|=1$，所以

$$\left|\int_{C_R} f(z)\mathrm{e}^{\mathrm{i}mz}\mathrm{d}z\right| \leqslant \int_0^{\pi}|f(R\mathrm{e}^{\mathrm{i}\theta})|\mathrm{e}^{-mR\sin\theta}R\mathrm{d}\theta.$$

用 $M(R)$ 表示 z 在 C_R 上时 $|f(z)|$ 的极大值，则

$$\left|\int_{C_R} f(z)\mathrm{e}^{\mathrm{i}mz}\mathrm{d}z\right| \leqslant M(R)\int_0^{\pi}\mathrm{e}^{-mR\sin\theta}R\mathrm{d}\theta.$$

按假设，在上半平面 $R\to\infty$ 时，$|f(z)|$ 一致地趋于零

$$\lim_{R\to\infty}M(R)=0.$$

因此，只要 $R\to\infty$ 时，积分 $\int_0^{\pi}\mathrm{e}^{-mR\sin\theta}R\mathrm{d}\theta$ 有界，就可以得到式(4-2-10).

将积分区间 $(0,\pi)$ 分为两半 $\left(0,\dfrac{\pi}{2}\right)$ 和 $\left(\dfrac{\pi}{2},\pi\right)$，并在后一区间的积分中，将变量 θ 改成 $\pi-\theta$，得到

$$\begin{aligned}\int_0^{\pi}R\mathrm{e}^{-mR\sin\theta}\mathrm{d}\theta &= \int_0^{\pi/2}R\mathrm{e}^{-mR\sin\theta}\mathrm{d}\theta - \int_{\pi/2}^{0}R\mathrm{e}^{-mR\sin(\pi-\theta)}\mathrm{d}(\pi-\theta)\\ &= 2\int_0^{\pi/2}R\mathrm{e}^{-mR\sin\theta}\mathrm{d}\theta.\end{aligned}$$

再将剩下的积分区间分为两段 $(0,\alpha)$ 和 $\left(\alpha,\dfrac{\pi}{2}\right)$，其中 α 是在 0 到 $\dfrac{\pi}{2}$ 之间的一个任意常数. 在第一区间中

$$\theta<\alpha,\quad \text{所以}\quad \frac{\cos\theta}{\cos\alpha}>1,$$

因而

$$\int_0^{\alpha}\mathrm{e}^{-mR\sin\theta}R\mathrm{d}\theta < \int_0^{\alpha}\mathrm{e}^{-mR\sin\theta}\frac{\cos\theta}{\cos\alpha}R\mathrm{d}\theta = \frac{1}{m\cos\alpha}\left[-\mathrm{e}^{-mR\sin\theta}\right]\Big|_{\theta=0}^{\theta=\alpha}.$$

在第二个区间中，

$$\theta>\alpha,\quad \text{所以}\ \sin\theta>\sin\alpha,\mathrm{e}^{-mR\sin\alpha}>\mathrm{e}^{-mR\sin\theta},$$

因而

$$\int_{\alpha}^{\pi/2}\mathrm{e}^{-mR\sin\theta}R\mathrm{d}\theta < \int_{\alpha}^{\pi/2}\mathrm{e}^{-mR\sin\alpha}R\mathrm{d}\theta = \mathrm{e}^{-mR\sin\alpha}R\left(\frac{\pi}{2}-\alpha\right),$$

于是得到

$$\int_0^{\pi}\mathrm{e}^{-mR\sin\theta}R\mathrm{d}\theta < \frac{2}{m\cos\alpha}\left[-\mathrm{e}^{-mR\sin\theta}\right]\Big|_{\theta=0}^{\theta=\alpha} + 2\mathrm{e}^{-mR\sin\alpha}R\left(\frac{\pi}{2}-\alpha\right).$$

当 $R\to\infty$ 时，右边第二项趋于零，而第一项趋于有限的极限 $\dfrac{2}{m\cos\alpha}$，于是引理得证.【证毕】

现在再来计算式(4-2-9)的积分. 为此考虑函数 $f(z)\mathrm{e}^{\mathrm{i}mz}$ 沿图 4-2-1 所示的回路的积分

$$\oint f(z)\mathrm{e}^{\mathrm{i}mz}\mathrm{d}z = \int_{-R}^{R}f(x)\mathrm{e}^{\mathrm{i}mx}\mathrm{d}x + \int_{C_R}f(z)\mathrm{e}^{\mathrm{i}mz}\mathrm{d}z \qquad (4-2-11)$$

设 $f(z)$ 满足若当引理所要求的条件：

$$当\ z \to \infty\ (在上半平面及实轴),f(z) \to 0. \tag{4-2-12}$$

令 $R\to\infty$，根据若当引理和留数定理，式(4-2-11)变为

$$\int_{-\infty}^{\infty} f(x)\,\mathrm{e}^{\mathrm{i}mx}\mathrm{d}x = 2\pi\mathrm{i}\sum_k \mathrm{Res}(b_k). \tag{4-2-13}$$

右边的求和是对函数 $f(z)\,\mathrm{e}^{\mathrm{i}mz}$ 在上半平面所有奇点的留数求和.

上式可以写成

$$\int_{-\infty}^{\infty} f(x)\cos mx\mathrm{d}x + \mathrm{i}\int_{-\infty}^{\infty} f(x)\sin mx\mathrm{d}x = 2\pi\mathrm{i}\sum_k \mathrm{Res}(b_k). \tag{4-2-14}$$

令两边的实部和虚部分别相等，有

$$\begin{aligned}\int_{-\infty}^{\infty} f(x)\cos mx\mathrm{d}x &= \mathrm{Re}\Big[2\pi\mathrm{i}\sum_k \mathrm{Res}(b_k)\Big] = -2\pi\mathrm{Im}\sum_k \mathrm{Res}(b_k).\\ \int_{-\infty}^{\infty} f(x)\sin mx\mathrm{d}x &= \mathrm{Im}\Big[2\pi\mathrm{i}\sum_k \mathrm{Res}(b_k)\Big] = 2\pi\mathrm{Re}\sum_k \mathrm{Res}(b_k).\end{aligned} \tag{4-2-15}$$

如果 $f(x)$ 是偶函数，$f(-x)=f(x)$，式(4-2-14)左边第二项为零，就有

$$\int_0^{\infty} f(x)\cos mx\mathrm{d}x = \pi\mathrm{i}\sum_k \mathrm{Res}(b_k). \tag{4-2-16}$$

我们得到结论：设 $f(x)$ 是偶函数，$f(x)$ 在上半平面除了有限个孤立奇点外处处解析，在实轴上没有奇点，且满足条件(4-2-12)，则当 $m>0$ 时，

$$\int_0^{\infty} f(x)\cos mx\mathrm{d}x = \pi\mathrm{i}\cdot\{f(z)\,\mathrm{e}^{\mathrm{i}mz}\ 在上半平面的奇点的留数之和\}. \tag{4-2-17}$$

完全类似，如果 $f(x)$ 是奇函数，$f(-x)=-f(x)$，式(4-2-14)左边第一项为零，则有

$$\int_0^{\infty} f(x)\sin mx\mathrm{d}x = \pi\sum_k \mathrm{Res}(b_k).$$

结论是：如果 $f(x)$ 是奇函数，$f(z)$ 在上半平面除有限个孤立奇点外解析，在实轴上没有奇点，且满足条件(4-2-12)，则当 $m>0$ 时，

$$\int_0^{\infty} f(x)\sin mx\mathrm{d}x = \pi\cdot\{f(z)\,\mathrm{e}^{\mathrm{i}mz}\ 在上半平面的奇点的留数之和\}. \tag{4-2-18}$$

例 3　计算积分

$$I = \int_0^{\infty} \frac{x\sin mx}{x^2+a^2}\mathrm{d}x \quad (a>0, m>0).$$

解　这里的

$$f(z) = \frac{z}{z^2+a^2}$$

是奇函数，在上半平面只有一个单极点 $a\mathrm{i}$，在实轴上无奇点，且满足条件(4-2-12)，因此可以应用式(4-2-18)，

$$\int_0^{\infty}\frac{x\sin mx}{x^2+a^2}\mathrm{d}x=\pi\cdot\mathrm{Res}\left(\frac{ze^{imz}}{z^2+a^2}\right)\bigg|_{z=ai}=\frac{\pi}{2}\mathrm{e}^{-ma}.$$

【解毕】

(四) 积分路径上有一阶极点的情形

留数定理可以用来计算路径上有极点的积分.在此之前,我们先来定义奇异积分的主值.

(1) 奇异积分的主值

通常遇到的奇异积分有两种,一种是被积函数在积分路径上有奇点,另一种是积分限趋于无穷.下面先来考虑前一种情况.

设$f(x)$在c点连续.令$\varepsilon_1,\varepsilon_2$为两个小正数,我们有

$$\int_a^b f(x)\,\mathrm{d}x=\left[\int_a^{c-\varepsilon_1}f(x)\,\mathrm{d}x+\int_{c+\varepsilon_2}^b f(x)\,\mathrm{d}x\right]+\int_{c-\varepsilon_1}^{c+\varepsilon_2}f(x)\,\mathrm{d}x. \qquad (4-2-19)$$

由于$f(x)$在c点连续,所以

$$\lim_{\varepsilon_1,\varepsilon_2\to 0}\int_{c-\varepsilon_1}^{c+\varepsilon_2}f(x)\,\mathrm{d}x=0. \qquad (4-2-20)$$

因而

$$\int_a^b f(x)\,\mathrm{d}x=\lim_{\varepsilon_1,\varepsilon_2\to 0}\left[\int_a^{c-\varepsilon_1}f(x)\,\mathrm{d}x+\int_{c+\varepsilon_2}^b f(x)\,\mathrm{d}x\right]. \qquad (4-2-21)$$

但如果c是函数$f(x)$的一个奇点,情况就不同了.例如,设$f(x)$在c点趋于无穷,则式(4-2-20)一般不成立,

$$当\ f(c)\to\infty\ 时,\ \lim_{\varepsilon_1,\varepsilon_2\to 0}\int_{c-\varepsilon_1}^{c+\varepsilon_2}f(x)\,\mathrm{d}x\neq 0. \qquad (4-2-20')$$

因而式(4-2-21)也不成立.

现在假定c是$f(x)$的一阶极点,有洛朗展开式

$$f(x)=\frac{A}{x-c}+o(x-c). \qquad (4-2-22)$$

代入式(4-2-20)的左边,

$$\lim_{\varepsilon_1,\varepsilon_2\to 0}\int_{c-\varepsilon_1}^{c+\varepsilon_2}f(x)\,\mathrm{d}x=\lim_{\varepsilon_1,\varepsilon_2\to 0}\int_{c-\varepsilon_1}^{c+\varepsilon_2}\frac{A}{x-c}\mathrm{d}x.$$

它一般不为零.但由于右边的被积函数是奇函数,如果$\varepsilon_1=\varepsilon_2$则在$\varepsilon_1=\varepsilon_2=\varepsilon$趋于零之前积分就已经是零.因此,当$c$为$f(x)$的一阶极点时,

$$\lim_{\varepsilon\to 0}\int_{c-\varepsilon}^{c+\varepsilon}f(x)\,\mathrm{d}x=0. \qquad (4-2-20'')$$

代入式(4-2-21),得到

当c为$f(x)$的一阶极点时,

$$\int_a^b f(x)\,\mathrm{d}x=\lim_{\varepsilon\to 0}\left[\int_a^{c-\varepsilon}f(x)\,\mathrm{d}x+\int_{c+\varepsilon}^b f(x)\,\mathrm{d}x\right]. \qquad (4-2-23)$$

基于以上结果,我们定义:

定义一　设 c 为 $f(x)$ 的奇点,$\lim\limits_{x\to c}f(x)=\infty$,而

$$\lim_{\varepsilon\to 0}\left[\int_a^{c-\varepsilon}f(x)\,\mathrm{d}x+\int_{c+\varepsilon}^b f(x)\,\mathrm{d}x\right]$$

有有限的极限,则称之为奇异积分 $\int_a^b f(x)\,\mathrm{d}x$ 的主值,用积分号前加 P 表示:

$$\mathrm{P}\int_a^b f(x)\,\mathrm{d}x=\lim_{\varepsilon\to 0}\left[\int_a^{c-\varepsilon}f(x)\,\mathrm{d}x+\int_{c+\varepsilon}^b f(x)\,\mathrm{d}x\right].\qquad(4-2-24)$$

类似地,对于第二种类型的奇异积分有

定义二　如果极限

$$\lim_{R\to\infty}\int_{-R}^{R}f(x)\,\mathrm{d}x$$

存在,则称之为积分上下限为±∞ 的积分的主值,用积分号前加 P 表示:

$$\mathrm{P}\int_{-\infty}^{\infty}f(x)\,\mathrm{d}x=\lim_{R\to\infty}\int_{-R}^{R}f(x)\,\mathrm{d}x\qquad(4-2-24')$$

(2) 路径上有一阶极点的积分

当被积函数在积分路径上有奇点时,不能直接利用留数定理来计算.但如果这一奇点是一阶极点就能够适当地改变积分路线,绕过奇点,而应用留数定理.为此,先叙述一个引理.

引理(张角为 Θ 的圆弧上的积分)　设 b 为 $f(x)$ 的一阶极点,Θ_δ 为以 b 为圆心、以 δ 为半径的圆上张角等于 Θ 的任意一段圆弧,如图 4-2-3 所示,则

$$\lim_{\delta\to 0}\int_{\Theta_\delta}f(z)\,\mathrm{d}z=\Theta\mathrm{i}\,\mathrm{Res}f(b),\qquad(4-2-25)$$

其中的积分沿逆时针方向进行.

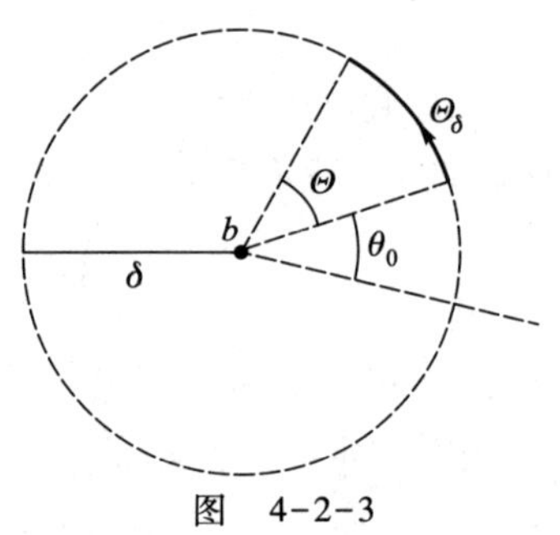

图　4-2-3

证　由于 b 是 $f(z)$ 的一阶极点,所以可以将 $f(z)$ 在 b 的周围展开成洛朗级数

$$f(z)=\sum_{k=-1}^{\infty}a_k(z-b)^k.$$

在圆弧 Θ_δ 上,$z-b=\delta\mathrm{e}^{\mathrm{i}\theta}$,$\mathrm{d}z=\mathrm{i}\delta\mathrm{e}^{\mathrm{i}\theta}\mathrm{d}\theta$,因而

$$\int_{\Theta_\delta}(z-b)^k\mathrm{d}z=\mathrm{i}\delta^{k+1}\int_{\Theta_\delta}\mathrm{e}^{\mathrm{i}(k+1)\theta}\mathrm{d}\theta$$

$$=\begin{cases}\mathrm{i}\Theta, & \text{当 } k=-1;\\ \mathrm{i}\delta^{k+1}\displaystyle\int_{\Theta_\delta}\mathrm{e}^{\mathrm{i}(k+1)\theta}\mathrm{d}\theta, & \text{当 } k\neq -1.\end{cases}\qquad(4-2-26)$$

当 $k>-1$ 时,它随 $\delta\to 0$ 而趋于零.因此,将式(4-2-26)代入式(4-2-25)后,只剩下 $k=-1$ 的一项:

$$\lim_{\delta\to 0}\int_{\Theta_\delta}f(z)\,\mathrm{d}z=\mathrm{i}\Theta a_{-1},$$

而 a_{-1} 就是 $f(z)$ 在 b 点的留数，因而引理得证.　【证毕】

注意，这一引理成立的条件是 b 为 $f(z)$ 的一阶极点. 如果 b 是高于一阶的极点，则在洛朗级数中将有 $k<-1$ 的项，对于这种项，式(4-2-26)中的 δ^{k+1} 将随 $\delta\to 0$ 而趋于无穷，因而引理不成立.

利用上述引理，可以计算被积函数在实轴上有一阶极点时的沿实轴积分. 例如，设 b（为实数）是 $f(z)$ 的一阶极点，在计算由 $-R$ 到 $+R$ 的积分时要经过 b 点，此时可以作一个以 b 为圆心、以 δ 为半径的小半圆 C_δ 将 b 点绕过去，如图 4-2-4所示. 沿图中所示路径的积分可写为

$$\left[\int_{-R}^{b-\delta}+\int_{b+\delta}^{R}\right] f(x)\,\mathrm{d}x+\int_{C_\delta} f(z)\,\mathrm{d}z. \qquad (4-2-27)$$

根据引理，当 $\delta\to 0$ 时后一个积分等于 $\pi\mathrm{i}\,\mathrm{Res}f(b)$；而前两个积分之和在 $\delta\to 0$ 时为奇异积分 $\int_{-R}^{R} f(x)\,\mathrm{d}x$ 的主值：

$$\mathrm{P}\int_{-R}^{R} f(x)\,\mathrm{d}x=\lim_{\delta\to 0}\left[\int_{-R}^{b-\delta}+\int_{b+\delta}^{R}\right] f(x)\,\mathrm{d}x. \qquad (4-2-28)$$

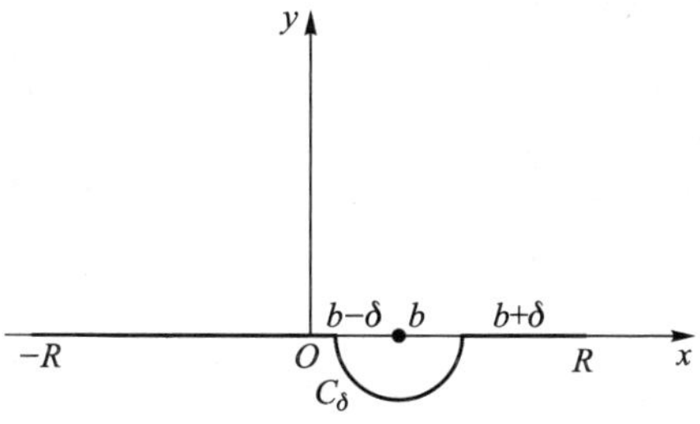

图　4-2-4

这样，就可以用类似计算式(4-2-4)和式(4-2-11)中的积分的方法，计算实轴上有一阶极点的积分. 下面看一个例子.

例 4　计算积分

$$I=\int_0^{\infty}\frac{\sin x}{x}\mathrm{d}x. \qquad (4-2-29)$$

解　注意，$x=0$（暂时假定 x 取复数值）是被积函数 $\dfrac{\sin x}{x}$ 的可去奇点. 只要令 $\left.\dfrac{\sin x}{x}\right|_{x=0}=1$，它就不再是奇点. 因此，本题不属于“积分路径上有奇点”的实变量函数积分. 但是，直接计算这一积分很困难，需要用到复变函数的方法.

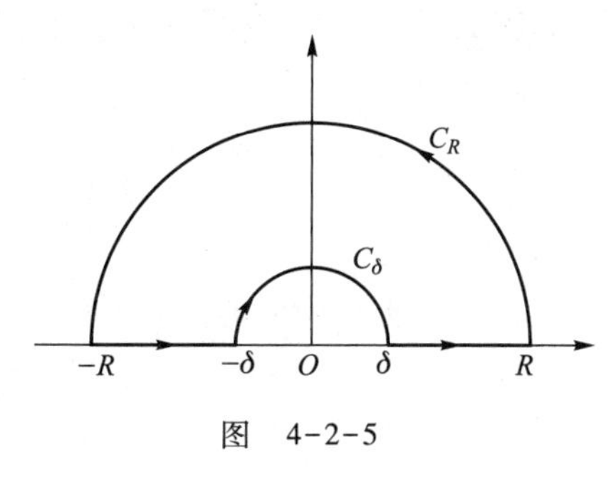

图　4-2-5

如前所述，对于含三角函数的无穷积分，为了利用若当引理，不能直接将 x 换为 z，在本题中应考虑被积函数 $\dfrac{\mathrm{e}^{\mathrm{i}z}}{z}$. $z=0$ 是这个函数的一阶极点，因而选取图4-2-5中的路径 l①，

$$\oint_l \frac{\mathrm{e}^{\mathrm{i}z}}{z}\mathrm{d}z=\int_{C_R}\frac{\mathrm{e}^{\mathrm{i}z}}{z}\mathrm{d}z+\int_{-R}^{-\delta}\frac{\mathrm{e}^{\mathrm{i}x}}{x}\mathrm{d}x+\int_{C_\delta}\frac{\mathrm{e}^{\mathrm{i}z}}{z}\mathrm{d}z+\int_{\delta}^{R}\frac{\mathrm{e}^{\mathrm{i}x}}{x}\mathrm{d}x. \qquad (4-2-30)$$

在回路 l 内 $\dfrac{\mathrm{e}^{\mathrm{i}z}}{z}$ 无奇点. 令 $R\to\infty$，根据留数定理，上式左边的积分为零. 根据若当引理，

① 也可以将图 4-2-5 中的 C_δ 改为下半平面中的小半圆. 这样做不影响最后的计算结果.

上式右边沿 C_R 的积分也为零.沿 C_δ 的积分可以利用以上的引理算出,但应注意积分是顺时针方向,于是得到

$$\lim_{\delta\to 0}\int_{C_\delta}\frac{e^{iz}}{z}dz=-\pi i. \tag{4-2-31}$$

式(4-2-30)的另外两个积分容易与要算的积分(4-2-29)联系起来,事实上

$$\int_{-R}^{-\delta}\frac{e^{ix}}{x}dx+\int_{\delta}^{R}\frac{e^{ix}}{x}dx=\int_{R}^{\delta}\frac{e^{-ix}}{x}dx+\int_{\delta}^{R}\frac{e^{ix}}{x}dx=\int_{\delta}^{R}\frac{e^{ix}-e^{-ix}}{x}dx$$

$$=2i\int_{\delta}^{R}\frac{\sin x}{x}dx. \tag{4-2-32}$$

将式(4-2-31)和式(4-2-32)代入式(4-2-30),当 $\delta\to 0,R\to\infty$ 时得

$$2i\int_0^{\infty}\frac{\sin x}{x}dx-\pi i=0,$$

所以有

$$\int_0^{\infty}\frac{\sin x}{x}dx=\frac{\pi}{2}. \tag{4-2-33}$$

【解毕】

(五)其他类型积分的例子

从以上例子可以看到,利用留数定理计算实变量函数的积分,关键在于将所求的积分和复变函数沿闭合回路的积分联系起来.以上所采用的回路,除了在(一)中是单位圆周以外,都具有图 4-2-1 的形状(当实轴上有极点时,变形为图 4-2-5).采用这种回路的条件是,沿半径为 R 的上半圆周的积分在 $R\to\infty$ 时趋于零.如果这一条件不满足,就要根据具体情况,尝试其他形状的回路.下面举两个采用矩形回路的例子.

例 5 计算积分

$$I=\int_{-\infty}^{\infty}\frac{e^{\alpha x}}{1+e^x}dx\quad(0<\alpha<1).$$

解 将被积函数的变量 x 改成复变量 z:

$$f(z)=\frac{e^{\alpha z}}{1+e^z},$$

由于 e^z 以 $2\pi i$ 为周期,所以当 z 增加 $2\pi i$ 时,上式的分母不变,而分子乘了一个因子 $e^{2\alpha\pi i}$.因此,选积分回路如图 4-2-6 所示.在这一回路内,$f(z)$ 有一个极点 $z=\pi i$,用式(4-1-11)计算留数

$$\text{Res}(\pi i)=\frac{e^{\alpha\pi i}}{e^{\pi i}}=-e^{\alpha\pi i},$$

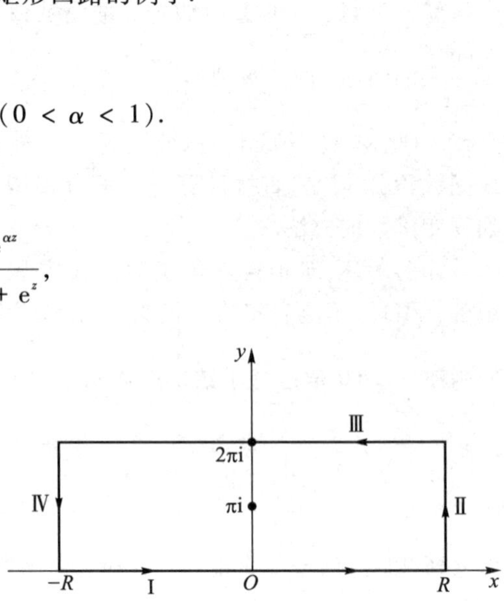

图 4-2-6

因此,根据留数定理:

$$\left[\int_{\mathrm{I}}+\int_{\mathrm{II}}+\int_{\mathrm{III}}+\int_{\mathrm{IV}}\right]\frac{\mathrm{e}^{\alpha z}}{1+\mathrm{e}^{z}}\mathrm{d}z=-2\pi\mathrm{i}\mathrm{e}^{\alpha\pi\mathrm{i}}.$$

沿Ⅰ和Ⅲ的积分是

$$\int_{\mathrm{I}}+\int_{\mathrm{III}}=\int_{-R}^{R}\frac{\mathrm{e}^{\alpha x}\mathrm{d}x}{1+\mathrm{e}^{x}}-\int_{-R}^{R}\frac{\mathrm{e}^{\alpha(x+2\pi\mathrm{i})}}{1+\mathrm{e}^{x}}\mathrm{d}x$$

$$=(1-\mathrm{e}^{2\alpha\pi\mathrm{i}})\int_{-R}^{R}\frac{\mathrm{e}^{\alpha x}}{1+\mathrm{e}^{x}}\mathrm{d}x,$$

在Ⅱ和Ⅳ上,被积函数分别满足

$$|f(z)|=\left|\frac{\mathrm{e}^{\alpha(R+\mathrm{i}y)}}{1+\mathrm{e}^{R+\mathrm{i}y}}\right|\leqslant\frac{\mathrm{e}^{\alpha R}}{\mathrm{e}^{R}-1}=\frac{\mathrm{e}^{(\alpha-1)R}}{1-\mathrm{e}^{-R}},$$

$$|f(z)|=\left|\frac{\mathrm{e}^{\alpha(-R+\mathrm{i}y)}}{1+\mathrm{e}^{-R+\mathrm{i}y}}\right|\leqslant\frac{\mathrm{e}^{-\alpha R}}{1-\mathrm{e}^{-R}},$$

由于$0<\alpha<1$,所以它们都随$R\to\infty$而指数地趋于零.因而在Ⅱ和Ⅳ上的积分当$R\to\infty$时都趋于零.

这样就得到

$$\int_{-\infty}^{\infty}\frac{\mathrm{e}^{\alpha x}}{1+\mathrm{e}^{x}}\mathrm{d}x=\frac{-2\pi\mathrm{i}\mathrm{e}^{\alpha\pi\mathrm{i}}}{1-\mathrm{e}^{2\alpha\pi\mathrm{i}}}=\frac{\pi}{\sin\alpha\pi}. \tag{4-2-34}$$

【解毕】

例 6　计算积分

$$I=\int_{-\infty}^{\infty}\mathrm{e}^{-\alpha x^{2}}\cos\beta x\mathrm{d}x\quad(\alpha>0).$$

解　首先改写

$$I=\frac{1}{2}\left[\int_{-\infty}^{\infty}\mathrm{e}^{-\alpha x^{2}+\mathrm{i}\beta x}\mathrm{d}x+\int_{-\infty}^{\infty}\mathrm{e}^{-\alpha x^{2}-\mathrm{i}\beta x}\mathrm{d}x\right].$$

利用变量代换$x\to-x$不难证明以上两个积分相等,因而

$$I=\int_{-\infty}^{\infty}\mathrm{e}^{-\alpha x^{2}-\mathrm{i}\beta x}\mathrm{d}x=\mathrm{e}^{-\frac{\beta^{2}}{4\alpha}}\int_{-\infty}^{\infty}\mathrm{e}^{-\alpha\left(x+\frac{\mathrm{i}\beta}{2\alpha}\right)^{2}}\mathrm{d}x.$$

上式右边的积分可以看成复变函数$\mathrm{e}^{-\alpha z^{2}}$沿平行于实轴的直线$z=x+\dfrac{\mathrm{i}\beta}{2\alpha}$　$(-\infty<x<\infty)$的积分,如图 4-2-7 所示.这一函数沿实轴的积分是已知的:

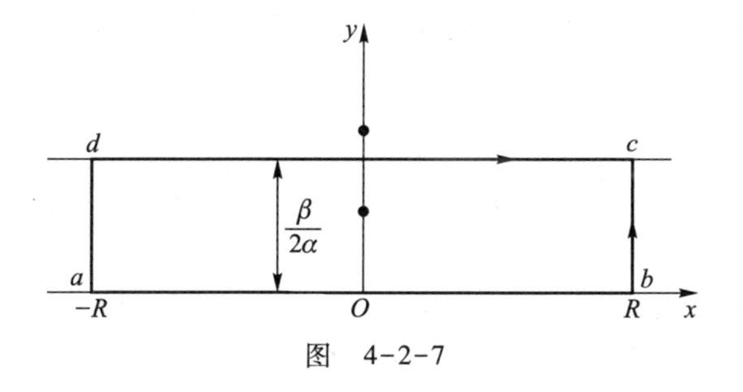

图　4-2-7

$$\int_{-\infty}^{+\infty} e^{-\alpha x^2}dx = \sqrt{\frac{\pi}{\alpha}}, \qquad (4-2-35)$$

因此选用图 4-2-7 中的矩形回路 $abcda$.在这一回路所包围的区域中,$e^{-\alpha z^2}$无极点,因而

$$\lim_{R\to\infty}\int_{abcda} e^{-\alpha z^2}dz = \lim_{R\to\infty}\left[\int_{ab} - \int_{dc} + \int_{bc} + \int_{da}\right] e^{-\alpha z^2}dz = 0. \qquad (4-2-36)$$

右边的第一个积分是沿实轴的积分(4-2-35),而第二个积分就是所要求的积分 I.不难证明,第三和第四个积分在 $R\to\infty$ 时趋于零.例如

$$\left|\int_{bc} e^{-\alpha z^2}dz\right| = \left|\int_0^{\beta/2\alpha} e^{-\alpha(R+iy)^2}i dy\right| \leqslant e^{-\alpha R^2}\int_0^{\beta/2\alpha} e^{\alpha y^2}dy.$$

右边最后一个积分是有限的,而当 $R\to\infty$ 时 $e^{-\alpha R^2}\to 0$,因而在 $R\to\infty$ 时,左边$\to 0$.于是由式(4-2-35),式(4-2-36)得到

$$\int_{-\infty}^{\infty} e^{-\alpha x^2}\cos\beta x dx = e^{-\beta^2/4\alpha}\sqrt{\frac{\pi}{\alpha}}. \qquad (4-2-37)$$

【解毕】

(六) 多值函数的积分①

设 $f(z)$ 为多值函数,它的两个分支点 a 和 b 都是实数(假定 $a<b$,特殊情况下也可能 $b=\infty$).我们希望用留数定理计算积分

$$I = \int_a^b f(x)dx. \qquad (4-2-38)$$

由于 $f(x)$ 多值,积分 I 也是多值的.为了得到确定的积分值,需要连接分支点 a 和 b 作割缝,取 $f(z)$ 的单值分支.我们假定已经用这种办法选定了 $f(z)$ 的一个单值分支.从而使积分 I 有确定的值.为了应用留数定理,需要采用适当的闭合回路.当 a 和 b 都有限时可以采用"哑铃"形回路,如图 4-2-8(a)所示.它包含两个部分,第一部分由以 a 和 b 为心,ε 为半径的两个小圆 C_a 和 C_b 以及分别位于割缝上岸和下岸的两根线段组成,而另一部分是一个半径为 R 的大圆 C_R.如果 $f(z)$ 满足一定的条件,使得当 $R\to\infty$,$\varepsilon\to 0$ 时,沿 C_a,C_b 和 C_R 的积分趋于零,就能利用留数定理计算出所求的积分 I.

在 $b=\infty$ 的情况下,可以采用图 4-2-8(b)所示的回路.它由以 a 为圆心,ε 为半径的小圆 C_ε,R 为半径的大圆 C_R,以及分别位于割缝上岸和下岸的两根直线组成.如果 $f(z)$ 满足一定的条件,使得当 $R\to\infty$,$\varepsilon\to 0$ 时,沿 C_R 和 C_ε 的积分趋于零,就可以利用留数定理算出所求的积分.

以下举一个后一情况的例子.前一种情况的例子可以在本节的习题中找到.

例 7　计算积分

$$I = \int_0^\infty \frac{x^{a-1}}{1+x}dx \quad (0<a<1).$$

---

① 原则上,多值函数 $f(z)$ 的定义是通过复变函数的解析延拓建立的.当变量取实数值时,对应的函数 $f(x)$ 定义为多值函数 $f(z)$ 的一个分支,取不同分支得到不同的函数值.为了叙述简单,我们将这样的实变量函数也称为"多值函数".

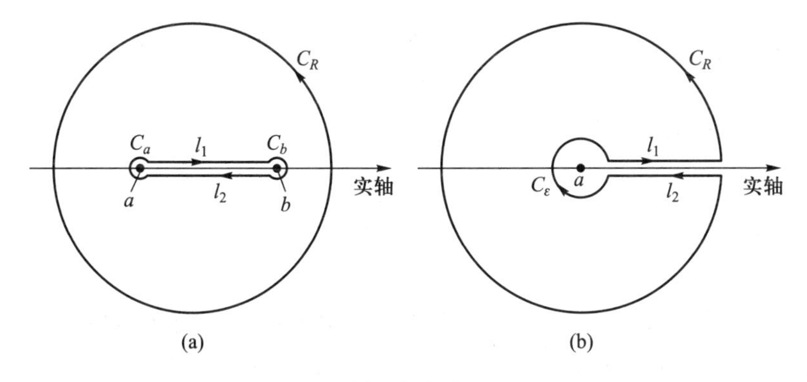

(a) (b)

图 4-2-8

解 由于 a 不是整数,所以被积函数是多值函数.它以 $z=0$ 和 $z=\infty$ 为支点.因而选用图 4-2-8(b)形状的回路.规定在实轴的上岸,辐角为零:

$$在\ l_1\ 上,\arg z=0,\quad z=x.$$

沿 C_R 绕一周后,辐角增加 2π,因而

$$在\ l_2\ 上,\arg z=2\pi,\quad z=x\mathrm{e}^{2\pi\mathrm{i}}.$$

根据留数定理

$$\int_\varepsilon^R \frac{x^{a-1}}{1+x}\mathrm{d}x+\int_R^\varepsilon \frac{(x\mathrm{e}^{2\pi\mathrm{i}})^{a-1}}{1+x}\mathrm{d}x+\left[\int_{C_\varepsilon}+\int_{C_R}\right]\frac{z^{a-1}}{1+z}\mathrm{d}z$$
$$=2\pi\mathrm{i}\operatorname{Res}(-1).$$

式中的-1 是被积函数在积分回路内的极点.

上式左边的前两个积分之和可写成

$$(1-\mathrm{e}^{2\pi a\mathrm{i}})\int_\varepsilon^R \frac{x^{a-1}}{1+x}\mathrm{d}x.$$

第三个积分可估计如下:

$$\left|\int_{C_\varepsilon}\frac{z^{a-1}}{1+z}\mathrm{d}z\right|\leqslant 2\pi\varepsilon\cdot\varepsilon^{a-1}\max_{在C_\varepsilon上}\left|\frac{1}{1+z}\right|=2\pi\varepsilon^a\max_{在C_\varepsilon上}\left|\frac{1}{1+z}\right|.$$

由于 $a>0$,所以当 $\varepsilon\to 0$ 时,上式右边$\to 0$.第四个积分是

$$\left|\int_{C_R}\frac{z^{a-1}}{1+z}\mathrm{d}z\right|\leqslant 2\pi R^\alpha\max_{在C_R上}\left|\frac{1}{1+z}\right|.$$

由于 $a<1$,所以当 $R\to\infty$ 时,上式右边$\to 0$.

于是得到

$$(1-\mathrm{e}^{2\pi a\mathrm{i}})\int_0^\infty \frac{x^{a-1}}{1+x}\mathrm{d}x=2\pi\mathrm{i}\operatorname{Res}(-1).$$

在计算 $z=-1$ 点的留数时,必须注意,根据前面的规定,在正实轴上岸的辐角为零.由此转 π 角到达负实轴,使辐角成为 π.因此,应将-1 理解为 $\mathrm{e}^{\pi\mathrm{i}}$.用式(4-1-11)计算留数

$$\operatorname{Res}(-1)=z^{a-1}\big|_{z=\mathrm{e}^{\pi\mathrm{i}}}=-\mathrm{e}^{\pi a\mathrm{i}},$$

将此值代入前式得到

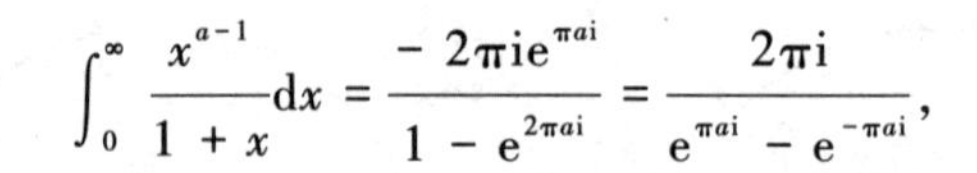

$$\int_0^{\infty}\frac{x^{a-1}}{1+x}\mathrm{d}x=\frac{-2\pi\mathrm{i}\mathrm{e}^{\pi a\mathrm{i}}}{1-\mathrm{e}^{2\pi a\mathrm{i}}}=\frac{2\pi\mathrm{i}}{\mathrm{e}^{\pi a\mathrm{i}}-\mathrm{e}^{-\pi a\mathrm{i}}},$$

期中小结——复变函数论

再利用欧拉公式(1-1-12)得到

$$\int_0^{\infty}\frac{x^{a-1}}{1+x}\mathrm{d}x=\frac{\pi}{\sin a\pi}. \tag{4-2-39}$$

【解毕】

比较式(4-2-39)和(4-2-34)可见,这两个积分的值相等.这不是偶然的,实际上,它们之间存在一个变量代换的关系:在后一积分中作代换 $x=\mathrm{e}^{x'}$ 就得到前一积分.

复变函数习题课

习 题

计算下列积分:

1. $\displaystyle\int_0^{2\pi}\frac{\mathrm{d}\varphi}{a+\cos\varphi}\quad(a>1)$;

2. $\displaystyle\int_0^{2\pi}\frac{\cos^2 2\varphi\,\mathrm{d}\varphi}{1-2p\cos\varphi+p^2}\quad(0<p<1)$;

   (提示:由洛朗展开式中 z^{-1} 项的系数求留数.)

3. $\displaystyle\int_0^{\pi}\frac{\mathrm{d}x}{1+\sin^2 x}$;

4. $\displaystyle\int_0^{\pi/2}\frac{\mathrm{d}x}{1+\cos^2 x}$;

5. $\displaystyle\int_0^{2\pi}\cos^{2n}x\,\mathrm{d}x$;

6. $\displaystyle\int_0^{\infty}\frac{x^2\mathrm{d}x}{(x^2+1)^2}$;

7. $\displaystyle\int_0^{\infty}\frac{\mathrm{d}x}{x^4+a^4}$;

8. $\displaystyle\int_{-\infty}^{\infty}\frac{\mathrm{d}x}{(1+x^2)^{n+1}}\quad(n\geqslant 0)$;

9. $\displaystyle\int_{-\infty}^{\infty}\frac{\mathrm{d}x}{(x^2+1)(x^2+9)}$;

10. $\displaystyle\int_{-\infty}^{\infty}\frac{x^{2m}}{1+x^{2n}}\mathrm{d}x,\quad m<n$ (m,n 为正整数);

11. $\displaystyle\int_{-\infty}^{\infty}\frac{\cos x\,\mathrm{d}x}{1+x^4}$;

12. $\displaystyle\int_{-\infty}^{\infty}\frac{\cos x\,\mathrm{d}x}{(x^2+1)(x^2+9)}$;

13. $\displaystyle\int_0^{\infty}\frac{\cos mx}{(x^2+a^2)^2}\mathrm{d}x\quad(m>0,a>0)$;

14. $\displaystyle\int_{-\infty}^{\infty}\frac{x\sin mx}{2x^2+a^2}\mathrm{d}x\quad(m>0,a>0)$;

15. $\int_0^{\infty} \frac{\sin mx}{x(x^2+a^2)} \mathrm{d}x \quad (m>0, a>0)$;

16. $\int_0^{\infty} \frac{\sin x}{x(x^2-1)} \mathrm{d}x$;

17. $\int_{-\infty}^{\infty} \frac{\mathrm{e}^{ax}-\mathrm{e}^{bx}}{1-\mathrm{e}^x} \mathrm{d}x \quad (0<a<1, 0<b<1)$;

18. $\int_0^{\infty} \frac{x^{1-a}}{1+x^2} \mathrm{d}x \quad (0<a<1)$;

19. $\int_{-1}^{1} \frac{\mathrm{d}x}{(x+2)\sqrt{1-x^2}}$ （在积分路径上根号取正值）.

第五章
数学物理方程和定解条件的导出

物理学中经常用微分方程来表示物体的运动规律.在经典力学中质点和质点系的运动方程是常微分方程,而在研究连续介质和场时会遇到偏微分方程,量子力学中的运动方程也是偏微分方程.本书后一部分的重点就是讨论某些典型的偏微分方程的解.

下面通过几个例子,来考察一下如何把一个物理过程表述为数学方程,也就是如何把物理现象“翻译”成数学语言.

§5-1　波动方程的定解问题

波动方程的定解问题(1)

波动方程的定解问题(2)

(一)均匀细杆的纵振动方程

一均匀细杆,沿杆长方向 x 作微小振动.假设杆的同一横截面内各点的振动情况相同,于是问题化为一维的.平衡时坐标为 x 的点在 t 时刻的纵向位移为$u(x,t)$,如图 5-1-1 所示.我们的任务是研究任一点 x 的位移 $u(x,t)$随时间变化的规律.在 x 处取杆的一小段$(x,x+\mathrm{d}x)$,在 t 时刻,x 端受左边杆的应力(作用在单位横截面上的力)为 $P(x,t)$;而 $x+\mathrm{d}x$ 端受右边杆的应力为 $P(x+\mathrm{d}x,t)$.因为杆作微小振动,可应用胡克定律,应力 P 与相对伸长量成正比.这一小段杆长 $\mathrm{d}x$ 在 t 时刻的伸长为 $\mathrm{d}u=u(x+\mathrm{d}x,t)-u(x,t)$,所以相对伸长量为$\dfrac{\partial u}{\partial x}$,故得

$$\boldsymbol{P}=Y\frac{\partial u}{\partial x}\boldsymbol{e}_{\mathrm{n}},\qquad(5-1-1)$$

其中 Y 为杨氏模量,$\boldsymbol{e}_{\mathrm{n}}$ 是这一小段杆的外法线方向上的单位矢量,如图 5-1-1 所示.

对伸长形变,$\dfrac{\partial u}{\partial x}>0$,$\boldsymbol{P}$ 与 $\boldsymbol{e}_{\mathrm{n}}$ 同向;对压缩形变,$\dfrac{\partial u}{\partial x}<0$,$\boldsymbol{P}$ 与 $\boldsymbol{e}_{\mathrm{n}}$ 反向.如果没有其他外力,这一小段杆所受合力为

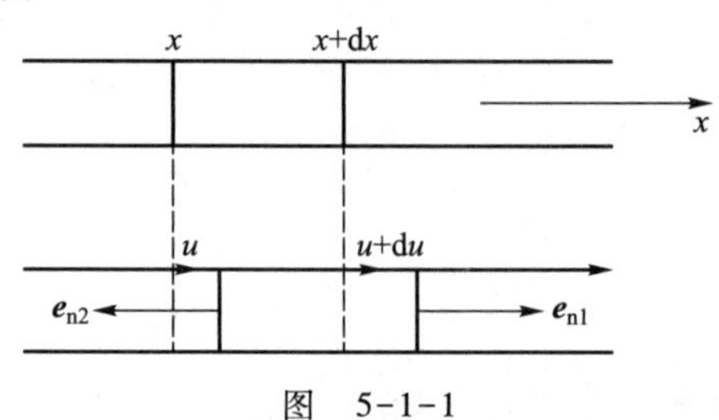

图　5-1-1

$$S[P(x+\mathrm{d}x,t)-P(x,t)]=SY\left[\frac{\partial u(x+\mathrm{d}x,t)}{\partial x}-\frac{\partial u(x,t)}{\partial x}\right].$$

应用牛顿运动定律即得运动方程

$$\rho S\mathrm{d}x\frac{\partial^2 u}{\partial t^2}=SY\left[\left(\frac{\partial u}{\partial x}\right)\bigg|_{x+\mathrm{d}x}-\left(\frac{\partial u}{\partial x}\right)\bigg|_{x}\right]. \tag{5-1-2}$$

式中$\frac{\partial^2 u}{\partial t^2}$是 t 时刻这一小段杆的加速度,S 为杆的横截面积,ρ 为杆的密度.这一小段杆的质量为 $\rho S\mathrm{d}x$.根据假设,杆是均匀的,S 和 ρ 均为常量(忽略由于杆的伸缩所引起的变化).

将式(5-1-2)右边方括号中的$\frac{\partial u}{\partial x}$的改变量用它的微分代替,即

$$\frac{\partial u(x+\mathrm{d}x,t)}{\partial x}-\frac{\partial u(x,t)}{\partial x}=\frac{\partial}{\partial x}\left[\frac{\partial u(x,t)}{\partial x}\right]\mathrm{d}x=\frac{\partial^2 u}{\partial x^2}\mathrm{d}x,$$

于是得

$$\rho\frac{\partial^2 u}{\partial t^2}=Y\frac{\partial^2 u}{\partial x^2}. \tag{5-1-3}$$

用下角标 x 和 t 分别表示对 x 和 t 求偏导,得到

$$u_{tt}=a^2u_{xx}. \tag{5-1-4}$$

这里 $a^2=\frac{Y}{\rho}$,u_{tt}和 u_{xx}分别是$\frac{\partial^2 u}{\partial t^2}$和$\frac{\partial^2 u}{\partial x^2}$的缩写.以后可以看到,$a$ 代表纵振动在杆中的传播速度.方程(5-1-4)称为**一维波动方程**.

如果杆在振动的过程中,还受到一个沿杆方向的外力,并设单位长度上外力的大小为 $F(x,t)$,则方程(5-1-2)成为

$$\rho S\mathrm{d}x\frac{\partial^2 u}{\partial t^2}=SY\left[\left(\frac{\partial u}{\partial x}\right)\bigg|_{x+\mathrm{d}x}-\left(\frac{\partial u}{\partial x}\right)\bigg|_{x}\right]+F(x,t)\mathrm{d}x.$$

于是,我们得到杆的强迫振动方程

$$u_{tt}=a^2u_{xx}+f(x,t). \tag{5-1-5}$$

式中 $f(x,t)=\frac{F(x,t)}{S\rho}$.方程(5-1-5)和(5-1-4)的差别在于右边多了一个与未知函数 u 无关的项.我们称方程(5-1-4)为**齐次方程**,而方程(5-1-5)则为相应的**非齐次方程**.

弦乐器常是利用弦的横振动来发出声音.对于均匀柔软细弦的微小横振动,不难验证其振动方程也是一维波动方程(5-1-5).不过,此时 $u(x,t)$是垂直于弦的平衡位置的横向位移,而 $a^2=\frac{F_{\mathrm{T}}}{\rho}$,$f(x,t)=\frac{F(x,t)}{\rho}$,这里 ρ 表示单位长度弦的质量,F_{T} 为弦的张力,$F(x,t)$为单位长度上弦所受的外力(参见本节习题 2).

从这个例子可以看出,把物理现象“翻译”成数学语言的一般步骤是:确定描述现象的物理量,研究其有代表性的一小段,在一定的简化条件下,分析这一小段与外界的相互

作用,再把物理定律应用于这一小段即可得运动方程.

(二)电磁场的波动方程

1865年,麦克斯韦首先将电磁场的基本规律归结为一组方程,现在称之为麦克斯韦方程组.在真空中麦克斯韦方程组的形式是:

(1)通过任一闭合曲面的电场强度通量等于这闭合面所包围的电荷量的代数和的$\frac{1}{\varepsilon_0}$,即

$$\oint_S \boldsymbol{E}\cdot \mathrm{d}\boldsymbol{S}=\frac{1}{\varepsilon_0}\int_V \rho \mathrm{d}V, \tag{5-1-6'}$$

式中ε_0称为真空中的介电常量,ρ是曲面S所包围的体积V内的电荷密度.应用曲面积分的高斯定理,将上式左边的面积分改写为体积分,有

$$\int_V \nabla\cdot \boldsymbol{E}\mathrm{d}V=\frac{1}{\varepsilon_0}\int_V \rho \mathrm{d}V,$$

此式对任意体积V都成立,因而左右两边的被积函数应该相等,得

$$\nabla\cdot \boldsymbol{E}=\frac{1}{\varepsilon_0}\rho. \tag{5-1-6}$$

它说明电场强度和电荷的联系.

(2)通过任一闭合曲面S的磁通量等于零,即

$$\oint_S \boldsymbol{B}\cdot \mathrm{d}\boldsymbol{S}=0. \tag{5-1-7'}$$

同样,利用高斯定理可得

$$\nabla\cdot \boldsymbol{B}=0. \tag{5-1-7}$$

它反映磁通量的连续性.

(3)电场强度沿任一闭合曲线l的积分等于以该曲线为边界的任意曲面S的磁通量对时间变化率的负值,即

$$\oint_l \boldsymbol{E}\cdot \mathrm{d}\boldsymbol{l}=-\int_S \frac{\partial \boldsymbol{B}}{\partial t}\cdot \mathrm{d}\boldsymbol{S}. \tag{5-1-8'}$$

利用曲线积分的斯托克斯定理,将上式左边的线积分改写为面积分,有

$$\int_S \nabla\times \boldsymbol{E}\cdot \mathrm{d}\boldsymbol{S}=-\int_S \frac{\partial \boldsymbol{B}}{\partial t}\cdot \mathrm{d}\boldsymbol{S},$$

此式对任意曲面S都成立,因而左右两边的被积函数应该相等,得

$$\nabla\times \boldsymbol{E}=-\frac{\partial \boldsymbol{B}}{\partial t}. \tag{5-1-8}$$

这是法拉第电磁感应定律,它说明变化的磁场和电场的联系.

(4)磁感应强度沿任一闭合曲线l的积分等于穿过以该曲线为边界的曲面S的全电流,即

$$\oint_l \boldsymbol{B} \cdot \mathrm{d}\boldsymbol{l} = \mu_0 \int_S \left(\boldsymbol{J} + \varepsilon_0 \frac{\partial \boldsymbol{E}}{\partial t} \right) \cdot \mathrm{d}\boldsymbol{S} \qquad (5-1-9')$$

式中 μ_0 是真空的磁导率,$\boldsymbol{J}$ 是穿过曲面 S 的电流密度.同样,应用曲线积分的斯托克斯定理,可得

$$\nabla \times \boldsymbol{B} = \mu_0 \left(\boldsymbol{J} + \varepsilon_0 \frac{\partial \boldsymbol{E}}{\partial t} \right). \qquad (5-1-9)$$

方程(5-1-6′)—(5-1-9′)和(5-1-6)—(5-1-9)分别称为麦克斯韦方程组的积分形式和微分形式.

在静电场中没有运动电荷,$\boldsymbol{B}=\boldsymbol{0}$,故麦克斯韦方程组中只有方程(5-1-6)和方程(5-1-8).此时,式(5-1-8)化为$\nabla \times \boldsymbol{E}=\boldsymbol{0}$.这表明,对于静电场有电势 $U(x,y,z)$,它与电场强度 $\boldsymbol{E}(x,y,z)$之间有关系

$$\boldsymbol{E} = -\nabla U. \qquad (5-1-10)$$

将式(5-1-10)代入式(5-1-6)即得

$$\nabla \cdot \nabla U \equiv \Delta U = -\frac{1}{\varepsilon_0}\rho, \qquad (5-1-11)$$

其中

$$\Delta \equiv \nabla \cdot \nabla = \frac{\partial^2}{\partial x^2} + \frac{\partial^2}{\partial y^2} + \frac{\partial^2}{\partial z^2} \qquad (5-1-12)$$

称为拉普拉斯算符.

方程(5-1-11)叫作泊松方程.在直角坐标系中写成明显形式就是

$$\frac{\partial^2 U}{\partial x^2} + \frac{\partial^2 U}{\partial y^2} + \frac{\partial^2 U}{\partial z^2} = -\frac{1}{\varepsilon_0}\rho. \qquad (5-1-11')$$

如果电荷密度 $\rho=0$,则上式成为

$$\frac{\partial^2 U}{\partial x^2} + \frac{\partial^2 U}{\partial y^2} + \frac{\partial^2 U}{\partial z^2} = 0, \qquad (5-1-13)$$

此式称为拉普拉斯方程.

如果研究的是平面静电场,则有二维的拉普拉斯方程和泊松方程.它们在直角坐标系中的明显形式是

$$\frac{\partial^2 U}{\partial x^2} + \frac{\partial^2 U}{\partial y^2} = 0, \qquad (5-1-14)$$

$$\frac{\partial^2 U}{\partial x^2} + \frac{\partial^2 U}{\partial y^2} = -\frac{1}{\varepsilon_0}\rho. \qquad (5-1-15)$$

在 § 3-6 中曾介绍过用保角变换法求解平面静电场问题.

在没有电荷和电流分布的自由空间,上述麦克斯韦方程组的微分形式化为齐次方程

$$\nabla \cdot \boldsymbol{E} = 0, \qquad (5-1-16)$$

$$\nabla \cdot \boldsymbol{B} = 0, \qquad (5-1-17)$$

$$\nabla \times \boldsymbol{E} = -\frac{\partial \boldsymbol{B}}{\partial t}, \tag{5-1-18}$$

$$\nabla \times \boldsymbol{B} = \varepsilon_0\mu_0 \frac{\partial \boldsymbol{E}}{\partial t}, \tag{5-1-19}$$

对式(5-1-18)两边取旋度,并利用式(5-1-19),得

$$\nabla \times \nabla \times \boldsymbol{E} = -\nabla \times \frac{\partial \boldsymbol{B}}{\partial t} = -\varepsilon_0\mu_0 \frac{\partial^2 \boldsymbol{E}}{\partial t^2}. \tag{5-1-20}$$

利用矢量分析公式

$$\nabla \times \nabla \times \boldsymbol{E} = \nabla(\nabla \cdot \boldsymbol{E}) - \nabla \cdot \nabla \boldsymbol{E} \tag{5-1-21}$$

及$\nabla \cdot \boldsymbol{E}=0$,可以求得电场的波动方程

$$\Delta \boldsymbol{E} = \varepsilon_0\mu_0 \frac{\partial^2 \boldsymbol{E}}{\partial t^2}$$

或写成

$$\frac{\partial^2 \boldsymbol{E}}{\partial t^2} - c^2\left(\frac{\partial^2 \boldsymbol{E}}{\partial x^2} + \frac{\partial^2 \boldsymbol{E}}{\partial y^2} + \frac{\partial^2 \boldsymbol{E}}{\partial z^2}\right) = \frac{\partial^2 \boldsymbol{E}}{\partial t^2} - c^2\Delta \boldsymbol{E} = \boldsymbol{0}, \tag{5-1-22}$$

其中

$$c = \frac{1}{\sqrt{\varepsilon_0\mu_0}}$$

是电场 $\boldsymbol{E}$ 在真空中的传播速度.

同理可得磁场 $\boldsymbol{B}$ 满足波动方程

$$\frac{\partial^2 \boldsymbol{B}}{\partial t^2} - c^2\left(\frac{\partial^2 \boldsymbol{B}}{\partial x^2} + \frac{\partial^2 \boldsymbol{B}}{\partial y^2} + \frac{\partial^2 \boldsymbol{B}}{\partial z^2}\right) = \frac{\partial^2 \boldsymbol{B}}{\partial t^2} - c^2\Delta \boldsymbol{B} = \boldsymbol{0}. \tag{5-1-23}$$

从以上两个例子可以看到,杆的纵振动和电磁场的波动两个本质上不同的物理过程,可以用同一类数学物理方程(波动方程)来描述.

(三)波动方程的定解条件

波动方程描述的是振动传播的一般规律,它不能确定振动的具体状态.任何一个具体的振动现象在某一时刻的振动状态,总是与前一时刻的振动状态以及边界上的约束情况有关.因此,为了完全确定具体的振动状态,就必须知道开始时刻的振动情况以及边界上约束情况.说明物理现象初始状态的条件叫初始条件,说明边界上约束状况的条件叫边界条件.两者统称为定解条件.求一个微分方程满足定解条件的解称为定解问题.

波动方程含有对时间的二阶偏导数,它给出振动过程中每点的加速度.要确定振动状态,应该知道开始时刻每点的位移和速度.因此,波动方程的初始条件通常是

$$u(x,0) = \varphi(x), \quad u_t(x,0) = \psi(x). \tag{5-1-24}$$

例 1 一根长为 l 的弦,两端固定于 $x=0$ 和 $x=l$.用手将弦的 C 点沿横向拉开距离 h,如图 5-1-2 所示,然后放手任其振动,写出它的初始条件.

解 初始时刻就是放手的那一瞬间,按题意初速度为零,即

$$u_t(x,0)=0.$$

初始位移如图所示，除两端点固定外，弦上各点均有一定的位移，写出图5-1-2中两直线的方程，得

$$u(x,0)=\begin{cases}\dfrac{h}{C}x & (0\leqslant x\leqslant C),\\[2mm] \dfrac{h}{l-C}(l-x) & (C\leqslant x\leqslant l).\end{cases}$$

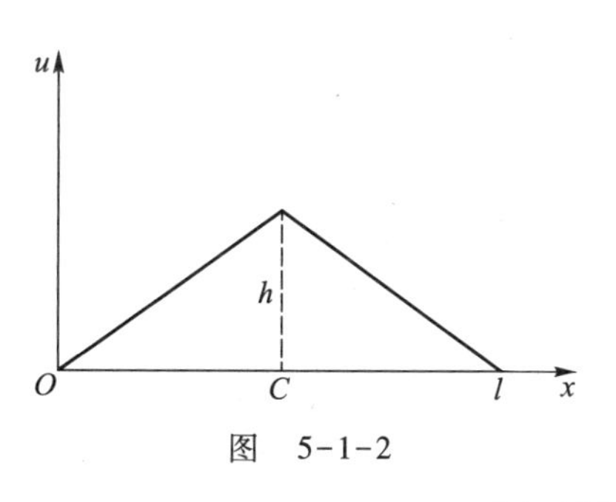

图 5-1-2

注意，不要误以为初位移是 $u(C,0)=h$. 【解毕】

通常有如下三类边界条件：

第一类边界条件是直接给出未知函数 u 在边界上的数值. 在上面的例子中，弦的两端点固定，边界条件为

$$u(0,t)=0,\quad u(l,t)=0.$$

有时，不能直接给出未知函数 u 在边界上的数值. 例如，图 5-1-3 中细杆的端点（$x=l$）受外力 $F(t)$ 的作用，无法事先确定端点 l 的振动状态. 这时，与推导杆的振动方程相似，取包含 $x=l$ 在内的一小段杆 $(l-\varepsilon,l)$，则这一小段杆在 $x=l-\varepsilon$ 处受左边杆的应力 $P(l-\varepsilon,t)=Y\left(\dfrac{\partial u}{\partial x}\right)_{l-\varepsilon}$，其中 Y 是杨氏模量. 于是，应用牛顿第二定律得

$$\rho\varepsilon S\frac{\partial^2 u}{\partial t^2}=F(t)-Y\left(\frac{\partial u}{\partial x}\right)_{l-\varepsilon}S.$$

令 $\varepsilon\to 0$，就有

$$\left.\frac{\partial u}{\partial x}\right|_{x=l}=\frac{F(t)}{YS}. \qquad (5-1-25)$$

这种边界情况给出函数在边界上的导数值，叫作第二类边界条件.

最后，如果 $F(t)$ 本身又与 $x=l$ 端的位移有关，例如它是由一个弹簧所施加的力 $F(t)=-ku(l,t)$，如图 5-1-4 所示，其中 k 是弹簧的弹性系数，则式(5-1-25)改写为

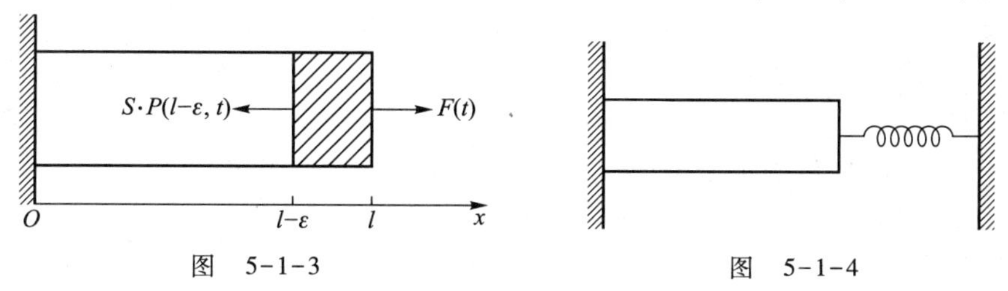

图 5-1-3　　图 5-1-4

$$\left.\frac{\partial u}{\partial x}\right|_{x=l}+hu(l,t)=0. \qquad (5-1-26)$$

这里 $h=\dfrac{k}{YS}$，这种边界条件给出边界上的导数值与函数值之间的线性关系，称为第三类边界条件.

习 题

1. 一长为 l 的均匀细杆，$x=0$ 端固定，另一端沿杆的轴线方向被拉长 d 而静止（假定拉长在弹性限度内），突然放手任其振动，试写出振动方程与定解条件.
2. 一根均匀柔软的细弦沿 x 轴绷紧，垂直于平衡位置作微小的横振动，求其振动方程.
3. 长为 l 的弦两端固定，密度为 ρ，开始时在 $|x-c|<\varepsilon$ 处受到冲量 I 的作用，写出初始条件.
4. 长为 l 的均匀细杆，在振动过程中 $x=0$ 端固定，另一端受拉力 F_0 的作用，试写出边界条件（杆的横截面积为 S，杨氏模量为 Y）.
5. 线密度为 ρ、长为 l 的弦，两端固定，在某种介质中作阻尼振动，单位长度的弦所受阻力 $F=-h\dfrac{\partial u}{\partial t}$，试写出其运动方程.

§5-2 热传导方程的定解问题

（一）三维热传导方程

热传导及稳定场问题

如果物体内各点的温度不完全一样，则热量从温度高的地方流向温度低的地方，热量流动的结果引起物体温度的变化.我们的任务就是要推导温度变化所满足的微分方程.

前面推导波动方程时，主要根据大家熟悉的牛顿运动定律和胡克定律.推导固体的热传导方程，需要用到能量守恒定律和关于热传导的傅里叶定律.这里，首先介绍傅里叶定律.

在 $\mathrm{d}t$ 时间内，通过面积元 $\mathrm{d}A$ 流入小体元的热量 q 与沿面积元外法线方向的温度变化率 $\dfrac{\partial u}{\partial n}$ 成正比，也与 $\mathrm{d}A$ 和 $\mathrm{d}t$ 成正比，即①

$$q=k\frac{\partial u}{\partial n}\mathrm{d}A\mathrm{d}t, \tag{5-2-1}$$

式中 k 是导热系数，由物体的材料决定.式（5-2-1）就是傅里叶定律.

为简便起见，取直角坐标系 $Oxyz$，如图 5-2-1 所示，用 $u(x,y,z,t)$ 表示 t 时刻物体内任一点 (x,y,z) 处的温度，考察物体内任一小体积元 $\mathrm{d}V=\mathrm{d}x\mathrm{d}y\mathrm{d}z$，根据傅里叶定律，在 $\mathrm{d}t$ 时间内通过 $ABCD$ 面流入的热量为

$$q\big|_{(x)}=-\left(k\frac{\partial u}{\partial x}\right)\bigg|_{(x)}\mathrm{d}t\mathrm{d}y\mathrm{d}z,$$

负号是因为对 $ABCD$ 面来说，外法线方向与 Ox 轴的

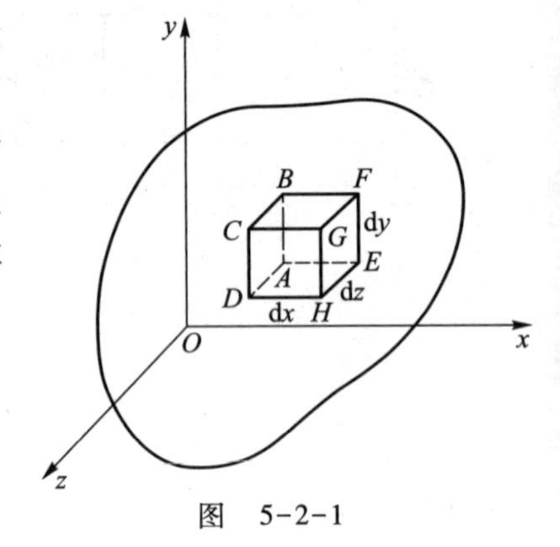

图 5-2-1

① 如果 q 是沿面积元外法线方向的（即流出的）热量，则有 $q=-k\dfrac{\partial u}{\partial n}\mathrm{d}A\mathrm{d}t$，负号表明热流与温度梯度方向相反.

正向相反,即$\left(\dfrac{\partial u}{\partial n}\right)\Big|_{(x)}=-\left(\dfrac{\partial u}{\partial x}\right)\Big|_{(x)}$.而在 $\mathrm{d}t$ 时间内通过 $EFGH$ 面流入小体元的热量为

$$q\Big|_{(x+\mathrm{d}x)}=\left(k\frac{\partial u}{\partial n}\right)\Big|_{(x+\mathrm{d}x)}\mathrm{d}t\mathrm{d}y\mathrm{d}z=\left(k\frac{\partial u}{\partial x}\right)\Big|_{(x+\mathrm{d}x)}\mathrm{d}t\mathrm{d}y\mathrm{d}z,$$

因此通过这两个垂直于 x 轴的面流入的热量为

$$\begin{aligned}q\Big|_{(x+\mathrm{d}x)}+q\Big|_{(x)}&=\left[\left(k\frac{\partial u}{\partial x}\right)\Big|_{(x+\mathrm{d}x)}-\left(k\frac{\partial u}{\partial x}\right)\Big|_{(x)}\right]\mathrm{d}t\mathrm{d}y\mathrm{d}z\\&=\frac{\partial}{\partial x}\left(k\frac{\partial u}{\partial x}\right)\mathrm{d}t\mathrm{d}x\mathrm{d}y\mathrm{d}z.\end{aligned}$$

同样,在 $\mathrm{d}t$ 时间内沿 y 方向和 z 方向流入小立方体的热量分别为

$$\frac{\partial}{\partial y}\left(k\frac{\partial u}{\partial y}\right)\mathrm{d}t\mathrm{d}x\mathrm{d}y\mathrm{d}z$$

和

$$\frac{\partial}{\partial z}\left(k\frac{\partial u}{\partial z}\right)\mathrm{d}t\mathrm{d}x\mathrm{d}y\mathrm{d}z.$$

流入小立方体的热量引起它的温度升高.在 t 到 $t+\mathrm{d}t$ 时间内,小体元的温度变化是 $\dfrac{\partial u}{\partial t}\mathrm{d}t$.如果物体内没有热源,用 ρ 和 c 分别表示物体的密度和比热容,则根据能量守恒定律得热平衡方程

$$\left[\frac{\partial}{\partial x}\left(k\frac{\partial u}{\partial x}\right)+\frac{\partial}{\partial y}\left(k\frac{\partial u}{\partial y}\right)+\frac{\partial}{\partial z}\left(k\frac{\partial u}{\partial z}\right)\right]\mathrm{d}t\mathrm{d}x\mathrm{d}y\mathrm{d}z=\rho c\frac{\partial u}{\partial t}\mathrm{d}t\mathrm{d}x\mathrm{d}y\mathrm{d}z$$

或

$$\left[\frac{\partial}{\partial x}\left(k\frac{\partial u}{\partial x}\right)+\frac{\partial}{\partial y}\left(k\frac{\partial u}{\partial y}\right)+\frac{\partial}{\partial z}\left(k\frac{\partial u}{\partial z}\right)\right]=\rho c\frac{\partial u}{\partial t}. \tag{5-2-2}$$

由于热传导是不可逆过程,上式只在 $t>0$ 时成立.

对于各向同性的均匀物体,k 为常量,上式变为

$$k\left(\frac{\partial^2 u}{\partial x^2}+\frac{\partial^2 u}{\partial y^2}+\frac{\partial^2 u}{\partial z^2}\right)=\rho c\frac{\partial u}{\partial t}$$

或

$$\frac{\partial u}{\partial t}-a^2\left(\frac{\partial^2 u}{\partial x^2}+\frac{\partial^2 u}{\partial y^2}+\frac{\partial^2 u}{\partial z^2}\right)=0\quad(t>0), \tag{5-2-3}$$

其中 $a^2=\dfrac{k}{\rho c}$.方程(5-2-3)就是**三维热传导方程**.

容易看出,若物体内有热源,单位时间单位体积内发出的热量为 $F(x,y,z,t)$,则相应的方程为**非齐次热传导方程**

$$\frac{\partial u}{\partial t}-a^2\left(\frac{\partial^2 u}{\partial x^2}+\frac{\partial^2 u}{\partial y^2}+\frac{\partial^2 u}{\partial z^2}\right)=f(x,y,z,t)\quad(t>0),\tag{5-2-4}$$

其中

$$f=\frac{F}{c\rho}.\tag{5-2-5}$$

考虑一块截面积为 A 的半导体材料,把所需的杂质涂敷在材料表面,杂质就向材料里面扩散.这种因为浓度分布不均匀而引起的物质的扩散运动,其方程的推导过程和方程的形式与热传导问题相同.此时,方程(5-2-4)中的 u 是物质的浓度(即单位体积中物质的含量),$a^2=D$ 是扩散系数;$f(x,y,z,t)$ 是单位时间内单位体积中产生的粒子数(扩散物质的源强).

热传导问题和扩散问题统称为输运问题,前者输运的是能量,后者输运的是物质.相应地,热传导方程和扩散方程,统称为**输运方程**.

如果导热物体内热源的分布和边界状况不随时间变化,经过相当长的时间后,物体内部的温度分布将达到稳定状态,不再随时间变化.因而热传导方程(5-2-3)和(5-2-4)中的 $\frac{\partial u}{\partial t}$ 为零,于是这两个方程分别成为

$$\frac{\partial^2 u}{\partial x^2}+\frac{\partial^2 u}{\partial y^2}+\frac{\partial^2 u}{\partial z^2}=0,\tag{5-2-6}$$

$$\frac{\partial^2 u}{\partial x^2}+\frac{\partial^2 u}{\partial y^2}+\frac{\partial^2 u}{\partial z^2}=-\frac{1}{a^2}f(x,y,z).\tag{5-2-7}$$

同样,我们又得到拉普拉斯方程和泊松方程.

(二) 热传导方程的定解条件

前面讨论波动方程时已经指出,数学物理方程反映的是某一类物理现象的共同性,要确定具体的运动现象,还必须给出适当的定解条件.

热传导方程(扩散方程也一样)含时间的一阶偏导数,它给出温度随时间变化的规律.所以要确定物体的温度分布,只要给出初始时刻物体内部各点的温度和边界上的情况就可以了.因此,**热传导方程的初始条件**一般为

$$u(x,y,z,0)=\varphi(x,y,z).\tag{5-2-8}$$

边界条件的提法与§5-1中相似,通常也有三类:

(1) 已知任意时刻 $t(t\geqslant 0)$ 边界面 Σ 上的温度分布

$$u(x,y,z,t)\big|_{\Sigma}=f(\Sigma,t),\tag{5-2-9}$$

它直接给出函数 u 在边界上的数值,是**第一类边界条件**.

(2) 已知任意时刻 $t(t\geqslant 0)$ 从外部通过边界流入物体内的热量.设单位时间内通过边界上单位面积流入的热量为 $\psi(\Sigma,t)$.与推导方程类似,考虑物体内以边界上面积元 $\mathrm{d}A$ 为底的一个小圆柱体,如图 5-2-2 所示.根据傅里叶定律(5-2-1),在物体内部通过 $\mathrm{d}A'$ 流入小柱体的热量为 $k\frac{\partial u}{\partial n}\mathrm{d}A'\mathrm{d}t$.注意到从小柱体侧面流入的热量以及小柱体内温度升高 Δu

所需要的热量（$=\rho c\mathrm{d}A\cdot\delta\Delta u$）都是随着柱高 δ 趋于零而趋于零，所以当 $\delta\to0$ 时，由热平衡方程给出

$$k\frac{\partial u}{\partial n}\mathrm{d}A'\mathrm{d}t+\psi(\Sigma,t)\mathrm{d}A\mathrm{d}t=0,$$

考虑到 $\delta\to0$ 时，$\mathrm{d}A'\to\mathrm{d}A$，得

$$\left.\frac{\partial u}{\partial n}\right|_{\Sigma}=-\frac{1}{k}\psi(\Sigma,t).$$

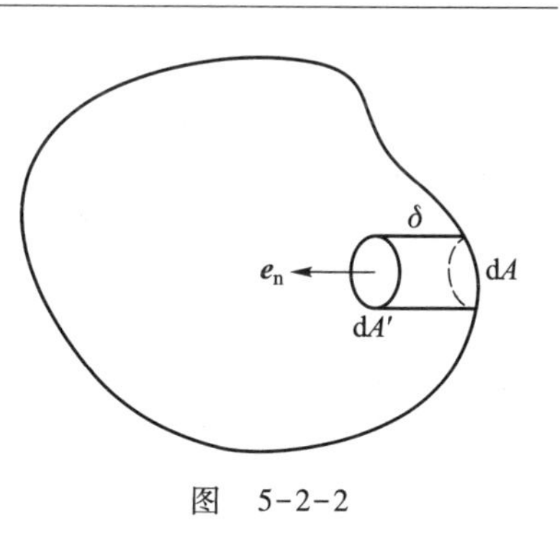

图 5-2-2

注意，此式中的 $\frac{\partial u}{\partial n}$ 原来是沿 $\mathrm{d}A'$ 面的外法线方向的方向微商，当 $\delta\to0$ 时，它变为沿边界面 Σ 的内法线方向的方向微商，为了统一地用边界面 Σ 的外法线方向的方向微商来表示，上式应改为

$$-\left.\frac{\partial u}{\partial n}\right|_{\Sigma}=-\frac{1}{k}\psi(\Sigma,t),$$

即

$$\left.\frac{\partial u}{\partial n}\right|_{\Sigma}=\frac{1}{k}\psi(\Sigma,t),\qquad(5-2-10)$$

式中 $\left.\frac{\partial u}{\partial n}\right|_{\Sigma}$ 是沿边界面 Σ 的外法线方向的方向微商.这就是第二类边界条件.

如果边界是绝热的，即没有热量通过边界，$\psi(\Sigma,t)=0$，则有

$$\left.\frac{\partial u}{\partial n}\right|_{\Sigma}=0.\qquad(5-2-11)$$

（3）物体表面通过辐射或对流与外界交换热量的情况还可能与边界上的温度高低有关.根据经验规律（牛顿冷却定律）：单位时间从周围介质传到边界上单位面积的热量与表面和外界的温度差成正比，即

$$q=H(u_1-u|_{\Sigma}),\qquad(5-2-12)$$

这里 u_1 是外界介质的温度，$H>0$ 为常数.与推导条件（5-2-10）相似，此时可得边界条件（见本节习题 2）：

$$\left[\frac{\partial u}{\partial n}+hu\right]_{\Sigma}=hu_1,\qquad(5-2-13)$$

其中 $h=\frac{H}{k}$.这是第三类边界条件.

这三种形式的边界条件是很普遍的，不限于波动问题和热传导问题.

习　题

1. 长为 l 的均匀细杆，侧表面绝热，$x=0$ 端有恒定热流密度 q_1 流入，$x=l$ 端有恒定热流密度 q_2 流入，杆的初始温度分布是 $\frac{x(l-x)}{2}$，试写出相应的定解条件.（单位时间内通过单位面积的热流量称为热流

密度.)

2. 推导边界条件(5-2-13).
3. 半径为 R 的金属圆柱，表面涂黑，太阳光垂直于柱轴照射到圆柱体侧表面的一半.设单位时间垂直于太阳光入射方向上单位面积通过的热量为 q，外界温度为 0 ℃，试写出这个热传导问题的边界条件(提示:选用极坐标系).
4. 电阻率为 σ 的均匀细导线通过均匀分布的直流电，电流密度为 j，试导出导线内的热传导方程.

§5-3 方程的分类 定解问题的适定性

方程的分类与行波法(1)

(一) 方程的分类

以上分别讨论了均匀细杆的纵振动方程、静电场的拉普拉斯方程和热传导方程，它们是二阶线性偏微分方程的特例.下面对含两个自变量的一般二阶线性方程进行分类，并讨论不同类型方程的特点.

设两个自变量的未知函数为 $u(x,y)$，那么一般的二阶线性偏微分方程可写成如下形式:

$$a_{11}u_{xx}+2a_{12}u_{xy}+a_{22}u_{yy}+b_1u_x+b_2u_y+cu=f, \tag{5-3-1}$$

其中 a_{11}、a_{12}、a_{22}、b_1、b_2、c 和 f 是变量 x、y 的实函数，并假设它们连续可导.为讨论方便，以下假定它们为实数.

方程(5-3-1)求解起来很困难，通常要通过变量代换，将式(5-3-1)化成便于求解的形式.设变量变换为

$$\xi=\xi(x,y),\quad \eta=\eta(x,y). \tag{5-3-2}$$

当 $\xi_x\eta_y-\xi_y\eta_x\neq 0$ 时，式(5-3-1)可化为关于新变量 ξ、η 的偏微分方程

$$\tilde{a}_{11}u_{\xi\xi}+2\tilde{a}_{12}u_{\xi\eta}+\tilde{a}_{22}u_{\eta\eta}+\tilde{b}_1u_\xi+\tilde{b}_2u_\eta+\tilde{c}u=\tilde{f}. \tag{5-3-3}$$

因为

$$\left.\begin{aligned}
u_x&=u_\xi\xi_x+u_\eta\eta_x,\\
u_y&=u_\xi\xi_y+u_\eta\eta_y,\\
u_{xx}&=u_{\xi\xi}\xi_x^2+2u_{\xi\eta}\xi_x\eta_x+u_{\eta\eta}\eta_x^2+u_\xi\xi_{xx}+u_\eta\eta_{xx},\\
u_{xy}&=u_{\xi\xi}\xi_x\xi_y+u_{\xi\eta}(\xi_x\eta_y+\xi_y\eta_x)+u_{\eta\eta}\eta_x\eta_y+u_\xi\xi_{xy}+u_\eta\eta_{xy},\\
u_{yy}&=u_{\xi\xi}\xi_y^2+2u_{\xi\eta}\xi_y\eta_y+u_{\eta\eta}\eta_y^2+u_\xi\xi_{yy}+u_\eta\eta_{yy},
\end{aligned}\right\} \tag{5-3-4}$$

所以式(5-3-3)中的系数 $\tilde{a}_{11}$、$\tilde{a}_{12}$、$\tilde{a}_{22}$ 为

$$\left.\begin{aligned}
\tilde{a}_{11}&=a_{11}\xi_x^2+2a_{12}\xi_x\xi_y+a_{22}\xi_y^2,\\
\tilde{a}_{12}&=a_{11}\xi_x\eta_x+a_{12}(\xi_x\eta_y+\xi_y\eta_x)+a_{22}\xi_y\eta_y,\\
\tilde{a}_{22}&=a_{11}\eta_x^2+2a_{12}\eta_x\eta_y+a_{22}\eta_y^2,
\end{aligned}\right\} \tag{5-3-5}$$

$\tilde{b}_1$、$\tilde{b}_2$、$\tilde{c}$ 和 $\tilde{f}$ 也可相应地确定.

通过适当地选取变换式(5-3-2),可使式(5-3-3)化成最简形式.考虑到式(5-3-5)中的第一式与第三式的形式相同,若分别取一阶偏微分方程

$$a_{11}\varphi_x^2 + 2a_{12}\varphi_x\varphi_y + a_{22}\varphi_y^2 = 0 \tag{5-3-6}$$

的两个线性无关的解 φ_1、φ_2 作为新自变量 ξ、η,即

$$\xi = \varphi_1(x,y),\quad \eta = \varphi_2(x,y). \tag{5-3-7}$$

于是,$\tilde{a}_{11}$和 $\tilde{a}_{22}$均为零.这样,式(5-3-3)就可以简化了.

可以证明,若 $\varphi=\varphi(x,y)$是式(5-3-6)的一个特解,则 $\varphi(x,y)=c$(c 为常数)是常微分方程

$$a_{11}\left(\frac{\mathrm{d}y}{\mathrm{d}x}\right)^2 - 2a_{12}\frac{\mathrm{d}y}{\mathrm{d}x} + a_{22} = 0 \tag{5-3-8}$$

的通解;反之,若 $\varphi(x,y)=c$(c 为常数)是式(5-3-8)的通解,则 $\varphi=\varphi(x,y)$是式(5-3-6)的一个特解.

由以上结论可知,关于 φ 的一阶偏微分方程(5-3-6)的求解问题可化为求解一阶常微分方程(5-3-8).式(5-3-8)称为式(5-3-1)的特征方程,式(5-3-8)的解称为特征线.将式(5-3-8)改写为

$$\frac{\mathrm{d}y}{\mathrm{d}x} = \frac{a_{12} + \sqrt{a_{12}^2 - a_{11}a_{22}}}{a_{11}},\quad \frac{\mathrm{d}y}{\mathrm{d}x} = \frac{a_{12} - \sqrt{a_{12}^2 - a_{11}a_{22}}}{a_{11}}. \tag{5-3-9}$$

下面分三种情况进行讨论:

(1) 当 $\Delta=a_{12}^2-a_{11}a_{22}>0$ 时,两个特征方程的一般积分分别为

$$\varphi_1(x,y) = c_1,\quad \varphi_2(x,y) = c_2.$$

作变换

$$\xi = \varphi_1(x,y),\quad \eta = \varphi_2(x,y). \tag{5-3-10}$$

则有 $\tilde{a}_{11}=0$、$\tilde{a}_{22}=0$,但 $\tilde{a}_{12}\neq 0$,从而可将式(5-3-3)化为

$$u_{\xi\eta} = \frac{\tilde{f} - \tilde{b}_1 u_\xi - \tilde{b}_2 u_\eta - \tilde{c}\,u}{2\tilde{a}_{12}} \equiv B_1u_\xi + B_2u_\eta + cu + F. \tag{5-3-11}$$

对式(5-3-11)再作变量变换

$$\xi = \frac{1}{2}(\alpha+\beta),\quad \eta = \frac{1}{2}(\alpha-\beta).$$

那么式(5-3-3)化为以下简化形式

$$u_{\alpha\alpha} - u_{\beta\beta} = B_3u_\xi + B_4u_\eta + c_1u + F_1. \tag{5-3-12}$$

(2) 当 $\Delta=a_{12}^2-a_{11}a_{22}=0$ 时,两个特征方程为

$$\frac{\mathrm{d}y}{\mathrm{d}x} = \frac{a_{12}}{a_{11}}.$$

由此得到特征线

$$\varphi(x,y)=c.$$

这时式(5-3-3)化为简化形式

$$u_{\eta\eta}=\frac{\tilde{f}-\tilde{b}_1u_\xi-\tilde{b}_2u_\eta-\tilde{c}u}{\tilde{a}_{22}}\equiv B_1u_\xi+B_2u_\eta+cu+F. \quad (5-3-13)$$

(3) 当 $\Delta=a_{12}^2-a_{11}a_{22}<0$ 时,特征线为两个复变函数

$$w_1(x,y)=c_1,\quad w_2(x,y)=c_2 \qquad (c_1、c_2\text{ 为复常数}).$$

作变换

$$w_1(x,y)=\alpha+\mathrm{i}\beta,\quad w_2(x,y)=\alpha-\mathrm{i}\beta \qquad (\alpha、\beta\text{ 为实变量}).$$

则式(5-3-3)可化为简化形式

$$\begin{aligned}u_{\alpha\alpha}+u_{\beta\beta}&=\frac{\tilde{f}-(\tilde{b}_1+\tilde{b}_2)u_\alpha-\mathrm{i}(\tilde{b}_2-\tilde{b}_1)u_\beta-2\tilde{c}u}{\tilde{a}_{12}}\\&\equiv B_1u_\alpha+B_2u_\beta+cu+F.\end{aligned} \quad (5-3-14)$$

由以上讨论可以看到,式(5-3-1)通过变量代换化为简化的形式,要由 x、y 平面上的二次曲线

$$a_{11}x^2+2a_{12}xy+a_{22}y^2=1$$

的性质而定.由于二次曲线可以是双曲线、抛物线或椭圆,所以把方程(5-3-1)进行以下分类:

若式(5-3-1)中的二阶偏导数项的系数 a_{11}、a_{12}、a_{22},满足 $a_{12}^2-a_{11}a_{22}>0$,则方程称为双曲型方程;若 $a_{12}^2-a_{11}a_{22}=0$,则方程称为抛物型方程;若 $a_{12}^2-a_{11}a_{22}<0$,则方程称为椭圆型方程.因此,一维波动方程 $u_{tt}-a^2u_{xx}=0$、一维热传导方程 $u_t-a^2u_{xx}=0$ 和二维稳定场方程 $u_{xx}+u_{yy}=0$ 分别称为双曲型方程、抛物型方程和椭圆型方程.

对于多自变量的二阶线性偏微分方程,也有类似分类,在此不再赘述.

物理上,这三类方程反映三种本质上不同的物理过程.波动方程对应时间可逆的过程;输运方程对应时间不可逆的过程;稳定场方程对应与时间无关的过程.

除了以上三类典型的数学物理方程之外,还有一些系数中含有虚因子 i 的方程.例如,量子力学中微观粒子波函数 $\varPsi$ 所满足的薛定谔方程

$$\mathrm{i}\hbar\frac{\partial\varPsi}{\partial t}+\frac{\hbar^2}{2m}\Delta\varPsi-U\varPsi=0. \quad (5-3-15)$$

又如,现代光学中描述光学孤子的非线性薛定谔方程

$$\mathrm{i}u_t+u_{xx}+\beta|u|^2u=0. \quad (5-3-16)$$

式中 β 为常数.还有其他一些非线性方程,详见第十二章.

(二) 定解条件

为了确定一个微分方程的解,需要有定解条件,包括边界条件和初始条件.

不同类型的方程对初始条件的要求，由方程所含对 t 的偏导数的阶数决定.波动方程含有对时间的二阶偏导数，故要求给出两个初始条件，即要给出 $u(x,y,z,0)$ 和 $u_t(x,y,z,0)$ 的值.输运方程仅含对 t 的一阶偏导数，故只要给出 $u(x,y,z,0)$ 的值.稳定场方程与时间无关，不需要初始条件.

以上讨论过的第一类、第二类、第三类边界条件可以统一地写成

$$\left[\alpha u+\beta\frac{\partial u}{\partial n}\right]_{\Sigma}=\varphi(\Sigma),\tag{5-3-17}$$

其中 Σ 是边界上的变点；$\partial u/\partial n$ 表示物理量 u 沿边界外法线方向的方向导数；α、β 为常数，它们不同时为零.除了这三类常见的边界条件之外，还有其他边界条件，如有界条件、周期性条件和衔接条件，我们将在必要时再加以叙述.

在某些情况下（例如无界弦振动问题），边界的影响可以忽略，此时，会遇到只有初始条件而没有边界条件的问题，这类问题称为初值问题（或柯西问题）.

在另外一些情况下（例如阻尼振动问题，热传导问题），初始条件的影响会逐渐消失，经过长时间以后，可以不考虑初始条件的影响，这类问题称为无初值问题.

（三）定解问题的适定性

在通常意义下，微分方程的解是指某个函数 $u(x,y,z,t)$，它具有方程中所出现的各阶连续导数，且将函数 u 代入方程后，在所考虑的区域中方程成为恒等式.这样的解称为方程在该区域中的正规解，如果这个解满足定解条件，则称为所给定解问题的解.

定解问题是在一定近似下从物理过程提出来的，这样提出来的定解问题是否符合实际，还得由实践来检验，而在数学理论上可从以下两个方面进行研究.

(1) 存在性和唯一性.物理现象本身是确定地存在的，因而定解问题的解也应该是存在和唯一的.如果解不存在，或者解不止一个，就说明定解问题的推导有问题，或者某些有决定作用的因素被忽略掉了，需要进一步分析研究.

(2) 稳定性.定解条件经常是用实验方法测得的，总有一定的实验误差.若定解问题的解确切地反映了物理现象的规律，那么，当定解条件有微小变化时，不应该引起解的很大的变动.如果确实如此，就称此解是稳定的.否则，这种解就无多大实用价值.

如果一个定解问题存在唯一且稳定的解，则称此问题是适定的.我们以下主要介绍求解的方法，不再讨论适定性问题.而本书所讨论的定解问题都是古典的，它们的适定性都是经过证明了的.

最后，还要指出，单单寻求正规解还不足以解决许多实际问题.因为解是通过定解条件决定的，为了使解具有二阶连续偏导数，定解条件中的 $\varphi(x)$ 等函数就必须有高于二阶连续偏导数.但有时这一条件不满足.如§5-1的图5-1-2所示，初始时刻弦的振动形状不具有连续导数.这时，问题的正规解不一定存在，而弦的振动本身仍可用某个函数 $u(x,t)$ 来描述，只不过这个函数不具有连续导数而已.这就需要把解的概念加以扩充，引进广义解的概念.

一般说来，广义解是正规解的极限.如果对初始条件 $u(x,0)=\varphi(x)$，正规解不存在，则考虑一函数序列 $\varphi_n(x)$，它一致收敛于 $\varphi(x)$；对应 $\varphi_n(x)$ 存在正规解 $u_n(x,t)$，可以证明 $u_n(x,t)$ 也是一致收敛的，它的极限函数 $u(x,t)$ 就叫作原定解问题的广义解.随着定解条

件所在的函数类不同,收敛的意义也不同,广义解的意义也会有所不同,究竟采用什么意义下的广义解,取决于所提问题的物理性质与数学处理上的方便.

§5-4　双曲型方程的变形　行波法

方程的分类与行波法(2)

本书后一部分将着重讨论求解偏微分方程的方法,其中应用最广泛的有第六章的分离变量法、第十章的积分变换法、第十一章的格林函数法.在此之前,在这一节里我们先来讨论一种特殊的方法——通过自变量的适当变换,将偏微分方程的形式化简,从而能够方便地求解.用这种方法求解无界波动方程称为行波法.在第十二章中还将介绍行波法在求解非线性方程的孤子解中的应用.

(一) 双曲型方程的变形

考虑一根很长的弦的振动,而且只研究其中的一小段,因而可以认为弦"无限长",可以不考虑边界条件的影响.这种无界弦的自由振动定解问题可表述为

$$\frac{\partial^2 u}{\partial t^2}-a^2\frac{\partial^2 u}{\partial x^2}=0\quad(-\infty<x<\infty),\tag{5-4-1}$$

$$u(x,0)=\varphi(x),\quad u_t(x,0)=\psi(x).\tag{5-4-2}$$

如§5-3中指出的,式(5-4-1)是标准的双曲型方程,它和解析几何中的

$$\frac{x^2}{a^2}-\frac{y^2}{b^2}=1\text{——双曲线方程}\tag{5-4-3}$$

对应.在解析几何中知道,双曲线方程除了这一形式之外,还有另一种形式

$$\xi\eta=1,\tag{5-4-4}$$

其中

$$\xi=\frac{x}{a}-\frac{y}{b},\quad \eta=\frac{x}{a}+\frac{y}{b}.\tag{5-4-5}$$

与此类似,双曲型方程(5-4-1)也可以变形.作变量代换

$$\xi=x-at,\quad \eta=x+at,\tag{5-4-6}$$

利用复合函数求导数的法则,得到

$$\frac{\partial u}{\partial x}=\frac{\partial u\partial\xi}{\partial\xi\partial x}+\frac{\partial u\partial\eta}{\partial\eta\partial x}=\frac{\partial u}{\partial\xi}+\frac{\partial u}{\partial\eta},$$

$$\frac{\partial u}{\partial t}=\frac{\partial u\partial\xi}{\partial\xi\partial t}+\frac{\partial u\partial\eta}{\partial\eta\partial t}=a\left(-\frac{\partial u}{\partial\xi}+\frac{\partial u}{\partial\eta}\right),$$

$$\frac{\partial^2 u}{\partial x^2}=\frac{\partial}{\partial\xi}\left(\frac{\partial u}{\partial x}\right)\frac{\partial\xi}{\partial x}+\frac{\partial}{\partial\eta}\left(\frac{\partial u}{\partial x}\right)\frac{\partial\eta}{\partial x}=\frac{\partial}{\partial\xi}\left(\frac{\partial u}{\partial\xi}+\frac{\partial u}{\partial\eta}\right)+\frac{\partial}{\partial\eta}\left(\frac{\partial u}{\partial\xi}+\frac{\partial u}{\partial\eta}\right)$$

$$=\frac{\partial^2 u}{\partial\xi^2}+2\frac{\partial^2 u}{\partial\xi\partial\eta}+\frac{\partial^2 u}{\partial\eta^2}.$$

同理

$$\frac{\partial^2 u}{\partial t^2}=a^2\left(\frac{\partial^2 u}{\partial \xi^2}-2\frac{\partial^2 u}{\partial \xi \partial \eta}+\frac{\partial^2 u}{\partial \eta^2}\right).$$

代入方程(5-4-1)即得

$$\frac{\partial^2 u}{\partial \xi \partial \eta}=0, \tag{5-4-7}$$

显然,它具有和双曲线方程(5-4-4)可以类比的形式.

(二)无界弦的自由振动 行波法

将方程(5-4-1)化为方程(5-4-7)后,就可以对无界弦自由振动的定解问题(5-4-1)、(5-4-2)进行求解.

为此,可先将方程(5-4-7)对 ξ 求积分

$$\int \frac{\partial}{\partial \xi}\left(\frac{\partial u}{\partial \eta}\right) \mathrm{d}\xi=\frac{\partial u}{\partial \eta}=f(\eta),$$

其中的“积分常数”对变量 ξ 来说是“常数”,但可以是 η 的函数,故写成 $f(\eta)$. 再对 η 积分,得

$$u=\int \frac{\partial u}{\partial \eta}\mathrm{d}\eta=\int f(\eta)\mathrm{d}\eta+f_1(\xi).$$

令 $\int f(\eta)\mathrm{d}\eta=f_2(\eta)$, 就得到

$$u(\xi,\eta)=f_1(\xi)+f_2(\eta), \tag{5-4-8}$$

其中 f_1 和 f_2 是任意函数. 根据式(5-4-6),换回到原来的变量 x、t,我们求得波动方程(5-4-1)的通解为

$$u(x,t)=f_1(x-at)+f_2(x+at). \tag{5-4-9}$$

现在利用初始条件来确定 f_1 和 f_2 的具体形式. 将式(5-4-9)代入式(5-4-2)中,得

$$f_1(x)+f_2(x)=\varphi(x), \tag{5-4-10}$$

$$-af'_1(x)+af'_2(x)=\psi(x). \tag{5-4-11}$$

将式(5-4-11)两边对 x 积分,得

$$f_1(x)-f_2(x)=c-\frac{1}{a}\int_{x_0}^{x}\psi(x)\mathrm{d}x, \tag{5-4-12}$$

式中 c 为积分常数. 由式(5-4-10)和式(5-4-12)解出 $f_1(x)$ 和 $f_2(x)$,得

$$f_1(x)=\frac{c}{2}+\frac{1}{2}\varphi(x)-\frac{1}{2a}\int_{x_0}^{x}\psi(x)\mathrm{d}x,$$

$$f_2(x)=\frac{-c}{2}+\frac{1}{2}\varphi(x)+\frac{1}{2a}\int_{x_0}^{x}\psi(x)\mathrm{d}x.$$

再代入到式(5-4-8),就得到

$$u(x,t)=\frac{1}{2}[\varphi(x-at)+\varphi(x+at)]+\frac{1}{2a}\int_{x-at}^{x+at}\psi(x)\,dx. \quad (5-4-13)$$

这就是方程(5-4-1)满足初始条件(5-4-2)的解. 它称为达朗贝尔公式.

达朗贝尔公式有明显的物理意义. 为了说明这一点,先考虑其中的一项$\varphi(x-at)$. 以x和φ为坐标轴,作一平面直角坐标系. 假定在$t=0$时刻,$\varphi=\varphi(x)$曲线的形状和位置如图5-4-1(a)所示. 现在来看在任一时刻t,$\varphi=\varphi(x-at)$曲线将有怎样的形状和位置.

对每一个给定的时刻t,作坐标变换

$$\xi=x-at, \quad (5-4-14)$$

则曲线$\varphi=\varphi(x-at)=\varphi(\xi)$在$\xi$坐标系中,将和$\varphi=\varphi(x)$在$x$坐标系中有完全相同的形状和位置. 但是,对于固定的t值,变换(5-4-14)是坐标平移变换——ξ坐标系相对于x坐标系向右平移了at,如图5-4-1(b)所示. 换句话说,ξ坐标系以速度a向右作平行移动. 因此,$\varphi=\varphi(x-at)$在x坐标系中将是一个形状保持不变,而向右以速度a平行移动的曲线.

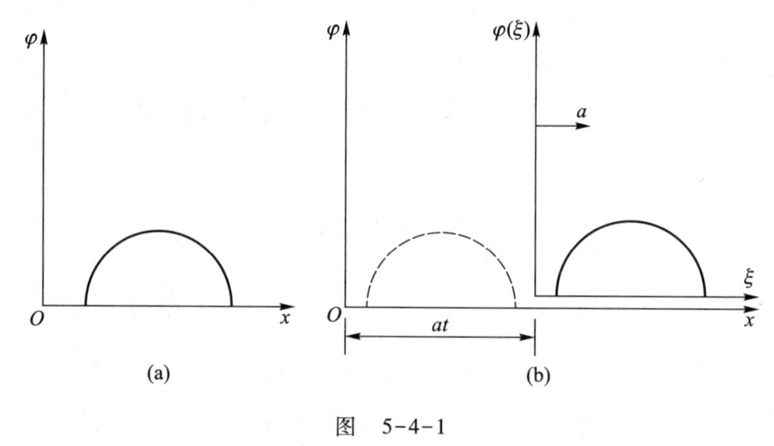

图 5-4-1

同理,$\varphi=\varphi(x+at)$在x坐标系中是一个保持形状不变,但向左以速度a平行移动的曲线,如图5-4-2所示.

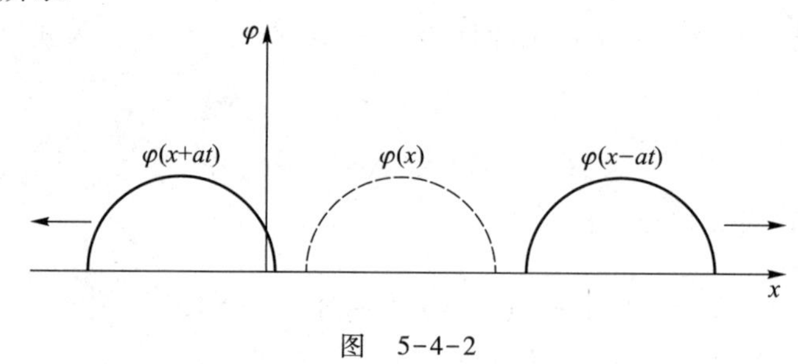

图 5-4-2

作了这一说明之后,我们就来解释达朗贝尔公式的物理意义.

(1) 假定初始条件(5-4-2)是

$$u(x,0)=\varphi(x)=\begin{cases}l-x, & 0\leqslant x\leqslant l,\\ l+x, & -l\leqslant x<0,\\ 0, & |x|>l.\end{cases} \quad (5-4-15)$$

$$\frac{\partial u(x,0)}{\partial t}=\psi(x)=0.$$

这相当于将弦在 $x=\pm l$ 两点固定,而在它们的中点向上拉起一个距离 l,然后在$t=0$时刻突然将手放开.

根据达朗贝尔公式,在任意时刻 t

$$u(x,t)=\frac{\varphi(x-at)}{2}+\frac{\varphi(x+at)}{2}. \tag{5-4-16}$$

在图 5-4-3 中画出了几个相继时刻 $t_0=0<t_1<t_2<t_3$,曲线 $u(x,t_i)$ 的形状(图中实线). 图中 $t_0=0$ 时刻的虚线是$\varphi(x)/2$,按照达朗贝尔公式,正是它向左右传播. 式(5-4-16)中的两项叠加,即图中的实线表示了弦的实际运动情况. 由图可见,随着时间的推移,弦的初始变形逐渐向两边扩展,顶部逐渐下降. 过一段时间后,出现两个峰,然后这两个峰各自向右和向左移动.

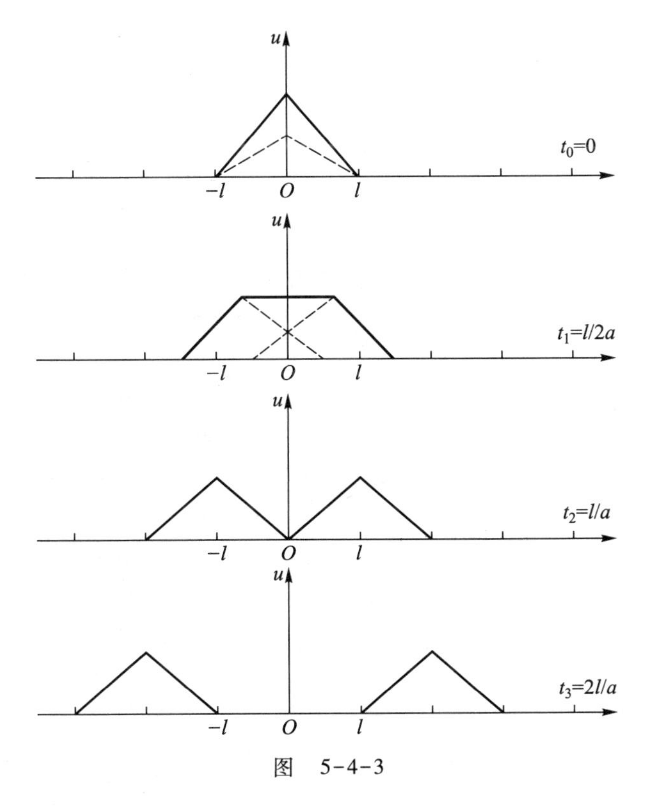

图 5-4-3

(2) 假定初始条件是

$$u(x,0)=0,$$

$$\frac{\partial u(x,0)}{\partial t}=\psi(x)=\begin{cases}A, & |x|\leqslant b,\\ 0, & |x|>b.\end{cases}$$

这相当于在 $t=0$ 时刻,对$-b<x<b$ 的一段弦突然一击,给它一个冲量. 这时达朗贝尔公式取如下形式:

$$u(x,t)=\frac{1}{2a}\int_{x-at}^{x+at}\psi(x)\,\mathrm{d}x=\frac{1}{2a}\left\{\int_{-b}^{x+at}\psi(x)\,\mathrm{d}x-\int_{-b}^{x-at}\psi(x)\,\mathrm{d}x\right\}$$

$$=\frac{1}{2}\left[\Psi(x+at)-\Psi(x-at)\right],\tag{5-4-17}$$

其中 Ψ 表示下述函数：

$$\Psi(x)=\frac{1}{a}\int_{-b}^{x}\psi(x)\,\mathrm{d}x=\begin{cases}0, & x\leqslant -b,\\ \dfrac{A(x+b)}{a}, & |x|<b,\\ \dfrac{2}{a}Ab, & x\geqslant b.\end{cases}\tag{5-4-18}$$

同上述情况相仿，两个波在 x 轴上沿相反的方向移动. 经过一段时间 t 后，两个函数 $\frac{1}{2}\Psi(x)$ 和 $-\frac{1}{2}\Psi(x)$ 分别移动一段距离 at. 于是在 t 时刻，u 的图形由移动后的两种图形的纵坐标相加得到，如图 5-4-4 所示.

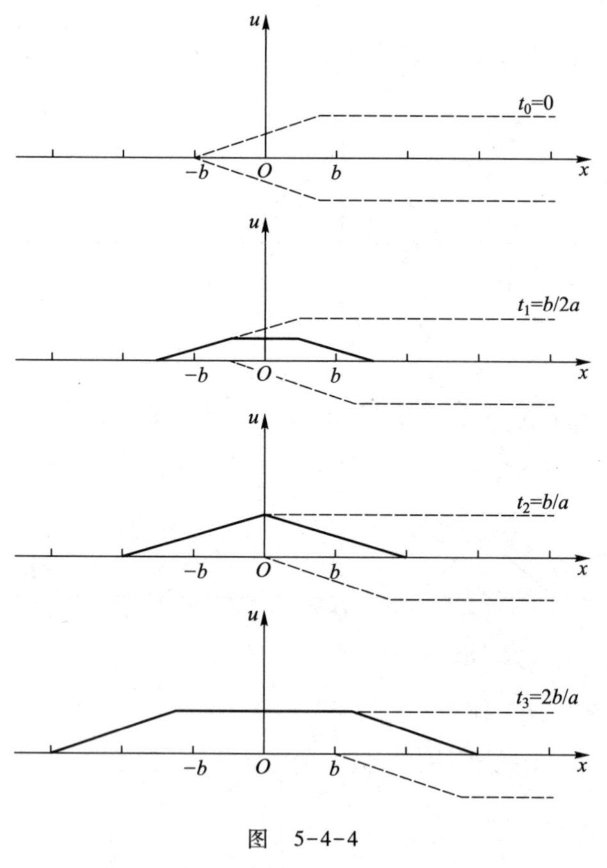

图 5-4-4

以上的分析表明，达朗贝尔公式中的各项分别表示以速度 a 向左和向右传播的"波形"，通常它们称为**行波**.

(三) 半无界杆和三维无界空间中的自由振动 延拓法和平均值法

如果所考虑的杆的那一部分离杆的一个端点很远,可以略去这一端的影响,把这根杆看作是半无界的. 若保持杆的另一端自由振动,初始时杆的位移为$\varphi(x)$,初速度为$\psi(x)$,则这个定解问题表述为

$$\frac{\partial^2 u}{\partial t^2}-a^2\frac{\partial^2 u}{\partial x^2}=0 \quad (0<x<\infty), \tag{5-4-19}$$

$$u(x,0)=\varphi(x),\quad u_t(x,0)=\psi(x) \quad (0<x<\infty), \tag{5-4-20}$$

$$u_x(0,t)=0 \quad (t>0). \tag{5-4-21}$$

注意初条件中的$\varphi(x)$和$\psi(x)$只在$0<x<\infty$内有意义,因此不能直接应用达朗贝尔公式.我们采用延拓法来解决此问题,即将初始函数延拓到$-\infty<x<\infty$上. 这相当于把半无界杆设想为无界杆的$x\geqslant 0$部分,但保持$x=0$点的相对伸长量u_x为零.至于如何延拓,则由边界条件确定.

假设已将初始条件延拓为

$$u(x,0)=\Phi(x),\quad u_t(x,0)=\Psi(x) \quad (-\infty<x<\infty). \tag{5-4-22}$$

根据达朗贝尔公式,延拓后无界杆的定解问题(5-4-19)、(5-4-22)的解为

$$u(x,t)=\frac{1}{2}[\Phi(x+at)+\Phi(x-at)]+\frac{1}{2a}\int_{x-at}^{x+at}\Psi(\xi)\,\mathrm{d}\xi, \tag{5-4-23}$$

代入边界条件(5-4-21),得

$$u_x(0,t)=\frac{1}{2}[\Phi'(at)+\Phi'(-at)]+\frac{1}{2a}[\Psi(at)-\Psi(-at)]=0.$$

记$y=at$,有

$$\Phi'(y)+\Phi'(-y)+\frac{1}{a}[\Psi(y)-\Psi(-y)]=0.$$

由于初始位移与初始速度是独立的,故应有

$$\Phi'(y)=-\Phi'(-y),\quad \Psi(-y)=\Psi(y).$$

前一式对y积分,得

$$\Phi(-y)=\Phi(y),\quad \Psi(-y)=\Psi(y).$$

由此可见,Φ和Ψ均为偶函数.因此,应将$\varphi(x)$和$\psi(x)$从半无界区间偶延拓到无界区间,令

$$\Phi(x)=\begin{cases}\varphi(x), & x\geqslant 0,\\ \varphi(-x), & x<0;\end{cases}\qquad \Psi(x)=\begin{cases}\psi(x), & x\geqslant 0,\\ \psi(-x), & x<0.\end{cases} \tag{5-4-24}$$

把式(5-4-24)代入式(5-4-23)时,要注意到我们感兴趣的区间是$x\geqslant 0,t\geqslant 0$,恒有$x+at\geqslant 0$,而$x-at$可正可负.当$x-at<0$时,利用式(5-4-24),有

$$\Phi(x-at)=\varphi(at-x)$$

$$\int_{x-at}^{x+at}\Psi(\xi)\,\mathrm{d}\xi=\int_0^{x+at}\Psi(\xi)\,\mathrm{d}\xi-\int_0^{x-at}\Psi(\xi)\,\mathrm{d}\xi=\int_0^{x+at}\psi(\xi)\,\mathrm{d}\xi-\int_0^{x-at}\psi(-\eta)\,\mathrm{d}\eta$$

$$= \int_{0}^{x+at} \psi(\xi)\,\mathrm{d}\xi + \int_{0}^{at-x} \psi(\xi)\,\mathrm{d}\xi.$$

最后得解为

$$u(x,t) = \begin{cases} \dfrac{1}{2}[\varphi(x+at)+\varphi(x-at)] + \dfrac{1}{2a}\displaystyle\int_{x-at}^{x+at}\Psi(\xi)\,\mathrm{d}\xi, & t \leqslant \dfrac{x}{a}, \\ \dfrac{1}{2}[\varphi(x+at)+\varphi(at-x)] + \dfrac{1}{2a}\left[\displaystyle\int_{0}^{x+at}\psi(\xi)\,\mathrm{d}\xi + \int_{0}^{at-x}\psi(\xi)\,\mathrm{d}\xi\right], & t > \dfrac{x}{a}. \end{cases} \quad (5-4-25)$$

对于三维无界空间的波动问题,可以通过求函数 $u(x,y,z,t)$ 在以 (x,y,z) 为心、半径为 r 的球面 S_r 上的平均值

$$\bar{u}(r,t) = \frac{1}{4\pi r^2}\int_{S_r} u\,\mathrm{d}S, \quad (5-4-26)$$

将三维波动问题化为径向一维波动问题,即通过变换(5-4-26)将求解三维波动方程简化为求解一维波动方程,再利用达朗贝尔公式(5-4-13)即可得解.这种方法称为**平均值法**①.

(四)利用行波法求解一阶线性偏微分方程

从上面的讨论可以看出,行波法求解方程(5-4-1)的关键是变量代换:$\xi=x-at,\eta=x+at$,ξ、η 分别取不同“常数”对应于行波的不同“等相面”(实际上是“等相线”).这一思想也可以用于求解一阶线性偏微分方程.对于一阶齐次偏微分方程

$$P(x,y)\frac{\partial u(x,y)}{\partial x} + Q(x,y)\frac{\partial u(x,y)}{\partial y} = 0, \quad (5-4-27)$$

仿照式(5-4-8),可以写出尝试解:

$$u(x,y) = f(\xi). \quad (5-4-28)$$

这里 $\xi=\xi(x,y)=$“常数”,对应在 (x,y) 平面定义的“等相面”,即通常所称的方程(5-4-27)的特征线.由于

$$\mathrm{d}\xi = \frac{\partial \xi}{\partial x}\mathrm{d}x + \frac{\partial \xi}{\partial y}\mathrm{d}y = 0, \quad (5-4-29)$$

将式(5-4-28)代入式(5-4-27)得到

$$\left(P\frac{\partial \xi}{\partial x} + Q\frac{\partial \xi}{\partial y}\right)\frac{\mathrm{d}f}{\mathrm{d}\xi} = 0. \quad (5-4-30)$$

一般而言,$\dfrac{\mathrm{d}f}{\mathrm{d}\xi} \neq 0$. 联立式(5-4-29)和式(5-4-30),得到

$$\frac{\mathrm{d}x}{P} = \frac{\mathrm{d}y}{Q}. \quad (5-4-31)$$

通常称式(5-4-31)为方程(5-4-27)的特征方程.方程(5-4-31)为一阶常微分方程,求

① 郭敦仁.数学物理方法.北京:人民教育出版社,1965:422.

解这一方程即得 $\xi(x,y)$.将其代入式(5-4-28),再利用其他定解条件,即可得到 $u(x,y)$.

下面再来求解一阶非齐次偏微分方程

$$P(x,y)\frac{\partial u}{\partial x}+Q(x,y)\frac{\partial u}{\partial y}=R(x,y,u).\tag{5-4-32}$$

当 $R=0$ 时,方程即为式(5-4-27).因此式(5-4-32)的特征方程可以写为

$$\frac{\mathrm{d}x}{P}=\frac{\mathrm{d}y}{Q}=\mathrm{d}t,\tag{5-4-33}$$

与由参数 t 所描述的 (x,y) 平面的特征曲线相对应.在特征曲线上,弧长 $\mathrm{d}s=\sqrt{(\mathrm{d}x)^2+(\mathrm{d}y)^2}$,由式(5-4-33)的第一个等式可得

$$(\mathrm{d}s)^2=\frac{P^2}{Q^2}(\mathrm{d}y)^2+(\mathrm{d}y)^2=(\mathrm{d}x)^2+\frac{Q^2}{P^2}(\mathrm{d}x)^2.\tag{5-4-34}$$

于是

$$\frac{\mathrm{d}x}{P}=\frac{\mathrm{d}y}{Q}=\frac{\mathrm{d}s}{\sqrt{P^2+Q^2}}=\mathrm{d}t,\tag{5-4-35}$$

将式(5-4-32)两边同乘以 $\mathrm{d}s$ 得

$$P\frac{\partial u}{\partial x}\mathrm{d}s+Q\frac{\partial u}{\partial y}\mathrm{d}s=R\mathrm{d}s,$$

利用式(5-4-35),可以得到

$$\frac{\partial u}{\partial x}\mathrm{d}x+\frac{\partial u}{\partial y}\mathrm{d}y=R\mathrm{d}t,$$

上式左边即是 $u(x,y)$ 的全微分,因此 $\mathrm{d}t=\frac{\mathrm{d}u}{R}$.将其代入式(5-4-33),得到

$$\frac{\mathrm{d}x}{P}=\frac{\mathrm{d}y}{Q}=\frac{\mathrm{d}u}{R}.\tag{5-4-36}$$

此即式(5-4-32)的特征方程.求解这一方程组,就可以得到式(5-4-32)的通解.

习　题

1. 求解无限长弦的自由振动,设初始位移为 $\varphi(x)$,初始速度为 $-a\varphi'(x)$.

2. 求解端点固定的半无界杆的自由振动,即定解问题

$$\frac{\partial^2 u}{\partial t^2}-a^2\frac{\partial^2 u}{\partial x^2}=0\quad(0<x<\infty,t>0);$$

$$u(x,0)=\varphi(x),\quad u_t(x,0)=\psi(x)\quad(0\leqslant x<\infty);$$

$$u(0,t)=0.$$

3. 已知细圆锥杆的纵振动方程为

$$u_{tt}-a^2\left(u_{xx}+\frac{2}{x}u_x\right)=0\quad(-\infty<x<\infty,t>0),$$

求它的通解.(提示:令 $w(x,t)=xu(x,t)$.)

4. 求解半无界杆的振动,即定解问题

$$u_{tt}-a^2u_{xx}=0\quad(0<x<\infty,t>0);$$

$$u\big|_{t=0}=0,\quad u_t\big|_{t=0}=0,\quad u_x(0,t)=\frac{A}{YS}\cos\omega t.$$

5. 求解一阶偏微分方程：

$$\frac{1}{x}\frac{\partial u}{\partial x}+\frac{1}{y}\frac{\partial u}{\partial y}=\frac{u}{y^{2}}.$$

第六章
分离变量法

分离变量法是求解数学物理方程的一种常用的方法.在本章第一节里，首先以波动方程和热传导方程为例说明在直角坐标系中如何用分离变量法求解一维和二维定解问题，借以介绍分离变量法的基本思想和步骤.第二节介绍拉普拉斯方程在曲线坐标系中的分离变量，并求解圆形边界问题.在这一节里还将讨论由直角坐标向曲线坐标过渡时，坐标系的紧致化及由此产生的奇点.第三节讨论如何处理非齐次方程和非齐次边界条件的定解问题.本章最后一节讨论常微分方程的本征值问题，它是分离变量法的理论基础.

§6-1 直角坐标系中的分离变量法

直角坐标系中的分离变量法(1)

直角坐标系中的分离变量法(2)

(一) 一维波动方程的定解问题

考虑一根长为 l，两端($x=0,x=l$)固定的弦，给定初始位移和初始速度后，在无外力作用的情况下作微小横振动，求位移函数，即求解下列定解问题

$$\frac{\partial^2 u}{\partial t^2}-v^2\frac{\partial^2 u}{\partial x^2}=0 \quad (0<x<l,t>0); \tag{6-1-1}$$

$$u\big|_{x=0}=0,\quad u\big|_{x=l}=0; \tag{6-1-2}$$

$$u(x,0)=\varphi(x),\quad u_t(x,0)=\psi(x) \quad (0<x<l). \tag{6-1-3}$$

分离变量法的基本思想是：把偏微分方程中未知的多元函数分解成一元函数的乘积，从而把求解偏微分方程的问题转化为解常微分方程的问题.我们知道，在求解常系数线性齐次常微分方程时，我们先求出它的足够多个特解，利用叠加原理作这些特解的线性组合，再使其满足初始条件.现在，在上述定解问题中，偏微分方程和边界条件都是线性齐次的，这就启发我们，先找满足方程和边界条件的特解，再利用叠加原理求这些特解的线性组合，得到满足式(6-1-1)和(6-1-2)的一般解，最后使其满足初始条件(6-1-3).

首先求方程(6-1-1)满足边界条件(6-1-2)的解.我们尝试将二元函数$u(x,t)$分解为两个一元函数之积，即设

$$u(x,t)=X(x)T(t). \tag{6-1-4}$$

将式(6-1-4)代入方程(6-1-1)[X 上打撇表示对 x 求导，T 上打撇表示对 t 求导①]，得到

$$XT''-v^2X''T=0,$$

① 这一符号规定以下经常要用到，不再一一赘述.

除以 v^2XT 并移项,得

$$\frac{T''(t)}{v^2T(t)}=\frac{X''(x)}{X(x)}.$$

这一等式左边只是 t 的函数,右边只是 x 的函数.两边相等,说明它们既不是 t 的函数也不是 x 的函数,而是一个常数.用 $-\lambda$ 表示这一常数,则

$$\frac{T''}{v^2T}=\frac{X''}{X}=-\lambda.$$

这里在 λ 前写负号是为了以后的方便.

上式包含两个常微分方程

$$T''(t)+v^2\lambda T(t)=0, \tag{6-1-5}$$

$$X''(x)+\lambda X(x)=0. \tag{6-1-6}$$

这样就将求解含两个变量 x 和 t 的偏微分方程(6-1-1)化成求解两个常微分方程.

$u(x,t)$ 还要满足边界条件(6-1-2).将式(6-1-4)代入式(6-1-2)得到

$$X(0)T(t)=0,\quad X(l)T(t)=0.$$

但是 $T(t)\neq 0$[如果 $T(t)=0$ 就得到零解 $u(x,t)=0$,不符合问题的要求],因此

$$X(0)=0,\quad X(l)=0. \tag{6-1-7}$$

这是对方程(6-1-6)所加的边界条件.

这样一来,问题归结为求解含参量 λ 的常微分方程(6-1-6)

$$X''+\lambda X=0$$

满足边界条件(6-1-7)

$$X(0)=0,\quad X(l)=0$$

的非零解,这样的问题叫作**本征值问题**,参看 §6-4,求得的解 $X(x)$ 叫作这个本征值问题的**本征函数**,而 λ 则称为**本征值**.下面分两种情况进行讨论:

(1) $\lambda=0$,此时方程(6-1-6)成为

$$X''=0.$$

它的通解是

$$X=c_1x+c_2,$$

代入边界条件(6-1-7),得到 $c_1=c_2=0$,说明 $\lambda=0$ 不合要求.

(2) $\lambda\neq 0$,此时方程(6-1-6)的通解是

$$X(x)=a\cos\sqrt{\lambda}\,x+b\sin\sqrt{\lambda}\,x.$$

代入边界条件(6-1-7),有 $X(0)=a=0$,故

$$X(x)=b\sin\sqrt{\lambda}\,x, \tag{6-1-8}$$

因而

$$X(l)=b\sin\sqrt{\lambda}\,l=0. \tag{6-1-9}$$

要得到非零解,必须 $b\neq 0$,故只有当宗量 $\sqrt{\lambda}\,l$ 是 π 的整数倍时上式才能成立,即

$$\sqrt{\lambda}\,l=\pi n,\quad n=1,2,3,\cdots. \tag{6-1-10}$$

[因 $\lambda\neq 0$,故 $n\neq 0$;$n=-1,-2,\cdots$ 也不必考虑,因为那只是改变了式(6-1-8)中常数 b 的符号].式(6-1-10)就是决定本征值 λ 的方程.用 λ_n 表示和每一个 n 对应的本征值,则有

$$\lambda_n=\frac{n^2\pi^2}{l^2},\quad n=1,2,3,\cdots. \tag{6-1-11}$$

将式(6-1-11)代入式(6-1-8),得到与本征值 λ_n 相对应的本征函数[可取常数 $b_n=1$]

$$X_n(x)=\sin\frac{n\pi}{l}x,\quad n=1,2,3,\cdots. \tag{6-1-12}$$

总结上述可见,只有当参数 λ 取定值 $\lambda=\lambda_n$ 时,含参数的方程(6-1-6)才有满足边界条件(6-1-7)的非零解.这里 $\lambda_n=\frac{n^2\pi^2}{l^2}$是本征值,相应的本征函数为式(6-1-12).

现在再来解方程(6-1-5),这里的 λ 只能取式(6-1-11)中的 λ_n 值,故方程(6-1-5)成为

$$T''_n(t)+\frac{n^2\pi^2v^2}{l^2}T_n(t)=0,$$

它的通解是

$$T_n(t)=A_n\cos\frac{n\pi v}{l}t+B_n\sin\frac{n\pi v}{l}t. \tag{6-1-13}$$

将它和式(6-1-12)一道代入式(6-1-4)得到[因为 T_n 中有任意常数 A_n 和 B_n,所以可以令 X_n 中的常数 $b_n=1$]

$$u_n(x,t)=\left(A_n\cos\frac{n\pi}{l}vt+B_n\sin\frac{n\pi}{l}vt\right)\sin\frac{n\pi}{l}x,\quad n=1,2,3,\cdots. \tag{6-1-14}$$

这样,我们就求出了既满足方程(6-1-1)又满足边界条件(6-1-2)的无穷多个特解.

由于方程和边界条件是线性齐次的,解的线性叠加仍然是解.因此,方程(6-1-1)满足边界条件(6-1-2)的通解是

$$u(x,t)=\sum_{n=1}^{\infty}u_n(x,t)=\sum_{n=1}^{\infty}\left(A_n\cos\frac{n\pi}{l}vt+B_n\sin\frac{n\pi}{l}vt\right)\sin\frac{n\pi}{l}x. \tag{6-1-15}$$

我们希望选择系数 A_n 和 B_n,使 $u(x,t)$满足初始条件(6-1-3),为此,必须有

$$u(x,0)=\sum_{n=1}^{\infty}A_n\sin\frac{n\pi}{l}x=\varphi(x), \tag{6-1-16}$$

$$\frac{\partial u(x,0)}{\partial t}=\sum_{n=1}^{\infty}B_n\frac{n\pi v}{l}\sin\frac{n\pi}{l}x=\psi(x). \tag{6-1-17}$$

根据傅里叶级数理论,如果 $\varphi(x)$ 和 $\psi(x)$ 能在区间 $[0,l]$ 上展开为傅里叶正弦级数,则上式中的 A_n 和 $(B_n n\pi v)/l$ 就是傅里叶系数.它们可以利用积分公式

$$\int_0^l\sin\frac{n\pi}{l}x\sin\frac{k\pi}{l}x\mathrm{d}x=\frac{l}{2}\delta_{nk} \tag{6-1-18}$$

求解得

$$A_n=\frac{2}{l}\int_0^l\varphi(x)\sin\frac{n\pi}{l}x\mathrm{d}x, \tag{6-1-19}$$

$$B_n=\frac{2}{n\pi v}\int_0^l\psi(x)\sin\frac{n\pi}{l}x\mathrm{d}x. \tag{6-1-20}$$

由此看出，有界弦的任意振动方式（即在任意初始条件和边界条件下的振动方式），可以看成一系列基本振动方式的叠加，如式(6-1-15).这些基本振动方式由级数(6-1-14)中的各项表示，下面讨论它的物理意义.

考虑式(6-1-15)中的任意项(6-1-14)

$$u_n(x,t)=\left(A_n\cos\frac{n\pi}{l}vt+B_n\sin\frac{n\pi}{l}vt\right)\sin\frac{n\pi x}{l}=C_n\sin\frac{n\pi}{l}x\sin\left(\frac{n\pi}{l}vt+\varphi_n\right),$$

$$C_n=\sqrt{A_n^2+B_n^2},\quad \varphi_n=\arctan\frac{A_n}{B_n},$$

其中 $n=1$ 的项 u_1 叫作**基波**；而 $n>1$ 的项 $u_n(x,t)$ 叫作 n 次**谐波**.对弦上的一个给定点（即对于一个给定的 x），谐波 $u_n(x,t)$ 是一个振幅为

$$|C_n(x)|=\left|C_n\sin\frac{n\pi}{l}x\right|,$$

角频率为

$$\omega_n=\frac{n\pi v}{l}\tag{6-1-21}$$

的谐振动.由此可见，在一个谐波中，弦上的所有点都以同一个频率振动[ω_n 与 x 无关].然而不同点有不同的振幅[$C_n(x)$ 与 x 有关]；另一方面，弦上同一点的振幅不随时间而变[$C_n(x)$ 与 t 无关].在这种波中，振幅大小的分布随空间位置周期性地变化，并且空间各点的振动同时达到（正或负的）极大值，且同时达到零.这种波称为**驻波**.它是由在弦上传播的波被端点往返反射，相互叠加而形成的.

图 6-1-1 中给出了 $n=1,2,3,4$ 的驻波振幅 $|C_n(x)|$ 的图形.在图中的各个 N 点，

$$x_N=\frac{N}{n}\quad (N=1,\cdots,n-1),\tag{6-1-22}$$

振幅 $|C_n(x_N)|=0$，在这些点弦完全不振动，它们称为驻波的**波节**.在图中的各个 M 点，

$$x_M=\frac{2M+1}{n}\quad (M=0,1,\cdots,n-1),\tag{6-1-23}$$

振幅 $|C_n(x_M)|$ 有极大值，在这些点弦振动最强，它们称为驻波的**波腹**.基波($n=1$)没有波节；二次谐波($n=2$)有一个波节；一般地说，n 次谐波有 $n-1$ 个波节.

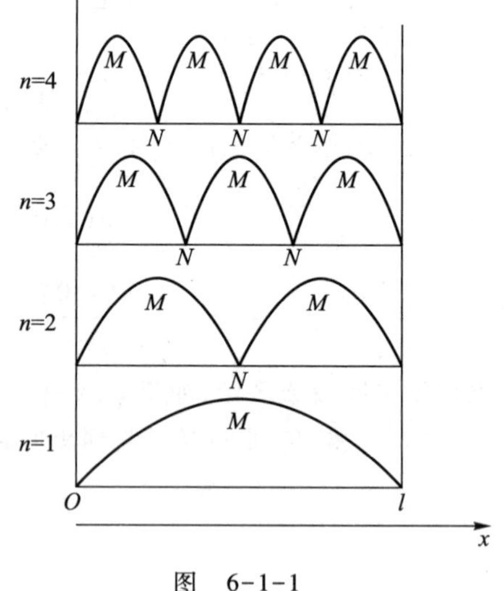

图　6-1-1

在物理上，解(6-1-15)表明，有界弦的任意振动方式可以看成是由基波和各次谐波按某种比例叠加而成.

（二）二维热传导方程的定解问题

考虑一块边长分别为 l 和 d 的矩形薄板，板上的初始温度分布为 $f(x,y)$，板的上下两面以及 $y=0$ 和 $y=d$ 两边绝热，两侧边 $x=0$ 和 $x=l$ 始终保持 0℃，如图 6-1-2 所示，求任意时刻薄板上的温度分布.

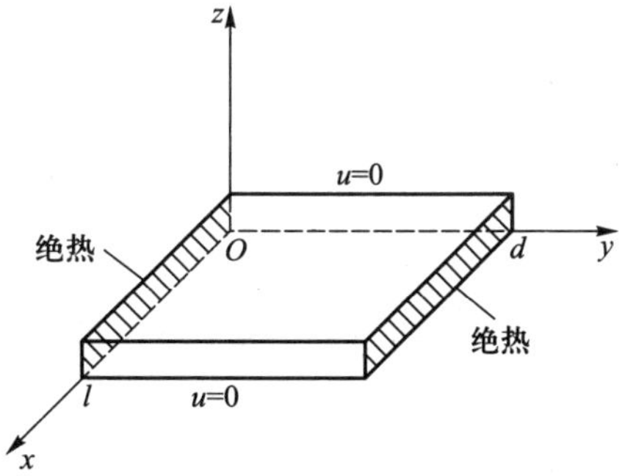

由于板很薄，而且上下两面绝热，可以认为沿垂直于板面方向温度不变，因而这是二维热传导问题.温度分布 $u=u(x,y,t)$ 由下述定解问题决定：

$$\frac{\partial u}{\partial t}-a^2\left(\frac{\partial^2 u}{\partial x^2}+\frac{\partial^2 u}{\partial y^2}\right)=0; \qquad (6-1-24)$$

$$u\big|_{x=0}=0,\ u\big|_{x=l}=0, \qquad (6-1-25)$$

$$\left.\frac{\partial u}{\partial y}\right|_{y=0}=0,\left.\frac{\partial u}{\partial y}\right|_{y=d}=0, \qquad (6-1-26)$$

图 6-1-2

$$u(x,y,0)=f(x,y). \qquad (6-1-27)$$

这个问题也可以用分离变量法求解，设

$$u(x,y,t)=U(x,y)T(t), \qquad (6-1-28)$$

代入方程(6-1-24)，和上节类似地讨论，可以得到 $T(t)$ 和 $U(x,y)$ 的方程

$$T'(t)+\lambda a^2 T=0, \qquad (6-1-29)$$

$$\frac{\partial^2 U}{\partial x^2}+\frac{\partial^2 U}{\partial y^2}+\lambda U=0. \qquad (6-1-30)$$

注意到边界条件也是齐次的，将式(6-1-28)代入式(6-1-25)和式(6-1-26)，得到关于 $U(x,y)$ 的边界条件

$$U(0,y)=U(l,y)=0, \qquad (6-1-31)$$

$$U_y(x,0)=U_y(x,d)=0. \qquad (6-1-32)$$

于是，问题归结为首先求含参量 λ 的微分方程(6-1-30)满足边界条件(6-1-31)和(6-1-32)的非零解.这个问题称为偏微分方程的**本征值问题**，偏微分方程(6-1-30)叫作**亥姆霍兹方程**.在 § 11-4 中将用格林函数-傅里叶变换法解这一方程，这里采用分离变量法.

再一次分离变量.设

$$U(x,y)=X(x)Y(y), \qquad (6-1-33)$$

代入方程(6-1-30)-(6-1-32)，像上节一样地讨论，会得到关于 $X(x)$ 的本征值问题

$$\begin{cases} X''+\mu X=0; & (6-1-34)\\ X(0)=0,\ X(l)=0, & (6-1-35)\end{cases}$$

和关于 $Y(y)$ 的本征值问题

$$\begin{cases} Y''+\nu Y=0; & (6-1-36)\\ Y'(0)=0,\ Y'(d)=0. & (6-1-37)\end{cases}$$

这里的两个参量 μ,ν 与方程(6-1-30)中的参量 λ 有关系

$$\mu+\nu=\lambda. \tag{6-1-38}$$

关于 X 的本征值问题(6-1-34)、(6-1-35)与上一节讨论过的完全一样,因此有

$$\mu_n=\frac{n^2\pi^2}{l^2},$$

$$X_n(x)=\sin\frac{n\pi}{l}x,\quad n=1,2,3,\cdots. \tag{6-1-39}$$

现在求解关于 Y 的本征值问题,也分两种情况讨论.

(1) $\nu=0$. 此时,式(6-1-36)的通解为

$$Y(y)=c_1y+c_0.$$

由边界条件可得 $c_1=0$,而 c_0 任意.若取 $c_0=1$,则 $\nu=0$ 是一个本征值,对应的本征函数为 $Y_0=1$.

(2) $\nu\neq0$. 此时,式(6-1-36)的通解为

$$Y(y)=c_1\cos\sqrt{\nu}y+c_2\sin\sqrt{\nu}y.$$

根据式(6-1-37)得

$$c_2=0,\quad \sin\sqrt{\nu}d=0,$$

结合情况(1)得到

$$\nu_m=\left(\frac{m\pi}{d}\right)^2,\ Y_m(y)=C_m\cos\frac{m\pi}{d}y,\quad m=0,1,2,3,\cdots.$$

总之,方程(6-1-30)在边界条件(6-1-31)和(6-1-32)之下,有本征值

$$\lambda_{nm}=\left(\frac{n\pi}{l}\right)^2+\left(\frac{m\pi}{d}\right)^2,$$

$$n=1,2,3,\cdots;\ m=0,1,2,3,\cdots, \tag{6-1-40}$$

和本征函数

$$U_{nm}=A_{nm}\sin\frac{n\pi}{l}x\cos\frac{m\pi}{d}y. \tag{6-1-41}$$

为了要有非零解,方程(6-1-29)中的参量 λ 应取本征值 λ_{nm},此时方程的解为

$$T_{nm}(t)=B_{nm}e^{-a^2\lambda_{nm}t}. \tag{6-1-42}$$

于是,我们得到满足方程(6-1-24)及边界条件(6-1-25)和(6-1-26)的特解为

$$u_{nm}=C_{nm}e^{-a^2\lambda_{nm}t}\sin\frac{n\pi}{l}x\cos\frac{m\pi}{d}y. \tag{6-1-43}$$

由于方程和边界条件是线性齐次的,利用叠加原理得一般解

$$u(x,y,t)=\sum_{n=1}^{\infty}\sum_{m=0}^{\infty}C_{nm}e^{-a^2\lambda_{nm}t}\sin\frac{n\pi}{l}x\cos\frac{m\pi}{d}y. \tag{6-1-44}$$

代入初始条件(6-1-27)得

$$u(x,y,0)=\sum_{n=1}^{\infty}\sum_{m=0}^{\infty}C_{nm}\sin\frac{n\pi}{l}x\cos\frac{m\pi}{d}y=f(x,y). \tag{6-1-45}$$

仿照(一)中确定傅里叶系数的方法,上式两端乘以 $\sin\frac{k\pi}{l}x$,对 x 由 0 到 l 逐项积分

$$\sum_{n=1}^{\infty}\left(\sum_{m=0}^{\infty}C_{nm}\cos\frac{m\pi}{d}y\right)\int_0^l\sin\frac{n\pi}{l}x\sin\frac{k\pi}{l}x\mathrm{d}x=\int_0^l f(x,y)\sin\frac{k\pi}{l}x\mathrm{d}x. \tag{6-1-46}$$

利用积分公式(6-1-18)

$$\int_0^l\sin\frac{n\pi}{l}x\sin\frac{k\pi}{l}x\mathrm{d}x=\frac{l}{2}\delta_{nk},$$

可见,式(6-1-46)左边的级数中,除 $n=k$ 的一项外,其余各项均为零,故有

$$\sum_{m=0}^{\infty}C_{km}\cos\frac{m\pi}{d}y=\frac{2}{l}\int_0^l f(x,y)\sin\frac{k\pi}{l}x\mathrm{d}x. \tag{6-1-47}$$

用 $\cos\frac{r\pi}{d}y$ 乘上式两端,由 0 到 d 对 y 逐项积分,利用积分公式

$$\int_0^d\cos\frac{m\pi}{d}y\cos\frac{r\pi}{d}y\mathrm{d}y=\frac{d}{2}\varepsilon_{r0}\cdot\delta_{mr}, \tag{6-1-48}$$

其中

$$\varepsilon_{r0}=\begin{cases}2, & 当\ r=0,\\ 1, & 当\ r\neq 0,\end{cases}$$

可得

$$C_{kr}=\frac{4}{ld\varepsilon_{r0}}\int_0^d\int_0^l f(x,y)\sin\frac{k\pi}{l}x\cos\frac{r\pi}{d}y\mathrm{d}x\mathrm{d}y,$$

$$k=1,2,3,\cdots;\ r=0,1,2,\cdots. \tag{6-1-49}$$

将式(6-1-49)代入式(6-1-44)即得所求定解问题的解.

由此例看出,求解二维以上的定解问题时,由分离变量得到的是偏微分方程的本征值问题;这一问题又可以化为常微分方程的本征值问题,所求得的解是多重级数.还应特别注意,不要漏掉某个本征值和相应的本征函数,例如,本题中的 $m=0$,及相应的本征函数.

习　题

1. 求解下列本征值问题的本征值和本征函数:

(1) $X''+\lambda X=0, X(0)=0, X'(l)=0$;

(2) $X''+\lambda X=0, X'(0)=0, X'(l)=0$;

(3) $X''+\lambda X=0, X(a)=0, X(b)=0$;

(4) $X''+\lambda X=0, X(0)=0, [X'+hX]_{x=l}=0$.

2. 单簧管是直径均匀的细管，一端封闭而另一端开放.试求管内空气柱的本征振动，即求解

$$u_{tt}-a^2u_{xx}=0;$$

$$u\big|_{x=0}=0,\quad u_x\big|_{x=l}=0.$$

3. 一根均匀弦固定于 $x=0$ 和 $x=l$ 两端，假设初始时刻速度为零，而初始时刻弦的形状是一条抛物线，抛物线的顶点为 $\left(\frac{l}{2},h\right)$，求弦振动的位移.

4. 演奏琵琶是把弦的某一点向旁拨开一个小距离，然后放手让其自由振动.设弦长为 l，被拨开的点在弦长 $\frac{1}{n_0}$（n_0 为正整数）处，拨开距离为 h，试求解弦的振动.

5. 长为 l 两端固定的弦，用宽为 2δ 的细棒敲击弦上 $x=x_0$ 点，亦即在 $x=x_0$ 处施加冲力，设其冲量为 I，弦的单位长密度为 ρ，求解弦的振动.[参考 § 5-1 习题 3.]

6. 长为 l 的杆，一端固定，另一端受力 F_0 而被拉长，求解杆在去掉力 F_0 后的振动.设杆的截面积为 S，杨氏模量为 Y.

7. 长 l 的均匀杆，由于两端受压而使得长度缩为 $l(1-2\varepsilon)$，放手后任其自由振动，求解杆的振动.

8. 长为 l 的杆，上端固定在电梯的天花板上，杆身竖直向下，下端自由.当电梯以速度 v_0 下降时突然停止，求解杆的振动.

9. 一个长宽各为 a 的方形膜，边界固定，膜的振动方程为

$$\frac{\partial^2u}{\partial t^2}-v^2\left(\frac{\partial^2u}{\partial x^2}+\frac{\partial^2u}{\partial y^2}\right)=0\quad(0<x<a,0<y<a),$$

求方形膜振动的本征频率.

10. 有一长为 l，杆身与外界绝热的均匀细杆，杆的两端温度保持 0℃，已知其初始温度分布 $\varphi(x)=x(l-x)$，求在 $t>0$ 时杆上的温度分布.

11. 一长为 l 的杆，杆身和两端绝热，初始时 $u(x,0)=x$，求其温度变化规律.

12. 一长 l 的细杆，杆身绝热，初始温度 u_0 是均匀的，让其一端温度保持 0℃ 不变，另一端绝热，求杆上的温度分布.

§ 6-2 曲线坐标系中的分离变量法

曲线坐标系中的分离变量法(1)

在一维问题中，“边界”的形状特别简单，只不过是两个端点；在二维和三维问题中，可以有各种不同形状的边界.定解问题的解与边界形状密切相关.应用分离变量法时，不能总是采用直角坐标系，要根据边界形状选择适当的坐标系.一般说来，应当选择坐标系使问题的边界与某个坐标面的一部分重合.

在这一节里，我们首先讨论两种常用的曲线坐标系——柱坐标系和球坐标系的基本性质，然后讨论拉普拉斯方程在这两种坐标系中的分离变量.最后，以边界为圆形的稳定场问题为例，求解拉普拉斯方程.

曲线坐标系中的分离变量法(2)

(一) 坐标系的紧致化　柱坐标系和球坐标系的奇点

如果在一定范围内取值的三个变量 q_1,q_2,q_3 和三维空间中的点有一一对应关系，则 (q_1,q_2,q_3) 构成三维空间的坐标系.笛卡儿坐标系（直角坐标系）(x,y,z) 是一个例子.常用

的坐标系还有柱坐标系(ρ,φ,z)和球坐标系(r,θ,φ)，其定义分别是

$$\left.\begin{aligned} x &= \rho\cos\varphi,\\ y &= \rho\sin\varphi,\\ z &= z \end{aligned}\right\} \qquad (6-2-1)$$

和

$$\left.\begin{aligned} x &= r\sin\theta\cos\varphi,\\ y &= r\sin\theta\sin\varphi,\\ z &= r\cos\theta. \end{aligned}\right\} \qquad (6-2-2)$$

它们的坐标线和坐标面是曲线和曲面，因而称为**曲线坐标系**.

需要注意的是，这两种曲线坐标并不是在全空间的所有点都和空间点一一对应.例如，柱坐标中，当$\rho=0,z=z$时，φ取$0\leqslant\varphi<2\pi$的任何值都对应于空间的同一点.在球坐标中，当$r=0$时，θ,φ取$0\leqslant\theta\leqslant\pi,0\leqslant\varphi<2\pi$的任何值都对应于空间的同一点；而当$r=r,\theta=0$、$\pi$时，$\varphi$取$0\leqslant\varphi<2\pi$的任何值都对应于空间的同一点.这些点对于这两个坐标系而言是奇点.从这两个坐标系回到直角坐标系的逆变换式

$$\left.\begin{aligned} \rho &= \sqrt{x^2+y^2},\\ \varphi &= \arccos\frac{x}{\sqrt{x^2+y^2}} \quad (\sqrt{x^2+y^2}\neq 0),\\ z &= z \end{aligned}\right\} \qquad (6-2-3)$$

和

$$\left.\begin{aligned} r &= \sqrt{x^2+y^2+z^2},\\ \theta &= \arcsin\frac{\sqrt{x^2+y^2}}{\sqrt{x^2+y^2+z^2}} \quad (\sqrt{x^2+y^2+z^2}\neq 0),\\ \varphi &= \arccos\frac{x}{\sqrt{x^2+y^2}} \quad (\sqrt{x^2+y^2}=r\sin\theta\neq 0). \end{aligned}\right\} \qquad (6-2-4)$$

可以明显看到，$\rho=\sqrt{x^2+y^2}=0$和$r=\sqrt{x^2+y^2+z^2}=0,\theta=0$、$\pi$分别是这两个变换的奇点.

但是，当采用直角坐标系时，三维空间并没有奇点.为什么采用柱坐标系和球坐标系会出现奇点呢？这些奇点从何而来呢？为了理解这些问题，需要考虑不同坐标系的不同拓扑性质.

拓扑学是研究连续性的几何学.它和通常的欧几里得几何学不同.在欧几里得几何学中，两个形体必须通过移动能够重合才称为“全同”，而在拓扑学中只要两个形体能通过连续变换从一个变为另一个就称为“同胚”.举例来说，一个由橡皮泥做成的实心圆球可以通过连续变换(压、捏)变成正方体或长方体，甚至可以变成一个无柄的茶杯(实际上，陶瓷碗、陶瓷杯在烧制前的坯子就是这样捏成的)，如图 6-2-1(a)所示，所以这些形体都是拓扑同胚的.但是，一个实心圆球不可能通过连续变换变成一个实心圆环，因为挖洞不是

连续变换.因此,实心圆环和实心圆球不是拓扑同胚的.然而,通过连续变形可以将一个实心圆环变成一个带柄的茶杯,如图 6-2-1(b)所示,它们是拓扑同胚的.

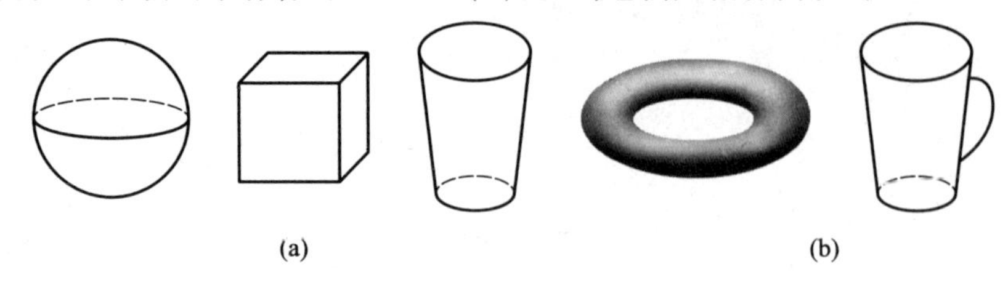

图 6-2-1

回过头来考虑坐标变换.柱坐标有 3 根坐标线——ρ,z 和 φ.其中,φ 坐标线是绕 z 轴的圆.这些圆和柱坐标的其他两根坐标线,特别是和笛卡儿坐标的 3 根坐标线有明显的不同,它局限在空间的有限范围而不趋向无穷.在拓扑学上称这种几何形体为紧致的①.显然,柱坐标中的 φ 坐标线是一个一维紧致空间,而 ρ 和 z 坐标线则不是.笛卡儿坐标的三根坐标线都不是紧致的.

在从笛卡儿坐标转换到柱坐标时,三维空间中的一维——φ,被紧致化了.它会带来一些后果.仔细考察 φ 坐标线可以看到,缩小半径(减小 ρ)到 $\rho=0$ 时,φ 坐标线缩成一个点.而那些非紧致的坐标线,ρ 坐标线和 z 坐标线,以及笛卡儿坐标系中的三根坐标线都不能通过连续变换缩成一个点.这就使得,$\rho=0$ 成为柱坐标系的奇点.在这种点,只有 $\rho(=0)$ 和 z 两维坐标,而 φ 坐标消失.改变 z 值会使这些奇点连成一根有奇异性的线,即 z 轴.

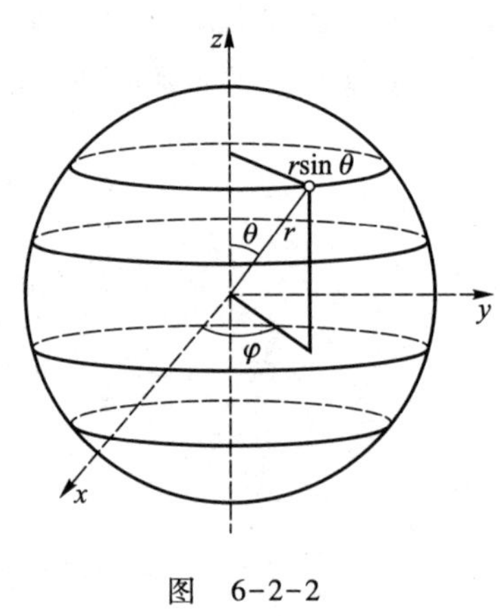

图 6-2-2

球坐标系中也有类似情况.在一个固定 r 值的球面上作纬线,即 φ 坐标线,如图 6-2-2 所示.它们是一些圆,这些圆在 $r\sin\theta\to0$ 时缩为点.这就使得,$\theta=0,\pi$ 成为球坐标的奇点.在这种点,只有 r 和 $\theta(=0,\pi)$ 两维坐标,而 φ 坐标消失.

我们看到,在曲线坐标中出现奇点,是坐标线紧致化的后果.

(二)球坐标系中拉普拉斯方程的分离变量

拉普拉斯算符

$$\Delta=\frac{\partial^2}{\partial x^2}+\frac{\partial^2}{\partial y^2}+\frac{\partial^2}{\partial z^2} \tag{6-2-5}$$

在球坐标系中的表达式可以通过球坐标与直角坐标的关系(6-2-2)

$$\left.\begin{aligned} x&=r\sin\theta\cos\varphi,\\ y&=r\sin\theta\sin\varphi,\\ z&=r\cos\theta \end{aligned}\right\} \tag{6-2-6}$$

① 紧致的严格定义是:一个拓扑空间 T 称为是紧致的,如果它的任意开覆盖都包含一个有限开覆盖.我们只需要知道:在欧氏空间中,局限在有限范围内的形体是紧致的就够了.

换算而得.应用复合函数的微商法则,将对 x,y,z 的偏微商用对 r,θ,φ 的偏微商表示出来,然后代入式(6-2-5)即得球坐标系中拉普拉斯算符的表达式

$$\Delta=\frac{1}{r^2}\frac{\partial}{\partial r}\left(r^2\frac{\partial}{\partial r}\right)+\frac{1}{r^2\sin\theta}\frac{\partial}{\partial\theta}\left(\sin\theta\frac{\partial}{\partial\theta}\right)+\frac{1}{r^2\sin^2\theta}\frac{\partial^2}{\partial\varphi^2},\tag{6-2-7}$$

因而拉普拉斯方程在球坐标系中的形式为

$$\frac{1}{r^2}\frac{\partial}{\partial r}\left(r^2\frac{\partial u}{\partial r}\right)+\frac{1}{r^2\sin\theta}\frac{\partial}{\partial\theta}\left(\sin\theta\frac{\partial u}{\partial\theta}\right)+\frac{1}{r^2\sin^2\theta}\frac{\partial^2 u}{\partial\varphi^2}=0.\tag{6-2-8}$$

假设未知函数 $u(r,\theta,\varphi)$ 可以写成 r 的函数 $R(r)$ 和 θ,φ 的函数 $\Psi(\theta,\varphi)$ 的乘积

$$u(r,\theta,\varphi)=R(r)\Psi(\theta,\varphi),\tag{6-2-9}$$

代入方程(6-2-8),得

$$\frac{\Psi}{r^2}\frac{\mathrm{d}}{\mathrm{d}r}\left(r^2\frac{\mathrm{d}R}{\mathrm{d}r}\right)+\frac{R}{r^2\sin\theta}\frac{\partial}{\partial\theta}\left(\sin\theta\frac{\partial\Psi}{\partial\theta}\right)+\frac{R}{r^2\sin^2\theta}\frac{\partial^2\Psi}{\partial\varphi^2}=0.$$

将上式后两项移到等式右边,然后将等式左右两边同乘以 $\frac{r^2}{R\Psi}$,得

$$\frac{1}{R}\frac{\mathrm{d}}{\mathrm{d}r}\left(r^2\frac{\mathrm{d}R}{\mathrm{d}r}\right)=-\frac{1}{\Psi\sin\theta}\frac{\partial}{\partial\theta}\left(\sin\theta\frac{\partial\Psi}{\partial\theta}\right)-\frac{1}{\Psi\sin^2\theta}\frac{\partial^2\Psi}{\partial\varphi^2}.$$

此式左边只是 r 的函数,与 θ,φ 无关;右边只是 θ,φ 的函数,与 r 无关.r,θ,φ 是独立变量,要等式成立只有方程两边都等于某一个常数.为了以后的方便,将这个常数写作 $l(l+1)$,于是得

$$\frac{\mathrm{d}}{\mathrm{d}r}\left(r^2\frac{\mathrm{d}R}{\mathrm{d}r}\right)-l(l+1)R=0,\tag{6-2-10}$$

$$\frac{1}{\sin\theta}\frac{\partial}{\partial\theta}\left(\sin\theta\frac{\partial\Psi}{\partial\theta}\right)+\frac{1}{\sin^2\theta}\frac{\partial^2\Psi}{\partial\varphi^2}+l(l+1)\Psi=0.\tag{6-2-11}$$

式(6-2-10)已经是一个常微分方程.式(6-2-11)仍然是偏微分方程,可以继续对它分离变量.设

$$\Psi(\theta,\varphi)=\Theta(\theta)\Phi(\varphi),\tag{6-2-12}$$

代入式(6-2-11)得

$$\frac{\Phi}{\sin\theta}\frac{\mathrm{d}}{\mathrm{d}\theta}\left(\sin\theta\frac{\mathrm{d}\Theta}{\mathrm{d}\theta}\right)+\frac{\Theta}{\sin^2\theta}\frac{\mathrm{d}^2\Phi}{\mathrm{d}\varphi^2}+l(l+1)\Theta\Phi=0.$$

移项,并以 $\sin^2\theta/(\Theta\Phi)$ 乘方程两端,得到

$$\frac{\sin\theta}{\Theta}\frac{\mathrm{d}}{\mathrm{d}\theta}\left(\sin\theta\frac{\mathrm{d}\Theta}{\mathrm{d}\theta}\right)+l(l+1)\sin^2\theta=-\frac{1}{\Phi}\frac{\mathrm{d}^2\Phi}{\mathrm{d}\varphi^2}.$$

这一等式左边不是 φ 的函数,右边不是 θ 的函数,因而只能是两边都等于某一常数.令这一常数为 m^2,得到两个常微分方程

$$\frac{1}{\sin\theta}\frac{\mathrm{d}}{\mathrm{d}\theta}\left(\sin\theta\frac{\mathrm{d}\Theta}{\mathrm{d}\theta}\right)-\frac{m^2}{\sin^2\theta}\Theta+l(l+1)\Theta=0, \tag{6-2-13}$$

$$\frac{\mathrm{d}^2\Phi}{\mathrm{d}\varphi^2}+m^2\Phi=0. \tag{6-2-14}$$

这样一来,就将拉普拉斯方程化为三个常微分方程(6-2-10)、(6-2-13)和(6-2-14).这些方程中含有待定参量 l 和 m.与上一节中所见到的一样,它们所能取的值将由边界条件或周期条件决定.

方程(6-2-10)和(6-2-13)都是变系数的常微分方程.式(6-2-10)是欧拉型方程[参看式(6-2-34)].令 $t=\ln r$ 可将它化为常系数的微分方程[见式(6-2-44)].

对于方程(6-2-13),作变量代换

$$x=\cos\theta,$$

并将 $\Theta(\theta)$ 写作 $\Theta(\theta)=y(\cos\theta)=y(x)$,得到

$$\frac{\mathrm{d}}{\mathrm{d}x}\left[(1-x^2)\frac{\mathrm{d}y}{\mathrm{d}x}\right]+\left[l(l+1)-\frac{m^2}{1-x^2}\right]y(x)=0 \tag{6-2-15}$$

或

$$(1-x^2)\frac{\mathrm{d}^2y}{\mathrm{d}x^2}-2x\frac{\mathrm{d}y}{\mathrm{d}x}+\left[l(l+1)-\frac{m^2}{1-x^2}\right]y=0. \tag{6-2-16}$$

这个方程叫作 l 阶**连带勒让德方程**.

如果对于所求的解,球坐标的极轴是对称轴,亦即 $u(r,\theta,\varphi)$ 与 φ 无关,则 $m=0$,方程(6-2-16)简化为

$$(1-x^2)\frac{\mathrm{d}^2y}{\mathrm{d}x^2}-2x\frac{\mathrm{d}y}{\mathrm{d}x}+l(l+1)y=0. \tag{6-2-17}$$

它称为**勒让德方程**.它的解将在 §7-2 中求出.

由方程(6-2-17)和(6-2-16)所构成的本征值问题的本征函数,将分别在 §8-1 和 §8-2 中讨论.

(三)柱坐标系中的分离变量

拉普拉斯算符

$$\Delta=\frac{\partial^2}{\partial x^2}+\frac{\partial^2}{\partial y^2}+\frac{\partial^2}{\partial z^2}$$

在柱坐标系中的表达式可以通过柱坐标 (ρ,z,φ) 与直角坐标 (x,y,z) 之间的关系(6-2-1)

$$\left.\begin{aligned}x&=\rho\cos\varphi,\\ y&=\rho\sin\varphi,\\ z&=z\end{aligned}\right\} \tag{6-2-18}$$

换算而得.

应用复合函数的微商法则,将对 x,y,z 的偏微商用对 ρ,φ,z 的偏微商来表示,得柱坐标系中拉普拉斯算符的表达式

$$\Delta=\frac{1}{\rho}\frac{\partial}{\partial\rho}\left(\rho\frac{\partial}{\partial\rho}\right)+\frac{1}{\rho^2}\frac{\partial^2}{\partial\varphi^2}+\frac{\partial^2}{\partial z^2},\tag{6-2-19}$$

因而拉普拉斯方程在柱坐标系中的形式为

$$\frac{1}{\rho}\frac{\partial}{\partial\rho}\left(\rho\frac{\partial u}{\partial\rho}\right)+\frac{1}{\rho^2}\frac{\partial^2 u}{\partial\varphi^2}+\frac{\partial^2 u}{\partial z^2}=0.\tag{6-2-20}$$

设未知函数 $u(\rho,\varphi,z)$ 可分成单变量函数乘积的形式

$$u(\rho,\varphi,z)=R(\rho)\Phi(\varphi)Z(z).\tag{6-2-21}$$

代入方程(6-2-20),得

$$\frac{\Phi Z}{\rho}\frac{\mathrm{d}}{\mathrm{d}\rho}\left(\rho\frac{\mathrm{d}R}{\mathrm{d}\rho}\right)+\frac{RZ}{\rho^2}\frac{\mathrm{d}^2\Phi}{\mathrm{d}\varphi^2}+R\Phi\frac{\mathrm{d}^2 Z}{\mathrm{d}z^2}=0,$$

将上式乘以$\dfrac{1}{R\Phi Z}$,并将第三项移到右边,得

$$\frac{1}{\rho R}\frac{\mathrm{d}}{\mathrm{d}\rho}\left(\rho\frac{\mathrm{d}R}{\mathrm{d}\rho}\right)+\frac{1}{\rho^2\Phi}\frac{\mathrm{d}^2\Phi}{\mathrm{d}\varphi^2}=-\frac{1}{Z}\frac{\mathrm{d}^2 Z}{\mathrm{d}z^2}.\tag{6-2-22}$$

此式含 ρ,φ,z 三个独立变量,但左边仅是 ρ,φ 的函数,右边仅仅是 z 的函数,所以要等式成立只有方程两边都等于某一个常数.设此常数为$-\lambda$,则有

$$Z''-\lambda Z=0,\tag{6-2-23}$$

$$\frac{1}{R}\frac{\mathrm{d}}{\rho\mathrm{d}\rho}\left(\rho\frac{\mathrm{d}R}{\mathrm{d}\rho}\right)+\frac{1}{\rho^2\Phi}\frac{\mathrm{d}^2\Phi}{\mathrm{d}\varphi^2}=-\lambda.$$

用 ρ^2 乘后面的常微分方程,移项后得

$$\frac{\rho}{R}\frac{\mathrm{d}}{\mathrm{d}\rho}\left(\rho\frac{\mathrm{d}R}{\mathrm{d}\rho}\right)+\lambda\rho^2=-\frac{1}{\Phi}\frac{\mathrm{d}^2\Phi}{\mathrm{d}\varphi^2}$$

此式左边只是 ρ 的函数,右边只是 φ 的函数,ρ、φ 是独立变量,因而只能是两边都等于某一常数.令这一常数为 m^2,又得到两个常微分方程

$$\frac{\mathrm{d}^2\Phi}{\mathrm{d}\varphi^2}+m^2\Phi=0,\tag{6-2-24}$$

$$\frac{\mathrm{d}^2 R}{\mathrm{d}\rho^2}+\frac{1}{\rho}\frac{\mathrm{d}R}{\mathrm{d}\rho}+\left(\lambda-\frac{m^2}{\rho^2}\right)R=0.\tag{6-2-25}$$

这样一来,就将拉普拉斯方程(6-2-20)化为三个常微分方程(6-2-23)、(6-2-24)和(6-2-25).这些方程中含有待定参量 λ 和 m,它们所能取的值由边界条件或周期条件决定.

方程(6-2-23)和(6-2-24)是简单的常系数微分方程,而方程(6-2-25)是变系数常微分方程.令

$$x=\sqrt{\lambda}\rho,$$

将 $R(\rho)$ 记作 $y(x)$，方程(6-2-25)就化为

$$\frac{\mathrm{d}^2y}{\mathrm{d}x^2}+\frac{1}{x}\frac{\mathrm{d}y}{\mathrm{d}x}+\left(1-\frac{m^2}{x^2}\right)y=0 \tag{6-2-26}$$

或

$$\frac{\mathrm{d}}{\mathrm{d}x}\left(x\frac{\mathrm{d}y}{\mathrm{d}x}\right)+\left(x-\frac{m^2}{x}\right)y=0. \tag{6-2-27}$$

这个方程叫作**贝塞尔方程**，它的解将在 § 7-3 中讨论，在第九章中还将进一步讨论它的解的性质和应用.

(四) 圆形稳定场的定解问题

设有一个半径为 a 的"无限长"圆柱形接地导体，放置在均匀外电场 $\boldsymbol{E}_0$ 中，圆柱的轴线与 $\boldsymbol{E}_0$ 方向垂直，求电势分布.

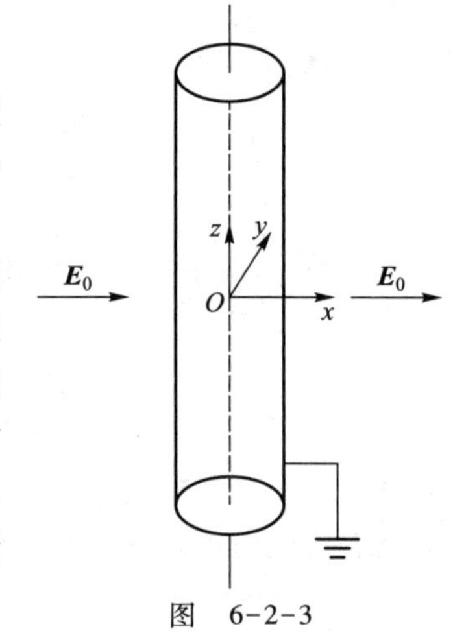

图 6-2-3

所谓"无限长"圆柱体，实际上是指，对于"有限长"圆柱体外部附近、且不太靠近圆柱体端点的地方来说，"有限长"圆柱体可近似看作"无限长"圆柱体，因而可以仅考虑任一横截面上的电势.取 z 轴沿圆柱的轴线方向，x 轴的方向与 $\boldsymbol{E}_0$ 方向一致，如图 6-2-3 所示，则电势 u 与 z 无关.由于柱外空间没有电荷，电势 $u(x,y)$ 满足二维拉普拉斯方程

$$\frac{\partial^2u}{\partial x^2}+\frac{\partial^2u}{\partial y^2}=0 \quad \left(\sqrt{x^2+y^2}\geqslant a\right). \tag{6-2-28}$$

在这个问题中，已知圆柱面上的电势为零，即

$$u\big|_{\sqrt{x^2+y^2}=a}=0. \tag{6-2-29}$$

此外，我们认为在无限远处，圆柱体上的感应电荷的影响可以忽略不计，仍保持为原来的匀强电场 $\boldsymbol{E}_0$，所以在无限远处有 $E_y=0, E_x=E_0$，即 $-\frac{\partial u}{\partial x}=E_0$，故得

$$u\big|_{\text{无限远}}\sim -E_0x, \tag{6-2-30}$$

这是一个非齐次边界条件.

我们的任务是求柱外空间的电势分布，也就是柱外空间中满足方程(6-2-28)和边界条件 (6-2-29)与(6-2-30)的解.

现在边界线是圆，如果仍然采用直角坐标系，就不可能分离变量，因而采用极坐标系，拉普拉斯方程在平面极坐标系中的表达式，就是 u 与 z 无关时的方程(6-2-20)

$$\frac{\partial^2u}{\partial r^2}+\frac{1}{r}\frac{\partial u}{\partial r}+\frac{1}{r^2}\frac{\partial^2u}{\partial\varphi^2}=0 \quad (r>a). \tag{6-2-31}$$

设

$$u(r,\varphi)=R(r)\Phi(\varphi),\tag{6-2-32}$$

代入方程(6-2-31),可把它分解为两个常微分方程[Φ 上打撇表示对 φ 求导,R 上打撇表示对 r 求导]

$$\Phi''+\lambda\Phi=0,\tag{6-2-33}$$

$$r^2R''+rR'-\lambda R=0.\tag{6-2-34}$$

方程(6-2-34)是欧拉方程,它的解见式(6-2-45).

齐次边界条件(6-2-29),在极坐标下也可分离变量,得到

$$R(a)=0.\tag{6-2-35}$$

边界条件(6-2-30)是非齐次的,不能分离变量.

另外,还要找出关于 $\Phi(\varphi)$ 的定解条件.为此,我们注意到,对于固定的 r 值,(r,φ) 与 $(r,\varphi+2\pi)$ 事实上代表同一点,而电势在这一点应当具有确定的数值,于是有定解条件

$$u(r,\varphi)=u(r,\varphi+2\pi).\tag{6-2-36}$$

这个条件叫作周期条件.将式(6-2-32)代入上式,分离变量可以得到

$$\Phi(\varphi)=\Phi(\varphi+2\pi).\tag{6-2-37}$$

这样一来,我们得到两个常微分方程的定解问题

$$\begin{cases}\Phi''+\lambda\Phi=0,\\ \Phi(\varphi+2\pi)=\Phi(\varphi)\end{cases}\tag{6-2-38}$$

和

$$\begin{cases}r^2R''+rR'-\lambda R=0,\\ R(a)=0.\end{cases}\tag{6-2-39}$$

先解哪一个呢? 这就要看哪一个能定出本征值 λ.由于问题(6-2-39)只给出了一个边界点的条件,不能构成本征值问题,故先解问题(6-2-38).

采用与§6-1同样的方法可得:

当 $\lambda=0$ 时,有解 $\Phi_0(\varphi)=A_0$;

当 $\lambda\neq0$ 时,方程(6-2-33)的通解为

$$\Phi(\varphi)=A\cos\sqrt{\lambda}\varphi+B\sin\sqrt{\lambda}\varphi.$$

代入周期条件(6-2-37),有

$$\begin{aligned}&A\cos\sqrt{\lambda}\varphi+B\sin\sqrt{\lambda}\varphi\\&=A\cos\sqrt{\lambda}(\varphi+2\pi)+B\sin\sqrt{\lambda}(\varphi+2\pi)\\&=(A\cos\sqrt{\lambda}2\pi+B\sin\sqrt{\lambda}2\pi)\cos\sqrt{\lambda}\varphi+(B\cos\sqrt{\lambda}2\pi-A\sin\sqrt{\lambda}2\pi)\sin\sqrt{\lambda}\varphi.\end{aligned}$$

由于 $\cos\sqrt{\lambda}\varphi$ 与 $\sin\sqrt{\lambda}\varphi$ 是线性独立的,上式要能成立,上式两边 $\cos\sqrt{\lambda}\varphi,\sin\sqrt{\lambda}\varphi$ 的系数必须分别相等,即

$$A\cos\sqrt{\lambda}2\pi+B\sin\sqrt{\lambda}2\pi=A,\tag{6-2-40}$$

$$B\cos\sqrt{\lambda}2\pi-A\sin\sqrt{\lambda}2\pi=B.\tag{6-2-41}$$

用 A 乘式(6-2-40)加上 B 乘式(6-2-41),得

$$\cos\sqrt{\lambda}2\pi = 1.$$

要此式成立,必须

$$\sqrt{\lambda} = n \text{ 或 } \lambda = n^2, \quad n = 1,2,3,\cdots.$$

相应的本征函数为

$$\Phi_n = A_n\cos n\varphi + B_n\sin n\varphi, \quad n = 1,2,3,\cdots.$$

总之,本征值问题(6-2-38)具有本征值

$$\lambda_n = n^2, \quad n = 0,1,2,\cdots; \tag{6-2-42}$$

和本征函数

$$\Phi_n = A_n\cos n\varphi + B_n\sin n\varphi, \quad n = 0,1,2,\cdots. \tag{6-2-43}$$

λ 的值确定以后,再来求解欧拉方程(6-2-34).令 $t=\ln r$,可将这一方程化为常系数的微分方程.将

$$\frac{\mathrm{d}R}{\mathrm{d}r} = \frac{\mathrm{d}R}{\mathrm{d}t}\frac{\mathrm{d}t}{\mathrm{d}r} = \frac{1}{r}\frac{\mathrm{d}R}{\mathrm{d}t},$$

$$\frac{\mathrm{d}^2R}{\mathrm{d}r^2} = \frac{1}{r^2}\frac{\mathrm{d}^2R}{\mathrm{d}t^2} - \frac{1}{r^2}\frac{\mathrm{d}R}{\mathrm{d}t}$$

代入式(6-2-34),并注意 $\lambda = n^2$,得

$$\frac{\mathrm{d}^2R}{\mathrm{d}t^2} - n^2R = 0, \quad n = 0,1,2,\cdots. \tag{6-2-44}$$

这个方程的解是

$$\left.\begin{aligned} R_0 &= C_0 + D_0t = C_0 + D_0\ln r \qquad (n = 0), \\ R_n &= C_n\mathrm{e}^{nt} + D_n\mathrm{e}^{-nt} = C_nr^n + D_nr^{-n} \quad (n \geqslant 1). \end{aligned}\right\} \tag{6-2-45}$$

把式(6-2-43)和式(6-2-45)代入式(6-2-32)得到二维拉普拉斯方程的特解

$$u_0(r,\varphi) = C_0 + D_0\ln r,$$

$$u_n(r,\varphi) = (A_n\cos n\varphi + B_n\sin n\varphi)(C_nr^n + D_nr^{-n}).$$

利用叠加原理,将所有这些特解叠加起来,就得到满足方程(6-2-31)和周期条件(6-2-36)的一般解

$$u(r,\varphi) = C_0 + D_0\ln r + \sum_{n=1}^{\infty}(A_n\cos n\varphi + B_n\sin n\varphi)(C_nr^n + D_nr^{-n}). \tag{6-2-46}$$

为了选定其中的系数使其满足边界条件,将式(6-2-46)代入齐次边界条件(6-2-29),得

$$C_0 + D_0\ln a + \sum_{n=1}^{\infty}(A_n\cos n\varphi + B_n\sin n\varphi)(C_na^n + D_na^{-n}) = 0.$$

我们知道,一个傅里叶级数等于零,则所有的傅里叶系数均为零.因而得到

$$C_0 + D_0\ln a = 0, \quad C_na^n + D_na^{-n} = 0.$$

于是

$$C_0 = -D_0\ln a, \quad D_n = -C_na^{2n}.$$

这样一来,式(6-2-46)简化为

$$u(r,\varphi)=D_0\ln\frac{r}{a}+\sum_{n=1}^{\infty}(A_n\cos n\varphi+B_n\sin n\varphi)\left(r^n-\frac{a^{2n}}{r^n}\right).\quad(6-2-47)$$

再来考虑无限远处的非齐次边界条件(6-2-30).将它用极坐标表示,由于$x=r\cos\varphi$,所以

$$u|_{r\to\infty}\sim -E_0r\cos\varphi.\quad(6-2-48)$$

将式(6-2-47)代入式(6-2-48),当$r\to\infty$时,得

$$D_0\ln\frac{r}{a}+\sum_{n=1}^{\infty}(A_n\cos n\varphi+B_n\sin n\varphi)r^n\to -E_0r\cos\varphi.$$

对φ而言此式两边都是傅里叶级数,只不过右边的傅里叶级数是一个单项而已.比较两边的傅里叶系数,可得

$$D_0=0,\quad B_n=0,$$

$$A_1=-E_0,\quad A_n=0\quad(n>1)$$

将所求得的系数代入式(6-2-47),最后得到在匀强电场中放入无限长圆柱导体后的电势分布为

$$u(r,\varphi)=-E_0r\cos\varphi+E_0\frac{a^2}{r}\cos\varphi,\quad(6-2-49)$$

其中$-E_0r\cos\varphi$是原来的匀强电场的电势分布;$\frac{a^2}{r}E_0\cos\varphi$表示柱面上的感应电荷对电势分布的影响,当$r$很大时,这项可以忽略.

为了验证前面将“有限长”圆柱体近似看作“无限长”圆柱体的可靠性和近似程度,我们选择半径为3 m、长为50 m的圆柱体,分别利用软件和式(6-2-49)的解析表达式进行了模拟、解析计算.三维模拟的结果表明,圆柱体外部附近的电场强度与圆柱体的长度无关,即电场为二维场,这表明“有限长”的圆柱体对其外部附近、且不太靠近端点的空间点来说,可近似看作“无限长”圆柱体.二维情况下仿真计算、解析计算的电场线结果如图6-2-4、图6-2-5所示(彩图见二维码).

模拟图

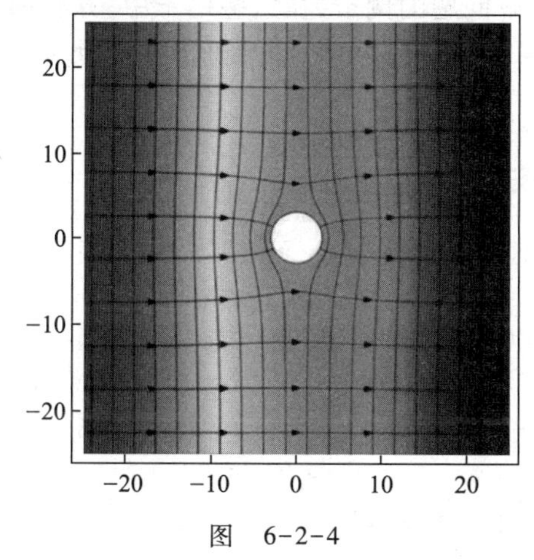

图　6-2-4

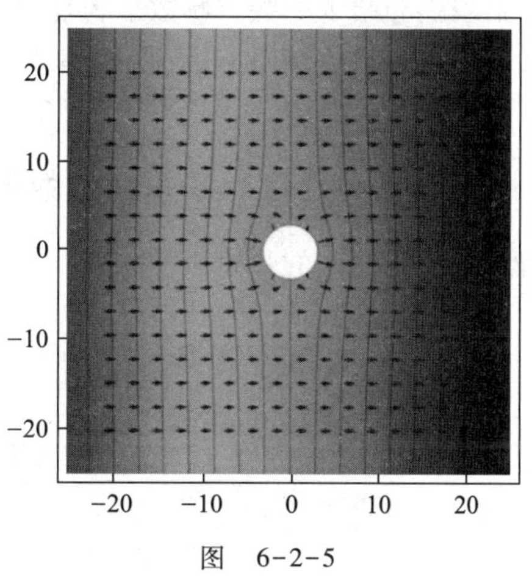

图　6-2-5

【解毕】

习 题

1. 将亥姆霍兹方程 $\Delta u+\lambda u=0$ 分别在球坐标系和柱坐标系中分离变量,其中 λ 为常数.
2. 在矩形区域 $0\leqslant x\leqslant a,0\leqslant y\leqslant b$ 内求拉普拉斯方程的解,使其满足边界条件:

$$u\big|_{x=0}=0,\quad u\big|_{x=a}=Ay;$$

$$\left.\frac{\partial u}{\partial y}\right|_{y=0}=0,\quad \left.\frac{\partial u}{\partial y}\right|_{y=b}=0.$$

3. 求一个长而薄的圆柱面内的电势,该圆柱面被微小间隙分成两半,上半片($0<\theta<\pi$)上电势为 V_0,下半片($\pi<\theta<2\pi$)上电势为零,该圆柱的半径为 R.
4. 一圆环形平板,内半径为 r_1,外半径为 r_2,侧面绝热,如内圆温度保持为 0℃,外圆温度保持为 1℃,求稳恒状态下的温度分布.
5. 一半径为 a 的半圆形平板,其圆周边界上的温度保持 $u(a,\varphi)=T\varphi(\pi-\varphi)$,而直径边界上的温度保持为 0℃,板的侧面绝热,求稳恒状态下的温度分布.(T 为给定的常数.)
6. 设有无穷长圆柱体,半径为 R,在热传导过程中内部无热源,而边界上保持温度 $f(\theta)$,当柱体内温度分布达到稳定时,求温度分布.
7. 利用恒等式

$$\frac{1}{2}+\sum_{n=1}^{\infty}\rho^n\cos n(\varphi-\theta)=\frac{1}{2}\frac{1-\rho^2}{1-2\rho\cos(\varphi-\theta)+\rho^2},$$

其中 $|\rho|<1$,证明上题的级数解可表示成积分形式

$$u(r,\varphi)=\frac{1}{2\pi}\int_0^{2\pi}f(\theta)\frac{R^2-r^2}{R^2+r^2-2Rr\cos(\varphi-\theta)}\mathrm{d}\theta,$$

这个公式称为圆域内的**泊松公式**.

§6-3 非齐次方程与非齐次边界条件

非齐次方程与非齐次边界条件

以上我们介绍了一些求解数学物理方程定解问题的例子,在这些例子中,方程和边界条件大多数是齐次的.在这一节里,简单地讨论一下处理非齐次方程和非齐次边界条件的方法.

(一)非齐次方程 按本征函数展开法

以两端固定的弦的强迫振动为例,考虑下列定解问题

$$\frac{\partial^2 u}{\partial t^2}-a^2\frac{\partial^2 u}{\partial x^2}=f(x,t)\quad(0<x<l,t>0),\tag{6-3-1}$$

$$u\big|_{x=0}=0,\quad u\big|_{x=l}=0,\tag{6-3-2}$$

$$u\big|_{t=0}=\varphi(x),\quad \left.\frac{\partial u}{\partial t}\right|_{t=0}=\psi(x).\tag{6-3-3}$$

为了求解这一问题,可以借鉴解非齐次常微分方程的“常数变易法”,即采用相应的齐次

方程通解的形式,将其中的常系数看成可变的待定函数,并要求这样写出的解满足非齐次方程和定解条件,由此来确定待定函数.

与定解问题(6-3-1)—(6-3-3)相应的齐次方程定解问题是式(6-1-1)—式(6-1-3),它的通解是式(6-1-15),即

$$u(x,t)=\sum_{n=1}^{\infty}\left(A_n\cos\frac{n\pi}{l}at+B_n\sin\frac{n\pi}{l}at\right)\sin\frac{n\pi}{l}x.$$

把 A_n 和 B_n 看作是 t 的函数.将解写成

$$u(x,t)=\sum_{n=1}^{\infty}T_n(t)\sin\frac{n\pi}{l}x.\tag{6-3-4}$$

式中 $T_n(t)$ 是待定函数.这就是说,将所要求的非齐次方程定解问题的解,按相应齐次方程和齐次边界条件的本征函数展开,因此称其为**按本征函数展开法**.

将式(6-3-4)代入定解问题(6-3-1)—(6-3-3),由于是按相应齐次定解问题的本征函数展开,自然满足边界条件(6-3-2),而方程(6-3-1)和初始条件(6-3-3)成为

$$\sum_{n=1}^{\infty}\left(T_n''+\frac{n^2\pi^2a^2}{l^2}T_n\right)\sin\frac{n\pi}{l}x=f(x,t),\tag{6-3-5}$$

$$\left.\begin{aligned}&\sum_{n=1}^{\infty}T_n(0)\sin\frac{n\pi}{l}x=\varphi(x),\\&\sum_{n=1}^{\infty}T_n'(0)\sin\frac{n\pi}{l}x=\psi(x).\end{aligned}\right\}\tag{6-3-6}$$

为了找到决定 $T_n(t)$ 的方程和条件,用 $\sin\left(\frac{k\pi x}{l}\right)\mathrm{d}x$ 乘以上三式的左右两边,再从 0 到 l 逐项积分,利用积分公式(6-1-18),得到[将最后结果中的脚标 k 重新改写为 n]

$$T_n''+\frac{n^2\pi^2a^2}{l^2}T_n=f_n(t);\tag{6-3-7}$$

$$T_n(0)=\varphi_n,\quad T_n'(0)=\psi_n,\tag{6-3-8}$$

其中

$$f_n(t)=\frac{2}{l}\int_0^l f(x,t)\sin\frac{n\pi}{l}x\mathrm{d}x,\tag{6-3-9}$$

$$\varphi_n=\frac{2}{l}\int_0^l\varphi(x)\sin\frac{n\pi}{l}x\mathrm{d}x,\tag{6-3-10}$$

$$\psi_n=\frac{2}{l}\int_0^l\psi(x)\sin\frac{n\pi}{l}x\mathrm{d}x.\tag{6-3-11}$$

这样,非齐次偏微分方程的定解问题(6-3-1)—(6-3-3)归结为非齐次常微分方程的初值问题(6-3-7)、(6-3-8).在下一章§7-5中将求得它的通解为(7-5-53)

$$T_n(t)=\frac{l}{n\pi a}\int_0^t f_n(\tau)\sin\frac{n\pi a}{l}(t-\tau)\mathrm{d}\tau+\varphi_n\cos\frac{n\pi a}{l}t+\frac{l}{n\pi a}\psi_n\sin\frac{n\pi a}{l}t.\tag{6-3-12}$$

将式(6-3-12)代入式(6-3-4)即得所求的解.

如果要避开求解非齐次常微分方程的初值问题,注意到方程(6-3-1)和定解条件(6-3-2)、(6-3-3)都是线性的,利用叠加原理,把解 $u(x,t)$ 看作两个函数 $V(x,t)$ 和 $W(x,t)$ 的叠加,即设

$$u(x,t)=V(x,t)+W(x,t), \tag{6-3-13}$$

其中 $V(x,t)$ 满足非齐次方程和零初始条件

$$\left.\begin{aligned}&V_{tt}-a^2V_{xx}=f(x,t),\\&V|_{x=0}=0,\quad V|_{x=l}=0,\\&V|_{t=0}=0,\quad V_t|_{t=0}=0,\end{aligned}\right\} \tag{6-3-14}$$

而 $W(x,t)$ 满足齐次方程和非零初始条件

$$\left.\begin{aligned}&W_{tt}-a^2W_{xx}=0,\\&W|_{x=0}=0,\quad W|_{x=l}=0,\\&W|_{t=0}=\varphi(x),\quad W_t|_{t=0}=\psi(x).\end{aligned}\right\} \tag{6-3-15}$$

物理上,$V(x,t)$ 代表强迫力所引起的振动,而 $W(x,t)$ 则表示初位移和初速度所引起的自由振动.式(6-3-13)表明,有界弦的强迫振动可以看作这两部分振动的叠加.

问题(6-3-15)在§6-1中已经解过了,因此现在只需要求解问题(6-3-14).比较式(6-3-14)和(6-3-1)—(6-3-3)可见,初始条件已经变成齐次的了.与式(6-3-4)类似,令

$$V(x,t)=\sum_{n=1}^{\infty}T_n(t)\sin\frac{n\pi}{l}x, \tag{6-3-16}$$

得到 $T_n(t)$ 所应满足的方程和初始条件

$$T''_n+\frac{n^2\pi^2a^2}{l^2}T_n=f_n, \tag{6-3-17}$$

$$T_n(0)=0,\quad T'_n(0)=0, \tag{6-3-18}$$

其中 $f_n(t)$ 仍由式(6-3-9)决定.这是具有齐次初始条件的非齐次常微分方程.解出这一方程以后,代入式(6-3-16),就可求得式(6-3-14)的解.

(二) 非齐次边界条件的处理

前面讨论的求解方法都要求边界条件必须是齐次的.如果边界条件是非齐次的,就不可能用分离变量法得到关于 $X(x)$ 的定解条件,因而不能直接应用分离变量法.

如何求解含有非齐次边界条件的定解问题呢?我们以下述定解问题为例来说明处理非齐次边界条件的方法.

$$\frac{\partial^2u}{\partial t^2}-a^2\frac{\partial^2u}{\partial x^2}=f(x,t)\quad(0<x<l,t>0), \tag{6-3-19}$$

$$u|_{x=0}=u_1(t),\quad u|_{x=l}=u_2(t), \tag{6-3-20}$$

$$u\Big|_{t=0}=\varphi(x),\quad \frac{\partial u}{\partial t}\Big|_{t=0}=\psi(x). \qquad (6-3-21)$$

前面求解非齐次方程的办法是，将原定解问题分解为初始条件不为零的齐次方程定解问题和零初始条件非齐次方程的定解问题，如式(6-3-13).用类似的方法，现在也将定解问题(6-3-19)—(6-3-21)的解分为两部分，即设

$$u(x,t)=V(x,t)+W(x,t), \qquad (6-3-22)$$

其中 $W(x,t)$ 是任一满足非齐次边界条件(6-3-20)的函数，即要求

$$W\big|_{x=0}=u_1(t),\quad W\big|_{x=l}=u_2(t). \qquad (6-3-23)$$

最简单的选取 $W(x,t)$ 的方法是，设它是 x 的线性函数

$$W(x,t)=A(t)x+B(t). \qquad (6-3-24)$$

由条件(6-3-23)可确定 A,B 得

$$A(t)=\frac{1}{l}[u_2(t)-u_1(t)],\quad B(t)=u_1(t).$$

则

$$W(x,t)=u_1(t)+\frac{u_2(t)-u_1(t)}{l}x. \qquad (6-3-25)$$

将式(6-3-22)及式(6-3-24)代入原定解问题，得到 $V(x,t)$ 的定解问题为

$$\frac{\partial^2 V}{\partial t^2}-a^2\frac{\partial^2 V}{\partial x^2}=f(x,t)-\frac{\partial^2 W}{\partial t^2}+a^2\frac{\partial^2 W}{\partial x^2}; \qquad (6-3-26)$$

$$V\big|_{x=0}=0,\quad V\big|_{x=l}=0, \qquad (6-3-27)$$

$$V\Big|_{t=0}=\varphi(x)-W(x,0),\quad \frac{\partial V}{\partial t}\Big|_{t=0}=\psi(x)-W_t(x,0). \qquad (6-3-28)$$

这是一个非齐次方程齐次边界条件的定解问题，可用以上介绍过的“按本征函数展开法”求解.

还要指出，由于 $W(x,t)$ 的选取有一定的任意性，选取不同的 $W(x,t)$ 所得的解 $u(x,t)$ 在形式上可能很不相同.但根据解的唯一性，可知这些解实质上是一样的.

以上讨论了一维情况下非齐次方程和非齐次边界条件的处理方法.下面以二维矩形区域的稳定场问题为例，介绍在二维情况下如何处理非齐次方程和非齐次边界条件.设定解问题为

$$\frac{\partial^2 u}{\partial x^2}+\frac{\partial^2 u}{\partial y^2}=f(x,y)\quad (0<x<a,\quad 0<y<b); \qquad (6-3-29)$$

$$u\big|_{x=0}=\varphi_1(y),\quad u\big|_{x=a}=\psi_1(y), \qquad (6-3-30)$$

$$u\big|_{y=0}=\varphi_2(x),\quad u\big|_{y=b}=\psi_2(x). \qquad (6-3-31)$$

按照通常求解非齐次方程的方法，可设非齐次方程的一个特解为 $V(x,y)$，使其满足

$$V_{xx}+V_{yy}=f(x,y). \qquad (6-3-32)$$

这样，利用叠加原理，可把 $u(x,y)$ 看作 $V(x,y)$ 和 $W(x,y)$ 的叠加，即

$$u(x,y)=V(x,y)+W(x,y). \qquad (6-3-33)$$

于是,可得到关于 $W(x,y)$ 的定解问题

$$W_{xx}+W_{yy}=0; \tag{6-3-34}$$

$$W\big|_{x=0}=\varphi_1(y)-V(0,y),\quad W\big|_{x=a}=\psi_1(y)-V(a,y), \tag{6-3-35}$$

$$W\big|_{y=0}=\varphi_2(x)-V(x,0),\quad W\big|_{y=b}=\psi_2(x)-V(x,b). \tag{6-3-36}$$

这是一个齐次方程与两个非齐次边界条件的定解问题,再利用叠加原理,将 $W(x,y)$ 看作两个函数 $X(x,y)$ 和 $Y(x,y)$ 的叠加,即

$$W(x,y)=X(x,y)+Y(x,y). \tag{6-3-37}$$

由此,很容易得到关于 $X(x,y)$ 和 $Y(x,y)$ 的定解问题

$$X_{xx}+X_{yy}=0. \tag{6-3-38}$$

$$X\big|_{x=0}=0.\quad X\big|_{x=a}=0, \tag{6-3-39}$$

$$X\big|_{y=0}=\varphi_2(x)-V(x,0),\quad X\big|_{y=b}=\psi_2(x)-V(x,b). \tag{6-3-40}$$

$$Y_{xx}+Y_{yy}=0. \tag{6-3-41}$$

$$Y\big|_{x=0}=\varphi_1(y)-V(0,y),\quad Y\big|_{x=a}=\psi_1(y)-V(a,y), \tag{6-3-42}$$

$$Y\big|_{y=0}=0,\quad Y\big|_{y=b}=0. \tag{6-3-43}$$

以上两个定解问题可利用分离变量法直接进行求解.

习 题

1. 求解定解问题

$$\frac{\partial u}{\partial t}-a^2\frac{\partial^2 u}{\partial x^2}-Ae^{-\alpha x}=0\quad(0<x<l,t>0);$$

$$u\big|_{x=0}=0,\quad u\big|_{x=l}=0.$$

$$u\big|_{t=0}=T_0(\text{常数}).$$

2. 求解定解问题

$$\frac{\partial^2 u}{\partial x^2}+\frac{\partial^2 u}{\partial y^2}=-2\quad\left(0<x<a,-\frac{b}{2}<y<\frac{b}{2}\right);$$

$$u\big|_{x=0}=0,\quad u\big|_{x=a}=0,$$

$$u\big|_{y=-b/2}=0,\quad u\big|_{y=b/2}=0.$$

3. 在圆域 $\rho<a$ 上求解 $\Delta u=-xy$,边界条件是

$$u\big|_{\rho=a}=0.$$

4. 求解定解问题

$$u_{tt}-a^2u_{xx}=A\cos\frac{\pi}{l}x\sin\omega t\quad(0<x<l,t>0);$$

$$u_x\big|_{x=0}=u_x\big|_{x=l}=0,$$

$$u\big|_{t=0}=0,\quad u_t\big|_{t=0}=0.$$

5. 均匀细导线,每单位长的电阻为 r,通以恒定的电流 I,导线表面跟周围温度为零的介质进行热交换,试求导线上温度的变化.设初始温度和两端温度都为零,h 是热交换系数.

6. 在环形区域 $a\leqslant\sqrt{x^2+y^2}\leqslant b$ 内求解定解问题

$$\frac{\partial^2 u}{\partial x^2}+\frac{\partial^2 u}{\partial y^2}=12(x^2-y^2);$$

$$u\Big|_{\sqrt{x^2+y^2}=a}=0,\quad \frac{\partial u}{\partial n}\Big|_{\sqrt{x^2+y^2}=b}=0.$$

7. 求解定解问题

$$u_t=2u_{xx};$$

$$u(0,t)=10,\quad u(3,t)=40,$$

$$u(x,0)=25.$$

8. 散热片的横截面为矩形($0\leqslant x\leqslant a,0\leqslant y\leqslant b$),它的一边 $y=b$ 保持较高温度 u_1,其他三边则保持较低温度 u_0,求解这横截面上的稳定温度分布.

9. 杆的初始温度是均匀的 u_0,杆长为 l,杆的一端保持温度 $u_1<u_0$ 不变,而另一端绝热,求杆中的温度分布.

10. 求下列定解问题的解

$$u_{tt}-a^2u_{xx}=\frac{a^2}{5};$$

$$u(0,t)=0,\quad u(l,t)=\frac{l}{5},$$

$$u(x,0)=u_t(x,0)=0.$$

§ 6-4　常微分方程的本征值问题

以上通过一些具体例子介绍了求解数学物理偏微分方程的分离变量法,现小结如下:

常微分方程的本征值问题(1)

1. 对于齐次方程齐次边界条件,用分离变量法求解的步骤是:

(1) 根据边界形状选取适当的坐标系,使边界面恰好与某个(或某些)坐标为常数的面重合或成为其一部分,以便使得边界条件能够转换为加在各个单变量函数上的条件.

(2) 分离变量,将解偏微分方程的问题转换为解常微分方程的问题.其中带有齐次边界条件的是本征值问题.

(3) 求解本征值问题,确定本征值和本征函数.

(4) 将所求得的常微分方程的解和本征值问题的本征函数相乘,得到满足偏微分方程和边界条件的特解,再利用叠加原理得到一般解.

(5) 由初始条件(或边界条件)确定一般解中的待定系数.

常微分方程的本征值问题(2)

2. 对于非齐次方程齐次边界条件,用按本征函数展开法求解的主要步骤是:

(1) 首先求对应的齐次方程和齐次边界条件的本征函数.

(2) 将所要求的解按本征函数展开,代入原定解问题,可将偏微分方程的定解问题化为常微分方程的定解问题.

(3) 解常微分方程的定解问题.

3. 对于非齐次边界条件,必须先将边界条件齐次化.齐次化的方法是选取任一满足非齐次边界条件的函数 $W(x,t)$,将解分为两部分:

$$u(x,t)=W(x,t)+V(x,t),$$

$V(x,t)$满足齐次边界条件,可用前面的解法求得.

总之,分离变量法把偏微分方程的定解问题,转化为求解常微分方程以及相应的本征值问题.将求得的常微分方程的解与本征值问题的本征函数相乘,得到偏微分方程满足边界条件的一组特解,再利用叠加原理,将特解叠加起来得到一般解.问题在于,偏微分方程的满足边界条件的一般解,是否都能用分离变量法得到的特解展开成级数(广义傅里叶级数)?换句话说,偏微分方程满足边界条件的一般解是否都能用相应的本征函数展开为级数?能进行这样的展开是分离变量法的基础.在这一节里,我们将对常微分方程的本征值问题作一些一般性讨论,特别着重于用本征函数展开任意函数的问题.

前面遇到的常微分方程,例如贝塞尔方程(6-2-27)和连带勒让德方程(6-2-16),都可以概括地写成如下形式①

$$\frac{\mathrm{d}}{\mathrm{d}x}\left[k(x)\frac{\mathrm{d}y}{\mathrm{d}x}\right]-q(x)y+\lambda\rho(x)y=0\quad(a\leqslant x\leqslant b),\tag{6-4-1}$$

这个方程叫作施图姆-刘维尔型方程,简称施-刘型方程.它与一定的边界条件或周期条件所构成的本征值问题叫作施-刘型本征值问题.

方程(6-4-1)可以改写为

$$Ly=\lambda\rho y,\tag{6-4-2}$$

其中的 L 是一个线性算符

$$L=-\frac{\mathrm{d}}{\mathrm{d}x}\left[k(x)\frac{\mathrm{d}}{\mathrm{d}x}\right]+q(x).\tag{6-4-3}$$

在边界条件或周期条件的限制下解方程(6-4-2),求本征值 λ 和本征函数$y(x)$称为算符 L 的本征值问题.

施-刘型方程通常与下列三种定解条件构成本征值问题:

(1) 第一、第二、第三类齐次边界条件.在§5-3 中我们曾将这种边界条件统一地写成式(5-3-17)的形式.在只有一个空间变量的情况下,边界就是两个端点$x=a$和 $x=b$,此时,第一、第二、第三类齐次边界条件可写为

$$\alpha_1y(a)-\beta_1y'(a)=0,\tag{6-4-4}$$

$$\alpha_2y(b)+\beta_2y'(b)=0,\tag{6-4-5}$$

式(6-4-4)中的负号是因为在端点 $x=a$ 处,外法线方向与 x 轴的正方向相反,即$\dfrac{\partial}{\partial n}=-\dfrac{\partial}{\partial x}$;$\alpha_1,\beta_1,\alpha_2$ 和 β_2 均为不小于零的常数,且 α_1 与 β_1 或 α_2 与 β_2 不同时为零.

(2) 有界条件(又称自然边界条件).当端点 a 或 b 是 $k(x)$的一阶零点时,由下一章§7-1 知,该点是常微分方程的正则奇点,在该处解可能是无界的,而物理上要求解有界,

① 任意一个线性的含参量 λ 的二阶线性齐次常微分方程

$$A(x)y''+B(x)y'+[C(x)+\lambda D(x)]y=0$$

都可以通过乘上一个满足方程$(aA)'=aB$的函数 $a(x)$化为施-刘型方程(6-4-1).

故有有界条件

$$y(a),\quad y(b)\ \text{有界}. \tag{6-4-6}$$

(3) 周期性条件.若 $k(x)$,$q(x)$,$\rho(x)$在两端点 a 和 b 的值相同,则有周期条件

$$y(a)=y(b),\quad y'(a)=y'(b). \tag{6-4-7}$$

下面举几个求解施-刘型本征值问题的例子.

例 1　当 $k(x)=1$,$q(x)=0$,$\rho(x)=1$ 时,方程(6-4-1)简化为

$$y''(x)+\lambda y(x)=0. \tag{6-4-8}$$

对应的算符是

$$L=-\frac{\mathrm{d}^2}{\mathrm{d}x^2} \tag{6-4-9}$$

如果在两端点 $a=0,b=l$ 有第一类边界条件

$$y(0)=0,\quad y(l)=0. \tag{6-4-10}$$

方程(6-4-8)和边界条件(6-4-10)构成的本征值问题已在 § 6-1 中解过,得到本征值(6-1-11)和本征函数(6-1-12):

$$\lambda_n=\left(\frac{n\pi}{l}\right)^2\quad(n=1,2,\cdots), \tag{6-4-11}$$

$$y_n=\sin\frac{n\pi}{l}x\quad(n=1,2,\cdots). \tag{6-4-12}$$

又如两端点为 $a=0,b=2\pi$,且有周期条件

$$y(x+2\pi)=y(x), \tag{6-4-13}$$

则方程(6-4-8)和周期条件(6-4-13)也构成本征值问题,它的解在 § 6-2 中讨论过,结果得到的本征值为式(6-2-42)

$$\lambda_m=m^2\quad(m=0,1,\cdots),$$

本征函数系是

$$1,\sin x,\cos x,\sin 2x,\cos 2x,\cdots$$

或由它们按欧拉公式组合成为

$$1,\mathrm{e}^{\mathrm{i}x},\mathrm{e}^{-\mathrm{i}x},\cdots.$$

如果用脚标 n ($n=1,2,\cdots$)重新给本征值和本征函数编号就有

$$\begin{aligned}\lambda_n&=0,\quad 1,\quad 1,\quad 4,\quad 4,\quad \cdots,\\ y_n&=1,\quad \sin x,\quad \cos x,\quad \sin 2x,\quad \cos 2x,\quad \cdots\end{aligned} \tag{6-4-14}$$

或

$$y_n=0,\quad \mathrm{e}^{\mathrm{i}x},\quad \mathrm{e}^{-\mathrm{i}x},\quad \mathrm{e}^{\mathrm{i}2x},\quad \mathrm{e}^{-\mathrm{i}2x},\quad \cdots.$$

例 2　连带勒让德方程(6-2-15)

$$\frac{\mathrm{d}}{\mathrm{d}x}\left[(1-x^2)\frac{\mathrm{d}y}{\mathrm{d}x}\right]+\left[l(l+1)-\frac{m}{1-x^2}\right]y(x)=0 \tag{6-4-15}$$

是施-刘型方程,对应的算符是

$$L=-\frac{\mathrm{d}}{\mathrm{d}x}\left[(1-x^2)\frac{\mathrm{d}}{\mathrm{d}x}\right]+\left(\frac{m}{1-x^2}\right),\tag{6-4-16}$$

而本征值是

$$\lambda=l(l+1).\tag{6-4-17}$$

将它与方程(6-4-1)比较可见,

$$k(x)=1-x^2,\quad q(x)=\frac{m^2}{1-x^2},\quad \rho(x)=1.$$

由于 $x=\cos\theta$,而 $0\leqslant\theta\leqslant\pi$,所以 $-1\leqslant x\leqslant 1$.在端点 $a=-1,b=1$,有 $k(\pm1)=0$.可以证明它的解在 $x=\pm1$ 是发散的[①],在端点需要加上有界条件

$$y(-1),\ y(1)\ 有界.\tag{6-4-18}$$

方程(6-4-15)和有界条件(6-4-18)所构成的本征值问题将在第八章 §8-2 中讨论.

例 3　贝塞尔方程(6-2-27)可以化为施-刘型方程

$$\frac{\mathrm{d}}{\mathrm{d}x}\left(x\frac{\mathrm{d}y}{\mathrm{d}x}\right)-\frac{m^2}{x}y+\lambda xy=0\tag{6-4-19}$$

对应的算符是

$$L=-\frac{\mathrm{d}}{\mathrm{d}x}\left(x\frac{\mathrm{d}}{\mathrm{d}x}\right)+\frac{m^2}{x}.\tag{6-4-20}$$

和(6-4-1)比较可见,在此情况下

$$k(x)=x,\quad q(x)=\frac{m^2}{x},\quad \rho(x)=x.$$

根据 §6-2 中的讨论可见,x(即那里的 ρ)是极坐标中的半径,它的变化区间由 0 到给定半径 x_0,即 $0\leqslant x\leqslant x_0$,因而在相应的施-刘型方程中

$$a=0,\quad b=x_0.$$

端点 $a=0$ 是 $k(x)=x$ 的一阶零点,由下一章 §7-3 的讨论可知,贝塞尔方程的一个解在 $x=0$是无界的,所以需加上有界条件

$$y=0\ 有界.\tag{6-4-21}$$

而在另一个端点 $b=x_0$ 可以是第一、第二、第三类边界条件

$$\alpha y(x_0)+\beta y'(x_0)=0.\tag{6-4-22}$$

方程(6-4-19)和边界条件(6-4-21)、(6-4-22)构成的本征值问题,将在第九章中讨论.

从以上几个例子可以看出,施-刘型方程本征值问题是用分离变量法求解偏微分方程定解问题的核心.

在本书中,我们不讨论本征值问题的一般理论,仅仅叙述有关施-刘型方程本征值问

---

① 导致出现这一发散的原因是,连带勒让德方程是将拉普拉斯方程转到球坐标系时得到的.在这一坐标转换中,由于坐标的紧致化,使得在 $\theta=0,\pi$ 出现奇点,见 §6-2(一).

题的一些结论.

设：$\rho(x)$，$k(x)$及其导数在(a,b)中连续；

$q(x)$在(a,b)中连续，在区间端点连续或有一阶极点；

在(a,b)中，$\rho(x)>0$，$k(x)>0$，$q(x)\geqslant 0$；

$k(x)$在区间端点处可能有一阶零点.

则施-刘型方程本征值问题有如下结论：

结论一（存在定理）　存在无穷多个实的、非负的本征值，它们构成一个递增数列，即

$$0 \leqslant \lambda_1 \leqslant \lambda_2 \leqslant \cdots \leqslant \lambda_n \leqslant \cdots. \qquad (6-4-23)$$

对应地有无穷多个本征函数

$$y_1(x), y_2(x), \cdots, y_n(x), \cdots. \qquad (6-4-24)$$

如果式(6-4-23)的各个不等式中有一些取等号，就意味同一本征值对应的本征函数不止一个，这称为简并（或退化）情形.

这个定理的证明要用到积分方程理论，超出本书范围，有兴趣的读者可参阅专著.①

结论二（正交性定理）　对应于不同本征值的本征函数在区间$[a,b]$上带权重$\rho(x)$正交，即

$$\int_a^b y_m^*(x) y_n(x) \rho(x) \mathrm{d}x = 0 \quad (\lambda_n \neq \lambda_m), \qquad (6-4-25)$$

其中$y_m^*(x)$是$y_m(x)$的复共轭.

在简并情形下，对应于同一本征值的两个线性无关的本征函数不一定正交，但是总可以取它们的线性组合，得到两个互相正交的本征函数，因此，可以认为式(6-4-25)对$m\neq n$成立.

证　本征函数$y_m^*(x)$和$y_n(x)$分别满足方程

$$\frac{\mathrm{d}}{\mathrm{d}x}(k y_m^{*\prime}) - q y_m^* + \lambda_m \rho y_m^* = 0,$$

$$\frac{\mathrm{d}}{\mathrm{d}x}(k y_n') - q y_n + \lambda_n \rho y_n = 0,$$

以y_n乘第一式两边，以y_m^*乘第二式两边，然后相减得

$$y_n \frac{\mathrm{d}}{\mathrm{d}x}[k y_m^{*\prime}] - y_m^* \frac{\mathrm{d}}{\mathrm{d}x}[k y_n'] + (\lambda_m - \lambda_n)\rho y_m^* y_n = 0,$$

对x从a到b逐项积分，得

$$0 = \int_a^b \left[y_n \frac{\mathrm{d}}{\mathrm{d}x}(k y_m^{*\prime}) - y_m^* \frac{\mathrm{d}}{\mathrm{d}x}(k y_n') \right] \mathrm{d}x + (\lambda_m - \lambda_n)\int_a^b \rho y_m^* y_n \mathrm{d}x$$

$$= \int_a^b \frac{\mathrm{d}}{\mathrm{d}x}[k y_m^{*\prime} y_n - y_m^* y_n'] \mathrm{d}x + (\lambda_m - \lambda_n)\int_a^b \rho y_m^* y_n \mathrm{d}x$$

① R.柯朗，D.希尔伯特.数学物理方法Ⅰ.钱敏，郭敦仁，译.北京：科学出版社，1981.

$$= [ky_m^{*\prime} y_n - ky_m^* y_n']_{x=a}^{x=b} + (\lambda_m - \lambda_n)\int_a^b \rho y_m^* y_n \mathrm{d}x. \qquad (6-4-26)$$

对于第一、第二、第三类齐次边界条件,可以证明上式方括号中的两项总等于零.事实上,如果在端点 b 有第一类或者第二类齐次边界条件,即 $y_n(b)=0, y_m^*(b)=0$ 或 $y_n'(b)=0, y_m^{*\prime}(b)=0$,则将上限 $x=b$ 代入时,方括号中的项显然等于零;如果在 $x=b$ 处为第三类齐次边界条件 $\alpha_2 y_n(b)+\beta_2 y_n'(b)=0, \alpha_2 y_m^*(b)+\beta_2 y_m^{*\prime}(b)=0$,则

$$[ky_m^{*\prime} y_n - ky_m^* y_n']_{x=b} = \frac{\alpha_2}{\beta_2}[-ky_m^* y_n + ky_m^* y_n]_{x=b} = 0$$

同理可证,对下限 $x=a$ 方括号中的项也为零.于是式(6-4-26)成为

$$(\lambda_m - \lambda_n)\int_a^b \rho y_m^* y_n \mathrm{d}x = 0.$$

因为 $\lambda_m \neq \lambda_n$,即 $\lambda_m - \lambda_n \neq 0$,所以必有

$$\int_a^b \rho y_m^* y_n \mathrm{d}x = 0.$$

【证毕】

如果权重 $\rho(x)=1$,式(6-4-25)简单地称为正交.式(6-1-18)和(6-1-48)给出了本征函数系正交性的两个具体例子.

结论三(完备性定理) 本征函数系(6-4-24)在区间 $[a,b]$ 上构成一个完备系,即任意一个具有二阶连续导数的函数 $f(x)$,只要它满足本征值问题中的边界条件,都可以用函数系(6-4-24)展开成绝对而且一致收敛的级数

$$f(x) = \sum_{n=1}^{\infty} c_n y_n(x). \qquad (6-4-27)$$

这个定理的证明超出本书范围.

式(6-4-27)右边的级数称为广义傅里叶级数,c_n 称为广义傅里叶系数,下面利用正交关系(6-4-25)导出广义傅里叶系数的计算公式.

用 $\rho(x)y_m^*(x)$ 乘式(6-4-27)两边,并逐项积分,有

$$\int_a^b f(x)y_m^*(x)\rho(x)\mathrm{d}x = \sum_{n=1}^{\infty} c_n \int_a^b \rho(x)y_m^*(x)y_n(x)\mathrm{d}x.$$

由于正交关系(6-4-25),上式右边除去 $n=m$ 的一项外都为零,故有

$$\int_a^b f(x)y_m^*(x)\rho(x)\mathrm{d}x = c_m \int_a^b \rho(x)\,|y_m(x)|^2 \mathrm{d}x.$$

即

$$c_n = \frac{\int_a^b y_n^*(x)f(x)\rho(x)\mathrm{d}x}{\int_a^b |y_n(x)|^2 \rho(x)\mathrm{d}x}, \qquad (6-4-28)$$

通常将式(6-4-28)的分母写为 N_n^2,则

$$N_n^2 = \int_a^b |y_n(x)|^2 \rho(x)\mathrm{d}x, \qquad (6-4-29)$$

N_n^{-1} 是本征函数 $y_n(x)$ 的归一化因子.用 N_n^{-1} 乘 $y_n(x)$ 就使它归一化,即有

$$Y_n(x)=N_n^{-1}y_n(x)=\frac{y_n(x)}{\left[\int_a^b|y_n(x)|^2\rho(x)\,\mathrm{d}x\right]^{\frac{1}{2}}},\tag{6-4-30}$$

它满足带权重 $\rho(x)$ 的正交归一化条件

$$\int_a^b Y_n^*(x)Y_m(x)\rho(x)\,\mathrm{d}x=\delta_{mn}.\tag{6-4-31}$$

用它写出 $f(x)$ 的展开式,得到

$$f(x)=\sum_{n=1}^{\infty}c_nY_n(x),\tag{6-4-32}$$

$$c_n=\int_a^b Y_n^*(x)f(x)\rho(x)\,\mathrm{d}x.\tag{6-4-33}$$

不难看出,前面写出的用本征函数系$\left\{\sin\frac{n\pi}{l}x\right\}$ $(n=1,2,3,\cdots)$展开任意函数的公式(6-1-16)和(6-1-19)是这里的公式(6-4-32)和(6-4-33)当$\rho(x)=1$的特殊情况.

下面,将施-刘型方程的上述一系列重要性质,用和它对应的算符 L[见式(6-4-3)],写出如下:

满足方程

$$L\varphi_n(x)=\lambda_n\varphi_n(x)\tag{6-4-2'}$$

和边界条件的函数

$$\varphi_n(x)\quad(n=1,2,3,\cdots),\tag{6-4-24'}$$

是算符 L 的(和本征值 λ_n 对应的)本征函数.

而本征值 λ_n 非负,可将它们从小到大排列为

$$0\leqslant\lambda_1\leqslant\lambda_2\leqslant\cdots.\tag{6-4-23'}$$

本征函数 $\varphi_n(x)$ 的归一化因子为 N_n^{-1},满足

$$N_n^2=\int_a^b|\varphi_n(x)|^2\rho(x)\,\mathrm{d}x.\tag{6-4-29'}$$

归一化以后,本征函数系成为

$$\varphi_n^{\text{norm}}(x)=\frac{1}{N_n}\varphi_n(x).\tag{6-4-30'}$$

它满足正交归一性

$$\int_a^b\varphi_n^{\text{norm}\,*}\varphi_m^{\text{norm}}\,\mathrm{d}x=\delta_{nm}.\tag{6-4-31'}$$

为书写简单，以下省去归一化本征函数的上标 norm. 在不加特别说明时，总是假定本征函数 $\varphi_n(x)$ 已归一化.

本征函数系有完备性，即用它可以展开具有连续二阶导数且满足边界条件的任意函数 $f(x)$，即

$$f(x)=\sum_n c_n\varphi_n(x), \tag{6-4-32'}$$

其中的展开系数

$$c_n=\int_a^b \varphi_n^*(x)f(x)\rho(x)\mathrm{d}x. \tag{6-4-33'}$$

这种用正交归一完备函数系展开任意函数的方法和三维几何空间中用正交单位矢量展开任意矢量非常类似，在表 6-4-1 中将两者作了对比.

表 6-4-1

	几何空间	函数空间
矢量	$\boldsymbol{R}$	$f(x)\quad(a\leqslant x\leqslant b)$
基矢	$\boldsymbol{e}_i\quad(i=1,2,3)$	$y_n(x)\quad(n=1,2,3,\cdots)$
正交性	$\boldsymbol{e}_i\cdot\boldsymbol{e}_j=\delta_{ij}\quad(i,j=1,2,3)$	$\int_a^b\rho(x)y_m^*(x)y_n(x)\mathrm{d}x=\delta_{mn}\quad(m,n=1,2,3,\cdots)$
完备性	$\boldsymbol{R}=\sum\limits_i^3 R_i\boldsymbol{e}_i$	$f(x)=\sum\limits_{n=1}^{\infty}c_ny_n(x)$
展开系数	$R_i=\boldsymbol{R}\cdot\boldsymbol{e}_i$	$c_n=\int_a^b\rho(x)y_n^*(x)f(x)\mathrm{d}x$

在由 $\boldsymbol{e}_1$ 和 $\boldsymbol{e}_2$ 构成的平面上，任意一个平面矢量 $\boldsymbol{b}$ 都可以展开为 $\boldsymbol{b}=\sum\limits_{i=1}^{2}b_i\boldsymbol{e}_i$，故在二维欧氏空间中 $\boldsymbol{e}_1,\boldsymbol{e}_2$ 构成一个完备系. 但在三维欧氏空间中，任意矢量 $\boldsymbol{R}$ 就不能仅用 $\boldsymbol{e}_1$ 和 $\boldsymbol{e}_2$ 展开，因为少了一个基矢就不完备了. 在三维欧氏空间中 $\boldsymbol{e}_1,\boldsymbol{e}_2,\boldsymbol{e}_3$ 构成一个完备系，是指不存在任何矢量与 $\boldsymbol{e}_1,\boldsymbol{e}_2,\boldsymbol{e}_3$ 都正交，因而任意矢量 $\boldsymbol{R}$ 可以展开为

$$\boldsymbol{R}=\sum_{i=1}^{3}R_i\boldsymbol{e}_i.$$

类似地，在函数空间中，本征函数系 $\{y_n(x)\}$ 的完备性就是满足一定条件的任意函数 $f(x)$ 可以按本征函数展开为 $f(x)=\sum\limits_{n=1}^{\infty}c_ny_n(x)$.

上面三个结论是分离变量法的基础. 本章前几节用分离变量法求解问题时，已经假定了问题的解能够展开成级数，并且指出，在一般情况下，就是将解按相应齐次问题的本征函数展开.

习　题

1. 求本征函数系 $\{e^{im\varphi}\}$ $(m=0,\pm1,\pm2,\cdots)$ $(0\leqslant\varphi\leqslant2\pi)$ 的归一化因子.
2. 设有一均匀细杆，侧面是绝热的，两端点的坐标为 $x=0$ 和 $x=l$，在 $x=0$ 处温度是 0℃，而在另一端 $x=l$ 处杆的热量自由散发到周围温度是 0℃ 的介质中去，即 $\left(u+h\dfrac{\partial u}{\partial x}\right)\Bigg|_{x=l}=0$，已知初始温度分布为 $\varphi(x)$，求杆上温度变化的规律.

第七章 二阶线性常微分方程

在上一章中我们看到,分离变量法将偏微分方程的定解问题转化为求解常微分方程以及常微分方程的本征值问题.在这一章中,我们首先列出二阶线性常微分方程解的一般性质,这些性质的证明在本章最后一节中给出;然后用求解常微分方程的幂级数方法,求出勒让德方程和贝塞尔方程的解.

将偏微分方程分离变量,经常得到变系数的常微分方程,见第六章.因此,需要求二阶线性齐次常微分方程

$$\frac{\mathrm{d}^2 w}{\mathrm{d}z^2}+p(z)\frac{\mathrm{d}w}{\mathrm{d}z}+q(z)w=0 \tag{7-0-1}$$

的解.这里,z 是复变量,$p(z)$ 和 $q(z)$ 是已知的复变函数,称为**方程的系数**,$w(z)$ 是待求的未知函数.

最常用的求解方程(7-0-1)的方法是幂级数解法.所谓幂级数解法,就是以某个点 z_0 作为展开中心,假设解 $w(z)$ 是以 z_0 为中心的某种形式的幂级数.究竟这个级数是什么形式,由解的性质决定.因此,我们首先介绍由方程的系数判定解的性质的有关结论,然后再具体讨论常微分方程的幂级数解法.

§7-1 二阶线性常微分方程解的一般性质

二阶线性常微分方程解的一般性质及常点邻域内的级数解

二阶线性常微分方程幂级数解的性质,决定于它的系数的解析性.在这里,我们只列出有关结论,详细的讨论见§7-5.

(1) 如果方程(7-0-1)的系数 $p(z)$ 和 $q(z)$ 都在某点 z_0 及其邻域内解析,则 z_0 称为方程(7-0-1)的**常点**.

定理一 如果方程(7-0-1)的系数在圆 $|z-z_0|<R$ 中解析,则在此圆中存在方程(7-0-1)的唯一解,它满足初始条件

$$w(z_0)=c_0,\quad w'(z_0)=c_1. \tag{7-1-1}$$

c_0 和 c_1 是任意常数,并且解 $w(z)$ 在这圆内是单值解析的,因而解的形式为

$$w(z)=\sum_{k=0}^{\infty}c_k(z-z_0)^k, \tag{7-1-2}$$

其中 c_k 是待定系数.

确定系数的原则是,将 $p(z)$ 和 $q(z)$ 在 z_0 点展开成泰勒级数,然后与式(7-1-2)一起代入方程(7-0-1)的左边.由于方程(7-0-1)右边为零,因此,左边 z 的同幂次项的系数应等

于零，从而得到系数 c_k 之间的关系，由此即可确定系数 c_k. 后面我们将具体举例说明.

(2) 如果 $z=z_0$ 是方程(7-0-1)的系数 $p(z)$ 或 $q(z)$ 的孤立奇点(极点或本性奇点)，z_0 就叫方程的**奇点**.

定理二 如果 $z=z_0$ 是方程(7-0-1)的奇点，则在 z_0 的邻域内两个线性独立的解可以写为

$$\left.\begin{aligned} w_1(z) &= (z-z_0)^{\rho_1}\sum_{k=-\infty}^{\infty} c'_k (z-z_0)^k, \\ w_2(z) &= (z-z_0)^{\rho_2}\sum_{k=-\infty}^{\infty} c''_k (z-z_0)^k \end{aligned}\right\} \tag{7-1-3}$$

或

$$\left.\begin{aligned} w_1(z) &= (z-z_0)^{\rho_1}\sum_{k=-\infty}^{\infty} c'_k (z-z_0)^k, \\ w_2(z) &= (z-z_0)^{\rho_2}\sum_{k=-\infty}^{\infty} c''_k (z-z_0)^k + A w_1 \ln(z-z_0). \end{aligned}\right\} \tag{7-1-4}$$

这里，$\rho_1,\rho_2,c'_k,c''_k,A$ 是待定常数. 原则上，将 $p(z)$ 和 $q(z)$ 在 z_0 点展开成洛朗级数，然后与解(7-1-3)或(7-1-4)一起代入方程(7-0-1)，比较系数即得确定这些常数的方程. 但是，如果式(7-1-3)或(7-1-4)中确实有无限多个负幂项，我们将发现所得到的是一组无穷多个未知数之间的联立方程，求解它们是很不方便的. 只有在特殊情况下，当式(7-1-3)或(7-1-4)中只出现有限个负幂项时，可将因子 $(z-z_0)^{\rho}$ 的指数 ρ 适当地改变，使得级数不再有负幂项，因而可以较方便地确定系数. 这种特殊情况是：

(3) 如果 $z=z_0$ 是方程(7-0-1)的奇点，但最多是 $p(z)$ 的一阶极点，同时最多是 $q(z)$ 的二阶极点，这种特殊的奇点 z_0 叫方程的**正则奇点**；当不满足上述条件时，z_0 就称为**非正则奇点**.

定理三 如果 $z=z_0$ 是方程(7-0-1)的正则奇点，则在 z_0 的邻域内两个线性独立的解可以写为

$$\left.\begin{aligned} w_1(z) &= (z-z_0)^{\rho_1}\sum_{k=0}^{\infty} c'_k (z-z_0)^k, \\ w_2(z) &= (z-z_0)^{\rho_2}\sum_{k=0}^{\infty} c''_k (z-z_0)^k \end{aligned}\right\} \tag{7-1-5}$$

或

$$\left.\begin{aligned} w_1(z) &= (z-z_0)^{\rho_1}\sum_{k=0}^{\infty} c'_k (z-z_0)^k \\ w_2(z) &= (z-z_0)^{\rho_2}\sum_{k=0}^{\infty} c''_k (z-z_0)^k + A\delta_{\rho_1-\rho_2,n} w_1 \ln(z-z_0) \end{aligned}\right\} \tag{7-1-6}$$

式中 $c'_0\neq 0, c''_0\neq 0$，ρ_1 和 ρ_2 称为方程(7-0-1)的**指标**. 可以将解写成

$$w(z) = (z-z_0)^{\rho}\sum_{k=0}^{\infty} c_k (z-z_0)^k$$

代入方程(7-0-1),由最低次幂的系数为零,得到决定 ρ 的方程,称为指标方程.这一方程的两个根就是 ρ_1 和 ρ_2(取 $\mathrm{Re}\,\rho_1>\mathrm{Re}\,\rho_2$).按照 δ 符号的定义,当 $\rho_1-\rho_2$ 为零或整数 n 时,$\delta_{\rho_1-\rho_2,n}=1$,上式中,解 $w_2(z)$ 可能含对数项;当 $\rho_1-\rho_2$ 不等于零或整数时,$\delta_{\rho_1-\rho_2,n}=0$,解 $w_2(z)$ 不含对数项.

§7-2　常点邻域内的幂级数解法

在 l 阶勒让德方程(6-2-17)中,我们将 $y\to w$、$x\to z$,得到

$$(1-z^2)\frac{\mathrm{d}^2w}{\mathrm{d}z^2}-2z\frac{\mathrm{d}w}{\mathrm{d}z}+l(l+1)w=0 \tag{7-2-1}$$

现在求上式在 $z=0$ 点邻域内的解,说明常点邻域内幂级数解法的一般步骤.

把方程(7-2-1)写成方程(7-0-1)的形式.容易看出,方程的系数 $p(z)=\frac{-2z}{1-z^2}$,$q(z)=\frac{l(l+1)}{1-z^2}$,在 $z=0$ 点解析,即 $z=0$ 是方程(7-2-1)的常点.根据定理一,在 $z=0$ 的邻域内,方程(7-2-1)的解可表成如下形式

$$w(z)=\sum_{k=0}^{\infty}c_kz^k. \tag{7-2-2}$$

由于方程(7-2-1)中的系数已经是在 $z=0$ 的泰勒展开形式,所以只需求出导数 w' 和 w'':

$$\left.\begin{aligned} w'(z)&=\sum_{k=0}^{\infty}kc_kz^{k-1},\\ w''(z)&=\sum_{k=0}^{\infty}c_kk(k-1)z^{k-2}.\end{aligned}\right\} \tag{7-2-3}$$

将式(7-2-2)和式(7-2-3)一起代入方程(7-2-1),得到

$$(1-z^2)\sum_{k=0}^{\infty}k(k-1)c_kz^{k-2}-2z\sum_{k=0}^{\infty}kc_kz^{k-1}+l(l+1)\sum_{k=0}^{\infty}c_kz^k=0,$$

合并 z 的同幂次项后可写成

$$\sum_{k=0}^{\infty}k(k-1)c_kz^{k-2}-\sum_{k=0}^{\infty}[k(k+1)-l(l+1)]c_kz^k=0.$$

要上式成立,必须各个同幂次 z 的系数都为零,对于 z^0 的系数有

$$2c_2+l(l+1)c_0=0,$$

将 c_2 用 c_0 表示出来得

$$c_2=-\frac{l(l+1)}{2}c_0.$$

对于 z^1 的系数,我们有

$$3 \cdot 2c_3 - [2 - l(l+1)]c_1 = 0,$$

它给出了 c_3 与 c_1 之间的关系.一般地,令 z^k 的系数为零,得到待定系数之间的递推关系

$$(k+2)(k+1)c_{k+2} - [k(k+1) - l(l+1)]c_k = 0,$$

因此

$$c_{k+2} = \frac{k(k+1) - l(l+1)}{(k+2)(k+1)}c_k = \frac{(k-l)(l+k+1)}{(k+2)(k+1)}c_k. \qquad (7-2-4)$$

它可将下标为偶数的系数 c_{2n} 用 c_0 表示,而将下标为奇数的系数 c_{2n+1} 用 c_1 表示,即

$$\begin{aligned} c_{2n} &= \frac{(2n-2-l)(2n-1+l)}{2n(2n-1)}c_{2n-2} \\ &= \frac{(2n-2-l)(2n-1+l)}{2n(2n-1)} \cdot \frac{(2n-4-l)(2n-3+l)}{(2n-2)(2n-3)}c_{2n-4} \\ &= \cdots \\ &= \frac{(2n-2-l)(2n-4-l)\cdots(-l)(l+2n-1)(l+2n-3)\cdots(l+1)}{(2n)!}c_0. \end{aligned}$$

同样有

$$\begin{aligned} c_{2n+1} = {} & [(2n-1-l)(2n-3-l)\cdots(1-l)(l+2n)(l+2n-2) \\ & \cdots(l+2)]c_1/[(2n+1)!]. \end{aligned}$$

将这些系数代入式(7-2-2)中,得到 l 阶勒让德方程(7-2-1)的通解

$$w(z) = c_0 w_0(z) + c_1 w_1(z), \qquad (7-2-5)$$

其中

$$\begin{aligned} w_0(z) = {} & \sum_{n=0}^{\infty} \frac{(2n-2-l)(2n-4-l)\cdots(-l)}{(2n)!} \\ & \times (l+2n-1)(l+2n-3)\cdots(l+1)z^{2n}, \end{aligned} \qquad (7-2-6)$$

$$\begin{aligned} w_1(z) = {} & \sum_{n=0}^{\infty} \frac{(2n-1-l)(2n-3-l)\cdots(1-l)}{(2n+1)!} \\ & \times (l+2n)\cdots(l+2)z^{2n+1}. \end{aligned} \qquad (7-2-7)$$

根据正项级数的比值判别法,对于级数(7-2-6)和(7-2-7),收敛半径的公式为[①]

$$R = \lim_{n\to\infty} \left| \frac{c_{n-1}}{c_n} \right|^{1/2}. \qquad (7-2-8)$$

① 对于幂级数 $\sum_{n=0}^{\infty} c_n(z-z_0)^{2n}$,仿照证明式(2-1-14)的方法,或作变换 $t=(z-z_0)^2$,均可得收敛半径为式(7-2-8).

利用递推关系(7-2-4),就有

$$R^2=\lim_{k\to\infty}\frac{c_k}{c_{k+2}}=\lim_{k\to\infty}\frac{(k+2)(k+1)}{(k-l)(k+l+1)}=\lim_{k\to\infty}\frac{\left(1+\frac{2}{k}\right)\left(1+\frac{1}{k}\right)}{\left(1-\frac{l}{k}\right)\left(1+\frac{l+1}{k}\right)}=1. \tag{7-2-9}$$

因此,这两个级数在 $|z|<1$ 内收敛,在 $|z|>1$ 时发散.

习　　题

1. 求厄米特方程 $w''-2zw'+\lambda w=0$(λ 为待定参数)在 $z=0$ 的邻域内的级数解.
2. 试用级数解法求在 $z=0$ 邻域内艾里方程 $w''-zw=0$ 满足初始条件 $w(0)=1,w'(0)=0$ 的解.
3. 求切比雪夫方程 $(1-z^2)w''-zw'+\lambda^2w=0$($\lambda$ 为待定参数)在 $z=0$ 的邻域内的解.

§7-3　正则奇点邻域内的幂级数解法

正则奇点邻域内的幂级数解法

我们以贝塞尔方程(6-2-26)

$$z^2\frac{\mathrm{d}^2w}{\mathrm{d}z^2}+z\frac{\mathrm{d}w}{\mathrm{d}z}+(z^2-m^2)w=0 \tag{7-3-1}$$

在 $z=0$ 点邻域内的解为例,来说明正则奇点邻域内幂级数解法的一般步骤.式(7-3-1)中 m 是给定的常数.

把方程(7-3-1)写成标准形式(7-0-1),容易看出,$z=0$ 是方程的系数 $p(z)=1/z$ 的一阶极点,$q(z)=1-\frac{m^2}{z^2}$ 的二阶极点,即 $z=0$ 是方程(7-3-1)的正则奇点.因此,按照定理三,方程(7-3-1)的解可具有如下形式

$$w(z)=z^\rho\sum_{k=0}^{\infty}c_kz^k,\quad c_0\neq 0. \tag{7-3-2}$$

代入方程(7-3-1),得

$$\sum_{k=0}^{\infty}(k+\rho)(k+\rho-1)c_kz^{k+\rho}+\sum_{k=0}^{\infty}(k+\rho)c_kz^{k+\rho}+\sum_{k=0}^{\infty}c_kz^{k+\rho+2}-m^2\sum_{k=0}^{\infty}c_kz^{k+\rho}=0.$$

消去 z^ρ,并项后上式可写成

$$\sum_{k=0}^{\infty}[(k+\rho)^2-m^2]c_kz^k+\sum_{k=0}^{\infty}c_kz^{k+2}=0. \tag{7-3-3}$$

令 z 的最低次幂项 z^0 的系数为零得

$$(\rho^2 - m^2)c_0 = 0.$$

因 $c_0 \neq 0$,即得指标方程

$$\rho^2 - m^2 = 0.$$

为确定起见,可设 Re $m>0$,由此求得两个指标

$$\rho_1 = m, \quad \rho_2 = -m. \tag{7-3-4}$$

它们的差 $\rho_1-\rho_2=2m$.依据定理三,下面分三种情况进行讨论:

(1) $2m$ 不是整数或零

此时,由指标方程的两个根(7-3-4)可以得到贝塞尔方程的两个线性独立的解.

首先,取 $\rho=\rho_1=m$,代入式(7-3-3),得

$$\sum_{k=0}^{\infty}[(k+m)^2-m^2]c_k z^k + \sum_{k=0}^{\infty}c_k z^{k+2} = 0.$$

由 z^1 的系数为零得

$$[(1+m)^2-m^2]c_1 = 0,$$

即

$$(1+2m)c_1 = 0.$$

因 $2m$ 不是整数或零,故 $c_1=0$.令 z^k 的系数为零,得

$$k(k+2m)c_k + c_{k-2} = 0, \tag{7-3-5}$$

即

$$c_k = \frac{-1}{k(k+2m)}c_{k-2} \quad (k>1). \tag{7-3-6}$$

反复利用式(7-3-6),便可用 c_0 表示 c_{2n},用 c_1 表示 c_{2n+1}(这里 $n=1,2,3,\cdots$).因 $c_1=0$,故

$$c_{2n+1} = 0. \tag{7-3-7}$$

当 k 为偶数,$k=2n$,式(7-3-5)可写为

$$4n(n+m)c_{2n} = -c_{2(n-1)}. \tag{7-3-8}$$

为了较方便地由系数递推公式(7-3-8)写出 c_{2n}的一般表达式,利用 Γ 函数的性质:$\Gamma(z+1)=z\Gamma(z)$,有

$$n+m = \frac{\Gamma(n+m+1)}{\Gamma(n+m)}, \quad n = \frac{\Gamma(n+1)}{\Gamma(n)}.$$

式(7-3-8)可写成

$$\frac{4^{n+1}\Gamma(n+1)\Gamma(n+m+1)}{4^n\Gamma(n)\Gamma(n+m)}c_{2n} = \frac{(-1)^n}{(-1)^{n+1}}c_{2(n-1)}$$

或

$$\begin{aligned}
&(-1)^{n+1}4^{n+1}\Gamma(n+1)\Gamma(n+m+1)c_{2n} \\
&= (-1)^n 4^n\Gamma(n)\Gamma(n+m)c_{2(n-1)} \\
&= (-1)^{n-1}4^{n-1}\Gamma(n-1)\Gamma(n-1+m)c_{2(n-2)} \\
&= \cdots = -4\Gamma(1+m)c_0,
\end{aligned}$$

即

$$c_{2n}=\frac{(-1)^n\Gamma(m+1)}{4^n\Gamma(n+1)\Gamma(n+m+1)}c_0. \tag{7-3-9}$$

取 $c_0=1$,将系数(7-3-7)和系数(7-3-9)代入式(7-3-2),得贝塞尔方程的一个特解

$$w_1(z)=\sum_{k=0}^{\infty}c_kz^{k+m}=\sum_{n=0}^{\infty}\frac{(-1)^n\Gamma(m+1)}{4^n\Gamma(n+1)\Gamma(n+m+1)}z^{2n+m}. \tag{7-3-10}$$

现在考虑另一个指标 $\rho=\rho_2=-m$ 所对应的解,注意贝塞尔方程只含 m^2,将 m 换为 $-m$ 方程不变.所以,在解(7-3-10)中将 m 换成 $-m$,也应是方程的一个特解

$$w_2(z)=\sum_{n=0}^{\infty}\frac{(-1)^n\Gamma(1-m)}{4^n\Gamma(n+1)\Gamma(n-m+1)}z^{2n-m}. \tag{7-3-11}$$

为了检验这两个级数的收敛性,运用§7-2中收敛半径的公式(7-2-8) $R=\lim\limits_{n\to\infty}\left|\dfrac{c_{n-1}}{c_n}\right|^{\frac{1}{2}}$.注意到

$$\Gamma(n\pm m+1)=(n\pm m)(n\pm m-1)\cdots(1\pm m)\Gamma(1\pm m)$$

则解(7-3-10)和解(7-3-11)中相邻两项系数的绝对值之比

$$\begin{aligned}R^2&=\lim_{n\to\infty}\left|\frac{2^{2(n+1)}(n+1)!\ (1\pm m)\cdots(n\pm m+1)}{2^{2n}n!\ (1\pm m)\cdots(n\pm m)}\right|\\&=\lim_{n\to\infty}[2^2(n+1)(n\pm m+1)]=\infty\end{aligned}$$

所以,在 $2m\neq n$ 时,解(7-3-10)和解(7-3-11)中的级数对所有的 z 值都绝对收敛,它们是方程(7-3-1)的两个线性独立的解.

解(7-3-10)是取任意常数 $c_0=1$ 得到的.当取

$$c_0=\frac{1}{2^m\Gamma(1+m)}$$

时,得到的解用符号 $\mathrm{J}_m(z)$ 表示

$$\mathrm{J}_m(z)=\sum_{n=0}^{\infty}\frac{(-1)^n}{n!\ \Gamma(n+m+1)}\left(\frac{z}{2}\right)^{m+2n}, \tag{7-3-12}$$

称为 m 阶**贝塞尔函数**.

同理,将 m 换为 $-m$,可得 $-m$ 阶的贝塞尔函数

$$\mathrm{J}_{-m}(z)=\sum_{n=0}^{\infty}\frac{(-1)^n}{n!\ \Gamma(n-m+1)}\left(\frac{z}{2}\right)^{-m+2n}. \tag{7-3-13}$$

(2) m 为正整数或零

此时式(7-3-12)是方程(7-3-1)的一个解.但式(7-3-13)并不给出另一个线性独立的解.因为当 m 为整数时,如果 $n<m$,则 $-m+n$ 是负整数,而负整数的 Γ 函数值为无穷大,所以式(7-3-13)实际上从 $n=m$ 的项开始

$$\mathrm{J}_{-m}(z)=\sum_{n=m}^{\infty}\frac{(-1)^{n}}{n!\ \Gamma(-m+n+1)}\left(\frac{z}{2}\right)^{-m+2n}.$$

令 $l=n-m$，则

$$\mathrm{J}_{-m}(z)=\sum_{l=0}^{\infty}(-1)^{l+m}\frac{1}{(l+m)!\ \Gamma(l+1)}\left(\frac{z}{2}\right)^{m+2l}$$

$$=(-1)^{m}\sum_{l=0}^{\infty}\frac{(-l)^{l}}{l!\ (l+m)!}\left(\frac{z}{2}\right)^{m+2l}=(-1)^{m}\mathrm{J}_{m}(z).\qquad(7-3-14)$$

$\mathrm{J}_{-m}(z)$ 与 $\mathrm{J}_{m}(z)$ 不是线性独立的. 另一个线性独立的解应具有式(7-1-6)中 $w_2(z)$ 的形式，即

$$w_2(z)=z^{-m}\sum_{k=0}^{\infty}d_k z^k+A\mathrm{J}_m(z)\ln z.\qquad(7-3-15)$$

（3）$m=\dfrac{2s+1}{2}$ 为半整数

此时，$\rho_1-\rho_2=2m=2s+1$ 为奇数. 按照前面的一般性讨论，在这种情况下式(7-3-10)或式(7-3-12)仍然是贝塞尔方程的一个特解，而另一个线性独立的特解应具有式(7-3-15)的形式. 但是计算表明：常数 $A=0$，而 d_k 之间的递推关系与 c_k 之间的递推关系完全一样，因此第二个线性独立的解仍为式(7-3-11)或式(7-3-13).

事实上，令 $w_2(z)=z^{-m}\sum\limits_{k=0}^{\infty}d_k z^k$，仿照情况(1)，在式(7-3-3)中取 $\rho=-m=-\dfrac{2s+1}{2}$，可得 $d_1=0$. 按照递推关系式(7-3-5)，有 $d_3=d_5=\cdots=d_{2s-1}=0$，而 d_{2s+1} 可以任意. 如果取 $d_{2s+1}=0$，则可推得所有 $d_{2n+1}=0$. 至于所有的 d_{2n} 仍如(1)中一样确定，因此仍得 $w_2(z)$ 为 $\mathrm{J}_{-m}(z)$.

习　题

1. 判断 $z=0$ 是下列方程的常点还是奇点. 根据这一判断，写出解应有的形式，并用幂级数解法，求其不含对数项的解.
   （1）拉盖尔方程 $zw''+(1-z)w'+\lambda w=0$；
   （2）虚宗量贝塞尔方程 $z^2w''+zw'-(z^2+m^2)w=0$；
   （3）超几何方程 $z(z-1)w''+[(1+\alpha+\beta)z-\gamma]w'+\alpha\beta w=0$，其中 α,β,γ 为实数.
   （4）退化超几何方程 $zw''+(\gamma-z)w'-\alpha w=0$，其中 α,γ 是实数且 γ 不等于零.
2. 求勒让德方程 $(1-z^2)w''-2zw'+l(l+1)w=0$ 在 $z=1$ 的邻域内的解.
3. 在 $z=0$ 的邻域内求解方程

$$\frac{\mathrm{d}^2w}{\mathrm{d}z^2}+\frac{\alpha}{z}\frac{\mathrm{d}w}{\mathrm{d}z}+\lambda w=0,$$

其中 λ,α 为任意常数.

§7-4　常微分方程的不变式

常微分方程的不变式

以上两节说明求解常微分方程在某点 z_0 邻域内的级数解的步骤是：

(1) 分析方程的系数 $p(z)$ 或 $q(z)$ 在该点的解析性，确定 z_0 是否为常点或正则奇点.

(2) 如果 z_0 是方程的常点或正则奇点，则级数解的形式为式(7-1-2)或式(7-1-5)、式(7-1-6).

(3) 将 $p(z)$ 和 $q(z)$ 在该点展开成适当的幂级数，然后与所假设的解一起代入微分方程.令 z 的同幂次项的系数为零，求得指标方程(对正则奇点)，以及系数 c_k 之间的递推关系.

(4) 归纳出系数 c_k 的通项表达式(用 c_0 或 c_1 表示).

(5) 对正则奇点，如果 $\rho_1-\rho_2$ 为零或整数，需考虑解是否含对数项.

按照这样的步骤求解，计算较繁.若所得系数的递推公式包含三个系数之间的联系，求解就更困难.如果能通过自变量或函数的变换，将所需求解的方程化简，或者找出它与解为已知的方程之间的关系，就会使求解方程的问题大为简化.例如，求解欧拉方程(6-2-34)

$$z^2w''+zw'+\lambda w=0 \tag{7-4-1}$$

时，通过自变量变换

$$t=\ln z, \tag{7-4-2}$$

可将这一方程化为常系数的微分方程[参看式(6-2-44)].

为了求解二阶线性常微分方程(7-0-1)，作函数变换 $w(z)=A(z)u(z)$，可将其化为没有一次导数项的微分方程 $u''(z)+B(z)u(z)=0$.这样便于找到不同方程之间的联系，达到求解方程的目的.

设有两个二阶线性常微分方程

$$w''_i(z)+p_i(z)w'_i(z)+q_i(z)w_i(z)=0,\quad i=1,2. \tag{7-4-3}$$

对它们分别作函数变换

$$w_i(z)=A_i(z)u_i(z), \tag{7-4-4}$$

式中 $A_i(z)$ 是待选定的函数.将式(7-4-4)代入式(7-4-3)，则方程化为

$$A_i(z)u''_i(z)+[2A'_i(z)+p_i(z)A_i(z)]u'_i(z)+$$
$$[A''_i(z)+p_i(z)A'_i(z)+q_i(z)A_i(z)]u_i(z)=0. \tag{7-4-5}$$

如果选择 $A_i(z)$，使方程不含一阶导数项，即要求

$$2A'_i(z)+p_i(z)A_i(z)=0.$$

解此一阶微分方程，得

$$A_i(z)=e^{-\int^z\frac{1}{2}p_i(\xi)d\xi} \tag{7-4-6}$$

因而

$$A'_i(z)=-\frac{1}{2}p_i(z)A_i(z),\quad A''_i(z)=-\frac{p'_iA_i}{2}-\frac{p_iA'_i}{2}.$$

于是,方程(7-4-5)化为

$$u''_i(z)+B_i(z)u_i(z)=0,\tag{7-4-7}$$

式中

$$B_i(z)=\frac{1}{A_i(z)}[q_iA_i+p_iA'_i+A''_i]=q_i(z)-\frac{p_i^2(z)}{4}-\frac{p'_i(z)}{2}.\tag{7-4-8}$$

如果 $B_1(z)=B_2(z)$,则有 $u_1(z)=u_2(z)$.式(7-4-3)中两个不同的方程从而化为同一方程(7-4-7).故将 $B(z)$ 称为方程(7-4-3)的不变式.将式(7-4-6)代入式(7-4-4),得式(7-4-3)中两个方程的解 w_1 和 w_2 之间有关系

$$w_1(z)\mathrm{e}^{\int^z\frac{1}{2}p_1(\xi)\mathrm{d}\xi}=w_2(z)\mathrm{e}^{\int^z\frac{1}{2}p_2(\xi)\mathrm{d}\xi}.\tag{7-4-9}$$

若解 $w_2(z)$ 为已知,则求得

$$w_1(z)=\mathrm{e}^{\frac{1}{2}\int^z\left|p_2(\xi)-p_1(\xi)\right|\mathrm{d}\xi}w_2(z).\tag{7-4-10}$$

由此可见,通过不同方程之间的联系,可找到它们的解之间的联系.根据这种联系可以对方程进行分类,把所有不变式相同的方程归为一类,求出其中一个方程的解,就可知其他方程的解.物理学中常用的常微分方程可分为两类,一类以超几何方程(见§7-3习题)为代表,另一类以退化超几何方程为代表.前一类方程有三个正则奇点,后一类方程有一个正则奇点和一个非正则奇点.它们的解分别归属为两类特殊函数:超几何函数和退化超几何函数.

例 1 求球贝塞尔方程(参见§9-3)

$$z^2w''+2zw'+[z^2-l(l+1)]w=0\tag{7-4-11}$$

的解,式中 l 为整数.

解 将方程(7-4-11)化为标准形式(7-0-1),容易看出方程的系数

$$p(z)=\frac{2}{z},\quad q(z)=1-\frac{l(l+1)}{z^2}.$$

它的不变式为

$$B(z)=q-\frac{p^2}{4}-\frac{p'(z)}{2}=1-\frac{l(l+1)}{z^2}.\tag{7-4-12}$$

方程(7-4-11)与贝塞尔方程相似,有两个正则奇点.m 阶贝塞尔方程(7-3-1)的不变式为

$$B(z)=1-\frac{m^2-\frac{1}{4}}{z^2},\tag{7-4-13}$$

因此只要 $l(l+1)=m^2-\frac{1}{4}$,即

$$m = \pm\left(l+\frac{1}{2}\right),$$

则球贝塞尔方程与 $m=\pm\left(l+\frac{1}{2}\right)$ 阶贝塞尔方程有相同的不变式，按照式(7-4-10)，球贝塞尔方程的解

$$w(z)=\exp\left[\frac{1}{2}\int^{z}(p_2(\xi)-p_1(\xi))\mathrm{d}\xi\right]\mathrm{J}_{\pm\left(l+\frac{1}{2}\right)}(z)$$

$$=\exp\left[\frac{1}{2}\int^{z}\left(\frac{1}{\xi}-\frac{2}{\xi}\right)\mathrm{d}\xi\right]\mathrm{J}_{\pm\left(l+\frac{1}{2}\right)}(z)=z^{-\frac{1}{2}}\mathrm{J}_{\pm\left(l+\frac{1}{2}\right)}(z).$$

故球贝塞尔方程(7-4-11)的通解为

$$w(z)=z^{-\frac{1}{2}}\left[C_1\mathrm{J}_{l+\frac{1}{2}}(z)+C_2\mathrm{J}_{-\left(l+\frac{1}{2}\right)}(z)\right]. \tag{7-4-14}$$

【解毕】

例 2 求连带勒让德方程(6-2-15)

$$\frac{\mathrm{d}}{\mathrm{d}z}\left[(1-z^2)\frac{\mathrm{d}w}{\mathrm{d}z}\right]+\left[l(l+1)-\frac{m^2}{1-z^2}\right]w(z)=0 \tag{7-4-15}$$

的解，式中 l 和 m 为整数.

解 将方程(7-4-15)化为标准形式

$$w''(z)-\frac{2z}{1-z^2}w'(z)+\frac{1}{1-z^2}\left[l(l+1)-\frac{m^2}{1-z^2}\right]w(z)=0.$$

它的系数

$$p(z)=\frac{-2z}{1-z^2},\quad q(z)=\frac{1}{1-z^2}\left[l(l+1)-\frac{m^2}{1-z^2}\right],$$

不变式

$$B(z)=\frac{1}{1-z^2}\left[l(l+1)-\frac{m^2}{1-z^2}\right]-\frac{1}{4}\left(\frac{-2z}{1-z^2}\right)^2+\frac{1}{2}\frac{\mathrm{d}}{\mathrm{d}z}\left(\frac{2z}{1-z^2}\right)$$

$$=\frac{1-m^2}{(1-z^2)^2}+\frac{l(l+1)}{1-z^2}. \tag{7-4-16}$$

如果直接用 §7-2 的方法求方程(7-4-15)在 $z=0$ 邻域内的级数解，所得系数的递推公式包含三个系数之间的关系，计算很复杂.因此，寻求不变式为式(7-4-16)、而其解已知的方程，再利用式(7-4-10)求解.

注意到在 $m=0$ 的特殊情况下，方程(7-4-15)简化为勒让德方程(6-2-17)

$$(1-z^2)\frac{\mathrm{d}^2\mathrm{P}_l}{\mathrm{d}z^2}-2z\frac{\mathrm{d}\mathrm{P}_l}{\mathrm{d}z}+l(l+1)\mathrm{P}_l(z)=0. \tag{7-4-17}$$

它的解记为 $\mathrm{P}_l(z)$，已经求得(见 §7-2 及 §8-1).方程(7-4-15)和方程(7-4-17)都有三个正则奇点，它们的不变式可能有联系，也就是说，由勒让德方程演化出的方程可能具有

不变式(7-4-16).为了找到这样的方程,将勒让德方程对 z 微商 m 次.

$$\frac{\mathrm{d}^m}{\mathrm{d}z^m}\left[(1-z^2)\frac{\mathrm{d}^2\mathrm{P}_l}{\mathrm{d}z^2}\right]-\frac{\mathrm{d}^m}{\mathrm{d}z^m}\left(2z\frac{\mathrm{dP}_l}{\mathrm{d}z}\right)+l(l+1)\frac{\mathrm{d}^m\mathrm{P}_l}{\mathrm{d}z^m}=0.$$

应用乘积求导的莱布尼茨公式

$$(uv)^{(m)}=uv^{(m)}+mu'v^{(m-1)}+\frac{m(m-1)}{2!}u''v^{m-2}+\cdots+u^{(m)}v,$$

并将$\frac{\mathrm{d}^m\mathrm{P}_l}{\mathrm{d}z^m}$写作 $\mathrm{P}_l^{(m)}(z)$,则有

$$(1-z^2)\frac{\mathrm{d}^2\mathrm{P}_l^{(m)}}{\mathrm{d}z^2}-2z(m+1)\frac{\mathrm{dP}_l^{(m)}(z)}{\mathrm{d}z}+[l(l+1)-m(m+1)]\mathrm{P}_l^{(m)}(z)=0. \tag{7-4-18}$$

这个方程的不变式为

$$\begin{aligned}B(z)&=\frac{l(l+1)-m(m+1)}{1-z^2}-\frac{1}{4}\left[\frac{2(m+1)z}{1-z^2}\right]^2+\frac{1}{2}\frac{\mathrm{d}}{\mathrm{d}z}\left[\frac{2(m+1)z}{1-z^2}\right]\\&=\frac{1-m^2}{(1-z^2)^2}+\frac{l(l+1)}{1-z^2}.\end{aligned}$$

这说明方程(7-4-18)与方程(7-4-15)有相同的不变式,按照式(7-4-10)得方程(7-4-15)的解为

$$\begin{aligned}w(z)&=\exp\int\left[\frac{-(m+1)z}{1-z^2}+\frac{z}{1-z^2}\right]\mathrm{d}z\,\mathrm{P}_l^{(m)}(z)\\&=(1-z^2)^{\frac{m}{2}}\mathrm{P}_l^{(m)}(z).\end{aligned} \tag{7-4-19}$$

【解毕】

习　题

1. 利用不变式证明方程

$$w''+\frac{1-2\alpha}{z}w'+\left[(\beta\gamma z^{\gamma-1})^2+\frac{\alpha^2-\gamma^2m^2}{z^2}\right]w(z)=0$$

的解为

$$w(z)=z^{\alpha}\mathrm{J}_m(\beta z^{\gamma}).$$

2. 利用上题结果证明艾里方程(参见 § 9-4)

$$w''-zw=0$$

的解为

$$w(z)=z^{\frac{1}{2}}\mathrm{J}_{\frac{1}{3}}\left(\mathrm{i}\frac{2}{3}z^{\frac{2}{3}}\right).$$

§7-5 二阶线性常微分方程的一般讨论

二阶线性常微分方程的标准形式是

$$\frac{\mathrm{d}^2w}{\mathrm{d}z^2}+p(z)\frac{\mathrm{d}w}{\mathrm{d}z}+q(z)w=0, \tag{7-5-1}$$

二阶线性常微分方程的一般讨论

其中 $p(z)$ 和 $q(z)$ 都是已知的复变函数,称为方程的系数. $w(z)$ 是未知函数,问题就是要求在一定区域内满足方程(7-5-1)的解 $w(z)$.

方程(7-5-1)的解的性质完全由其系数 $p(z)$ 和 $q(z)$ 的解析性决定. 下面我们首先研究方程的系数与解的关系,然后再着重研究在系数奇异点的邻域内解的性质.

(一) 方程系数与解的关系

设 $w_1(z)$ 和 $w_2(z)$ 为方程(7-5-1)的两个解,则

$$\begin{aligned}w''_1+p(z)w'_1+q(z)w_1&=0,\\ w''_2+p(z)w'_2+q(z)w_2&=0.\end{aligned} \tag{7-5-2}$$

将它们看成 $p(z)$ 和 $q(z)$ 的联立方程,解出 $p(z)$ 和 $q(z)$:

$$\left.\begin{aligned}p(z)&=-\frac{w''_2w_1-w''_1w_2}{w'_2w_1-w'_1w_2},\\ q(z)&=\frac{w''_2w'_1-w''_1w'_2}{w'_2w_1-w'_1w_2}.\end{aligned}\right\} \tag{7-5-3}$$

这样就将方程的系数用它的解表示了出来.这在一定意义上类似于初等代数中的韦达定理①,它有助于对解进行一般性讨论.

式(7-5-3)中二式的分母是一个行列式,用符号 $\Delta(w_1,w_2)$ 表示,即

$$\Delta(w_1,w_2)=\begin{vmatrix}w_1 & w_2\\ w'_1 & w'_2\end{vmatrix} \tag{7-5-4}$$

称为二函数 w_1 和 w_2 的**朗斯基行列式**.利用它不仅可以明显地表示出系数 $p(z)$ 和 $q(z)$,而且还可以判别两个解线性独立的性质.

写出 $\Delta(w_1,w_2)$ 的展开式

$$\Delta(w_1,w_2)=w'_2w_1-w'_1w_2, \tag{7-5-5}$$

求一次导数得

$$\Delta'(w_1,w_2)=w''_2w_1-w''_1w_2, \tag{7-5-6}$$

与式(7-5-3)比较可见

① 这一定理的内容是二次方程 $ax^2+bx+c=0$ 的系数和根 x_1,x_2 之间有关系 $\frac{b}{a}=-(x_1+x_2)$, $\frac{c}{a}=x_1\cdot x_2$.

$$p(z)=-\frac{\Delta'(w_1,w_2)}{\Delta(w_1,w_2)}. \tag{7-5-7}$$

再将式(7-5-5)乘 w''_1 得

$$w''_1\cdot\Delta(w_1,w_2)=w''_1w'_2w_1-w''_1w'_1w_2,$$

将式(7-5-6)乘 w'_1 得

$$w'_1\cdot\Delta'(w_1,w_2)=w''_2w'_1w_1-w''_1w'_1w_2,$$

两式相减,得到

$$w''_1\Delta-w'_1\Delta'=(w''_1w'_2-w''_2w'_1)w_1.$$

与式(7-5-3)比较可见

$$q(z)=-\frac{w''_1}{w_1}-p(z)\frac{w'_1}{w_1}. \tag{7-5-8}$$

(二) 解的线性独立条件

我们来讨论朗斯基行列式的性质.

将式(7-5-7)改写成

$$\frac{1}{\Delta}\frac{\mathrm{d}\Delta}{\mathrm{d}z}=\frac{\mathrm{d}\ln\Delta}{\mathrm{d}z}=-p(z),$$

积分得

$$\Delta(w_1,w_2)=\Delta_0\mathrm{e}^{\int_{z_0}^{z}p(u)\mathrm{d}u}, \tag{7-5-9}$$

积分常数 Δ_0 等于 $\Delta(w_1,w_2)$ 在 $z=z_0$ 点的值.

上式右方的指数函数永不为零. 因此,$\Delta(w_1,w_2)$ 只在 $\Delta_0=0$ 时才为零,在 $\Delta_0=0$ 的情况下,z 取任何值,$\Delta(w_1,w_2)$ 都等于零(即 $\Delta\equiv0$).而如果 $\Delta_0\neq0$,则对于任何 z,都有 $\Delta(w_1,w_2)\neq0$. 因此我们得到结论:

结论一　方程(7-5-1)的两个解 w_1 和 w_2 的朗斯基行列式或者恒等于零,或者在任何一点都不等于零.

利用朗斯基行列式的这一性质,可以推出两个解线性无关的条件.

两个解 w_1 和 w_2 线性相关就是说它们的比 w_2/w_1 是一个与 z 无关的常数,因而它对 z 的导数为零. 反之,如果

$$\frac{\mathrm{d}}{\mathrm{d}z}\left(\frac{w_2}{w_1}\right)\neq0, \tag{7-5-10}$$

则 w_2 和 w_1 没有线性关系. 式(7-5-10)就是 w_2 和 w_1 线性独立的条件.

算出导数,有

$$\frac{\mathrm{d}}{\mathrm{d}z}\left(\frac{w_2}{w_1}\right)=\frac{w'_2w_1-w'_1w_2}{w_1^2}=\frac{\Delta(w_1,w_2)}{w_1^2}, \tag{7-5-11}$$

由此可知,w_1 和 w_2 线性独立的条件是它们的朗斯基行列式 $\Delta(w_1,w_2)\neq0$.

结论二　方程(7-5-1)的两个解 w_1 和 w_2 线性独立的充分必要条件是它们的朗斯基

行列式不等于零,即

$$\Delta(w_1,w_2)\neq 0\quad(w_1\text{ 和 }w_2\text{ 线性独立}).\tag{7-5-12}$$

根据结论一,w_1 和 w_2 的朗斯基行列式或者恒等于零,或者永不为零,因而 w_1 和 w_2 的线性独立性质是一个完全确定的性质,与自变量 z 的值无关.

利用式(7-5-11)还可以解决已知方程的一个解求另一个解的问题.

将式(7-5-9)代入式(7-5-11)

$$\frac{\mathrm{d}}{\mathrm{d}z}\left(\frac{w_2}{w_1}\right)=\Delta_0\frac{\exp\left[-\int_{z_0}^{z}p(z)\,\mathrm{d}z\right]}{w_1^2},$$

求积分得到

$$w_2=\Delta_0 w_1\int\frac{\exp\left[-\int_{z_0}^{z}p(z)\,\mathrm{d}z\right]}{w_1^2}\mathrm{d}z.\tag{7-5-13}$$

由此得到第三个结论:

结论三 如果已知方程(7-5-1)的一个解 w_1,则可通过式(7-5-13)求得第二个解 $w_2(z)$.

例 1 在 $z_0=0$ 的邻域内求以下方程的级数解

$$z(z-1)w''+3zw'+w=0.$$

解 将所要求解的方程化为标准形式(7-0-1),有

$$w''+\frac{3}{z-1}w'+\frac{1}{z(z-1)}w=0.\tag{7-5-14}$$

容易看出 $z_0=0$ 是方程的正则奇点,所以方程的一个线性独立解可具有以下形式

$$w(z)=z^{\rho}\sum_{k=0}^{\infty}c_k z^k\quad(c_0\neq 0).\tag{7-5-15}$$

将式(7-5-15)代入方程(7-5-14)得

$$\sum_{k=0}^{\infty}(k+\rho)(k+\rho-1)c_k z^{k+\rho-2}+\frac{3}{z-1}\sum_{k=0}^{\infty}(k+\rho)c_k z^{k+\rho-1}+$$
$$\frac{1}{z(z-1)}\sum_{k=0}^{\infty}c_k z^{k+\rho}=0.$$

上式整理后可写成

$$\sum_{k=0}^{\infty}(k+\rho)(k+\rho-1)c_k z^{k+\rho}-\sum_{k=0}^{\infty}(k+\rho)(k+\rho-1)c_k z^{k+\rho-1}+$$
$$\sum_{k=0}^{\infty}3(k+\rho)c_k z^{k+\rho}+\sum_{k=0}^{\infty}c_k z^{k+\rho}=0.$$

消去 z^{ρ},且合并 z 的同幂次项后有

$$-\rho(\rho-1)c_0 z^{-1}+\sum_{k=0}^{\infty}\{[(k+\rho)(k+\rho-1)+3(k+\rho)+1]c_k-$$

$$(k+\rho)(k+\rho+1)c_{k+1}\}z^k=0. \tag{7-5-16}$$

要使上式对 $z_0=0$ 的邻域内任意的 z 均成立，则 z 的各次幂前面的系数必须为零.由 z 的最低次幂 z^{-1} 的系数为零可得到

$$\rho(\rho-1)c_0=0,$$

因 $c_0\neq 0$，可得指标方程

$$\rho(\rho-1)=0.$$

从而得到指标：$\rho_1=1,\rho_2=0$，且 $\rho_1-\rho_2=1$（指标之差为不等于零的整数）.

令式(7-5-16)中 z^k 的系数为零，还可得到待定系数之间的递推关系

$$(k+\rho)(k+\rho+1)c_{k+1}=[(k+\rho)(k+\rho-1)+3(k+\rho)+1]c_k. \tag{7-5-17}$$

当 $\rho=\rho_1=1$ 时，方程解的待定系数的递推关系为

$$c_{k+1}=\frac{k+2}{k+1}c_k. \tag{7-5-18}$$

令 $c_0=1$，可得到解的待定系数

$$c_k=k+1\quad(k=0,1,2\cdots). \tag{7-5-19}$$

于是，就求得方程的第一个线性独立解

$$\begin{aligned}w_1(z)&=z^{\rho_1}\sum_{k=0}^{\infty}c_kz^k=z\sum_{k=0}^{\infty}(k+1)z^k=z(1+2z+3z^2+\cdots)\\&=z(z+z^2+z^3+\cdots)'=\frac{z}{(1-z)^2}.\end{aligned} \tag{7-5-20}$$

求得了方程的一个线性独立解 $w_1(z)$ 后，我们就可利用方程(7-5-1)的两个线性独立解的关系式(7-5-13)得到方程的第二个解 $w_2(z)$.具体求解过程如下.

因为 $p(z)=\dfrac{3}{z-1},q(z)=\dfrac{1}{z(z-1)}$，所以根据式(7-5-13)，有

$$\begin{aligned}w_2(z)&=w_1\int^z\frac{\mathrm{d}z}{w_1^2}\exp\left[-\int^z p(z)\,\mathrm{d}z\right]\quad(\text{取 }\Delta_0=1)\\&=\frac{z}{(1-z)^2}\int^z\mathrm{d}z\,\frac{(1-z)^4}{z^2}\exp\left[-\int^z\frac{3}{z-1}\mathrm{d}z\right]\\&=\frac{z}{(1-z)^2}\int^z\frac{z-1}{z^2}\mathrm{d}z\\&=\frac{z}{(1-z)^2}\left(\ln z+\frac{1}{z}\right).\end{aligned} \tag{7-5-21}$$

由朗斯基行列式可知，$\Delta(w_1,w_2)\neq 0$，即 $w_1(z)$ 与 $w_2(z)$ 为方程的两个线性独立解.对于 $w_2(z)$，我们在后面还可利用求导法进行求解.

需要说明的是，在以上过程中，取 $\Delta_0=1$ 及去掉式(7-5-13)中积分的下限，是因为 $w_2(z)$ 为齐次方程的解，其中总是包含一个待定的归一化因子，Δ_0 与积分下限的贡献均可

由这一因子表示.

(三) 在奇点邻域中解的一般形式

关于在方程常点的邻域内解的性质,我们有 §7-1 中已经叙述过的定理一.

定理一 如果方程(7-5-1)的系数在圆 $|z-z_0|<R$ 中解析,则在此圆中存在方程(7-5-1)的唯一解,它满足初始条件 $w(z_0)=c_0, w'(z_0)=c_1$, c_0 和 c_1 是任意常数,并且 $w(z)$ 在这圆内单值解析.

这一定理是容易理解的,因此,我们只着重研究在 $p(z)$ 和 $q(z)$ 奇点的邻域中解的行为.

设 $z=z_0$ 为 $p(z)$ 或 $q(z)$ 的孤立奇点(极点或本性奇点). 此时,在以 z_0 为中心但不包含 z_0 的一个环形区域 K 中 $p(z)$ 和 $q(z)$ 解析(见图 7-5-1). 但是,这一区域是一个复通区域,所以方程的解在这一区域中有可能是多值函数.

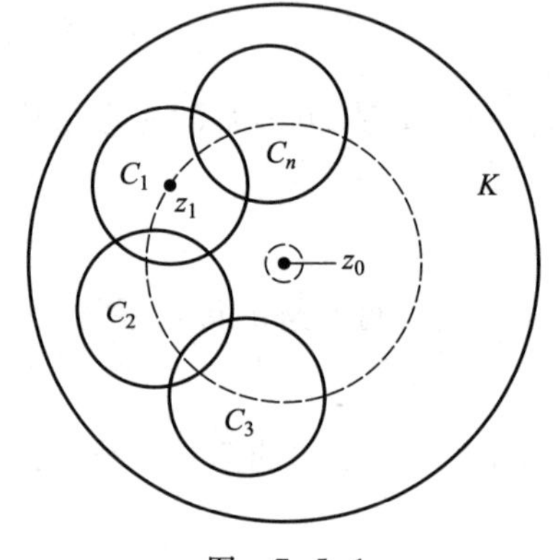

图 7-5-1

在环域 K 中任取一点 z_1,在一个以 z_1 为心的圆 C_1 中,$p(z)$ 和 $q(z)$ 单值解析,因而方程(7-5-1)有两个线性独立的单值解析的解 w_1 和 w_2. 这两个解可以在环域 K 中解析延拓. 如图 7-5-1 所示. 这样绕过 z_0 一周以后,达到一个和 C_1 有重叠的区域 C_n,由 w_1 和 w_2 延拓到 C_n 中得到的两个解是 w_1^* 和 w_2^*.

在 C_n 和 C_1 相重叠的区域中,w_1, w_2 和 w_1^*, w_2^* 都是解. 但是二阶方程不能有两个以上的线性独立的解,因而 w_1^* 和 w_2^* 必须是 w_1 和 w_2 的线性组合:

$$\left.\begin{aligned} w_1^* &= l_{11}w_1 + l_{12}w_2, \\ w_2^* &= l_{21}w_1 + l_{22}w_2. \end{aligned}\right\} \qquad (7-5-22)$$

当 w_1, w_2 解析延拓为 w_1^*, w_2^* 时,$\Delta(w_1, w_2)$ 的相应的解析延拓 $\Delta(w_1^*, w_2^*)$ 一定不为零. 否则根据结论一,在 C_n 中 $\Delta(w_1^*, w_2^*)\equiv 0$. 再根据 §3-2 中的讨论知道,当解析函数在一个子区域中恒等于 0 时,必在整个区域中恒等于零. 因而,将有 $\Delta(w_1, w_2)\equiv 0$,这与 w_1, w_2 线性独立相矛盾.

由于 $\Delta(w_1^*, w_2^*)\neq 0$,根据结论二,$w_1^*, w_2^*$ 也是线性独立的.因而,式(7-5-22)中的系数行列式不等于零,即

$$\begin{vmatrix} l_{11} & l_{12} \\ l_{21} & l_{22} \end{vmatrix} = l_{11}l_{22} - l_{12}l_{21} \neq 0. \qquad (7-5-23)$$

由式(7-5-22)可见,在微分方程(7-5-1)的奇点 z_0 周围的环形区域中,方程的两个线性独立解绕 z_0 延拓一周以后有可能相互"混合",这就使得问题复杂化. 我们希望找到这样的两个解,它们虽然不是单值解析,但是绕 z_0 一周以后只是分别乘上一个常数,而不相互"混合". 也就是要找这样的解 w_0,它绕 z_0 一周以后的解析延拓满足关系

$$w_0^* = \lambda w_0. \qquad (7-5-24)$$

这样的解 w_0 一定是我们原先任意选定的两个解 w_1, w_2 的线性组合:

$$w_0 = a_1 w_1 + a_2 w_2. \tag{7-5-25}$$

在绕 z_0 一周以后，w_0 变为

$$\begin{aligned} w_0^* &= a_1 w_1^* + a_2 w_2^* \\ &= a_1(l_{11}w_1 + l_{12}w_2) + a_2(l_{21}w_1 + l_{22}w_2) \\ &= (l_{11}a_1 + l_{21}a_2)w_1 + (l_{12}a_1 + l_{22}a_2)w_2. \end{aligned}$$

我们的要求是，w_0^* 和 w_0 只差一个常数因子 λ，因此有

$$w_0^* = \lambda w_0 = \lambda a_1 w_1 + \lambda a_2 w_2.$$

比较以上二式可见

$$\begin{aligned} l_{11}a_1 + l_{21}a_2 &= \lambda a_1, \\ l_{12}a_1 + l_{22}a_2 &= \lambda a_2. \end{aligned} \tag{7-5-26}$$

这是关于常数 a_1 和 a_2 的代数方程，它有非零解的条件是

$$\begin{vmatrix} l_{11}-\lambda & l_{21} \\ l_{12} & l_{22}-\lambda \end{vmatrix} = 0, \tag{7-5-27}$$

它是 λ 的二次代数方程.

首先假定方程(7-5-27)有两个不同的根

$$\lambda = \lambda_1, \quad \lambda = \lambda_2 \quad (\lambda_1 \neq \lambda_2). \tag{7-5-28}$$

将它们代入式(7-5-26)可以分别得到两组系数

$$(a_1^{(1)}, \quad a_2^{(1)}), (a_1^{(2)}, a_2^{(2)}).$$

用它们按式(7-5-25)组合成两个解 $w_0^{(1)}$ 和 $w_0^{(2)}$. 当绕 z_0 一周时，这两个解分别乘上常数

$$w_0^{*(1)} = \lambda_1 w_0^{(1)}, \quad w_0^{*(2)} = \lambda_2 w_0^{(2)}. \tag{7-5-29}$$

这就表明 $w_0^{(1)}$ 和 $w_0^{(2)}$ 都是多值函数.

最简单的多值函数是指数为非整数的指数函数

$$(z-z_0)^\rho = e^{\rho \ln(z-z_0)},$$

其中 ρ 不是整数. 当绕 z_0 一周时，$\ln(z-z_0)$ 增加 $2\pi i$[见式(3-5-16)]，因而

$$(z-z_0)^\rho \xrightarrow[\text{绕 } z_0 \text{ 一周}]{} e^{2\pi\rho i}(z-z_0)^\rho \tag{7-5-30}$$

即绕 z_0 一周后，$(z-z_0)^\rho$ 乘上常数 $e^{2\pi\rho i}$.

令

$$\lambda_1 = e^{2\pi\rho_1 i}, \quad \lambda_2 = e^{2\pi\rho_2 i}$$

或

$$\rho_1 = \frac{1}{2\pi i}\ln\lambda_1, \quad \rho_2 = \frac{1}{2\pi i}\ln\lambda_2, \tag{7-5-31}$$

代入式(7-5-30)得到

$$\left.\begin{aligned} (z-z_0)^{\rho_1} &\xrightarrow[\text{绕 } z_0 \text{ 一周}]{} \lambda_1(z-z_0)^{\rho_1}, \\ (z-z_0)^{\rho_2} &\xrightarrow[\text{绕 } z_0 \text{ 一周}]{} \lambda_2(z-z_0)^{\rho_2}. \end{aligned}\right\} \tag{7-5-32}$$

结合式(7-5-21)、式(7-5-24)可见,下述两个函数

$$\frac{w_0^{(1)}}{(z-z_0)^{\rho_1}},\qquad \frac{w_0^{(2)}}{(z-z_0)^{\rho_2}}$$

绕 z_0 一周以后其值不变.也就是说,它们是环形区域 K 中的单值函数,因而可以展开成洛朗级数

$$\sum_{k=-\infty}^{\infty} a_k^{(1)}(z-z_0)^k,\qquad \sum_{k=-\infty}^{\infty} a_k^{(2)}(z-z_0)^k.$$

这样就得到方程(7-5-1)的如下形式的两个解

$$\left.\begin{aligned} w_0^{(1)} &= (z-z_0)^{\rho_1}\sum_{k=-\infty}^{\infty} a_k^{(1)}(z-z_0)^k,\\ w_0^{(2)} &= (z-z_0)^{\rho_2}\sum_{k=-\infty}^{\infty} a_k^{(2)}(z-z_0)^k.\end{aligned}\right\}\tag{7-5-33}$$

以上是假定方程(7-5-27)有两个不同的根(7-5-28)而得到的结论.如果方程(7-5-27)的两根相等,即

$$\lambda_1=\lambda_2,$$

则按以上方法,只能得到一个形如(7-5-33)的解 $w_0^{(1)}$,它满足条件(7-5-24)

$$w_0^{*(1)}=\lambda_1 w_0^{(1)}.\tag{7-5-34}$$

为了求另一解,任取一个和 $w_0^{(1)}$ 线性独立的解 $w_0^{(2)}$.用 $w_0^{(1)}$ 和 $w_0^{(2)}$ 作为基本解组,则其他一切解都是它们的线性组合.

当绕 z_0 一周时,$w_0^{(1)}$ 乘上常数 λ_1,如式(7-5-34),而 $w_0^{(2)}$ 则变成 $w_0^{(1)}$ 和 $w_0^{(2)}$ 的线性组合[见式(7-5-22)]

$$w_0^{*(2)}=l_{21}w_0^{(1)}+l_{22}w_0^{(2)}.\tag{7-5-35}$$

对于式(7-5-34)、式(7-5-35),方程(7-5-27)具有下述形式

$$\begin{vmatrix}\lambda_1-\lambda & l_{21}\\ 0 & l_{22}-\lambda\end{vmatrix}=0.\tag{7-5-36}$$

按假设,λ 的这个二次方程有重根,为此就应有 $l_{22}=\lambda_1$.于是,式(7-5-35)成为

$$w_0^{*(2)}=l_{21}w_0^{(1)}+\lambda_1 w_0^{(2)}.\tag{7-5-37}$$

取式(7-5-37)和式(7-5-34)之比

$$\frac{w_0^{*(2)}}{w_0^{*(1)}}=\frac{w_0^{(2)}}{w_0^{(1)}}+\frac{l_{21}}{\lambda_1},\tag{7-5-38}$$

即二解之比 $w_0^{(2)}/w_0^{(1)}$ 绕 z_0 一周之后,增加一个常数项.我们知道,对数函数$\ln(z-z_0)$绕 z_0 一周后增加常数项 $2\pi i$[见式(3-5-16)],因此

$$\frac{w_0^{(2)}}{w_0^{(1)}}-\frac{l_{21}}{2\pi\lambda_1 i}\ln(z-z_0)$$

绕 z_0 一周后,其值不变.这表明这个函数在环域 K 中单值解析,因而可以展开成洛朗级数

$$\frac{w_0^{(2)}}{w_0^{(1)}}-\frac{l_{21}}{2\pi\lambda_1 \mathrm{i}}\ln(z-z_0)=\sum_{k=-\infty}^{\infty}a_k(z-z_0)^k.$$

将上式左边对数前的常系数写成 a,则得

$$w_0^{(2)}=w_0^{(1)}\sum_{k=-\infty}^{\infty}a_k(z-z_0)^k+aw_0^{(1)}\ln(z-z_0),\tag{7-5-39}$$

其中 $w_0^{(1)}$ 为具有式(7-5-33)形式的解

$$w_0^{(1)}=(z-z_0)^{\rho_1}\sum_{k=-\infty}^{\infty}a_k^{(1)}(z-z_0)^k.\tag{7-5-40}$$

式(7-5-39)右边第一项是 $w_0^{(1)}$ 乘某一个洛朗级数,但是,两个洛朗级数相乘仍然是一个洛朗级数,只不过系数有改变. 因而可将它写成

$$w_0^{(2)}=(z-z_0)^{\rho_2}\sum_{k=-\infty}^{\infty}a_k^{(2)}(z-z_0)^k+aw_0^{(1)}\ln(z-z_0)\tag{7-5-41}$$

总结上述,得到§7-1中叙述过的定理二:

定理二　如果 $z=z_0$ 为方程(7-5-1)的系数 $p(z)$ 或 $q(z)$ 的孤立奇点(极点或本性奇点),则在 z_0 的邻域中存在两个线性独立的解,它们或者具有形式(7-5-33),或者具有形式(7-5-40)、形式(7-5-41).

式(7-5-33)、式(7-5-40)和式(7-5-41)是奇点邻域中解的一般形式. 在特殊情况下,上述各式中的洛朗级数可能只有有限个负幂项. 此时,可以将级数前的因子 $(z-z_0)^\rho$ 的指数 ρ 适当地改变,使得级数不再有负幂项. 因此,在这种情况下的解可以写成

$$\left.\begin{aligned}w^{(1)}&=(z-z_0)^{\rho_1}\sum_{k=0}^{\infty}a_k^{(1)}(z-z_0)^k,\\ w^{(2)}&=(z-z_0)^{\rho_2}\sum_{k=0}^{\infty}a_k^{(2)}(z-z_0)^k,\end{aligned}\right\}\tag{7-5-42}$$

或

$$\left.\begin{aligned}w^{(1)}&=(z-z_0)^{\rho_1}\sum_{k=0}^{\infty}a_k^{(1)}(z-z_0)^k,\\ w^{(2)}&=(z-z_0)^{\rho_2}\sum_{k=0}^{\infty}a_k^{(2)}(z-z_0)^k+aw^{(1)}\ln(z-z_0).\end{aligned}\right\}\tag{7-5-43}$$

这样的奇点称为**正则奇点**.

我们来讨论奇点 z_0 是正则奇点的条件.

为了具体起见,假定在 z_0 周围,解具有式(7-5-42)的形式[当解具有式(7-5-43)形式时,也可以类似地讨论]. 可以假定此式中的两个级数的常数项不为零:

$$a_0^{(1)}\neq 0,\quad a_0^{(2)}\neq 0,$$

因为这一要求总可以通过适当改变指数 ρ_1 和 ρ_2 而得到满足.

我们利用式(7-5-7)和式(7-5-8)来研究方程的系数 $p(z)$ 和 $q(z)$.为此将式(7-5-42)中的两个常数项不为零的幂级数分别写成 $P_1(z-z_0)$ 和 $P_2(z-z_0)$,于是

$$\left.\begin{aligned} w^{(1)} &= (z-z_0)^{\rho_1}P_1(z-z_0), \\ w^{(2)} &= (z-z_0)^{\rho_2}P_2(z-z_0), \end{aligned}\right\} \tag{7-5-44}$$

它们的比是

$$\frac{w^{(2)}}{w^{(1)}} = (z-z_0)^{\rho_2-\rho_1}P_3(z-z_0), \tag{7-5-45}$$

其中 $P_3(z-z_0)$ 是另一个常数项不为零的幂级数. 求它的导数,得到

$$\begin{aligned} \frac{\mathrm{d}}{\mathrm{d}z}\left(\frac{w^{(2)}}{w^{(1)}}\right) &= (\rho_2-\rho_1)(z-z_0)^{\rho_2-\rho_1-1}P_3(z-z_0) + (z-z_0)^{\rho_2-\rho_1}P_3'(z-z_0) \\ &= (z-z_0)^{\rho_2-\rho_1-1}[(\rho_2-\rho_1)P_3 + (z-z_0)P_3']. \end{aligned}$$

上式方括号内的表达式仍然是 $(z-z_0)$ 的幂级数,而且常数项不为零,用 P_4 $(z-z_0)$ 表示它,于是

$$\frac{\mathrm{d}}{\mathrm{d}z}\left(\frac{w^{(2)}}{w^{(1)}}\right) = (z-z_0)^{\rho_2-\rho_1-1}P_4(z-z_0). \tag{7-5-46}$$

和式(7-5-44)一起代入式(7-5-11)得到朗斯基行列式

$$\Delta(w^{(1)},w^{(2)}) = [w^{(1)}]^2\frac{\mathrm{d}}{\mathrm{d}z}\left(\frac{w^{(2)}}{w^{(1)}}\right) = (z-z_0)^{\rho_2+\rho_1-1}P_5(z-z_0), \tag{7-5-47}$$

其中用 P_5 表示 $P_1^2P_4$,它也是一个常数项不为零的幂级数.

再求式(7-5-47)的导数,有

$$\begin{aligned} \Delta' &= (\rho_2+\rho_1-1)(z-z_0)^{\rho_2+\rho_1-2}P_5(z-z_0) \\ &\quad + (z-z_0)^{\rho_2+\rho_1-1}P_5'(z-z_0). \end{aligned} \tag{7-5-48}$$

将它和式(7-5-47)一道代入式(7-5-7)得到

$$p(z) = \frac{1-\rho_1-\rho_2}{z-z_0} - \frac{P_5'(z-z_0)}{P_5(z-z_0)}. \tag{7-5-49}$$

这表明 $p(z)$ 可能以 z_0 为极点,但不高于一阶.

将式(7-5-44)中 $w^{(1)}$ 的表达式求导两次,得到

$$w^{(1)\prime} = \rho_1(z-z_0)^{\rho_1-1}P_1 + (z-z_0)^{\rho_1}P_1'$$

$$w^{(1)\prime\prime} = \rho_1(\rho_1-1)(z-z_0)^{\rho_1-2}P_1 + 2\rho_1(z-z_0)^{\rho_1-1}P_1' + (z-z_0)^{\rho_1}P''_1,$$

再利用式(7-5-44),得到

$$\frac{w^{(1)\prime}}{w^{(1)}} = \frac{\rho_1}{z-z_0} + \frac{P_1'}{P_1},$$

$$\frac{w^{(1)\prime\prime}}{w^{(1)}} = \frac{\rho_1(\rho_1-1)}{(z-z_0)^2} + \frac{2\rho_1}{z-z_0}\cdot\frac{P_1'}{P_1} + \frac{P_1''}{P_1}.$$

可见它们二者分别以 z_0 为不高于一阶和不高于二阶的极点,再根据式(7-5-8)

$$q(z)=-\frac{w^{(1)''}}{w^{(1)}}-p(z)\frac{w^{(1)'}}{w^{(1)}},$$

可见 $q(z)$ 以 z_0 为不高于二阶的极点.

这样我们就得到,z_0 为正则奇点的条件是,$p(z)$ 以 z_0 为不高于一阶的极点,$q(z)$ 以 z_0 为不高于二阶的极点.

反过来还可以证明,如果 $p(z)$ 以 z_0 为不高于一阶的极点,$q(z)$ 以 z_0 为不高于二阶的极点,则 z_0 为方程(7-5-1)的正则奇点.这个证明的过程也就是§7-1中求正则奇点邻域内的幂级数解的过程.这样一来,我们就证明了§7-1中所叙述的定理三:

定理三　在正则奇点 z_0 的邻域中,方程(7-5-1)具有式(7-5-42)或式(7-5-43)形式的解.

(四)求解方程正则奇点邻域中线性独立解的另一种方法——求导法

在前面关于方程(7-5-1)解的线性独立性的讨论中,式(7-5-13)说明了方程两个线性独立解的关系.如果已知方程的一个解 $w_1(z)$,那么可通过该式得到方程的另一线性独立解 $w_2(z)$.但是,w_2 与 w_1 关系中涉及的积分有时比较难求,在这种情况下,就不方便利用式(7-5-13)得到 $w_2(z)$ 了.下面介绍在正则奇点邻域中求线性独立解的另外一种方法.

如果已知方程在正则奇点的邻域中的级数解 $w_1(z)$,即式(7-5-42)中的第一式,那么也可通过以下求导的方法得到方程(7-5-1)的另一线性独立级数解 $w_2(z)$,即(7-5-42)中的第二式.具体方法如下.

设方程(7-5-1)在正则奇点 z_0 附近的一个线性独立级数解为

$$w(z)=(z-z_0)^{\rho}\sum_{k=0}^{\infty}a_k(z-z_0)^k\quad(a_0\neq 0).\qquad(7-5-50)$$

其中 a_k 为常数,ρ 为指标方程中的指标.显然,当 $\rho=\rho_1$ 时,上式即为式(7-5-42)中的第一式.

利用求导法得到方程第二个线性独立解的方法是,首先将式(7-5-50)中的系数 a_k 改为其关于指标 ρ 的函数,即 $a_k=a_k(\rho)$,那么式(7-5-50)可写成

$$w(z,\rho)=(z-z_0)^{\rho}\sum_{k=0}^{\infty}a_k(\rho)\,(z-z_0)^k.\qquad(7-5-51)$$

为便于计算,定义以下关于变量 z 的微分运算

$$\mathrm{L}=\frac{\mathrm{d}^2}{\mathrm{d}z^2}+p(z)\frac{\mathrm{d}}{\mathrm{d}z}+q(z).\qquad(7-5-52)$$

然后将 L 作用到式(7-5-51)上,将 $(z-z_0)^k$ 最低次幂中关于 ρ 的函数记为 $a_0(\rho)(\rho-\rho_1)(\rho-\rho_2)(z-z_0)^{\rho}$[令 $(z-z_0)^{\rho}$ 前面的系数为零即得指标方程],而式(7-5-51)中含 $(z-z_0)^k$ $(k>0)$ 因式的各项经 L 作用后,其前面的系数因满足递推关系而为零.这样,$\mathrm{L}w(z,\rho)$ 的结果为

$$\mathrm{L}w(z,\rho)=a_0(\rho)(\rho-\rho_1)(\rho-\rho_2)\,(z-z_0)^{\rho}.\qquad(7-5-53)$$

为方便计,可令式(7-5-53)中的 $a_0(\rho)=1$.显然,当 $\rho=\rho_1$ 或 $\rho=\rho_2$ 时,有

$$Lw(z,\rho)=\frac{d^2w}{dz^2}+p(z)\frac{dw}{dz}+q(z)w=0,$$

即 $w(z,\rho)$ 为当 $\rho=\rho_1$ 或 $\rho=\rho_2$ 时方程的解.

下面根据指标方程解的不同情况,讨论 $w_2(z)$ 的形式.

当 $\rho_2=\rho_1$,即指标方程的根为重根时,式(7-5-53)变为

$$Lw(z,\rho)=(\rho-\rho_1)^2(z-z_0)^\rho. \tag{7-5-54}$$

上式对 ρ 求导,得到

$$\frac{\partial}{\partial\rho}[Lw(z,\rho)]=2(\rho-\rho_1)(z-z_0)^\rho+(\rho-\rho_1)^2(z-z_0)^\rho\ln(z-z_0).$$

当 $\rho=\rho_1$ 时,有

$$\frac{\partial}{\partial\rho}[Lw(z,\rho)]=0.$$

由于$\frac{\partial}{\partial\rho}$和 L 是对不同的变量求导数,所以可得到

$$L\left[\frac{\partial}{\partial\rho}w(z,\rho)\right]=0\quad(\rho=\rho_1), \tag{7-5-55}$$

即 $w_2(z)=\left[\frac{\partial}{\partial\rho}w(z,\rho)\right]\Big|_{\rho=\rho_1}$ 是当 $\rho_2=\rho_1$ 时方程(7-5-1)的第二个线性独立解.

再来讨论在 $\rho_1-\rho_2=n$(n 为不等于零的整数)的情况下,方程(7-5-1)的第二个线性独立解.

将式(7-5-53)两边同乘以$(\rho-\rho_2)$,得到

$$(\rho-\rho_2)L[w(z,\rho)]=(\rho-\rho_1)(\rho-\rho_2)^2(z-z_0)^\rho\quad[取\ a_0(\rho)=1].$$

由于 L 是对变量 z 的微分运算,所以有

$$L[(\rho-\rho_2)w(z,\rho)]=(\rho-\rho_1)(\rho-\rho_2)^2(z-z_0)^\rho. \tag{7-5-56}$$

令式(7-5-56)中的 $\rho=\rho_2$,得到

$$L[(\rho-\rho_2)w(z,\rho)]=0. \tag{7-5-57}$$

上式说明,$[(\rho-\rho_2)w(z,\rho)]|_{\rho=\rho_2}$也是方程(7-5-1)的解.然而,可以证明,这一解不是该方程的线性独立解,它与 $w_1(z)$ 成以下线性关系

$$[(\rho-\rho_2)w(z,\rho)]|_{\rho=\rho_2}=aw_1(z)\qquad(a\ 为常数). \tag{7-5-58}$$

为找到方程的第二个线性独立解,可将式(7-5-56)两边对变量 ρ 求导,得

$$\frac{\partial}{\partial\rho}\{L[(\rho-\rho_2)w(z,\rho)]\}=(\rho-\rho_2)^2(z-z_0)^\rho+2(\rho-\rho_1)(\rho-\rho_2)(z-z_0)^\rho$$
$$+(\rho-\rho_1)(\rho-\rho_2)^2(z-z_0)^\rho\ln(z-z_0).$$

当 $\rho=\rho_2$ 时,有

$$\frac{\partial}{\partial\rho}\{L[(\rho-\rho_2)w(z,\rho)]\}=0. \tag{7-5-59}$$

交换$\frac{\partial}{\partial \rho}$和 L 的次序,得到

$$L\left\{\frac{\partial}{\partial \rho}[(\rho-\rho_2)w(z,\rho)]\right\}\Bigg|_{\rho=\rho_2}=0. \qquad (7-5-60)$$

即 $w_2(z)=\frac{\partial}{\partial \rho}[(\rho-\rho_2)w(z,\rho)]\big|_{\rho=\rho_2}$为当 $\rho_1-\rho_2=n$(n 为不等于零的整数)时方程(7-5-1)的第二个线性独立解.

以上通过求导的方法,我们得到了方程(7-5-1)的第二个线性独立解.为了便于和式(7-5-42)的第二式进行比较,下面来讨论 $w_2(z)$的级数形式.

当 $\rho_2=\rho_1$ 时,由式(7-5-51)及式(7-5-55)可得

$$\begin{aligned} w_2(z) &= \left[\frac{\partial}{\partial \rho}w(z,\rho)\right]\Bigg|_{\rho=\rho_1} = \left\{\frac{\partial}{\partial \rho}\left[(z-z_0)^{\rho}\sum_{k=0}^{\infty}a_k(\rho)(z-z_0)^k\right]\right\}\Bigg|_{\rho=\rho_1} \\ &= \ln(z-z_0)\cdot(z-z_0)^{\rho_1}\sum_{k=0}^{\infty}a_k(\rho_1)(z-z_0)^k \\ &\quad +(z-z_0)^{\rho_1}\sum_{k=0}^{\infty}\left[\frac{\mathrm{d}a_k(\rho)}{\mathrm{d}\rho}\right]\Bigg|_{\rho=\rho_1}(z-z_0)^k. \end{aligned}$$

令 $a_k^{(1)}=\left[\frac{\mathrm{d}a_k(\rho)}{\mathrm{d}\rho}\right]\Bigg|_{\rho=\rho_1=\rho_2}$,而 $w_1(z)=(z-z_0)^{\rho_1}\sum_{k=0}^{\infty}a_k(\rho_1)(z-z_0)^k$, 于是有

$$w_2(z)=(z-z_0)^{\rho_1}\sum_{k=0}^{\infty}a_k^{(1)}(z-z_0)^k+w_1(z)\ln(z-z_0)\quad(\rho_2=\rho_1). \qquad (7-5-61)$$

当 $\rho_1-\rho_2=n$(n 为不等于零的整数)时,有

$$\begin{aligned} w_2(z) &= \left\{\frac{\partial}{\partial \rho}[(\rho-\rho_2)w(z,\rho)]\right\}\Bigg|_{\rho=\rho_2} \\ &= \left\{\frac{\partial}{\partial \rho}\left[(\rho-\rho_2)(z-z_0)^{\rho}\sum_{k=0}^{\infty}a_k(\rho)(z-z_0)^k\right]\right\}\Bigg|_{\rho=\rho_2} \\ &= \left\{\left[\frac{\partial}{\partial \rho}(\rho-\rho_2)\right]\left[(z-z_0)^{\rho}\sum_{k=0}^{\infty}a_k(\rho)(z-z_0)^k\right]\right\}\Bigg|_{\rho=\rho_2} \\ &\quad +\left\{(\rho-\rho_2)\left[\frac{\partial}{\partial \rho}(z-z_0)^{\rho}\right]\sum_{k=0}^{\infty}a_k(\rho)(z-z_0)^k\right\}\Bigg|_{\rho=\rho_2} \\ &\quad +\left\{(\rho-\rho_2)\left[(z-z_0)^{\rho}\sum_{k=0}^{\infty}\frac{\mathrm{d}a_k(\rho)}{\mathrm{d}\rho}(z-z_0)^k\right]\right\}\Bigg|_{\rho=\rho_2} \\ &= (z-z_0)^{\rho_2}\sum_{k=0}^{\infty}a_k(\rho_2)(z-z_0)^k \\ &\quad +\ln(z-z_0)\left[(\rho-\rho_2)(z-z_0)^{\rho}\sum_{k=0}^{\infty}a_k(\rho)(z-z_0)^k\right]\Bigg|_{\rho=\rho_2} \end{aligned}$$

$$= (z - z_0)^{\rho_2} \sum_{k=0}^{\infty} a_k^{(2)} (z - z_0)^k + \ln(z - z_0) [(\rho - \rho_2) w(z,\rho)] |_{\rho=\rho_2}. \tag{7-5-62}$$

其中 $a_k^{(2)} = a_k(\rho_2)$.

考虑到式(7-5-58),上式成为

$$w_2(z) = (z - z_0)^{\rho_2} \sum_{k=0}^{\infty} a_k^{(2)} (z - z_0)^k + a w_1(z) \ln(z - z_0) \tag{7-5-63}$$

这样,我们就利用求导法得到了方程(7-5-1)在正则奇点 z_0 附近的第二个线性独立解(7-5-63),它与式(7-5-43)的第二式是一致的.

作为例子,下面通过求导法再来求解方程(7-5-14)

$$z(z - 1) w'' + 3zw' + w = 0.$$

在 $z_0 = 0$ 的邻域中的第二个线性独立解 $w_2(z)$.

前面已经得到方程关于正则奇点 $z_0 = 0$ 的两个指标 $\rho_1 = 1, \rho_2 = 0(\rho_1 - \rho_2 = 1)$ 及与 $\rho_1 = 1$ 相对应的解 $w_1(z) = \dfrac{z}{(1-z)^2}$.

通过上面的讨论,可以看出,求导法的基本思路是将级数解中的系数 c_k 改为 c_k 关于指标 ρ 的函数,即 $c_k = c_k(\rho)$.因此,与 $\rho_2 = 0$ 所对应的方程的第二个线性独立解为

$$w_2(z) = \left\{ \frac{\partial}{\partial \rho} [\rho w(z,\rho)] \right\} \bigg|_{\rho=0}.$$

由级数解法中待定系数之间的递推关系式(7-5-17),有

$$(k + \rho) c_{k+1} = (k + \rho + 1) c_k. \tag{7-5-64}$$

取 $c_0(\rho) = 1$,则 $c_k(\rho) = \dfrac{k+\rho}{\rho} (k = 0,1,2\cdots)$.于是,$w_2(z)$ 为

$$\begin{aligned} w_2(z) &= \left\{ \frac{\partial}{\partial \rho} \left[\rho z^\rho \sum_{k=0}^{\infty} c_k(\rho) z^k \right] \right\} \bigg|_{\rho=0} = \left\{ \frac{\partial}{\partial \rho} \left[\rho z^\rho \sum_{k=0}^{\infty} \frac{k + \rho}{\rho} z^k \right] \right\} \bigg|_{\rho=0} \\ &= \left[z^\rho \ln z \sum_{k=0}^{\infty} (k + \rho) z^k + z^\rho \sum_{k=0}^{\infty} z^k \right] \bigg|_{\rho=0} \\ &= \ln z \sum_{k=0}^{\infty} k z^k + \sum_{k=0}^{\infty} z^k \\ &= \frac{z}{(1 - z)^2} \ln z + \frac{1}{1 - z} \\ &= \frac{z}{(1 - z)^2} \left(\ln z + \frac{1}{z} \right) - \frac{z}{(1 - z)^2} \\ &= \frac{z}{(1 - z)^2} \left(\ln z + \frac{1}{z} \right) + a w_1(z) \quad (a = -1). \end{aligned} \tag{7-5-65}$$

显然,式(7-5-65)中的 $w_2(z)$ 在去掉了与 $w_1(z)$ 的线性相关解 $a w_1(z)$ 后的结果,与通过 $w_1(z)$ 与 $w_2(z)$ 的关系所得到的 $w_2(z)$ 的形式完全一致.

(五) 非齐次线性常微分方程

如果已经求得二阶线性齐次常微分方程

$$w''(z)+p(z)w'(z)+q(z)w(z)=0 \tag{7-5-66}$$

的两个线性无关解 $w_1(z)$ 和 $w_2(z)$，则其通解为

$$w(z)=c_1w_1(z)+c_2w_2(z), \tag{7-5-67}$$

式中 c_1 和 c_2 为任意常数.

二阶线性非齐次方程

$$w''(z)+p(z)w'(z)+q(z)w(z)=f(z) \tag{7-5-68}$$

的通解是相应的齐次方程的通解(7-5-67)与非齐次方程的特解之和，常用的求非齐次方程(7-5-68)的特解的方法是**常数变易法**，参看 §6-3，即将齐次方程的通解(7-5-67)中的常数 c_1 和 c_2 当作 z 的函数，设非齐次方程(7-5-68)具有如下形式的特解

$$w(z)=c_1(z)w_1(z)+c_2(z)w_2(z), \tag{7-5-69}$$

其中 $c_1(z)$ 和 $c_2(z)$ 是待定的未知函数，将它代入方程(7-5-68)得到确定 $c_1(z)$ 和 $c_2(z)$ 的一个条件

$$(c_1w_1+c_2w_2)''+p(z)(c_1w_1+c_2w_2)'+q(z)(c_1w_1+c_2w_2)=f(z), \tag{7-5-70}$$

确定两个未知函数需要两个条件.因此，还可以附加一个 $c_1(z)$ 和 $c_2(z)$ 之间的关系.为此，将式(7-5-69)两边对 z 求导，得

$$w'(z)=c_1w_1'+c_2w_2'+c_1'w_1+c_2'w_2.$$

为了方便起见，作为第二个条件，要求上式后两项为零，即

$$c_1'w_1+c_2'w_2=0. \tag{7-5-71}$$

由于 w_1 和 w_2 是齐次方程(7-5-66)的解，将式(7-5-69)代入式(7-5-68)，并利用条件(7-5-71)，则有

$$c_1'w_1'+c_2'w_2'=f(z). \tag{7-5-72}$$

将式(7-5-71)与式(7-5-72)联立，可求得

$$c_1'(z)=-\frac{w_2(z)f(z)}{\Delta(w_1,w_2)},\quad c_2'(z)=\frac{w_1(z)f(z)}{\Delta(w_1,w_2)}.$$

式中 $\Delta(w_1,w_2)=w_1w_2'-w_2w_1'$ 为朗斯基行列式，见式(7-5-4).

将上式对 z 积分，并将积分变量改写为 τ，则有

$$c_1(z)=-\int^z\frac{w_1(\tau)f(\tau)}{\Delta(w_1,w_2)}\mathrm{d}\tau=-\int_0^z\frac{w_1(\tau)f(\tau)}{\Delta(w_1,w_2)}\mathrm{d}\tau+a_1,$$

$$c_2(z)=\int^z\frac{w_2(\tau)f(\tau)}{\Delta(w_1,w_2)}\mathrm{d}\tau=-\int_0^z\frac{w_2(\tau)f(\tau)}{\Delta(w_1,w_2)}\mathrm{d}\tau+a_2. \tag{7-5-73}$$

其中 a_1,a_2 为积分常数,将式(7-5-73)代入式(7-5-69),得二阶线性非齐次常微分方程(7-5-68)的通解

$$w(z)=a_1w_1(z)+a_2w_2(z)-w_1(z)\int^z\frac{w_2(\tau)f(\tau)}{\Delta(w_1,w_2)}\mathrm{d}\tau$$

$$+w_2(z)\int^z\frac{w_1(\tau)f(\tau)}{\Delta(w_1,w_2)}\mathrm{d}\tau. \qquad (7-5-74)$$

例 2 求解常微分方程的初值问题

$$T_n''(t)+k^2T_n(t)=f_n(t), \qquad (7-5-75)$$

式中 k 为常数;

$$T_n(0)=\varphi_n,\quad T_n'(0)=\psi_n. \qquad (7-5-76)$$

解 与非齐次方程(7-5-75)相应的齐次方程的两个线性独立的解为 $\cos kt$ 和 $\sin kt$,朗斯基行列式为

$$\Delta=\cos kt(\sin kt)'-\sin kt(\cos kt)'=k,$$

第五章—第七章习题课

代入式(7-5-74),得

$$T_n(t)=c_1\cos kt+c_2\sin kt-\cos kt\int_0^t\frac{\sin k\tau f(\tau)}{k}\mathrm{d}\tau+\sin kt\int_0^t\frac{\cos k\tau f(\tau)}{k}\mathrm{d}\tau$$

$$=c_1\cos kt+c_2\sin kt+\frac{1}{k}\int_0^t\sin k(t-\tau)f(\tau)\mathrm{d}\tau. \qquad (7-5-77)$$

由初条件(7-5-76)可得 $c_1=\varphi_n,c_2=\dfrac{1}{k}\psi_n$.

【解毕】

第八章
球函数

在§6-2中我们看到，拉普拉斯方程在球坐标中分离变量后，得到连带勒让德方程等几个常微分方程，考虑到一定的边界条件，就转化为有关常微分方程的本征值问题或边值问题.在这一章的第一节里首先解勒让德方程的本征值问题，然后再讨论连带勒让德方程，并引进球函数.

§8-1　勒让德多项式

勒让德多项式(1)

(一) 勒让德多项式的表达式

首先求解勒让德方程的本征值问题.

在§6-2中看到，如果所求的解具有轴对称性，采用球坐标，并取对称轴为极轴，则拉普拉斯方程在球坐标下分离变量后得到关于 θ 的微分方程

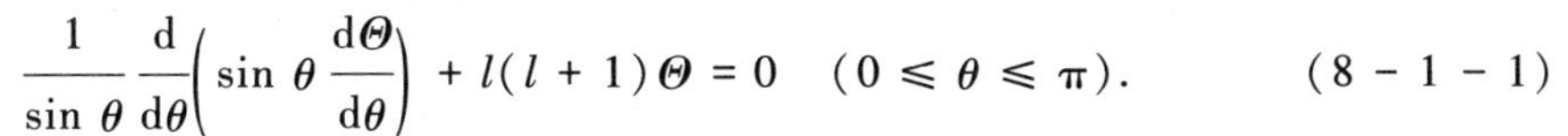

$$\frac{1}{\sin\theta}\frac{\mathrm{d}}{\mathrm{d}\theta}\left(\sin\theta\frac{\mathrm{d}\Theta}{\mathrm{d}\theta}\right)+l(l+1)\Theta=0\quad(0\leqslant\theta\leqslant\pi).\qquad(8-1-1)$$

勒让德多项式(2)

作变量代换，令

$$x=\cos\theta,\qquad(8-1-2)$$

方程(8-1-1)变为勒让德方程(6-2-17)

$$(1-x^2)\frac{\mathrm{d}^2y}{\mathrm{d}x^2}-2x\frac{\mathrm{d}y}{\mathrm{d}x}+l(l+1)y=0\quad(-1\leqslant x\leqslant 1).\qquad(8-1-3)$$

根据物理考虑，解应在 $0\leqslant\theta\leqslant\pi$ 的一切方向上均有限，即

$$-1\leqslant x\leqslant 1\text{ 时},\ |y(x)|\text{ 有限}.\qquad(8-1-4)$$

方程(8-1-3)和式(8-1-4)一起构成勒让德方程的本征值问题.下面来解这个本征值问题，即选择参数 l 使方程(8-1-3)的解能满足有界条件(8-1-4).

在§7-2中，我们曾经求出方程(8-1-3)在常点 $x=0$ 的邻域内的解(7-2-5)

$$y(x)=c_0y_0(x)+c_1y_1(x),\qquad(8-1-5)$$

其中 $y_0(x)$ 和 $y_1(x)$ 是两个无穷级数(7-2-6)和(7-2-7)，它们在 $|x|<1$ 内是绝对收敛的，在 $|x|>1$ 是发散的.因此，问题在于 $x=\pm1$ 两点，可以证明，在 $x=\pm1$ 处，两个级数 y_0 和 y_1 都是发散的.这一发散的根源在于，从直角坐标变换到球坐标时，由于坐标的紧致化导致在 $\theta=0,\pi$ 出现奇点，见§6-2(一).因此，为满足边界条件(8-1-4)，应选择待定系数 l

使无穷级数退化成多项式.

由递推关系(7-2-4)

$$c_{k+2}=\frac{k(k+1)-l(l+1)}{(k+2)(k+1)}c_k \tag{8-1-6}$$

可以看出,如果取 l 为正整数(或零)

$$l=0,1,2,\cdots, \tag{8-1-7}$$

则当 $k=l$ 时,就有 $c_{k+2}=0$;反复应用式(8-1-6),可得 $c_{k+4}=c_{k+6}=\cdots=0$.为了使无穷级数退化为多项式,下面分两种情况讨论:

l 为偶数,$y_0(x)$ 成为 l 次多项式;进一步取 $c_1=0$,解(8-1-5)成为只包含偶次项的 l 次多项式;

l 为奇数,$y_1(x)$ 成为 l 次多项式;进一步取 $c_0=0$,解(8-1-5)成为只包含奇次项的 l 次多项式,这样一来,$y(x)$ 就成为满足边界条件(8-1-4)的本征函数.

总结上述可见,为了满足边界条件(8-1-4),方程(8-1-1)中的参量 l 只能为正整数(或零)[如式(8-1-7)],这就是勒让德方程本征值问题的本征值.注意,在式(6-2-10)、式(6-2-11)中将分离变量得到的参数写成 $l(l+1)$ 就是为了使 l 成为简单的整数.如果和通常一样将参数写成 λ,则式(8-1-6)将成为

$$c_{k+2}=\frac{k(k+1)-\lambda}{(k+2)(k+1)}c_k,$$

为了满足边界条件,本征值 λ 应为 $l(l+1)$,其中 l 等于正整数(或零).

我们得到了勒让德方程本征值问题的本征函数是 x 的 l 次多项式.通常规定最高次方 x^l 项的系数为[理由见后面的式(8-1-39),又见式(8-1-16)]

$$c_l=\frac{(2l)!}{2^l(l!)^2}, \tag{8-1-8}$$

此时得到的多项式称为**勒让德多项式**,用 $\mathrm{P}_l(x)$ 表示.下面写出它的具体表达式.

将递推关系(8-1-6)改写为

$$c_k=\frac{(k+2)(k+1)}{(k-l)(k+l+1)}c_{k+2}, \tag{8-1-9}$$

利用式(8-1-8)就可算出其他系数,例如

$$\begin{aligned}c_{l-2}&=\frac{l(l-1)}{(-2)(2l-1)}c_l=-\frac{l(l-1)}{2(2l-1)}\frac{(2l)!}{2^l(l!)^2}\\&=-\frac{l(l-1)2l(2l-1)(2l-2)!}{2\cdot 2^l(2l-1)l(l-1)!\ l(l-1)(l-2)!}\\&=-\frac{(2l-2)!}{2^l(l-1)!\ (l-2)!},\end{aligned}$$

$$c_{l-4}=-\frac{(l-2)(l-3)}{4(2l-3)}\left[-\frac{(2l-2)!}{2^l(l-1)!\ (l-2)!}\right]$$

$$=(-1)^2\frac{(l-2)(l-3)}{2\cdot 2!\ (2l-3)}\frac{(2l-2)(2l-3)(2l-4)!}{2^l(l-1)(l-2)!\ (l-2)(l-3)(l-4)!}$$

$$=(-1)^2\frac{(2l-4)!}{2^l 2!\ (l-2)!\ (l-4)!},$$

$$c_{l-6}=(-1)^3\frac{(2l-6)!}{2^l 3!\ (l-3)!\ (l-6)!}.$$

一般而言,当 $l-2s\geqslant 0$ 时,我们有

$$c_{l-2s}=(-1)^s\frac{(2l-2s)!}{2^l s!\ (l-s)!\ (l-2s)!}. \qquad (8-1-10)$$

由于 l 为整数,采用简化记号

$$\left[\frac{l}{2}\right]=\begin{cases}\dfrac{l}{2}, & \text{当 } l \text{ 为偶数时},\\ \dfrac{l-1}{2}, & \text{当 } l \text{ 为奇数时}.\end{cases} \qquad (8-1-11)$$

就得到勒让德多项式的具体表达式

$$\mathrm{P}_l(x)=\sum_{s=0}^{\left[\frac{l}{2}\right]}(-1)^s\frac{(2l-2s)!}{2^l s!\ (l-s)!\ (l-2s)!}x^{l-2s}. \qquad (8-1-12)$$

前五个勒让德多项式是

$$\mathrm{P}_0(x)=1,\quad \mathrm{P}_1(x)=x,\quad \mathrm{P}_2(x)=\frac{1}{2}(3x^2-1),$$
$$\mathrm{P}_3(x)=\frac{1}{2}(5x^3-3x),\quad \mathrm{P}_4(x)=\frac{1}{8}(35x^4-30x^2+3). \qquad (8-1-13)$$

由此容易看出

$$\mathrm{P}_l(-x)=(-1)^l\mathrm{P}_l(x). \qquad (8-1-14)$$

它们的图形如图 8-1-1 所示.

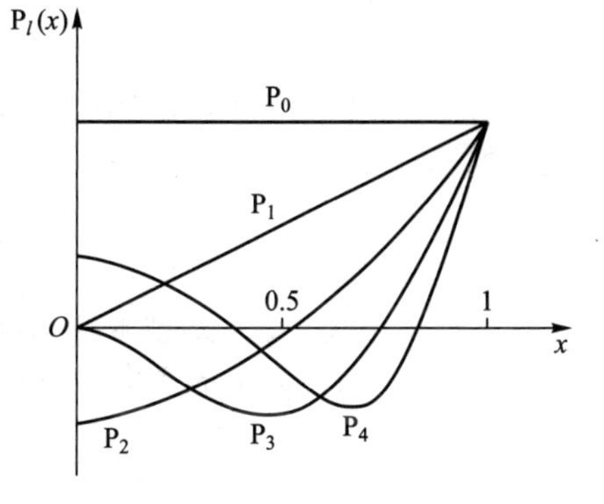

图 8-1-1

在有些计算中,更多的用到勒让德多项式的另一种表示——微分表示,即

$$\mathrm{P}_l(x)=\frac{1}{2^l l!}\frac{\mathrm{d}^l}{\mathrm{d}x^l}(x^2-1)^l, \qquad (8-1-15)$$

式(8-1-15)叫作罗德里格斯公式,它与表达式(8-1-12)的一致性可直接验证如下:

根据二项式展开定理

$$(x^2-1)^l=\sum_{s=0}^{l}\frac{(-1)^s l!}{s!\ (l-s)!}x^{2l-2s},$$

所以

$$\frac{1}{2^l l!}\frac{\mathrm{d}^l}{\mathrm{d}x^l}(x^2-1)^l=\frac{\mathrm{d}^l}{\mathrm{d}x^l}\sum_{s=0}^{l}\frac{(-1)^s}{2^l s!\ (l-s)!}x^{2l-2s}.$$

注意,凡是方次 $2l-2s<l$ 的项经 l 次求导后为零,故只剩下 $2l-2s\geqslant l$,即 $s\leqslant\frac{l}{2}$的项,于是得

$$\begin{aligned}\frac{1}{2^l l!}\frac{\mathrm{d}^l}{\mathrm{d}x^l}(x^2-1)^l&=\sum_{s=0}^{[l/2]}\frac{(-1)^s(2l-2s)\cdot\cdots\cdot(l-2s+1)}{2^l(l-s)!\ s!}x^{l-2s}\\&=\sum_{s=0}^{[l/2]}(-1)^s\frac{(2l-2s)!}{2^l s!\ (l-s)!\ (l-2s)!}x^{l-2s},\end{aligned}$$

和式(8-1-12)比较就得式(8-1-15).

利用罗德里格斯公式可以计算 $\mathrm{P}_l(x)$ 在 $x=1$ 处的函数值.事实上,

$$\mathrm{P}_l(1)=\frac{1}{2^l l!}\frac{\mathrm{d}^l}{\mathrm{d}x^l}(x^2-1)^l\Big|_{x=1}.$$

为了计算$\frac{\mathrm{d}^l}{\mathrm{d}x^l}(x^2-1)^l\Big|_{x=1}$,将$(x^2-1)^l$在 $x=1$ 处展开

$$\begin{aligned}(x^2-1)^l&=(x-1)^l(x+1)^l=(x-1)^l2^l\left[1+\frac{x-1}{2}\right]^l\\&=2^l(x-1)^l\left[1+l\frac{x-1}{2}+\frac{l(l-1)}{2!}\left(\frac{x-1}{2}\right)^2+\cdots+\left(\frac{x-1}{2}\right)^l\right].\end{aligned}$$

由此看出,将它微商 l 次后,除第一项变为常数 $2^l l!$ 外,其余各项仍含$(x-1)$的因子,将 $x=1$代入,则得

$$\mathrm{P}_l(1)=\frac{1}{2^l l!}\frac{\mathrm{d}^l}{\mathrm{d}x^l}(x^2-1)^l\Big|_{x=1}=\frac{1}{2^l l!}\cdot 2^l l!\ =1.\qquad(8-1-16)$$

(二) 勒让德多项式的正交性和归一化

勒让德多项式是方程(8-1-3)和有界条件(8-1-4)所构成的施-刘型本征值问题的本征函数.

方程(8-1-3)可以化为施-刘型方程,其中 $\rho(x)=1,a=-1,b=1$,而$y_l(x)=\mathrm{P}_l(x)$是实函数,故有正交性

$$\int_{-1}^{1}\mathrm{P}_k(x)\mathrm{P}_l(x)\,\mathrm{d}x=0,\quad 当\ l\neq k.\qquad(8-1-17)$$

根据§6-4 中关于施-刘型本征值问题的结论三,在区间$[-1,1]$有连续二阶导数的函数 $f(x)$,可以按勒让德多项式展开为①

$$f(x)=\sum_{l=0}^{\infty}a_l\mathrm{P}_l(x),\qquad(8-1-18)$$

① 对$f(x)$的条件还可以放宽为在$[-1,1]$上连续.此时展开式(8-1-18)在平均收敛的意义下成立.

$$a_l = \frac{\int_{-1}^{1} f(x) P_l(x) dx}{\int_{-1}^{1} [P_l(x)]^2 dx}. \qquad (8-1-19)$$

因此,需要计算归一化积分

$$N_l^2 = \int_{-1}^{1} [P_l(x)]^2 dx. \qquad (8-1-20)$$

由于微分与积分有互逆关系,所以在计算归一化积分时,应用微分表示和分部积分法是方便的.它可以把对一个函数的微商转移到另一个函数上.于是由式(8-1-15)有

$$N_l^2 = \frac{1}{2^l l!}\int_{-1}^{1} P_l(x) \frac{d^l}{dx^l}(x^2-1)^l dx$$

$$= \frac{1}{2^l l!}\left\{\left[P_l(x)\frac{d^{l-1}}{dx^{l-1}}(x^2-1)^l\right]_{-1}^{1} - \int_{-1}^{1}\frac{dP_l}{dx}\cdot\frac{d^{l-1}}{dx^{l-1}}(x^2-1)^l dx\right\}.$$

注意,$\frac{d^{l-1}}{dx^{l-1}}(x^2-1)^l$ 中必包含因子(x^2-1),因而当 $x=\pm1$ 时为零,所以

$$N_l^2 = \frac{(-1)}{2^l l!}\int_{-1}^{1}\frac{dP_l}{dx}\cdot\frac{d^{l-1}}{dx^{l-1}}(x^2-1)^l dx$$

$$= \frac{(-1)^2}{2^l l!}\int_{-1}^{1}\frac{d^2P_l}{dx^2}\cdot\frac{d^{l-2}}{dx^{l-2}}(x^2-1)^l dx = \cdots$$

$$= \frac{(-1)^l}{2^l l!}\int_{-1}^{1}\frac{d^l P_l(x)}{dx^l}(x^2-1)^l dx.$$

$P_l(x)$是 l 次多项式,由规定(8-1-8)得

$$\frac{d^l}{dx^l}P_l(x) = c_l l! = \frac{(2l)!}{2^l l!},$$

因而

$$N_l^2 = (-1)^l \frac{(2l)!}{(2^l l!)^2}\int_{-1}^{1}(x-1)^l(x+1)^l dx$$

继续用分部积分法,得

$$\int_{-1}^{1}(x-1)^l(x+1)^l dx = \frac{1}{l+1}(x-1)^l(x+1)^{l+1}\Big|_{x=-1}^{x=1} - \frac{l}{l+1}\int_{-1}^{1}(x-1)^{l-1}(x+1)^{l+1}dx$$

$$= -\frac{l}{l+1}\int_{-1}^{1}(x-1)^{l-1}(x+1)^{l+1}dx = \cdots$$

$$= (-1)^l \frac{l}{l+1}\frac{l-1}{l+2}\cdots\frac{1}{2l}\int_{-1}^{1}(x+1)^{2l}dx$$

$$= (-1)^l \frac{(l!)^2}{(2l)!}\frac{(x+1)^{2l+1}}{2l+1}\Big|_{x=-1}^{x=1}$$

$$= (-1)^l \frac{2^{2l+1}(l!)^2}{(2l)!\,(2l+1)}, \tag{8-1-21}$$

代入上式，最后得

$$N_l^2 = \int_{-1}^{1} [\mathrm{P}_l(x)]^2 \mathrm{d}x = \frac{2}{2l+1}. \tag{8-1-22}$$

将它与式(8-1-17)合并得到

$$\int_{-1}^{1} \mathrm{P}_l(x)\mathrm{P}_k(x)\,\mathrm{d}x = \frac{2}{2l+1}\delta_{lk}. \tag{8-1-23}$$

$\mathrm{P}_l(x)$乘以$\sqrt{\frac{2l+1}{2}}$就得到正交归一函数系

$$\sqrt{\frac{2l+1}{2}}\mathrm{P}_l(x), \quad l=0,1,2,\cdots. \tag{8-1-24}$$

(三) 应用举例

例 1 已知半径为 a 的球面上的电势分布为 $f(\theta)$，求此球内外无电荷空间中的电势分布.

解 在无电荷的空间中，电势分布满足拉普拉斯方程 $\Delta u=0$. 由于球面上的电势与 φ 无关，故此问题具有旋转对称性. 此时，拉普拉斯方程在球坐标系下的表达式为

$$\frac{1}{r^2}\frac{\partial}{\partial r}\left(r^2\frac{\partial u}{\partial r}\right) + \frac{1}{r^2\sin\theta}\frac{\partial}{\partial\theta}\left(\sin\theta\frac{\partial u}{\partial\theta}\right) = 0$$

$$(0<r<a \text{ 或 } r>a); \tag{8-1-25}$$

边界条件为

$$u\big|_{r=a} = f(\theta). \tag{8-1-26}$$

用分离变量法，令 $u(r,\theta)=R(r)\Theta(\theta)$，仿照 §6-2 中的做法可得两个常微分方程

$$r^2R'' + 2rR' - l(l+1)R = 0, \tag{8-1-27}$$

$$\frac{1}{\sin\theta}\frac{\mathrm{d}}{\mathrm{d}\theta}\left(\sin\theta\frac{\mathrm{d}\Theta}{\mathrm{d}\theta}\right) + l(l+1)\Theta = 0, \tag{8-1-28}$$

后者就是勒让德方程. 物理上，显然要求所有方向上电势值应该是有限的，即

$$\Theta(\theta)\ \text{有限}, \quad \text{当 } 0\leqslant\theta\leqslant\pi. \tag{8-1-29}$$

由前面的讨论可知，只有当 l 为零或正整数时，方程(8-1-28)在区间 $0\leqslant\theta\leqslant\pi$ 上才有有界解

$$\Theta_l(\theta) = \mathrm{P}_l(\cos\theta). \tag{8-1-30}$$

方程(8-1-27)是欧拉型方程，它的通解为[参看式(6-2-45)]

$$R_l(r) = C_l r^l + D_l r^{-(l+1)}. \tag{8-1-31}$$

对于球内问题，$0<r<a$. 当 $r\to 0$ 时，通解(8-1-31)中的第二项趋于无穷. 物理上，要求

$$u\big|_{r=0}\ 有界, \tag{8-1-32}$$

故必须 $D_l=0$,则

$$R_l = C_l r^l.$$

根据叠加原理,得到满足有界条件(8-1-29)和(8-1-32)的球内问题的一般解为

$$u(r,\theta) = \sum_{l=0}^{\infty} C_l \mathrm{P}_l(\cos\theta) r^l \qquad (0 < r < a). \tag{8-1-33}$$

代入边界条件(8-1-26),有

$$u(a,\theta) = \sum_{l=0}^{\infty} C_l a^l \mathrm{P}_l(\cos\theta) = f(\theta),$$

利用式(8-1-23)得到

$$C_l = \frac{2l+1}{2a^l}\int_0^{\pi} f(\theta)\mathrm{P}_l(\cos\theta)\sin\theta\mathrm{d}\theta.$$

与此类似,对于球外问题,$r>a$.当 $r\to\infty$ 时,通解(8-1-31)中的第一项趋于无穷.物理上要求解满足有界条件

$$u\big|_{r\to\infty}\ 有界, \tag{8-1-34}$$

这就要求式(8-1-31)中的 $C_l=0$,故

$$R_l = D_l r^{-(l+1)}.$$

利用叠加原理,得方程(8-1-25)满足有界条件(8-1-34)的一般解

$$u(r,\theta) = \sum_{l=0}^{\infty} D_l r^{-(l+1)} \mathrm{P}_l(\cos\theta), \tag{8-1-35}$$

系数 D_l 由边界条件(8-1-26)确定,利用式(8-1-23)得

$$D_l = \frac{2l+1}{2}a^{l+1}\int_0^{\pi} f(\theta)\mathrm{P}_l(\cos\theta)\sin\theta\mathrm{d}\theta.$$

【解毕】

(四) $\mathrm{P}_l(x)$ 的生成函数与递推公式

勒让德多项式最初是由勒让德在势论中引进的.如果在以原点为球心的单位球的北极处放置点电荷 $q=4\pi\varepsilon_0$(图 8-1-2),这里 ε_0 是真空中的介电常量,则在球内任一点 p 的电势为

$$u = \frac{1}{d} = \frac{1}{\sqrt{1+r^2-2r\cos\theta}}. \tag{8-1-36}$$

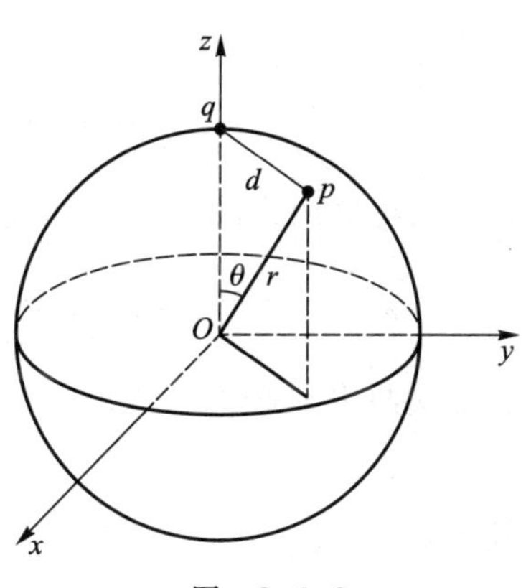

图　8-1-2

另一方面,利用球内问题的一般解(8-1-33),在此单位球内的电势分布应该是

$$u(r,\theta)=\sum_{l=0}^{\infty}C_l r^l \mathrm{P}_l(\cos\theta)\quad(r<1),$$

与上式比较得(规定 $r=0$ 时下式左边分母中根式之值为 1)

$$\frac{1}{\sqrt{1+r^2-2r\cos\theta}}=\sum_{l=0}^{\infty}C_l r^l \mathrm{P}_l(\cos\theta)\tag{8-1-37}$$

为了确定系数 C_l,在上式中令 $\theta=0$,得

$$\frac{1}{1-r}=\sum_{l=0}^{\infty}C_l \mathrm{P}_l(1)r^l.$$

利用几何级数

$$\frac{1}{1-r}=\sum_{l=0}^{\infty}r^l\quad(r<1),$$

和上式比较可见,$C_l\mathrm{P}_l(1)=1$.由式(8-1-16)知 $\mathrm{P}_l(1)=1$,所以 $C_l=1$.代入式(8-1-37)中,得到

$$\frac{1}{\sqrt{1+r^2-2r\cos\theta}}=\sum_{l=0}^{\infty}\mathrm{P}_l(\cos\theta)r^l.\tag{8-1-38}$$

仍然令 $x=\cos\theta$.上式可写为

$$\frac{1}{\sqrt{1+r^2-2rx}}=\sum_{l=0}^{\infty}\mathrm{P}_l(x)r^l.\tag{8-1-39}$$

根式 $\dfrac{1}{\sqrt{1+r^2-2rx}}$ 在 $r=0$ 的泰勒展开系数为 $\mathrm{P}_l(x)$,所以称这个根式函数为$\mathrm{P}_l(x)$的**生成函数**或**母函数**.按式(8-1-8)规定勒让德多项式的最高次方的系数,就是为了使得 $\mathrm{P}_l(x)$与式(8-1-39)中的展开系数一致.

利用展开式(8-1-39)可以得到勒让德多项式的递推公式.将式(8-1-39)对 r 求导得

$$-\frac{1}{2}(1+r^2-2rx)^{-\frac{3}{2}}(2r-2x)=\sum_{l=0}^{\infty}\mathrm{P}_l(x)lr^{l-1},\tag{8-1-40}$$

改写为

$$\frac{x-r}{\sqrt{1+r^2-2rx}}=(1+r^2-2rx)\sum_{l=0}^{\infty}\mathrm{P}_l(x)lr^{l-1},$$

上式左边再应用式(8-1-39)可得

$$(x-r)\sum_{l=0}^{\infty}\mathrm{P}_l(x)r^l=(1+r^2-2rx)\sum_{l=0}^{\infty}\mathrm{P}_l(x)lr^{l-1}.$$

比较等式两边 r^0 项的系数,得

$$x\mathrm{P}_0(x)=\mathrm{P}_1(x).\tag{8-1-41}$$

比较等式两边 r^l $(l\geqslant1)$项的系数,有

$$x\mathrm{P}_l(x)-\mathrm{P}_{l-1}(x)$$

$$=(l+1)\mathrm{P}_{l+1}(x)-2xl\mathrm{P}_l(x)+(l-1)\mathrm{P}_{l-1}(x).$$

整理后得递推公式

$$(l+1)\mathrm{P}_{l+1}(x)-(2l+1)x\mathrm{P}_l(x)+l\mathrm{P}_{l-1}(x)=0\ (l\geqslant 1).\qquad(8-1-42)$$

与此类似,将式(8-1-39)两边对 x 求导得

$$r(1+r^2-2rx)^{-\frac{3}{2}}=\sum_{l=0}^{\infty}\mathrm{P}_l'(x)r^l.\qquad(8-1-43)$$

将式(8-1-40)与式(8-1-43)相除,可得

$$(x-r)\sum_{l=0}^{\infty}\mathrm{P}_l'(x)r^l=r\sum_{l=0}^{\infty}l\mathrm{P}_l(x)r^{l-1},$$

比较此式两边 r^l 的系数,即得

$$l\mathrm{P}_l(x)=x\mathrm{P}_l'(x)-\mathrm{P}_{l-1}'(x)\quad(l\geqslant 1).\qquad(8-1-44)$$

由式(8-1-42)和式(8-1-44)还可导出其他递推关系(见习题).

例 2　利用递推公式计算积分

$$I=\int_{-1}^{1}x^n\mathrm{P}_l(x)\,\mathrm{d}x,$$

其中 n,l 均为正整数.

解　计算含 $\mathrm{P}_l(x)$ 的积分常用勒让德多项式的微分表示(罗德里格斯公式)和递推公式,并进行分部积分.由于积分限为±1,分部积分出来的项常常等于零.

$$I=\int_{-1}^{1}x^n\mathrm{P}_l(x)\,\mathrm{d}x=\frac{1}{n}\int_{1}^{1}x\mathrm{P}_l(x)\,\mathrm{d}x^n$$

$$=\frac{1}{n}x^{n+1}\mathrm{P}_l(x)\bigg|_{x=-1}^{x=1}-\frac{1}{n}\int_{-1}^{1}x^n\mathrm{d}[x\mathrm{P}_l(x)]$$

$$=\frac{1+(-1)^{n+l}}{n}-\frac{1}{n}\int_{-1}^{1}x^n[x\mathrm{P}_l'(x)+\mathrm{P}_l(x)]\,\mathrm{d}x.$$

利用递推公式(8-1-44),有

$$I=\frac{1+(-1)^{n+l}}{n}-\frac{1}{n}\int_{-1}^{1}x^n[\mathrm{P}_{l-1}'(x)+(l+1)\mathrm{P}_l(x)]\,\mathrm{d}x$$

$$=\frac{1+(-1)^{n+l}}{n}-\frac{1}{n}[x^n\mathrm{P}_{l-1}(x)]_{x=-1}^{x=1}+\int_{-1}^{1}x^{n-1}\mathrm{P}_{l-1}(x)\,\mathrm{d}x-\frac{l+1}{n}\int_{-1}^{1}x^n\mathrm{P}_l(x)\,\mathrm{d}x$$

$$=\int_{-1}^{1}x^{n-1}\mathrm{P}_{l-1}(x)\,\mathrm{d}x-\frac{l+1}{n}I.$$

故得积分的递推关系式

$$I=\int_{-1}^{1}x^n\mathrm{P}_l(x)\,\mathrm{d}x=\frac{n}{n+l+1}\int_{-1}^{1}x^{n-1}\mathrm{P}_{l-1}(x)\,\mathrm{d}x.\qquad(8-1-45)$$

当 $n<l$ 时,利用式(8-1-45)递推下去,得

$$I=\frac{n}{n+l+1}\int_{-1}^{1}x^{n-1}\mathrm{P}_{l-1}(x)\,\mathrm{d}x=\frac{n}{n+l+1}\cdot\frac{n-1}{n+l-1}\int_{-1}^{1}x^{n-2}\mathrm{P}_{l-2}(x)\,\mathrm{d}x$$

$$= \cdots = \frac{n!}{(n+l+1)!!}\int_{-1}^{1}\mathrm{P}_0(x)\mathrm{P}_{l-n}(x)\,\mathrm{d}x = 0.$$

当 $n \geqslant l$ 时,类似地,可得

$$\begin{aligned}
I &= \frac{n}{n+l+1}\cdot\frac{n-1}{n+l-1}\cdots\frac{(n-l+1)}{(n-l+3)}\int_{-1}^{1}x^{n-l}\mathrm{P}_{l-l}(x)\,\mathrm{d}x \\
&= \frac{n!}{(n-l)!}\frac{(n-l+1)!!}{(n+l+1)!!}\frac{1-(-1)^{n-l+1}}{n-l+1} \\
&= \frac{n!\left[1+(-1)^{n-l}\right]}{(n-l)!!\,(n+l+1)!!}.
\end{aligned}$$

最后得

$$\int_{-1}^{1}x^n\mathrm{P}_l(x)\,\mathrm{d}x = \begin{cases} 0, & \text{当 } n<l \text{ 或 } n>l \text{ 且 } n-l \text{ 为奇数}, \\ \dfrac{2n!}{(n-l)!!\,(n+l+1)!!}, & \text{当 } n \geqslant l \text{ 且 } n-l \text{ 为偶数}. \end{cases} \tag{8-1-46}$$

【解毕】

例 3 将函数 $f(x)=x^n$ 在区间 $[-1,1]$ 上按完备正交函数系 $\{\mathrm{P}_l(x)\}$ 展开为广义傅里叶级数.

解 根据施-刘型本征值问题的本征函数的完备性定理有

$$x^n = \sum_{l=0}^{\infty}C_l\mathrm{P}_l(x).$$

广义傅里叶系数

$$C_l = \frac{2l+1}{2}\int_{-1}^{1}x^n\mathrm{P}_l(x)\,\mathrm{d}x.$$

由式(8-1-46)可见,x^n 在 $[-1,1]$ 上展成关于 $\{\mathrm{P}_l(x)\}$ 的广义傅里叶级数只含有限多项,最高次项为勒让德多项式 $\mathrm{P}_n(x)$.当 $n=2k+1$ 为奇数时,这有限多项均为奇次勒让德多项式,即

$$x^{2k+1} = C_1\mathrm{P}_1(x) + C_3\mathrm{P}_3(x) + \cdots + C_{2k+1}\mathrm{P}_{2k+1}(x).$$

当 $n=2k$ 为偶数时,这有限多项均为偶次勒让德多项式,即

$$x^{2k} = C_0\mathrm{P}_0 + C_2\mathrm{P}_2(x) + \cdots + C_{2k}\mathrm{P}_{2k}(x).$$

【解毕】

习 题

1. 利用递推公式(8-1-42)和(8-1-44),证明递推公式:

$$x\mathrm{P}_l'(x) - \mathrm{P}_{l-1}'(x) = l\mathrm{P}_l(x),$$

$$\mathrm{P}_{l+1}' - x\mathrm{P}_l'(x) = (l+1)\mathrm{P}_l(x),$$

$$\mathrm{P}_{l+1}'(x) - \mathrm{P}_{l-1}'(x) = (2l+1)\mathrm{P}_l(x).$$

2. 利用 $\mathrm{P}_l(x)$ 的生成函数证明

$$\mathrm{P}_{2l}(0) = \frac{(-1)^l (2l)!}{2^{2l}(l!)^2},$$

$$\mathrm{P}_{2l+1}(0) = 0, \quad \mathrm{P}_l(-1) = (-1)^l.$$

3. 求证

$$\int_0^1 \mathrm{P}_l(x)\,\mathrm{d}x = \begin{cases} 1, & \text{当 } l = 0, \\ 0, & \text{当 } l \text{ 为偶数}(l \neq 0), \\ \dfrac{1}{2}, & \text{当 } l = 1, \\ (-1)^{\frac{l-1}{2}} \dfrac{(l-2)(l-4)\cdots 5 \cdot 3}{(l+1)(l-1)\cdots 4 \cdot 2}, & \text{当 } l \text{ 为奇数}(l \neq 1). \end{cases}$$

4. 将函数

$$f(x) = \begin{cases} -1, & \text{当 } -1 < x < 0, \\ 1, & \text{当 } 0 < x < 1 \end{cases}$$

按勒让德多项式展开成无穷级数,并算出前三项的系数.

5. 若单位球面上电势分布为 $u\big|_{r=1} = \cos^2\theta$,求单位球内外空间的电势分布.
6. 设有一半径为 a 的金属球面,上下球面间有微小间隙隔开,上半球面的电势为 V_0,下半球面的电势为 0,求球内电势分布.
7. 假设半径为 a 的半球的球面上保持一定温度 u_0,而半球的底面上保持 0 ℃,求稳恒状态下半球内的温度分布.
8. 在均匀电场 $\boldsymbol{E}_0$ 中放一接地的导体球,球的半径为 a,求球外电势分布.
9. 求解下述定解问题:

$$\frac{\partial^2 u}{\partial t^2} - \frac{1}{2}\omega^2 \frac{\partial}{\partial x}\left[(l^2 - x^2)\frac{\partial u}{\partial x}\right] = 0 \quad (0 < x < l);$$

$$u\big|_{x=0} = 0, \qquad u\big|_{x=l} \text{ 有界},$$

$$u\big|_{t=0} = \varphi(x), \quad u_t\big|_{t=0} = \psi(x).$$

(提示:作自变量变换 $\xi = \dfrac{x}{l}$.)

§ 8-2 连带勒让德函数

连带勒让德函数(1)

连带勒让德函数(2)

(一) 连带勒让德函数

如果所求的解不具有绕极轴旋转的对称性,在球坐标下分离变量得到关于θ的方程为(6-2-13)

$$\frac{1}{\sin\theta}\frac{\mathrm{d}}{\mathrm{d}\theta}\left(\sin\theta\frac{\mathrm{d}\Theta}{\mathrm{d}\theta}\right) + \left[l(l+1) - \frac{m^2}{\sin^2\theta}\right]\Theta = 0, \qquad (8-2-1)$$

令 $x = \cos\theta$,得到 § 7-4 中求解过的连带勒让德方程(7-4-15)

$$\frac{\mathrm{d}}{\mathrm{d}x}\left[(1-x^2)\frac{\mathrm{d}y}{\mathrm{d}x}\right] + \left[l(l+1) - \frac{m^2}{1-x^2}\right]y(x) = 0, \qquad (8-2-2)$$

其中 $m=0,\pm1,\pm2,\cdots$ 是由关于 Φ 的本征值问题确定的本征值.由于方程(8-2-2)中仅含 m^2,将 m 换为 $-m$ 方程不变,故下面的讨论先取 m 为正值.

与上节类似,物理上经常要求解在一切方向上有界,即

$$\Theta\big|_{\theta=0} \quad 与 \quad \Theta\big|_{\theta=\pi} \quad 有界, \tag{8-2-3}$$

或

$$y(x)\big|_{x=1} \quad 与 \quad y(x)\big|_{x=-1} \quad 有界. \tag{8-2-4}$$

方程(8-2-2)和有界条件(8-2-4)构成连带勒让德方程的本征值问题.

为了解这个本征值问题,可以用 §7-2 的方法先求方程(8-2-2)在 $x=0$ 的邻域内的解.但直接用级数解法所得系数间的递推关系(包含三个系数之间的关系)比较复杂,不便于求解.

注意到在 $m=0$ 的特殊情况下,方程(8-2-2)简化为勒让德方程.勒让德方程(8-1-3)在有界条件(8-1-4)下 l 为正整数(或零),本征函数为 $\mathrm{P}_l(x)$.而在 §7-4 例 2 中已经求得连带勒让德方程的解与勒让德方程的解有关系式(7-4-19).由此得知,连带勒让德方程(8-2-2)与有界条件(8-2-4)构成的本征值问题的本征值为

$$l=0,1,2,\cdots. \tag{8-2-5}$$

相对应的本征函数 $\mathrm{P}_l^m(x)$ 为

$$\mathrm{P}_l^m(x)=(1-x^2)^{\frac{m}{2}}\mathrm{P}_l^{(m)}(x). \tag{8-2-6}$$

注意 $\mathrm{P}_l^m(x)$ 和 $\mathrm{P}_l^{(m)}(x)$ 的区别,前者是连带勒让德函数的符号,后者表示 $\mathrm{P}_l(x)$ 的 m 阶导数.

现在来讨论 m 为负整数时式(8-2-2)的解.

当 $m\geqslant0$ 时,根据罗德里格斯公式(8-1-15),连带勒让德方程的解 $\mathrm{P}_l^m(x)$ 可写为

$$\begin{aligned}\mathrm{P}_l^m(x)&=(1-x^2)^{\frac{m}{2}}\frac{\mathrm{d}^m}{\mathrm{d}x^m}\mathrm{P}_l(x)\\&=\frac{1}{2^l l!}(1-x^2)^{\frac{m}{2}}\frac{\mathrm{d}^{l+m}}{\mathrm{d}x^{l+m}}(x^2-1)^l\quad(m\geqslant0).\end{aligned} \tag{8-2-7}$$

由于将连带勒让德方程中的 m 换为 $-m$ 时,方程的形式不变,所以可推断:当 m 为负整数时,把式(8-2-7)中的 m 换为 $-m$,得到的函数

$$\mathrm{P}_l^{-m}(x)=\frac{1}{2^l l!}(1-x^2)^{-\frac{m}{2}}\frac{\mathrm{d}^{l-m}}{\mathrm{d}x^{l-m}}(x^2-1)^l\quad(m\geqslant0) \tag{8-2-8}$$

也是连带勒让德方程的解.现证明如下.

由莱布尼茨求导公式

$$\frac{\mathrm{d}^n}{\mathrm{d}x^n}[u(x)v(x)]=\sum_{s=0}^{n}\frac{n!}{(n-s)!\,s!}\frac{\mathrm{d}^{n-s}}{\mathrm{d}x^{n-s}}u(x)\frac{\mathrm{d}^s}{\mathrm{d}x^s}v(x)$$

得到

$$\mathrm{P}_l^{-m}(x)=\frac{1}{2^l l!}(1-x^2)^{-\frac{m}{2}}\sum_{s=0}^{l-m}\frac{(l-m)!}{(l-m-s)!\,s!}\frac{\mathrm{d}^{l-m-s}}{\mathrm{d}x^{l-m-s}}(x-1)^l\frac{\mathrm{d}^s}{\mathrm{d}x^s}(x+1)^l.$$

因为 $m\geqslant 0$,所以 $(l-m-s)\leqslant l, s\leqslant l$,这样 $\frac{\mathrm{d}^{l-m-s}}{\mathrm{d}x^{l-m-s}}(x-1)^l\neq 0, \frac{\mathrm{d}^s}{\mathrm{d}x^s}(x+1)^l\neq 0$,则

$$\mathrm{P}_l^{-m}(x)=\frac{1}{2^l l!}(1-x^2)^{-\frac{m}{2}}\sum_{s=0}^{l-m}\frac{(l-m)!}{(l-m-s)!\ s!}\frac{l!}{[l-(l-m-s)]!}\cdot$$

$$(x-1)^{l-(l-m-s)}\frac{l!}{(l-s)!}(x+1)^{l-s}$$

$$=\frac{(-1)^{-\frac{m}{2}}l!\ (l-m)!}{2^l}\sum_{s=0}^{l-m}\frac{(x-1)^{s+\frac{m}{2}}(x+1)^{l-s-\frac{m}{2}}}{(l-m-s)!\ s!\ (m+s)!\ (l-s)!}.$$

令 $s'=s+m$,则上式变为

$$\mathrm{P}_l^{-m}(x)=\frac{(-1)^{-\frac{m}{2}}l!\ (l-m)!}{2^l}\sum_{s'=m}^{l}\frac{(x-1)^{s'-\frac{m}{2}}(x+1)^{l-s'+\frac{m}{2}}}{(l-s')!\ (s'-m)!\ s'!\ (l-s'+m)!}$$

$$=\frac{(-1)^{-\frac{m}{2}}l!\ (l-m)!}{2^l}\sum_{s=m}^{l}\frac{(x-1)^{s-\frac{m}{2}}(x+1)^{l-s+\frac{m}{2}}}{(l-s)!\ (s-m)!\ s!\ (l+m-s)!}.$$

$$(8-2-9)$$

同样,将莱布尼茨求导公式应用到式(8-2-7),得到

$$\mathrm{P}_l^{m}(x)=\frac{1}{2^l l!}(1-x^2)^{\frac{m}{2}}\sum_{s=0}^{l+m}\frac{(l+m)!}{(l+m-s)!\ s!}\frac{\mathrm{d}^{l+m-s}}{\mathrm{d}x^{l+m-s}}(x-1)^l\frac{\mathrm{d}^s}{\mathrm{d}x^s}(x+1)^l.$$

考虑到当 $(l+m-s)>l$ 时,$\frac{\mathrm{d}^{l+m-s}}{\mathrm{d}x^{l+m-s}}(x-1)^l=0$;而当 $s>l$ 时,$\frac{\mathrm{d}^s}{\mathrm{d}x^s}(x+1)^l=0$.这样,上式中的求和指标 s 应满足:$m\leqslant s\leqslant l$,即有

$$\mathrm{P}_l^{m}(x)=\frac{(l+m)!}{2^l l!}(-1)^{\frac{m}{2}}(x^2-1)^{\frac{m}{2}}\cdot$$

$$\sum_{s=m}^{l}\frac{1}{(l+m-s)!\ s!}\frac{l!}{[l-(l+m-s)]!}\cdot$$

$$(x-1)^{l-(l+m-s)}\frac{l!}{(l-s)!}(x+1)^{l-s}$$

$$=(-1)^{\frac{m}{2}}\frac{l!\ (l+m)!}{2^l}\sum_{s=m}^{l}\frac{(x-1)^{s-\frac{m}{2}}(x+1)^{l-s+\frac{m}{2}}}{(l+m-s)!\ s!\ (s-m)!\ (l-s)!}.$$

$$(8-2-10)$$

比较式(8-2-9)和式(8-2-10),有

$$\mathrm{P}_l^{-m}(x)=(-1)^m\frac{(l-m)!}{(l+m)!}\mathrm{P}_l^m(x).\qquad(8-2-11)$$

上式表明,$\mathrm{P}_l^{-m}(x)$ 与 $\mathrm{P}_l^m(x)$ 只差一个常数因子.因此,$\mathrm{P}_l^{-m}(x)$ 也是连带勒让德方程的解.

由式(8-2-7)可知,$(x^2-1)^l$ 是 $2l$ 次多项式,最多只能对它求导 $2l$ 次,进一步求导就得零.因此 m 的最大值只能取为 l,这样,m 的取值为

$$m=0,\ \pm 1,\ \pm 2,\cdots,\ \pm l.\qquad(8-2-12)$$

这样,m 无论为正整数、或零、或负整数,只要其绝对值不大于 l,$\mathrm{P}_l^m(x)$ 就是连带勒让德方程的解.通常,称 $\mathrm{P}_l^m(x)$ 或 $\mathrm{P}_l^m(\cos\theta)$ 为 l 次 m 阶的连带勒让德函数.前几个连带勒让德函数是[我们只写出 $m\neq 0$ 的 $\mathrm{P}_l^m(x)$,因为当 $m=0$ 时,$\mathrm{P}_l^m(x)=\mathrm{P}_l(x)$ 已见于式(8-1-13)]:

$$\mathrm{P}_1^1(x)=(1-x^2)^{\frac{1}{2}},\qquad \mathrm{P}_2^1(x)=3x\,(1-x^2)^{\frac{1}{2}}$$

$$\mathrm{P}_2^2(x)=3(1-x^2),\qquad \mathrm{P}_3^1(x)=\frac{3}{2}(5x^2-1)\,(1-x^2)^{\frac{1}{2}}$$

$$\mathrm{P}_3^2(x)=15x(1-x^2),\quad \mathrm{P}_3^3(x)=15\,(1-x^2)^{\frac{3}{2}}$$

(二)连带勒让德函数的正交性与完备性

在§6-4中,我们普遍地证明了施—刘型本征值问题的本征函数具有正交性,即式(6-4-25).对于连带勒让德方程,有

$$\rho(x)=1,\quad a=-1,\quad b=1,$$

而

$$y(x)=\mathrm{P}_l^m(x)$$

是实函数,所以

$$\int_{-1}^{1}\mathrm{P}_l^m(x)\mathrm{P}_k^m(x)\,\mathrm{d}x=0\quad(l\neq k).\tag{8-2-13}$$

[注意:在方程(8-2-2)中,m^2 是参量,$l(l+1)$ 是本征值,因而 $\mathrm{P}_l^m(x)$ 对于相同的 m、不同的 l 正交.]

根据本征函数系的完备性,满足一定条件的函数 $f(x)$ 也可按本征函数系$\{\mathrm{P}_l^m(x)\}$展开.这时需要计算积分

$$N_{lm}^2=\int_{-1}^{1}\mathrm{P}_l^m(x)\mathrm{P}_l^m(x)\,\mathrm{d}x=\int_{-1}^{1}(1-x^2)^m\frac{\mathrm{d}^m}{\mathrm{d}x^m}\mathrm{P}_l(x)\cdot\frac{\mathrm{d}^m}{\mathrm{d}x^m}\mathrm{P}_l(x)\,\mathrm{d}x,\tag{8-2-14}$$

上式中,$m\geqslant 0$.

令
$$(1-x^2)^m\frac{\mathrm{d}^m}{\mathrm{d}x^m}\mathrm{P}_l(x)\equiv G(x),\tag{8-2-15}$$

它是一个多项式,由式(8-1-15)知其最高次项为

$$(1-x^2)^m\frac{\mathrm{d}^m}{\mathrm{d}x^m}\left[\frac{1}{2^l l!}\frac{\mathrm{d}^l}{\mathrm{d}x^l}(x)^{2l}\right]=\frac{(-1)^m}{2^l l!}\cdot\frac{(2l)!}{(l-m)!}x^{l+m}.$$

利用罗德里格斯公式(8-1-15),将式(8-2-15)代入式(8-2-14)得到

$$N_{lm}^2=\int_{-1}^{1}\frac{1}{2^l l!}G(x)\frac{\mathrm{d}^{l+m}}{\mathrm{d}x^{l+m}}(x^2-1)^l\mathrm{d}x,\tag{8-2-16}$$

分部积分 $l+m$ 次,在开头 m 次分部积分中,积分出来的项包含$\dfrac{\mathrm{d}^nG}{\mathrm{d}x^n}(n<m)$,由式(8-2-13)可见,这样的项必包含因子$(1-x^2)$,代入上下限后得零;在此后 l 次分部积分中,积分出的

项包含

$$\frac{\mathrm{d}^n}{\mathrm{d}x^n}(x^2-1)^l \quad (n<l).$$

代入上下限后也得零.因此,对式(8-2-16)分部积分 $l+m$ 次后得到

$$N_{lm}^2=\frac{(-1)^l(2l)!\ (l+m)!}{(2^l l!\ )^2(l-m)!}\int_{-1}^{1}(x^2-1)^l\mathrm{d}x.$$

再利用式(8-1-21),就得到

$$N_{lm}^2=\int_{-1}^{1}\mathrm{P}_l^m(x)\mathrm{P}_l^m(x)\mathrm{d}x=\frac{2}{2l+1}\cdot\frac{(l+m)!}{(l-m)!}\quad(m\geqslant 0).\qquad(8-2-17)$$

当 $m<0$ 时,由式(8-2-11)有

$$\mathrm{P}_l^m(x)=\frac{(l+m)!}{(-1)^m(l-m)!}\mathrm{P}_l^{-m}(x),$$

可得到

$$\begin{aligned}N_{lm}^2&=\int_{-1}^{1}\mathrm{P}_l^m(x)\mathrm{P}_l^m(x)\mathrm{d}x\\&=\left[\frac{(l+m)!}{(-1)^m(l-m)!}\right]^2\int_{-1}^{1}\mathrm{P}_l^{-m}(x)\mathrm{P}_l^{-m}(x)\mathrm{d}x\quad(m<0).\end{aligned}$$

利用式(8-2-17),有

$$\begin{aligned}N_{lm}^2&=\frac{[(l+m)!\ ]^2}{[(l-m)!\ ]^2}\cdot\frac{2}{2l+1}\cdot\frac{(l-m)!}{(l+m)!}\\&=\frac{2}{2l+1}\cdot\frac{(l+m)!}{(l-m)!}\quad(-l\leqslant m<0).\end{aligned}\qquad(8-2-18)$$

可见,无论 $m\geqslant 0$,还是 $m<0$,N_{lm}^2 的形式是一致的.将式(8-2-18)与式(8-2-13)合并,可得到

$$\int_{-1}^{1}\mathrm{P}_l^m(x)\mathrm{P}_k^m(x)\mathrm{d}x=\frac{2}{2l+1}\cdot\frac{(l+m)!}{(l-m)!}\delta_{lk}.\qquad(8-2-19)$$

利用正交完备的连带勒让德函数系,我们就可将在区间[-1,1]上有连续的一阶导数及分段连续的二阶导数的函数 $f(x)$ 展开成绝对且一致收敛的级数

$$f(x)=\sum_{l=0}^{\infty}C_{lm}\mathrm{P}_l^m(x).\qquad(8-2-20)$$

用 $\mathrm{P}_k^m(x)$ 乘以式(8-2-20)两边,再对 x 积分,利用式(8-2-19)可得到展开式系数

$$C_{lm}=\frac{2l+1}{2}\cdot\frac{(l-m)!}{(l+m)!}\int_{-1}^{1}f(x)\mathrm{P}_l^m(x)\mathrm{d}x$$

(三) 连带勒让德函数的递推关系

与勒让德多项式一样,连带勒让德函数也有递推关系,其基本的递推公式有以下四个

$$(2l+1)x\mathrm{P}_l^m(x)=(l+m)\mathrm{P}_{l-1}^m(x)+(l-m+1)\mathrm{P}_{l+1}^m(x).\qquad(8-2-21)$$

$$(2l+1)(1-x^2)^{\frac{1}{2}}\mathrm{P}_l^m(x)=\mathrm{P}_{l+1}^{m+1}(x)-\mathrm{P}_{l-1}^{m+1}(x)$$
$$=(l+m)(l+m-1)\mathrm{P}_{l-1}^{m-1}-(l-m+2)(l-m+1)\mathrm{P}_{l+1}^{m-1}. \qquad (8-2-22)$$

$$(2l+1)(1-x^2)\frac{\mathrm{dP}_l^m(x)}{\mathrm{d}x}=(l+1)(l+m)\mathrm{P}_{l-1}^m(x)-l(l-m+1)\mathrm{P}_{l+1}^m(x). \qquad (8-2-23)$$

$$\frac{2mx}{(1-x^2)^{\frac{1}{2}}}\mathrm{P}_l^m(x)=\mathrm{P}_l^{m+1}(x)+[l(l+1)-m(m-1)]\mathrm{P}_l^{m-1}(x). \qquad (8-2-24)$$

以上递推公式可从勒让德多项式的递推公式及式(8-2-7)推导得到.

连带勒让德函数除了以上四个基本的递推关系以外,还有其他递推关系,见习题 1.

习 题

1. 证明连带勒让德函数的递推关系

$$(1-x^2)^{\frac{1}{2}}\frac{\mathrm{dP}_l^m(x)}{\mathrm{d}x}=\frac{1}{2}\mathrm{P}_l^{m+1}(x)-\frac{1}{2}(l+m)(l-m+1)\mathrm{P}_l^{m-1}(x)$$

2. 在半径为 a 的球面上电势分布为

$$u\big|_{r=a}=\sin\theta\cos\varphi,$$

求球内的电势分布.

3. 求解球内问题

$$\frac{1}{r^2}\frac{\partial}{\partial r}\left(r^2\frac{\partial u}{\partial r}\right)+\frac{1}{r^2\sin\theta}\frac{\partial}{\partial\theta}\left(\sin\theta\frac{\partial u}{\partial\theta}\right)+\frac{1}{r^2\sin^2\theta}\frac{\partial^2 u}{\partial\varphi^2}=A+Br^2\sin 2\theta\cos\varphi,$$
$$u\big|_{r=a}=0,$$

其中 A,B 为已知常数.

§8-3 球 函 数

球函数(1)

(一) 三维波动方程在球坐标中的分离变量

在许多物理问题中要研究角向分布,这时常常用到球函数.我们以三维球面电磁波传播为例来介绍球函数.

球函数(2)

三维波动方程是[见式(5-1-22)、式(5-1-23)]

$$\frac{\partial^2 u}{\partial t^2}-c^2\Delta u=0, \qquad (8-3-1)$$

其中未知函数 u 是电磁波中电场 $\boldsymbol{E}$ 或磁场 $\boldsymbol{H}$ 的某一分量.

利用球坐标中拉普拉斯算符的表达式(6-2-7),可将方程(8-3-1)写成

$$\frac{\partial^2 u}{\partial t^2}-c^2\left[\frac{1}{r^2}\frac{\partial}{\partial r}\left(r^2\frac{\partial u}{\partial r}\right)+\frac{1}{r^2\sin\theta}\frac{\partial}{\partial\theta}\left(\sin\theta\frac{\partial u}{\partial\theta}\right)+\frac{1}{r^2\sin^2\theta}\frac{\partial^2 u}{\partial\varphi^2}\right]=0. \tag{8-3-2}$$

函数 $u=u(r,\theta,\varphi,t)$ 依赖于四个自变量 r,θ,φ,t,可以用不同的方法逐步分离变量.我们首先将角度 θ,φ 分离出来,令

$$u(r,\theta,\varphi,t)=F(r,t)\Psi(\theta,\varphi). \tag{8-3-3}$$

代入方程(8-3-2),得到

$$\frac{\Psi}{r^2}\frac{\partial}{\partial r}\left(r^2\frac{\partial F}{\partial r}\right)-\frac{\Psi\partial^2 F}{c^2\partial t^2}+\frac{F}{r^2\sin\theta}\frac{\partial}{\partial\theta}\left(\sin\theta\frac{\partial\Psi}{\partial\theta}\right)+\frac{F}{r^2\sin^2\theta}\frac{\partial^2\Psi}{\partial\varphi^2}=0.$$

上式乘以 $r^2/F\Psi$ 并移项,得到

$$\frac{1}{F}\left[\frac{\partial}{\partial r}\left(r^2\frac{\partial F}{\partial r}\right)-\frac{r^2}{c^2}\frac{\partial^2 F}{\partial t^2}\right]=-\frac{1}{\Psi}\left[\frac{1}{\sin\theta}\frac{\partial}{\partial\theta}\left(\sin\theta\frac{\partial\Psi}{\partial\theta}\right)+\frac{1}{\sin^2\theta}\frac{\partial^2\Psi}{\partial\varphi^2}\right].$$

上式左边不是 θ,φ 的函数,右边不是 r,t 的函数,因而两边都等于常数.把这一常数写作 λ,得到两个方程

$$\frac{\partial}{\partial r}\left(r^2\frac{\partial F}{\partial r}\right)-\frac{r^2\partial^2 F}{c^2\partial t^2}=\lambda F, \tag{8-3-4}$$

$$\frac{1}{\sin\theta}\frac{\partial}{\partial\theta}\left(\sin\theta\frac{\partial\Psi}{\partial\theta}\right)+\frac{1}{\sin^2\theta}\frac{\partial^2\Psi}{\partial\varphi^2}+\lambda\Psi=0. \tag{8-3-5}$$

前一方程决定了波沿径向的传播,后一方程决定了波的角向分布.

在这一节里,我们仅讨论角向分布,并引进球函数.在下一章中,再来讨论径向传播,并引进球贝塞尔函数.

(二) 球坐标系中角动量分量算符与角动量平方算符的本征值问题

在物理学中,我们常常使用一些特定的偏导数符号,通过它们来表示一些物理量,它们往往具有特定的物理意义.例如,在直角坐标系下,哈密顿算子的定义为 $\nabla=\boldsymbol{e}_x\frac{\partial}{\partial x}+\boldsymbol{e}_y\frac{\partial}{\partial y}+\boldsymbol{e}_z\frac{\partial}{\partial z}$.通过它,可以表示标量场的梯度、矢量场的散度和旋度,还可以定义拉普拉斯算符 $\Delta=\nabla\cdot\nabla$. 在 § 5-1 中,利用哈密顿算子和拉普拉斯算符,得到了麦克斯韦组的微分形式和电磁场的波动方程.下面,与式(6-4-2)、式(6-4-3)类似,我们通过哈密顿算子来定义量子力学中的角动量分量算符与角动量平方算符,并分别讨论它们的本征值问题.

量子力学中,轨道角动量算符的定义式为

$$\boldsymbol{L}=\boldsymbol{r}\times\boldsymbol{p}=\boldsymbol{r}\times(-\mathrm{i}\hbar\nabla). \tag{8-3-6}$$

其中 $\hbar$ 为常量,$\hbar$ 与普朗克常量 h 的关系为:$\hbar=\frac{h}{2\pi}$.在直角坐标系中,其分量为以下偏导数

$$\left.\begin{aligned}L_x&=yp_z-zp_y=-\mathrm{i}\hbar\left(y\frac{\partial}{\partial z}-z\frac{\partial}{\partial y}\right)\\L_y&=zp_x-xp_z=-\mathrm{i}\hbar\left(z\frac{\partial}{\partial x}-x\frac{\partial}{\partial z}\right)\\L_z&=xp_y-yp_x=-\mathrm{i}\hbar\left(x\frac{\partial}{\partial y}-y\frac{\partial}{\partial x}\right)\end{aligned}\right\}\tag{8-3-7}$$

角动量平方算符与角动量分量算符的关系为

$$L^2=L_x^2+L_y^2+L_z^2.\tag{8-3-8}$$

现将直角坐标系中的 L_x、L_y、L_z 和 L^2 变换到球坐标系中进行表示.直角坐标系与球坐标系中变量的关系式为式(6-2-2)和式(6-2-4).容易求得

$$\left.\begin{aligned}L_x&=\mathrm{i}\hbar\left(\sin\theta\frac{\partial}{\partial\theta}+\cot\theta\cos\varphi\frac{\partial}{\partial\varphi}\right)\\L_y&=-\mathrm{i}\hbar\left(\cos\varphi\frac{\partial}{\partial\theta}-\cot\theta\sin\varphi\frac{\partial}{\partial\varphi}\right)\\L_z&=-\mathrm{i}\hbar\frac{\partial}{\partial\varphi}\text{(仅与 }\varphi\text{ 有关)}\\L^2&=-\hbar^2\left[\frac{1}{\sin\theta}\frac{\partial}{\partial\theta}\left(\sin\theta\frac{\partial}{\partial\theta}\right)+\frac{1}{\sin^2\theta}\frac{\partial^2}{\partial\varphi^2}\right]\end{aligned}\right\}\tag{8-3-9}$$

定义了上面这些算符后,就可以得到它们的本征值方程了.先考虑 L_z 的本征值方程:

$$L_z\Phi(\varphi)=\mu\Phi(\varphi).\tag{8-3-10}$$

其中 μ 为 L_z 的本征值.而 $L_z=-\mathrm{i}\hbar\dfrac{\partial}{\partial\varphi}$,因此有

$$-\mathrm{i}\hbar\frac{\partial\Phi(\varphi)}{\partial\varphi}=\mu\Phi(\varphi).$$

直接对上式积分,可得

$$\Phi(\varphi)=A\mathrm{e}^{\mathrm{i}\frac{\mu}{\hbar}\varphi}.\tag{8-3-11}$$

考虑到 Φ 的单值性,有

$$\Phi(\varphi)=\Phi(\varphi+2\pi),$$

即

$$A\mathrm{e}^{\mathrm{i}\frac{\mu}{\hbar}\varphi}=A\mathrm{e}^{\mathrm{i}\frac{\mu}{\hbar}(\varphi+2\pi)}.$$

显然,只有当 $\dfrac{\mu}{\hbar}=m$,且 $m=0,\pm1,\pm2,\cdots$ 时,式(8-3-11)才满足单值性条件,因此,L_z 的本征值 μ 为

$$\mu=m\hbar,\quad m=0,\ \pm1,\ \pm2,\cdots.$$

m 在物理上表示磁量子数,它决定了角动量在 z 方向的投影.与本征值相对应的归一化本征函数为

$$\Phi_m(\varphi)=\frac{1}{\sqrt{2\pi}}\mathrm{e}^{\mathrm{i}m\varphi}.$$

下面再来讨论角动量平方 L^2 的本征值方程：

$$L^2\Psi(\theta,\varphi)=\nu^2\Psi(\theta,\varphi), \tag{8-3-12}$$

其中 ν^2 为 L^2 的本征值.注意，式(8-3-12)与式(8-3-5)实际上是同一方程，只不过本征值用了不同的字母来表示而已.

将式(8-3-9)中的第四式代入式(8-3-12)，有

$$\left[\frac{1}{\sin\theta}\frac{\partial}{\partial\theta}\left(\sin\theta\frac{\partial}{\partial\theta}\right)+\frac{1}{\sin^2\theta}\frac{\partial^2}{\partial\varphi^2}\right]\Psi=-\frac{\nu^2}{\hbar^2}\Psi. \tag{8-3-13}$$

比较式(6-2-11)、式(8-3-5)和式(8-3-13)，可以发现

$$\lambda=l(l+1)=\frac{\nu^2}{\hbar^2},\quad l=0,1,2\cdots.$$

即 L^2 的本征值为

$$\nu^2=l(l+1)\hbar^2,\quad l=0,1,2\cdots.$$

在物理上，l 称为角量子数.

为了求解式(8-3-13)中与本征值相对应的本征函数 $\Psi(\theta,\varphi)$，对其进一步分离变量，令

$$\Psi(\theta,\varphi)=\Theta(\theta)\Phi(\varphi).$$

代入式(8-3-13)，得到

$$\frac{\sin\theta}{\Theta(\theta)}\frac{\mathrm{d}}{\mathrm{d}\theta}\left(\sin\theta\frac{\mathrm{d}\Theta}{\mathrm{d}\theta}\right)+l(l+1)\sin^2\theta=-\frac{1}{\Phi}\frac{\mathrm{d}^2\Phi}{\mathrm{d}\varphi^2},$$

上式左边为 θ 的函数，与 φ 无关；右边为 φ 的函数，与 θ 无关，只有两边等于同一常数，等式才可能相等，记这一常数为 k^2，有

$$\frac{\mathrm{d}^2\Phi}{\mathrm{d}\varphi^2}+k^2\Phi=0, \tag{8-3-14}$$

$$\frac{1}{\sin\theta}\frac{\mathrm{d}}{\mathrm{d}\theta}\left(\sin\theta\frac{\mathrm{d}\Theta}{\mathrm{d}\theta}\right)+\left[l(l+1)-\frac{k^2}{\sin^2\theta}\right]\Theta=0. \tag{8-3-15}$$

物理上经常要求 Φ 是以 2π 为周期的函数（即物理量的单值性），同时要求在 θ 的整个取值区间 $0\leqslant\theta\leqslant\pi$ 内，Θ 取有限值，从而有

$$\Phi(\varphi+2\pi)=\Phi(\varphi), \tag{8-3-16}$$

$$\Theta(\theta)\text{ 有界}\quad(0\leqslant\theta\leqslant\pi). \tag{8-3-17}$$

而方程(8-3-14)满足周期性条件的解是

$$\Phi=\mathrm{e}^{\mathrm{i}k\varphi}\quad(k=0,\ \pm1,\ \pm2,\cdots). \tag{8-3-18}$$

可以发现，式(8-3-18)中的 k 就是 L_z 本征函数中的 m，$\mathrm{e}^{\mathrm{i}k\varphi}=\mathrm{e}^{\mathrm{i}m\varphi}$ 即为 L_z 的本征函数.

实际上，将 $L_z=-\mathrm{i}\hbar\dfrac{\partial}{\partial\varphi}$ 作用到式(8-3-10)，有

$$\left(-\mathrm{i}\hbar\frac{\partial}{\partial\varphi}\right)[L_z\Phi(\varphi)]=L_z[\mu\Phi(\varphi)],$$

$$(-\mathrm{i}\hbar)^2\frac{\mathrm{d}^2\Phi}{\mathrm{d}\varphi^2}=\mu[L_z\Phi(\varphi)]=\mu^2\Phi(\varphi)=(m\hbar)^2\Phi(\varphi).$$

即

$$\frac{\mathrm{d}^2\Phi}{\mathrm{d}\varphi^2}+m^2\Phi(\varphi)=0.$$

这说明式(8-3-10)比式(8-3-14)更为基本:式(8-3-10)是 L_z 的本征值方程;通过该式,可推得式(8-3-14).

而对于方程(8-3-15),当 $k=m$ 时就是已在§8-2中求得的满足有界条件的解——连带勒让德函数

$$\Theta(\theta)=\mathrm{P}_l^m(\cos\theta)\quad(l=0,1,2,\cdots;\quad m=0,\ \pm1,\cdots,\ \pm l).\quad(8-3-19)$$

综合以上结果,可得到满足方程(8-3-5)的满足周期条件和有界条件的本征函数

$$\Psi_{lm}(\theta,\varphi)=\mathrm{P}_l^m(\cos\theta)\mathrm{e}^{\mathrm{i}m\varphi}\quad(l=0,1,2,\cdots;m=0,\ \pm1,\ \pm2,\cdots,\ \pm l).\quad(8-3-20)$$

(三)球函数

以上讨论的关于角动量平方算符与角动量分量算符本征值问题,实际上就是量子力学角动量理论中常常用到的本征值方程:

$$\left.\begin{aligned}&L^2\Psi_{lm}(\theta,\varphi)=l(l+1)\hbar^2\Psi_{lm}(\theta,\varphi)\\&L_z\Psi_{lm}(\theta,\varphi)=m\hbar\Psi_{lm}\end{aligned}\right\}\quad(8-3-21)$$

由于连带勒让德函数 $\mathrm{P}_l^m(\cos\theta)$ 的归一化因子为 $1\Big/\sqrt{\frac{2}{2l+1}\frac{(l+m)!}{(l-m)!}}$,$\mathrm{e}^{\mathrm{i}m\varphi}$ 的归一化因子为 $1/\sqrt{2\pi}$,于是,可得到方程(8-3-21)的归一化本征函数

$$\mathrm{Y}_{lm}(\theta,\varphi)=(-1)^m\sqrt{\frac{(2l+1)(l-m)!}{4\pi(l+m)!}}\mathrm{P}_l^m(\cos\theta)\mathrm{e}^{\mathrm{i}m\varphi}\quad(8-3-22)$$

$$(l=0,1,2,\cdots;\quad m=0,\ \pm1,\ \pm2,\cdots,\ \pm l).$$

需要说明的是,尽管 $\mathrm{P}_l^{-m}(\cos\theta)$ 与 $\mathrm{P}_l^m(\cos\theta)$ 的归一化因子的形式相同,但从式(8-2-11)可看到,$\mathrm{P}_l^{-m}(\cos\theta)$ 与 $\mathrm{P}_l^m(\cos\theta)$ 还相差一个模为1的因子 $(-1)^m$.这样,式(8-3-22)的右边就出现了 $(-1)^m$ 因子,在量子力学的角动量理论中,$(-1)^m$ 代表了一相位因子.$\mathrm{Y}_{lm}(\theta,\varphi)$ 决定了球面波的角向分布,通常称它为球函数.

前几个球函数列举如下:

$$\mathrm{Y}_{00}(\theta,\varphi)=\frac{1}{\sqrt{4\pi}}.$$

$$\mathrm{Y}_{11}(\theta,\varphi)=-\sqrt{\frac{3}{8\pi}}\sin\theta\mathrm{e}^{\mathrm{i}\varphi}.$$

$$Y_{10}(\theta,\varphi)=\sqrt{\frac{3}{4\pi}}\cos\theta.$$

$$Y_{1-1}(\theta,\varphi)=\sqrt{\frac{3}{8\pi}}\sin\theta e^{-i\varphi}.$$

$$Y_{22}(\theta,\varphi)=\sqrt{\frac{15}{32\pi}}\sin^2\theta e^{2i\varphi}.$$

$$Y_{21}(\theta,\varphi)=-\sqrt{\frac{15}{8\pi}}\sin\theta\cos\theta e^{i\varphi}.$$

$$Y_{20}(\theta,\varphi)=\sqrt{\frac{5}{16\pi}}(3\cos^2\theta-1).$$

$$Y_{2-1}(\theta,\varphi)=\sqrt{\frac{15}{8\pi}}\sin\theta\cos\theta e^{-i\varphi}.$$

$$Y_{2-2}(\theta,\varphi)=\sqrt{\frac{15}{32\pi}}\sin^2\theta e^{-2i\varphi}.$$

图 8-3-1 画出了这几个$|Y_{lm}|^2$与θ的关系.图中曲线上每一点离原点的距离表示在这一方向上的$|Y_{lm}|^2$的大小.将每个图绕z轴转一圈所得到的闭合曲面就表示$|Y_{lm}|^2$与θ、φ的关系.

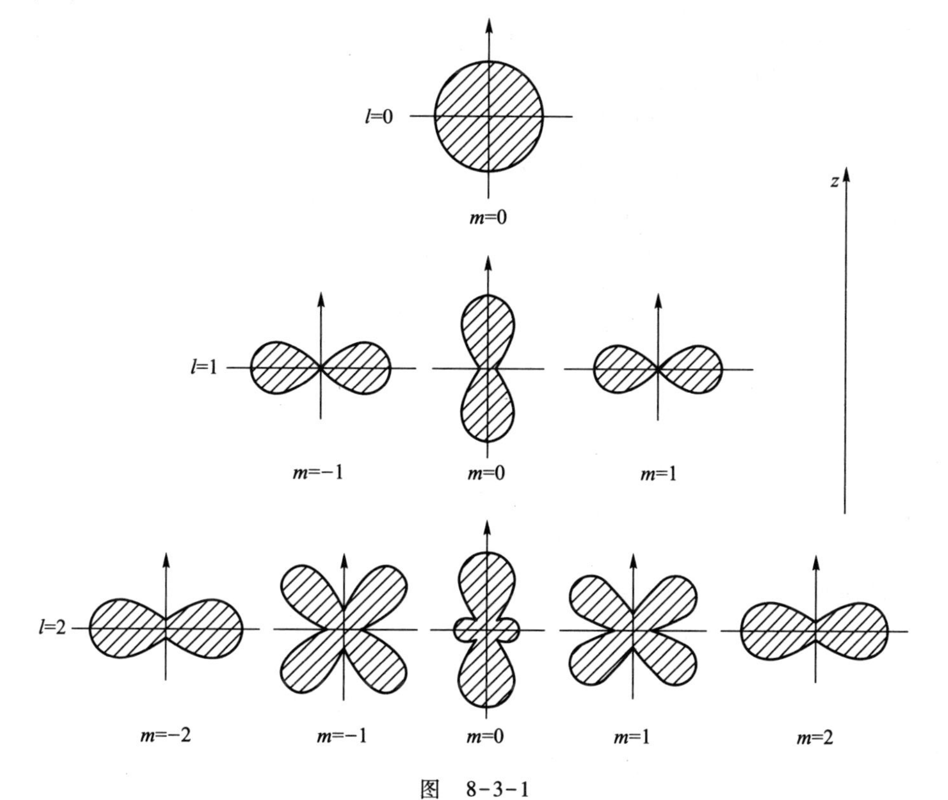

图 8-3-1

对于球函数 $Y_{lm}(\theta,\varphi)$，它具有正交性，其正交归一关系式为

$$\int_0^{2\pi}\int_0^{\pi} Y_{l'm'}^*(\theta,\varphi)\,Y_{lm}(\theta,\varphi)\sin\theta\mathrm{d}\theta\mathrm{d}\varphi = \delta_{ll'}\delta_{mm'}. \tag{8-3-23}$$

（四）球函数的完备性

根据 $P_l^m(\cos\theta)$ 在区间 $[0,\pi]$ 上的完备性和 $e^{im\varphi}$ 在区间 $[0,2\pi]$ 上的完备性可知，球函数 $Y_{lm}(\theta,\varphi)$ 形成完备函数系，即关于 θ,φ 的连续可微的函数 $f(\theta,\varphi)$ 在区间 $0\leqslant\theta\leqslant\pi, 0\leqslant\varphi\leqslant 2\pi$ 上可以用 $Y_{lm}(\theta,\varphi)$ 展开为

$$f(\theta,\varphi) = \sum_{l=0}^{\infty}\sum_{m=-l}^{l} c_{lm} Y_{lm}(\theta,\varphi). \tag{8-3-24}$$

展开系数 c_{lm} 可以利用 $Y_{lm}(\theta,\varphi)$ 的正交归一性(8-3-23)求得

$$c_{lm} = \int_0^{\pi}\int_0^{2\pi} f(\theta,\varphi)\,Y_{lm}^*(\theta,\varphi)\,\mathrm{d}\Omega, \tag{8-3-25}$$

其中 $\mathrm{d}\Omega=\sin\theta\mathrm{d}\theta\mathrm{d}\varphi$ 是 (θ,φ) 方向的立体角元.

式(8-3-24)右边的无穷级数在平均的意义下收敛到 $f(\theta,\varphi)$，即

$$\lim_{l\to 0}\int_0^{\pi}\int_0^{2\pi}\left|f(\theta,\varphi) - \sum_{l=0}^{\infty}\sum_{m=-l}^{l} c_{lm} Y_{lm}(\theta,\varphi)\right|^2 \mathrm{d}\Omega = 0. \tag{8-3-26}$$

（五）球函数的加法定理

如图 8-3-2 所示，分别以 z_1、z_2 为极轴建立球坐标系. 设过原点的任一直线 OP 和 z_2 在以 z_1 为极轴的球坐标系中的极角和方位角分别为 θ_1、φ_1 和 θ_2、φ_2，而 OP 在以 z_2 为极轴的球坐标系中的极角和方位角分别用 α、β 表示（图中未画出 β）.

以 θ_1、φ_1 和 θ_2、φ_2 及 α、β 为变量的球函数是 $\lambda=l(l+1)$ 的方程(8-3-5)三套正交完备解，它们相互间应该有线性叠加的关系. 现考虑以 α、β 为变量的一个 $m=0$ 的特解（即勒让德多项式）$P_l(\cos\alpha)$. 它可以用以 θ_1、φ_1 为变量的解 $Y_{lm}(\theta_1,\varphi_1)$ 展开为

$$P_l(\cos\alpha) = \sum_{m=-l}^{l} A_m Y_{lm}(\theta_1,\varphi_1). \tag{8-3-27}$$

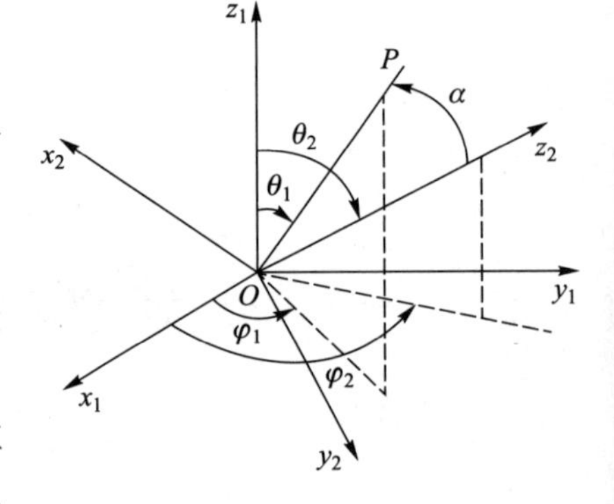

图 8-3-2

上式中的 α 是以 z_2 为极轴的极角，则它应与 z_2 的位置有关，即与 θ_2、φ_2 有关，因此，上式中的展开系数 A_m 与 θ_2、φ_2 有关.

利用球函数的正交归一关系式(8-3-23)，可得到展开系数

$$A_m = \int_0^{\pi}\int_0^{2\pi} P_l(\cos\alpha)\,Y_{lm}^*(\theta_1,\varphi_1)\sin\theta_1\mathrm{d}\theta_1\mathrm{d}\varphi_1. \tag{8-3-28}$$

而利用式(8-3-27)，$P_l(\cos\alpha)$ 可表示为

$$P_l(\cos\alpha) = \sqrt{\frac{4\pi}{2l+1}}\,Y_{l0}(\alpha,\beta). \tag{8-3-29}$$

将式(8-3-29)代入式(8-3-28),有

$$A_m=\sqrt{\frac{4\pi}{2l+1}}\int_0^{\pi}\int_0^{2\pi}Y_{l0}(\alpha,\beta)Y_{lm}^*(\theta_1,\varphi_1)\sin\theta_1\mathrm{d}\theta_1\mathrm{d}\varphi_1. \qquad (8-3-30)$$

另一方面,也可将 $Y_{lm}(\theta_1,\varphi_1)$ 用以 α、β 为变量的球函数 $Y_{lm}(\alpha,\beta)$ 展开,即

$$Y_{lm}(\theta_1,\varphi_1)=\sum_{m'=-l}^{l}B_{m'}Y_{lm'}(\alpha,\beta). \qquad (8-3-31)$$

由于在后面的计算中,仅会涉及上式中的系数 B_0,所以将上式两边同乘以 $Y_{l0}^*(\alpha,\beta)$,再积分,得到

$$B_0=\int_0^{\pi}\int_0^{2\pi}Y_{l0}^*(\alpha,\beta)Y_{lm}(\theta_1,\varphi_1)\sin\alpha\mathrm{d}\alpha\mathrm{d}\beta. \qquad (8-3-32)$$

取式(8-3-30)的复共轭,并将其中的积分变量 θ_1、φ_1 变为 α、β,可得到

$$A_m^*=\sqrt{\frac{4\pi}{2l+1}}\int_0^{\pi}\int_0^{2\pi}Y_{l0}^*(\alpha,\beta)Y_{lm}(\theta_1,\varphi_1)\sin\alpha\mathrm{d}\alpha\mathrm{d}\beta. \qquad (8-3-33)$$

比较式(8-3-32)和式(8-3-33),有

$$A_m=\sqrt{\frac{4\pi}{2l+1}}B_0^*. \qquad (8-3-34)$$

如前所述,A_m 与 θ_2、φ_2 有关,则由上式知,B_0 也与 θ_2、φ_2 有关.因此,为了求 B_0,可用式(8-3-31)将 $Y_{lm}(\theta_2,\varphi_2)$ 展开.注意到此时 OP 方向与 z_2 重合,即有 $\alpha=\beta=0$,所以,可以得到

$$\begin{aligned}Y_{lm}(\theta_2,\varphi_2)&=\sum_{m'=-l}^{l}B_{m'}Y_{lm'}(\alpha,\beta)=\sum_{m'=-l}^{l}B_{m'}Y_{lm'}(0,0)\\&=\sum_{m'=-l}^{l}(-1)^{m'}B_{m'}\sqrt{\frac{(2l+1)(l-m')!}{4\pi(l+m')!}}P_l^{m'}(1)e^{im'\times 0}\\&=\sum_{m'=-l}^{l}(-1)^{m'}B_{m'}\sqrt{\frac{(2l+1)(l-m')!}{4\pi(l+m')!}}P_l^{m'}(1).\end{aligned} \qquad (8-3-35)$$

由式(8-2-7)和式(8-2-11)知,当 $m'\neq 0$ 时,$P_l^{m'}(1)=0$;当 $m'=0$ 时,$P_l(1)=1$,即 $P_l^{m'}(1)=\delta_{m'0}$,于是式(8-3-35)变为

$$\begin{aligned}Y_{lm}(\theta_2,\varphi_2)&=\sum_{m'=-l}^{l}(-1)^{m'}B_{m'}\sqrt{\frac{(2l+1)(l-m')!}{4\pi(l+m')!}}\delta_{m'0}\\&=\sqrt{\frac{2l+1}{4\pi}}B_0.\end{aligned} \qquad (8-3-36)$$

根据式(8-3-34)和式(8-3-36),得到

$$A_m=\frac{4\pi}{2l+1}Y_{lm}^*(\theta_2,\varphi_2). \qquad (8-3-37)$$

再将式(8-3-37)代入到式(8-3-27),就得到球函数的加法定理

$$P_l(\cos\alpha)=\frac{4\pi}{2l+1}\sum_{m=-l}^{l}Y_{lm}(\theta_1,\varphi_1)Y_{lm}^*(\theta_2,\varphi_2). \qquad (8-3-38)$$

利用式(8-2-11)和式(8-3-22),有

$$Y_{l-m}(\theta,\varphi)=(-1)^m Y_{lm}^*(\theta,\varphi).$$

这样,加法定理还有另一种形式

$$P_l(\cos\alpha)=\frac{4\pi}{2l+1}\sum_{m=-l}^{l}(-1)^m Y_{lm}(\theta_1,\varphi_1)Y_{l,-m}(\theta_2,\varphi_2). \qquad (8-3-39)$$

通过球函数的加法定理,可将两个单位矢量的夹角余弦 $\cos\alpha$ 的勒让德多项式用这两个单位矢量在一个共同坐标系中的球函数表示出来.

球函数在物理学中有许多应用.下面介绍其实际应用之一:计算与原子偶极矩及球函数有关的积分

$$\int Y_{l'm'}^*(\theta,\varphi)\boldsymbol{D}Y_{lm}(\theta,\varphi)\mathrm{d}\Omega, \qquad (8-3-40)$$

其中 $\boldsymbol{D}=e\boldsymbol{r}$ 为原子偶极矩,e 为元电荷的电荷量,$\boldsymbol{r}$ 为负电荷中心对正电荷中心的位矢,$\mathrm{d}\Omega=\sin\theta\mathrm{d}\theta\mathrm{d}\varphi$ 是立体角元.

首先将 $\boldsymbol{r}$ 用直角坐标表示,有

$$\boldsymbol{r}=x\boldsymbol{i}+y\boldsymbol{j}+z\boldsymbol{k}. \qquad (8-3-41)$$

其中 $\boldsymbol{i}$、$\boldsymbol{j}$、$\boldsymbol{k}$ 为直角坐标系中的单位矢量.这样,式(8-3-40)化为

$$e\left(\int Y_{l'm'}^* xY_{lm}\mathrm{d}\Omega\right)\boldsymbol{i}+e\left(\int Y_{l'm'}^* yY_{lm}\mathrm{d}\Omega\right)\boldsymbol{j}+e\left(\int Y_{l'm'}^* zY_{lm}\mathrm{d}\Omega\right)\boldsymbol{k}. \qquad (8-3-42)$$

由于球函数与物理量的角向分布密切相关,因此将式(8-3-42)中的 x、y、z 分别用球坐标表示

$$\begin{aligned}
x&=r\sin\theta\cos\varphi=r\sin\theta\,\frac{e^{i\varphi}+e^{-i\varphi}}{2},\\
y&=r\sin\theta\sin\varphi=r\sin\theta\,\frac{e^{i\varphi}-e^{-i\varphi}}{2i},\\
z&=r\cos\theta.
\end{aligned} \qquad (8-3-43)$$

于是,式(8-3-42)变为

$$\begin{aligned}
&\frac{er}{2}\left[\int(Y_{l'm'}^* e^{i\varphi}\sin\theta Y_{lm}+Y_{l'm'}^* e^{-i\varphi}\sin\theta Y_{lm})\mathrm{d}\Omega\right]\boldsymbol{i}\\
&+\frac{er}{2i}\left[\int(Y_{l'm'}^* e^{i\varphi}\sin\theta Y_{lm}-Y_{l'm'}^* e^{-i\varphi}\sin\theta Y_{lm})\mathrm{d}\Omega\right]\boldsymbol{j}\\
&+er\left[\int Y_{l'm'}^*\cos\theta Y_{lm}\mathrm{d}\Omega\right]\boldsymbol{k}.
\end{aligned} \qquad (8-3-44)$$

可以看到,在式(8-3-44)的积分中,出现了 $\cos\theta Y_{lm}$、$e^{i\varphi}\sin\theta Y_{lm}$ 和 $e^{-i\varphi}\sin\theta Y_{lm}$ 三个因子.为便于积分,可根据连带勒让德函数的递推公式,先对它们进行计算,将其化为球函数的形式.

将式(8-3-22)代入 $\cos\theta Y_{lm}$,得

$$\cos\theta Y_{lm}=(-1)^m\sqrt{\frac{(2l+1)(l-m)!}{4\pi(l+m)!}}\cos\theta P_l^m(\cos\theta)e^{im\varphi}. \qquad (8-3-45)$$

由式(8-2-21),有

$$\cos\theta P_l^m = xP_l^m = \frac{1}{2l+1}[(l+m)P_{l-1}^m + (l-m+1)P_{l+1}^m]. \quad (8-3-46)$$

因此,式(8-3-45)化为

$$\cos\theta P_l^m = \sqrt{\frac{(l-m)(l+m)}{(2l-1)(2l+1)}}Y_{l-1,m} + \sqrt{\frac{(l-m+1)(l+m+1)}{(2l+1)(2l+3)}}Y_{l+1,m}. \quad (8-3-47)$$

将式(8-3-22)代入 $e^{i\varphi}\sin\theta Y_{lm}$,有

$$e^{i\varphi}\sin\theta Y_{lm} = (-1)^m\sqrt{\frac{(2l+1)(l-m)!}{4\pi(l+m)!}}\sin\theta P_l^m(\cos\theta)e^{i(m+1)\varphi}. \quad (8-3-48)$$

根据式(8-2-22),得到

$$\sin\theta P_l^m = (1-x^2)^{\frac{1}{2}}P_l^m = \frac{1}{2l+1}(P_{l+1}^{m+1} - P_{l-1}^{m+1}). \quad (8-3-49)$$

将上式代入到式(8-3-48),有

$$e^{i\varphi}\sin\theta Y_{lm} = \sqrt{\frac{(l-m)(l-m-1)}{(2l-1)(2l+1)}}Y_{l-1,m+1} - \sqrt{\frac{(l+m+1)(l+m+2)}{(2l+1)(2l+3)}}Y_{l+1,m+1}. \quad (8-3-50)$$

同样,可以将 $e^{-i\varphi}\sin\theta Y_{lm}$ 化为球函数的形式

$$e^{-i\varphi}\sin\theta Y_{lm} = -\sqrt{\frac{(l+m)(l+m-1)}{(2l-1)(2l+1)}}Y_{l-1,m-1} + \sqrt{\frac{(l-m+1)(l-m+2)}{(2l+1)(2l+3)}}Y_{l+1,m-1}. \quad (8-3-51)$$

将以上三个因子用球函数表示后,我们就可利用球函数的正交归一关系式(8-3-23)对式(8-3-44)中的积分进行计算了.作为例子,下面求式(8-3-44)中的第一个积分.具体过程如下.

$$\begin{aligned}
I &= \frac{er}{2}\int(Y_{l'm'}^* e^{i\varphi}\sin\theta Y_{lm} + Y_{l'm'}^* e^{-i\varphi}\sin\theta Y_{lm})d\Omega \\
&= \frac{er}{2}\int Y_{l'm'}^*\left(\sqrt{\frac{(l-m)(l-m-1)}{(2l-1)(2l+1)}}Y_{l-1,m+1}\right. \\
&\quad \left. - \sqrt{\frac{(l+m+1)(l+m+2)}{(2l+1)(2l+3)}}Y_{l+1,m+1}\right)d\Omega \\
&\quad + \frac{er}{2}\int Y_{l'm'}^*\left(-\sqrt{\frac{(l+m)(l+m-1)}{(2l-1)(2l+1)}}Y_{l-1,m-1}\right. \\
&\quad \left. + \sqrt{\frac{(l-m+1)(l-m+2)}{(2l+1)(2l+3)}}Y_{l+1,m-1}\right)d\Omega
\end{aligned}$$

$$
\begin{aligned}
&= \frac{er}{2}\left[\sqrt{\frac{(l-m)(l-m-1)}{(2l-1)(2l+1)}}\delta_{l',l-1}\delta_{m',m+1}\right. \\
&\quad \left. - \sqrt{\frac{(l+m+1)(l+m+2)}{(2l+1)(2l+3)}}\delta_{l',l+1}\delta_{m',m+1}\right] \\
&\quad + \frac{er}{2}\left[-\sqrt{\frac{(l+m)(l+m-1)}{(2l-1)(2l+1)}}\delta_{l',l-1}\delta_{m',m-1}\right. \\
&\quad \left. + \sqrt{\frac{(l-m+1)(l-m+2)}{(2l+1)(2l+3)}}\delta_{l',l+1}\delta_{m',m-1}\right].
\end{aligned} \tag{8-3-52}
$$

当 $l'=1, m'=1, l=0, m=0$ 时,有

$$
I = -\sqrt{\frac{1}{6}}er.
$$

同样,可求得式(8-3-44)中的第二个和第三个积分.求得这些积分之后,就可进一步研究原子与电磁场的相互作用了.

习 题

1. 写出用球函数 $Y_{lm}(\theta,\varphi)$ 展开任意函数 $f(\theta,\varphi)$ 的展开式,并推导展开系数的公式.
2. 用球函数把 $f(\theta,\varphi)=\sin^2\theta\cos^2\varphi-1$ 展开.
3. 在半径为 a 的球的外部解下述问题:

$$
\Delta u = 0,
$$

$$
\left.\frac{\partial u}{\partial r}\right|_{r=a} = f(\theta,\varphi).
$$

4. 利用球函数的加法定理写出 $\cos\alpha$ 用 $\theta_1,\varphi_1,\theta_2,\varphi_2$ 表出的公式.(这些角度之间的关系见图 8-3-2.)

第九章
柱函数

在§7-3中已经求得贝塞尔方程的解.本章中,我们首先讨论贝塞尔方程的不同形式的线性独立解,然后在第二节中着重讨论含贝塞尔方程的本征值问题.后面几节,简单介绍几种变形的贝塞尔方程的解.

§9-1 贝塞尔方程的解

贝塞尔方程的解

(一) 贝塞尔函数和诺依曼函数

在§7-3中已经求出了贝塞尔方程(7-3-1)

$$x^2\frac{\mathrm{d}^2y}{\mathrm{d}x^2}+x\frac{\mathrm{d}y}{\mathrm{d}x}+(x^2-\nu^2)y=0 \qquad (9-1-1)$$

的两个线性独立的解.当 ν 为非整数时,由式(7-3-12)和(7-3-13)给出贝塞尔方程的两个线性独立的解

$$\mathrm{J}_\nu(x)=\sum_{k=0}^{\infty}\frac{(-1)^k}{k!\ \Gamma(k+\nu+1)}\left(\frac{x}{2}\right)^{2k+\nu}, \qquad (9-1-2)$$

$$\mathrm{J}_{-\nu}(x)=\sum_{k=0}^{\infty}\frac{(-1)^k}{k!\ \Gamma(k-\nu+1)}\left(\frac{x}{2}\right)^{2k-\nu}. \qquad (9-1-3)$$

$\mathrm{J}_\nu(x)$称为 ν 阶**贝塞尔函数**.但是,当 ν 为正整数或零时,$\mathrm{J}_\nu(x)$与 $\mathrm{J}_{-\nu}(x)$不是线性独立的,由式(7-3-14)知

$$\mathrm{J}_{-m}(x)=(-1)^m\mathrm{J}_m(x),\quad m=0,1,2,\cdots. \qquad (9-1-4)$$

在§7-3中,我们根据幂级数求解的一般理论指出,另一个线性独立的解 $\mathrm{N}_m(x)$有如式(7-3-15)所表示的形式.这里我们不用幂级数方法而采用另一种技巧来求第二个特解.取 J_ν与 $\mathrm{J}_{-\nu}$的适当的线性组合,使当非整数 ν 趋于整数 m 时,该线性组合成为$\frac{0}{0}$型的不定式;然后通过决定这个不定式的值来得到 ν 为整数 m 时的第二个特解.符合这一要求的 J_ν和 $\mathrm{J}_{-\nu}$的线性组合可以写成

$$\mathrm{N}_\nu(x)=\frac{\mathrm{J}_\nu(x)\cos\nu\pi-\mathrm{J}_{-\nu}(x)}{\sin\nu\pi}. \qquad (9-1-5)$$

显然 N_ν与 J_ν,$\mathrm{J}_{-\nu}$是线性无关的.当 $\nu\to m$ 时,它成为$\frac{0}{0}$型的不定式.应用洛必达法则可得

$$N_m(x)=\lim_{\nu\to m}N_\nu(x)=\lim_{\nu\to m}\frac{\frac{\partial J_\nu}{\partial\nu}\cos\nu\pi-\pi\sin\nu\pi J_\nu-\frac{\partial J_{-\nu}}{\partial\nu}}{\pi\cos\nu\pi}$$

$$=\frac{1}{\pi}\left[\left(\frac{\partial J_\nu}{\partial\nu}\right)_{\nu=m}-(-1)^m\left(\frac{\partial J_{-\nu}}{\partial\nu}\right)_{\nu=m}\right].\qquad(9-1-6)$$

按式(9-1-5)定义的 $N_\nu(x)$ 称为**诺依曼函数**,它是贝塞尔方程(9-1-1)的解.特别是,当 ν 为正整数 m 时,$N_m(x)$ 和 $J_m(x)$ 是贝塞尔方程的两个线性独立的解.可以证明,在此情况下,$N_m(x)$ 的级数展开式具有式(7-3-15)的形式.

$N_m(x)$ 与 $J_m(x)$ 在 $x=0$ 点的性质不同.由级数(9-1-2)可知,$J_m(x)$ 在 $x=0$ 点取有限值

$$J_0(0)=1,\ J_n(0)=0\quad(n\geqslant 1).\qquad(9-1-7)$$

由式(7-3-15)可以看出,$N_m(x)$ 在 $x=0$ 点是发散的,决定其发散行为的主要项是

$$\text{当 } x\to 0 \text{ 时},\begin{cases}N_0(x)\sim\ln x,\\ N_m(x)\sim x^{-m}\quad(m>0).\end{cases}\qquad(9-1-8)$$

(二) 贝塞尔函数的生成函数和积分表示

§2-3 例 2 中曾经证明过,函数 $e^{\frac{x}{2}\left(t-\frac{1}{t}\right)}$ 在 $t=0$ 的洛朗展开式为

$$e^{\frac{x}{2}\left(t-\frac{1}{t}\right)}=\sum_{m=-\infty}^{\infty}J_m(x)t^m\quad(0<|t|<\infty),$$

其展开系数为 $J_m(x)$,所以左方的函数称为 $J_m(x)$ 的**生成函数**.

令 $t=e^{i\theta}$,又可以得到

$$e^{ix\sin\theta}=\sum_{m=-\infty}^{\infty}e^{im\theta}J_m(x).\qquad(9-1-9)$$

既然式(9-1-9)是生成函数 $\exp\left[\frac{x}{2}\left(t-\frac{1}{t}\right)\right]$ 作为 $t=e^{i\theta}$ 的函数的洛朗展开式(参看 §2-3 例 2),利用洛朗展开式的系数公式(2-3-15)就有

$$J_m(x)=\frac{1}{2\pi i}\oint_C\frac{e^{\frac{x}{2}\left(t-\frac{1}{t}\right)}}{t^{m+1}}dt,\quad m=0,\ \pm1,\ \pm2,\cdots.\qquad(9-1-10)$$

其中,C 是沿逆时针方向绕 $t=0$ 一圈的任意回路.这是贝塞尔函数 $J_m(x)$ 的一种积分表达式.

若取 C 为 t 平面上的单位圆,则在 C 上有 $t=e^{i\theta}$.于是

$$J_m(x)=\frac{1}{2\pi}\int_{-\pi}^{\pi}e^{\frac{x}{2}(e^{i\theta}-e^{-i\theta})}\cdot e^{-i(m+1)\theta}e^{i\theta}d\theta=\frac{1}{2\pi}\int_{-\pi}^{\pi}e^{i(x\sin\theta-m\theta)}d\theta$$

$$=\frac{1}{2\pi}\int_{-\pi}^{\pi}\cos(x\sin\theta-m\theta)d\theta.\qquad(9-1-11)$$

这是整数阶贝塞尔函数的一种常用的积分表达式.

(三) 贝塞尔函数和诺依曼函数的渐近表达式　汉克尔函数

从式(9-1-10)出发,利用最陡下降法,可以得到贝塞尔函数的渐近表达式.为此,将式(9-1-10)写为[参看式(3-4-4)]

$$\mathrm{J}_n(x)=\int_C g(t)\mathrm{e}^{xh(t)}\mathrm{d}t,\quad g(t)=\frac{1}{t^{n+1}},\quad h(t)=\frac{t-t^{-1}}{2}. \qquad (9-1-12)$$

$h(t)$的导数

$$h'(t)=\frac{1+t^{-2}}{2},\quad h''(t)=-t^{-3}.$$

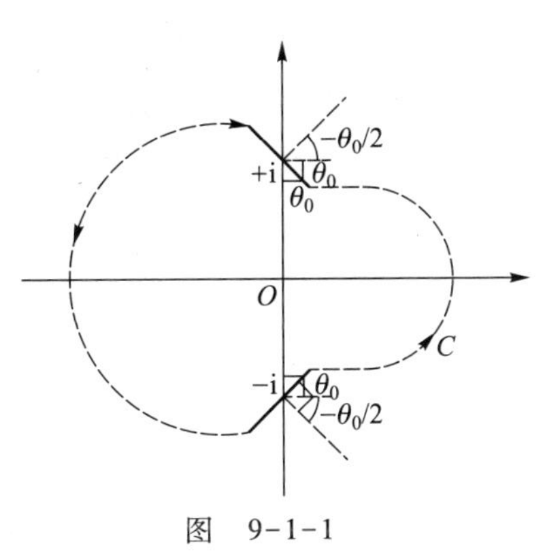

图　9-1-1

$h'(t)$的零点是$t_0=\pm\mathrm{i}$,按式(3-4-10)写$h''(\pm\mathrm{i})=a\mathrm{e}^{\mathrm{i}\theta_0}=\mp\mathrm{i}=\mathrm{e}^{\mp\mathrm{i}\pi/2}$,故$a=1$,$\theta_0=\mp\pi/2$.积分回路$C$应选为沿垂直于$-\theta_0/2$的方向通过两个鞍点$\pm\mathrm{i}$,如图9-1-1所示.也就是说,积分路径在通过$\pm\mathrm{i}$的两小段上应与虚轴成45°角,然后按任意路径环绕,形成闭合回路.

对积分的主要贡献来自鞍点附近,即图9-1-1中的斜线段.利用式(3-4-18)得到

$$\mathrm{J}_n(x)\sim\frac{1}{2\pi\mathrm{i}}\left\{\mathrm{i}\sqrt{\frac{2\pi}{x}}g(+\mathrm{i})\mathrm{e}^{xh(\mathrm{i})+\mathrm{i}\pi/4}+\mathrm{i}\sqrt{\frac{2\pi}{x}}g(-\mathrm{i})\mathrm{e}^{xh(-\mathrm{i})-\mathrm{i}\pi/4}\right\}.$$

将$g(\pm\mathrm{i})=(\pm\mathrm{i})^{-n-1}=\mathrm{e}^{\pm\mathrm{i}(n+1)\pi/2}$和$h(\pm\mathrm{i})=\pm\mathrm{i}$代入,化简得到

$$\mathrm{J}_n(x)\sim\sqrt{\frac{2}{\pi x}}\cos\left(x-\frac{n\pi}{2}-\frac{\pi}{4}\right). \qquad (9-1-13)$$

这就是贝塞尔函数渐近展开式的第一项,它可以用来作为x很大时$\mathrm{J}_n(x)$的渐近表示.可以证明,这个结果对任何ν阶贝塞尔函数都成立,即

$$\mathrm{J}_\nu(x)\sim\sqrt{\frac{2}{\pi x}}\cos\left(x-\frac{\nu\pi}{2}-\frac{\pi}{4}\right). \qquad (9-1-14)$$

根据$\mathrm{N}_\nu(x)$的定义式(9-1-5),利用上式,可以得到$\mathrm{N}_\nu(x)$的渐近展开式

$$\mathrm{N}_\nu(x)\sim\sqrt{\frac{2}{\pi x}}\sin\left(x-\frac{\nu\pi}{2}-\frac{\pi}{4}\right). \qquad (9-1-15)$$

由此可见,当x很大时,$\mathrm{J}_\nu(x)$和$\mathrm{N}_\nu(x)$分别具有余弦函数和正弦函数的振荡特性,但振幅与$\sqrt{x}$成反比,随x增大而衰减.

仿照三角函数和虚指数函数的关系式(1-2-12),定义**汉克尔函数**

$$\left.\begin{aligned}\mathrm{H}_\nu^{(1)}(x)&=\mathrm{J}_\nu(x)+\mathrm{i}\mathrm{N}_\nu(x),\\ \mathrm{H}_\nu^{(2)}(x)&=\mathrm{J}_\nu(x)-\mathrm{i}\mathrm{N}_\nu(x).\end{aligned}\right\} \qquad (9-1-16)$$

它们的渐近表达式是

$$\left.\begin{aligned} H_\nu^{(1)}(x) &\sim \sqrt{\frac{2}{\pi x}} e^{i\left(x-\frac{\nu\pi}{2}-\frac{\pi}{4}\right)}, \\ H_\nu^{(2)}(x) &\sim \sqrt{\frac{2}{\pi x}} e^{-i\left(x-\frac{\nu\pi}{2}-\frac{\pi}{4}\right)}. \end{aligned}\right\} \tag{9-1-17}$$

(四) 递推公式 柱函数

在计算贝塞尔函数的积分时,经常要用到贝塞尔函数与其导数之间的关系,以及各阶贝塞尔函数之间的关系,即递推公式.下面我们就来推导它们.

以 x^ν 乘式(9-1-2)两边,再对 x 求导,得

$$\begin{aligned} \frac{d}{dx}(x^\nu J_\nu(x)) &= \frac{d}{dx}\sum_{k=0}^{\infty} \frac{(-1)^k 2^\nu}{k!\ \Gamma(k+\nu+1)}\left(\frac{x}{2}\right)^{2k+2\nu} \\ &= \sum_{k=0}^{\infty} \frac{(-1)^k}{k!} \frac{2^\nu(2k+2\nu)}{2\cdot\Gamma(k+\nu+1)}\left(\frac{x}{2}\right)^{2k+2\nu-1} \\ &= x^\nu \sum_{k=0}^{\infty} \frac{(-1)^k}{k!\ \Gamma(k+\nu)}\left(\frac{x}{2}\right)^{2k+\nu-1} \\ &= x^\nu J_{\nu-1}(x). \end{aligned} \tag{9-1-18}$$

与此类似,以 $x^{-\nu}$ 乘式(9-1-2)然后求导,还可得

$$\frac{d}{dx}(x^{-\nu}J_\nu) = -x^{-\nu}J_{\nu+1}. \tag{9-1-19}$$

将式(9-1-18)和式(9-1-19)展开,经化简分别得到

$$J_\nu'(x) + \nu x^{-1}J_\nu(x) = J_{\nu-1}(x), \tag{9-1-20}$$

$$J_\nu'(x) - \nu x^{-1}J_\nu(x) = -J_{\nu+1}(x). \tag{9-1-21}$$

将式(9-1-20)和式(9-1-21)相加得

$$2J_\nu'(x) = J_{\nu-1}(x) - J_{\nu+1}(x), \tag{9-1-22}$$

将式(9-1-20)和式(9-1-21)相减得

$$J_{\nu-1}(x) + J_{\nu+1}(x) = \frac{2\nu}{x}J_\nu(x). \tag{9-1-23}$$

在式(9-1-22)中令 $\nu=0$,并注意到式(9-1-4)得到

$$J_0'(x) = -J_1(x). \tag{9-1-24}$$

在式(9-1-23)中令 $\nu=1$,则有

$$J_2(x) = 2x^{-1}J_1(x) - J_0(x). \tag{9-1-25}$$

由此可知,如果已有零阶和一阶贝塞尔函数表,则利用式(9-1-23)可计算整数阶贝塞尔函数之值.

由上述递推公式,并根据诺依曼函数的定义(9-1-5),可以导出诺依曼函数的类似的递推公式

$$\left.\begin{aligned}&\frac{\mathrm{d}}{\mathrm{d}x}(x^{\nu}\mathrm{N}_{\nu})=x^{\nu}\mathrm{N}_{\nu-1},\\&\frac{\mathrm{d}}{\mathrm{d}x}(x^{-\nu}\mathrm{N}_{\nu})=-x^{-\nu}\mathrm{N}_{\nu+1},\\&2\mathrm{N}_{\nu}'=\mathrm{N}_{\nu-1}-\mathrm{N}_{\nu+1},\\&2\nu x^{-1}\mathrm{N}_{\nu}=\mathrm{N}_{\nu-1}+\mathrm{N}_{\nu+1}.\end{aligned}\right\}\qquad(9-1-26)$$

因为 J_{ν} 和 N_{ν} 都满足(9-1-26)型的递推公式,而 $\mathrm{H}_{\nu}^{(1)}$ 和 $\mathrm{H}_{\nu}^{(2)}$ 是 J_{ν} 与 N_{ν} 的线性组合,所以汉克尔函数也满足同样的递推公式.我们常把任一满足这些递推关系的函数统称为**柱函数**,以 $Z_{\nu}(x)$ 来表示.对一般的柱函数,有

$$\frac{\mathrm{d}}{\mathrm{d}x}(x^{\nu}Z_{\nu})=x^{\nu}Z_{\nu-1},\qquad(9-1-27)$$

$$\frac{\mathrm{d}}{\mathrm{d}x}(x^{-\nu}Z_{\nu})=-x^{-\nu}Z_{\nu+1},\qquad(9-1-28)$$

$$Z_{\nu-1}+Z_{\nu+1}=\frac{2\nu}{x}Z_{\nu}\qquad(9-1-29)$$

$$Z_{\nu-1}-Z_{\nu+1}=2Z_{\nu}'.\qquad(9-1-30)$$

柱函数必满足贝塞尔方程.证明如下:将式(9-1-29)与式(9-1-30)相加或相减消去 $Z_{\nu+1}$ 或 $Z_{\nu-1}$ 分别得到

$$Z_{\nu}'+\frac{\nu}{x}Z_{\nu}=Z_{\nu-1},\qquad(9-1-31)$$

$$Z_{\nu+1}=\frac{\nu}{x}Z_{\nu}-Z_{\nu}'.\qquad(9-1-32)$$

把式(9-1-31)中的 ν 换成 $\nu+1$,得到

$$Z_{\nu}=Z_{\nu+1}'+\frac{\nu+1}{x}Z_{\nu+1}.$$

将式(9-1-32)代入上式,立即可见 Z_{ν} 满足 ν 阶贝塞尔方程.

但反过来,贝塞尔方程的解不一定满足递推公式(9-1-27)—式(9-1-30).例如 $\mathrm{J}_{\nu}+\nu\mathrm{N}_{\nu}$ 就是如此.因此,贝塞尔方程的解不一定是柱函数.

例 1 利用递推关系证明

$$\int x^{n}\mathrm{J}_0(x)\,\mathrm{d}x=x^{n}\mathrm{J}_1(x)+(n-1)x^{n-1}\mathrm{J}_0(x)-(n-1)^2\int x^{n-2}\mathrm{J}_0(x)\,\mathrm{d}x.$$

解 利用递推关系 $x\mathrm{J}_0(x)=\frac{\mathrm{d}}{\mathrm{d}x}[x\mathrm{J}_1(x)]$,及 $\mathrm{J}_1(x)=-\mathrm{J}_0'(x)$,分部积分得

$$\begin{aligned}\int x^{n}\mathrm{J}_0(x)\,\mathrm{d}x&=\int x^{n-1}\mathrm{d}[x\mathrm{J}_1(x)]=x^{n}\mathrm{J}_1(x)-(n-1)\int x^{n-1}\mathrm{J}_1(x)\,\mathrm{d}x\\&=x^{n}\mathrm{J}_1(x)+(n-1)\int x^{n-1}\mathrm{d}\mathrm{J}_0(x)\end{aligned}$$

$$= x^n J_1(x) + (n-1)x^{n-1}J_0(x) - (n-1)^2\int x^{n-2}J_0(x)\,dx.$$

【解毕】

如果 n 为奇数，按这样积分下去，最终一项积分为

$$\int xJ_0(x)\,dx = xJ_1(x) + c,$$

此时，积分结果可用 $J_0(x)$ 和 $J_1(x)$ 表示. 如果 n 为偶数，最终一项为 $\int J_0(x)\,dx$，因而只能对 $J_0(x)$ 的级数表达式逐项积分.

当 $n=3$ 时，我们有

$$\int x^3J_0(x)\,dx = x^3J_1(x) + 2x^2J_0(x) - 4xJ_1(x) + c. \tag{9-1-33}$$

习 题

1. 用 $J_\nu(x)$ 的级数表达式证明：

$$J_{1/2}(x) = \sqrt{\frac{2}{\pi x}}\sin x,$$

$$J_{-1/2}(x) = \sqrt{\frac{2}{\pi x}}\cos x.$$

2. 证明 $y=J_m(ax)$ 是方程

$$x^2y'' + xy' + (a^2x^2 - m^2)y = 0$$

的解.

3. 利用递推公式证明：

$$J_2(x) = J''_0(x) - \frac{1}{x}J'_0(x);$$

$$J_3(x) + 3J'_0(x) + 4J'''_0(x) = 0.$$

4. 计算下列积分：

(1) $\int x^4J_1(x)\,dx$； (2) $\int J_3(x)\,dx$；

(3) $\int J_0(x)\cos x\,dx.$ $\left(提示：\frac{d}{dx}[xJ_1(x)\sin x] = x[J_1(x)\cos x + J_0(x)\sin x].\right)$

含贝塞尔方程的本征值问题

§9-2 含贝塞尔方程的本征值问题

(一) 确定本征值的方程

在 §6-2 中我们看到，拉普拉斯方程在柱坐标下分离变量得到关于 ρ 的方程(6-2-25)

$$\rho^2\frac{d^2R}{d\rho^2}+\rho\frac{dR}{d\rho}+(\lambda\rho^2-m^2)R=0 \qquad (9-2-1)$$

$$(m=0,\ \pm1,\cdots).$$

考虑到一定的边界条件,例如

$$R\big|_{\rho=b}=0, \qquad (9-2-2)$$

$$R\big|_{\rho=0}\text{ 有限}, \qquad (9-2-3)$$

就构成含贝塞尔方程的本征值问题.

在§6-4 例 3 中已经看到,含贝塞尔方程的本征值问题是施-刘型本征值问题.根据§6-4 中关于施-刘型本征值问题的结论一,已知其本征值 $\lambda>0$.设 $x=\sqrt{\lambda}\rho$,方程(9-2-1)化为

$$x\frac{d}{dx}\left(x\frac{dR}{dx}\right)+(x^2-m^2)R=0. \qquad (9-2-4)$$

如前节所述,这个方程的通解为

$$R(x)=AJ_m(x)+BN_m(x),$$

或

$$R(\rho)=AJ_m(\sqrt{\lambda}\rho)+BN_m(\sqrt{\lambda}\rho). \qquad (9-2-5)$$

注意到贝塞尔函数和诺依曼函数在 $x=0$ 点的性质(9-1-7)和(9-1-8),要满足边界条件(9-2-3),必须取

$$B=0,$$

所以

$$R(\rho)=AJ_m(\sqrt{\lambda}\rho). \qquad (9-2-6)$$

要满足边界条件(9-2-2),就必须选取 λ,使得

$$J_m(\sqrt{\lambda}b)=0. \qquad (9-2-7)$$

它就是确定本征值的方程,和两端固定的弦振动问题中决定本征值的方程(6-1-9) $\sin\sqrt{\lambda}l=0$ 比较,可见两者十分相似.正如为了由式(6-1-9)解出弦振动的本征值,需要知道正弦函数的零点一样,为了由式(9-2-7)确定本征值,必须知道贝塞尔函数的零点.

(二) 贝塞尔函数的零点

这里我们只介绍有关 $J_m(x)$ 的零点的几个主要结论:

(1) $J_m(x)$ 有无穷多个实零点,而且只有实零点.这无穷多个实零点在 x 轴上对于原点是对称分布的,因而 $J_m(x)$ 有无穷多个正的实零点.

(2) 在 $J_m(x)$ 的两个零点之间必有一个且只有一个 $J_{m+1}(x)$ 的零点;反之,在 $J_{m+1}(x)$ 的两个零点之间也必有一个且只有一个 $J_m(x)$ 的零点.也就是说,$J_m(x)$ 和 $J_{m+1}(x)$ 的零点

是相间分布的,图 9-2-1(a)上举了一个例子.诺依曼函数 N_m 也有类似的性质,参看图 9-2-1(b).

(3) $J_m(x)$ 的最小正零点比 $J_{m+1}(x)$ 的最小正零点更小.(这对于波导问题是很重要的.)

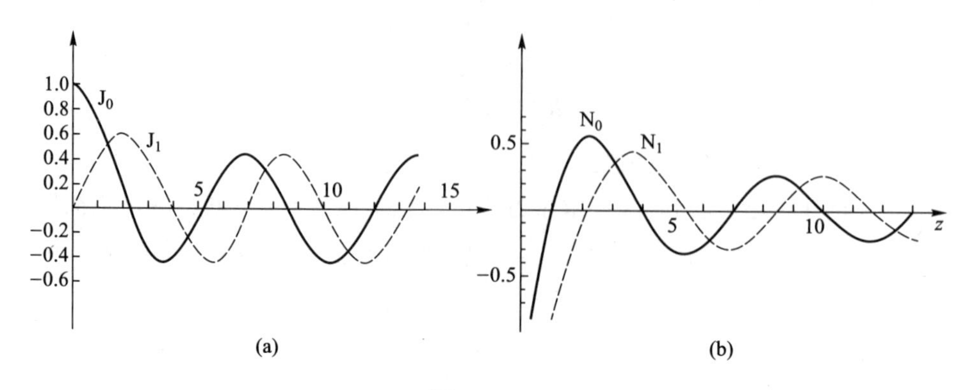

图 9-2-1

用 $\mu_n^{(m)}$ 表示 $J_m(x)$ 的第 n 个正零点,即

$$J_m(\mu_n^{(m)}) = 0, \ n = 1,2,\cdots. \tag{9-2-8}$$

则由式(9-2-7)有$\sqrt{\lambda}\,b=\mu_n^{(m)}$,因此本征值问题(9-2-1)—(9-2-3)的本征值为

$$\lambda_n^{(m)} = \left(\frac{\mu_n^{(m)}}{b}\right)^2. \tag{9-2-9}$$

代入式(9-2-6),得本征函数系为

$$R_n^{(m)}(\rho) = J_m\left(\frac{\mu_n^{(m)}}{b}\rho\right), \ n = 1,2,\cdots. \tag{9-2-10}$$

贝塞尔函数的零点值在工程技术上有重要应用,已列成专门的数学用表,表 9-2-1 给出了 $J_m(x)$ $(m=0,1,2)$的前 5 个正零点 $\mu_n^{(m)}$ 的近似值.

表 9-2-1

n	1	2	3	4	5
$m=0$	2.405	5.520	8.654	11.992	14.931
$m=1$	3.832	7.016	10.173	13.324	16.471
$m=2$	5.136	8.417	11.620	14.796	17.960

(三) 作为本征函数的贝塞尔函数的归一化因子

由 §6-4 中施-刘型本征值问题的一般理论可知,本征函数 $J_m(\rho\mu_n^{(m)}/b)$ 在区间$[0,b]$上带权重 ρ 正交,即

$$\int_0^b J_m\left(\frac{\mu_n^{(m)}}{b}\rho\right) J_m\left(\frac{\mu_l^{(m)}}{b}\rho\right) \rho \mathrm{d}\rho = 0, \quad 当\ l \neq n. \tag{9-2-11}$$

根据 §6-4 中关于施-刘型本征值问题的结论三,作为本征函数的贝塞尔函数族是完

备的，适当放宽对函数 $f(\rho)$ 的要求，可以证明下述定理：

定理 （贝塞尔函数的展开定理） 若 $f(\rho)$ 在 $[0,b]$ 上连续或有有限个第一类间断点，且 $[0,b]$ 可分为若干子区间，在每个子区间上 $f(\rho)$ 有连续的导数，则有

$$\sum_{n=0}^{\infty} f_n \mathrm{J}_m\left(\frac{\mu_n^{(m)}}{b}\rho\right) = \begin{cases} f(\rho), & \text{在连续点}, \\ \dfrac{f(\rho+0)+f(\rho-0)}{2}, & \text{在间断点}. \end{cases} \tag{9-2-12}$$

其中

$$f_n = \frac{\displaystyle\int_0^b f(\rho)\mathrm{J}_m\left(\frac{\mu_n^{(m)}}{b}\rho\right)\rho\mathrm{d}\rho}{\displaystyle\int_0^b \mathrm{J}_m^2\left(\frac{\mu_n^{(m)}}{b}\rho\right)\rho\mathrm{d}\rho} \tag{9-2-13}$$

级数(9-2-12)称为傅里叶-贝塞尔级数.

现在来计算归一化因子 $(\mathrm{N}_n^{(m)})^{-1}$. 我们有

$$(\mathrm{N}_n^{(m)})^2 = \int_0^b \mathrm{J}_m^2\left(\frac{\mu_n^{(m)}}{b}\rho\right)\rho\mathrm{d}\rho.$$

令 $x=\dfrac{\mu_n^{(m)}}{b}\rho$，则上式变为

$$(\mathrm{N}_n^{(m)})^2 = \left(\frac{b}{\mu_n^{(m)}}\right)^2 \int_0^{\mu_n^{(m)}} \mathrm{J}_m^2(x)x\mathrm{d}x. \tag{9-2-14}$$

由于 $\mathrm{J}_m(x)$ 满足贝塞尔方程(9-2-4)，所以有

$$x^2\mathrm{J}_m(x) = m^2\mathrm{J}_m(x) - x\frac{\mathrm{d}}{\mathrm{d}x}[x\mathrm{J}_m'(x)]. \tag{9-2-15}$$

将式(9-2-14)中的积分进行分部积分，有

$$\int \mathrm{J}_m^2(x)x\mathrm{d}x = \frac{1}{2}\int \mathrm{J}_m^2(x)\mathrm{d}x^2 = \frac{1}{2}\left[x^2\mathrm{J}_m^2(x) - \int 2x^2\mathrm{J}_m\mathrm{J}_m'\mathrm{d}x\right].$$

再利用式(9-2-15)，有

$$\begin{aligned}\int x\mathrm{J}_m^2\mathrm{d}x &= \frac{1}{2}(x\mathrm{J}_m)^2 - \int m^2\mathrm{J}_m\mathrm{d}\mathrm{J}_m + \int x\mathrm{J}_m'\mathrm{d}(x\mathrm{J}_m') \\ &= \frac{1}{2}[(x\mathrm{J}_m)^2 - m^2\mathrm{J}_m^2 + (x\mathrm{J}_m')^2] + c.\end{aligned}$$

代入式(9-2-14)得

$$[\mathrm{N}_n^{(m)}]^2 = \frac{1}{2}\left(\frac{b}{\mu_n^{(m)}}\right)^2\left\{[x^2\mathrm{J}_m^2(x)]_0^{\mu_n^{(m)}} - [m^2\mathrm{J}_m^2(x)]_0^{\mu_n^{(m)}} + [x^2\mathrm{J}_m'^2(x)]_0^{\mu_n^{(m)}}\right\}.$$

考虑到 $m\neq 0$ 时 $\mathrm{J}_m(0)=0$，以及边界条件(9-2-8)，上式右边大括号内的头两项为零，于是有

$$[N_n^{(m)}]^2=\frac{b^2}{2}[J_m'(\mu_n^{(m)})]^2.$$

再利用递推关系(9-1-20)或关系(9-1-21)得到

$$[N_n^{(m)}]^2=\frac{b^2}{2}J_{m-1}^2(\mu_n^{(m)})=\frac{b^2}{2}J_{m+1}^2(\mu_n^{(m)}).\tag{9-2-16}$$

以上假定在边界 $\rho=b$ 处有第一类边界条件(9-2-2).如果在边界 $\rho=b$ 是第二类或第三类边界条件,容易得到类似的结果.

(四) 应用举例之一——圆形膜振动的本征频率

考虑半径为 ρ_0,边界固定的圆形薄膜,求其振动的本征频率.在此情况下,最好采用极坐标.于是膜振动方程为

$$\frac{\partial^2 u}{\partial t^2}-v^2\left[\frac{1}{\rho}\frac{\partial}{\partial\rho}\left(\rho\frac{\partial u}{\partial\rho}\right)+\frac{1}{\rho^2}\frac{\partial^2 u}{\partial\varphi^2}\right]=0,\tag{9-2-17}$$

边界条件是

$$u\big|_{\rho=\rho_0}=0.\tag{9-2-18}$$

我们的任务只是确定本征值,不必知道初始条件.

设

$$u(\rho,\varphi,t)=R(\rho)\Phi(\varphi)T(t),\tag{9-2-19}$$

分离变量得到三个常微分方程

$$T''+v^2\lambda T=0,\tag{9-2-20}$$

$$\Phi''+m^2\Phi=0,\tag{9-2-21}$$

$$\rho\frac{\mathrm{d}}{\mathrm{d}\rho}\left(\rho\frac{\mathrm{d}R}{\mathrm{d}\rho}\right)+(\lambda\rho^2-m^2)R=0.\tag{9-2-22}$$

对于 $\Phi(\varphi)$ 必须考虑周期性条件

$$\Phi(\varphi+2\pi)=\Phi(\varphi),\tag{9-2-23}$$

对于 $R(\rho)$ 必须考虑边界条件

$$R(\rho)\big|_{\rho=\rho_0}=0,\tag{9-2-24}$$

和有界条件

$$R(\rho)\big|_{\rho=0}\quad 有界.\tag{9-2-25}$$

方程(9-2-21)和周期条件(9-2-23)所决定的本征值和本征函数为

$$\Phi_m=A_m\cos m\varphi+B_m\sin m\varphi,\quad m=0,\ \pm1,\ \pm2,\cdots,\tag{9-2-26}$$

其中 A_m,B_m 为任意常数.

方程(9-2-22)及条件(9-2-25)和条件(9-2-24)就是前面所讨论的含贝塞尔方程的本征值问题,本征值由式(9-2-7)决定.用 $\mu_n^{(m)}$ 表示 m 阶贝塞尔函数的第 n 个零点,则方程(9-2-7)的解为

$$\sqrt{\lambda_n^{(m)}}\rho_0=\mu_n^{(m)}.$$

由此得到

$$\lambda_n^{(m)}=\left(\frac{\mu_n^{(m)}}{\rho_0}\right)^2. \quad (9-2-27)$$

相应的本征函数为

$$R_n^{(m)}=\mathrm{J}_m\left(\frac{\mu_n^{(m)}}{\rho_0}\rho\right). \quad (9-2-28)$$

将本征值 $\lambda_n^{(m)}$ 代入方程(9-2-20)中得

$$T_{nm}(t)=C_{nm}\cos\left(\frac{v}{\rho_0}\mu_n^{(m)}t\right)+D_{nm}\sin\left(\frac{v}{\rho_0}\mu_n^{(m)}t\right). \quad (9-2-29)$$

由此看出,圆形膜的本征振动角频率是

$$\omega_n^{(m)}=\frac{v}{\rho_0}\mu_n^{(m)}. \quad (9-2-30)$$

将式(9-2-26)、式(9-2-28)和式(9-2-29)代回到式(9-2-19)中,得到

$$u_{nm}(\rho,\varphi,t)=T_{nm}(t)(A_m\cos m\varphi+B_m\sin m\varphi)\mathrm{J}_m(\mu_n^{(m)}\rho/\rho_0).$$

这是圆形膜的本征振动方程,即圆形膜上的驻波.驻波的振幅分布是

$$U_{nm}(\rho,\varphi)=(A_m\cos m\varphi+B_m\sin m\varphi)\mathrm{J}_m(\mu_n^{(m)}\rho/\rho_0).$$

振幅 $U_{nm}=0$ 的点的轨迹是膜上的曲线,称为**节线**.由于 $\cos m\varphi$ 与 $\sin m\varphi$ 不能同时为零,所以圆膜上的节线由方程

$$\mathrm{J}_m\left(\frac{\mu_n^{(m)}}{\rho_0}\rho\right)=0$$

决定.当 $n=1$ 时,这一方程只有一个满足条件 $\rho\leqslant\rho_0$ 的解 $\rho=\rho_0$,此时膜上没有节线.当 $n=2$ 时,有两个满足条件 $\rho\leqslant\rho_0$ 的解

$$\frac{\mu_2^{(m)}\rho_1}{\rho_0}=\mu_1^{(m)},\quad \frac{\mu_2^{(m)}\rho_2}{\rho_0}=\mu_2^{(m)};$$

或

$$\rho_1=\frac{\mu_1^{(m)}}{\mu_2^{(m)}}\rho_0,\quad \rho_2=\rho_0.$$

前一个是节线,它的形状是半径为 ρ_1 的圆.一般说来,对于任意的 n,节线是 $n-1$ 个同心圆.

(五) 应用举例之二——空心圆柱体内的温度分布

设有均匀的无穷长空心圆柱体,内外半径分别是 a 和 b.保持圆柱内外界面上的温度为 0 ℃,柱体内的初始温度是 $f(\rho)$,求柱体内各处的温度分布情况.

用分离变量法解这个问题,必须采用柱坐标,并取柱轴为 z 轴.因为边界情况与初始情况都与 z,φ 无关,故温度分布 u 只是 ρ,t 的函数,即 $u=u(\rho,t)$.于是在柱坐标下,这个定解问题可表示为

$$\frac{\partial u}{\partial t}-\alpha^{2}\frac{1}{\rho}\frac{\partial}{\partial\rho}\left(\rho\frac{\partial u}{\partial\rho}\right)=0\quad(t>0,a<\rho<b);\tag{9-2-31}$$

$$u\big|_{\rho=a}=0,\quad u\big|_{\rho=b}=0,\tag{9-2-32}$$

$$u\big|_{t=0}=f(\rho)\quad(a<\rho<b).\tag{9-2-33}$$

分离变量,设

$$u(\rho,t)=R(\rho)T(t).\tag{9-2-34}$$

代入方程(9-2-31),得到两个常微分方程

$$T'+\alpha^{2}k^{2}T=0\quad(t>0),\tag{9-2-35}$$

$$\frac{\mathrm{d}^{2}R}{\mathrm{d}\rho^{2}}+\frac{1}{\rho}\frac{\mathrm{d}R}{\mathrm{d}\rho}+k^{2}R=0\quad(a<\rho<b).\tag{9-2-36}$$

边界条件(9-2-32)转化为关于 $R(\rho)$ 的边界条件

$$R(a)=0,\quad R(b)=0.\tag{9-2-37}$$

令 $x=k\rho$,可将方程(9-2-36)化为零阶贝塞尔方程.故方程(9-2-36)的通解为

$$R(\rho)=A\mathrm{J}_{0}(k\rho)+B\mathrm{N}_{0}(k\rho).\tag{9-2-38}$$

注意,与前一个例子不同,本例所研究的区间是 $a<\rho<b$,不包含 $\rho=0$,所以不存在有界条件.把上式代入边界条件(9-2-37),得到

$$\left.\begin{aligned}A\mathrm{J}_{0}(ka)+B\mathrm{N}_{0}(ka)=0,\\A\mathrm{J}_{0}(kb)+B\mathrm{N}_{0}(kb)=0.\end{aligned}\right\}\tag{9-2-39}$$

要这个关于待定常数 A,B 的联立方程组有非零解,系数行列式必须等于零,即

$$\mathrm{J}_{0}(ka)\mathrm{N}_{0}(kb)-\mathrm{J}_{0}(kb)\mathrm{N}_{0}(ka)=0.\tag{9-2-40}$$

这个方程的根 k_n $(n=1,2,3,\cdots)$可以利用计算机数值求解.

对于每一个 k_n,由式(9-2-39)可得

$$\frac{B_{n}}{A_{n}}=-\frac{\mathrm{J}_{0}(k_{n}a)}{\mathrm{N}_{0}(k_{n}a)}=-\frac{\mathrm{J}_{0}(k_{n}b)}{\mathrm{N}_{0}(k_{n}b)},$$

相应的本征函数为

$$R_{n}(\rho)=\mathrm{J}_{0}(k_{n}\rho)-\frac{\mathrm{J}_{0}(k_{n}a)}{\mathrm{N}_{0}(k_{n}a)}\mathrm{N}_{0}(k_{n}\rho).\tag{9-2-41}$$

方程(9-2-35)在 $t\to\infty$ 时有限的解为

$$T_{n}(t)=c_{n}\mathrm{e}^{-\alpha^{2}k_{n}^{2}t},$$

因此,满足方程(9-2-31)和边界条件(9-2-32)的一般解为

$$u(\rho,t)=\sum_{n=1}^{\infty}c_{n}\left[\mathrm{J}_{0}(k_{n}\rho)-\frac{\mathrm{J}_{0}(k_{n}a)}{\mathrm{N}_{0}(k_{n}a)}\mathrm{N}_{0}(k_{n}\rho)\right]\mathrm{e}^{-\alpha^{2}k_{n}^{2}t}.\tag{9-2-42}$$

为了决定系数 c_n,把上式代入初始条件(9-2-33),有

$$\sum_{n=1}^{\infty}c_{n}\left[\mathrm{J}_{0}(k_{n}\rho)-\frac{\mathrm{J}_{0}(k_{n}a)}{\mathrm{N}_{0}(k_{n}a)}\mathrm{N}_{0}(k_{n}\rho)\right]=f(\rho).$$

本征函数 $R_n(\rho)$ 在区间 $[a,b]$ 上带权重 ρ 正交.将上式两边同乘以 $\rho R_m(\rho)$,由 a 到 b 对 ρ 积分,利用正交性得

$$c_n=\frac{1}{N_n^2}\int_a^b f(\rho)\left[\mathrm{J}_0(k_n\rho)-\frac{\mathrm{J}_0(k_na)}{\mathrm{N}_0(k_na)}\mathrm{N}_0(k_n\rho)\right]\rho\mathrm{d}\rho,$$

其中

$$\mathrm{N}_n^2=\int_a^b\left[\mathrm{J}_0(k_n\rho)-\frac{\mathrm{J}_0(k_na)}{\mathrm{N}_0(k_na)}\mathrm{N}_0(k_n\rho)\right]^2\rho\mathrm{d}\rho.$$

算出这两个积分,代入式(9-2-42)就得到柱内的温度分布.

习　题

1. 在区间(0,1)上,第一类齐次边界条件下,用零阶贝塞尔函数 $\mathrm{J}_0(\mu_n^{(0)}x)$ $(n=1,2,\cdots)$将$f(x)=1$展开为傅里叶-贝塞尔级数.其中 $\mu_n^{(0)}$ 是 $\mathrm{J}_0(x)$的第 n 个根.
2. 求第二类齐次边界条件下,含贝塞尔方程的本征值问题的本征函数,并计算其归一化因子.
3. 设有半径为 1 的薄均匀圆盘,边界上温度为 0 ℃,初始时盘内温度分布为 $1-\rho^2$,其中 ρ 是圆盘内任一点的半径,求盘内的温度分布.
4. 半径为 b 的圆形膜,边界固定,在使膜的各点产生位移 $f(\rho)$后自然松开而引起膜的横振动,求膜上各点的振动情况.
5. 有一底面半径为 b,高为 h 的圆柱体,在下底面和侧表面保持其温度为 0 ℃.已知上底面的温度分布为 $f(\rho)$,在稳恒状态下,求圆柱体内各点的温度分布.
6. 设有一环状截面圆柱体,内外半径分别为 a 和 b,内表面固定,外表面自由,求柱体作径向振动的本征频率.
7. 圆柱体半径为 R,高为 H.上底有均匀分布的强度为 q_0的热流流入,下底则有同样的热流流出,柱侧保持 0 ℃,求柱体内达到稳恒时的温度分布.

§ 9-3　球贝塞尔函数

(一) 球面波的径向传播

在 § 8-3 中研究三维球面电磁波的传播时,仅讨论了球面波的角向分布.现在来讨论径向传播问题.

球面波的径向传播由方程(8-3-4)

$$\frac{\partial}{\partial r}\left(r^2\frac{\partial F}{\partial r}\right)-\frac{r^2\partial^2 F}{c^2\partial t^2}=l(l+1)F \qquad (9-3-1)$$

决定[本征值 λ 已由角向分布的有界条件确定为 $\lambda=l(l+1)$].

分离变量,令

$$F(r,t)=R(r)T(t), \qquad (9-3-2)$$

可得到两个常微分方程

$$\frac{\mathrm{d}}{\mathrm{d}r}\left(r^2\frac{\mathrm{d}R}{\mathrm{d}r}\right)+k^2r^2R=l(l+1)R, \tag{9-3-3}$$

$$T''+c^2k^2T=0. \tag{9-3-4}$$

方程(9-3-3)与贝塞尔方程(9-1-1)有些相似,我们希望把它化为贝塞尔方程的标准形式,为此,作自变量的代换

$$x=kr, \tag{9-3-5}$$

得到方程

$$x^2R''+2xR'+[x^2-l(l+1)]R=0. \tag{9-3-6}$$

方程(9-3-6)就是§7-4 例 1 中求解过的球贝塞尔方程(7-4-11),它的通解可用半整数阶贝塞尔函数表示为

$$R(x)=x^{\frac{1}{2}}[c_1\mathrm{J}_{l+\frac{1}{2}}(x)+c_2\mathrm{J}_{l-\frac{1}{2}}(x)]. \tag{9-3-7}$$

在 $x=0$ 处有限的解是

$$R(x)=x^{\frac{1}{2}}c_1\mathrm{J}_{l+\frac{1}{2}}(x). \tag{9-3-8}$$

利用式(9-3-5)换回到原来的变量,并令 $c_1=\sqrt{\pi/2}$,得到球贝塞尔方程的有界解

$$R_{nl}(r)=\mathrm{j}_l(kr)\equiv\sqrt{\frac{\pi}{2kr}}\mathrm{J}_{l+\frac{1}{2}}(kr). \tag{9-3-9}$$

$\mathrm{j}_l(x)$称为**球贝塞尔函数**.

如§9-1 习题的第 1 题所示,半整数阶贝塞尔函数可以用三角函数表示.因此,可以写出头几个球贝塞尔函数的明显形式

$$\left.\begin{aligned}
\mathrm{j}_0(x)&=\frac{\sin x}{x},\\
\mathrm{j}_1(x)&=\frac{\sin x}{x^2}-\frac{\cos x}{x},\\
\mathrm{j}_2(x)&=\left(\frac{3}{x^3}-\frac{1}{x}\right)\sin x-\frac{3}{x^2}\cos x.
\end{aligned}\right\} \tag{9-3-10}$$

我们知道,ν 阶贝塞尔方程的另一个独立解既可以取作 $\mathrm{J}_{-\nu}(x)$,也可取为$\mathrm{N}_\nu(x)$.当 $\nu=l+\dfrac{1}{2}$为半整数时,两者仅相差一个正负号.事实上,由诺依曼函数的定义(9-1-5)得

$$\mathrm{N}_{l+\frac{1}{2}}(x)=\frac{\mathrm{J}_{l+\frac{1}{2}}(x)\cos\left(l+\frac{1}{2}\right)\pi-\mathrm{J}_{-\left(l+\frac{1}{2}\right)}(x)}{\sin\left(l+\frac{1}{2}\right)\pi}=(-1)^{l+1}\mathrm{J}_{-\left(l+\frac{1}{2}\right)}(x),$$

再利用式(9-3-5)代回到原变量,并乘上$\sqrt{\dfrac{\pi}{2kr}}$,得到方程(9-3-3)的另一个独立解

$$\mathrm{n}_l(kr)\equiv(-1)^{l+1}\sqrt{\frac{\pi}{2kr}}\mathrm{J}_{-\left(l+\frac{1}{2}\right)}(kr), \tag{9-3-11}$$

称为 l 阶**球诺依曼函数**.前几个球诺依曼函数的明显形式为

$$\left.\begin{aligned}
\mathrm{n}_0(x)&=-\frac{\cos x}{x},\\
\mathrm{n}_1(x)&=-\frac{\cos x}{x^2}-\frac{\sin x}{x},\\
\mathrm{n}_2(x)&=-\left(\frac{3}{x^3}-\frac{1}{x}\right)\cos x-\frac{3}{x^2}\sin x.
\end{aligned}\right\}\tag{9-3-12}$$

代替球贝塞尔函数和球诺依曼函数,可以取球汉克尔函数作为方程(9-3-6)的两个线性独立解.它们的定义是

$$\left.\begin{aligned}
\mathrm{h}_l^{(1)}(x)&=\mathrm{j}_l(x)+\mathrm{i}\,\mathrm{n}_l(x),\\
\mathrm{h}_l^{(2)}(x)&=\mathrm{j}_l(x)-\mathrm{i}\,\mathrm{n}_l(x).
\end{aligned}\right\}\tag{9-3-13}$$

具体写出前几个球汉克尔函数如下

$$\left.\begin{aligned}
\mathrm{h}_0^{(1)}(x)&=-\mathrm{i}\frac{\mathrm{e}^{\mathrm{i}x}}{x},\\
\mathrm{h}_1^{(1)}(x)&=\left(-\frac{\mathrm{i}}{x^2}-\frac{1}{x}\right)\mathrm{e}^{\mathrm{i}x},\\
\mathrm{h}_2^{(1)}(x)&=\left(-\frac{3\mathrm{i}}{x^3}-\frac{3}{x^2}+\frac{\mathrm{i}}{x}\right)\mathrm{e}^{\mathrm{i}x},\\
\mathrm{h}_0^{(2)}(x)&=\mathrm{i}\frac{\mathrm{e}^{-\mathrm{i}x}}{x},\\
\mathrm{h}_1^{(2)}(x)&=\left(\frac{\mathrm{i}}{x^2}-\frac{1}{x}\right)\mathrm{e}^{-\mathrm{i}x},\\
\mathrm{h}_2^{(2)}(x)&=\left(\frac{3\mathrm{i}}{x^3}-\frac{3}{x^2}-\frac{\mathrm{i}}{x}\right)\mathrm{e}^{-\mathrm{i}x}.
\end{aligned}\right\}\tag{9-3-14}$$

由于球汉克尔函数含复的指数因子,所以方程(9-3-4)的解也用指数表示为

$$T(t)=\mathrm{e}^{\mathrm{i}\omega t}\ \text{或}\ \mathrm{e}^{-\mathrm{i}\omega t},\tag{9-3-15}$$

其中 $\omega=ck$.它代表波矢量、频率、波速三者之间的关系.

在电磁波辐射问题中,通常约定取 $\mathrm{e}^{-\mathrm{i}\omega t}$作为含时间的因子,它与$\mathrm{h}_l^{(1)}(kr)$中的因子 $\mathrm{e}^{\mathrm{i}kr}$相结合给出 $\mathrm{e}^{\mathrm{i}k(r-ct)}$,这是从球心向外发射出去的波.相反,$\mathrm{h}_l^{(2)}(kr)$中的因子 $\mathrm{e}^{-\mathrm{i}kr}$与时间因子 $\mathrm{e}^{-\mathrm{i}\omega t}$结合给出 $\mathrm{e}^{-\mathrm{i}k(r+ct)}$,这代表向里传播的波.

(二)平面波用球面波展开

球面波的径向波函数 $R(r)$ 可以写成 $\mathrm{h}_l^{(1)}(kr)$ 和 $\mathrm{h}_l^{(2)}(kr)$ 的线性组合,也可以写成 $\mathrm{j}_l(kr)$和 $\mathrm{n}_l(kr)$的线性组合.注意 $\mathrm{j}_l(kr)$在 $r=0$ 收敛,而 $\mathrm{n}_l(kr)$在 $r=0$ 发散[见式(9-3-10)、式(9-3-12)].如果 $r=0$,在所讨论的区域之内,则$\mathrm{n}_l(kr)$的系数为零,只剩下 $\mathrm{j}_l(kr)$.将它和式(8-3-22)一道代入式(8-3-3),得到三维波动方程(8-3-1)的解的空间部分

$$u(r,\theta,\varphi)=\sum_{l=0}^{\infty}\sum_{m=-l}^{l}A_{lm}\mathrm{j}_l(kr)\mathrm{Y}_{lm}(\theta,\varphi).\tag{9-3-16}$$

式(9-3-16)是将方程(8-3-1)在球坐标中分离变量得到的解.同一方程也可以在笛卡儿坐标中分离变量.考虑其中一个特解——沿 z 轴正方向传播的平面波 $\mathrm{e}^{\mathrm{i}kz}=\mathrm{e}^{\mathrm{i}kr\cos\theta}$.

作为方程(8-3-1)的一个特解,它应能用球面波展开成式(9-3-16).由于它有绕 z 轴转动的对称性,不依赖于方位角 φ,因而展开式中只有 $m=0$ 的项,从而使球函数 $Y_{lm}(\theta,\varphi)$退化成勒让德多项式.因而有

$$\mathrm{e}^{\mathrm{i}kr\cos\theta}=\sum_{l=0}^{\infty}A_l\mathrm{j}_l(kr)\mathrm{P}_l(\cos\theta).$$

利用勒让德多项式的正交归一性,可以求得展开系数① $A_l=(2l+1)\mathrm{i}^l$.于是得到

$$\mathrm{e}^{\mathrm{i}kr\cos\theta}=\sum_{l=0}^{\infty}(2l+1)\mathrm{i}^l\mathrm{j}_l(kr)\mathrm{P}_l(\cos\theta).\tag{9-3-17}$$

习　　题

1. 由贝塞尔函数的递推公式(9-1-19),导出球贝塞尔函数的递推公式

$$\frac{\mathrm{j}_{l+1}(x)}{x^{l+1}}=-\frac{1}{x}\left[\frac{\mathrm{d}}{\mathrm{d}x}\frac{\mathrm{j}_l(x)}{x^l}\right].$$

2. 由贝塞尔函数、诺依曼函数、汉克尔函数的渐近表达式(9-1-14)、式(9-1-15)和式(9-1-17)出发,证明球贝塞尔函数的渐近表达式

$$\mathrm{j}_l(\rho)\sim\frac{\cos[\rho-(l+1)\pi/2]}{\rho},$$

$$\mathrm{n}_l(\rho)\sim\frac{\sin[\rho-(l+1)\pi/2]}{\rho},$$

$$\mathrm{h}_l^{(1)}(\rho)\sim\frac{1}{\rho}\exp\left\{\mathrm{i}\left[\rho-\frac{\pi}{2}(l+1)\right]\right\},$$

$$\mathrm{h}_l^{(2)}(\rho)\sim\frac{1}{\rho}\exp\left\{-\mathrm{i}\left[\rho-\frac{\pi}{2}(l+1)\right]\right\}.$$

3. 半径为 r_0 的均匀球,初始温度分布为 $f(r)$,保持球面温度为 0 ℃,求解球内各处温度变化情况.
4. 半径为 r_0 的均匀球,初始时球体的温度均匀,大小为 u_0,把球放入温度为 $u_1<u_0$ 的箱内,使球面保持温度 u_1,求球内各处温度变化情况.
5. 半径为 r_0 的均匀球,初始温度分布为 $f(r)\cos\theta$.把球外温度保持为 0 ℃而使它冷却,求解球内各处温度变化情况.

§9-4 双曲贝塞尔函数

在很多问题中会用到虚宗量的贝塞尔函数.正像虚宗量的三角函数被称为双曲函数

① 郭敦仁.数学物理方法.北京:人民教育出版社,1991:331.

一样，虚宗量的贝塞尔函数被称为**双曲贝塞尔函数**①，有时也被称为**变型贝塞尔函数**，或**修正柱函数**.

球贝塞尔函数和双曲贝塞尔函数

（一）第一类和第二类双曲贝塞尔函数

第一类和第二类双曲贝塞尔函数分别定义为

$$\mathrm{I}_m(z)=(1/\mathrm{i})^m\mathrm{J}_m(\mathrm{i}z), \tag{9-4-1}$$

$$\mathrm{K}_m(z)=\frac{1}{2}\pi\mathrm{i}^{m+1}[\mathrm{J}_m(\mathrm{i}z)+\mathrm{i}\mathrm{N}_m(\mathrm{i}z)]. \tag{9-4-2}$$

它们是在贝塞尔方程(9-1-1)中作代换 $x=\mathrm{i}z$ 得到的方程

$$z^2\frac{\mathrm{d}^2y}{\mathrm{d}z^2}+z\frac{\mathrm{d}y}{\mathrm{d}z}-(z^2+m^2)y=0 \tag{9-4-3}$$

的解.

由贝塞尔函数和诺依曼函数的渐近表达式(9-1-14)、式(9-1-15)得到 I_m 和 K_m 的渐近表达式

$$\mathrm{I}_m(z)\sim\frac{1}{\sqrt{2\pi z}}\mathrm{e}^z, \tag{9-4-4}$$

$$\mathrm{K}_m(z)\sim\sqrt{\frac{\pi}{2z}}\mathrm{e}^{-z}. \tag{9-4-5}$$

I_m 和 K_m 有多种不同的积分表达式.例如，有②

$$\mathrm{I}_m(z)=\frac{1}{\pi}\int_0^\pi \mathrm{e}^{z\cos\phi}\cos m\phi\mathrm{d}\phi, \tag{9-4-6}$$

$$\mathrm{K}_m(z)=\int_0^\infty \mathrm{e}^{-z\cosh t}\cosh mt\mathrm{d}t,\quad m\neq 0. \tag{9-4-7}$$

（二）艾里函数

在物理问题中常常会遇到线性势.例如，电子在金属表面附近运动，受到恒定的电场力，如图 9-4-1(a)所示，相应的势就是线性势.在量子力学一维问题中，将势能曲线和总能量的交点称为“经典转折点”，如图 9-4-1(b)中的 a 点和 b 点所示.在经典转折点 a 附近的小区间内，可以将势能 $U(x)$ 作泰勒展开，只保留第一项，也得到线性势 $U(x)-U(a)=F\cdot(x-a)$.

在线性势中的量子力学方程（薛定谔方程）可以简化为

$$w''-zw=0, \tag{9-4-8}$$

其中 $w=w(z)$ 是约化的波函数，撇号表示对 z 求导.方程(9-4-8)称为**艾里**(Airy)**方程**.作变换

① P.M.Morse, H. Feshbach. Methods of Theoretical Physics. 1953:1323.

② 王竹溪，郭敦仁.特殊函数概论.北京：北京大学出版社，2000:437，题 76.

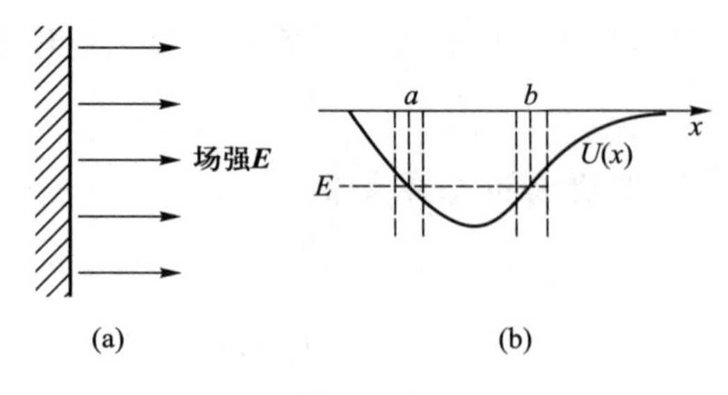

(a) (b)

图 9-4-1

$$t = z^{3/2}, \quad y(t) = \frac{1}{\sqrt{z}} w(z). \tag{9-4-9}$$

方程(9-4-8)成为

$$t^2 \frac{\mathrm{d}^2 y}{\mathrm{d}t^2} + t\frac{\mathrm{d}y}{\mathrm{d}t} - \left[\left(\frac{2t}{3}\right)^2 + \left(\frac{1}{3}\right)^2\right] = 0. \tag{9-4-10}$$

再令

$$\frac{2}{3}t = x, \tag{9-4-11}$$

方程(9-4-10)就化为 1/3 阶虚宗量贝塞尔方程(9-4-3)

$$x^2 \frac{\mathrm{d}^2 y}{\mathrm{d}x^2} + x\frac{\mathrm{d}y}{\mathrm{d}x} - \left[x^2 + \left(\frac{1}{3}\right)^2\right] = 0. \tag{9-4-12}$$

它的两个线性独立解是 $\mathrm{K}_{1/3}$和$(A\mathrm{I}_{1/3}+B\mathrm{I}_{-1/3})$.由此得到艾里方程(9-4-8)的两个线性独立解

$$\mathrm{Ai}(z) = \frac{1}{\pi}\sqrt{\frac{z}{3}}\mathrm{K}_{1/3}\left(\frac{2}{3}z^{3/2}\right), \tag{9-4-13}$$

$$\mathrm{Bi}(z) = \sqrt{\frac{z}{3}}\left[\mathrm{I}_{1/3}\left(\frac{2}{3}z^{3/2}\right) + \mathrm{I}_{-1/3}\left(\frac{2}{3}z^{3/2}\right)\right]. \tag{9-4-14}$$

它们都被称为**艾里函数**.

习 题

1. 证明 I_m和 K_m的渐近表达式(9-4-4)、式(9-4-5).

2. 证明

$$\mathrm{I}_{-m}(z) = \mathrm{I}_m(z);$$

$$\mathrm{K}_{-m}(z) = \mathrm{K}_m(z);$$

$$\mathrm{I}_1(z) = \frac{\mathrm{d}\mathrm{I}_0(z)}{\mathrm{d}z}.$$

3. 证明 I_m 的递推关系

$$I_{m-1}(z)+I_{m+1}(z)=2\frac{\mathrm{d}}{\mathrm{d}z}I_m(z);$$

$$I_{m-1}(z)-I_{m+1}(z)=\left(\frac{2m}{z}\right)I_m(z).$$

第十章
积分变换法

以上我们着重讨论了求解数学物理偏微分方程的分离变量法，它主要适用于解有限区间的定解问题.在这一章里，我们来介绍另一种重要方法——积分变换法.它主要用于解无界问题.我们将首先介绍用傅里叶变换和拉普拉斯变换解方程的方法和步骤，然后在第三节讨论小波变换.

傅里叶积分变换(1)

§10-1　傅里叶积分变换

(一) 傅里叶积分变换

根据傅里叶级数理论，一个以 $2l$ 为周期的(或者是在 $-l \leqslant t \leqslant l$ 中有定义并作了周期延拓的)函数 $f(t)$ 可展开为傅里叶级数

傅里叶积分变换(2)

$$f(t)=\frac{a_0}{2}+\sum_{k=1}^{\infty}\left(a_k\cos k\frac{\pi}{l}t+b_k\sin k\frac{\pi}{l}t\right), \tag{10-1-1}$$

其中

$$a_k=\frac{1}{l}\int_{-l}^{l}f(t)\cos k\frac{\pi}{l}t\mathrm{d}t,\quad k=0,1,\cdots, \tag{10-1-2}$$

$$b_k=\frac{1}{l}\int_{-l}^{l}f(t)\sin k\frac{\pi}{l}t\mathrm{d}t,\quad k=1,2,\cdots, \tag{10-1-3}$$

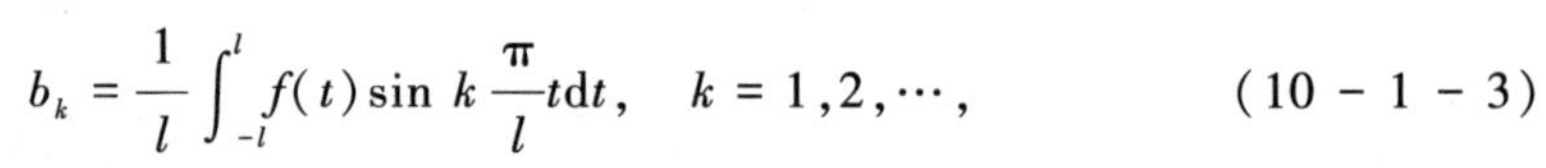

或者写成复数形式的傅里叶级数

傅里叶积分变换(3)

$$f(t)=\sum_{k=-\infty}^{\infty}c_k\mathrm{e}^{\mathrm{i}k\frac{\pi}{l}t}, \tag{10-1-4}$$

其中

$$c_k=\frac{1}{2l}\int_{-l}^{l}f(t)\mathrm{e}^{-\mathrm{i}k\frac{\pi}{l}t}\mathrm{d}t, \tag{10-1-5}$$

傅里叶积分变换(4)

且 c_k 与 a_k，b_k 之间有如下关系：

$$\left.\begin{aligned}c_0&=\frac{a_0}{2},\\c_k&=\frac{a_k-\mathrm{i}b_k}{2},\\c_{-k}&=\frac{a_k+\mathrm{i}b_k}{2}.\end{aligned}\right\}\quad(k=1,2,\cdots) \tag{10-1-6}$$

将式(10-1-5)代入式(10-1-4),并将积分变量改为 τ 以免混淆,得到

$$f(t)=\sum_{k=-\infty}^{\infty}\frac{1}{2l}\left[\int_{-l}^{l}f(\tau)\mathrm{e}^{-\mathrm{i}k\frac{\pi}{l}\tau}\mathrm{d}\tau\right]\mathrm{e}^{\mathrm{i}k\frac{\pi}{l}t}. \tag{10-1-7}$$

函数 $f(t)$ 能展成傅里叶级数(10-1-1)的条件是:在区间 $(-l,l)$ 上 $f(t)$ 除了有限个间断点外都连续;当 t 从左边和右边趋于这些间断点时,$f(t)$ 分别有有限的极限①;并且,可以将这一区间分成有限个部分,在每一部分上 $f(t)$ 单调地变化.这一条件称为**狄利克雷条件**.

在§6-1 中讨论长为 l 的有界弦的振动时,初始条件(6-1-3)中的函数 $\varphi(t)$(或 $\psi(t)$)只定义在 $(0,l)$ 上,需要将它延拓为周期函数才能展开成傅里叶级数.例如,作奇延拓.即令

$$f(t)=\begin{cases}\varphi(t) & (0<t<l),\\ -\varphi(-t) & (-l<t<0).\end{cases}$$

再以 $2l$ 为周期,将 $f(t)$ 延拓到整个实轴上,则可展开为傅里叶级数.此时,由于 $f(t)$ 是奇函数,按照式(10-1-2)、式(10-1-3)有

$$a_k=0,$$

$$b_k=\frac{2}{l}\int_0^l\varphi(t)\sin\frac{k\pi}{l}t\mathrm{d}t.$$

从而得到傅里叶正弦级数(6-1-16),即

$$\varphi(t)=\sum_{k=1}^{\infty}b_k\sin\frac{k\pi}{l}t\quad(0<t<l). \tag{10-1-8}$$

为了求解无界空间的问题,需要讨论 $l\to\infty$ 的极限情况.我们将看到,在此情况下,傅里叶级数会过渡到傅里叶积分.

作变换

$$p_k=\frac{k\pi}{l},\quad k=0,\ \pm1,\ \pm2,\cdots,$$

则每两个相邻 p_k 值之间的差为 π/l,即

$$\Delta p_k=\frac{\pi}{l},$$

代入式(10-1-7)得

$$f(t)=\sum_{k=-\infty}^{\infty}\left[\frac{1}{2\pi}\int_{-l}^{l}f(\tau)\mathrm{e}^{-\mathrm{i}p_k\tau}\mathrm{d}\tau\right]\mathrm{e}^{\mathrm{i}p_kt}\Delta p_k,$$

当 $l\to\infty$,$\Delta p_k=\frac{\pi}{l}\to0$ 时,p_k 极限过渡为连续变量 p,上述和式成为积分

$$f(t)=\frac{1}{2\pi}\int_{-\infty}^{\infty}C(p)\mathrm{e}^{\mathrm{i}pt}\mathrm{d}p, \tag{10-1-9}$$

---

① 这样的间断点称为第一类间断点.

$$C(p)=\int_{-\infty}^{\infty} f(\tau)\mathrm{e}^{-\mathrm{i}p\tau}\mathrm{d}\tau. \tag{10-1-10}$$

这就是非周期函数(或者说周期 $T\to\infty$ 的函数)$f(t)$的傅里叶积分表示.

角频率 p 常用 ω 表示,将傅里叶积分变换式(10-1-9)、式(10-1-10)写为

$$f(t)=\frac{1}{2\pi}\int_{-\infty}^{\infty} F(\omega)\mathrm{e}^{\mathrm{i}\omega t}\mathrm{d}\omega, \tag{10-1-9'}$$

$$F(\omega)=\int_{-\infty}^{\infty} f(\tau)\mathrm{e}^{-\mathrm{i}\omega\tau}\mathrm{d}\tau. \tag{10-1-10'}$$

以上只是形式地写出了变换式(10-1-9)和式(10-1-10),关于它们成立的条件有下述定理:

定理一(傅里叶积分定理)　如果$f(t)$是定义在$(-\infty,\infty)$上的实函数,它在任何有限区间上满足狄利克雷条件,而且积分 $\int_{-\infty}^{\infty}|f(t)|\mathrm{d}t$ 收敛,则积分(10-1-9)在$f(t)$的连续点等于$f(t)$,在$f(t)$的间断点等于$[f(t-0)+f(t+0)]/2$.

对于满足上述条件的$f(t)$,式(10-1-9)和式(10-1-10)成立(将$[f(t-0)+f(t+0)]/2$作为在间断点$f(t)$的值).这两个式子表明,作为t的函数$f(t)$和作为p的函数$C(p)$相互单值地决定.因此,凡是用$f(t)$描述的物理问题都可以等效地用$C(p)$来描述.由于这一原因,可以将$C(p)$说成是$f(t)$的“变换”或“像”.具体说来就是,将由$f(t)$决定$C(p)$的式(10-1-10)说成是:

$C(p)$ 是$f(t)$ 的傅里叶变换,

或者说

$C(p)$ 是$f(t)$ 的(傅里叶变换)像函数.

用符号记为

$$C(p)=F[f(t)] \quad 或 \quad f(t)\to C(p). \tag{10-1-11}$$

与此同时,将由$C(p)$决定$f(t)$的式(10-1-9)说成是:

$f(t)$ 是 $C(p)$ 的傅里叶逆变换,

或者说

$f(t)$ 是 $C(p)$ 的(傅里叶变换)原函数.

用符号记为

$$f(t)=F^{-1}[C(p)] \quad 或 \quad f(t)\leftarrow C(p). \tag{10-1-12}$$

由像函数$C(p)$求原函数$f(t)$的过程又叫作反演.也可以将式(10-1-11)和式(10-1-12)两者合起来,用双向箭头表示为

$$f(t)\longleftrightarrow C(p).$$

傅里叶积分也可改用三角函数写出.将式(10-1-10)代入式(10-1-9)得

$$f(t)=\frac{1}{2\pi}\iint_{-\infty}^{\infty} f(\tau)\mathrm{e}^{\mathrm{i}p(t-\tau)}\mathrm{d}\tau\mathrm{d}p, \tag{10-1-13}$$

利用欧拉公式得到

$$f(t)=\frac{1}{2\pi}\iint_{-\infty}^{\infty}[f(\tau)\cos p(t-\tau)+\mathrm{i}f(\tau)\sin p(t-\tau)]\mathrm{d}\tau\mathrm{d}p.$$

由于正弦函数是奇函数,上式中的第二项是 p 的奇函数,因而对 p 由 $-\infty$ 到 ∞ 的积分为零.同样,由于余弦函数是偶函数,上式中的第一项是 p 的偶函数,因而对 p 由 $-\infty$ 到 ∞ 的积分等于由 0 到 ∞ 的积分的两倍,于是得到

$$\begin{aligned}f(t)&=\int_0^{\infty}\mathrm{d}p\left[\frac{1}{\pi}\int_{-\infty}^{\infty}f(\tau)\cos p(t-\tau)\mathrm{d}\tau\right]\\&=\int_0^{\infty}\mathrm{d}p\left[\frac{1}{\pi}\int_{-\infty}^{\infty}f(\tau)(\cos pt\cos p\tau+\sin pt\sin p\tau)\mathrm{d}\tau\right],\end{aligned}$$

或写成

$$f(t)=\frac{1}{\pi}\int_0^{\infty}(A_p\cos pt+B_p\sin pt)\mathrm{d}p, \tag{10-1-14}$$

$$\left.\begin{aligned}A_p&=\int_{-\infty}^{\infty}f(\tau)\cos p\tau\mathrm{d}\tau,\\B_p&=\int_{-\infty}^{\infty}f(\tau)\sin p\tau\mathrm{d}\tau.\end{aligned}\right\} \tag{10-1-15}$$

这就是用三角函数写出的傅里叶积分展开式.和傅里叶级数的公式(10-1-1)、式(10-1-2)和式(10-1-3)比较,可见两者很相似.只不过这里的 $f(t)$ 是非周期函数,所以求和改成了积分.

如果自变量 t 代表时间,则函数 $f(t)$ 表示某一物理量随时间的变化.将 $f(t)$ 用傅里叶级数或傅里叶积分展开,就是把这一物理量的变化状态展开成不同频率 p(或 k)的简谐振动.从式(10-1-6)看到,C_k 通常是个复数,它既说明频率为 k 的简谐振动在 $f(t)$ 中所占的振幅大小,又表示它们的相位.对于不同的 k,$|C_k|$ 有不同的值,叫作函数 $f(t)$ 的**频谱**.从图 10-1-1(a)看出,周期函数 $f(t)$ 的频谱由一些分立的线组成,每两条相邻谱线之间相距 π/l.当 $l\to\infty$ 时,$\Delta l=\pi/l\to 0$,所以非周期函数的频谱是一条连续曲线,如图 10-1-1(b)所示.前一种频谱称为**分立谱**,后一种频谱称为**连续谱**.

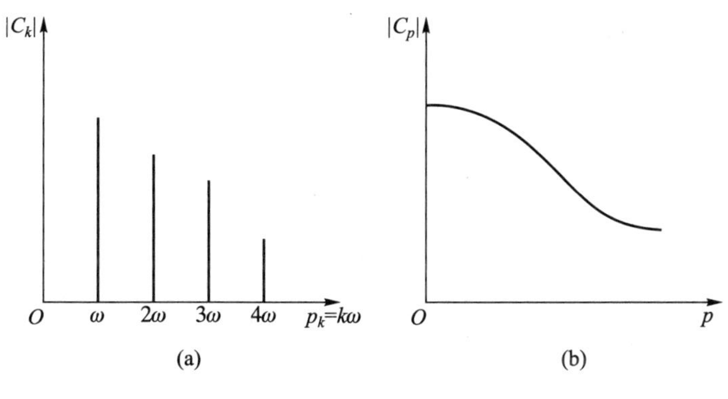

图 10-1-1

例 1 宽为 T,高为 A 的单个方形脉冲可写成

$$
f(t)=\begin{cases}0, & \text{当 } t<-\dfrac{T}{2}, \\ A, & \text{当 }-\dfrac{T}{2}<t<\dfrac{T}{2}, \\ 0, & \text{当 } t>\dfrac{T}{2}.\end{cases} \qquad (10-1-16)
$$

如图 10-1-2 所示.将它用傅里叶积分展开.

解 这一函数显然满足傅里叶积分定理的条件,因而可以用傅里叶积分展开.由于 $f(t)$ 是偶函数,$f(\tau)\sin p\tau$ 是奇函数,所以展开式(10-1-14)中的系数 $B_p=0$,于是

$$
f(t)=\frac{1}{\pi}\int_0^{\infty} A_p \cos pt\mathrm{d}p.
$$

系数 A_p 的计算式为

$$
A_p=\int_{-\infty}^{\infty} f(\tau)\cos p\tau\mathrm{d}\tau=A\int_{-\frac{T}{2}}^{\frac{T}{2}}\cos p\tau\mathrm{d}\tau=\frac{2A}{p}\sin\frac{pT}{2}.
$$

A_p 就是 $f(t)$ 的傅里叶变换,其图形见图 10-1-3,可以记作

$$
f(t)\longleftrightarrow\frac{2A}{p}\sin\frac{pT}{2}.
$$

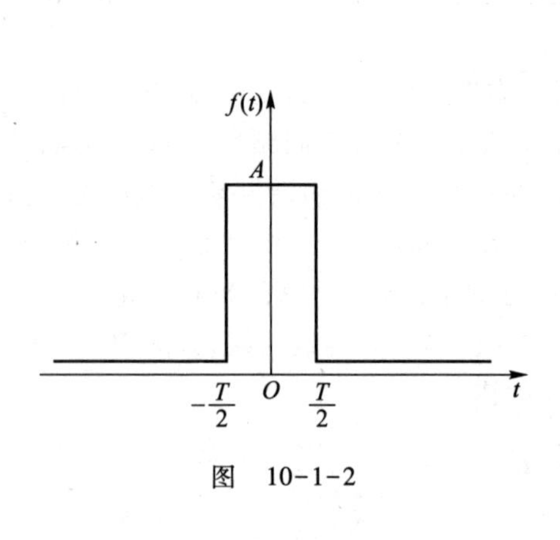

图 10-1-2

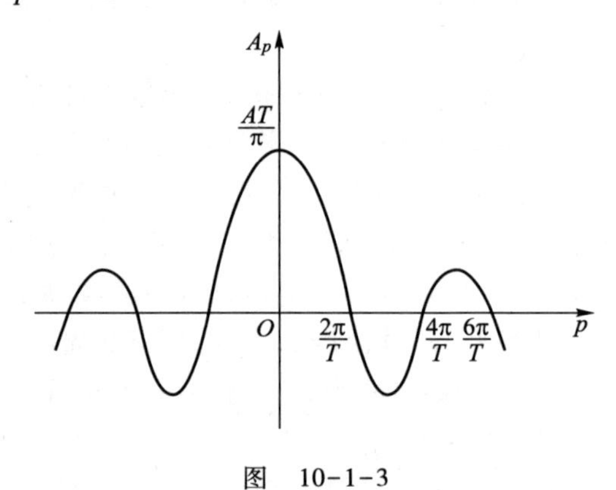

图 10-1-3

【解毕】

例 2 求函数

$$
f(t)=\mathrm{e}^{-a|t|}=\begin{cases}\mathrm{e}^{at}, & t<0, \\ \mathrm{e}^{-at}, & t>0,\end{cases}
$$

的傅里叶变换,其中 $a>0$.

解 由傅里叶变换的定义(10-1-10),有

$$
\begin{aligned}
C(p)\equiv F[f(t)]&=\int_{-\infty}^{\infty}\mathrm{e}^{-a|t|}\mathrm{e}^{-\mathrm{i}pt}\mathrm{d}t=\int_{-\infty}^{0}\mathrm{e}^{at-\mathrm{i}pt}\mathrm{d}t+\int_0^{\infty}\mathrm{e}^{-at-\mathrm{i}pt}\mathrm{d}t \\
&=\frac{1}{a-\mathrm{i}p}+\frac{1}{a+\mathrm{i}p}=\frac{2a}{a^2+p^2}.
\end{aligned}
$$

可记为

$$F[e^{-a|t|}]=\frac{2a}{a^2+p^2}$$

或

$$e^{-a|t|}\longleftrightarrow\frac{2a}{a^2+p^2}.\qquad(10-1-17)$$

注意到,傅里叶逆变换式(10-1-9)与其变换式(10-1-10)相比,除了指数上的正负号不同外,还多一个因子$\frac{1}{2\pi}$,因此,同样地可以证明

$$F^{-1}[e^{-a|p|}]=\frac{1}{2\pi}\int_{-\infty}^{\infty}e^{-a|p|+ipt}dp=\frac{1}{2\pi}\frac{2a}{a^2+t^2}.$$

或写为

$$e^{-a|p|}\longleftrightarrow\frac{1}{2\pi}\frac{2a}{a^2+t^2}.\qquad(10-1-18)$$

【解毕】

例 3 求函数$f(x)=\frac{\sqrt{\alpha}}{\pi^{1/4}}e^{-\frac{\alpha^2x^2}{2}}$ $(\alpha>0)$的像函数.

解 由式(10-1-10),并利用式(4-2-37),得到

$$C(p)=\int_{-\infty}^{\infty}\frac{\sqrt{\alpha}}{\pi^{1/4}}e^{-\frac{\alpha^2x^2}{2}}e^{-ipx}dx=\frac{\sqrt{\alpha}}{\pi^{1/4}}\int_{0}^{\infty}e^{-\frac{\alpha^2x^2}{2}}\cos px\,dx$$

$$=\pi^{1/4}\sqrt{\frac{2}{\alpha}}e^{-\frac{p^2}{2\alpha^2}},\qquad(10-1-19)$$

所以

$$\frac{\sqrt{\alpha}}{\pi^{1/4}}e^{-\frac{\alpha^2x^2}{2}}\longleftrightarrow\pi^{1/4}\sqrt{\frac{2}{\alpha}}e^{-\frac{p^2}{2\alpha^2}}.\qquad(10-1-20)$$

对于不同的 α 值,$f(x)$和 $C(p)$分别如图 10-1-4(a)和(b)所示. 【解毕】

这里的$f(x)\left(取\ \alpha=\sqrt{\frac{m\omega_0}{\hbar}}\right)$是一维空间中粒子在谐振子势场 $V(x)=\frac{m}{2}\omega_0^2x^2$ 中运动的归一化基态波函数,其中 m 是微观粒子的质量,ω_0 是振子的频率,而 $C(p)$则是它在动量空间的相应波函数,而且也是归一化的.我们看到,在坐标空间中波函数的分布范围越窄(α 较大),则相应地在动量空间中的扩展范围就越宽.这个关系在量子力学中叫作不确定关系.

值得注意的是,式(10-1-20)两边的函数具有类似的结构——都是指数函数,其指数是变量的平方带负号.这种函数称为“高斯型”(因为概率论中的高斯分布具有这种形式).因此,式(10-1-20)表明,高斯型函数的傅里叶变换仍然是高斯型函数.

(二) 傅里叶变换的基本性质

为了便于用傅里叶变换法解数理方程,需要掌握傅里叶变换的一些性质.比较式(10-

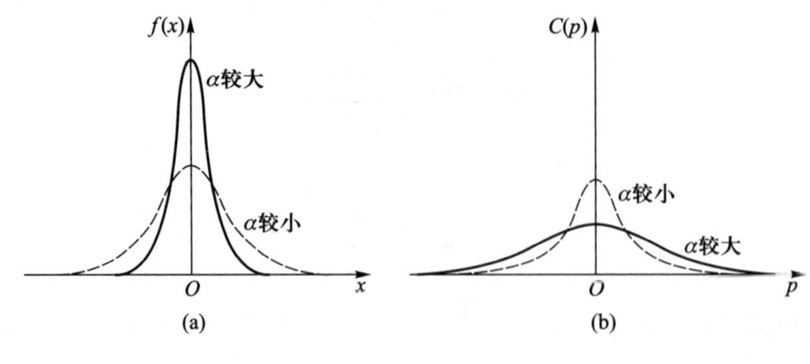

图 10-1-4

1-9)和式(10-1-10)容易看出,两者可以写成对称的形式:令 $\overline{C}=\dfrac{C}{\sqrt{2\pi}}$,就有

$$f(t)=\frac{1}{\sqrt{2\pi}}\int_{-\infty}^{\infty}\overline{C}(p)\mathrm{e}^{\mathrm{i}pt}\mathrm{d}p, \tag{10-1-21}$$

$$\overline{C}(p)=\frac{1}{\sqrt{2\pi}}\int_{-\infty}^{\infty}f(\tau)\mathrm{e}^{-\mathrm{i}p\tau}\mathrm{d}\tau \tag{10-1-22}$$

这两个式子仅仅指数的正负号不同.因此,如果傅里叶变换有某个性质,傅里叶逆变换就有类似的性质,反之亦然.以下主要叙述傅里叶变换的性质.

定理二(线性定理) 若有常数 a_1 和 a_2,且有

$$f_1(t)\longleftrightarrow C_1(p),\quad f_2(t)\longleftrightarrow C_2(p),$$

则有

$$a_1f_1(t)+a_2f_2(t)\longleftrightarrow a_1C_1(p)+a_2C_2(p). \tag{10-1-23}$$

证

$$\begin{aligned}&\int_{-\infty}^{\infty}[a_1f_1(t)+a_2f_2(t)]\mathrm{e}^{-\mathrm{i}pt}\mathrm{d}t\\&=a_1\int_{-\infty}^{\infty}f_1(t)\mathrm{e}^{-\mathrm{i}pt}\mathrm{d}t+a_2\int_{-\infty}^{\infty}f_2(t)\mathrm{e}^{-\mathrm{i}pt}\mathrm{d}t\\&=a_1C_1(p)+a_2C_2(p).\end{aligned}$$

【证毕】

定理三(位移定理) 若有 $f(t)\longleftrightarrow C(p)$,则有

$$f(t+\tau)\longleftrightarrow \mathrm{e}^{\mathrm{i}p\tau}C(p). \tag{10-1-24}$$

证 设 $x=t+\tau$,则 $t=x-\tau$, $\mathrm{d}t=\mathrm{d}x$,有

$$\begin{aligned}\int_{-\infty}^{\infty}f(t+\tau)\mathrm{e}^{-\mathrm{i}pt}\mathrm{d}t&=\int_{-\infty}^{\infty}f(x)\mathrm{e}^{-\mathrm{i}p(x-\tau)}\mathrm{d}x=\mathrm{e}^{\mathrm{i}p\tau}\int_{-\infty}^{\infty}f(x)\mathrm{e}^{-\mathrm{i}px}\mathrm{d}x\\&=\mathrm{e}^{\mathrm{i}p\tau}C(p).\end{aligned}$$

【证毕】

因为 $C(p)$一般是复数,可以写成

$$C(p)=|C(p)|e^{i\varphi(p)},$$

代入式(10-1-24)得

$$f(t+\tau)\longleftrightarrow e^{i[p\tau+\varphi(p)]}|C(p)|.$$

所以关系式(10-1-24)从物理上可以理解为$f(t)$的位移引起频谱的相位改变.

类似地,对于像函数的位移有(见习题 4)

$$C(p+p_0)\longleftrightarrow e^{-ip_0t}f(t).\qquad(10-1-25)$$

定理四(横坐标缩放定理)　若有$f(t)\longleftrightarrow C(p)$,则

$$f(at)\longleftrightarrow\frac{1}{|a|}C\left(\frac{p}{a}\right),\qquad(10-1-26)$$

$$\frac{1}{|a|}f\left(\frac{t}{a}\right)\longleftrightarrow C(ap),\qquad(10-1-27)$$

其中 a 为实常数.

证　设 $x=at$,当 $a>0$ 时,若 $t\to\infty$,则 $x\to\infty$,故有

$$\int_{-\infty}^{\infty}f(at)e^{-ipt}dt=\frac{1}{a}\int_{-\infty}^{\infty}f(x)e^{-i\frac{p}{a}x}dx=\frac{1}{a}C\left(\frac{p}{a}\right).$$

当 $a<0$ 时,若 $t\to\infty$,则 $x\to-\infty$,上式以 x 代入后,积分限变为∞到$-\infty$,要将它恢复到原有的积分限,则前面应加一负号,将这一负号吸收到 a 内得$|a|$,这就证明了式(10-1-26).

【证毕】

用同样的方法可以证明(10-1-27).

定理五(微商定理)　若有$f(t)\longleftrightarrow C(p)$,且当$|t|\to\infty$时,$f(t)\to0$,则有

$$f'(t)\longleftrightarrow ipC(p),\qquad(10-1-28)$$

$$f^{(n)}(t)\longleftrightarrow(ip)^nC(p).\qquad(10-1-29)$$

证

$$\int_{-\infty}^{\infty}f'(t)e^{-ipt}dt=f(t)e^{-ipt}\Big|_{-\infty}^{\infty}+ip\int_{-\infty}^{\infty}f(t)e^{-ipt}dt$$

$$=ip\int_{-\infty}^{\infty}f(t)e^{-ipt}dt=ipC(p).$$

仿此可证明式(10-1-29).　【证毕】

类似地,可以证明像函数微商定理:

$$\frac{d^n}{dp^n}C(p)\longleftrightarrow(-it)^nf(t).$$

定理六（积分定理）　如果 $f(t)$ 在 $(-\infty,\infty)$ 上连续，且 $|t|\to\infty$ 时，$\int_{-\infty}^{t} f(\tau)\mathrm{d}\tau \to 0$，若有 $f(t)\longleftrightarrow C(p)$，则有

$$\int_{-\infty}^{t} f(\tau)\mathrm{d}\tau \longleftrightarrow \frac{1}{\mathrm{i}p}C(p). \tag{10-1-30}$$

证　令 $g(t)=\int_{-\infty}^{t} f(\tau)\mathrm{d}\tau$，则 $g'(t)=f(t)$. 于是

$$F[f(t)]=F[g'(t)]=\mathrm{i}pF[g(t)]=\mathrm{i}pF\left[\int_{-\infty}^{t} f(\tau)\mathrm{d}\tau\right].$$

这就证明了式(10-1-30).　　【证毕】

定理七（卷积定理）　若 $f_1(t)\longleftrightarrow C_1(p)$，$f_2(t)\longleftrightarrow C_2(p)$，则有

$$f_1(t)*f_2(t)\longleftrightarrow C_1(p)C_2(p). \tag{10-1-31}$$

这里符号 $f_1(t)*f_2(t)$ 表示积分

$$f_1(t)*f_2(t)\equiv\int_{-\infty}^{\infty} f_1(t-\tau)f_2(\tau)\mathrm{d}\tau, \tag{10-1-32}$$

它称为函数 f_1 和 f_2 的卷积.

证

$$\frac{1}{2\pi}\int_{-\infty}^{\infty} C_1(p)C_2(p)\mathrm{e}^{\mathrm{i}pt}\mathrm{d}p=\frac{1}{2\pi}\int_{-\infty}^{\infty} C_1(p)\left[\int_{-\infty}^{\infty} f_2(\tau)\mathrm{e}^{-\mathrm{i}p\tau}\mathrm{d}\tau\right]\mathrm{e}^{\mathrm{i}pt}\mathrm{d}p.$$

交换积分次序得

$$\begin{aligned}&\frac{1}{2\pi}\int_{-\infty}^{\infty} C_1(p)C_2(p)\mathrm{e}^{\mathrm{i}pt}\mathrm{d}p\\&=\frac{1}{2\pi}\int_{-\infty}^{\infty} f_2(\tau)\int_{-\infty}^{\infty}[C_1(p)\mathrm{e}^{-\mathrm{i}p\tau}\mathrm{e}^{\mathrm{i}pt}\mathrm{d}p]\mathrm{d}\tau\\&=\int_{-\infty}^{\infty} f_2(\tau)f_1(t-\tau)\mathrm{d}\tau,\end{aligned}$$

这就证明了式(10-1-31).它表明，两个原函数卷积的像等于相应的两个像函数的乘积.

【证毕】

如果在证明开始时把 $C_1(p)$ 表示为积分形式，同理可得

$$\frac{1}{2\pi}\int_{-\infty}^{\infty} C_1(p)C_2(p)\mathrm{e}^{\mathrm{i}pt}\mathrm{d}p=\int_{-\infty}^{\infty} f_1(\tau)f_2(t-\tau)\mathrm{d}\tau. \tag{10-1-33}$$

这说明两个函数的卷积对于这两个函数是对称的，表示为

$$f_1(t)*f_2(t)=f_2(t)*f_1(t). \tag{10-1-34}$$

类似地，可以证明，两个原函数乘积的像等于相应的两个像函数的卷积的 $\frac{1}{2\pi}$，即

$$f_1(t)\cdot f_2(t)\longleftrightarrow\frac{1}{2\pi}C_1(p)*C_2(p). \tag{10-1-35}$$

(三) 用傅里叶变换解偏微分方程

现在举例说明,怎样应用傅里叶变换来解数理方程.

例 4 求解一维无界弦的横振动问题

$$\frac{\partial^2 u}{\partial t^2} - a^2 \frac{\partial^2 u}{\partial x^2} = 0 \quad (-\infty < x < \infty), \tag{10-1-36}$$

$$u\big|_{t=0} = \varphi(x), \quad u_t\big|_{t=0} = \psi(x). \tag{10-1-37}$$

解 因为$-\infty<x<\infty$,故对变量 x 作傅里叶变换,其像函数用 $U(\omega,t)$表示

$$U(\omega,t) = \int_{-\infty}^{\infty} u(x,t)\mathrm{e}^{-\mathrm{i}\omega x}\mathrm{d}x. \tag{10-1-38}$$

求解的步骤是:首先将原函数 $u(x,t)$所满足的方程(10-1-36)和初始条件(10-1-37)化为像函数 $U(\omega,t)$的方程和条件,由此解得 $U(\omega,t)$,然后再进行傅里叶逆变换,即得 $u(x,t)$.

对方程(10-1-36)作傅里叶变换,并利用微分定理(10-1-29),得到

$$\frac{\mathrm{d}^2 U(\omega,t)}{\mathrm{d}t^2} + a^2\omega^2 U(\omega,t) = 0 \tag{10-1-39}$$

再对初始条件(10-1-37)作傅里叶变换

$$U(\omega,0) = \Phi(\omega) = \int_{-\infty}^{\infty} \varphi(x)\mathrm{e}^{-\mathrm{i}\omega x}\mathrm{d}x, \tag{10-1-40}$$

$$U_t(\omega,0) = \Psi(\omega) = \int_{-\infty}^{\infty} \psi(x)\mathrm{e}^{-\mathrm{i}\omega x}\mathrm{d}x. \tag{10-1-41}$$

这样一来,就把偏微分方程的初值问题转换为常微分方程的初值问题.

常微分方程(10-1-39)的通解为

$$U(\omega,t) = c_1\mathrm{e}^{\mathrm{i}a\omega t} + c_2\mathrm{e}^{-\mathrm{i}a\omega t}, \tag{10-1-42}$$

代入初始条件(10-1-40)、(10-1-41)就有

$$U(\omega,0) = c_1 + c_2 = \Phi(\omega),$$

$$U_t(\omega,0) = \mathrm{i}a\omega(c_1 - c_2) = \Psi(\omega).$$

解出 c_1, c_2,并代入式(10-1-42),得到

$$U(\omega,t) = \frac{1}{2}\left[\Phi(\omega) + \frac{1}{\mathrm{i}a\omega}\Psi(\omega)\right]\mathrm{e}^{\mathrm{i}a\omega t} + \frac{1}{2}\left[\Phi(\omega) - \frac{1}{\mathrm{i}a\omega}\Psi(\omega)\right]\mathrm{e}^{-\mathrm{i}a\omega t}. \tag{10-1-43}$$

最后,由像函数求原函数

$$\begin{aligned} u(x,t) &= \frac{1}{2\pi}\int_{-\infty}^{\infty} U(\omega,t)\mathrm{e}^{\mathrm{i}\omega x}\mathrm{d}\omega \\ &= \frac{1}{4\pi}\int_{-\infty}^{\infty} \Phi(\omega)\mathrm{e}^{\mathrm{i}\omega(x+at)}\mathrm{d}\omega + \frac{1}{4\pi a}\int_{-\infty}^{\infty} \frac{1}{\mathrm{i}\omega}\Psi(\omega)\mathrm{e}^{\mathrm{i}\omega(x+at)}\mathrm{d}\omega \end{aligned}$$

$$+\frac{1}{4\pi}\int_{-\infty}^{\infty}\Phi(\omega)\mathrm{e}^{\mathrm{i}\omega(x-at)}\mathrm{d}\omega-\frac{1}{4\pi a}\int_{-\infty}^{\infty}\frac{1}{\mathrm{i}\omega}\Psi(\omega)\mathrm{e}^{\mathrm{i}\omega(x-at)}\mathrm{d}\omega. \tag{10-1-44}$$

根据位移定理(10-1-24),上式第一项和第三项分别为

$$\frac{1}{2}\varphi(x+at) \quad 和 \quad \frac{1}{2}\varphi(x-at).$$

再根据积分定理(10-1-30),有

$$\frac{1}{\mathrm{i}\omega}\Psi(\omega)\longleftrightarrow\int_{-\infty}^{t}\psi(\tau')\mathrm{d}\tau'$$

可知,式(10-1-44)中第二项和第四项分别为

$$\frac{1}{2a}\int_{-\infty}^{x+at}\psi(x')\mathrm{d}x' \quad 和 \quad \frac{1}{2a}\int_{-\infty}^{x-at}\psi(x')\mathrm{d}x'.$$

于是得到所求的解

$$u(x,t)=\frac{1}{2}[\varphi(x-at)+\varphi(x+at)]+\frac{1}{2a}\int_{x-at}^{x+at}\psi(x')\mathrm{d}x'. \tag{10-1-45}$$

这就是达朗贝尔公式(5-4-13). 【解毕】

从这个例子可以看出,用傅里叶变换法解数理方程的步骤是:

(1) 选择进行积分变换的适当变量;

(2) 对方程与定解条件取傅里叶变换,导出像函数所满足的方程与条件,达到化偏微分方程为常微分方程的目的(每作一次变换减少一个自变量,引进一个参量);

(3) 解出像函数;

(4) 进行反演,由像函数求出原函数,即得所求问题的解.

例 5 求无界杆的热传导问题

$$u_t-a^2u_{xx}=f(x,t),\quad -\infty<x<\infty,t>0; \tag{10-1-46}$$

$$u(x,0)=\varphi(x). \tag{10-1-47}$$

解 将方程和初始条件关于 x 进行傅里叶变换,利用微商定理得

$$\frac{\mathrm{d}U(p,t)}{\mathrm{d}t}+a^2p^2U(p,t)=C(p,t), \tag{10-1-48}$$

$$U(p,0)=\Phi(p). \tag{10-1-49}$$

这是以 p 为参数的一阶常微分方程的初值问题,可用常数变易法求解.下面简单地用凑全微分的办法,用 $\mathrm{e}^{(ap)^2t}$乘方程(10-1-48)两边,有

$$\mathrm{e}^{a^2p^2t}\frac{\mathrm{d}U(p,t)}{\mathrm{d}t}+a^2p^2\mathrm{e}^{a^2p^2t}U(p,t)=\frac{\mathrm{d}}{\mathrm{d}t}[\mathrm{e}^{a^2p^2t}U(p,t)]=\mathrm{e}^{a^2p^2t}C(p,t),$$

对 t 积分,并计及初始条件(10-1-49),得

$$U(p,t)=\Phi(p)\mathrm{e}^{-a^2p^2t}+\int_0^t C(p,t)\mathrm{e}^{-a^2p^2(t-\tau)}\mathrm{d}\tau.$$

为了求原函数 $u(x,t)$，对上式进行傅里叶逆变换

$$u(x,t)=F^{-1}[\Phi(p)\mathrm{e}^{-a^2p^2t}]+F^{-1}\left[\int_0^t C(p,\tau)\mathrm{e}^{-a^2p^2(t-\tau)}\mathrm{d}\tau\right],\qquad(10-1-50)$$

按照卷积定理式(10-1-31)可知，式(10-1-50)右边第一项为

$$F^{-1}[\Phi(p)\mathrm{e}^{-a^2p^2t}]=\varphi(t)*F^{-1}[\mathrm{e}^{-a^2p^2t}]$$

再利用式(10-1-20)，有

$$F^{-1}[\Phi(p)\mathrm{e}^{-a^2p^2t}]=\frac{1}{2a\sqrt{\pi t}}\int_{-\infty}^{\infty}\varphi(\xi)\mathrm{e}^{-\frac{(x-\xi)^2}{4a^2t}}\mathrm{d}\xi$$

类似地，式(10-1-50)右边第二项为

$$F^{-1}\left[\int_0^t C(p,\tau)\mathrm{e}^{-a^2p^2(t-\tau)}\mathrm{d}\tau\right]=\int_0^t F^{-1}[C(p,\tau)\mathrm{e}^{-a^2p^2(t-\tau)}]\mathrm{d}\tau$$

$$=\frac{1}{2a\sqrt{\pi}}\int_0^t\int_{-\infty}^{\infty}\frac{f(\xi,\tau)}{\sqrt{(t-\tau)}}\mathrm{e}^{-\frac{(x-\xi)^2}{4a^2(t-\tau)}}\mathrm{d}\xi\mathrm{d}\tau.$$

代入式(10-1-50)，便得定解问题(10-1-46)、(10-1-47)的解为

$$u(x,t)=\frac{1}{2a\sqrt{\pi t}}\int_{-\infty}^{\infty}\varphi(\xi)\mathrm{e}^{-\frac{(x-\xi)^2}{4a^2t}}\mathrm{d}\xi$$

$$+\frac{1}{2a\sqrt{\pi}}\int_0^t\int_{-\infty}^{\infty}\frac{f(\xi,\tau)}{\sqrt{t-\tau}}\mathrm{e}^{-\frac{(x-\xi)^2}{4a^2(t-\tau)}}\mathrm{d}\xi\mathrm{d}\tau.\qquad(10-1-51)$$

【解毕】

由本例看出，用傅里叶变换求解微分方程时，重要的一步是由像函数求原函数，它可以由傅里叶变换的定义式或傅里叶变换的性质求得，但更方便的是直接查阅傅里叶变换表(见表10-1-1).[采用式(10-1-9′)、式(10-1-10′)中的符号.]

例6　利用傅里叶变换，求概率分布函数.

由统计物理学可知，在液体中运动的布朗粒子的速度概率分布函数 $P(x,t)$ 遵从福克尔-普朗克方程

$$\frac{\partial}{\partial t}P(x,t)=\gamma\frac{\partial}{\partial x}[xP(x,t)]+\frac{D}{2}\frac{\partial^2}{\partial x^2}P(x,t).\qquad(10-1-52)$$

其中 γ,D 为常量，分别表示耗散系数和涨落强度的度量.求满足初始条件为高斯型分布 $P(x,t_0)=\mathrm{e}^{-\alpha(x-x_0)^2}(\alpha>0)$ 的速度概率分布函数 $P(x,t)$.

解　将方程(10-1-52)中的 $P(x,t)$，$\gamma\dfrac{\partial}{\partial x}[xP(x,t)]$ 分别作关于变量 x 的傅里叶变换，有

$$\tilde{P}(k,t)=\int_{-\infty}^{\infty}P(x,t)\mathrm{e}^{-\mathrm{i}kx}\mathrm{d}x,\qquad(10-1-53)$$

$$\int_{-\infty}^{\infty}\gamma\frac{\partial}{\partial x}[xP(x,t)]\mathrm{e}^{-\mathrm{i}kx}\mathrm{d}x=\gamma\int_{-\infty}^{\infty}\mathrm{e}^{-\mathrm{i}kx}\mathrm{d}[xP(x,t)]$$

$$=\gamma\left\{\mathrm{e}^{-\mathrm{i}kx}[xP(x,t)]\Big|_{-\infty}^{\infty}+\mathrm{i}k\int xP(x,t)\mathrm{e}^{-\mathrm{i}kx}\mathrm{d}x\right\}.$$

考虑到 $P(x,t)$ 在稳态时为高斯型函数,则 $[xP(x,t)]\Big|_{-\infty}^{\infty}=0$. 因此,得到

$$\begin{aligned}\int_{-\infty}^{\infty}\gamma\frac{\partial}{\partial x}[xP(x,t)]\mathrm{e}^{-\mathrm{i}kx}\mathrm{d}x&=\mathrm{i}k\gamma\int_{-\infty}^{\infty}xP(x,t)\mathrm{e}^{-\mathrm{i}kx}\mathrm{d}x\\&=\mathrm{i}k\gamma\int_{-\infty}^{\infty}\left(-\frac{1}{\mathrm{i}k}\right)\frac{\partial}{\partial k}(\mathrm{e}^{-\mathrm{i}kx})P(x,t)\mathrm{d}x\\&=-\gamma k\frac{\partial}{\partial k}\int_{-\infty}^{\infty}P(x,t)\mathrm{e}^{-\mathrm{i}kx}\mathrm{d}x\\&=-\gamma k\frac{\partial}{\partial k}\tilde{P}(k,t).\end{aligned}$$

对式(10-1-52)中的 $\frac{D}{2}\frac{\partial^2}{\partial x^2}P(x,t)$ 作关于变量 x 的傅里叶变换,利用微商定理得

$$\int_{-\infty}^{\infty}\frac{D}{2}\left[\frac{\partial^2}{\partial x^2}P(x,t)\right]\mathrm{e}^{-\mathrm{i}kx}\mathrm{d}x=-\frac{D}{2}k^2\tilde{P}(k,t).$$

由此,得到像函数 $\tilde{P}(k,t)$ 满足的方程

$$\frac{\partial\tilde{P}(k,t)}{\partial t}+\gamma k\frac{\partial\tilde{P}(k,t)}{\partial k}=-\frac{D}{2}k^2\tilde{P}(k,t).\tag{10-1-54}$$

再利用一阶偏微分方程(5-4-32)的求解方法求解上式.上式对应的特征方程由式(5-4-36)可表示为

$$\frac{\mathrm{d}t}{1}=\frac{\mathrm{d}k}{\gamma k}=\frac{\mathrm{d}\tilde{P}}{-\frac{D}{2}k^2\tilde{P}}.\tag{10-1-55}$$

对上式的第一个等式进行积分,得到参量平面 (k,t) 上的一条特征线,即由

$$\frac{\mathrm{d}t}{1}=\frac{\mathrm{d}k}{\gamma k}$$

积分后,有

$$\gamma t=\ln k-\ln A\quad(A\text{ 为常数}),$$

即

$$k=A\exp[\gamma(t-t_0)].$$

于是有

$$A=k\exp[-\gamma(t-t_0)].\tag{10-1-56}$$

现在对式(10-1-55)的第二个等式进行积分,即求解方程

$$\frac{\mathrm{d}k}{\gamma k}=\frac{\mathrm{d}\tilde{P}}{-\frac{D}{2}k^2\tilde{P}}.$$

对上式积分,得到

$$\ln \tilde{P} - \ln B = -\frac{D}{4\gamma}k^2,$$

则

$$\tilde{P} = B\exp\left[-\frac{Dk^2}{4\gamma}\right]. \qquad (10-1-57)$$

其中参量 B 沿不同特征曲线应有不同值,所以它应是 A 的隐函数,因而也是 k 和 t 的函数[见式(10-1-56)].这样,有

$$\tilde{P}(k,t) = B\{k\exp[-\gamma(t-t_0)]\}\exp[-Dk^2/(4\gamma)]. \qquad (10-1-58)$$

设关于 P 的初始条件为

$$P(x,t_0) = e^{-\alpha(x-x_0)^2} \quad (\alpha > 0).$$

则由式(10-1-53)有

$$\begin{aligned}\tilde{P}(k,t_0) &= \int_{-\infty}^{\infty} P(x,t_0)e^{-ikx}dx \\ &= \int_{-\infty}^{\infty} e^{-\alpha(x-x_0)^2}e^{-ikx}dx \\ &= e^{-ikx_0}\int_{-\infty}^{\infty} e^{-\alpha y^2-iky}dy \quad (y = x - x_0).\end{aligned}$$

利用式(4-2-37),上式成为

$$\tilde{P}(k,t_0) = \sqrt{\frac{\pi}{\alpha}}e^{-ikx_0}e^{-\frac{k^2}{4\alpha}}. \qquad (10-1-59)$$

另一方面,由式(10-1-58)得到

$$\tilde{P}(k,t_0) = B(k)\exp[-Dk^2/(4\gamma)].$$

因此,由式(10-1-59)可得到 B 与 k 的关系式

$$B(k) = \sqrt{\frac{\pi}{\alpha}}\exp\left[\left(\frac{D}{4\gamma} - \frac{1}{4\alpha}\right)k^2 - ikx_0\right] = \sqrt{\frac{\pi}{\alpha}}\exp\left(\frac{C}{4\gamma}k^2 - ikx_0\right). \qquad (10-1-60)$$

其中 $C=\left(1-\dfrac{\gamma}{D\alpha}\right)D$.

将上式代入到式(10-1-58),得到 $\tilde{P}(k,t)$ 的表达式

$$\tilde{P}(k,t) = \sqrt{\frac{\pi}{\alpha}}\exp\left\{-\frac{D}{4\gamma}k^2\left[1 - \frac{C}{D}e^{-2\gamma(t-t_0)}\right] - ikx_0e^{-\gamma(t-t_0)}\right\}. \qquad (10-1-61)$$

再将式(10-1-61)代入傅里叶逆变换

$$P(x,t) = \frac{1}{2\pi}\int_{-\infty}^{\infty}\tilde{P}(k,t)e^{-ikx}dk.$$

从而得到概率分布函数

$$P(x,t)=\frac{1}{2\pi}\int_{-\infty}^{\infty}\sqrt{\frac{\pi}{\alpha}}\exp\left\{-\frac{D}{4\gamma}k^2\left[1-\frac{C}{D}\mathrm{e}^{-2\gamma(t-t_0)}\right]+\mathrm{i}k[x-x_0\mathrm{e}^{-\gamma(t-t_0)}]\right\}\mathrm{d}k. \tag{10-1-62}$$

令

$$a=\frac{D}{4\gamma}\left[1-\frac{C}{D}\mathrm{e}^{-2\gamma(t-t_0)}\right],b=x-x_0\mathrm{e}^{-\gamma(t-t_0)},$$

并再利用式(4-2-37),有

$$\begin{aligned}P(x,t)&=\frac{1}{2\pi}\sqrt{\frac{\pi}{\alpha}}\int_{-\infty}^{\infty}\mathrm{e}^{-ak^2+\mathrm{i}bk}\mathrm{d}k=\frac{1}{2\pi}\sqrt{\frac{\pi}{\alpha}}\sqrt{\frac{\pi}{a}}\mathrm{e}^{-\frac{b^2}{4a}}\\&=\sqrt{\frac{\gamma}{\alpha[D-C\mathrm{e}^{-2\gamma(t-t_0)}]}}\exp\left\{-\frac{\gamma[x-x_0\mathrm{e}^{-\gamma(t-t_0)}]^2}{D\left[1-\frac{C}{D}\mathrm{e}^{-2\gamma(t-t_0)}\right]}\right\}.\end{aligned} \tag{10-1-63}$$

当 $t\to\infty$时,式(10-1-63)可简化为

$$P(x,t)=\sqrt{\frac{\gamma}{\alpha D}}\mathrm{e}^{-\frac{\gamma}{D}x^2}. \tag{10-1-64}$$

式(10-1-64)表明,当 $t\to\infty$时,概率分布函数处于稳态分布,此时布朗粒子与库达到了热平衡状态(前面在对方程作傅里叶变换时提到的高斯型函数正是式(10-1-64)中右边的函数).

【解毕】

表 10-1-1 傅里叶变换表

$f(t)$(满足狄利克雷条件)	$F(\omega)=\int_{-\infty}^{\infty}f(t)\mathrm{e}^{-\mathrm{i}\omega t}\mathrm{d}t$
$\frac{1}{\lvert t\rvert}$	$\frac{\sqrt{2\pi}}{\omega}$
$\lvert t\rvert^{-s}$ $(0<\mathrm{Re}\,s<1)$	$\frac{2}{\lvert\omega\rvert^{1-s}}\Gamma(1-s)\sin\frac{\pi}{2}s$
$\frac{1}{a^2+t^2}$ $(a>0)$	$\frac{\pi}{a}\mathrm{e}^{-a\lvert\omega\rvert}$
$\mathrm{e}^{-a\lvert t\rvert}$ $(a>0)$	$\frac{2a}{a^2+\omega^2}$
$\mathrm{e}^{-(t^2/4a^2)}$ $(a>0)$	$2a\sqrt{\pi}\mathrm{e}^{-a^2\omega^2}$
$\begin{cases}\mathrm{e}^{\mathrm{i}\Omega t} & (a<t<b)\\0 & (t<a\text{ 或 }t>b)\end{cases}$	$\frac{\mathrm{i}}{\Omega-\omega}\left[\mathrm{e}^{\mathrm{i}a(\Omega-\omega)}-\mathrm{e}^{\mathrm{i}b(\Omega-\omega)}\right]$
$\begin{cases}\mathrm{e}^{-at+\mathrm{i}\Omega t} & (t>0)\\0 & (t<0)\end{cases}$	$\frac{\mathrm{i}}{\Omega-\omega+\mathrm{i}a}$
$\sin at^2$ $(a>0)$	$\sqrt{\frac{\pi}{a}}\sin\left(\frac{\pi}{4}-\frac{\omega^2}{4a}\right)$

续表

$f(t)$（满足狄利克雷条件）	$F(\omega)=\int_{-\infty}^{\infty}f(t)\mathrm{e}^{-\mathrm{i}\omega t}\mathrm{d}t$
$\cos at^2\quad(a>0)$	$\sqrt{\frac{\pi}{a}}\cos\left(\frac{\omega^2}{4a}-\frac{\pi}{4}\right)$
$\frac{\sinh at}{\sinh \pi t}\quad(-\pi<a<\pi)$	$\frac{\sin a}{\cosh\omega+\cos a}$
$\frac{\cosh at}{\cosh \pi t}\quad(-\pi<a<\pi)$	$\frac{2\cos\frac{a}{2}\cosh\frac{\omega}{2}}{\cosh\omega-\cos a}$
$\begin{cases}(a^2-t^2)^{-\frac{1}{2}} & (\lvert t\rvert<a)\\ 0 & (\lvert t\rvert>a)\end{cases}$	$\pi\mathrm{J}_0(a\omega)$
$\frac{\sin[b(a^2+t^2)^{1/2}]}{(a^2+t^2)^{1/2}}\quad(a,b>0)$	$\begin{cases}0 & (\lvert\omega\rvert>b)\\ \pi\mathrm{J}_0(a\sqrt{b^2-\omega^2}) & (\lvert\omega\rvert<b)\end{cases}$
$\delta(t)$	1
e^{at}	$2\pi\delta(\omega+\mathrm{i}a)$
$\sin at$	$\mathrm{i}\pi[\delta(\omega+a)-\delta(\omega-a)]$
$\cos at$	$\pi[\delta(\omega+a)+\delta(\omega-a)]$

习　　题

1. 有限波列

$$f(t)=\begin{cases}\cos 2\pi\nu_0 t, & 当\ -T<t<T,\\ 0, & 当\ t<-T,t>T.\end{cases}$$

试将它用傅里叶积分展开.

2. 半边指数函数为

$$f(t)=\begin{cases}\mathrm{e}^{-\alpha t}, & t>0,\\ 0, & t<0.\end{cases}$$

试将它用傅里叶积分展开.

3. 阻尼正弦波

$$f(t)=\begin{cases}\mathrm{e}^{-\alpha t}\sin 2\pi\nu_0 t, & t>0,\\ 0, & t<0.\end{cases}$$

试将它用傅里叶积分展开.

4. 证明像函数 $C(p)$ 的位移定理，若有 $f(t)\longleftrightarrow C(p)$，则有

$$\mathrm{e}^{-\mathrm{i}p_0 t}f(t)\longleftrightarrow C(p+p_0)\ .$$

5. 证明乘积定理(10-1-35).

6. 试运用傅里叶积分变换求解如下积分方程

$$\int_{-\infty}^{\infty}\frac{y(t)\,\mathrm{d}t}{(x-t)^2+a^2}=\frac{1}{x^2+b^2}\quad(0<a<b).$$

7. 用傅里叶变换求解下列定解问题：

$$\frac{\partial^2 u}{\partial x^2}+\frac{\partial^2 u}{\partial y^2}=0,\qquad -\infty<x<\infty, y>0;$$

$$u\big|_{y=0}=\varphi(x),$$

$$u\big|_{x\to\pm\infty}=0,$$

$$u\big|_{y\to\infty}=0.$$

§10-2 拉普拉斯变换

拉普拉斯变换(1)

用傅里叶变换法解决某些实际问题时会遇到困难.例如,在半无界杆的热传导问题中,两个自变量 x,t 的变化范围都是 $(0,\infty)$,不便于用傅里叶变换.另外,把函数 $u(x,t)$ 对变量 x 作傅里叶变换时,我们要求积分 $\int_{-\infty}^{\infty}|u(x,t)|\mathrm{d}x$ 收敛,但对相当多的函数,如多项式、三角函数等,这个条件并不满足.因此,需要引入拉普拉斯变换.

拉普拉斯变换(2)

（一）拉普拉斯变换的定义

设 $f(t)$ 在 $t\geqslant 0$ 有定义,扩展自变量的范围,引进函数

$$f_1(t)=\begin{cases}\mathrm{e}^{-\sigma t}f(t), & t\geqslant 0,\\ 0, & t<0,\end{cases}$$

并设 $f_1(t)$ 满足傅里叶变换条件,于是,对 $f_1(t)$ 作傅里叶变换,再作其逆变换,则有

$$f_1(t)=\frac{1}{2\pi}\int_{-\infty}^{\infty}\mathrm{e}^{\mathrm{i}\omega t}\mathrm{d}\omega\int_{-\infty}^{\infty}f_1(\xi)\mathrm{e}^{-\mathrm{i}\omega\xi}\mathrm{d}\xi.$$

将 $f_1(t)$ 的定义式代入,得

拉普拉斯变换(3)

$$f(t)=\frac{\mathrm{e}^{\sigma t}}{2\pi}\int_{-\infty}^{\infty}\mathrm{e}^{\mathrm{i}\omega t}\mathrm{d}\omega\int_{0}^{\infty}f(\xi)\mathrm{e}^{-(\sigma+\mathrm{i}\omega)\xi}\mathrm{d}\xi,\quad t\geqslant 0.$$

在此式中令

$$p=\sigma+\mathrm{i}\omega,$$

$$F(p)=\int_{0}^{\infty}f(\xi)\mathrm{e}^{-p\xi}\mathrm{d}\xi,\tag{10-2-1}$$

拉普拉斯变换(4)

并注意

$$\mathrm{d}p=\mathrm{i}\mathrm{d}\omega,$$

便得到

$$f(t)=\frac{1}{2\pi\mathrm{i}}\int_{\sigma-\mathrm{i}\infty}^{\sigma+\mathrm{i}\infty}F(p)\mathrm{e}^{pt}\mathrm{d}p.\tag{10-2-2}$$

与式(10-1-9)和式(10-1-10)相似,式(10-2-1)和式(10-2-2)是一对互逆的变换式,

它们就是拉普拉斯变换与逆变换.

进行拉普拉斯变换的函数$f(t)$叫作原函数,而变换后得到的函数$F(p)$称为像函数,两者的关系用符号≒表示:

$$F(p) \risingdotseq f(t) \quad 或 \quad f(t) \fallingdotseq F(p). \tag{10-2-3}$$

在这种表示法中,靠近下圆点的是像函数,靠近上圆点的是原函数.注意,原函数$f(t)$是实变量的函数,而像函数$F(p)$则是复变量的函数.按定义,原函数$f(t)$只在$t \geqslant 0$时才有定义,在$t<0$时它等于零:

$$t < 0, \quad f(t) = 0, \tag{10-2-4}$$

这是应该时刻牢牢记住的.为了避免误解,可以引入单位阶跃函数$\mathrm{H}(t)$(称为赫维赛德函数)

$$\mathrm{H}(t) = \begin{cases} 1, & 当\ t \geqslant 0, \\ 0, & 当\ t < 0, \end{cases} \tag{10-2-5}$$

如图 10-2-1 所示,并且约定:进行拉普拉斯变换的原函数$f(t)$实质上是$\mathrm{H}(t)f(t)$,只不过常常省去因子$\mathrm{H}(t)$,而不明显地将它写出.

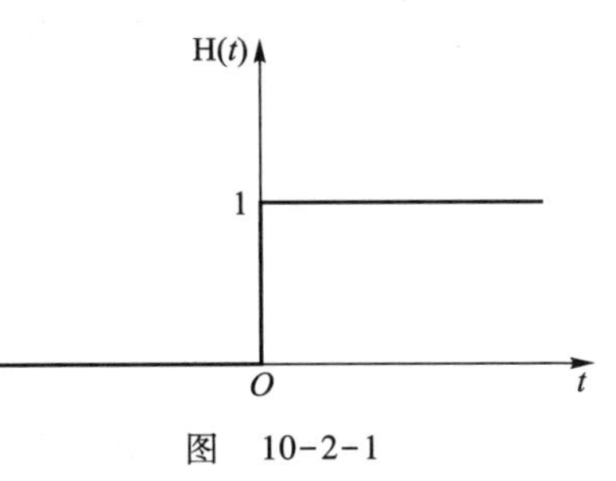

图　10-2-1

关于拉普拉斯变换成立的条件,有下述定理:

定理一(拉普拉斯变换定理)　若$f(t)$和它的一阶导数在$t \geqslant 0$时,除去有限个第一类间断点外是连续的;而当$t \to \infty$时,$f(t)$的增长速度不超过某个指数函数,即存在常数$\sigma_0 \geqslant 0, M>0$,使得对于所有的$t$有

$$|f(t)| < M\mathrm{e}^{\sigma_0 t}, \tag{10-2-6}$$

则只要p的实部$\sigma>\sigma_0$,式(10-2-1)中的积分就收敛,因而$f(t)$有拉普拉斯变换$F(p)$.

常数σ_0叫作$f(t)$的收敛横坐标.在计算式(10-2-1)中的积分时,p的值限制在收敛横坐标右方($\sigma>\sigma_0$)的半平面上.在计算出这一积分后,p的值就不再受此限制,而可以解析延拓到整个复平面.确切地说,$f(t)$的像函数就是通过这样解析延拓得到的解析函数.

例 1　单位阶跃函数的像函数.

假定在$t=0$时突然加上一个单位强度的信号,即

$$f(t) = \mathrm{H}(t),$$

如图 10-2-1 所示,求其像函数$F(p)$.

解　根据式(10-2-1),有

$$F(p) = \int_0^{\infty} \mathrm{e}^{-pt}\mathrm{d}t = \frac{1}{p}.$$

用前面约定的符号(10-2-3)可以写成

$$\mathrm{H}(t) \fallingdotseq \frac{1}{p}, \tag{10-2-7}$$

或简写为

$$1 \fallingdotseq \frac{1}{p}. \tag{10-2-7'}$$

后一写法可理解为省去了原函数中的因子 $\mathrm{H}(t)$.　【解毕】

例 2　指数函数的像函数.

假定在 $t=0$ 时加进一个指数增长的信号

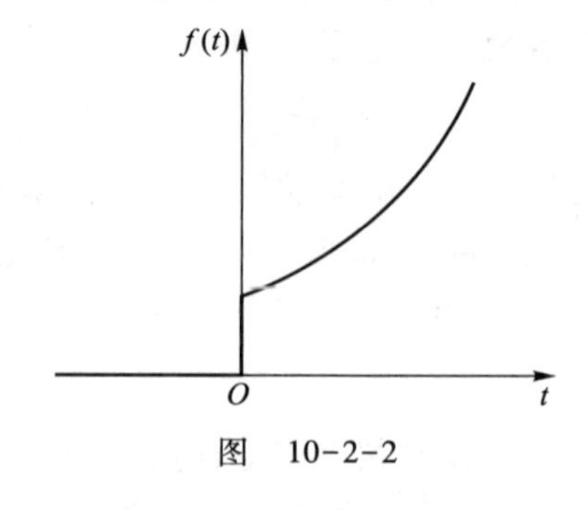

图　10-2-2

$$f(t)=\begin{cases}A\mathrm{e}^{at}, & t\geqslant 0;\\ 0, & t<0,\end{cases}$$

如图 10-2-2 所示,求其像函数 $F(p)$.

解　根据式(10-2-1),有

$$F(p)=A\int_0^{\infty}\mathrm{e}^{at}\mathrm{e}^{-pt}\mathrm{d}t=\frac{A}{p-a}.$$

即

$$A\mathrm{e}^{at}\doteq\frac{A}{p-a}. \qquad (10-2-8)$$

【解毕】

应该注意,在计算以上两个积分时,都假定了 p 的实部大于各个函数 $f(t)$ 的收敛横坐标,这样才保证了代入上限 $t=\infty$ 时,结果为零.但是,在得到 $F(p)$ 的明显式子以后,可以取消这一限制.这相当于将 $F(p)$ 解析延拓到整个复平面.这样得到的 $F(p)$ 有极点.阶跃函数的像函数的极点为 $p=0$,指数函数的像函数的极点为 $p=a$.由此看出,像函数在 p 平面上最右方的极点的实部正好等于原函数的收敛横坐标.

(二)拉普拉斯变换的基本性质

一些简单的函数可以根据式(10-2-1)直接求出像函数.但是,对于更复杂的函数,则需要根据拉普拉斯变换的性质,间接地求出它们的像函数.反之,如果已知像函数,利用这些性质和拉普拉斯变换表,也可求得原函数.下面列举一些拉普拉斯变换的主要性质.以下列出的定理,我们不准备一一给出证明,只证明卷积定理.

定理二(线性定理)

$$A_1f_1(t)+A_2f_2(t)\doteq A_1F_1(p)+A_2F_2(p). \qquad (10-2-9)$$

我们来看一个例子.

例 3　求 $\sin\omega t$ 的像函数.

解　这可以利用拉普拉斯变换的定义式(10-2-1)计算,但是,更简单的办法是利用线性定理从已有的结果式(10-2-8)推出

$$\sin\omega t=\frac{\mathrm{e}^{\mathrm{i}\omega t}-\mathrm{e}^{-\mathrm{i}\omega t}}{2\mathrm{i}}\doteq\frac{1}{2\mathrm{i}}\left(\frac{1}{p-\mathrm{i}\omega}-\frac{1}{p+\mathrm{i}\omega}\right)$$
$$=\frac{\omega}{p^2+\omega^2},$$

即

$$\sin\omega t\doteq\frac{\omega}{p^2+\omega^2}. \qquad (10-2-10)$$

注意,此式左边的 $\sin \omega t$ 是拉普拉斯变换的原函数,满足条件(10-2-4),并非在整个 $(-\infty,\infty)$ 间都是正弦函数,图 10-2-3 画出了它的图形.　【解毕】

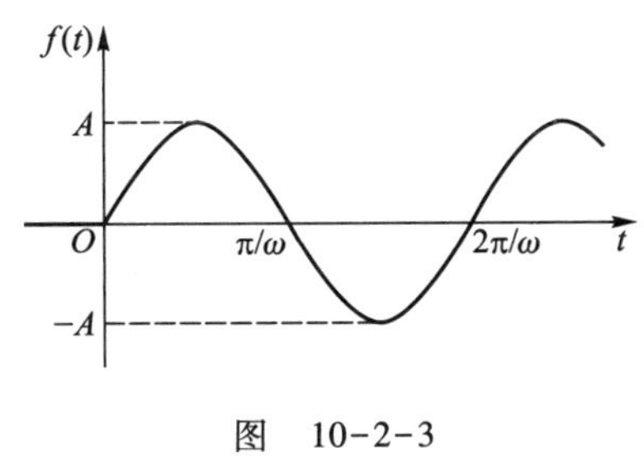

图　10-2-3

定理三(平移定理)

$$f(t-\alpha) \fallingdotseq \mathrm{e}^{-\alpha p}F(p), \tag{10-2-11}$$

即原函数沿时间轴平移 α,如图 10-2-4 所示,则像函数乘以一个指数因子 $\mathrm{e}^{-\alpha p}$.

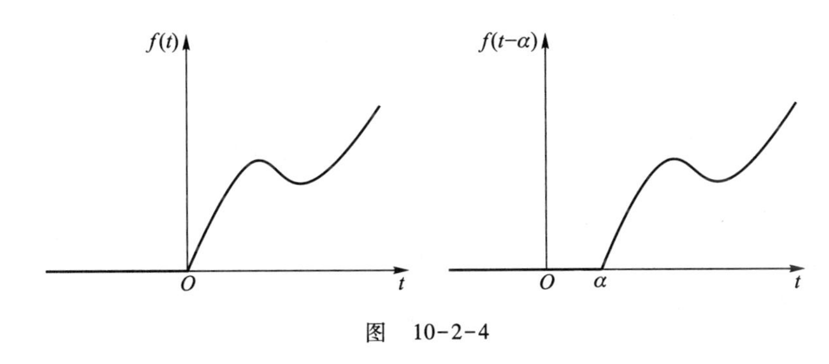

图　10-2-4

下面看一个例子.

例 4　单个方形脉冲

$$f(t)=\begin{cases}A, & 当\ 0<t<t_0\\ 0, & 当\ t<0\ 或\ t>t_0.\end{cases} \tag{10-2-12}$$

如图 10-2-5 所示,求它的像函数.

解　这一函数可以看作两个阶跃函数 $A\mathrm{H}(t)$ 和 $A\mathrm{H}(t-t_0)$ 之差

$$f(t)=A\mathrm{H}(t)-A\mathrm{H}(t-t_0), \tag{10-2-12'}$$

如图 10-2-6 所示.

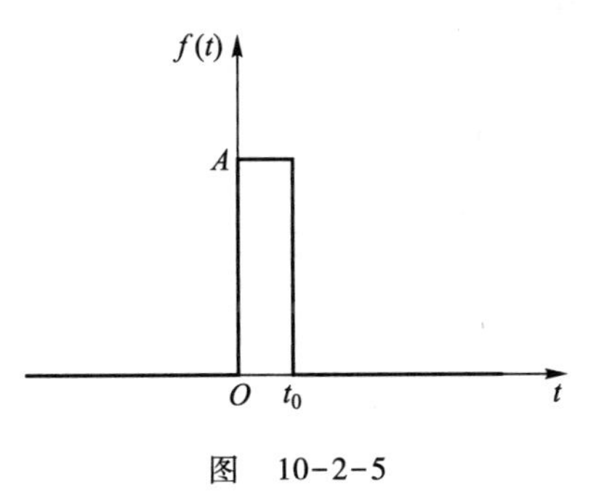

图　10-2-5

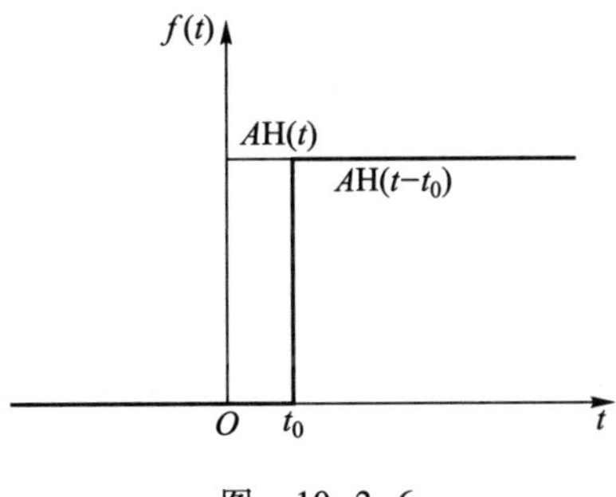

图　10-2-6

利用式(10-2-7),有

$$AH(t) \doteq \frac{A}{p},$$

再利用平移定理(10-2-11),有

$$AH(t-t_0) \doteq e^{-pt_0}\frac{A}{p},$$

代入式(10-2-12′)得到

$$f(t) \doteq \frac{A}{p}(1-e^{-pt_0}). \tag{10-2-13}$$

【解毕】

定理四(逆平移定理)

$$e^{-\alpha t}f(t) \doteq F(p+\alpha), \tag{10-2-14}$$

即原函数乘指数因子 $e^{-\alpha t}$,则像函数沿实轴平移 $-\alpha$.

利用这一定理和变换式(10-2-10)可得 $e^{-\alpha t}\sin\omega t$ 的像函数为

$$e^{-\alpha t}\sin\omega t \doteq \frac{\omega}{(p+\alpha)^2+\omega^2}. \tag{10-2-15}$$

定理五(扩大时间比例尺)

$$f(\alpha t) \doteq \frac{1}{\alpha}F\left(\frac{p}{\alpha}\right) \qquad (\alpha>0). \tag{10-2-16}$$

定理六(微商定理)

$$f'(t) \doteq pF(p)-f(0). \tag{10-2-17}$$

其中 $f'(t)$ 表示 $f(t)$ 对 t 的导数,$f(0)$ 表示 $t=0$ 时的 $f(t)$ 值.

反复应用式(10-2-17),得到

$$\begin{aligned} L[f''(t)] &= pL[f'(t)]-f'(0) \\ &= p\{pL[f(t)]-f(0)\}-f'(0) \\ &= p^2L[f(t)]-pf(0)-f'(0), \end{aligned}$$

这里 $L[f(t)]$ 表示对函数 $f(t)$ 进行拉普拉斯变换,$f'(0)$ 表示 $f'(t)$ 在 $t=0$ 的值.因而得到 $f(t)$ 的高阶导数的像函数

$$f''(t) \doteq p^2F(p)-pf(0)-f'(0), \tag{10-2-18}$$

$$\cdots\cdots\cdots\cdots$$

$$\begin{aligned} f^{(n)}(t) \doteq{}& p^nF(p)-p^{n-1}f(0)-p^{n-2}f'(0) \\ &-\cdots-pf^{(n-2)}(0)-f^{(n-1)}(0). \end{aligned} \tag{10-2-19}$$

以上各式成立的条件是它左边的函数[即 $f(t)$ 的相应阶的导数]能进行拉普拉斯变换.

在特殊情况下,如果 $f(t)$ 和它的直到 $n-1$ 阶导数在 $t=0$ 时都等于零,即

$$f(0)=f'(0)=\cdots=f^{(n-1)}(0)=0, \qquad (10-2-20)$$

则得到形式极为简单的公式

$$f^{(n)}(t) \risingdotseq p^n F(p), \qquad (10-2-21)$$

即，将原函数对 t 求导 n 次，则像函数乘以 p^n [当然是在条件(10-2-20)成立时才有这样简单的关系].

与傅里叶变换相似，还有像函数的微商定理

$$\frac{\mathrm{d}^n}{\mathrm{d}p^n}F(p) \risingdotseq (-t)^n f(t). \qquad (10-2-22)$$

利用它可以得到 t^n 的像函数.由式(10-2-8)和式(10-2-22)，有

$$t^n \mathrm{e}^{\alpha t}=(-1)^n \frac{\mathrm{d}^n}{\mathrm{d}p^n}\frac{1}{p-\alpha}=\frac{n!}{(p-\alpha)^{n+1}} \quad (n=1,2,3,\cdots).$$

特别是，当 $\alpha=0$ 时，得

$$t^n \risingdotseq \frac{n!}{p^{n+1}}. \qquad (10-2-23)$$

定理七(积分定理)

$$\int_0^t f(\tau)\mathrm{d}\tau \risingdotseq \frac{1}{p}F(p), \qquad (10-2-24)$$

$$\int_p^\infty F(q)\mathrm{d}q \risingdotseq \frac{f(t)}{t}. \qquad (10-2-25)$$

定理八(卷积定理)

两函数的卷积的像函数等于它们各自的像函数的乘积①

$$f_1(t)*f_2(t) \risingdotseq F_1(p)F_2(p) \qquad (10-2-26)$$

证

$$f_1(t)*f_2(t) \risingdotseq \int_0^\infty \mathrm{e}^{-pt}\left[\int_0^\infty f_1(t-\tau)f_2(\tau)\mathrm{d}\tau\right]\mathrm{d}\tau.$$

在上式右边交换积分次序，得到

$$\int_0^\infty f_2(\tau)\mathrm{d}\tau \int_0^\infty f_1(t-\tau)\mathrm{e}^{-pt}\mathrm{d}\tau.$$

由于 $f_1(t)$，$f_2(t)$ 都是拉普拉斯变换的原函数，满足条件(10-2-4)，所以上式第二个积分从 $t=\tau$ 开始[$t<\tau$ 时，$f_1(t-\tau)=0$].在这一积分中作变量代换 $t-\tau=\tau'$，有

$$\int_\tau^\infty f_1(t-\tau)\mathrm{e}^{-pt}\mathrm{d}t=\int_0^\infty f_1(\tau')\mathrm{e}^{-p(\tau+\tau')}\mathrm{d}\tau',$$

---

① 对于拉普拉斯变换，当 $t<0$ 时，$f(t)=0$，故有

$$f_1(t)*f_2(t)=\int_{-\infty}^\infty f_1(\tau)f_2(t-\tau)\mathrm{d}\tau=\int_0^t f_1(\tau)f_2(t-\tau)\mathrm{d}\tau.$$

于是式(10-2-26)成为

$$\int_0^\infty f_1(\tau')\mathrm{e}^{-p\tau'}\mathrm{d}\tau'\int_0^\infty f_2(\tau)\mathrm{e}^{-p\tau}\mathrm{d}\tau = F_1(p)F_2(p),$$

定理得证.　　【证毕】

定理九(梅林反演公式和展开定理)　若函数 $F(p)=F(s+\mathrm{i}\sigma)$ 在区域 $\mathrm{Re}\,p>s_0$ 内满足:(1) $F(p)$ 解析,(2) 当 $|p|\to\infty$ 时 $F(p)$ 一致地趋于 0,(3) 对于所有的 $\mathrm{Re}\,p=s>s_0$,沿直线 l: $\mathrm{Re}\,p=s$ 的无穷积分 $\int_{s-\mathrm{i}\infty}^{s+\mathrm{i}\infty}|F(p)|\mathrm{d}\sigma\ (s>s_0)$ 收敛,则对于 $\mathrm{Re}\,p=s>s_0$,$F(p)$ 的原函数为

$$f(t)=\frac{1}{2\pi\mathrm{i}}\int_{s-\mathrm{i}\infty}^{s+\mathrm{i}\infty}F(p)\mathrm{e}^{pt}\mathrm{d}p. \qquad (10-2-27)$$

这称为梅林(Mellin)反演公式,它的积分路线如图 10-2-7 所示.

由反演公式出发导出展开定理,需要一个预备定理,这其实是第四章中若当引理的推广.

推广的若当引理　设半径 R 充分大的圆与直线 $\mathrm{Re}\,p=a\,(a>0)$ 相交于 A 和 E 两点(见图 10-2-8).令 OA 与 OB 的夹角为 α.以 C_R 记半径为 R 的圆周位于直线 $\mathrm{Re}\,p=a$ 左侧的圆弧.设在 $\frac{\pi}{2}-\delta\leqslant\arg p\leqslant\frac{3\pi}{2}+\delta$　(δ 是任意小的正数)内有 $F(p)\to 0$(当 $p\to\infty$),则

$$\lim_{R\to\infty}\int_{C_R}F(p)\mathrm{e}^{pt}\mathrm{d}p=0\quad(t>0). \qquad (10-2-28)$$

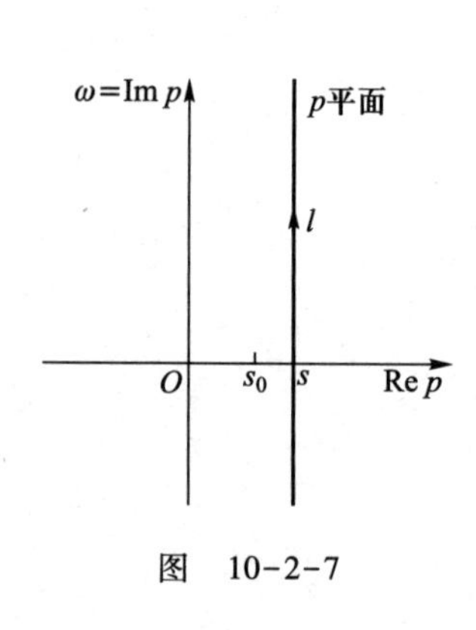

图　10-2-7

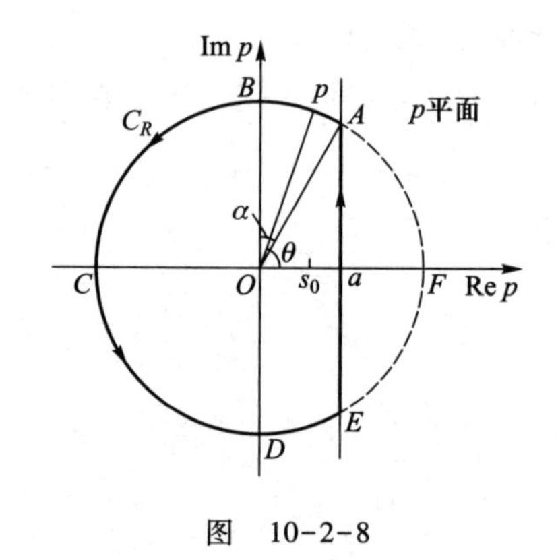

图　10-2-8

证　将 C_R 分为三段圆弧 $\widehat{AB}$,$\widehat{BCD}$ 和 $\widehat{DE}$,有

$$\int_{C_R}F(p)\mathrm{e}^{pt}\mathrm{d}p=\int_{\widehat{AB}}F(p)\mathrm{e}^{pt}\mathrm{d}p+\int_{\widehat{BCD}}F(p)\mathrm{e}^{pt}\mathrm{d}p+\int_{\widehat{DE}}F(p)\mathrm{e}^{pt}\mathrm{d}p. \qquad (10-2-29)$$

对右端的第二个积分,作变量代换 $p=\mathrm{i}z$(这相当于将 p 平面上的左半圆 $\widehat{BCD}$ 变为 z 平面上的上半圆 C_R'),则由 §4-2 的若当引理,有

$$\int_{\widehat{BCD}} F(p)\mathrm{e}^{pt}\mathrm{d}p = \mathrm{i}\int_{C'_R} F(\mathrm{i}z)\mathrm{e}^{\mathrm{i}tz}\mathrm{d}z \to 0 \quad (R\to\infty).$$

对于式(10-2-29)右端的第一个积分,因为在$\widehat{AB}$上有 $p=R\mathrm{e}^{\mathrm{i}\theta}\left(\frac{\pi}{2}-\alpha\leqslant\theta\leqslant\frac{\pi}{2}\right)$,且 $\cos\theta\leqslant\sin\alpha$,所以

$$\left|\int_{\widehat{AB}} F(p)\mathrm{e}^{pt}\mathrm{d}p\right| \leqslant \int_{\widehat{AB}} |F(p)|\mathrm{e}^{Rt\cos\theta}|\mathrm{d}p| \leqslant \int_{\frac{\pi}{2}-\alpha}^{\frac{\pi}{2}} |F(p)|\mathrm{e}^{Rt\sin\alpha}R\mathrm{d}\theta.$$

由题设可知,对任意给定的很小的数 $\varepsilon>0$,只要 R 充分大(即 α 充分小),就有 $|F(R\mathrm{e}^{\mathrm{i}\theta})|<\varepsilon$.这时上式成为

$$\left|\int_{\widehat{AB}} F(p)\mathrm{e}^{pt}\mathrm{d}p\right| < \varepsilon\mathrm{e}^{Rt\sin\alpha}R\alpha.$$

注意到 $R\sin\alpha=a$(见图 10-2-8),而当 $R\to\infty$(即 $\alpha\to0$)时$\frac{\sin\alpha}{\alpha}\to1$,所以

$$\lim_{R\to\infty}\mathrm{e}^{Rt\sin\alpha}R\alpha = \lim_{R\to\infty}\mathrm{e}^{Rt\sin\alpha}R\sin\alpha = a\mathrm{e}^{at},$$

因而

$$\int_{\widehat{AB}} F(p)\mathrm{e}^{pt}\mathrm{d}p \to 0 \quad (R\to\infty).$$

同理可证

$$\int_{\widehat{DE}} F(p)\mathrm{e}^{pt}\mathrm{d}p \to 0 \quad (R\to\infty).$$

综上所述,由式(10-2-29)可知,式(10-2-28)成立.　【证毕】

展开定理　设像函数 $F(p)$ 是单值的,而且在 $0\leqslant\arg p\leqslant2\pi$ 内有 $F(p)\to0(p\to\infty)$,则

$$f(t) = \sum_{\text{全平面}}\mathrm{Res}[F(p)\mathrm{e}^{pt}] \quad (t>0). \qquad (10-2-30)$$

证　仍用图 10-2-8,设 $a>s_0$,由式(10-2-27),当 $t>0$ 时,有

$$f(t) = \frac{1}{2\pi\mathrm{i}}\int_{a-\mathrm{i}\infty}^{a+\mathrm{i}\infty} F(p)\mathrm{e}^{pt}\mathrm{d}p = \frac{1}{2\pi\mathrm{i}}\lim_{R\to\infty}\int_E^A F(p)\mathrm{e}^{pt}\mathrm{d}p.$$

由于 $F(p)$ 在 $\mathrm{Re}\,p\geqslant a$ 是解析的,所以式(10-2-27)中沿直线段$\overline{EA}$的积分可用圆弧$\widehat{EFA}$上的积分代替而值不变,即

$$f(t) = \frac{1}{2\pi\mathrm{i}}\lim_{R\to\infty}\left[\int_{\widehat{EFA}} F(p)\mathrm{e}^{pt}\mathrm{d}p\right]$$

再由式(10-2-28),上式又可写成

$$f(t) = \frac{1}{2\pi\mathrm{i}}\lim_{R\to\infty}\left[\int_{\widehat{EFA}} F(p)\mathrm{e}^{pt}\mathrm{d}p + \int_{C_R} F(p)\mathrm{e}^{pt}\mathrm{d}p\right]$$

$$=\frac{1}{2\pi\mathrm{i}}\lim_{R\to\infty}2\pi\mathrm{i}\sum\mathrm{Res}[F(p)\mathrm{e}^{pt}].$$

最后一步利用了留数定理,其中求和是对 $F(p)$ 在以原点为圆心、R 为半径的圆内的所有奇点进行.这就是式(10-2-30). 【证毕】

例 5 求

$$F(p)=\frac{p}{(p+a)^2(p+b)} \tag{10-2-31}$$

的原函数.

解 上述函数在复平面上有一个二阶极点 $p_1=-a$ 和一个一阶极点 $p_2=-b$.容易得出

$$\begin{aligned}\operatorname{Res}[F(p)e^{pt},p_1]&=\lim_{p\to -a}\frac{\mathrm{d}}{\mathrm{d}p}\left[(p+a)^2\frac{p}{(p+a)^2(p+b)}e^{pt}\right]\\&=\frac{at(a-b)+b}{(a-b)^2}e^{-at},\end{aligned}$$

$$\operatorname{Res}[F(p)e^{pt},p_2]=-\frac{b}{(a-b)^2}e^{-bt}.$$

从而相应的原函数为

$$f(t)=\frac{at(a-b)+b}{(a-b)^2}e^{-at}-\frac{b}{(a-b)^2}e^{-bt}. \tag{10-2-32}$$

【解毕】

拉普拉斯逆变换也可以用已知的拉普拉斯变换表(表 10-2-1),适当利用拉普拉斯变换定理得到.

表 10-2-1 拉普拉斯变换表

$f(t)$[满足条件(10-2-4)]	$F(p)$
$\delta(t)$	1
1	$\frac{1}{p}$
t	$\frac{1}{p^2}$
$e^{-\alpha t}$	$\frac{1}{p+\alpha}$
$te^{-\alpha t}$	$\frac{1}{(p+\alpha)^2}$
$t^n\ (n=1,2,\cdots)$	$\frac{n!}{p^{n+1}}$
$t^n e^{-\alpha t}\ (n=1,2,\cdots)$	$\frac{n!}{(p+\alpha)^{n+1}}$
$\sin\omega t$	$\frac{\omega}{p^2+\omega^2}$
$\cos\omega t$	$\frac{p}{p^2+\omega^2}$

续表

$f(t)$[满足条件(10-2-4)]	$F(p)$
$t\sin\omega t$	$\dfrac{2\omega p}{(p^2+\omega^2)^2}$
$t\cos\omega t$	$\dfrac{p^2-\omega^2}{(p^2+\omega^2)^2}$
$\sin(\alpha\sqrt{t})$	$\dfrac{\alpha}{2p}\sqrt{\dfrac{\pi}{p}}\mathrm{e}^{-\alpha^2/4p}$
$\dfrac{\sin\alpha t}{t}$	$\arctan\dfrac{\alpha}{p}$
$\mathrm{e}^{-\alpha t}\sin\omega t$	$\dfrac{\omega}{(p+\alpha)^2+\omega^2}$
$\mathrm{e}^{-\alpha t}\cos\omega t$	$\dfrac{p+\alpha}{(p+\alpha)^2+\omega^2}$
$\dfrac{1}{\alpha^2}(\alpha t-1+\mathrm{e}^{-\alpha t})$	$\dfrac{1}{p^2(p+\alpha)}$
$\dfrac{1}{b-a}(\mathrm{e}^{-at}-\mathrm{e}^{-bt})$	$\dfrac{1}{(p+a)(p+b)}$
$\dfrac{1}{b-a}(b\mathrm{e}^{-bt}-a\mathrm{e}^{a-at})$	$\dfrac{p}{(p+a)(p+b)}$
$\dfrac{1}{ab}\left[1+\dfrac{1}{a-b}(b\mathrm{e}^{-at}-a\mathrm{e}^{-bt})\right]$	$\dfrac{1}{p(p+a)(p+b)}$
$\dfrac{\omega}{\sqrt{1-a^2}}\mathrm{e}^{-a\omega t}\sin\omega\sqrt{1-a^2}\,t$	$\dfrac{\omega^2}{p^2+2a\omega p+\omega^2}$
$\sinh kt$	$\dfrac{k}{p^2-k^2}$
$\cosh kt$	$\dfrac{p}{p^2-k^2}$
$\dfrac{1}{\sqrt{\pi t}}\mathrm{e}^{-b^2/4t}$	$\dfrac{1}{\sqrt{p}}\mathrm{e}^{-b\sqrt{p}}$
$\mathrm{erfc}\left(\dfrac{u}{2\sqrt{t}}\right)$ ①	$\dfrac{1}{p}\mathrm{e}^{-\sqrt{p}u}\quad(u\geqslant 0)$

① $\mathrm{erfc}\,x=\dfrac{2}{\sqrt{\pi}}\int_x^{\infty}\mathrm{e}^{-y^2}\mathrm{d}y$ 叫做余误差函数.

例 6 求例 5 中的函数

$$F(p)=\frac{p}{(p+a)^2(p+b)}$$

的原函数.

解 查表 10-2-1 知

$$e^{-bt}\doteq\frac{1}{p+b},$$

$$te^{-at}\doteq\frac{1}{(p+a)^2},$$

利用微商定理(10-2-17),有

$$\frac{p}{(p+a)^2}\doteq(te^{-at})'=(1-at)e^{-at},\qquad(10-2-33)$$

再利用卷积定理(10-2-26),有

$$e^{-bt}*[(1-at)e^{-at}]\doteq\frac{p}{(p+a)^2}\cdot\frac{1}{(p+b)}.$$

根据卷积的定义式(10-1-32),上式左边等于

$$\int_0^t e^{-b(t-\tau)}(1-a\tau)e^{-a\tau}d\tau=e^{-bt}\int_0^t(1-a\tau)e^{(b-a)\tau}d\tau.$$

进行两次分部积分,得到

$$\frac{at(a-b)+b}{(a-b)^2}e^{-at}-\frac{b}{(a-b)^2}e^{-bt},$$

这就是所求的原函数,和例 5 的结果相同. 【解毕】

(三) 拉普拉斯变换的应用

用拉普拉斯变换解微分方程的思路和步骤,与用傅里叶变换解微分方程的思路和步骤相似.但是,跟傅里叶变换不同,进行拉普拉斯变换时,要求作变换的自变量在(0,∞)内变化,而且,由拉普拉斯变换的导数关系(10-2-17)—(10-2-19)可知,作拉普拉斯变换时已经自动地把初始条件考虑进去,这一特点是傅里叶变换所没有的.因此,除了解偏微分方程外,拉普拉斯变换常用来解常微分方程的初值问题.用拉普拉斯变换求解微分方程的方法最早是由电工工程师赫维赛德(Heaviside)于 19 世纪末发展起来的.在电工学中称之为**运算微积**,有关的例子见习题 2—4.

在这一小节里,我们举例说明拉普拉斯变换在级数求和、解常微分方程组和解偏微分方程初值问题等三方面的应用.

(1) 利用拉普拉斯变换计算级数的和

拉普拉斯变换可以用来计算某些级数之和.其基本思路是利用拉普拉斯变换将级数的通项表示成积分,而后交换积分和求和的次序,即

$$\sum F(n)=\sum\int_0^\infty f(t)e^{-nt}dt=\int_0^\infty f(t)\ [\sum e^{-nt}]dt,$$

从而将级数求和的问题转化为计算定积分.

例 7 试证明

$$\sum_{n=0}^{\infty}\frac{1}{n^2+a^2}=\frac{1}{2a^2}+\frac{\pi}{2a}\coth \pi a, \tag{10-2-34}$$

其中 $a>0$.

证 因为在 $\operatorname{Re} p>0$ 的条件下, $\int_0^{\infty}\mathrm{e}^{-pt}\sin at\mathrm{d}t=\frac{a}{p^2+a^2}$, 所以

$$\sum_{n=0}^{\infty}\frac{1}{n^2+a^2}=\frac{1}{a^2}+\sum_{n=1}^{\infty}\frac{1}{a}\int_0^{\infty}\mathrm{e}^{-nt}\sin at\mathrm{d}t=\frac{1}{a^2}+\frac{1}{a}\int_0^{\infty}\frac{\sin at}{\mathrm{e}^t-1}\mathrm{d}t$$

上式中的积分 $I=\int_0^{\infty}\frac{\sin at}{\mathrm{e}^t-1}\mathrm{d}t$ 可化为

$$I=2\pi\int_0^{\infty}\frac{\sin 2\pi ax}{\mathrm{e}^{2\pi x}-1}\mathrm{d}x=2\pi\operatorname{Im}\left(\int_0^{\infty}\frac{\mathrm{e}^{\mathrm{i}2\pi ax}}{\mathrm{e}^{2\pi x}-1}\mathrm{d}x\right).$$

为计算积分 I,现构造辅助函数 $f(z)=\frac{\mathrm{e}^{\mathrm{i}bz}}{\mathrm{e}^{2\pi z}-1}$ (其中 $b=2\pi a$),并利用留数定理对回路积分 $\oint_L f(z)\mathrm{d}z$ 进行计算.选择如图 10-2-9 所示的闭合回路 L,在此回路中被积函数 $f(z)$ 没有奇点,由留数定理得到

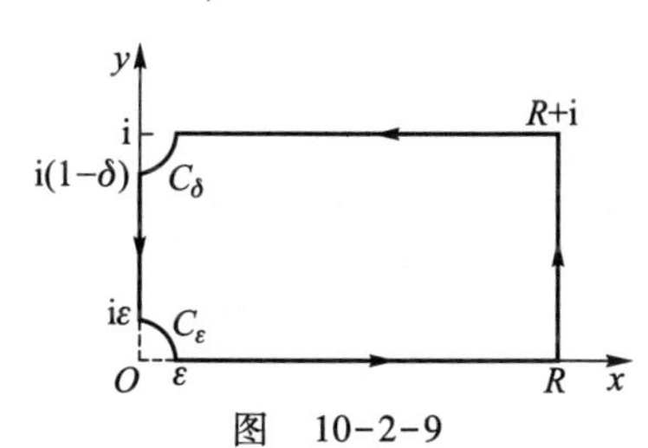

图 10-2-9

$$\begin{aligned}\oint_L f(z)\mathrm{d}z=&\int_{\varepsilon}^{R}f(x)\mathrm{d}x+\int_R^{R+\mathrm{i}}f(R+\mathrm{i}y)\mathrm{d}(R+\mathrm{i}y)\\&+\int_{R+\mathrm{i}}^{\delta+\mathrm{i}}f(x+\mathrm{i})\mathrm{d}(x+\mathrm{i})+\int_{C_\delta}f(z)\mathrm{d}z\\&+\int_{0+(1-\delta)\mathrm{i}}^{0+\varepsilon\mathrm{i}}f(0+\mathrm{i}y)\mathrm{d}(0+\mathrm{i}y)\\&+\int_{C_\varepsilon}f(z)\mathrm{d}z=0.\end{aligned} \tag{10-2-35}$$

当 $R\to\infty$, $\varepsilon\to 0$, $\delta\to 0$ 时,有

$$\lim_{R\to\infty}\int_R^{R+\mathrm{i}}f(R+\mathrm{i}y)\mathrm{d}(R+\mathrm{i}y)=0,$$

$$\lim_{R\to\infty,\varepsilon\to 0}\int_{\varepsilon}^{R}f(x)\mathrm{d}x+\lim_{R\to\infty,\delta\to 0}\int_{R+\mathrm{i}}^{\delta+\mathrm{i}}f(x+\mathrm{i})\mathrm{d}(x+\mathrm{i})=(1-\mathrm{e}^{-b})\int_0^{\infty}\frac{\mathrm{e}^{\mathrm{i}bx}}{\mathrm{e}^{2\pi x}-1}\mathrm{d}x,$$

而 $f(z)$ 在 $C_\delta[z-\mathrm{i}=\delta\mathrm{e}^{\mathrm{i}\theta}\ (-\pi/2\leqslant\theta\leqslant 0)]$ 上积分的极限,可利用小圆弧引理来计算.因为

$$\lim_{\delta\to 0}(z-\mathrm{i})f(z)=\frac{\mathrm{e}^{-b}}{2\pi},$$

所以

$$\lim_{\delta\to 0}\int_{C_\delta}f(z)\mathrm{d}z=\mathrm{i}\frac{\mathrm{e}^{-b}}{2\pi}\left(-\frac{\pi}{2}-0\right)=-\mathrm{i}\frac{\mathrm{e}^{-b}}{4}.$$

同样可得到$f(z)$在 $C_\varepsilon[z-0=\varepsilon e^{i\varphi}\ (0\leqslant\varphi\leqslant\pi/2)]$积分的极限

$$\lim_{\varepsilon\to 0}\int_{C_\varepsilon} f(z)\,dz = i\frac{1}{2\pi}\left(0-\frac{\pi}{2}\right) = -i\frac{1}{4}$$

对于 $\int_{0+(1-\delta)i}^{0+\varepsilon i} f(0+iy)\,d(0+iy)$，当 $\varepsilon\to 0,\delta\to 0$ 时，有

$$\lim_{\delta\to 0,\varepsilon\to 0}\int_{1-\delta}^{\varepsilon}\frac{e^{ib(iy)}}{e^{2\pi iy}-1}d(iy) = i\int_1^0\frac{e^{-by}}{e^{2\pi iy}-1}dy,$$

$$\mathrm{Re}\left(\int_1^0\frac{e^{-by}}{e^{2\pi iy}-1}dy\right) = \int_0^1\frac{e^{-by}}{2}dy = -\frac{1}{2b}(e^{-b}-1).$$

由式(10-2-35)可知

$$\mathrm{Im}\left[(1-e^{-b})\int_0^\infty\frac{e^{ibx}}{e^{2\pi x}-1}dx\right]+\left(-\frac{e^{-b}}{4}\right)+\left(-\frac{1}{4}\right)-\frac{1}{2b}(e^{-b}-1)=0,$$

于是

$$I = 2\pi\,\mathrm{Im}\left(\int_0^\infty\frac{e^{ibx}}{e^{2\pi x}-1}dx\right) = \frac{\pi}{2}\frac{1+e^{-b}}{1-e^{-b}}-\frac{\pi}{b} = \frac{\pi}{2}\frac{1+e^{-2\pi a}}{1-e^{-2\pi a}}-\frac{1}{2a}.$$

因此

$$\sum_{n=0}^{\infty}\frac{1}{n^2+a^2} = \frac{1}{a^2}+\frac{1}{a}\int_0^\infty\frac{\sin at}{e^t-1}dt = \frac{1}{a^2}+\frac{1}{a}\left(\frac{\pi}{2}\frac{1+e^{-2\pi a}}{1-e^{-2\pi a}}-\frac{1}{2a}\right)$$

$$= \frac{1}{2a^2}+\frac{\pi}{2a}\coth\pi a.$$

【证毕】

(2) 利用拉普拉斯变换求解常微分方程组

拉普拉斯变换可以方便地用于求解常微分方程(组).

例 8 激光场驱动下原子可以从某一能态 b 跃迁到一组准连续能态$\{c_n\}$.这组准连续能态可近似看成由无穷多个等间距的能态构成.通常在原子物理学和量子光学中称它为 Bixon-Jortner 准连续能态.从量子力学的薛定谔方程出发,可以得到 $t>0$ 时,原子在能态 b 和$\{c_n\}$上的概率幅 $b(t)$ 和 $c_n(t)$ 满足如下的一阶微分方程组

$$\begin{aligned}&\frac{d}{dt}b(t) = -i\sum_{n=-\infty}^{\infty}Wc_n(t),\\&\frac{d}{dt}c_n(t) = -inAc_n(t)-iWb(t).\end{aligned}\tag{10-2-36}$$

其中 A 和 W 是实常数.初条件为

$$b(0)=1,\quad c_n(0)=0.\tag{10-2-37}$$

解 对方程组(10-2-36)进行拉普拉斯变换,结合初条件(10-2-37)容易得到

$$\begin{aligned}&pB(p)-1 = -i\sum_{-\infty}^{\infty}WC_n(p),\\&pC_n(p) = -inAC_n(p)-iWB(p).\end{aligned}\tag{10-2-38}$$

式中 $B(p)$ 和 $C_n(p)$ 分别是概率幅 $b(t)$ 和 $c_n(t)$ 的像函数.由式(10-2-38)可得

$$B(p)=\left(p+\sum_{-\infty}^{\infty}\frac{W^2}{p+\mathrm{i}nA}\right)^{-1}=\left(p-\frac{W^2}{p}+\frac{2W^2p}{A^2}\sum_{1}^{\infty}\frac{1}{n^2+\frac{p^2}{A^2}}\right)^{-1}.$$

将式(10-2-34)应用于上式可以得到

$$B(p)=\left[p+\frac{\pi W^2}{A}\coth\left(\frac{\pi p}{A}\right)\right]^{-1}. \tag{10-2-39}$$

注意到

$$\coth\left(\frac{\pi p}{A}\right)=1+\frac{2\mathrm{e}^{-2\pi p/A}}{1-\mathrm{e}^{-2\pi p/A}},$$

可将式(10-2-39)写成

$$B(p)=\left(p+\frac{\pi W^2}{A}\right)^{-1}\left[1+\frac{\frac{2\pi W^2}{A}\mathrm{e}^{-2\pi p/A}}{\left(p+\frac{\pi W^2}{A}\right)(1-\mathrm{e}^{-2\pi p/A})}\right]^{-1}$$

$$=\sum_{m=0}^{\infty}\frac{\left(-\frac{2\pi W^2}{A}\right)^m}{\left(p+\frac{\pi W^2}{A}\right)^{m+1}}\cdot\frac{\mathrm{e}^{-2\pi mp/A}}{(1-\mathrm{e}^{-2\pi p/A})^m}. \tag{10-2-40}$$

在 § 2-2 例 2 中曾得到[见式(2-2-8)],当 m 为正整数时

$$(1-z)^{-m}=\begin{cases}\sum\limits_{k=m}^{\infty}\dfrac{(k-1)!}{(k-m)!\ (m-1)!}z^{k-m}, & m>0,\ |z|<1,\\ 1, & m=0.\end{cases} \tag{10-2-41}$$

因而有

$$\frac{z^m}{(1-z)^m}=\begin{cases}\sum\limits_{k=m}^{\infty}\dfrac{z^k(k-1)!}{(k-m)!\ (m-1)!}, & m>0,\ |z|<1,\\ 1, & m=0.\end{cases} \tag{10-2-42}$$

利用式(10-2-42)改写式(10-2-40)右边和式中的第二个因子,得到

$$B(p)=\frac{1}{p+\frac{\pi W^2}{A}}+\sum_{m=1}^{\infty}\frac{\left(-\frac{2\pi W^2}{A}\right)^m}{\left(p+\frac{\pi W^2}{A}\right)^{m+1}}\cdot\sum_{k=m}^{\infty}\frac{(k-1)!\ \mathrm{e}^{-2\pi kp/A}}{(k-m)!\ (m-1)!}. \tag{10-2-43}$$

最后一步是进行拉普拉斯逆变换,得到所求的解 $b(t)$.由于

$$\frac{e^{-2\pi kp/A}}{\left(p+\dfrac{\pi W^2}{A}\right)^{m+1}} \risingdotseq \mathrm{H}\left(t-\frac{2\pi k}{A}\right)\frac{\left(t-\dfrac{2\pi k}{A}\right)^m}{m!}\exp\left[-\frac{\pi W^2}{A}\left(t-\frac{2\pi k}{A}\right)\right],$$

因而 $B(p)$ 的原函数 $b(t)$ 是

$$\begin{aligned} b(t) &= e^{\beta T}\left[1+\sum_{m=1}^{\infty}\sum_{k=m}^{\infty}\frac{(k-1)!\ (-2\beta)^m}{(k-m)!\ m!\ (m-1)!}(T-k)^m\mathrm{H}(t-k)e^{\beta t}\right] \\ &= e^{-\beta T}\left[1+\sum_{k=1}^{\infty}\mathrm{H}(t-k)e^{\beta t}\sum_{m=1}^{k}\frac{(k-1)!\ [-2\beta(T-k)]^m}{(k-m)!\ m!\ (m-1)!}\right], \end{aligned}$$

(10-2-44)

式中已令

$$T=\frac{tA}{2\pi},\quad \beta=\frac{2\pi^2W^2}{A^2}.$$

【解毕】

(3) 利用拉普拉斯变换求解偏微分方程

下面再来用拉普拉斯变换求解偏微分方程.

例 9 一根半无限长杆,端点温度变化情况为 $f(t)$,杆的初始温度为 0 ℃,求杆上温度分布的规律.

解 取杆的端点为原点,温度分布 $u(x,t)$ 由下述定解问题决定

$$\frac{\partial u}{\partial t}=a^2\frac{\partial^2 u}{\partial x^2}\qquad (x>0,t>0); \tag{10-2-45}$$

$$u\big|_{t=0}=0, \tag{10-2-46}$$

$$u\big|_{x=0}=f(t),\quad u\big|_{x\to\infty}\text{ 有界}. \tag{10-2-47}$$

下面按照 §10-1 例 4 中总结的,用积分变换求解数学物理方程的步骤进行.

(1) 选取适当的积分变量

因为 x,t 的变化范围都是 $(0,\infty)$.故这个问题不宜取傅里叶变换,而取拉普拉斯变换较合适.对哪个变量取拉普拉斯变换呢?若对 x 取拉普拉斯变换,由于方程(10-2-45)中有 $\dfrac{\partial^2 u}{\partial x^2}$,根据式(10-2-18),得到

$$\frac{\partial^2 u}{\partial x^2}\risingdotseq p^2U(p,t)-pu\big|_{x=0}-\frac{\partial u}{\partial x}\bigg|_{x=0},$$

但题中并未给出 $\dfrac{\partial u}{\partial x}\bigg|_{x=0}$,所以不能对 x 取拉普拉斯变换.只能对 t 进行拉普拉斯变换.

(2) 对方程与边界条件进行拉普拉斯变换

设 $u(x,t)\risingdotseq U(x,p)$,对方程(10-2-45)两边取拉普拉斯变换,并利用初条件(10-2-46)将偏微分方程化为常微分方程

$$pU(x,p)=a^{2}\frac{\mathrm{d}^{2}}{\mathrm{d}x^{2}}U(x,p).\tag{10-2-48}$$

注意,还必须对没有用到的边界条件(10-2-47)取变换,得

$$U(0,p)=F(p),\tag{10-2-49}$$

$$U(x,p)\big|_{x\to\infty}\text{ 有界},\tag{10-2-50}$$

其中

$$f(t)\fallingdotseq F(p).\tag{10-2-51}$$

(3) 求 $U(x,p)$

方程(10-2-48)的通解是

$$U(x,p)=c_{1}\exp\left(-\frac{\sqrt{p}}{a}x\right)+c_{2}\exp\left(\frac{\sqrt{p}}{a}x\right).$$

设$\dfrac{1}{a}\mathrm{Re}\sqrt{p}>0$,则条件(10-2-50)要求 $c_2=0$,故有

$$U(x,p)=c_{1}\exp\left(-\frac{\sqrt{p}}{a}x\right).$$

再由条件(10-2-49),得 $c_1=F(p)$,所以

$$U(x,p)=F(p)\exp\left(-\frac{\sqrt{p}}{a}x\right).\tag{10-2-52}$$

(4) 求 $u(x,t)$

查拉普拉斯变换表(表 10-2-1)得

$$\frac{2}{\sqrt{\pi}}\int_{\frac{x}{2a\sqrt{t}}}^{\infty}\mathrm{e}^{-y^{2}}\mathrm{d}y\fallingdotseq\frac{1}{p}\mathrm{e}^{-\frac{\sqrt{p}}{a}x},$$

再根据拉普拉斯变换的微商定理(10-2-17)得

$$g'(t)\fallingdotseq pG(p)-g(0).$$

令

$$\frac{2}{\sqrt{\pi}}\int_{\frac{x}{2a\sqrt{t}}}^{\infty}\mathrm{e}^{-y^{2}}\mathrm{d}y=g(t),$$

显然有

$$g(0)=0,$$

故

$$\frac{\mathrm{d}}{\mathrm{d}t}\frac{2}{\sqrt{\pi}}\int_{\frac{x}{2a\sqrt{t}}}^{\infty}\mathrm{e}^{-y^{2}}\mathrm{d}y\fallingdotseq p\cdot\frac{1}{p}\exp\left(-\frac{\sqrt{p}}{a}x\right)=\exp\left(-\frac{\sqrt{p}}{a}x\right),$$

而

$$\frac{\mathrm{d}}{\mathrm{d}t}\left(\frac{2}{\sqrt{\pi}}\int_{\frac{x}{2a\sqrt{t}}}^{\infty}\mathrm{e}^{-y^{2}}\mathrm{d}y\right)=\frac{2}{\sqrt{\pi}}\left[-\mathrm{e}^{-\left(\frac{x}{2a\sqrt{t}}\right)^{2}}\right]\cdot\frac{x}{2a}\left(-\frac{1}{2}t^{-\frac{3}{2}}\right)$$

$$=\frac{x}{2a\sqrt{\pi}}t^{-\frac{3}{2}}\mathrm{e}^{-\frac{x^2}{4a^2t}},$$

故得

$$\frac{x}{2a\sqrt{\pi}}t^{-\frac{3}{2}}\mathrm{e}^{-\frac{x^2}{4a^2t}}\doteq \mathrm{e}^{-\frac{\sqrt{p}}{\alpha}x}.$$

于是利用卷积定理最后求得式(10-2-52)的原函数

$$u(x,t)=\int_0^t f(\tau)\frac{x}{2a\sqrt{\pi}}(t-\tau)^{-\frac{3}{2}}\mathrm{e}^{-\frac{x^2}{4a^2(t-\tau)}}\mathrm{d}\tau. \qquad (10-2-53)$$

【解毕】

(四) 复平面上的拉普拉斯变换 艾里函数的渐近式

拉普拉斯变换(10-2-1)的积分路径可以扩展为复平面上任一曲线,得到一种求微分方程解的渐近式的方法.下面通过一个具体例子说明这一方法.

我们以艾里方程(9-4-8)为例

$$y''-xy=0, \qquad (10-2-54)$$

其中,x 是实变量.为了得到 $y(x)$ 在 $|x|$ 很大时的渐近行为,在复平面上作拉普拉斯变换

$$y(x)=\int_C \mathrm{e}^{xt}Y(t)\,\mathrm{d}t, \qquad (10-2-55)$$

其中 C 是复 t 平面上的一条待定路径.

将式(10-2-55)对 x 求导,得到

$$y'=\int_C t\mathrm{e}^{xt}Y(t)\,\mathrm{d}t,\quad y''=\int_C t^2\mathrm{e}^{xt}Y(t)\,\mathrm{d}t,$$

$$xy=\int_C Y(t)\,\mathrm{d}\mathrm{e}^{xt}=[Y\mathrm{e}^{xt}]c-\int_C \mathrm{e}^{xt}\frac{\mathrm{d}Y}{\mathrm{d}t}.$$

方程成为

$$-[Y\mathrm{e}^{xt}]_C+\int_C\left(t^2Y(t)+\frac{\mathrm{d}Y}{\mathrm{d}t}\right)\mathrm{e}^{xt}\mathrm{d}t=0. \qquad (10-2-56)$$

为使此方程成立,只需设法让第二项中的被积函数为零,并选择积分回路使第一项为零.由前一要求得到:$Y(t)=A\mathrm{e}^{-\frac{t^3}{3}}$,从而得到方程的解

$$y=A\int_C \mathrm{e}^{xt-\frac{t^3}{3}}\mathrm{d}t,\quad \mathrm{e}^{xt-\frac{t^3}{3}}\bigg|_C=0. \qquad (10-2-57)$$

选择的回路 C 应使 $t\to\infty$ 时有 $\mathrm{Re}\left(xt-\frac{t^3}{3}\right)<0$,这要求 $\mathrm{Re}\,t^3>0$,亦即

$$\left(2n-\frac{1}{2}\right)\pi\leqslant \arg t^3\leqslant\left(2n+\frac{1}{2}\right)\pi,\quad n=0,1,2,\cdots.$$

因此,当 $t\to\infty$ 时,回路 C 的辐角应在以下三个区间中:

$$-\frac{\pi}{6}\leqslant \arg t\leqslant \frac{\pi}{6},\quad \frac{\pi}{2}\leqslant \arg t\leqslant \frac{5\pi}{6},\quad \frac{7\pi}{6}\leqslant \arg t\leqslant \frac{3\pi}{2}. \tag{10-2-58}$$

即图 10-2-10 中的三个扇形区.

我们要求的是 $|x|$ 很大时解的渐近式.为此将式(10-2-57)写为

$$y(x)=\int_C \mathrm{e}^{h(t)}\mathrm{d}t,\quad h(t)=xt-\frac{t^3}{3}. \tag{10-2-59}$$

设法让积分路径 C 沿最陡的方向通过 $h(t)$ 的峰值点.在 § 2-2 中曾经指出,对于复变函数 $h(t)$,导数 $h'(t)=0$ 的点是鞍点,参看图 2-2-2.因此,如果让积分路径 C 沿最陡下降的方向通过鞍点,则鞍点将对积分有主要贡献.特别是,式(10-2-59)中的被积函数是 $h(t)$ 的指数函数,因而 $h(t)$ 的峰被强烈地放大,见图 10-2-11.因此,这样选择路径 C,只需要计算鞍点附近的一小段积分,就能得到 $y(x)$ 的很好的近似表达式.

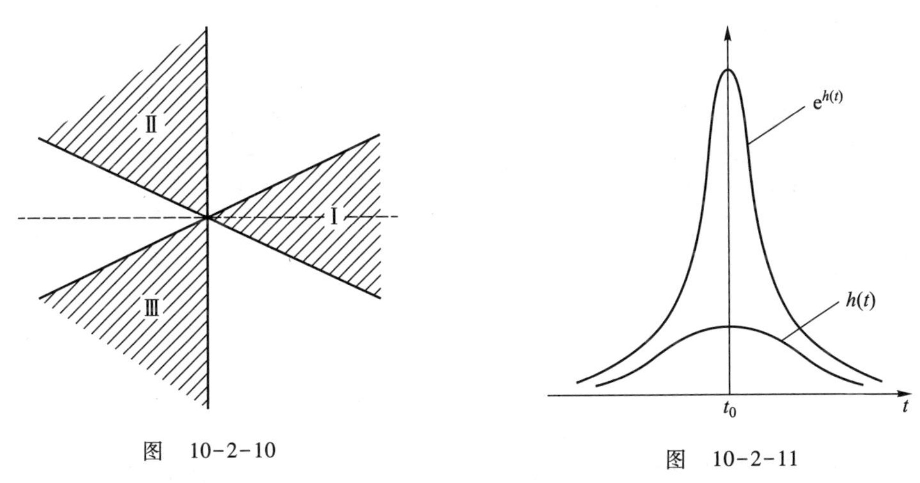

图　10-2-10　　　图　10-2-11

用 t_0 表示鞍点 $[h'(t_0)=0]$.按照式(3-4-10),写 $h''(t_0)=a\mathrm{e}^{\mathrm{i}\theta_0}$,最陡下降方向是 $\theta=(\pi-\theta_0)/2$ 的方向.

对于式(10-2-59)的 $h(t)$,$h'(t)=x-t^2$,有

$$x>0, t_0=\pm\sqrt{x};\quad x<0, t_0=\pm\mathrm{i}\sqrt{|x|}.$$

用下标 1,2,3,4 分别表示这四个鞍点,计算结果列在表 10-2-2 中.

表 10-2-2

$x>0$		
$t_{1,2}$	$-\sqrt{x}$	$\sqrt{x}$
$h(t_{1,2})$	$-\frac{2}{3}x^{3/2}$	$\frac{2}{3}x^{3/2}$
$h''(t_{1,2})$	$2\sqrt{x}$	$-2\sqrt{x}$
θ_0	0	π
θ	$\pi/2$	0

续表

$x<0$		
$t_{3,4}$	$-\mathrm{i}\sqrt{\|x\|}$	$\mathrm{i}\sqrt{\|x\|}$
$h(t_{3,4})$	$\frac{2}{3}\mathrm{i}\|x\|^{3/2}$	$-\frac{2}{3}\mathrm{i}\|x\|^{3/2}$
$h''(t_{3,4})$	$2\mathrm{i}\sqrt{\|x\|}$	$-2\mathrm{i}\sqrt{\|x\|}$
θ_0	$\pi/2$	$3\pi/2$
θ	$\pi/4$	$-\pi/4$

图 10-2-12(a)给出了这四个鞍点和穿过它们的最陡下降方向.令 $t-t_i=u\mathrm{e}^{\mathrm{i}\theta_i}$ $(i=1,2,3,4)$.t 在 t_i附近沿 θ_i方向变化时,有

$$h(t)-h(t_i)=\frac{h''(t_i)}{2}(t-t_i)^2=\frac{h''(t_i)}{2}u^2\mathrm{e}^{2\mathrm{i}\theta_i}=-\sqrt{|x|}u^2. \qquad (10-2-60)$$

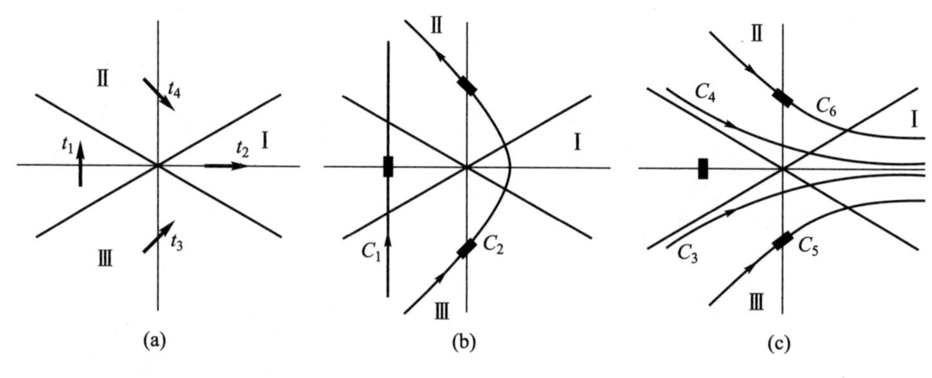

图 10-2-12

将它代到式(10-2-59)中进行积分时,在 t_i附近的这一小段对积分有压倒性的贡献,因而可以将对 u 的积分限扩展到±∞.于是有

$$y(x)=\int_C \mathrm{e}^{h(t)}\mathrm{d}t=\mathrm{e}^{\mathrm{i}\theta_i+h(t_i)}\int_{-\infty}^{\infty}\mathrm{e}^{-\sqrt{|x|}u^2}\mathrm{d}u=\mathrm{e}^{\mathrm{i}\theta_i+h(t_i)}\sqrt{\pi}|x|^{-1/4}, \qquad (10-2-61)$$

这样就得到沿不同辐角方向穿过不同鞍点积分的值,如表 10-2-3 所示.

表 10-2-3

$x>0$	
沿 $\theta=\pi/2$ 穿过$-\sqrt{x}$积分	沿 $\theta=0$ 穿过$\sqrt{x}$积分
$\mathrm{i}\sqrt{\pi}x^{-1/4}\exp\left(-\frac{2}{3}x^{3/2}\right)$	$\sqrt{\pi}x^{-1/4}\exp\left(\frac{2}{3}x^{3/2}\right)$
$x<0$	
沿 $\theta=\pi/4$ 穿过$-\mathrm{i}\sqrt{\|x\|}$积分	沿 $\theta=-\pi/4$ 穿过 $\mathrm{i}\sqrt{\|x\|}$积分
$\sqrt{\pi}\|x\|^{-1/4}\exp\left\{\mathrm{i}\left(\frac{2}{3}\|x\|^{3/2}+\pi/4\right)\right\}$	$\sqrt{\pi}\|x\|^{-1/4}\exp\left\{-\mathrm{i}\left(\frac{2}{3}\|x\|^{3/2}+\pi/4\right)\right\}$

上述方法的精确性决定于沿积分路径从鞍点下降的“陡”的程度,而后者又决定于二阶导数 $h''(t_0)$ 的绝对值.由表 10-2-2 可见

$$|h''(t_0)|=\sqrt{|x|}.$$

因此,上述近似方法在 $|x|$ 很大时成立,而在 $x\to 0$ 时失效,所得到的是方程的解在 $|x|$ 很大时的渐近表达式.

这样,由表 10-2-3 得到艾里方程解的渐近表达式

$$y(x)\sim\begin{cases}A\sqrt{\pi}x^{-1/4}\exp\left(\dfrac{2}{3}x^{3/2}\right)+B\mathrm{i}\sqrt{\pi}x^{-1/4}\exp\left(-\dfrac{2}{3}x^{3/2}\right), & x>0;\\ A\sqrt{\pi}\,|x|^{-1/4}\exp\left\{-\mathrm{i}\left(\dfrac{2}{3}|x|^{3/2}+\pi/4\right)\right\} & \\ +B\sqrt{\pi}\,|x|^{-1/4}\exp\left\{\mathrm{i}\left(\dfrac{2}{3}|x|^{3/2}+\pi/4\right)\right\}, & x<0.\end{cases}\tag{10-2-62}$$

习　　题

1. 求解常微分方程

$$y''+y'=3\mathrm{e}^{-2t}-1;\quad y(0)=y'(0)=0.$$

$$y''+4y=0;\quad y(0)=1,\quad y'(0)=4.$$

2. 求 RL 串联交流电路中的电流 $i(t)$,设电源电动势为 $\mathscr{E}(t)=\mathscr{E}_0\sin\omega t$.这里电流 $i(t)$ 所满足的方程和初始条件为

$$L\frac{\mathrm{d}i(t)}{\mathrm{d}t}+Ri(t)=\mathscr{E}_0\sin\omega t,\quad i(0)=0.$$

3. 在如题 3 图所示电路中,首先置开关 S 于位置 1,使电容器 C 充电到电压 U.在 $t=0$ 时刻将开关拨到位置 2,使电容器通过电感 L 和电阻 R 放电,求放电电流.

4. 在电阻 R 和电感 L 串联的电路中,在 $t=0$ 时加进一个宽为 t_0,高为 A 的单个方形脉冲电压

$$\mathscr{E}(t)=\begin{cases}A, & \text{当 } 0<t<t_0,\\ 0, & \text{当 } t<0 \text{ 或 } t>t_0.\end{cases}$$

如题 4 图所示,求电流.

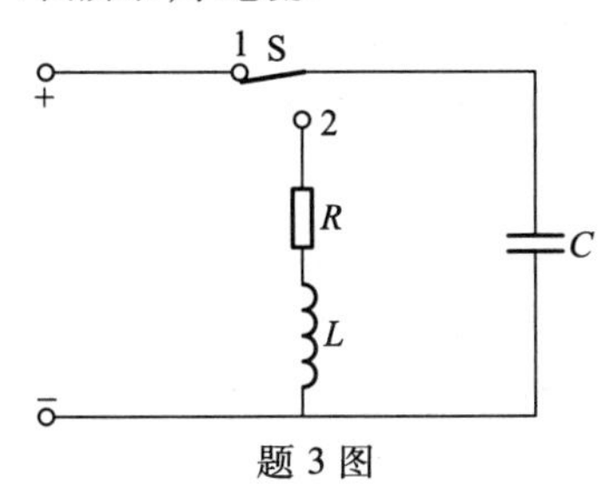

题 3 图

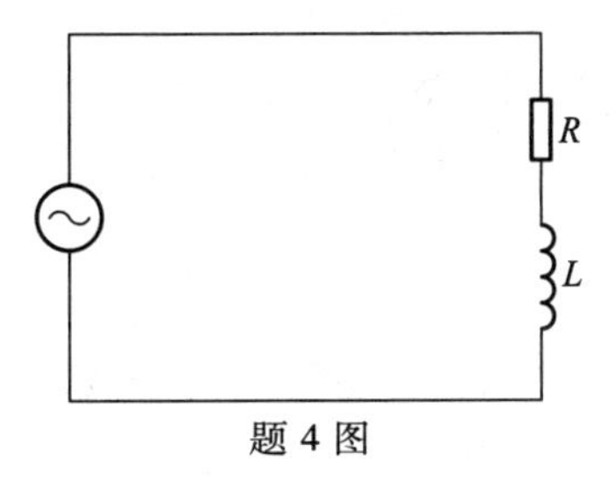

题 4 图

5. 试证明

$$\sum_{n=-\infty}^{\infty}\frac{(-1)^n}{(n+a)^2}=\frac{\pi^2\cos(\pi a)}{\sin^2(\pi a)},$$

式中实数 $a\neq 0,\pm 1,\pm 2,\cdots$.

6. 试证明：$\sum\limits_{n=0}^{\infty}\dfrac{1}{n^2-a^2}=-\dfrac{1}{2a^2}-\dfrac{\pi}{2a}\cot \pi a$，其中 a 不为整数，且不妨设 Re $a>0$.

7. 求解半无界弦的振动

$$u_{tt}-a^2u_{xx}=0\quad(x>0,t>0),$$

$$u\big|_{x=0}=0,\quad u\big|_{t=0}=0,\quad u_t\big|_{t=0}=b.$$

8. 求解无界杆的热传导问题

$$\frac{\partial u}{\partial t}-a^2\frac{\partial^2 u}{\partial x^2}=f(x,t)\quad(-\infty<x<\infty,t>0),$$

$$u\big|_{t=0}=\varphi(x),$$

$$u\big|_{x\to\pm\infty}\text{ 有界}.$$

9. 求解有界杆的热传导问题

$$\frac{\partial u}{\partial t}=\frac{\partial^2 u}{\partial x^2}\quad(0<x<4,t>0),$$

$$u(0,t)=0,\quad u(4,t)=0,$$

$$u(x,0)=6\sin\frac{\pi x}{2}+3\sin \pi x.$$

10. 求解

$$\frac{\partial u}{\partial t}-a^2\frac{\partial^2 u}{\partial x^2}+hu=0\quad(x>0,t>0),$$

$$u\big|_{x=0}=0,\quad \frac{\partial u}{\partial x}\bigg|_{x\to\infty}\to 0,$$

$$u\big|_{t=0}=b.$$

§10-3 小 波 变 换

长期以来，人们在不断地寻找具有不同优点的特殊函数来分解任意函数，以此解决复杂的工程实际问题.1807 年，傅里叶提出，利用三角函数系，把周期函数展开为傅里叶级数，把非周期函数展为傅里叶积分.利用傅里叶展开对函数作频谱分析，已成为理论分析和实际应用各领域中重要而有效的数学工具.

傅里叶变换式(10-1-10′)表示，信号 $f(t)$ 中圆频率为 ω 的成分含量为 $F(\omega)$；逆变换式(10-1-9′)表示，信号 $f(t)$ 可分解为一系列简谐振动或平面波的线性叠加，$F(\omega)$ 则是叠加运算中的权重函数.由变换式(10-1-9′)和(10-1-10′)可以看出，要从信号 $f(t)$ 得到频谱 $F(\omega)$ 必须知道 $f(t)$ 在整个时域(即 $-\infty<t<\infty$)的信息.同样，要从 $F(\omega)$ 得到 $f(t)$ 也必须知道 $F(\omega)$ 在整个频域(即 $-\infty<\omega<\infty$)的信息.换一种说法，信号 $f(t)$ 在任何时间内的微小变化都会牵动整个频谱；反过来，任何有限频段上的信息，都不足以确定任意小范围的函数 $f(t)$.因此，傅里叶变换反映信号和频谱的整体特性，比较适合于处理较长时间范围内的稳定信号.

然而,自然界和科学技术中有大量信号具有短时或定域的特性.例如,语音信号、B超等各种电脉冲、CT、核磁共振的医学图像和地震波,这些信号只出现在短暂的时间间隔内或局部的空间区域中,称它们为暂态过程或局部信号.这时,傅里叶分析就不完全适用了.

由于傅里叶变换不能提取短暂时间的信息,在20世纪50年代,有人提出加窗的傅里叶变换,或称短时傅里叶变换.20世纪80年代又进一步发展为小波变换.现在,小波变换已广泛应用于信号分析、图像处理、语音人工合成、地质勘探、地震预报和大气湍流等工程技术领域,以及量子理论和非线性物理等理论研究中.

(一)窗口傅里叶变换

1. 定义式

为了克服傅里叶变换不能提取局部信息的缺点,一个简单而有效的方法是在傅里叶变换式(10-1-10)中加一个窗函数 $w(t)$,即考虑积分变换

$$F(\omega,t_0)=\int_{-\infty}^{\infty}f(t)w(t-t_0)\mathrm{e}^{-\mathrm{i}\omega t}\mathrm{d}t. \tag{10-3-1}$$

这个变换称为**窗口傅里叶变换**或**短时傅里叶变换**,式中函数 $w(t)$ 称为**窗函数**,它是一个局部化的函数,如图10-3-1所示.它在某个中心坐标 t_c 附近有较大的值,但衰减很快,仅在宽度 $2\Delta w$ 内明显不为零.窗函数的中心 t_c 定义为

$$t_c=\frac{\int_{-\infty}^{\infty}w^*(t)tw(t)\mathrm{d}t}{\int_{-\infty}^{\infty}w^*(t)w(t)\mathrm{d}t}\equiv\frac{(w(t),tw(t))}{(w(t),w(t))}, \tag{10-3-2}$$

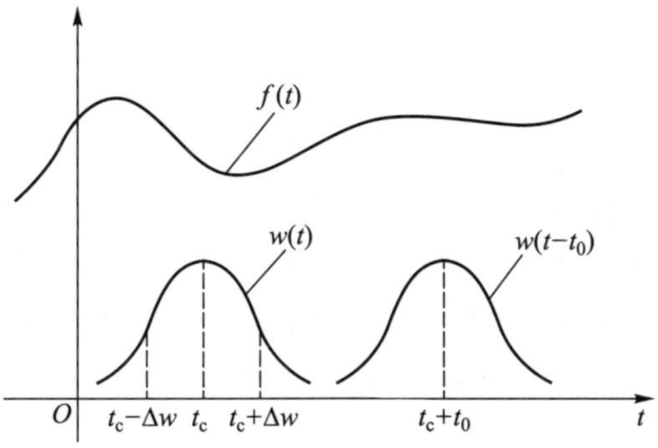

图　10-3-1

这里符号 $(f,g)\equiv\int_{-\infty}^{\infty}f^*(t)g(t)\mathrm{d}t$ 称为函数 $f(t)$ 和 $g(t)$ 的内积. 函数 $w(t)$ 的半宽度 Δw 定义为

$$\Delta w=\left[\frac{(w(t),(t-t_c)^2w(t))}{(w(t),w(t))}\right]^{1/2} \tag{10-3-3}$$

像函数 $F(\omega,t_0)$ 可给出信号 $f(t)$ 在时间窗 $[t_c+t_0-\Delta w,t_c+t_0+\Delta w]$ 内的局部信息.与通常的傅里叶变换不同,在定义式(10-3-1)中,频率变量 ω 与时间参量 t_0 同时出现在 $F(\omega,t_0)$ 中,这是窗口傅里叶变换与通常的傅里叶变换的一个重要差别.正是参量 t_0 和窗口半宽度 Δw 使这一变换具有局部处理的功能.窗口宽度限制了处理的时间范围;改变 t_0,

窗口就在时域中移动，从而获取不同时间的信息，常称 t_0 为位移因子.

2. 频域中的表达式

利用像函数的卷积定理(10-1-35)，有

$$F[f_1(t)f_2(t)]=\frac{1}{2\pi}F_1(\omega)*F_2(\omega),$$

即

$$\int_{-\infty}^{\infty}f_1(t)f_2(t)\mathrm{e}^{-\mathrm{i}\omega t}\mathrm{d}t=\frac{1}{2\pi}\int_{-\infty}^{\infty}F_1(\omega')F_2(\omega-\omega')\mathrm{d}\omega' \qquad (10-3-4)$$

容易写出定义式(10-3-1)在频域中的表达式.为此，取 $f_1(t)=f(t)$，有 $F_1(\omega)=F(\omega)$.若 $w(t)$ 的像函数记为 $\hat{w}(\omega)$，取 $f_2(t)=w(t-t_0)$，由位移定理(10-1-24)有 $F_2(\omega)=\hat{w}(\omega)\mathrm{e}^{-\mathrm{i}\omega t_0}$，则式(10-3-1)可以改写为

$$\begin{aligned}F(\omega,t_0)&=\int_{-\infty}^{\infty}f(t)w(t-t_0)\mathrm{e}^{-\mathrm{i}\omega t}\mathrm{d}t\\&=\frac{1}{2\pi}\int_{-\infty}^{\infty}F(\omega')\hat{w}(\omega-\omega')\mathrm{e}^{-\mathrm{i}(\omega-\omega')t_0}\mathrm{d}\omega'.\end{aligned} \qquad (10-3-5)$$

如果窗函数 $w(t)$ 的像函数 $\hat{w}(\omega)$ 也是局部化的，即 $\hat{w}(\omega)$ 在频域中有相应的坐标中心

$$\omega_c=\frac{(\hat{w}(\omega),\omega\hat{w}(\omega))}{(\hat{w}(\omega),\hat{w}(\omega))} \qquad (10-3-6)$$

和频域半宽度

$$\Delta\hat{w}=\left[\frac{(\hat{w}(\omega),(\omega-\omega_c)^2\hat{w}(\omega))}{(\hat{w}(\omega),\hat{w}(\omega))}\right]^{1/2}, \qquad (10-3-7)$$

则式(10-3-5)表明，窗口傅里叶变换在时域和频域的表达式有相似的形式.式(10-3-5)中，对 t 的积分贡献主要来自 t_c+t_0 附近，参见图 10-3-1；对 ω' 的积分贡献主要来自 $\omega'=\omega$ 附近.因此，窗口傅里叶变换可以将信号 $f(t)$ 在时域和频域同时局部化，它给出了信号 $f(t)$ 在频率窗 $(\omega-\Delta\hat{w},\omega+\Delta\hat{w})$ 内的频谱信息.下面我们来讨论一个具体的变换.

3. 加博变换

1946 年，加博(D.Gabor)选取高斯函数为窗函数，即设

$$w(t)=g(t)=\frac{1}{\sqrt{2\pi}\alpha}\mathrm{e}^{-\frac{t^2}{2\alpha^2}}. \qquad (10-3-8)$$

由定义式(10-3-1)有

$$F(\omega,t_0)=\frac{1}{\sqrt{2\pi}\alpha}\int_{-\infty}^{\infty}f(t)\mathrm{e}^{-\frac{(t-t_0)^2}{2\alpha^2}}\mathrm{e}^{-\mathrm{i}\omega t}\mathrm{d}t, \qquad (10-3-9)$$

这是以高斯函数为窗函数的窗口傅里叶变换，又称加博变换.

按照式(10-3-2)，由于高斯函数是偶函数，显然中心坐标 $t_c=0$.由式(10-3-3)，窗函数 $g(t)$ 的半宽度为

$$\Delta g=\left(\frac{\int_{-\infty}^{\infty}t^2\mathrm{e}^{-\frac{t^2}{\alpha^2}}\mathrm{d}t}{\int_{-\infty}^{\infty}\mathrm{e}^{-\frac{t^2}{\alpha^2}}\mathrm{d}t}\right)^{1/2}.$$

将分子分部积分一次,容易算得

$$\Delta g=\frac{\sqrt{2}}{2}\alpha. \qquad (10-3-10)$$

窗函数(10-3-8)的像函数为

$$G(\omega)=\frac{1}{\sqrt{2\pi}\,\alpha}\int_{-\infty}^{\infty}\mathrm{e}^{-\frac{t^2}{2\alpha^2}}\mathrm{e}^{-\mathrm{i}\omega t}\mathrm{d}t=\mathrm{e}^{-\frac{\alpha^2\omega}{2}}. \qquad (10-3-11)$$

它仍然是高斯函数,所以它是一个局部化的函数.按照定义式(10-3-6)和式(10-3-7),同样可求得 $G(\omega)$ 的中心坐标

$$\omega_c=0,$$

频率窗半宽度

$$\Delta G=\frac{\sqrt{2}}{2\alpha}. \qquad (10-3-12)$$

对于加博变换,式(10-3-5)成为

$$F(\omega,t_0)=\int_{-\infty}^{\infty}f(t)\mathrm{e}^{-\frac{(t-t_0)^2}{2\alpha^2}}\mathrm{e}^{-\mathrm{i}\omega t}\mathrm{d}t=\frac{1}{2\pi}\int_{-\infty}^{\infty}F(\omega')\mathrm{e}^{-\frac{\alpha^2(\omega-\omega')^2}{2}}\mathrm{e}^{-\mathrm{i}(\omega-\omega')t_0}\mathrm{d}\omega'.$$

$$(10-3-13)$$

由此明显地看出,加博变换在频域和时域中的表达式具有相似的形式.它给出一个中心位于 t_0,宽度为$\sqrt{2}\alpha$ 的时间窗$\left[t_0-\frac{\sqrt{2}}{2}\alpha,t_0+\frac{\sqrt{2}}{2}\alpha\right]$,从而实现时域处理的局部化;与之相应,它又给出一个中心位于 ω,宽度为$\sqrt{2}/\alpha$ 的频率窗$\left[\omega-\frac{\sqrt{2}}{2\alpha},\omega+\frac{\sqrt{2}}{2\alpha}\right]$,从而实现频域处理的局部化.

为了形象直观,我们在 t-ω 平面上,以(t_0,ω)为中心作宽度为 $2\Delta w$,高为 $2\Delta\hat{w}$ 的矩形(图 10-3-2)来表示时间-频率的局部化.这个矩形称为时间-频率窗,其面积是 $2\Delta w\times 2\Delta\hat{w}$.对于加博变换有

$$2\Delta g\times 2\Delta G=2.$$

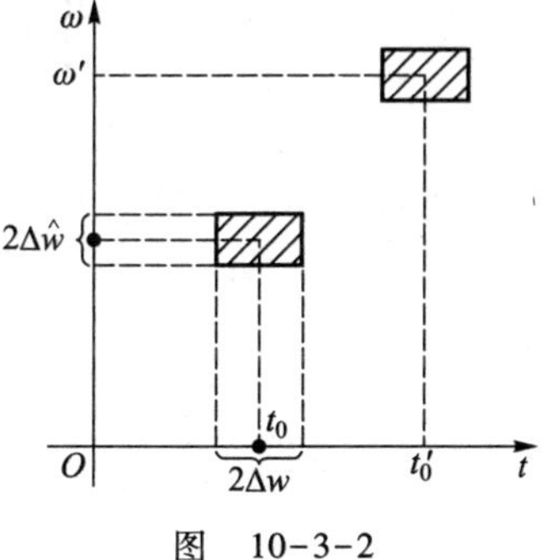

图 10-3-2

当 t_0 变为 t'_0 时,时间-频率窗的宽度、高度是不变的,不能随频率的高低而适当调整.这正是加博变换和其他窗口傅里叶变换的缺点.因为频率是和周期成反比的,研究高频现象时,要求时间上分辨得细致些,宜取较窄的时间窗;而研究低频现象时,可取较宽的时间窗,容纳多个时间周期,以保证处理精度.窗口傅里叶变换不能满足这一

要求.因此,它不适合于处理频域宽、变化激烈的信号.所以,要求在理论和方法上创建新的时间-频率分析技术,以满足信息技术的需要.小波变换就是针对这类问题而发展起来的.

(二) 小波变换

1. 定义

为了克服窗口傅里叶变换的时间-频率窗不能随频率变化的缺点,法国油气工程师莫勒特(J.Morlet)在处理地震波的数据时引进小波变换.他以具有局域特性的函数 $\psi(t)$ 为母函数,不仅考虑时间的位移,还考虑伸缩,生成子波函数

$$\psi_{a,b}(t)=\frac{1}{\sqrt{a}}\psi\left(\frac{t-b}{a}\right),\quad a>0, \tag{10-3-14}$$

b 称为位移因子,a 称为伸缩因子或尺度因子.a 愈大,$\psi\left(\frac{t}{a}\right)$ 愈宽,表明小波的持续时间随尺度 a 的增大而增大,而幅度则随 a 的增大而减小.一个持续时间有限的母函数 $\psi(t)$ 与小波 $\psi_{a,b}(t)$ 的关系如图 10-3-3 所示.引入因子 $\frac{1}{\sqrt{a}}$ 是为了规范化,使 $\|\psi_{a,b}\|^2\equiv\int_{-\infty}^{\infty}|\psi_{a,b}(t)|^2\mathrm{d}t=\int_{-\infty}^{\infty}|\psi(t)|^2\mathrm{d}t\equiv\|\psi\|^2$ 对所有 a, b 成立.事实上,作变量代换,令

$$u=\frac{t-b}{a}, \tag{10-3-15}$$

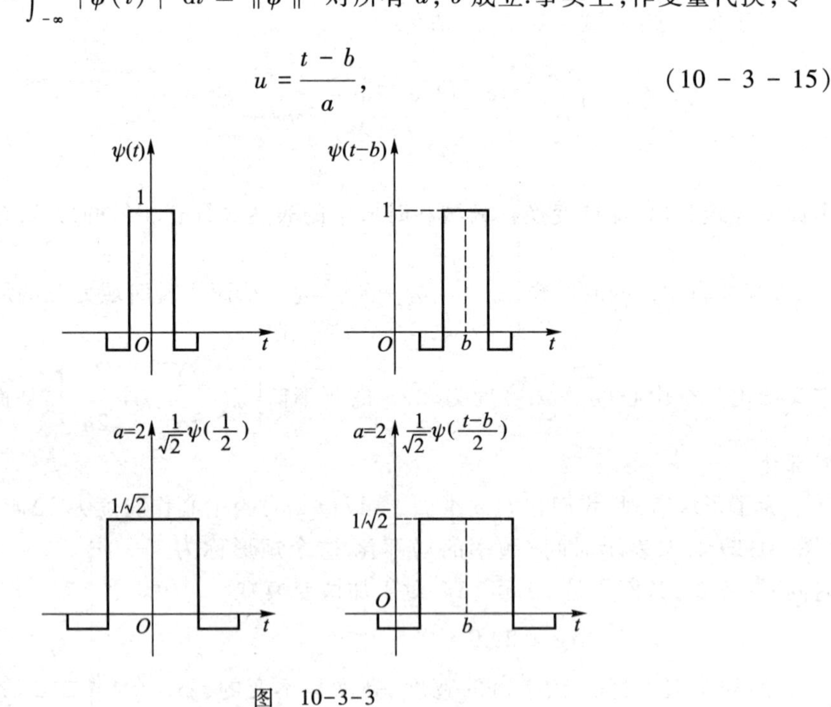

图　10-3-3

则有

$$\|\psi_{a,b}\|^2\equiv\int_{-\infty}^{\infty}\psi_{a,b}^*(t)\psi_{a,b}(t)\,\mathrm{d}t=\frac{1}{a}\int_{-\infty}^{\infty}\psi^*\left(\frac{t-b}{a}\right)\psi\left(\frac{t-b}{a}\right)\mathrm{d}t$$

$$=\frac{1}{a}\int_{-\infty}^{\infty}\psi^{*}(u)\psi(u)a\mathrm{d}u=\int_{-\infty}^{\infty}|\psi|^{2}\mathrm{d}u\equiv\|\psi\|^{2}. \tag{10-3-16}$$

与通常积分变换的定义类似，信号 $f(t)$ 对小波函数 $\psi_{a,b}(t)$ 的小波变换定义为

$$w_{f}(a,b)=\int_{-\infty}^{\infty}\psi_{a,b}^{*}(t)f(t)\mathrm{d}t=\frac{1}{\sqrt{a}}\int_{-\infty}^{\infty}f(t)\psi^{*}\left(\frac{t-b}{a}\right)\mathrm{d}t. \tag{10-3-17}$$

利用傅里叶变换的帕塞瓦尔等式(参见习题 1)

$$\int_{-\infty}^{\infty}g^{*}(t)f(t)\mathrm{d}t=\frac{1}{2\pi}\int_{-\infty}^{\infty}G^{*}(\omega)F(\omega)\mathrm{d}\omega, \tag{10-3-18}$$

式中 $G(\omega)$ 和 $F(\omega)$ 分别是 $g(t)$ 和 $f(t)$ 的傅里叶变换的像函数.取 $g(t)=\psi_{a,b}(t)$，它的像函数用 $\boldsymbol{\Psi}_{a,b}(\omega)$ 表示，得小波变换在频域中的表达式为

$$w_{f}(a,b)=\frac{1}{2\pi}\int_{-\infty}^{\infty}\boldsymbol{\Psi}_{a,b}^{*}(\omega)F(\omega)\mathrm{d}\omega. \tag{10-3-19}$$

利用变量代换(10-3-15)，可将子波函数的像函数 $\boldsymbol{\Psi}_{a,b}(\omega)$ 用母函数 $\psi(t)$ 的像函数 $\boldsymbol{\Psi}(\omega)$ 表示，即

$$\begin{aligned}\boldsymbol{\Psi}_{a,b}(\omega)&=\int_{-\infty}^{\infty}\psi_{a,b}(t)\mathrm{e}^{-\mathrm{i}\omega t}\mathrm{d}t=\frac{1}{\sqrt{a}}\int_{-\infty}^{\infty}\psi\left(\frac{t-b}{a}\right)\mathrm{e}^{-\mathrm{i}\omega t}\mathrm{d}t\\&=\frac{1}{\sqrt{a}}\int_{-\infty}^{\infty}\psi(u)\mathrm{e}^{-\mathrm{i}\omega(au+b)}a\mathrm{d}u\\&=\sqrt{a}\,\mathrm{e}^{-\mathrm{i}\omega b}\int_{-\infty}^{\infty}\psi(u)\mathrm{e}^{-\mathrm{i}\omega au}\mathrm{d}u=\sqrt{a}\,\mathrm{e}^{-\mathrm{i}\omega b}\boldsymbol{\Psi}(a\omega).\end{aligned} \tag{10-3-20}$$

将式(10-3-20)代入到式(10-3-19)，子波变换在频域中的表达式可写为

$$w_{f}(a,b)=\frac{\sqrt{a}}{2\pi}\int_{-\infty}^{\infty}F(\omega)\boldsymbol{\Psi}^{*}(a\omega)\mathrm{e}^{\mathrm{i}\omega b}\mathrm{d}\omega. \tag{10-3-21}$$

如果 $\psi(t)$ 和 $\boldsymbol{\Psi}(\omega)$ 都是局部化函数，则由式(10-3-17)和式(10-3-21)可见，小波变换将信号 $f(t)$ 在时域和频域同时局部化.

2. 时间-频率窗

小波函数 $\psi_{a,b}(t)$ 的中心坐标 t_{c}' 和半宽度 $\Delta\psi_{a,b}$ 的定义与式(10-3-2)和式(10-3-3)类似，只不过将窗函数 $w(t)$ 换为小波函数 $\psi_{a,b}(t)$，但 $\psi_{a,b}(t)$ 是由母函数 $\psi(t)$ 生成的，故将 t_{c}' 和 $\Delta\psi_{a,b}$ 用母函数 $\psi(t)$ 的中心坐标 t_{c} 和半宽度 $\Delta\psi$ 来表示.

按照中心坐标的定义，有

$$t_{\mathrm{c}}'=\frac{(\psi_{a,b},t\psi_{a,b})}{(\psi_{a,b},\psi_{a,b})}=\frac{1}{\|\psi_{a,b}\|^{2}}\int_{-\infty}^{\infty}t|\psi_{a,b}(t)|^{2}\mathrm{d}t.$$

利用式(10-3-14)及变量代换(10-3-15)有

$$\begin{aligned}t_{\mathrm{c}}'&=\frac{1}{\|\psi\|^{2}}\int_{-\infty}^{\infty}\frac{1}{a}t\psi^{*}\left(\frac{t-b}{a}\right)\psi\left(\frac{t-b}{a}\right)\mathrm{d}t\\&=\frac{1}{\|\psi\|^{2}}\int_{-\infty}^{\infty}\frac{(au+b)}{a}\psi^{*}(u)\psi(u)a\mathrm{d}u=at_{\mathrm{c}}+b.\end{aligned} \tag{10-3-22}$$

同样,$\psi_{a,b}(t)$的半宽度可用$\psi(t)$的半宽度$\Delta\psi$表示,即

$$
\begin{aligned}
\Delta\psi_{a,b} &= \left[\frac{1}{\|\psi_{a,b}\|^2}\int_{-\infty}^{\infty}\psi_{a,b}^*(t)(t-t'_c)\psi_{a,b}(t)\,\mathrm{d}t\right]^{1/2}\\
&= \left[\frac{1}{\|\psi\|^2}\int_{-\infty}^{\infty}\frac{1}{a}(t-b-at_c)^2\psi^*\left(\frac{t-b}{a}\right)\psi\left(\frac{t-b}{a}\right)\mathrm{d}t\right]^{1/2}\\
&= \left[\frac{a^2}{\|\psi\|^2}\int_{-\infty}^{\infty}(u-t_c)^2\psi^*(u)\psi(u)\,\mathrm{d}u\right]^{1/2}\\
&= a\Delta\psi.
\end{aligned}
\tag{10-3-23}
$$

由此可见,小波变换给出了信号$f(t)$在时间窗$[b+at_c-a\Delta\psi,b+at_c+a\Delta\psi]$内的局部信息.时间窗的宽度为$2a\Delta\psi$.

类似地,设像函数$\Psi_{a,b}(\omega)$和$\Psi(\omega)$的中心分别为ω'_c和ω_c,半宽度分别为$\Delta\Psi_{a,b}$和$\Delta\Psi$,经变量代换后,容易证明(留作习题)

$$\omega'_c=\frac{1}{a}\omega_c, \tag{10-3-24}$$

$$\Delta\Psi_{a,b}=\frac{1}{a}\Delta\Psi. \tag{10-3-25}$$

由此得频率窗为$\left[\frac{1}{a}\omega_c-\frac{1}{a}\Delta\Psi,\frac{1}{a}\omega_c+\frac{1}{a}\Delta\Psi\right]$,其中心在$\frac{\omega_c}{a}$,宽度为$\frac{2}{a}\Delta\Psi$.综上所述,小波变换的矩形时间-频率窗为

$$[b+at_c-a\Delta\psi,b+at_c+a\Delta\psi]\times\left[\frac{\omega_c}{a}-\frac{\Delta\Psi}{a},\frac{\omega_c}{a}+\frac{\Delta\Psi}{a}\right]. \tag{10-3-26}$$

此式表明,小波变换克服了加博变换的缺陷.如图10-3-4所示,小波变换的时间-频率窗的形状随尺度a的变化而变化.在检测高频信号(即a小)时,时间窗口自动变窄而频率窗口变宽,可以处理更多的高频信息;在检测低频信号(即a大)时,时间窗自动加宽而频率窗变窄,可以容纳更多的时间周期,这就保证了以同样精度去处理不同频率的信号.正是这种可变性,使得小波变换能迅速适应信号的不规则性,并局部地表示它们的特征.有人把小波变换的这一性能,比喻为"自动变焦作用".

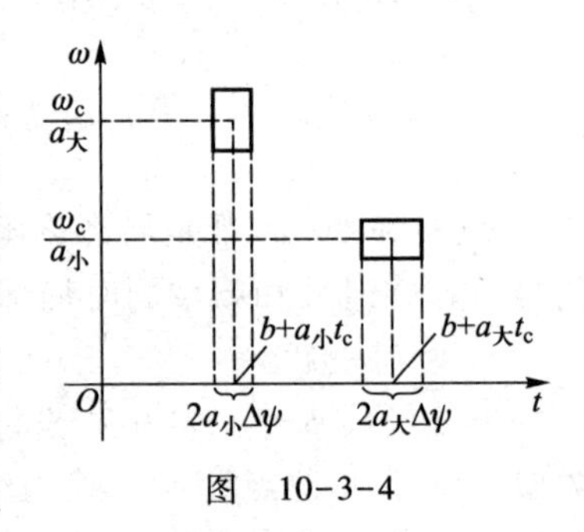

图 10-3-4

下面来看一个具体的小波变换.

3. 莫勒特小波变换

莫勒特最早引进小波变换时,取函数

$$\psi(t)=\frac{1}{\sqrt{2\pi}\,\alpha}\mathrm{e}^{-\frac{t^2}{2\alpha^2}}\mathrm{e}^{\mathrm{i}\omega_0 t} \tag{10-3-27}$$

为母函数,小波函数为

$$\psi_{a,b}(t)=\frac{1}{\sqrt{2\pi a}\,\alpha}\mathrm{e}^{-\frac{1}{2\alpha^2}\left(\frac{t-b}{a}\right)^2}\mathrm{e}^{\mathrm{i}\omega_0\left(\frac{t-b}{a}\right)}. \tag{10-3-28}$$

相应的小波变换是

$$w_f(a,b)=\frac{\mathrm{e}^{\mathrm{i}\omega b}}{\sqrt{2\pi a}\,\alpha}\int_{-\infty}^{\infty}f(t)\,\mathrm{e}^{-\frac{1}{2\alpha^2}\left(\frac{t-b}{a}\right)^2}\mathrm{e}^{-\mathrm{i}\frac{\omega_0}{a}t}\mathrm{d}t. \tag{10-3-29}$$

由式(10-3-21)看出,要写出它在频域中的表达式,需要计算 $\psi(t)$ 的像函数

$$\begin{aligned}\Psi(\omega)&=\frac{1}{\sqrt{2\pi}\,\alpha}\int_{-\infty}^{\infty}\mathrm{e}^{-\frac{t^2}{2\alpha^2}}\mathrm{e}^{\mathrm{i}\omega_0 t}\mathrm{e}^{-\mathrm{i}\omega t}\mathrm{d}t\\&=\mathrm{e}^{-\frac{\alpha^2}{2}(\omega-\omega_0)^2}.\end{aligned} \tag{10-3-30}$$

代入式(10-3-21)得频域表达式

$$w_f(a,b)=\frac{\sqrt{a}}{2\pi}\int_{-\infty}^{\infty}F(\omega)\,\mathrm{e}^{-\frac{1}{2}\alpha^2(a\omega-\omega_0)^2}\mathrm{e}^{\mathrm{i}\omega b}\mathrm{d}\omega. \tag{10-3-31}$$

母函数(10-3-27)与加博变换的窗函数只相差一个指数因子 $\mathrm{e}^{\mathrm{i}\omega_0 t}$.因此,与加博变换的情形相同,函数 $\psi(t)$ 的中心坐标 $t_c=0$,半宽度 $\Delta\psi=\frac{\sqrt{2}}{2}\alpha$.

像函数 $\Psi(\omega)$ 的中心坐标为

$$\omega_c=\frac{1}{\|\Psi\|^2}\int_{-\infty}^{\infty}\omega\mathrm{e}^{-\alpha^2(\omega-\omega_0)^2}\mathrm{d}\omega,$$

作变量代换 $u=\omega-\omega_0$,容易算得 $\omega_c=\omega_0$. $\Psi(\omega)$ 的半宽度为

$$\Delta\Psi=\left[\frac{1}{\|\Psi\|^2}\int_{-\infty}^{\infty}(\omega-\omega_0)^2\mathrm{e}^{-\alpha^2(\omega-\omega_0)^2}\mathrm{d}\omega\right]^{1/2}=\frac{\sqrt{2}}{2\alpha}.$$

由式(10-3-26)得莫勒特小波变换的时间-频率窗为

$$\left[b-\frac{\sqrt{2}}{2}\alpha a,b+\frac{\sqrt{2}}{2}\alpha a\right]\times\left[\frac{\omega_0}{a}-\frac{\sqrt{2}}{2\alpha a},\frac{\omega_0}{a}+\frac{\sqrt{2}}{2\alpha a}\right]. \tag{10-3-32}$$

由此看出,莫勒特小波变换与加博变换的实质性差别在于,莫勒特小波变换的中心频率为$\frac{\omega_0}{a}$,随尺度因子 a 的增大而减小,时间-频率窗的宽度随 a 而变.在加博变换中窗的宽度是常数,当中心频率增高时,一定宽度的时间窗内周期增多,所以变换的精度是随频率而变化的;而在莫勒特小波变换中,时间窗的宽度为$\sqrt{2}\,\alpha a$,频率窗的宽度为$\sqrt{2}/\alpha a$.当中心频率增高(即 a 减小)时,频率窗变宽而时间窗变窄,在时间窗范围内时间周期相同,以保证处理精度.

4. 逆变换和相容性条件

关于小波变换的逆变换和相容性条件有下述定理:

若函数 $\psi(t)$ 是平方可积的,且满足相容性条件

$$C_\psi\equiv\int_0^{\infty}\frac{|\Psi(\omega)|^2}{\omega}\mathrm{d}\omega<\infty, \tag{10-3-33}$$

则小波变换(10-3-17)的逆变换为

$$f(t)=\frac{1}{C_\psi}\int_{-\infty}^{\infty}\mathrm{d}b\int_0^{\infty}\frac{\mathrm{d}a}{a^2}w_f(a,b)\psi_{a,b}(t).\tag{10-3-34}$$

证　$\psi_{a,b}(t)$可由像函数$\Psi_{a,b}(\omega)$决定，利用式(10-3-20)，有

$$\psi_{a,b}(t)=\frac{1}{2\pi}\int_{-\infty}^{\infty}\Psi_{a,b}(\omega)\mathrm{e}^{\mathrm{i}\omega t}\mathrm{d}\omega=\frac{\sqrt{a}}{2\pi}\int_{-\infty}^{\infty}\Psi(a\omega)\mathrm{e}^{\mathrm{i}\omega(t-b)}\mathrm{d}\omega.\tag{10-3-35}$$

将式(10-3-35)及式(10-3-21)代入式(10-3-34)右边，得到

$$\begin{aligned}&\frac{1}{C_\psi}\int_{-\infty}^{\infty}\mathrm{d}b\int_0^{\infty}\frac{\mathrm{d}a}{a^2}w_f(a,b)\psi_{a,b}(t)\\&=\frac{1}{C_\psi}\int_{-\infty}^{\infty}\mathrm{d}b\int_0^{\infty}\frac{\mathrm{d}a}{a^2}\left[\frac{\sqrt{a}}{2\pi}\int_{-\infty}^{\infty}\Psi^*(a\omega)\mathrm{e}^{\mathrm{i}\omega b}F(\omega)\mathrm{d}\omega\right]\cdot\left[\frac{\sqrt{a}}{2\pi}\int_{-\infty}^{\infty}\Psi(a\omega')\mathrm{e}^{\mathrm{i}\omega'(t-b)}\mathrm{d}\omega'\right]\\&=\frac{1}{C_\psi}\int_0^{\infty}\frac{\mathrm{d}a}{a}\left[\frac{1}{2\pi}\int_{-\infty}^{\infty}F(\omega)\Psi^*(a\omega)\mathrm{d}\omega\int_{-\infty}^{\infty}\Psi(a\omega')\mathrm{e}^{\mathrm{i}\omega' t}\mathrm{d}\omega'\right]\frac{1}{2\pi}\int_{-\infty}^{\infty}\mathrm{e}^{\mathrm{i}(\omega-\omega')b}\mathrm{d}b\\&=\frac{1}{C_\psi}\int_0^{\infty}\frac{\mathrm{d}a}{a}\int_{-\infty}^{\infty}\frac{1}{2\pi}F(\omega)\Psi^*(a\omega)\mathrm{d}\omega\int_{-\infty}^{\infty}\Psi(a\omega')\mathrm{e}^{\mathrm{i}\omega' t}\delta(\omega-\omega')\mathrm{d}\omega'\\&=\frac{1}{C_\psi}\int_0^{\infty}\frac{1}{a}|\Psi(a\omega)|^2\mathrm{d}a\cdot\frac{1}{2\pi}\int_{-\infty}^{\infty}F(\omega)\mathrm{e}^{\mathrm{i}\omega t}\mathrm{d}\omega\end{aligned}$$

作变量代换$\omega'=a\omega$，于是

$$\int_0^{\infty}\frac{1}{a}|\Psi(a\omega)|^2\mathrm{d}a=\int_0^{\infty}\frac{|\Psi(\omega')|^2}{\omega'}\mathrm{d}\omega'=C_\psi.$$

而上式中最后一个积分就是$f(t)$，所以最后得

$$f(t)=\frac{1}{C_\psi}\int_{-\infty}^{\infty}\mathrm{d}b\int_0^{\infty}\frac{\mathrm{d}a}{a^2}w_f(a,b)\psi_{a,b}(t).$$

【证毕】

从以上证明可以看出，要逆变换存在，必须满足相容性条件(10-3-33).为此，母函数$\psi(t)$必须使得$\Psi(\omega=0)=0$，也就是$\int_{-\infty}^{\infty}\psi(t)\mathrm{e}^{-\mathrm{i}\omega t}\mathrm{d}t=0$.这表明$\psi(t)$是振荡的，且其平均值为零.而小波函数(10-3-14)则是由满足条件$\int_{-\infty}^{\infty}\psi(t)\mathrm{d}t=0$的$\psi(t)$经过平移和伸缩得到的函数族.

5. 小波变换的性质

小波变换同其他积分变换一样，也有一些运算性质，现列举几个常用的.

(1) 线性定理　若$f(t)$和$g(t)$的小波变换分别为$w_f(a,b)$和$w_g(a,b)$，则$C_1f(t)+C_2g(t)$的小波变换为

$$C_1w_f(a,b)+C_2w_g(a,b),$$

式中C_1和C_2为常数.

(2) 位移定理　若$f(t)$的小波变换为$w_f(a,b)$，则$f(t-t_0)$的小波变换为

$$w_f(a,b-t_0).$$

(3) 伸缩定理　若 $f(t)$ 的小波变换为 $w_f(a,b)$，当 $\lambda>0$ 时，$f(\lambda t)$ 的小波变换为

$$\left(\frac{1}{\lambda}\right)^{1/2} w_f(a,b).$$

(4) 自相似定理　若信号 $f(t)$ 具有自相似性，即

$$f(\lambda t)=\lambda^{\alpha} f(t), \tag{10-3-36}$$

式中 α 称为 $f(t)$ 的标度指数，则其小波变换也具有自相似性

$$w_f(\lambda a,\lambda b)=\lambda^{\alpha+\frac{1}{2}} w_f(a,b). \tag{10-3-37}$$

证　$w_f(\lambda a,\lambda b)=\dfrac{1}{\sqrt{\lambda a}}\displaystyle\int_{-\infty}^{\infty} f(t)\psi^{*}\left(\frac{t-\lambda b}{\lambda a}\right)\mathrm{d}t$

令 $t=\lambda u$，有

$$\begin{aligned}w_f(\lambda a,\lambda b)&=\frac{1}{\sqrt{\lambda a}}\int_{-\infty}^{\infty} f(\lambda u)\psi^{*}\left(\frac{u-b}{a}\right)\lambda\,\mathrm{d}u\\&=\frac{\lambda^{\alpha+\frac{1}{2}}}{\sqrt{a}}\int_{-\infty}^{\infty} f(u)\psi^{*}\left(\frac{u-b}{a}\right)\mathrm{d}u=\lambda^{\alpha+\frac{1}{2}} w_f(a,b).\end{aligned}$$

【证毕】

在式(10-3-37)中，让 $a=a_0$，$b=b_0$ 固定，取 $\lambda=\dfrac{a}{a_0}$，$a=\lambda a_0$，$b=\dfrac{a}{a_0}b_0$，则有

$$w_f(a,b)\equiv w_f\left(\frac{a}{a_0}a_0,\frac{a}{a_0}b_0\right)=\left(\frac{a}{a_0}\right)^{\alpha+\frac{1}{2}} w_f(a_0,b_0),$$

即

$$w_f(a,b)=Ca^{\alpha+\frac{1}{2}}, \tag{10-3-38}$$

式中 $C=\left(\dfrac{1}{a_0}\right)^{\alpha+\frac{1}{2}} w_f(a_0,b_0)$ 为常数. 两边取对数，上式可写为

$$\ln w_f(a,b)=\left(\alpha+\frac{1}{2}\right)\ln a+\ln C.$$

在双对数坐标 $\ln a-\ln w_f(a,b)$ 图中，选取不同的 a 和相应的 $w_f(a,b)$，由多个点拟合成直线，该直线的斜率为 $\alpha+\dfrac{1}{2}$. 因此，由这一定理可确定信号 $f(t)$ 的标度指数 α.

习　题

第八章——第十章习题课

1. 证明帕塞瓦尔等式(10-3-18)，并利用它证明加博变换的频域表达式(10-3-13).
2. 证明式(10-3-24)和式(10-3-25).
3. 证明小波变换的位移定理和伸缩定理.

第十一章 格林函数法

在这一章里介绍解数学物理方程的另一种常用方法——格林函数法.物理学中常常用质点、点电荷、点热源等点源的概念.根据叠加原理,如果知道了点源的场,就可以算出同样边界条件下任意源的场.这种求解数学物理方程的方法叫作格林函数法,点源的场称为格林函数.

§11-1 δ 函数

δ 函数(1)

δ 函数(2)

几何学上的点是没有大小没有物理性质的,它仅仅标志一个位置,用几何学上的点来代表物理量是不符合实际的.那么,数学上如何描写上述点源呢?为此,我们引进 δ 函数.

(一) δ 函数的定义

假定有电荷量 Q 均匀分布在一根长为 l 的直线上,则其电荷密度 $\rho(x)$ 是

$$\rho(x)=\begin{cases}0, & \text{当 } |x|>\dfrac{l}{2}.\\ \dfrac{Q}{l}, & \text{当 } |x|\leqslant\dfrac{l}{2}.\end{cases}\tag{11-1-1}$$

将 $\rho(x)$ 对 x 积分,得到总电荷量 Q:

$$\int_{-\infty}^{\infty}\rho(x)\,\mathrm{d}x=Q.\tag{11-1-2}$$

如果让上述线段的长度 $l\to 0$,就得到一个点电荷.将此时的电荷密度用 $\rho_0(x)$ 表示,则有

$$\rho_0(x)=\begin{cases}0, & \text{当 } x\neq 0\\ \infty, & \text{当 } x=0.\end{cases}\tag{11-1-3}$$

这一点电荷的总电荷量仍为 Q,故式(11-1-2)仍成立.我们称单位电荷量($Q=1$)的点电荷的电荷密度为 δ 函数,即有

$$\delta(x)=\begin{cases}0, & \text{当 } x\neq 0\\ \infty, & \text{当 } x=0,\end{cases}\tag{11-1-4}$$

$$\int_{-\infty}^{\infty}\delta(x)\,\mathrm{d}x=1.\tag{11-1-5}$$

电荷量为 Q 的点电荷密度 $\rho_0(x)$ 可以用 $\delta(x)$ 表示为

$$\rho_0(x)=Q\delta(x). \qquad (11-1-6)$$

δ 函数的意义不局限于点电荷密度.它可以用来描述任意点量的密度.例如,单位质量质点的质量密度也可用式(11-1-4)和式(11-1-5)定义的 δ 函数描述.

由定义式(11-1-4)和式(11-1-5)可见,δ 函数可以看成是集中在 $x=0$ 处的一个无穷高的峰,这个高峰下面的面积等于 1,如图 11-1-1 所示.

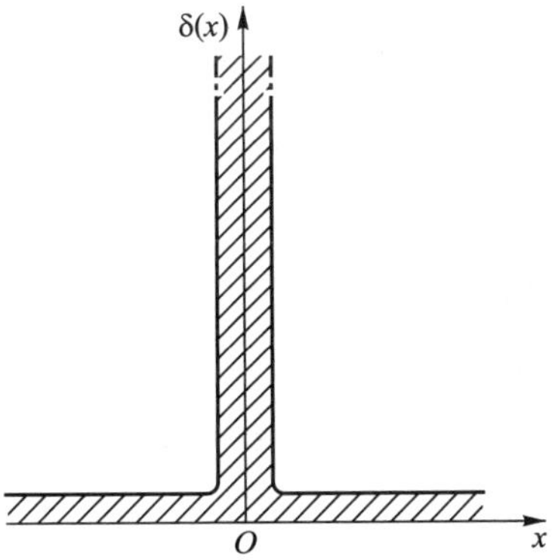

图 11-1-1

(二) δ 函数的性质

根据式(11-1-4),在 $x\neq0$ 时 $\delta(x)=0$,所以式(11-1-5)左边的积分不需要在 $(-\infty,\infty)$ 的区间进行,而只需要在一个包含 $x=0$ 点在内的任意区间上进行,即有

$$\int_a^b\delta(x)\,\mathrm{d}x=\begin{cases}1, & \text{当 } a<0<b,\\ 0, & \text{当}\begin{cases}a<0,b<0,\\ a>0,b>0.\end{cases}\end{cases} \qquad (11-1-7)$$

将坐标平移 x_0,又可以得到

$$\int_a^b\delta(x-x_0)\,\mathrm{d}x=\begin{cases}1, & \text{当 } a<x_0<b,\\ 0, & \text{当}\begin{cases}a<x_0,b<x_0,\\ a>x_0,b>x_0.\end{cases}\end{cases} \qquad (11-1-8)$$

利用式(11-1-8)可以证明 δ 函数的一个最重要的性质:

性质一 用 $f(x)$ 表示任意连续函数,则有

$$\int_{-\infty}^{\infty}f(x)\delta(x-x_0)\,\mathrm{d}x=f(x_0)\,. \qquad (11-1-9)$$

也就是说,将 $\delta(x-x_0)$ 乘上 $f(x)$ 进行积分,就将 $f(x)$ 的宗量换成 x_0,亦即提取出了 $f(x)$ 在 x_0 点的值.

证 用 ε 表示一个任意小正数,则由于 $\delta(x-x_0)$ 在 $x\neq x_0$时为零,所以

$$\int_{-\infty}^{\infty}f(x)\delta(x-x_0)\,\mathrm{d}x=\int_{x_0-\varepsilon}^{x_0+\varepsilon}f(x)\delta(x-x_0)\,\mathrm{d}x$$

$$=f(\zeta)\int_{x_0-\varepsilon}^{x_0+\varepsilon}\delta(x-x_0)\,\mathrm{d}x \quad (x_0-\varepsilon<\zeta<x_0+\varepsilon),$$

在后一步中用了中值定理.当 $\varepsilon\to0$ 时,$\zeta\to x_0$,连续函数 $f(\zeta)\to f(x_0)$,因而根据式(11-1-8)就得到式(11-1-9). 【证毕】

下面将指出,δ 函数不是一个通常意义下的函数,而是一个广义函数,它的作用总是从它所参与的积分中表现出来.所以式(11-1-9)也可以作为 δ 函数的定义.

性质二 若 $f(x)$ 表示任意连续函数,则

$$f(x)\delta(x-x_0)=f(x_0)\delta(x-x_0). \qquad (11-1-10)$$

从 $\delta(x-x_0)$在 $x\neq x_0$时等于零容易看出上式成立.但是,应该注意,式(11-1-10)的确切含义是在等式左右两边乘上任意连续函数 $\varphi(x)$ 以后,对 x 的积分相等:

$$\int_{-\infty}^{\infty}\varphi(x)f(x)\delta(x-x_0)\mathrm{d}x=\int_{-\infty}^{\infty}\varphi(x)f(x_0)\delta(x-x_0)\mathrm{d}x. \quad (11-1-11)$$

在式(11-1-10)中,令 $f(x)=x$,得到

$$x\delta(x-x_0)=x_0\delta(x-x_0), \quad (11-1-12)$$

在 $x_0=0$ 的特殊情况下有

$$x\delta(x)=0. \quad (11-1-13)$$

性质三 δ 函数是偶函数,即

$$\delta(-x)=\delta(x). \quad (11-1-14)$$

由定义式(11-1-4)和式(11-1-5)或图 11-1-1 可以看出 $\delta(x)$ 是左右对称的,所以是偶函数.

性质四 若 $\varphi(x)$ 为连续函数,且 $\varphi(x)=0$ 只有单根 $x_k(k=1,2,\cdots,N)$,则

$$\delta[\varphi(x)]=\sum_{k=1}^{N}\frac{\delta(x-x_k)}{|\varphi'(x_k)|}. \quad (11-1-15)$$

证 按照 δ 函数的定义,复合 δ 函数 $\delta[\varphi(x)]$ 为

$$\delta[\varphi(x)]=\begin{cases}0, & 当\ \varphi\neq 0,\\ \infty, & 当\ \varphi=0.\end{cases}$$

因为 $\varphi(x)=0$ 只有单根 x_k,故

$$\delta[\varphi(x)]=\begin{cases}0, & 当\ x\neq x_k,\\ \infty, & 当\ x=x_k.\end{cases}$$

这表明,$\delta[\varphi(x)]$的函数曲线有 N 个峰值,因此可将它展开为

$$\delta[\varphi(x)]=\sum_{k=1}^{N}C_k\delta(x-x_k) \quad (11-1-16)$$

为了求出系数 C_k,在区间$[x_m-\varepsilon,x_m+\varepsilon]$对上式两端积分

$$\int_{x_m-\varepsilon}^{x_m+\varepsilon}\delta[\varphi(x)]\mathrm{d}x=\sum_{k=1}^{N}C_k\int_{x_m-\varepsilon}^{x_m+\varepsilon}\delta(x-x_k)\mathrm{d}x=\sum_{k=1}^{N}C_k\delta_{mk},$$

得

$$C_k=\int_{x_k-\varepsilon}^{x_k+\varepsilon}\delta[\varphi(x)]\mathrm{d}x$$

由于 $\varphi'(x)=\dfrac{\mathrm{d}\varphi(x)}{\mathrm{d}x}$,即 $\mathrm{d}x=\dfrac{1}{\varphi'(x)}\mathrm{d}\varphi(x)$,所以

$$C_k=\int_{\varphi(x_k-\varepsilon)}^{\varphi(x_k+\varepsilon)}\delta[\varphi(x)]\frac{1}{\varphi'(x)}\mathrm{d}\varphi=\frac{1}{\varphi'(\xi)}\int_{\varphi(x_k-\varepsilon)}^{\varphi(x_k+\varepsilon)}\delta[\varphi(x)]\mathrm{d}\varphi$$

后一步利用了中值定理,式中 $x_k-\varepsilon<\xi<x_k+\varepsilon$.

当 $\varphi'(x_k)>0$ 时,在区间$[x_k-\varepsilon,x_k+\varepsilon]$上 $\varphi(x)$ 单调增加,$\varphi(x_k+\varepsilon)>\varphi(x_k-\varepsilon)$,积分$\int_{\varphi(x_k-\varepsilon)}^{\varphi(x_k+\varepsilon)}\delta[\varphi(x)]\mathrm{d}\varphi=1$;当 $\varphi'(x_k)<0$ 时,$\varphi(x_k+\varepsilon)<\varphi(x_k-\varepsilon)$,按照式(11-1-7),有

$$\int_{\varphi(x_k-\varepsilon)}^{\varphi(x_k+\varepsilon)}\delta[\varphi(x)]\mathrm{d}\varphi=-\int_{\varphi(x_k+\varepsilon)}^{\varphi(x_k-\varepsilon)}\delta[\varphi(x)]\mathrm{d}\varphi=-1.$$

综合两种情况，有 $C_k=\dfrac{1}{|\varphi'(\xi)|}$.最后，令 $\varepsilon\to0$，则 $\xi\to x_k$ 得

$$C_k=\frac{1}{|\varphi'(x_k)|}.$$

将上式代入式(11-1-16)，即得式(11-1-15). 【证毕】

考虑几个特殊情况：

(1) $\varphi(x)=ax$，则 $x_0=0$，由式(11-1-15)得

$$\delta(ax)=\frac{1}{|a|}\delta(x).\qquad(11-1-17)$$

(2) $\varphi(x)=x^2-a^2$，则 $x_1=a,x_2=-a$，由式(11-1-15)得

$$\delta(x^2-a^2)=\frac{1}{2|a|}[\delta(x+a)+\delta(x-a)].\qquad(11-1-18)$$

δ 函数及其性质在物理学、工程技术、微分方程等方面有很多应用.下面举例说明.

例 1 对于二阶微分方程：$y''+a\delta(x)y+\lambda y=0$，式中 $y(\pm\pi)=0$，a 是实数，试证明当 $\lambda>0$ 时，有 $\tan(\pi\sqrt{\lambda})=\dfrac{2\sqrt{\lambda}}{a}$.

证明 对于题设的微分方程，当 $x\neq0$ 时，$\delta(0)=0$，其解为

$$y(x)=\begin{cases}A_1\cos\sqrt{\lambda}\,x+B_1\sin\sqrt{\lambda}\,x & (x<0),\\ A_2\cos\sqrt{\lambda}\,x+B_2\sin\sqrt{\lambda}\,x & (x>0).\end{cases}\qquad(11-1-19)$$

由于 $y(\pm\pi)=0$，可得到

$$\begin{cases}A_1\cos\sqrt{\lambda}\,\pi-B_1\sin\sqrt{\lambda}\,\pi=0,\\ A_2\cos\sqrt{\lambda}\,\pi+B_2\sin\sqrt{\lambda}\,\pi=0.\end{cases}\qquad(11-1-20)$$

将式(11-1-20)分别代入式(11-1-19)，有

$$y(x)=\begin{cases}A_-\sin\sqrt{\lambda}\,(x+\pi),\\ A_+\sin\sqrt{\lambda}\,(x-\pi).\end{cases}\qquad(11-1-21)$$

其中 $A_1=A_-\sin\sqrt{\lambda}\,\pi$，$A_2=-A_+\sin\sqrt{\lambda}\,\pi$.又由于当 $x=0$ 时，$y(x)$ 要连续，则有 $A_-=-A_+$.

再将方程 $y''+a\delta(x)y+\lambda y=0$ 两边对 x 从 $-\varepsilon$ 到 ε 积分，并令 $\varepsilon\to0^+$，考虑到 $y(x)$ 的连续性，有

$$\left.\frac{\mathrm{d}y}{\mathrm{d}x}\right|_{-\varepsilon}^{\varepsilon}+ay(0)=0,$$

即 $2A_+\sqrt{\lambda}\cos\sqrt{\lambda}\,\pi-aA_+\sin\sqrt{\lambda}\,\pi=0$，从而得到

$$\tan(\pi\sqrt{\lambda})=\frac{2\sqrt{\lambda}}{a}.$$

(三) δ 函数的导数

仿照 δ 函数的定义式(11-1-9),我们形式地定义 δ 函数的导数 $\delta'(x)$ 为:对于任何在 $x=0$ 连续并有连续导数的函数 $f(x)$,有

$$\int_{-\infty}^{\infty}\delta'(x)f(x)\,\mathrm{d}x=-f'(0). \tag{11-1-22}$$

这个定义与将 δ 函数看作普通函数而将上式分部积分的结果是相同的,即①

$$\int_{-\infty}^{\infty}\delta'(x)f(x)\,\mathrm{d}x=f(x)\delta(x)\Big|_{-\infty}^{\infty}-\int_{-\infty}^{\infty}f'(x)\delta(x)\,\mathrm{d}x=-f'(0).$$

$\delta'(x)$ 有以下基本性质:

性质一 由于 δ 函数是偶函数,所以 $\delta'(x)$ 是奇函数

$$\delta'(-x)=-\delta'(x). \tag{11-1-23}$$

证 $\delta'(-x)$ 是对宗量 $-x$ 求导,故有

$$\begin{aligned}\int_{-\infty}^{\infty}\delta'(-x)f(x)\,\mathrm{d}x&=\int_{-\infty}^{\infty}f(x)\frac{\mathrm{d}\delta(-x)}{\mathrm{d}(-x)}\mathrm{d}x=-\int_{-\infty}^{\infty}f(x)\frac{\mathrm{d}}{\mathrm{d}x}\delta(-x)\,\mathrm{d}x\\&=-f(x)\delta(-x)\Big|_{-\infty}^{\infty}+\int_{-\infty}^{\infty}\delta(-x)f'(x)\,\mathrm{d}x\\&=-f(x)\delta(-x)\Big|_{-\infty}^{\infty}-\int_{-\infty}^{\infty}[-\delta(x)]f'(x)\,\mathrm{d}x\\&=\int_{-\infty}^{\infty}f(x)\frac{\mathrm{d}}{\mathrm{d}x}[-\delta(x)]\,\mathrm{d}x=-\int_{-\infty}^{\infty}f(x)\frac{\mathrm{d}}{\mathrm{d}x}[\delta(x)]\,\mathrm{d}x,\end{aligned}$$

因此

$$\delta'(-x)=-\delta'(x)$$

【证毕】

性质二 由于当 $x\neq0$ 时,$\delta(x)=0$ 为一常数,所以 $\delta'(x)$ 在 $x\neq0$ 时为零:

$$\text{当 } x\neq0 \text{ 时},\ \delta'(x)=0. \tag{11-1-24}$$

(四) δ 函数的几种表达式

δ 函数可以有许多种不同的表达式,下面举几个例子.

表达式一

$$\delta(x)=\frac{1}{2\pi}\int_{-\infty}^{\infty}\mathrm{e}^{ikx}\,\mathrm{d}k. \tag{11-1-25}$$

证 根据式(10-1-10),$\delta(x)$ 的傅里叶变换式为

$$c(k)=\int_{-\infty}^{\infty}\delta(x)\mathrm{e}^{-ikx}\,\mathrm{d}x=\mathrm{e}^{-ikx}\Big|_{x=0}=1, \tag{11-1-26}$$

代入式(10-1-9)得

① 这一分部积分公式以及以下两个含 $\delta'(x)$ 的积分公式都应在广义函数的意义下理解,见以下(六).

$$\delta(x)=\frac{1}{2\pi}\int_{-\infty}^{\infty}c(k)\mathrm{e}^{\mathrm{i}kx}\mathrm{d}k=\frac{1}{2\pi}\int_{-\infty}^{\infty}\mathrm{e}^{\mathrm{i}kx}\mathrm{d}k.$$

【证毕】

式(11-1-25)中的积分通常是没有意义的，正确的理解应该是先对 k 在有限区间 $[-n,n]$ 上积分，然后再取极限，让 $n\to\infty$，即

$$\delta(x)=\lim_{n\to\infty}\frac{1}{2\pi}\int_{-n}^{n}\mathrm{e}^{ikx}\mathrm{d}k. \qquad (11-1-27)$$

将上式被积函数中的指数用欧拉公式展开，其虚部 $\sin kx$ 是 k 的奇函数，积分后为零，因而又有

表达式二

$$\delta(x)=\lim_{n\to\infty}\frac{1}{2\pi}\int_{-n}^{n}\cos kx\mathrm{d}k. \qquad (11-1-28)$$

将上式中的积分计算出来，得到

表达式三

$$\delta(x)=\lim_{n\to\infty}\frac{\sin nx}{\pi x}. \qquad (11-1-29)$$

这一表达式在 $n\to\infty$ 之前的图形如图 11-1-2 所示.它在 $x=0$ 处有一个较高的峰，然后向两侧作衰减振动.当 $n\to\infty$ 时，中央峰的高度 (n/π) 趋于无穷大，而宽度 $(2\pi/n)$ 趋于零，这样就成为图 11-1-1 的形式.

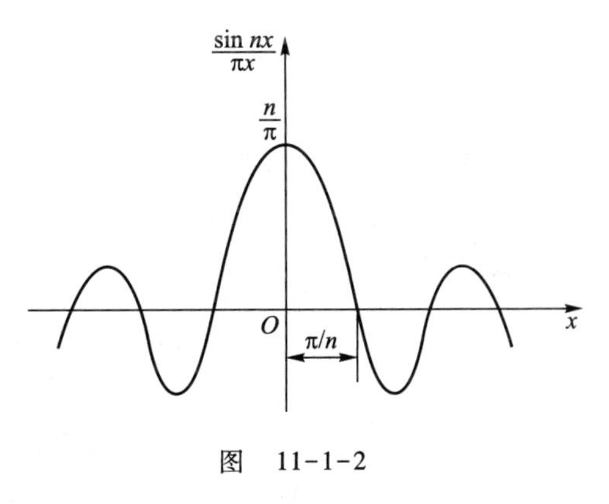

图 11-1-2

从这个例子可以看出，表达式(11-1-29)在 $n\to\infty$ 前的具体特征并没有重要意义，仅仅在 $n\to\infty$ 时，它具有性质(11-1-4)、性质(11-1-5)，即在 $n\to\infty$ 时成为一个宽度为零，高度为无穷大，而面积为 1 的“峰”，如图 11-1-1 所示，所以它就可以作为 $\delta(x)$ 的一个表达式.基于这种考虑，可以得到 $\delta(x)$ 的一系列其他表达式.

例如，根据高斯误差函数 $\mathrm{e}^{-a^2x^2}$ 的性质

$$\int_{-\infty}^{\infty}\mathrm{e}^{-a^2x^2}\mathrm{d}x=\frac{\sqrt{\pi}}{a}$$

可以得到

表达式四

$$\delta(x)=\lim_{n\to\infty}\sqrt{\frac{n}{\pi}}\mathrm{e}^{-nx^2}, \qquad (11-1-30)$$

它在 $n\to\infty$ 之前的图形如图 11-1-3 所示.

又如，根据积分公式

$$\int_a^b \frac{a\mathrm{d}x}{a^2+x^2}=\left(\arctan\frac{x}{a}\right)\Bigg|_a^b,$$

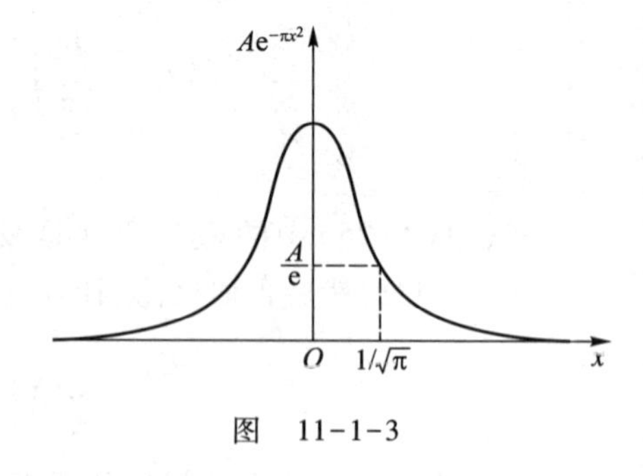

图　11-1-3

如果 $a<0<b$,则当 $a\to 0_-$,$b\to 0_+$时,上式右边成为

$$\arctan(+\infty)-\arctan(-\infty)$$

$$=\frac{\pi}{2}-\left(-\frac{\pi}{2}\right)=\pi,$$

于是得到 $\delta(x)$ 的又一表达式:

表达式五

$$\delta(x)=\frac{1}{\pi}\lim_{\varepsilon\to 0}\frac{\varepsilon}{x^2+\varepsilon^2}. \tag{11-1-31}$$

改写 $\varepsilon^2=1/n$,则

$$\frac{\varepsilon}{x^2+\varepsilon^2}=\frac{\sqrt{n}}{1+nx^2},$$

于是得到 $\delta(x)$ 的又一表达式:

表达式六

$$\delta(x)=\lim_{n\to\infty}\frac{1}{\pi}\frac{\sqrt{n}}{1+nx^2}, \tag{11-1-32}$$

它在 $n\to\infty$ 之前的图形类似于图 11-1-3.

由表达式五还可以得到 $\delta(x)$ 的另一个有广泛应用的表达式:

表达式七

$$\delta(x)=\frac{1}{2\pi\mathrm{i}}\lim_{\varepsilon\to 0}\left(\frac{1}{x-\mathrm{i}\varepsilon}-\frac{1}{x+\mathrm{i}\varepsilon}\right) \tag{11-1-33}$$

通过以上内容可看到,δ 函数不像普通函数那样给出的是数之间的对应关系,也不像普通函数只有唯一确定的表达式,而是有多种表达式,凡是满足式(11-1-4)、式(11-1-5)的均可作为 δ 函数的表达式.需要说明的是,对不同的问题,可应用不同的表达式,例如,在傅里叶分析和量子力学中,常常会用到式(11-1-29).此外,式(11-1-29)还会以一种“修正”的形式出现在一些具体应用中.现通过一个求级数和的例子来进行说明.

例 2　证明 $\displaystyle\sum_{k=1}^{\infty}\frac{\sin kx}{k}=\frac{\pi-x}{2}\quad(0<x<2\pi)$;

$$\sum_{k=1}^{\infty}(-1)^{k-1}\frac{\sin kx}{k}=\frac{x}{2}\quad(-\pi<x<\pi).$$

证明　(1) 由 §1-1 习题 5,可知级数和 $S_1=\displaystyle\sum_{k=1}^{N}\cos kx=\frac{\sin\left(N+\frac{1}{2}\right)x}{2\sin\frac{x}{2}}-\frac{1}{2}$,从而有

$$\sum_{k=1}^{N}\int_{0}^{x}\cos kx'\mathrm{d}x'=\int_{0}^{x}\frac{\sin\left(N+\frac{1}{2}\right)x'}{2\sin\frac{x'}{2}}\mathrm{d}x'-\frac{x}{2},$$

其中 $x\in(0,2\pi)$.由此有

$$\sum_{k=1}^{N}\frac{\sin kx}{k}=-\frac{x}{2}+\int_{0}^{x}\frac{\sin\left(N+\frac{1}{2}\right)x'}{2\sin\frac{x'}{2}}\mathrm{d}x'.$$

利用 δ 函数的表达式(11-1-29)的修正形式,即

$$\delta(x)=\frac{1}{2\pi}\lim_{N\to\infty}\frac{\sin\left(N+\frac{1}{2}\right)x}{\sin\frac{x}{2}}.$$

可得到

$$\sum_{k=1}^{\infty}\frac{\sin kx}{k}=-\frac{x}{2}+\pi\int_{0}^{x}\delta(x')\mathrm{d}x'=\frac{\pi-x}{2}.$$

(2) 为证明第二个等式,可利用以下等比数列之和,再取其实部,即

$$\sum_{k=1}^{N}(-1)^{k-1}\mathrm{e}^{\mathrm{i}kx}=\frac{\mathrm{e}^{\mathrm{i}x}-(-1)^{N}\mathrm{e}^{\mathrm{i}(N+1)x}}{1+\mathrm{e}^{\mathrm{i}x}}=\frac{1+\mathrm{e}^{\mathrm{i}x}-(-1)^{N}(\mathrm{e}^{\mathrm{i}Nx}+\mathrm{e}^{\mathrm{i}(N+1)x})}{2(1+\cos x)},$$

$$\mathrm{Re}\left[\sum_{k=1}^{N}(-1)^{k-1}\mathrm{e}^{\mathrm{i}kx}\right]=\frac{1}{2}-\frac{(-1)^{N}\cos\left(N+\frac{1}{2}\right)x}{2\cos\frac{x}{2}}.$$

从而得到级数和:

$$S_2=\sum_{k=1}^{N}(-1)^{k-1}\cos kx=\frac{1}{2}-(-1)^{N}\frac{\cos\left(N+\frac{1}{2}\right)x}{2\cos\frac{x}{2}}.$$

对上式积分,有

$$\sum_{k=1}^{N}(-1)^{k-1}\int_{-\pi}^{x}\cos kx'\mathrm{d}x'=\sum_{k=1}^{N}(-1)^{k-1}\frac{\sin kx}{k}$$

$$=\frac{x+\pi}{2}-(-1)^{N}\int_{-\pi}^{x}\frac{\cos\left(N+\frac{1}{2}\right)x'}{2\cos\frac{x'}{2}}\mathrm{d}x'.$$

其中 $x\in(-\pi,\pi)$.对于上式等式右边的第二项,可得

$$\int_{-\pi}^{x}\frac{\cos\left(N+\dfrac{1}{2}\right)x'}{2\cos\dfrac{x'}{2}}\mathrm{d}x'=(-1)^N\int_0^{x+\pi}\frac{\sin\left(N+\dfrac{1}{2}\right)t}{2\sin\dfrac{t}{2}}\mathrm{d}t.$$

与证明第一个等式一样,有

$$\delta(t)=\frac{1}{2\pi}\lim_{N\to\infty}\frac{\sin\left(N+\dfrac{1}{2}\right)t}{\sin\dfrac{t}{2}}.$$

当 $N\to\infty$时,得到

$$\begin{aligned}\lim_{N\to\infty}\sum_{k=1}^{N}(-1)^{k-1}\frac{\sin kx}{k}&=\frac{x+\pi}{2}-\lim_{N\to\infty}\int_0^{x+\pi}\frac{\sin\left(N+\dfrac{1}{2}\right)t}{2\sin\dfrac{t}{2}}\mathrm{d}t\\&=\frac{x+\pi}{2}-\pi\int_0^{x+\pi}\delta(t)\,\mathrm{d}t\\&=\frac{x+\pi}{2}-\frac{\pi}{2}.\end{aligned}$$

从而有

$$\sum_{k=1}^{\infty}(-1)^{k-1}\frac{\sin kx}{x}=\frac{x}{2}.$$

【证毕】

(五) δ 函数的意义 广义函数

从 δ 函数的定义可见,它只在一点($x=0$)不为零,而在这一点的值又是∞.因此,δ 函数不是通常意义下的“函数”.通常的函数在自变量的一定区间上取值,它可以在某些点有奇异性,但是这些点总是被排除在函数的定义域之外.$\delta(x)$在 $x=0$ 点有奇异性,而正是这一奇异性反映了它的本质.

同样,对于包含 δ 函数的运算,也不能按照通常的意义理解.例如,含 δ 函数的积分就不能定义为求和的极限.那么,δ 函数和它的积分的确切意义是什么？这个问题在最初引入 δ 函数的时候是不清楚的.直到 20 世纪 40 年代,广义函数理论发展以后才得到解决.下面简单地介绍广义函数的概念,并说明如何根据它正确理解 δ 函数的意义.

广义函数是在通常连续函数的基础上建立起来的,这在某种程度上类似于在有理数的基础上建立无理数.我们知道,如果局限在有理数范围内,不一定总能进行开方运算.例如,2 就不存在一个有理数的平方根.为了解决这一问题,引入无理数$\sqrt{2}$,将它定义为有理数序列的极限,例如

$$a_1=1,\quad a_2=1.4,\quad a_3=1.41,\quad a_4=1.414,\cdots.$$

但是,能够用来确定无理数$\sqrt{2}$的有理数序列远不止这一个.例如,递减序列

$$a_1=2,\quad a_2=1.5,\quad a_3=1.42,\quad a_4=1.415,\cdots$$

就是另外一个.类似的有理数序列有无穷多个,它们都能用来表示同一个无理数$\sqrt{2}$.

广义函数和通常连续函数之间的关系,类似于无理数和有理数的关系——它可以看成某种连续函数序列的极限.

考察式(11-1-29)、式(11-1-30)和式(11-1-32)可见,δ 函数可以看成是连续函数序列

$$\frac{\sin x}{\pi x},\quad \frac{\sin 2x}{\pi x},\quad \frac{\sin 3x}{\pi x},\quad \cdots \tag{11-1-34}$$

或

$$\sqrt{\frac{1}{\pi}}\mathrm{e}^{-x^2},\quad \sqrt{\frac{2}{\pi}}\mathrm{e}^{-2x^2},\quad \sqrt{\frac{3}{\pi}}\mathrm{e}^{-3x^2},\quad \cdots \tag{11-1-35}$$

或

$$\frac{1}{\pi}\frac{1}{1+x^2},\quad \frac{\sqrt{2}}{\pi}\frac{1}{1+2x^2},\quad \frac{\sqrt{3}}{\pi}\frac{1}{1+3x^2},\quad \cdots \tag{11-1-36}$$

或其他类似的函数序列的极限①.

用有理数序列引进无理数以后,使得在有理数范围内不是永远可能进行的开方运算成为可能.与此类似,在用连续函数序列引进广义函数以后,使得在连续函数范围内不是永远可能进行的求导运算成为可能.

我们来说明,由连续函数序列式(11-1-34)—式(11-1-36)等定义的广义函数 $\delta(x)$ 是一个连续函数 $G(x)$ 的二阶**广义导数**.

序列式(11-1-34)—式(11-1-36)中的每一个函数都是连续的,因而能够积分.用 $\omega_n(x)$ 表示上述任一个序列中的第 n 个函数,将它积分,得到

$$h_n(x)=\int_{-\infty}^{x}\omega_n(t)\,\mathrm{d}t. \tag{11-1-37}$$

$h_n(x)$ 也是连续函数.

在上式中令 $n\to\infty$,则被积函数 $\omega_n(t)$ 成为 $\delta(t)$.由式(11-1-7)可见,如果$x<0$,则当 $n\to\infty$ 时上式右边的积分为零;而如果 $x>0$,则这一积分之值为 1.由此可见,当 $n\to\infty$ 时,$h_n(x)$ 成为赫维赛德函数(10-2-5):

$$\mathrm{H}(x)=\begin{cases}0, & \text{当 } x<0,\\ 1, & \text{当 } x\geqslant 0,\end{cases} \tag{11-1-38}$$

如图 11-1-4 所示.它在 $x=0$ 处不连续,但也不趋于无穷大.$x=0$ 是它的第一类间断点.

再将 $h_n(x)$ 积分

$$g_n(x)=\int_{-\infty}^{x}h_n(x)\,\mathrm{d}x. \tag{11-1-39}$$

当 $n\to\infty$ 时,被积函数成为 $\mathrm{H}(x)$.由式(11-1-38)可见,当 $x<0$ 时,积分为零;当 $x>0$ 时,积分得 x:

---

① 这里所谓"极限"的意义是序列中的函数乘以 $f(x)$ 的积分,在 $n\to\infty$ 时趋于 δ 函数乘以 $f(x)$ 的积分.这种意义下的极限在泛函分析中被称为**弱收敛**极限.

$$\int_{-\infty}^{x} \mathrm{H}(x)\,\mathrm{d}x = \int_{-\infty}^{0} 0\mathrm{d}x + \int_{0}^{x} 1\mathrm{d}x = x.$$

由此可见，当 $n\to\infty$ 时，$g_n(x)$ 成为

$$G(x) = \begin{cases} 0, & 当\ x < 0, \\ x, & 当\ x \geqslant 0, \end{cases} \tag{11-1-40}$$

这是一个连续函数，如图 11-1-5 所示.

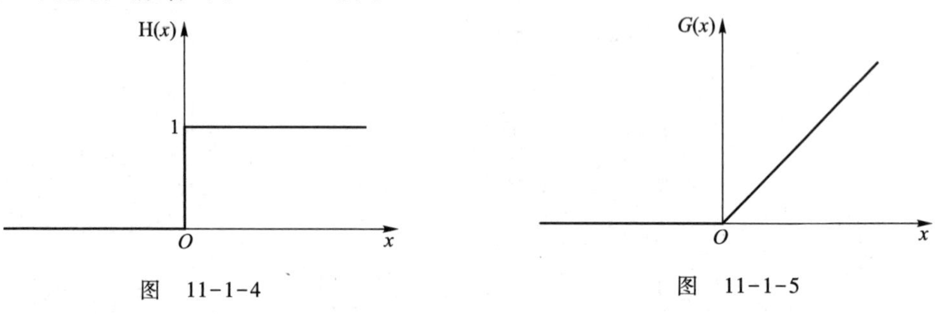

图 11-1-4　　图 11-1-5

连续函数 $G(x)$ 在 $x=0$ 点不存在通常意义下的一阶和二阶导数.但是，可以把它看成连续函数序列 $g_n(x)$ 在当 $n\to\infty$ 时的极限，而序列中的每一个函数都有一阶和二阶导数：

$$g'_n(x) = h_n(x),\quad g''_n(x) = \omega_n(x),$$

于是，由连续函数序列 $h_n(x)$ 和 $\omega_n(x)$ 决定的广义函数 $\mathrm{H}(x)$ 和 $\delta(x)$ 就是 $G(x)$ 的一阶和二阶广义导数

$$G'(x) = \mathrm{H}(x), \tag{11-1-41}$$

$$G''(x) = \delta(x). \tag{11-1-42}$$

这样，利用广义函数，就使得在通常意义下不能进行的对 $G(x)$ 求导的运算成为可能.

总之，对广义函数进行微分积分运算的方法在某种意义上类似于对无理数进行四则运算的方法.在对无理数 a 进行四则运算时，总是先将它表示成有理数序列 $\{a_n\}$ 的极限，利用 a_n 进行运算，运算完毕后再取 $n\to\infty$ 的极限.对广义函数进行微分积分运算也应理解为先用能够表示这一广义函数的连续函数序列 $\{\omega_n\}$ 中的函数进行运算，运算完毕后再取 $n\to\infty$ 的极限.这样就使包含广义函数的运算有了明确的意义.这为包含广义函数的运算奠定了基础.在实际运算时，一般不采用这种步骤，而是直接利用公式(11-1-9)—式(11-1-15)以及式(11-1-41)、式(11-1-42)进行运算.

（六）作为广义函数的 $\delta'(x)$

如上所述，$\delta(x)$ 的导数 $\delta'(x)$ 应该在广义函数的意义下理解.任取一个 $\delta(x)$ 的表达式，例如以上的表达式四，将它在 $n\to\infty$ 之前对 x 求导：

$$\left(\sqrt{\frac{n}{\pi}}\mathrm{e}^{-nx^2}\right)' = -\sqrt{\frac{4n^3}{\pi}}x\mathrm{e}^{-nx^2},$$

因而

$$\delta'(x) = \lim_{n\to\infty}\left(-\sqrt{\frac{4n^3}{\pi}}x\mathrm{e}^{-nx^2}\right). \tag{11-1-43}$$

它在 $n\to\infty$ 之前的图形如图 11-1-6 所示，由此可以得到 $\delta'(x)$ 的性质一和性质二.

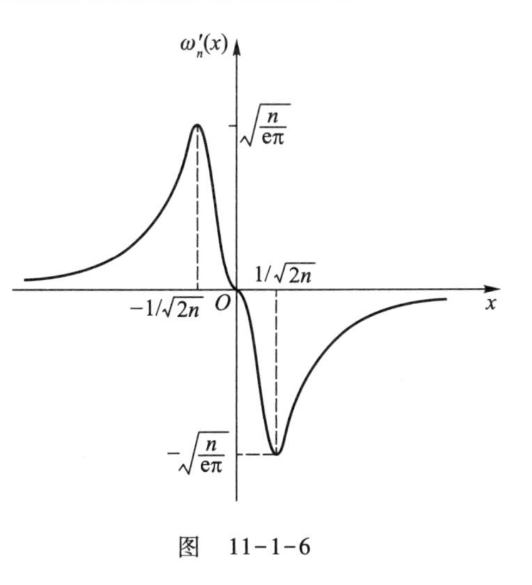

图 11-1-6

再来看含 $\delta'(x)$ 的积分公式.令 $f(x)$ 为任意连续函数，设在 $x\to\infty$ 时 $f(x)$ 保持有界.令 $\omega_n(x)$ 为表示 $\delta(x)$ 的某一连续函数序列中的第 n 个函数：

$$\delta(x)=\lim_{n\to\infty}\omega_n(x),\quad \delta'(x)=\lim_{n\to\infty}\omega_n'(x),$$

则

$$\int_{-\infty}^{\infty}f(x)\delta'(x-x_0)\,\mathrm{d}x$$
$$=\lim_{n\to\infty}\int_{-\infty}^{\infty}f(x)\omega_n'(x-x_0)\,\mathrm{d}x.\quad(11-1-44)$$

由于 $\omega_n'(x-x_0)$ 连续，所以可以进行分部积分

$$\int_{-\infty}^{\infty}f(x)\delta'(x-x_0)\,\mathrm{d}x$$
$$=\lim_{n\to\infty}\left[f(x)\omega_n(x-x_0)\Big|_{-\infty}^{\infty}-\int_{-\infty}^{\infty}f'(x)\omega_n(x-x_0)\,\mathrm{d}x\right]$$
$$=f(x)\delta(x-x_0)\Big|_{-\infty}^{\infty}-\int_{-\infty}^{\infty}f'(x)\delta(x-x_0)\,\mathrm{d}x.\quad(11-1-45)$$

这样就得到前面的公式(11-1-22).

（七）多维 δ 函数

现在来讨论多变量的 δ 函数，它定义为各个变量的 δ 函数的乘积.

例如，设

$$\boldsymbol{r}=\boldsymbol{e}_1x+\boldsymbol{e}_2y+\boldsymbol{e}_3z,$$

则

$$\delta^3(\boldsymbol{r})=\delta(x)\delta(y)\delta(z),\quad(11-1-46)$$

其中的上角标 3 表示是三维 δ 函数，它满足

$$\delta^3(\boldsymbol{r})=\begin{cases}0, & 当\ \boldsymbol{r}\neq\boldsymbol{0},\\ \infty, & 当\ \boldsymbol{r}=\boldsymbol{0},\end{cases}\quad(11-1-47)$$

$$\iiint_{-\infty}^{\infty}\delta^3(\boldsymbol{r})\,\mathrm{d}x\mathrm{d}y\mathrm{d}z=1.\quad(11-1-48)$$

$\delta^3(\boldsymbol{r})$ 的表达式可以用 $\delta(x)$，$\delta(y)$，$\delta(z)$ 的表达式相乘得到.例如，利用式(11-1-25)，有

$$\delta^3(\boldsymbol{r})=\frac{1}{(2\pi)^3}\int_{-\infty}^{\infty}\mathrm{e}^{\mathrm{i}\boldsymbol{k}\cdot\boldsymbol{r}}\mathrm{d}^3\boldsymbol{k},\quad(11-1-49)$$

或者，利用式(11-1-30)有

$$\delta^3(\boldsymbol{r})=\lim_{n\to\infty}\left(\frac{n}{\pi}\right)^{\frac{3}{2}}\mathrm{e}^{-nr^2}. \qquad (11-1-50)$$

$\delta^3(\boldsymbol{r})$还有另外一个重要的表达式：

$$\delta^3(\boldsymbol{r})=-\frac{1}{4\pi}\Delta\frac{1}{r}. \qquad (11-1-51)$$

证 根据三维 δ 函数应满足的两个条件：式(11-1-47)和式(11-1-48)，有

(1) 当 $\boldsymbol{r}\neq\boldsymbol{0}$ 时，将 $\Delta=\frac{\partial^2}{\partial x^2}+\frac{\partial^2}{\partial y^2}+\frac{\partial^2}{\partial z^2}$和 $r=|\boldsymbol{r}|=\sqrt{x^2+y^2+z^2}$ 代入$\left(-\frac{1}{4\pi}\Delta\frac{1}{r}\right)$中，得到

$$-\frac{1}{4\pi}\left[\frac{\partial^2}{\partial x^2}\left(\frac{1}{\sqrt{x^2+y^2+z^2}}\right)+\frac{\partial^2}{\partial y^2}\left(\frac{1}{\sqrt{x^2+y^2+z^2}}\right)+\frac{\partial^2}{\partial z^2}\left(\frac{1}{\sqrt{x^2+y^2+z^2}}\right)\right]$$
$$=-\frac{1}{4\pi}\left[\frac{3x^2-(x^2+y^2+z^2)}{(x^2+y^2+z^2)^{5/2}}+\frac{3y^2-(x^2+y^2+z^2)}{(x^2+y^2+z^2)^{5/2}}+\frac{3z^2-(x^2+y^2+z^2)}{(x^2+y^2+z^2)^{5/2}}\right]$$
$$=0. \qquad (11-1-52)$$

(2) 当 $\boldsymbol{r}=\boldsymbol{0}$ 时，有

$$-\frac{1}{4\pi}\Delta\frac{1}{r}=\infty. \qquad (11-1-53)$$

(3) 积分 $\iiint\limits_{-\infty}^{\infty}\left[-\frac{1}{4\pi}\Delta\left(\frac{1}{r}\right)\right]\mathrm{d}x\mathrm{d}y\mathrm{d}z$ 的计算

从式(11-1-48)可知，上述积分区域应包含原点 $\boldsymbol{r}=\boldsymbol{0}$，而当 $r=|\boldsymbol{r}|=0$ 时，函数$\frac{1}{r}$不可导.考虑到 δ 函数为广义函数，它可以被定义为一个关于变量 r 和 ε 的归一化函数 $\varphi(r,\varepsilon)$，当 ε 趋于零的极限，如式(11-1-31)那样.在这里，即有

$$\delta^3(r)=\lim_{\varepsilon\to0}\varphi(r,\varepsilon)=\lim_{\varepsilon\to0}\left(-\frac{1}{4\pi}\Delta\frac{1}{\sqrt{r^2+\varepsilon^2}}\right).$$

将上式在以 $\boldsymbol{r}=\boldsymbol{0}$ 为心的球形体积中积分，得到

$$\int_V\delta^3(\boldsymbol{r})\mathrm{d}^3\boldsymbol{r}=\int_V\lim_{\varepsilon\to0}\left(-\frac{1}{4\pi}\right)\Delta\frac{1}{\sqrt{r^2+\varepsilon^2}}\mathrm{d}x\mathrm{d}y\mathrm{d}z$$
$$=-\frac{1}{4\pi}\lim_{\varepsilon\to0}\iiint\limits_{-\infty}^{\infty}\Delta\frac{1}{\sqrt{r^2+\varepsilon^2}}\mathrm{d}x\mathrm{d}y\mathrm{d}z.$$

将 $\Delta=\frac{\partial^2}{\partial x^2}+\frac{\partial^2}{\partial y^2}+\frac{\partial^2}{\partial z^2}$和$\frac{1}{\sqrt{r^2+\varepsilon^2}}=\frac{1}{\sqrt{x^2+y^2+z^2+\varepsilon^2}}$代入 $\Delta\frac{1}{\sqrt{r^2+\varepsilon^2}}$，得到

$$\Delta\frac{1}{\sqrt{r^2+\varepsilon^2}}=\frac{3\varepsilon^2}{(r^2+\varepsilon^2)^{5/2}}.$$

这样，有

$$\int_V\delta^3(\boldsymbol{r})\mathrm{d}^3\boldsymbol{r}=-\frac{1}{4\pi}\lim_{\varepsilon\to0}\int_V\frac{3\varepsilon^2}{(r^2+\varepsilon^2)^{5/2}}r^2\sin\theta\mathrm{d}r\mathrm{d}\theta\mathrm{d}\varphi$$

$$=-\frac{1}{4\pi}\int_0^{2\pi}\mathrm{d}\varphi\int_0^{\pi}\sin\theta\mathrm{d}\theta\left[\lim_{\varepsilon\to 0}\int_0^{\infty}\frac{3r^2\varepsilon^2}{(r^2+\varepsilon^2)^{5/2}}\mathrm{d}r\right]$$

$$=3\lim_{\varepsilon\to 0}\int_0^{\infty}\frac{r^2\varepsilon^2}{(r^2+\varepsilon^2)^{5/2}}\mathrm{d}r.$$

在上式中令 $r=\varepsilon\tan\alpha$，可以得到

$$3\lim_{\varepsilon\to 0}\int_0^{\infty}\frac{r^2\varepsilon^2}{(r^2+\varepsilon^2)^{5/2}}\mathrm{d}r=3\int_0^{\frac{\pi}{2}}\frac{\tan^2\alpha}{(1+\tan^2\alpha)^{5/2}}\frac{\mathrm{d}\alpha}{\cos^2\alpha}$$

$$=3\int_0^{\frac{\pi}{2}}\sin^2\alpha\cos\alpha\mathrm{d}\alpha=1.$$

即

$$\int_V\delta^3(\boldsymbol{r})\mathrm{d}^3\boldsymbol{r}=1. \qquad (11-1-54)$$

由式(11-1-47)和式(11-1-48)就可知式(11-1-51)是成立的.　【证毕】

有时需要用到二维 δ 函数.例如，长而直的带电圆柱体的长度不变，而直径减小到零，其电荷密度就要用二维 δ 函数表示.此时，可以选用柱坐标 ρ,φ,z，令 z 轴沿导线方向.用 $\boldsymbol{\rho}$ 表示垂直于导线的平面上的矢量，则这一平面上的二维 δ 函数有类似于式(11-1-51)的表达式：

$$\delta^2(\rho)=-\frac{1}{2\pi}\Delta\left(\ln\frac{1}{\rho}\right). \qquad (11-1-55)$$

证　按照与前面三维 δ 函数例子中相同的方法，对于二维 δ 函数，也应满足类似式(11-1-47)和式(11-1-48)的两个条件，因此，有

(1) 当 $\boldsymbol{\rho}\neq\mathbf{0}$ 时，将 $\Delta=\frac{\partial^2}{\partial x^2}+\frac{\partial^2}{\partial y^2}$ 和 $|\boldsymbol{\rho}|=\rho=\sqrt{x^2+y^2}$ 代入 $-\frac{1}{2\pi}\Delta\left(\ln\frac{1}{\rho}\right)$ 中，有

$$-\frac{1}{2\pi}\left[\frac{\partial^2}{\partial x^2}\left(\frac{1}{\sqrt{x^2+y^2}}\right)+\frac{\partial^2}{\partial y^2}\left(\frac{1}{\sqrt{x^2+y^2}}\right)\right]$$

$$=-\frac{1}{2\pi}\left[\frac{x^2-y^2}{(x^2+y^2)^2}+\frac{y^2-x^2}{(x^2+y^2)^2}\right]$$

$$=0.$$

(2) 当 $\boldsymbol{\rho}=\mathbf{0}$ 时，有

$$-\frac{1}{2\pi}\Delta\left(\ln\frac{1}{\rho}\right)=\infty.$$

(3) 积分 $\iint_{-\infty}^{\infty}\left[-\frac{1}{2\pi}\Delta\left(\ln\frac{1}{\rho}\right)\right]\mathrm{d}x\mathrm{d}y$ 的计算

仿照前面的方法，在二维情况下，$\delta^2(\boldsymbol{\rho})$ 可定义为以下极限

$$\delta^2(\boldsymbol{\rho})=\lim_{\varepsilon\to 0}\varphi(\rho,\varepsilon)=\lim_{\varepsilon\to 0}\left[-\frac{1}{2\pi}\Delta\ln\left(\frac{1}{\sqrt{\rho^2+\varepsilon^2}}\right)\right].$$

将上式在以 $\rho=0$ 为心的圆形域中积分

$$\int_S\delta^2(\boldsymbol{\rho})\mathrm{d}^2\boldsymbol{\rho}=\int_S\lim_{\varepsilon\to 0}\left[-\frac{1}{2\pi}\Delta\ln\left(\frac{1}{\sqrt{\rho^2+\varepsilon^2}}\right)\right]\mathrm{d}x\mathrm{d}y$$

$$= -\frac{1}{2\pi}\lim_{\varepsilon\to 0}\int\int_{-\infty}^{\infty}\left[\Delta\ln\left(\frac{1}{\sqrt{\rho^2+\varepsilon^2}}\right)\right]\mathrm{d}x\mathrm{d}y.$$

将 $\Delta=\frac{\partial^2}{\partial x^2}+\frac{\partial^2}{\partial y^2}$和$\frac{1}{\sqrt{\rho^2+\varepsilon^2}}=\frac{1}{\sqrt{x^2+y^2+\varepsilon^2}}$代入 $\Delta\ln\left(\frac{1}{\sqrt{\rho^2+\varepsilon^2}}\right)$,得到

$$\Delta\ln\left(\frac{1}{\sqrt{\rho^2+\varepsilon^2}}\right)=-\frac{2\varepsilon^2}{(x^2+y^2+\varepsilon^2)^2}=-\frac{2\varepsilon^2}{(\rho^2+\varepsilon^2)^2}.$$

由此,有

$$\int_S\delta^2(\boldsymbol{\rho})\,\mathrm{d}^2\boldsymbol{\rho}=-\frac{1}{2\pi}\lim_{\varepsilon\to 0}\int_S\left[-\frac{2\varepsilon^2}{(\rho^2+\varepsilon^2)^2}\right]\rho\mathrm{d}\rho\mathrm{d}\varphi$$

$$=\frac{1}{\pi}\left(\int_0^{2\pi}\mathrm{d}\varphi\right)\cdot\left[\lim_{\varepsilon\to 0}\int_0^{\infty}\frac{\varepsilon^2\rho}{(\rho^2+\varepsilon^2)^2}\mathrm{d}\rho\right].$$

在上式中令 $\rho=\varepsilon\tan\alpha$,得到

$$\int_S\delta^2(\boldsymbol{\rho})\,\mathrm{d}^2\boldsymbol{\rho}=2\int_0^{\frac{\pi}{2}}\frac{\tan\alpha}{(1+\tan^2\alpha)^2}\frac{\mathrm{d}\alpha}{\cos^2\alpha}$$

$$=\int_0^{\frac{\pi}{2}}\sin\alpha\mathrm{d}\alpha=1.$$

这样就证明了式(11-1-55). 【证毕】

(八) δ 函数应用举例

δ 函数的一个直接应用是作为点源,这将在本章以下几节中讨论.在这里举几个其他方面应用的例子.

δ 函数的一个重要方面的应用是将它作为克罗内克 δ 符号:

$$\delta_{mn}=\begin{cases}0, & 当\ m\neq n,\\ 1, & 当\ m=n\end{cases} \tag{11-1-56}$$

在分离下标 m,n 过渡到连续变量 x 时的类似物.

比较式(11-1-56)和式(11-1-4)、式(11-1-5)不难看到它们之间的相似性.更进一步,我们知道 δ_{mn}有这样的性质:设 b_m为有一个下标 m 的数组(例如,矢量的分量),将它乘上 δ_{mn}对 m 求和,则 b_m的下标 m 被换成 n:

$$\sum_m b_m\delta_{mn}=b_n. \tag{11-1-57}$$

而 $\delta(x-x_0)$乘上连续函数 $f(x)$之后对 x 积分,则使 $f(x)$的变量 x 换成 x_0:

$$\int f(x)\delta(x-x_0)\,\mathrm{d}x=f(x_0).$$

它们之间的相似性十分明显.

在§6-4 中看到,在本征函数 φ_n的正交归一条件(6-4-31)中出现 δ_{mn},其原因是 n 取分立值,本征值的谱是分立谱.如果本征值谱连续,则在相应的本征函数的正交归一条件中将会出现 δ 函数.下面举一个例子.

例 3 式(6-4-14)中具有分立谱的本征函数系

$$\varphi_n(x)=\frac{1}{\sqrt{2\pi}}e^{inx}\quad(n=0,\ \pm1,\ \pm2,\cdots)\tag{11-1-58}$$

满足正交归一条件

$$\int_0^{2\pi}\varphi_n^*(x)\varphi_m(x)\,dx=\delta_{mn}.\tag{11-1-59}$$

现设 k 取连续值$-\infty<k<\infty$,写出相应的本征函数系

$$\varphi_k(x)=Ae^{ikx}\tag{11-1-60}$$

的正交归一条件,并求归一化系数 A.

解　考虑积分

$$\int_{-\infty}^{\infty}\varphi_{k'}^*(x)\varphi_k(x)\,dx.$$

将式(11-1-60)代入,得到

$$\begin{aligned}\int_{-\infty}^{\infty}\varphi_{k'}^*(x)\varphi_k(x)\,dx&=\int_{-\infty}^{\infty}|A|^2e^{i(k-k')x}dx\\&=2\pi|A|^2\delta(k-k'),\end{aligned}$$

在后一步中用了式(11-1-25).由此可见,函数系(11-1-60)确实有正交性.选归一化系数为 $A=1/\sqrt{2\pi}$,则函数系

$$\varphi_k(x)=\frac{1}{\sqrt{2\pi}}e^{ikx}\tag{11-1-61}$$

具有和式(11-1-59)相似的正交归一条件

$$\int_{-\infty}^{\infty}\varphi_{k'}^*(x)\varphi_k(x)\,dx=\delta(k-k').\tag{11-1-62}$$

【解毕】

利用 δ 函数还可以写出正交函数系的完备性条件.设函数系

$$\varphi_n(x)\quad(n=1,2,3,\cdots)\tag{11-1-63}$$

是完备的,用它可以展开任意连续函数 $f(x)$,如式(6-4-32):

$$f(x)=\sum_{n=1}^{\infty}c_n\varphi_n(x),$$

展开式系数是式(6-4-33):

$$c_n=\int_a^b\varphi_n^*(x)f(x)\,dx.$$

将后一式子的积分变量改写为 x',代入前一式子,则有

$$\begin{aligned}f(x)&=\sum_{n=1}^{\infty}\int_a^b\varphi_n^*(x')\varphi_n(x)f(x')\,dx'\\&=\int_a^b\left[\sum_{n=1}^{\infty}\varphi_n^*(x')\varphi_n(x)\right]f(x')\,dx'.\end{aligned}$$

和式(11-1-9)比较可见,上式右边方括号内的和式是 δ 函数 $\delta(x-x')$,即

$$\sum_{n} \varphi_n^*(x')\varphi_n(x) = \delta(x - x'). \tag{11-1-64}$$

这就是函数系(11-1-63)的完备性条件,它也可以看成是 δ 函数的一种表达式.注意,在写出这一式子时假定函数系(11-1-63)已经正交归一化,如式(6-4-31′)

$$\int_a^b \varphi_n^*(x)\varphi_k(x)\,\mathrm{d}x = \delta_{nk}. \tag{11-1-65}$$

δ 函数除了以上应用外,我们还可利用它来表示实轴上有一阶极点的函数的积分,也可通过 δ 函数证明一个重要的不等式:Schwarz 不等式.下面分别来进行讨论.

在§4-2 中,我们仅讨论了被积函数 $f(x)$ 在实轴上有一阶极点 x_0 的积分的主值.实际上,这一积分主值只是我们要计算的积分的一部分,积分的另一部分可以由 δ 函数来表示.现作如下具体说明.

设有一函数 $f(x)$,当 $x=x_0$ 时 $f(x)$ 发散,要求计算积分 $\int_a^b f(x)\,\mathrm{d}x\ (a \leqslant x_0 \leqslant b)$. 因为 $f(x)$ 在 $x=x_0$ 为无穷大,这样,在通常意义下积分没有定义.但是,我们可以像式(4-2-24)那样,定义积分 $\int_a^b f(x)\,\mathrm{d}x$ 的主值

$$P\int_a^b f(x)\,\mathrm{d}x = \lim_{\varepsilon\to 0}\left[\int_a^{x_0-\varepsilon} f(x)\,\mathrm{d}x + \int_{x_0+\varepsilon}^b f(x)\,\mathrm{d}x\right]. \tag{11-1-66}$$

上式中的极限在很多情况下为有限值.考虑到 x_0 为 $f(x)$ 的一阶极点,当 $x\to x_0$ 时,$f(x)$ 与 $\dfrac{1}{x-x_0}$ 的性质类似,所以可将 $f(x)$ 写为

$$f(x) = \frac{g(x)}{x - x_0},$$

其中 $g(x)$ 在积分区间为有限值.此时,$\int_a^b f(x)\,\mathrm{d}x$ 的主值可有如下等价形式

$$P\int_a^b f(x)\,\mathrm{d}x = \lim_{\varepsilon\to 0}\int_a^b \frac{(x - x_0)g(x)}{(x - x_0)^2 + \varepsilon^2}\mathrm{d}x. \tag{11-1-67}$$

而所需要计算的积分可通过以下极限来定义

$$I = \int_a^b f(x)\,\mathrm{d}x = \lim_{\varepsilon\to 0^+}\int_a^b \frac{g(x)}{x - x_0 + \mathrm{i}\varepsilon}\mathrm{d}x, \tag{11-1-68}$$

容易得到

$$I = \lim_{\varepsilon\to 0^+}\left[\int_a^b \frac{(x - x_0)g(x)}{(x - x_0)^2 + \varepsilon^2}\mathrm{d}x - \mathrm{i}\pi\cdot\frac{1}{\pi}\int_a^b \frac{\varepsilon}{(x - x_0)^2 + \varepsilon^2}g(x)\,\mathrm{d}x\right]. \tag{11-1-69}$$

利用式(11-1-31),有

$$\delta(x - x_0) = \frac{1}{\pi}\lim_{\varepsilon\to 0^+}\frac{\varepsilon}{(x - x_0)^2 + \varepsilon^2}. \tag{11-1-70}$$

结合式(11-1-67)、式(11-1-69)和式(11-1-70),得到

$$I = P\int_a^b \frac{g(x)}{x-x_0}\mathrm{d}x - \mathrm{i}\pi g(x_0). \tag{11-1-71}$$

从上式可以看到,I 中除了积分主值以外,还有另一部分:$-\mathrm{i}\pi g(x_0)$.

式(11-1-71)通常写为如下形式

$$\lim_{\varepsilon\to 0^+}\frac{1}{x-x_0+\mathrm{i}\varepsilon} = P\frac{1}{x-x_0} - \mathrm{i}\pi\delta(x-x_0), \tag{11-1-72}$$

即积分 I 的虚部与 δ 函数相对应.式(11-1-72)有许多应用,如在讨论原子的自发辐射的自然线宽与 Lamb 移位时会用到该式.

例 4 现在来利用 δ 函数证明 Schwarz 不等式

$$\left[\int P(x)\sqrt{A(x)B(x)}\,\mathrm{d}x\right]^2 \leqslant \left[\int P(x)A(x)\mathrm{d}x\right]\cdot\left[\int P(x)B(x)\mathrm{d}x\right], \tag{11-1-73}$$

其中 $P(x)$、$A(x)$ 和 $B(x)$ 是关于 x 的正的实函数.

证 记 $I_1 = \int P(x)A(x)\mathrm{d}x, I_2 = \int P(x)B(x)\mathrm{d}x, I_3 = \int P(x)\sqrt{A(x)B(x)}\,\mathrm{d}x$, 则

$$\begin{aligned}
I_1I_2 &= \left[\int P(x)A(x)\mathrm{d}x\right]\cdot\left[\int P(x)B(x)\mathrm{d}x\right]\\
&= \left[\int P(x)A(x)\mathrm{d}x\right]\cdot\left[\int P(y)B(y)\mathrm{d}y\right]\\
&= \iint P(x)P(y)A(x)B(y)\mathrm{d}x\mathrm{d}y\\
&= \iint P(x)P(y)A(x)B(y)\mathrm{d}x\mathrm{d}y + \int [P(x)]^2A(x)B(x)\mathrm{d}x\\
&\quad - \iint P(x)P(y)A(x)B(y)\delta(x-y)\mathrm{d}x\mathrm{d}y\\
&= \int [P(x)]^2A(x)B(x)\mathrm{d}x\\
&\quad + \iint[1-\delta(x-y)]P(x)P(y)A(x)B(y)\mathrm{d}x\mathrm{d}y.
\end{aligned}$$

而

$$\begin{aligned}
I_3^2 &= \left[\int P(x)\sqrt{A(x)B(x)}\,\mathrm{d}x\right]^2\\
&= \left[\int P(x)\sqrt{A(x)B(x)}\,\mathrm{d}x\right]\cdot\left[\int P(y)\sqrt{A(y)B(y)}\,\mathrm{d}y\right]\\
&= \iint P(x)P(y)\sqrt{A(x)B(x)}\sqrt{A(y)B(y)}\,\mathrm{d}x\mathrm{d}y\\
&= \int [P(x)]^2\sqrt{A(x)B(x)}\sqrt{A(x)B(x)}\,\mathrm{d}x\\
&\quad + \iint[1-\delta(x-y)]P(x)P(y)\sqrt{A(x)B(x)}\sqrt{A(y)B(y)}\,\mathrm{d}x\mathrm{d}y.
\end{aligned}$$

由此,可得到

$$I_3^2 - I_1I_2 = \iint[1-\delta(x-y)]P(x)P(y)[\sqrt{A(x)B(x)}\sqrt{A(y)B(y)}$$

$$-A(x)B(y)]\mathrm{d}x\mathrm{d}y$$

$$=\frac{1}{2}\iint[1-\delta(x-y)]P(x)P(y)[2\sqrt{A(x)B(y)}\sqrt{A(y)B(x)}$$

$$-A(x)B(y)-A(y)B(x)]\mathrm{d}x\mathrm{d}y$$

$$=-\frac{1}{2}\iint[1-\delta(x-y)]P(x)P(y)[\sqrt{A(x)B(y)}$$

$$-\sqrt{A(y)B(x)}]^2\mathrm{d}x\mathrm{d}y$$

$$=-\frac{1}{2}\iint P(x)P(y)[\sqrt{A(x)B(y)}-\sqrt{A(y)B(x)}]^2\mathrm{d}x\mathrm{d}y$$

$$+\frac{1}{2}\iint\delta(x-y)[\sqrt{A(x)B(y)}-\sqrt{A(y)B(x)}]\mathrm{d}x\mathrm{d}y$$

$$=-\frac{1}{2}\iint P(x)P(y)[\sqrt{A(x)B(y)}-\sqrt{A(y)B(x)}]^2\mathrm{d}x\mathrm{d}y.$$

因为 $P(x)$ 为正的实函数,所以根据二元函数积分的性质,上式中的积分大于或等于零,则有

$$I_3^2 - I_1I_2 \leqslant 0, \tag{11-1-74}$$

即

$$\left[\int P(x)\sqrt{A(x)B(x)}\,\mathrm{d}x\right]^2 \leqslant \left[\int P(x)A(x)\,\mathrm{d}x\right]\cdot\left[\int P(x)B(x)\,\mathrm{d}x\right].$$

【证毕】

习 题

1. 求下列含有 δ 函数的积分之值:

(1) $\int_{-\infty}^{\infty}\cos x\delta(x)\,\mathrm{d}x$;　　(2) $\int_{-\infty}^{\infty}\mathrm{e}^x\delta(x^2-1)\,\mathrm{d}x$;

(3) $\int_{-\infty}^{\infty}\sin x^2\delta'(x+\sqrt{\pi})\,\mathrm{d}x$.

2. 证明 $\delta(x)$ 可以有如下的表达式:

(1) $\delta(x)=\lim\limits_{n\to\infty}\dfrac{\sin^2 nx}{\pi nx^2}$;　　(2) $\delta(x)=\lim\limits_{n\to\infty}f_n(x)$;

(3) $\delta(x)=\lim\limits_{n\to\infty}f_n(x)$;　　$f_n(x)=\begin{cases}0, & \text{当 } |x|>\dfrac{1}{n},\\ n[1-n|x|], & \text{当 } |x|\leqslant\dfrac{1}{n}.\end{cases}$

3. 证明 $x\delta'(x)=-\delta(x)$,并利用图 11-1-6 说明其意义.

4. 根据下列函数系的完备性,写出相应的完备性条件(提示:先要将函数系归一化):

(1) $\sin\dfrac{n\pi}{l}x, n=1,2,3,\cdots$　　(在区间$[0,l]$上);

(2) $\mathrm{P}_l(x), l=0,1,2,\cdots$　　(在区间$[-1,1]$上).

5. 三维空间的正交归一矢量组

$$\boldsymbol{e}_n(n=1,2,3); \qquad \boldsymbol{e}_n \cdot \boldsymbol{e}_m = \sum_{i=1}^{3}(\boldsymbol{e}_n)_i(\boldsymbol{e}_m)_i = \delta_{nm}$$

是完备的,即三维空间的任意矢量 $\boldsymbol{F}$ 都可以用它展开:

$$\boldsymbol{F} = \sum_{i=1}^{3} c_n \boldsymbol{e}_n; \qquad c_n = \boldsymbol{e}_n \cdot \boldsymbol{F},$$

或写成分量形式(参看 § 6-4 的表 6-4-1):

$$F_i = \sum_{n=1}^{3} c_n(\boldsymbol{e}_n)_i; \qquad c_n = \sum_{n=1}^{3}(\boldsymbol{e}_n)_i F_i.$$

试将后一式子代入前一式子,证明矢量组 $\boldsymbol{e}_n$ 的完备性条件是

$$\sum_{n=1}^{3}(\boldsymbol{e}_n)_i(\boldsymbol{e}_n)_j = \delta_{ij}.$$

§ 11-2　稳定场方程的格林函数

稳定场方程的格林函数(1)

在这一节里,我们首先说明格林函数的一般概念,然后讨论稳定场方程的格林函数.所谓稳定场方程就是不含对时间求导数的方程,例如拉普拉斯方程和泊松方程以及(齐次和非齐次的)亥姆霍兹方程.对于这类方程不存在初始条件.为简单起见,我们将先考虑无界空间的问题,因而也不存在边界条件.无界空间的格林函数又叫作**基本解**.

(一) 格林函数的一般概念

格林函数又叫作**点源函数**.它是由点源所产生的场.

稳定场方程的格林函数(2)

综合第五章的结果可以看到,不同类型的数学物理方程——式(5-3-1)、式(5-3-3)可以统一地写成

$$\mathrm{L}u = f, \tag{11-2-1}$$

其中 L 是某一线性微分算符:

$$\text{对波动方程——}\mathrm{L} \equiv \frac{\partial^2}{\partial t^2} - a^2\Delta,$$

$$\text{对热传导方程——}\mathrm{L} \equiv \frac{\partial}{\partial t} - a^2\Delta,$$

$$\text{对稳定场方程——}\mathrm{L} \equiv -\Delta;$$

而式(11-2-1)右边的 f 代表场的源.

为了简单起见,先考虑稳定场方程,此时自变量只有 $\boldsymbol{r}$ 而没有时间 t.对于位置在 $\boldsymbol{r}_0$ 点的单位强度点源,$f=\delta^3(\boldsymbol{r}-\boldsymbol{r}_0)$,称它产生的场为**格林函数**,用符号 $G(\boldsymbol{r},\boldsymbol{r}_0)$ 表示.因此,格林函数所满足的方程是

$$\mathrm{L}G(\boldsymbol{r},\boldsymbol{r}_0) = \delta^3(\boldsymbol{r}-\boldsymbol{r}_0). \tag{11-2-2}$$

如果讨论的是带有边界条件的问题,则 $G(\boldsymbol{r},\boldsymbol{r}_0)$ 还应满足边界条件.

我们的目的是要解有源 f 的方程(11-2-1).由于方程线性,满足叠加原理,所以源 f 产生的场可以写成点源的场(格林函数)的叠加.为了得到这一叠加式,用 $f(\boldsymbol{r}_0)$ 乘方程(11-2-2)左右两边.注意 L 是作用在变量 $\boldsymbol{r}$ 上的微分算符,对它来说,$f(\boldsymbol{r}_0)$ 可以看成"常数".因此,可以将 $f(\boldsymbol{r}_0)$ 写到算符 L 的右边:

$$\mathrm{L}G(\boldsymbol{r},\boldsymbol{r}_0)f(\boldsymbol{r}_0)=\delta^3(\boldsymbol{r}-\boldsymbol{r}_0)f(\boldsymbol{r}_0),$$

对 $\boldsymbol{r}_0$ 积分,并将它和作用在 $\boldsymbol{r}$ 上的算符 L 交换次序,得到

$$\mathrm{L}\int G(\boldsymbol{r},\boldsymbol{r}_0)f(\boldsymbol{r}_0)\,\mathrm{d}^3\boldsymbol{r}_0=\int\delta^3(\boldsymbol{r}-\boldsymbol{r}_0)f(\boldsymbol{r}_0)\,\mathrm{d}^3\boldsymbol{r}_0=f(\boldsymbol{r}),$$

在后一步中用了 δ 函数的性质(11-1-9).因此,方程(11-2-1)的解可以写成

$$u(\boldsymbol{r})=\int G(\boldsymbol{r},\boldsymbol{r}_0)f(\boldsymbol{r}_0)\,\mathrm{d}^3\boldsymbol{r}_0. \tag{11-2-3}$$

如果所讨论的问题带有齐次边界条件,则只要格林函数 $G(\boldsymbol{r},\boldsymbol{r}_0)$ 满足同样的边界条件,就能用式(11-2-3)得到满足边界条件的解.

式(11-2-3)有明显的物理意义:$f(\boldsymbol{r}_0)$ 是在 $\boldsymbol{r}_0$ 点的源强度,$G(\boldsymbol{r},\boldsymbol{r}_0)$ 是在 $\boldsymbol{r}_0$ 点单位强度点源的场①.因此,$G(\boldsymbol{r},\boldsymbol{r}_0)f(\boldsymbol{r}_0)$ 是在 $\boldsymbol{r}_0$ 点的强度为 $f(\boldsymbol{r}_0)$ 的点源的场,将它积分得到整个源 $f(\boldsymbol{r})$ 所产生的场.

由此可见,求解无界空间或带有齐次边界条件的方程(11-2-1),可以先求这一方程的格林函数,然后用积分(11-2-3)得解.

以上就是格林函数方法的基本概念.如果边界条件是非齐次的,或者方程含时间,则情况比上述略为复杂.这些将在下面逐步介绍.

(二)拉普拉斯方程和泊松方程的基本解

以静电场问题作例子.设有电荷分布 $\rho(r)$,求空间各处的电势分布 $u(\boldsymbol{r})$.

$u(\boldsymbol{r})$ 满足泊松方程(5-1-11):

$$\Delta u=-\frac{1}{\varepsilon_0}\rho. \tag{11-2-4}$$

根据格林函数方法的基本思想,先来解方程

$$\Delta G(\boldsymbol{r},\boldsymbol{r}_0)=-\delta^3(\boldsymbol{r}-\boldsymbol{r}_0). \tag{11-2-5}$$

将三维 δ 函数的表达式(11-1-51)代入,得到

$$\Delta G(\boldsymbol{r},\boldsymbol{r}_0)=\frac{1}{4\pi}\Delta\frac{1}{|\boldsymbol{r}-\boldsymbol{r}_0|},$$

它的一个解是

$$G_0(\boldsymbol{r},\boldsymbol{r}_0)=\frac{1}{4\pi|\boldsymbol{r}-\boldsymbol{r}_0|}, \tag{11-2-6}$$

这个 $G_0(\boldsymbol{r},\boldsymbol{r}_0)$ 被称为泊松方程的**基本解**,有时也称它为相应的齐次方程(即拉普拉斯方

---

① 这里说"单位强度点源"是因为式(11-2-2)右边 δ 函数的系数为 1.它和实际物理问题中的单位强度点源有可能相差常数因子(对于单位点电荷,相差因子 $1/\varepsilon_0$;对于单位点热源,相差因子 $1/c\rho$).

程)的基本解.它实际上就是熟知的点电荷的电势分布——库仑场(相差常数因子 $1/\varepsilon_0$).

有了 $G_0(\boldsymbol{r},\boldsymbol{r}_0)$ 就可以按式(11-2-3)写出方程(11-2-4)的解

$$u(\boldsymbol{r})=\frac{1}{4\pi\varepsilon_0}\int\frac{\rho(r_0)}{|\boldsymbol{r}-\boldsymbol{r}_0|}\mathrm{d}^3\boldsymbol{r}_0. \tag{11-2-7}$$

基本解(11-2-6)在空间中除 $\boldsymbol{r}=\boldsymbol{r}_0$ 一点以外,满足齐次方程 $\Delta G_0=0$;而在 $\boldsymbol{r}=\boldsymbol{r}_0$ 点有奇异性.由于格林函数是点源函数,所以必然在空间某一点有奇异性.这是格林函数的一个普遍性质.

注意,方程(11-2-4)的解在不加边界条件的情况下不是唯一的,在它上面可以加上相应的齐次方程

$$\Delta V=0 \tag{11-2-8}$$

的任意解 V.

再来看二维拉普拉斯方程的基本解,即无限长均匀带电直导线所产生的电势分布.按照式(11-1-55),单位线电荷密度的点源可用二维 δ 函数表示为

$$\delta^2(\rho-\rho_0)=-\frac{1}{2\pi}\Delta\left(\ln\frac{1}{|\rho-\rho_0|}\right), \tag{11-2-9}$$

代入二维情况下格林函数所满足的方程

$$\Delta G(\rho,\rho_0)=-\delta^2(\rho-\rho_0) \tag{11-2-10}$$

得到

$$\Delta G(\rho,\rho_0)=\frac{1}{2\pi}\Delta\ln\left(\frac{1}{|\rho-\rho_0|}\right).$$

由此可见,$G(\rho,\rho_0)$ 等于 $\frac{1}{2\pi}\ln\left(\frac{1}{|\rho-\rho_0|}\right)$ 加上二维拉普拉斯方程的任意解 $V(\rho)$. 通常取 $V=0$,得到二维拉普拉斯方程的**基本解**为

$$G_0(\rho,\rho_0)=\frac{1}{2\pi}\ln\left(\frac{1}{|\rho-\rho_0|}\right). \tag{11-2-11}$$

(三) 泊松方程齐次边值问题的格林函数

现在来考虑泊松方程的第一类齐次边值问题

$$\begin{aligned}\Delta u(\boldsymbol{r})&=-f(\boldsymbol{r}),\\ u(\boldsymbol{r})\big|_{\Sigma}&=0,\end{aligned} \tag{11-2-12}$$

相应的格林函数满足方程

$$\Delta G(\boldsymbol{r}-\boldsymbol{r}_0)=-\delta^3(\boldsymbol{r}-\boldsymbol{r}_0), \tag{11-2-13}$$

和边界条件

$$G(\boldsymbol{r},\boldsymbol{r}_0)\big|_{r在\Sigma上}=0. \tag{11-2-14}$$

不难看到,利用这一格林函数,按照式(11-2-3)写出的 $u(\boldsymbol{r})$ 确实满足方程和边界条件(11-2-12).后面在(六)中还将看到,利用同一格林函数,也可以得到泊松方程非齐次问

题的解.

为了求格林函数 $G(\boldsymbol{r},\boldsymbol{r}_0)$，可以利用基本解 $G_0(\boldsymbol{r},\boldsymbol{r}_0)$. 它满足方程

$$\Delta G_0(\boldsymbol{r},\boldsymbol{r}_0)=-\delta^3(\boldsymbol{r}-\boldsymbol{r}_0),\tag{11-2-15}$$

但不满足边界条件(11-2-14). 我们令

$$G(\boldsymbol{r},\boldsymbol{r}_0)=G_0(\boldsymbol{r},\boldsymbol{r}_0)+V(\boldsymbol{r}),\tag{11-2-16}$$

代入式(11-2-13)和式(11-2-14)，得到决定 $V(\boldsymbol{r})$ 的方程和边界条件

$$\Delta V=0,\tag{11-2-17}$$

$$V|_{\Sigma}=-G_0|_{\Sigma},\tag{11-2-18}$$

因而求格林函数 G 归结为求 V. 这样一来，就将在边界条件(11-2-14)之下求解非齐次方程(11-2-13)的问题，转化为在边界条件(11-2-18)之下求解齐次方程(11-2-17)的问题. 有些时候，后一问题比前一问题容易求解.

(四) 镜像法

下面来讨论求泊松方程边值问题格林函数的一种常用的方法——镜像法.

由式(11-2-16)可见，泊松方程边值问题的格林函数可写成两项之和. 第一项 $G_0(\boldsymbol{r},\boldsymbol{r}_0)$ 是泊松方程的基本解，它是位于 $\boldsymbol{r}_0$ 处的点源在无界空间中的场. 第二项 $V(\boldsymbol{r})$ 满足方程(11-2-17)和边界条件(11-2-18)，它的意义可以由以下看出：方程(11-2-17)是齐次方程(拉普拉斯方程). 我们知道，点源产生的场在除了点源所在处以外的空间中满足齐次方程. 因此，可以将 $V(\boldsymbol{r})$ 看成是一个虚点源所产生的场，这个虚点源的位置在所考虑的区域边界之外. 式(11-2-18)表明，这个虚点源在边界面 Σ 上产生的场和位于 $\boldsymbol{r}_0$ 的真实点源在 Σ 上产生的场大小相等，符号相反，相互抵消，从而保证边界条件(11-2-14)能够满足. 这样的虚点源称为位于 $\boldsymbol{r}_0$ 的真实点源的镜像. 镜像法的基本思想是，用虚设的点电荷等效地代替实际边界面上的感应电荷. 只要能确定作为镜像的虚点源的位置和强度，就得到了 $V(\boldsymbol{r})$，从而也就得到了格林函数(11-2-16).

下面举两个例子.

例 1　设在地下深为 h 处埋有一根平行于地面的直线电缆，其单位长度电阻为 R，通过电流 I. 这电缆成为一个热源，不断往外散发热量. 又设大地的导热系数为 k，表面温度为 0 ℃，求温度达到稳定后的地下温度场.

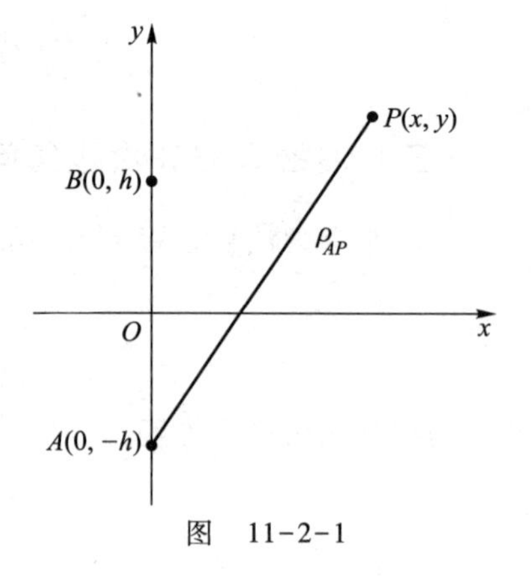

图　11-2-1

解　由于电缆很长，可以认为在每一个与电缆垂直的截面上温度分布是一样的. 图 11-2-1 画出了这样一个截面，其中 A 点表示电缆的位置，Ox 延伸的平面为地平面.

电缆达到稳定状态后，温度 $u(x,y)$ 满足泊松方程

$$\frac{\partial^2 u}{\partial x^2}+\frac{\partial^2 u}{\partial y^2}=-\frac{1}{a^2}f(x,y),$$

其中

$$a^2=\frac{k}{c\rho}.$$

$f(x,y)$ 由热源决定.根据焦耳-楞次定律,在 $\mathrm{d}t$ 时间内,由单位长电缆发出的热量是

$$Q=0.24I^2R\mathrm{d}t, \tag{11-2-19}$$

电缆的直径相对埋入深度来说是很小的,因而可以将电缆看成是位于 $A(0,-h)$ 的直径为零的理想线热源,其单位热源强度可以用二维 δ 函数

$$\delta^2(P-A)\equiv\delta^2(x,y+h)$$

表示,其中用 P 表示两个变量 (x,y),A 表示 $(0,-h)$.在 $\mathrm{d}t$ 时间内,由面积元 $\mathrm{d}x\mathrm{d}y$ 发出的热量是

$$\mathrm{d}Q=0.24I^2R\delta^2(x,y+h)\mathrm{d}x\mathrm{d}y\mathrm{d}t, \tag{11-2-20}$$

[将它对 x,y 积分得式(11-2-19)].参看式(5-2-5)可得

$$f(x,y)=\frac{0.24I^2R}{c\rho}\delta^2(x,y+h). \tag{11-2-21}$$

我们的定解问题概括为

$$\frac{\partial^2 u}{\partial x^2}+\frac{\partial^2 u}{\partial y^2}=-\frac{0.24I^2R}{k}\delta^2(x,y+h), \tag{11-2-22}$$

$$u(x,0)=0. \tag{11-2-23}$$

和二维格林函数所满足的方程和边界条件

$$\frac{\partial^2 G(P,A)}{\partial x^2}+\frac{\partial^2 G(P,A)}{\partial y^2}=-\delta^2(P-A), \tag{11-2-24}$$

$$G(P,A)\big|_{y=0}=0 \tag{11-2-25}$$

比较可见,u 和 G 只差常因子

$$u=\frac{0.24I^2R}{k}G. \tag{11-2-26}$$

为了求出式(11-2-24)和式(11-2-25)所决定的二维格林函数,我们利用已知的二维拉普拉斯方程的基本解(11-2-11),有

$$G_0(P,A)=\frac{1}{2\pi}\ln\frac{1}{\rho_{AP}}, \tag{11-2-27}$$

按式(11-2-16),设格林函数为

$$G(P,A)=G_0(P,A)+V, \tag{11-2-28}$$

代入式(11-2-24)、式(11-2-28),可见函数 V 在 $y<0$ 的区域中满足二维拉普拉斯方程,而在 $y=0$ 的面上满足边界条件

$$V\big|_{y=0}=-G_0\big|_{y=0}=-\frac{1}{2\pi}\ln\frac{1}{\rho_{AP_0}}, \tag{11-2-29}$$

其中 P_0 表示 $y=0$ 平面上的任意点.

根据边界条件的特点,可以设想在和 $A(0,-h)$ 对称的地方 $B(0,h)$ 有一个强度相同而符号相反的热源(吸收源),如图 11-2-1 所示,V 就是这一热源产生的场:

$$V=-\frac{1}{2\pi}\ln\frac{1}{\rho_{BP}}. \tag{11-2-30}$$

由于 B 点不在 $y<0$ 的区域,所以在这一区域里 V 满足二维拉普拉斯方程.又由于在 $y=0$ 面上 $\rho_{BP_0}=\rho_{AP_0}$,所以也满足边界条件(11-2-29).

将式(11-2-27)、式(11-2-30)代入式(11-2-28),得到边值问题的格林函数

$$G(P,A)=\frac{1}{2\pi}\left(\ln\frac{1}{\rho_{AP}}-\ln\frac{1}{\rho_{BP}}\right), \tag{11-2-31}$$

再代入式(11-2-26),即得所求的在 $y<0$ 区域中的温度分布

$$u=\frac{0.12I^2R}{\pi k}\left(\ln\frac{1}{\rho_{AP}}-\ln\frac{1}{\rho_{BP}}\right).$$

【解毕】

例 2 在半径为 R 的接地导电球外,距球心为 d 处的一点 A 放置点电荷 Q,求球外的电势分布.

解 将坐标原点放在球心 O,并让 x 轴指向 A 点,如图 11-2-2 所示.在 A 点有点电荷 Q,电荷密度可以用 δ 函数写为

$$\rho(\boldsymbol{r})=Q\delta^3(\boldsymbol{r}-\boldsymbol{r}_A), \tag{11-2-32}$$

方程为式(11-2-4):

$$\Delta u=-\frac{\rho}{\varepsilon_0}=-\frac{Q}{\varepsilon_0}\delta^3(\boldsymbol{r}-\boldsymbol{r}_A). \tag{11-2-33}$$

由于球接地,球面的电势为零,边界条件是

$$u\big|_{r=R}=0. \tag{11-2-34}$$

方程(11-2-33)和格林函数的方程(11-2-13)只差一个因子 Q/ε_0;这是由于我们所求的是强度为 Q 的点源产生的场,而按定义,单位强度点源的场和格林函数相差因子 $1/\varepsilon_0$.比较式(11-2-13)可见

$$u=\frac{Q}{\varepsilon_0}G(\boldsymbol{r},\boldsymbol{r}_A), \tag{11-2-35}$$

其中的格林函数 G 应满足边界条件

$$G\big|_{r=R}=0. \tag{11-2-36}$$

根据式(11-2-16),有

$$G(\boldsymbol{r},\boldsymbol{r}_A)=G_0(\boldsymbol{r},\boldsymbol{r}_A)+V(\boldsymbol{r}) \tag{11-2-37}$$

其中 $G_0(\boldsymbol{r},\boldsymbol{r}_A)$ 是拉普拉斯方程的基本解,它已在式(11-2-6)中求出:

$$G_0(\boldsymbol{r},\boldsymbol{r}_A)=\frac{1}{4\pi r_{AP}},$$

其中 $r_{AP}=|\boldsymbol{r}-\boldsymbol{r}_A|$,如图 11-2-2 所示.代入式(11-2-37),得到

$$G(\boldsymbol{r},\boldsymbol{r}_A)=\frac{1}{4\pi r_{AP}}+V(\boldsymbol{r}).\tag{11-2-38}$$

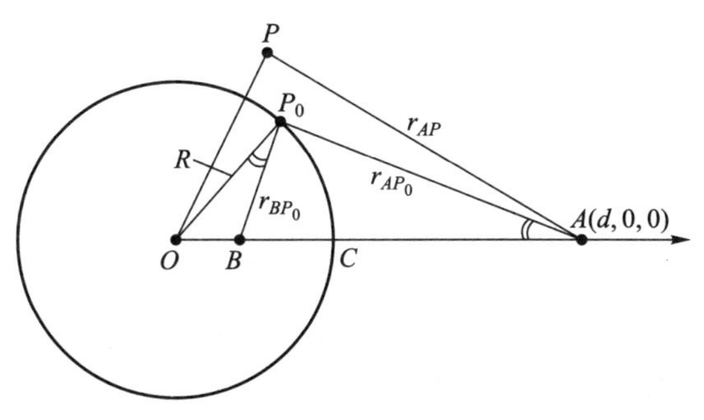

图　11-2-2

此式表明,格林函数所代表的场是由 A 点的单位电荷所产生的场 G_0和在边界面 $r=R$ 上的感生电荷所产生的场 $V(\boldsymbol{r})$之和.镜像法的基本精神是用另一点源代替感生电荷在球外产生场.这个等效的点电荷不可能在球外,因为感生电荷在球外的场必须处处满足拉普拉斯方程 $\Delta V=0$,而不能有奇点.根据对称性可以看出,这个等效点源应在 OA 的连线上.设它在球内距球心为 ρ 的 B 点,其强度待定,则式(11-2-38)中的 $V(\boldsymbol{r})$应正比于 $1/r_{BP}$,我们将它写成

$$V=-\frac{Q'}{4\pi r_{BP}},\tag{11-2-39}$$

这是放在 B 点的电荷量为 $\varepsilon_0 Q'$的点电荷所产生的场,它在球外处处满足拉普拉斯方程 $\Delta V=0$.为了使 $G(\boldsymbol{r},\boldsymbol{r}_A)$满足我们问题的边界条件(11-2-36),$V(\boldsymbol{r})$的边界条件可按式(11-2-18)写成

$$V\big|_{r=R}=-G_0\big|_{r=R}.$$

用 P_0表示 $r=R$ 的球面上的任意点,则上式可写为

$$\frac{-Q'}{4\pi r_{BP_0}}=-\frac{1}{4\pi r_{AP_0}},$$

或

$$Q'=\frac{r_{BP_0}}{r_{AP_0}}.\tag{11-2-40}$$

由于 Q'是常数,所以为使这一等式能成立,必须要 r_{BP_0}/r_{AP_0}的比值在整个球面上处处相等,这是决定 B 的位置的条件.由图 11-2-2 可见,r_{BP_0}和 r_{AP_0}是$\triangle OP_0B$ 和$\triangle OAP_0$的对应边.这两个三角形有一个公共角$\angle P_0OB$,因此,只要选 B 点的位置,使

$$\frac{\rho}{R}=\frac{R}{d},\tag{11-2-41}$$

这两个三角形就相似,从而使

$$\frac{r_{BP_0}}{r_{AP_0}}=\frac{R}{d}\tag{11-2-42}$$

在整个球面上保持为常数.满足条件(11-2-41)的点 B 称为点 A 对于球面的共轭点或反演点.

将式(11-2-42)代入式(11-2-40)再代入式(11-2-39),得到

$$V=-\frac{1}{4\pi}\frac{R}{d}\frac{1}{r_{BP}},$$

而所需要的格林函数(11-2-38)是

$$G(\boldsymbol{r},\boldsymbol{r}_A)=\frac{1}{4\pi}\left(\frac{1}{r_{AP}}-\frac{R}{d}\frac{1}{r_{BP}}\right), \tag{11-2-43}$$

一般说来,若 A 点不在 x 轴上,采用球坐标表示上式,见图 11-2-3.设电荷 Q 所在位置为 $A(d,\theta_0,\varphi_0)$,像电荷 Q' 的位置为 $B(\rho,\theta_0,\varphi_0)$,场点的位置 $\boldsymbol{r}$ 为(r,θ,φ),则式中

$$r_{AP}=\sqrt{d^2+r^2-2rd\cos\psi},$$

$$r_{BP}=\sqrt{\rho^2+r^2-2r\rho\cos\psi},$$

其中

$$\cos\psi=\cos\theta\cos\theta_0+\sin\theta\sin\theta_0\cos(\varphi-\varphi_0). \tag{11-2-44}$$

证明如下：以 $\boldsymbol{r}_P$ 和 $\boldsymbol{r}_A$ 分别表示图 11-2-3 中$\overrightarrow{OP}(r,\theta,\varphi)$和$\overrightarrow{OA}(d,\theta_0,\varphi_0)$的单位矢量,则有

$$\begin{aligned}\cos\psi=\boldsymbol{r}_P\cdot\boldsymbol{r}_A&=\sin\theta\sin\theta_0(\cos\varphi\cos\varphi_0+\sin\varphi\sin\varphi_0)+\cos\theta\cos\theta_0\\&=\sin\theta\sin\theta_0\cos(\varphi-\varphi_0)+\cos\theta\cos\theta_0.\end{aligned}$$

将式(11-2-43)代入式(11-2-35)就得到所求的电势

$$u=\frac{Q}{4\pi\varepsilon_0}\left(\frac{1}{r_{AP}}-\frac{R}{d}\frac{1}{r_{BP}}\right). \tag{11-2-45}$$

由此可见,导体球上的感生电荷在球外所产生的电势(上式右边第二项)等效于位于 B 点,电荷量为 $-QR/d$的点电荷的电势.这个假想的点电荷就是位于 A 点的电荷 Q 的“镜像”. 【解毕】

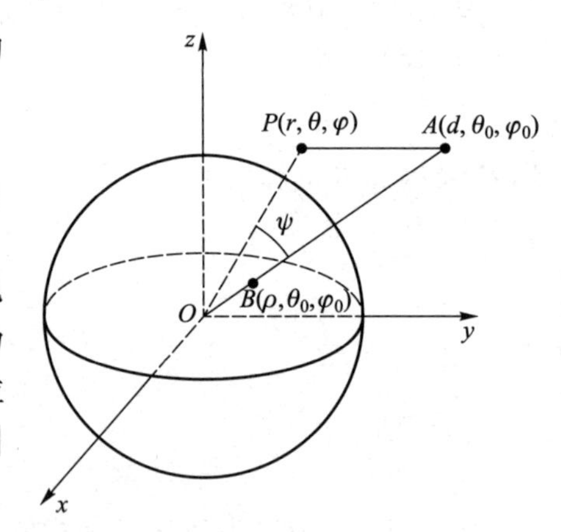

图 11-2-3

(五) 格林函数的对称性

拉普拉斯方程的格林函数 $G(\boldsymbol{r},\boldsymbol{r}_0)$有一个重要性质——对源点 $\boldsymbol{r}_0$和观察点 $\boldsymbol{r}$ 对称：

$$G(\boldsymbol{r},\boldsymbol{r}_0)=G(\boldsymbol{r}_0,\boldsymbol{r}). \tag{11-2-46}$$

为了证明这一性质,考虑由所讨论的区域 $\mathscr{D}$ 内的两个点 $\boldsymbol{r}_0$和 $\boldsymbol{r}_0'$所产生的格林函数(见图 11-2-4),它们满足方程

$$\Delta G(\boldsymbol{r},\boldsymbol{r}_0)=-\delta^3(\boldsymbol{r}-\boldsymbol{r}_0),$$

$$\Delta G(\boldsymbol{r},\boldsymbol{r}_0') = -\delta^3(\boldsymbol{r}-\boldsymbol{r}_0'), \quad (11-2-47)$$

和边界条件

$$G(\boldsymbol{r},\boldsymbol{r}_0)\big|_{r\text{在}\Sigma\text{上}} = G(\boldsymbol{r},\boldsymbol{r}_0')\big|_{r\text{在}\Sigma\text{上}} = 0. \quad (11-2-48)$$

用 $G(\boldsymbol{r},\boldsymbol{r}_0')$ 和 $G(\boldsymbol{r},\boldsymbol{r}_0)$ 分别乘以式(11-2-47)中的两个方程，然后相减，再对 $\mathrm{d}^3\boldsymbol{r}$ 积分，得到

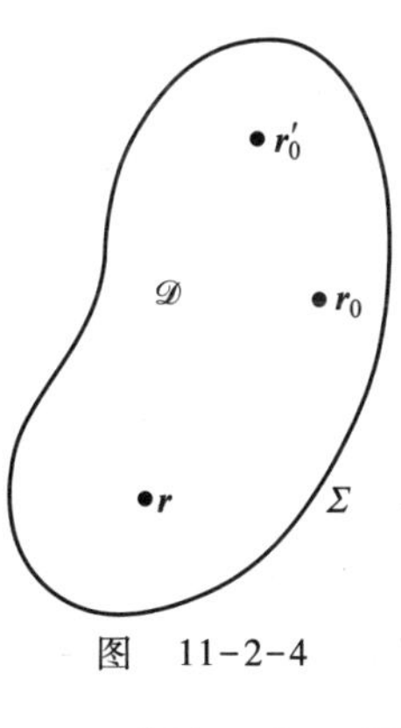

图　11-2-4

$$\begin{aligned}&\int_{\mathscr{D}}[G(\boldsymbol{r},\boldsymbol{r}_0')\Delta G(\boldsymbol{r},\boldsymbol{r}_0) - G(\boldsymbol{r},\boldsymbol{r}_0)\Delta G(\boldsymbol{r},\boldsymbol{r}_0')]\mathrm{d}^3\boldsymbol{r}\\ &= -\int_{\mathscr{D}}[G(\boldsymbol{r},\boldsymbol{r}_0')\delta^3(\boldsymbol{r}-\boldsymbol{r}_0) - G(\boldsymbol{r},\boldsymbol{r}_0)\delta^3(\boldsymbol{r}-\boldsymbol{r}_0')]\mathrm{d}^3\boldsymbol{r}\\ &= G(\boldsymbol{r}_0',\boldsymbol{r}_0) - G(\boldsymbol{r}_0,\boldsymbol{r}_0'). \end{aligned} \quad (11-2-49)$$

利用格林公式可将上式左边化为面积分①

$$\text{左边} = \int_\Sigma\left[G(\boldsymbol{r},\boldsymbol{r}_0')\frac{\partial G(\boldsymbol{r},\boldsymbol{r}_0)}{\partial n} - G(\boldsymbol{r},\boldsymbol{r}_0)\frac{\partial G(\boldsymbol{r},\boldsymbol{r}_0')}{\partial n}\right]\mathrm{d}\Sigma,$$

其中 $\partial/\partial n$ 表示沿 $\mathscr{D}$ 的边界的外法线方向求导.

由于有边界条件(11-2-48)，上式中的被积函数为零，因而积分为零.因此，式(11-2-49)的右边也为零，即式(11-2-46)成立.　【证毕】

格林函数对称性的物理意义是在相同边界条件之下，位于 $\boldsymbol{r}_0$ 点的点源在 $\boldsymbol{r}$ 点产生的场和位于 $\boldsymbol{r}$ 点的同样强度的点源在 $\boldsymbol{r}_0$ 点产生的场相等.这在物理学上称为**倒易性**.

(六) 泊松方程非齐次边值问题

以上讨论了用格林函数方法解具有齐次边界条件的第一类边值问题.下面来考虑具有非齐次边界条件的问题.

以泊松方程的第一类边值问题为例.方程和边界条件是

$$\Delta u(\boldsymbol{r}) = -\frac{1}{\varepsilon_0}\rho(\boldsymbol{r}), \quad (11-2-50)$$

$$u(\boldsymbol{r})\big|_{r\text{在}\Sigma\text{上}} = \varphi(\boldsymbol{r}). \quad (11-2-51)$$

为了求解这一边值问题，还是应用满足相应的齐次边界条件的格林函数 $G(\boldsymbol{r},\boldsymbol{r}_0)$：

$$\Delta G(\boldsymbol{r},\boldsymbol{r}_0) = -\delta^3(\boldsymbol{r}-\boldsymbol{r}_0), \quad (11-2-52)$$

---

① 设 $u(x,y,z)$ 和 $v(x,y,z)$ 在区域 $\mathscr{D}$ 及边界 Σ 上有连续一阶导数，在 $\mathscr{D}$ 内有二阶连续导数，则由高斯定理 $\int_V \nabla\cdot\boldsymbol{A}\mathrm{d}\tau = \int_\Sigma \boldsymbol{A}\cdot\mathrm{d}\boldsymbol{\Sigma}$，取 $\boldsymbol{A} = u\nabla v$，有

$$\oint_\Sigma u\nabla v\cdot\mathrm{d}\boldsymbol{\Sigma} = \int_{\mathscr{D}}\nabla\cdot(u\nabla v)\mathrm{d}\tau = \int_{\mathscr{D}}(u\nabla^2 v + \nabla u\cdot\nabla v)\mathrm{d}\tau$$

此式称为**第一格林公式**，同理有

$$\oint_\Sigma v\nabla u\cdot\mathrm{d}\boldsymbol{\Sigma} = \int_{\mathscr{D}}(v\nabla^2 u + \nabla u\cdot\nabla v)\mathrm{d}\tau.$$

两式相减，得

$$\oint_\Sigma\left(u\frac{\partial v}{\partial n} - v\frac{\partial u}{\partial n}\right)\mathrm{d}\Sigma = \int_{\mathscr{D}}(u\nabla^2 v - v\nabla^2 u)\mathrm{d}\tau.$$

此式称为**第二格林公式**，其中 $\boldsymbol{n}$ 为边界面的外法线方向.

$$G(\boldsymbol{r},\boldsymbol{r}_0)\big|_{r在\Sigma上}=0. \qquad (11-2-53)$$

用 $G(\boldsymbol{r},\boldsymbol{r}_0)$ 乘以式(11-2-50),用 $u(\boldsymbol{r})$ 乘以式(11-2-52),两式相减再对 $\mathrm{d}^3\boldsymbol{r}$ 积分,得到

$$\int_{\mathscr{D}}[G\Delta u-u\Delta G]\mathrm{d}^3\boldsymbol{r}=-\int_{\mathscr{D}}\frac{1}{\varepsilon_0}G\rho\mathrm{d}^3\boldsymbol{r}+\int_{\mathscr{D}}u(\boldsymbol{r})\delta^3(\boldsymbol{r}-\boldsymbol{r}_0)\mathrm{d}^3\boldsymbol{r}.$$

利用格林公式将上式左边化为面积分,得到

$$u(\boldsymbol{r}_0)=\frac{1}{\varepsilon_0}\int_{\mathscr{D}}G(\boldsymbol{r},\boldsymbol{r}_0)\rho(\boldsymbol{r})\mathrm{d}^3\boldsymbol{r}+\int_{\Sigma}\left[G\frac{\partial u}{\partial n}-u\frac{\partial G}{\partial n}\right]\mathrm{d}\Sigma. \qquad (11-2-54)$$

根据边界条件(11-2-51)、条件(11-2-53),上式第二个积分的被积函数的第一项为零,第二项是

$$-\varphi(\boldsymbol{r})\frac{\partial G(\boldsymbol{r},\boldsymbol{r}_0)}{\partial n},$$

代入式(11-2-54),然后将积分变量改写为 $\boldsymbol{r}'$,而将 $\boldsymbol{r}_0$ 改写为 $\boldsymbol{r}$,再利用格林函数的对称性(11-2-46),得到

$$u(\boldsymbol{r})=\frac{1}{\varepsilon_0}\int_{\mathscr{D}}G(\boldsymbol{r},\boldsymbol{r}')\rho(\boldsymbol{r}')\mathrm{d}^3\boldsymbol{r}'-\int_{\Sigma}\varphi(\boldsymbol{r}')\frac{\partial G(\boldsymbol{r},\boldsymbol{r}')}{\partial n'}\mathrm{d}\Sigma'. \qquad (11-2-55)$$

因此,只要求得了格林函数 $G(\boldsymbol{r},\boldsymbol{r}')$,就可以算出 $u(\boldsymbol{r})$.与分离变量法得到的解不同,这样得到的解常常是用积分表示的.

值得注意的是,在求解非齐次边界条件的边值问题时,所用的格林函数仍然满足齐次边界条件.因此,只要对于具有某一几何边界的齐次边值问题求一次格林函数,就能解决同一几何边界下具有任意非齐次边界条件的边值问题.

再讨论泊松方程第三类边值问题:

$$\nabla^2u(\boldsymbol{r})=-\frac{1}{\varepsilon_0}\rho(\boldsymbol{r}), \qquad (11-2-56)$$

$$\left(\alpha\frac{\partial u}{\partial n}+\beta u\right)_{r在\Sigma上}=\varphi(\boldsymbol{r}), \qquad (11-2-57)$$

其中 α 和 β 都不等于零.相应的格林函数满足泊松方程和第三类齐次边界条件

$$\nabla^2G(\boldsymbol{r},\boldsymbol{r}_0)=-\delta^3(\boldsymbol{r}-\boldsymbol{r}_0), \qquad (11-2-58)$$

$$\left(\alpha\frac{\partial G}{\partial n}+\beta G\right)_{r在\Sigma上}=0 \qquad (11-2-59)$$

以 G 乘以式(11-2-57)两边,得

$$\left(\alpha G\frac{\partial u}{\partial n}+\beta Gu\right)_{r在\Sigma上}=G\varphi(\boldsymbol{r}),$$

又以 u 乘以式(11-2-59)式,得

$$\left(\alpha u\frac{\partial G}{\partial n}+\beta uG\right)_{r在\Sigma上}=0.$$

以上两式相减,有

$$\alpha\left(G\frac{\partial u}{\partial n}-u\frac{\partial G}{\partial n}\right)_{r在\Sigma上}=G\varphi(\boldsymbol{r}). \qquad (11-2-60)$$

将式(11-2-60)代入式(11-2-54),并将积分变量改写为 $\boldsymbol{r}'$,而将 $\boldsymbol{r}_0$ 改写为 $\boldsymbol{r}$,再利用格林函数的对称性,得到

$$u(\boldsymbol{r})=\frac{1}{\varepsilon_0}\int_{\mathscr{D}}G(\boldsymbol{r},\boldsymbol{r}')\rho(\boldsymbol{r}')\,\mathrm{d}^3\boldsymbol{r}'+\frac{1}{\alpha}\int_{\Sigma}G(\boldsymbol{r},\boldsymbol{r}')\varphi(\boldsymbol{r}')\,\mathrm{d}\Sigma'. \quad (11-2-61)$$

对于泊松方程第二类边值问题:

$$\nabla^2 u=f(\boldsymbol{r}'),$$

$$\left.\frac{\partial u}{\partial n}\right|_{\Sigma}=\varphi(\boldsymbol{r}),$$

则情况有所不同.这时相应的格林函数所满足的定解问题

$$\nabla^2 G(\boldsymbol{r},\boldsymbol{r}_0)=\delta(\boldsymbol{r}-\boldsymbol{r}_0), \qquad (11-2-62)$$

$$\left.\frac{\partial G}{\partial n}\right|_{r在\Sigma上}=0, \qquad (11-2-63)$$

无解.这一结论从方程(11-2-62)和边界条件(11-2-63)在热传导问题中的物理意义就可看出.方程(11-2-62)表示在 $\mathscr{D}$ 内 $\boldsymbol{r}_0$ 处有一个点热源,而边界条件(11-2-63)表示边界是绝热的,故从热源发出的热量会使物体内的温度不断升高,而不能达到稳定.这时,格林函数的概念需要修改,解决的办法是引进广义格林函数①.

例 3 求解拉普拉斯方程球外第一类边值问题

$$\nabla^2 u(\boldsymbol{r})=0 \qquad (r>a),$$

$$u\big|_{r=a}=\varphi(\boldsymbol{r}).$$

解 由式(11-2-55),有

$$u(\boldsymbol{r})=-\int_{\Sigma}\varphi(\theta',\varphi')\frac{\partial G}{\partial n'}\mathrm{d}\Sigma'. \qquad (11-2-64)$$

边界面 Σ 为 $r=a$ 的球面.拉普拉斯方程球外第一类边值问题的格林函数已在例 2 中求得:

$$G(\boldsymbol{r},\boldsymbol{r}_0)=\frac{1}{4\pi}\left(\frac{1}{\sqrt{r^2+r_0^2-2rr_0\cos\psi}}-\frac{a}{r_0}\frac{1}{\sqrt{r^2+\rho^2-2r\rho\cos\psi}}\right).$$

剩下的问题是求$\left.\frac{\partial G}{\partial n}\right|_{\Sigma}$.对于球外问题

$$\left.\frac{\partial G}{\partial n}\right|_{\Sigma}=-\left.\frac{\partial G}{\partial r}\right|_{r=a}=\frac{-1}{4\pi}\left[\frac{-(r-r_0\cos\psi)}{(r^2+r_0^2-2rr_0\cos\psi)^{3/2}}+\frac{a}{r_0}\frac{r-\rho\cos\psi}{(r^2+\rho^2-2r\rho\cos\psi)^{3/2}}\right]_{r=a}$$

利用式(11-2-41),得

① 郭敦仁.数学物理方法.2 版.北京:高等教育出版社,1991:355.

$$\left.\frac{\partial G}{\partial n}\right|_{\Sigma}=\frac{-1}{4\pi}\left[\frac{-(a-r_0\cos\psi)}{(a^2+r_0^2-2ar_0\cos\psi)^{3/2}}+\frac{a}{r_0}\frac{a-\dfrac{a^2}{r_0}\cos\psi}{\left[a^2+\left(\dfrac{a^2}{r_0}\right)^2-2a\left(\dfrac{a^2}{r_0}\right)\cos\psi\right]^{3/2}}\right]$$

$$=\frac{-(r_0^2-a^2)}{4\pi a(a^2+r_0^2-2ar_0\cos\psi)^{3/2}}$$

利用格林函数的对称性,将 $\boldsymbol{r}$ 与 $\boldsymbol{r}_0$ 对调,再代入式(11-2-64)得

$$u(r,\theta,\varphi)=\frac{a}{4\pi}\int_0^{\pi}\int_0^{2\pi}\frac{r^2-a^2}{(a^2+r^2-2ar\cos\psi)^{3/2}}\sin\theta_0\mathrm{d}\theta_0\mathrm{d}\varphi_0. \qquad (11-2-65)$$

【解毕】

习　　题

1. 证明一维亥姆霍兹方程的基本解为

$$G(x,x_0)=\frac{\mathrm{i}}{2k}\mathrm{e}^{\mathrm{i}k|x-x_0|}.$$

2. 在距无限大导电平面为 d 的地方有一个电荷量为 Q 的点电荷,导电平面接地,求电势分布.

3. 试证明球域内第一边值问题

$$\Delta u=0,\quad u|_{r=R}=f(\theta,\varphi)$$

的解可表示为

$$u(r,\theta,\varphi)=\frac{R}{4\pi\varepsilon_0}\int_0^{2\pi}\int_0^{\pi}\frac{(R^2-r^2)f(\theta_0,\varphi_0)}{(R^2+r^2-2Rr\cos\psi)^{3/2}}\sin\theta_0\,\mathrm{d}\theta_0\mathrm{d}\varphi_0,$$

其中 ψ 是 $\boldsymbol{r}$ 与 $\boldsymbol{r}_0$ 的夹角,参看图 11-2-3.

4. 解圆域内第一边值问题

$$\Delta u=0,\quad u|_{\rho=\rho_0}=f(\theta).$$

并与 §6-2 的第 7 题比较.

§11-3　热传导方程的格林函数

在这一节和下一节里,我们要讨论含时间的方程(热传导方程和波动方程).对于这类方程,格林函数的定义和上节基本相同,但也有一些新的特点.下面先介绍热传导方程的基本解,然后再讨论这一方程的初值问题和边值问题.

(一)热传导方程的基本解

用 $G(x,\xi;t,\tau)$ 表示热传导方程的基本解,它满足方程

$$\frac{\partial G}{\partial t}-a^2\frac{\partial^2 G}{\partial x^2}=\delta(x-\xi)\delta(t-\tau) \qquad (11-3-1)$$

$$(-\infty<x<\infty,t>0)$$

和初始条件

$$G|_{t=0}=0. \qquad (11-3-2)$$

基本解 $G(x,\xi;t,\tau)$ 的物理意义是在 $t=\tau$ 时刻，在 $x=\xi$ 处一个瞬间单位强度点热源所引起的温度分布.因此，$G(x,\xi;t,\tau)$ 又叫作无界热传导问题的**点源函数**.

为了求基本解 $G(x,\xi;t,\tau)$，可以用拉普拉斯变换方法，但是，我们将采用一种更为简单的方法.这一方法的基础是一个简单的物理考虑，即瞬时点热源的热传导问题等效于初始时刻在某个点上有初始温度分布的无热源热传导问题.

无热源热传导问题中的温度分布满足齐次方程

$$\frac{\partial G}{\partial t}-a^2\frac{\partial^2 G}{\partial x^2}=0 \qquad (-\infty<x<\infty,t>0). \qquad (11-3-3)$$

假定初始时刻，除了 $x=\xi$ 一点以外，温度处处为零，而在 $x=\xi$ 处有 δ 函数型的温度分布

$$G|_{t=0}=\delta(x-\xi). \qquad (11-3-4)$$

从物理上显然可以看出，在 $t>0$ 时，将有热量从 $x=\xi$ 点向外传播，而这正好等效于在 $x=\xi$ 处有一个瞬时的点热源.下面来证明这一等效性，即证明方程(11-3-3)和初始条件(11-3-4)等效于 $\tau=0$ 的方程(11-3-1)和初始条件(11-3-2).

为此，首先让我们注意，热传导问题讨论的是 $t>0$ 的温度分布，因而方程(11-3-3)只是在 $t>0$ 时成立，而初始条件(11-3-4)应理解为由 $t>0$ 到 $t\to0$（写成 $t=0^+$）时的条件：

$$\frac{\partial G}{\partial t}-a^2\frac{\partial^2 G}{\partial x^2}=0 \qquad (t>0), \qquad (11-3-5)$$

$$G|_{t=0^+}=\delta(x-\xi). \qquad (11-3-6)$$

方程(11-3-1)右边（令 $\tau=0$）的非齐次项代表在 $t=0^-$ 到 $t=0^+$ 的无穷小时间间隔中起作用的瞬时热源；而式(11-3-2)的意义是在 $t=0^-$ 时，热源尚未起作用，温度为零.因此，可以将式(11-3-1)和式(11-3-2)写为

$$\frac{\partial G}{\partial t}-a^2\frac{\partial^2 G}{\partial x^2}=\delta(x-\xi)\delta(t), \quad 当\ t\geqslant0^-, \qquad (11-3-7)$$

$$G|_{t=0^-}=0. \qquad (11-3-8)$$

需要证明的是式(11-3-7)、式(11-3-8)和式(11-3-5)、式(11-3-6)等效.

由于 $t>0$ 时 $\delta(t)=0$，所以由式(11-3-7)得到式(11-3-5).将式(11-3-7)由 $t=0^-$ 到 $t=0^+$ 积分：

$$\int_{0^-}^{0^+}\frac{\partial G}{\partial t}\mathrm{d}t-a^2\int_{0^-}^{0^+}\frac{\partial^2 G}{\partial x^2}\mathrm{d}t=\int_{0^-}^{0^+}\delta(x-\xi)\delta(t)\,\mathrm{d}t,$$

或

$$G|_{0^+}-G|_{0^-}-a^2\frac{\partial^2}{\partial x^2}\int_{0^-}^{0^+}G\mathrm{d}t=\delta(x-\xi).$$

根据式(11-3-8),上式左边第二项为零;又由于温度取有限值,积分区间无限小,故上式左边第三项也为零.于是得到式(11-3-6).

我们证明了以上两类问题的等效性,就可以通过解无热源的初值问题式(11-3-3)和式(11-3-4)来求热传导方程的基本解.

采用分离变量法,令

$$G = X(x)T(t), \tag{11-3-9}$$

代入式(11-3-3),得到两个常微分方程

$$T' - \lambda a^2 T = 0 \quad (t > 0), \tag{11-3-10}$$

$$X'' - \lambda X = 0. \tag{11-3-11}$$

λ 是分离变量时出现的常数.

第一个方程的解是

$$T = Ce^{\lambda a^2 t}.$$

如果 $\lambda>0$,当 $t\to\infty$ 时 $T\to\infty$,即杆上的温度将无限增长,不符合物理要求,因而 $\lambda\leqslant 0$.令 $\lambda=-\mu^2$,于是以上两方程成为

$$T' + \mu^2 a^2 T = 0,$$

$$X'' + \mu^2 X = 0.$$

它们的解是①

$$T = e^{-\mu^2 a^2 t}, \tag{11-3-12}$$

$$X = A_\mu \cos \mu x + B_\mu \sin \mu x. \tag{11-3-13}$$

代入式(11-3-9),得到

$$G_\mu = e^{-\mu^2 a^2 t}(A_\mu \cos \mu x + B_\mu \sin \mu x).$$

为了得到满足初始条件(11-3-4)的解,取 G_μ 的线性叠加.由于没有边界条件的限制,μ 可以取任意实数值,所以这一叠加取积分形式:

$$G = \int_{-\infty}^{\infty} G_\mu \mathrm{d}\mu = \int_{-\infty}^{\infty} e^{-\mu^2 a^2 t}(A_\mu \cos \mu x + B_\mu \sin \mu x)\mathrm{d}\mu. \tag{11-3-14}$$

代入初始条件(11-3-4),并利用 δ 函数的表达式(11-1-25),得到

$$\int_{-\infty}^{\infty}(A_\mu \cos \mu x + B_\mu \sin \mu x)\mathrm{d}\mu = \delta(x-\xi) = \frac{1}{2\pi}\int_{-\infty}^{\infty}\cos \mu(x-\xi)\mathrm{d}\mu.$$

由于此式对任意参量 x 都成立,故有

$$A_\mu \cos \mu x + B_\mu \sin \mu x = \frac{1}{2\pi}\cos \mu(x-\xi).$$

代回到式(11-3-14)中,得到

---

① 式(11-3-13)是 $\mu\neq 0$ 时的解.当 $\mu=0$ 时,$X(x)=C_1+C_2x$.为使 $X(x)$ 有界,应有 $C_2=0$.因而 $\mu=0$ 时的解是 $u_0(x,t)=$ 常数.这也包含在一般表达式(11-3-13)中.

$$G(x,\xi;t)=\frac{1}{2\pi}\int_{-\infty}^{\infty}\mathrm{e}^{-\mu^2a^2t}\cos\mu(x-\xi)\,\mathrm{d}\mu.$$

右边的积分可以利用积分公式(4-2-37)算出,得到

$$G(x,\xi;t)=\frac{1}{2a\sqrt{\pi t}}\mathrm{e}^{-\frac{(x-\xi)^2}{4a^2t}}\quad(t>0).\tag{11-3-15}$$

这就是在 $\tau=0$ 时方程(11-3-1)、(11-3-2)的解.在 $\tau\neq 0$ 时,方程(11-3-1)、(11-3-2)的解是

$$G(x,\xi;t,\tau)=\begin{cases}\dfrac{1}{2a\sqrt{\pi(t-\tau)}}\mathrm{e}^{-\frac{(x-\xi)^2}{4a^2(t-\tau)}}, & \text{当 } t\geqslant\tau,\\ 0, & \text{当 } 0<t<\tau.\end{cases}\tag{11-3-16}$$

这就是热传导方程的**基本解**.

(二) 无界一维热传导问题

已知基本解,可以立刻写出无界一维热传导问题的解.

(1) 有热源的热传导问题

方程和初始条件为

$$\frac{\partial u}{\partial t}-a^2\frac{\partial^2 u}{\partial x^2}=f(x,t)\quad(-\infty<x<\infty,t>0),\tag{11-3-17}$$

$$u\big|_{t=0}=0.\tag{11-3-18}$$

注意到只有 $\tau<t$ 时的热源才对 t 时刻的温度分布有贡献,仿照式(11-2-3)可将解写成

$$u(x,t)=\int_0^t\int_{-\infty}^{\infty}f(\xi,\tau)G(x,\xi;t,\tau)\,\mathrm{d}\xi\mathrm{d}\tau,\tag{11-3-19}$$

其中的格林函数 $G(x,\xi;t,\tau)$ 由式(11-3-16)给出.

(2) 无热源的初值问题

方程和初始条件为

$$\frac{\partial u}{\partial t}-a^2\frac{\partial^2 u}{\partial x^2}=0\qquad(-\infty<x<\infty,t>0),\tag{11-3-20}$$

$$u\big|_{t=0}=\varphi(x).\tag{11-3-21}$$

仿照前面关于等效性的证明,这个初值问题等效于非齐次方程的零初值问题

$$\frac{\partial u}{\partial t}-a^2\frac{\partial^2 u}{\partial x^2}=\varphi(x)\delta(t)\quad(t>0),$$

$$u\big|_{t=0}=0.$$

因而可以利用式(11-3-19)得到

$$u(x,t)=\int_{-\infty}^{\infty}\varphi(\xi)G(x,\xi;t)\,\mathrm{d}\xi,\tag{11-3-22}$$

其中 $G(x,\xi;t)$ 由式(11-3-15)给出.

(三)有界热传导问题的格林函数

利用格林函数方法也可以解有界热传导问题

$$\frac{\partial u}{\partial t}-a^2\frac{\partial^2 u}{\partial x^2}=f(x,t)\quad(0<x<l,t>0),\tag{11-3-23}$$

$$u\big|_{x=0}=0,\quad u\big|_{x=l}=0,\tag{11-3-24}$$

$$u\big|_{t=0}=0.\tag{11-3-25}$$

方程(11-3-23)右边的$f(x,t)$表明,在每单位长度上的热源强度为$c\rho f(x,t)$.将这个持续分布的热源看作许多前后相继,依次排列着的瞬时点热源的叠加,即

$$f(x,t)=\int_{\tau=0}^{t}\int_{\xi=0}^{l}f(\xi,\tau)\delta(x-\xi)\delta(t-\tau)\mathrm{d}\xi\mathrm{d}\tau.\tag{11-3-26}$$

于是,原定解问题可转换为先求瞬时点热源所引起的温度分布,即求解格林函数$G(x,\xi;t,\tau)$,它满足方程和定解条件:

$$G_t-a^2G_{xx}=\delta(x-\xi)\delta(t-\tau),\tag{11-3-27}$$

$$G\big|_{x=0}=G\big|_{x=l}=0,\tag{11-3-28}$$

$$G\big|_{t=0}=0.\tag{11-3-29}$$

求出格林函数以后,根据叠加原理,就可得原定解问题的解为

$$u(x,t)=\int_{\tau=0}^{t}\int_{\xi=0}^{l}f(\xi,\tau)G(x,\xi;t,\tau)\mathrm{d}\xi\mathrm{d}\tau.\tag{11-3-30}$$

将它代入式(11-3-23)—式(11-3-25),可验证其确实满足方程和定解条件.

现在的问题是求格林函数.方程(11-3-27)是非齐次方程,按照§6-3可以将它的解按相应的齐次问题的本征函数展开.已知这个问题的本征函数为

$$\sin\frac{n\pi}{l}x,\qquad n=1,2,\cdots,$$

故设

$$G(x,\xi;t,\tau)=\sum_{n=1}^{\infty}T_n(t,\tau)\sin\frac{n\pi}{l}x,\tag{11-3-31}$$

并利用δ函数按本征函数展开的表达式(参看§11-1习题4):

$$\delta(x-\xi)=\frac{2}{l}\sum_{n=1}^{\infty}\sin\frac{n\pi}{l}x\sin\frac{n\pi}{l}\xi.\tag{11-3-32}$$

将式(11-3-31)和(11-3-32)代入式(11-3-27)得

$$\sum_{n=1}^{\infty}\left[T_n'+\left(\frac{n\pi a}{l}\right)^2T_n\right]\sin\frac{n\pi}{l}x=\frac{2}{l}\sum_{n=1}^{\infty}\sin\frac{n\pi}{l}\xi\delta(t-\tau)\sin\frac{n\pi}{l}x.$$

令两边的傅里叶分量相等(或者说,根据$\sin\pi x/l$的正交性)得到

$$T_n'+\left(\frac{n\pi a}{l}\right)^2T_n=\frac{2}{l}\sin\frac{n\pi}{l}\xi\delta(t-\tau).\tag{11-3-33}$$

再将式(11-3-31)代入初始条件(11-3-29)得到

$$T_n(0,\tau)=0. \tag{11-3-34}$$

类似于以上关于式(11-3-1)、式(11-3-2)和式(11-3-3)、式(11-3-4)等效性的证明,可以将常微分方程初值问题式(11-3-33)、式(11-3-34)改写为

$$T_n'+\left(\frac{n\pi a}{l}\right)^2 T_n=0, \tag{11-3-35}$$

$$T_n\Big|_{t=\tau+0}=\frac{2}{l}\sin\frac{\pi n}{l}\xi. \tag{11-3-36}$$

方程(11-3-35)满足式(11-3-36)的解显然是

$$T_n(t)=\frac{2}{l}\sin\frac{n\pi}{l}\xi\exp\left[-\left(\frac{n\pi a}{l}\right)^2(t-\tau)\right]. \tag{11-3-37}$$

代入到式(11-3-31)中即得有界杆热传导第一类边值问题的**格林函数**

$$G(x,\xi;t,\tau)=\frac{2}{l}\sum_{n=1}^{\infty}\exp\left[-\left(\frac{n\pi a}{l}\right)^2(t-\tau)\right]\times\sin\frac{n\pi}{l}\xi\sin\frac{n\pi}{l}x. \tag{11-3-38}$$

再将 G 代入式(11-3-30)就得到原定解问题的解.

习 题

1. 在一块硅片表面有一质量为 m 的杂质源,从 $t=0$ 开始向硅片内扩散,求杂质的浓度分布(提示:由于硅片中的扩散结深一般只有几微米,故可认为硅片是半无界的.再设想用另一块完全相同的硅片在端点相接,构成在 $x=0$ 处质量为 $2m$ 的点源的无界问题).
2. 求有界杆热传导问题第二类边界条件的格林函数:

$$G_t-a^2G_{xx}=\delta(x-\xi)\delta(t-\tau),$$
$$G_x\Big|_{x=0}=0,\quad G_x\Big|_{x=l}=0,$$
$$G\Big|_{t=0}=0.$$

3. 用格林函数法求解

$$u_t-a^2u_{xx}=A\sin\omega t,$$
$$u_x\Big|_{x=0}=0,\quad u_x\Big|_{x=l}=0,$$
$$u\Big|_{t=0}=0.$$

4. 证明式(11-3-19).

§11-4 波动方程的基本解 推迟势与超前势

(一)亥姆霍兹方程

波动方程的基本解 推迟势与超前势

三维波动方程(8-3-1)

$$\Delta u-\frac{1}{v^{2}}\frac{\partial^{2}u}{\partial t^{2}}=0 \tag{11-4-1}$$

有4个变量,在球坐标下,这4个变量是(r,θ,φ,t).因此,需要经过3次分离变量,方程(11-4-1)才能全部分解为各个变量的常微分方程.这样就产生了一个分离变量的次序问题.按不同次序分离变量,会得到不同的方程.在§8-3中是先分出角度变量(θ,φ),得到球函数,然后再在§9-3中继续将时间t分出来,得到变量r的球贝塞尔方程.这样的分离变量次序适合于有球对称的问题.为了讨论一般情况下三维空间中的波传播问题,应该保留矢量$\boldsymbol{r}$的完整性,将时间t首先分离开.

用标准方法,令

$$u(\boldsymbol{r},t)=u(\boldsymbol{r})T(t), \tag{11-4-2}$$

代入方程(11-4-1),并除以$u(\boldsymbol{r})T(t)$,得到

$$v^{2}\frac{\Delta u(\boldsymbol{r})}{u(\boldsymbol{r})}=\frac{T''(t)}{T(t)}.$$

上式左边不是t的函数,右边不是$\boldsymbol{r}$的函数.令它等于常数$-\omega^{2}$①,得到

$$T''(t)+\omega^{2}T(t)=0, \tag{11-4-3}$$

$$\Delta u(\boldsymbol{r})+k^{2}u(\boldsymbol{r})=0, \tag{11-4-4}$$

其中已令

$$k^{2}=\frac{\omega^{2}}{v^{2}} \tag{11-4-5}$$

式(11-4-3)是通常的谐振动方程,而式(11-4-4)决定了波在三维空间中的传播,称为**亥姆霍兹方程**,参看式(6-1-30).

(二)三维波动方程的傅里叶变换

现在来考虑非齐次波动方程(又叫**达朗贝尔方程**),将它写为

$$\Delta u-\frac{1}{v^{2}}\frac{\partial^{2}u}{\partial t^{2}}=-f(\boldsymbol{r},t), \tag{11-4-6}$$

---

① 在给定的边界条件下解方程(11-4-4)可以确定本征值k^{2}.再通过式(11-4-5)就得到ω^{2}.如果$\omega^{2}>0$,按式(11-4-3)得到随时间的谐振动,从而形成三维空间中传播的波.如果$\omega^{2}<0$,则得不到振动与波,只得到随时间的指数衰减.

用 $G(\boldsymbol{r},\boldsymbol{r}_0;t,\tau)$ 表示这一方程的基本解，它满足方程

$$\Delta G-\frac{1}{v^2}\frac{\partial^2 G}{\partial t^2}=-\delta^3(\boldsymbol{r}-\boldsymbol{r}_0)\delta(t-\tau).\qquad(11-4-7)$$

为了解这一方程，首先对 t 进行傅里叶变换：

$$G(\boldsymbol{r},\boldsymbol{r}_0;t,\tau)=\frac{1}{2\pi}\int_{-\infty}^{\infty}G_\omega(\boldsymbol{r},\boldsymbol{r}_0;\tau)\mathrm{e}^{\mathrm{i}\omega t}\mathrm{d}\omega,\qquad(11-4-8)$$

则

$$\frac{\partial^2 G}{\partial t^2}=-\frac{1}{2\pi}\int_{-\infty}^{\infty}\omega^2 G_\omega(\boldsymbol{r},\boldsymbol{r}_0;\tau)\mathrm{e}^{\mathrm{i}\omega t}\mathrm{d}\omega.\qquad(11-4-9)$$

令

$$\frac{\omega}{v}=k,\qquad(11-4-10)$$

将以上两式一道代入式(11-4-7)，再根据式(11-1-25)有

$$\delta(t-\tau)=\frac{1}{2\pi}\int_{-\infty}^{\infty}\mathrm{e}^{\mathrm{i}\omega(t-\tau)}\mathrm{d}\omega,\qquad(11-4-11)$$

于是式(11-4-7)成为

$$\frac{1}{2\pi}\int_{-\infty}^{\infty}(\Delta+k^2)G_\omega(\boldsymbol{r},\boldsymbol{r}_0;\tau)\mathrm{e}^{\mathrm{i}\omega t}\mathrm{d}\omega=-\frac{1}{2\pi}\delta^3(\boldsymbol{r}-\boldsymbol{r}_0)\int_{-\infty}^{\infty}\mathrm{e}^{\mathrm{i}\omega(t-\tau)}\mathrm{d}\omega.$$

令两边傅里叶分量相等，得到

$$(\Delta+k^2)G_\omega(\boldsymbol{r},\boldsymbol{r}_0;\tau)=-\delta^3(\boldsymbol{r}-\boldsymbol{r}_0)\mathrm{e}^{-\mathrm{i}\omega\tau}.\qquad(11-4-12)$$

（三）亥姆霍兹方程的基本解

由式(11-4-12)可见，波动方程的基本解对时间 t 的傅里叶分量满足非齐次项为 δ 函数的亥姆霍兹方程.因此，下面先求亥姆霍兹方程的基本解，即求解方程

$$(\Delta+k^2)G_k(\boldsymbol{r})=-\delta^3(\boldsymbol{r}).\qquad(11-4-13)$$

仍然采用傅里叶变换法，

$$G_k(\boldsymbol{r})=\frac{1}{2\pi}\int g_k(\boldsymbol{k}')\mathrm{e}^{\mathrm{i}\boldsymbol{k}'\cdot\boldsymbol{r}}\mathrm{d}^3\boldsymbol{k}'\qquad(11-4-14)$$

根据式(11-1-49)有

$$\delta^3(\boldsymbol{r})=\frac{1}{(2\pi)^3}\int\mathrm{e}^{\mathrm{i}\boldsymbol{k}'\cdot\boldsymbol{r}}\mathrm{d}^3\boldsymbol{k}'.$$

将此二式代入式(11-4-13)：

$$\frac{1}{2\pi}(\Delta+k^2)\int g_k(\boldsymbol{k}')\mathrm{e}^{\mathrm{i}\boldsymbol{k}'\cdot\boldsymbol{r}}\mathrm{d}^3\boldsymbol{k}'=-\frac{1}{(2\pi)^3}\int\mathrm{e}^{\mathrm{i}\boldsymbol{k}'\cdot\boldsymbol{r}}\mathrm{d}^3\boldsymbol{k}'.\qquad(11-4-15)$$

注意到

$$\Delta e^{i\boldsymbol{k}'\cdot\boldsymbol{r}}=\left(\frac{\partial^2}{\partial x^2}+\frac{\partial^2}{\partial y^2}+\frac{\partial^2}{\partial z^2}\right)e^{ik_x'\cdot x}e^{ik_y'\cdot y}e^{ik_z'\cdot z}$$

$$=-(k_x'^2+k_y'^2+k_z'^2)e^{i\boldsymbol{k}'\cdot\boldsymbol{r}}=-k'^2e^{i\boldsymbol{k}'\cdot\boldsymbol{r}},$$

上式可写为

$$\int(k^2-k'^2)g_k(\boldsymbol{k}')e^{i\boldsymbol{k}'\cdot\boldsymbol{r}}d^3\boldsymbol{k}'=-\int e^{i\boldsymbol{k}'\cdot\boldsymbol{r}}d^3\boldsymbol{k}'.$$

令对应的傅里叶分量相等，得到

$$g_k(\boldsymbol{k}')=\frac{1}{k'^2-k^2},\tag{11-4-16}$$

代入式(11-4-14)得到

$$G_k(\boldsymbol{r})=\frac{1}{(2\pi)^3}\int\frac{e^{i\boldsymbol{k}'\cdot\boldsymbol{r}}}{k'^2-k^2}d^3\boldsymbol{k}'$$

$$=\frac{1}{(2\pi)^3}\int_0^\infty k'^2dk'\int_0^{2\pi}d\varphi\int_0^\pi\sin\theta d\theta\frac{e^{ik'r\cos\theta}}{k'^2-k^2}$$

$$=-\frac{1}{4\pi^2r}\left[\int_0^\infty(ik')\frac{e^{ik'r}}{k'^2-k^2}dk'+\int_0^\infty(-ik')\frac{e^{-ik'r}}{k'^2-k^2}dk'\right].$$

在后一积分中作代换 $k'\to-k'$，再和前一积分合并，得到

$$G_k(\boldsymbol{r})=-\frac{1}{4\pi^2r}\int_{-\infty}^{\infty}\frac{ik'e^{ik'r}}{k'^2-k^2}dk'=-\frac{1}{4\pi^2r}\frac{d}{dr}\int_{-\infty}^{\infty}\frac{e^{ik'r}}{k'^2-k^2}dk'.\tag{11-4-17}$$

通过以上计算，得到了 $G_k(\boldsymbol{r})$ 的表达式(11-4-17)，然而这一式子的意义还需要加以说明，因为此式右边的被积函数在实轴上有两个极点 $k'=\pm k$，因而积分发散.

为了使上述积分有意义，可以将被积函数的分母改写为 $(k'^2-k^2-i\eta)$ $(\eta>0)$，积分以后再让 $\eta\to0$：

$$G_k(\boldsymbol{r})=-\frac{1}{4\pi^2r}\frac{d}{dr}\left[\lim_{\eta\to0}\int_{-\infty}^{\infty}\frac{e^{ik'r}}{k'^2-(k^2+i\eta)}dk'\right].\tag{11-4-18}$$

这相当于将极点从实轴移开，新的极点位于

$$k'=\pm\sqrt{k^2+i\eta}\approx\pm\left(k+\frac{i\eta}{2k}\right).$$

写 $\eta/2k$ 为 ε，得极点 $k'\approx\pm(k+i\varepsilon)$，如图 11-4-1 所示.

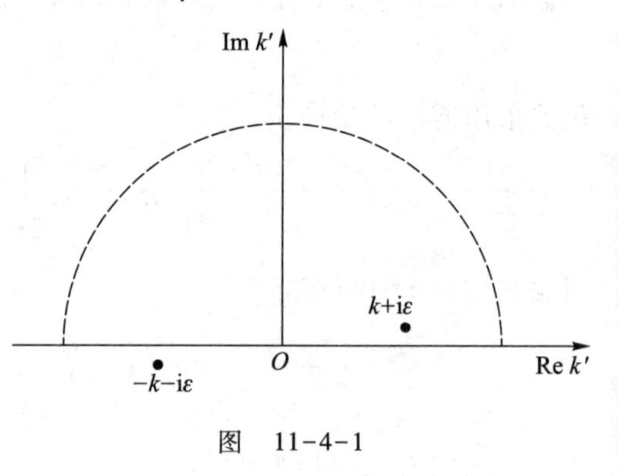

图　11-4-1

式(11-4-18)的积分是沿 k' 的实轴的无限积分.由于被积函数的分子中有 $e^{ik'r}$，所以可以用上半平面的半圆周完成一个闭合回路，如图 11-4-1 所示.当这个半圆周的半径趋于∞时，沿它的积分为零，故

$$\lim_{\eta\to0}\int_{-\infty}^{\infty}\frac{e^{ik'r}}{k'^2-(k^2+i\eta)}dk'=\lim_{\varepsilon\to0}2\pi i\mathrm{Res}(k+i\varepsilon)=\pi i\frac{e^{ikr}}{k}.$$

代入式(11-4-17)得到

$$G_k^{(+)}(\boldsymbol{r})=\frac{\mathrm{e}^{\mathrm{i}kr}}{4\pi r}. \qquad (11-4-19)$$

这就是所求的亥姆霍兹方程的基本解.上角(+)表明分子中的指数是 $\mathrm{i}kr$.

注意,亥姆霍兹方程的基本解不是唯一的.如果将式(11-4-17)的分母改写为$(k'^2-k^2+\mathrm{i}\eta)$ $(\eta>0)$,将得到

$$G_k^{(-)}(\boldsymbol{r})=\frac{\mathrm{e}^{-\mathrm{i}kr}}{4\pi r}. \qquad (11-4-20)$$

如果将式(11-4-17)中的发散积分理解为积分的主值,则利用留数定理计算得到

$$G_k^{(0)}(\boldsymbol{r})=\frac{\cos kr}{4\pi r}. \qquad (11-4-21)$$

(四) 波动方程的基本解

比较式(11-4-12)、式(11-4-13)可见

$$G_\omega(\boldsymbol{r},\boldsymbol{r}_0;\tau)=G_k(\boldsymbol{r}-\boldsymbol{r}_0)\mathrm{e}^{-\mathrm{i}\omega\tau}, \qquad (11-4-22)$$

将式(11-4-20)代入,得到

$$G_\omega^{(-)}(\boldsymbol{r},\boldsymbol{r}_0;\tau)=\frac{1}{4\pi}\frac{\exp\left[-\mathrm{i}\omega\left(\tau+\dfrac{|\boldsymbol{r}-\boldsymbol{r}_0|}{v}\right)\right]}{|\boldsymbol{r}-\boldsymbol{r}_0|}$$

令

$$R=|\boldsymbol{r}-\boldsymbol{r}_0| \qquad (11-4-23)$$

可得

$$G_\omega^{(-)}(\boldsymbol{r},\boldsymbol{r}_0;\tau)=\frac{1}{4\pi}\frac{\exp\left[-\mathrm{i}\omega\left(\tau+\dfrac{R}{v}\right)\right]}{R}.$$

代入式(11-4-8)得到

$$G^{(-)}(\boldsymbol{r},\boldsymbol{r}_0;t,\tau)=\frac{1}{8\pi^2}\int_{-\infty}^{\infty}\frac{\exp\left[\mathrm{i}\omega\left(t-\tau-\dfrac{R}{v}\right)\right]}{R}\mathrm{d}\omega.$$

再利用式(11-1-15)就得到

$$G^{(-)}(\boldsymbol{r},\boldsymbol{r}_0;t,\tau)=\frac{\delta\left(t-\tau-\dfrac{R}{v}\right)}{4\pi R}. \qquad (11-4-24)$$

由于分子中有 δ 函数,$G^{(-)}(\boldsymbol{r},\boldsymbol{r}_0;t,\tau)$只在

$$t-\tau=\frac{R}{v}=\frac{|\boldsymbol{r}-\boldsymbol{r}_0|}{v} \qquad (11-4-25)$$

时才不为零.这表示在 τ 时刻位于 $\boldsymbol{r}_0$ 点的点源的作用需要经过 $|\boldsymbol{r}-\boldsymbol{r}_0|/v$ 的时间才能传到 $\boldsymbol{r}$ 点.由于这一原因,称 $G^{(-)}$ 为推迟格林函数.

如果用式(11-4-19)代替式(11-4-20),则将得到

$$G^{(+)}(\boldsymbol{r},\boldsymbol{r}_0;t,\tau)=\frac{\delta\left(t-\tau+\dfrac{R}{v}\right)}{4\pi R}, \tag{11-4-26}$$

它只在

$$t-\tau=-\frac{R}{v}=-\frac{|\boldsymbol{r}-\boldsymbol{r}_0|}{v} \tag{11-4-27}$$

时才不为零.这表示,如果在 τ 时刻在 $\boldsymbol{r}_0$ 点有点源,则在它之前 $|\boldsymbol{r}-\boldsymbol{r}_0|/v$ 的时刻,在 $\boldsymbol{r}$ 点已感受这个源的作用,因而称 $G^{(+)}$ 为超前格林函数.

从物理上看,推迟格林函数描述的是从点源发出的波,而超前格林函数描述的是射向点源的波.

(五) 推迟势与超前势

考虑非齐次波动方程(11-4-6),假定在 $t=0$ 时刻不存在波动,从这一时刻以后,有外源激发起波动.在这一情况下有初始条件

$$u(\boldsymbol{r},0)=0,\quad \left.\frac{\partial u}{\partial t}\right|_{t=0}=0, \tag{11-4-28}$$

而外源 $f(\boldsymbol{r},t)$ 满足条件

$$当\ t\leqslant 0\ 时,\quad f(\boldsymbol{r},t)=0. \tag{11-4-29}$$

在这样的问题中,应该采用推迟格林函数(11-4-24).将解写为

$$u(\boldsymbol{r},t)=\int_0^t \mathrm{d}\tau\int \mathrm{d}^3\boldsymbol{r}_0 G^{(-)}(\boldsymbol{r},\boldsymbol{r}_0;t,\tau)f(\boldsymbol{r}_0,\tau),$$

将式(11-4-24)代入,得到

$$u(\boldsymbol{r},t)=\int\frac{f\left(\boldsymbol{r}_0,t-\dfrac{R}{v}\right)}{4\pi R}\mathrm{d}^3\boldsymbol{r}_0. \tag{11-4-30}$$

条件(11-4-29)保证了 u 满足初始条件(11-4-28).

式(11-4-30)的意义是,$t-\dfrac{R}{v}$ 时刻的源决定 t 时刻的场,称它为推迟势.

如果所考虑的问题是:在 $t=0$ 时刻不存在波动,而在这以前有能够吸收波的外源,则初始条件仍为(11-4-28),但外源满足条件

$$当\ t\geqslant 0\ 时,f(\boldsymbol{r},t)=0. \tag{11-4-31}$$

在这样的问题中,应采用超前格林函数(11-4-26),而得到

$$u(\boldsymbol{r},t)=\int\frac{f\left(\boldsymbol{r}_0,t+\dfrac{R}{v}\right)}{4\pi R}\mathrm{d}^3\boldsymbol{r}_0. \tag{11-4-32}$$

条件(11-4-31)保证了 u 满足初始条件(11-4-28).

式(11-4-32)的意义是,$t+\dfrac{R}{v}$时刻的源,决定 t 时刻的场,称它为超前势.

习　题

1. 证明式(11-4-20)、式(11-4-21).
2. 用格林函数法求解有界弦的振动问题:

$$u_{tt}-a^2u_{xx}=f(x,t)\quad(0<x<l,\ t>0),$$
$$u\big|_{x=0}=0,\quad u\big|_{x=l}=0,$$
$$u\big|_{t=0}=0,\quad u_t\big|_{t=0}=0.$$

3. 求证克莱因-戈尔登方程

$$\left[\Delta^2-\frac{\partial^2}{\partial t^2}-m^2\right]\Psi(r,t)=0$$

的基本解的形式为

$$G(\boldsymbol{r},t)=-\frac{1}{(2\pi)^4}\int \mathrm{d}^3k\int \mathrm{d}\omega\,\frac{\mathrm{e}^{\mathrm{i}\boldsymbol{k}\cdot\boldsymbol{r}-\mathrm{i}\omega t}}{\omega^2-k^2-m^2},$$

并说明计算上述积分的方法.

§ 11-5　弦振动方程的格林函数　冲量法

考虑一维波动方程——弦振动方程的定解问题:

$$\frac{\partial^2 u}{\partial t^2}-a^2\frac{\partial^2 u}{\partial x^2}=f(x,t),\quad 0<x<l,\quad t>0,\tag{11-5-1a}$$

$$u(0,t)=u(l,t)=0,\quad t\geqslant 0,\tag{11-5-1b}$$

$$u(x,0)=u_t(x,0)=0,\quad 0<x<l.\tag{11-5-1c}$$

它的格林函数 $G(x,\xi;t,\tau)$满足方程

$$\frac{\partial^2 G}{\partial t^2}-a^2\frac{\partial^2 G}{\partial x^2}=\delta(x-\xi)\delta(t-\tau),\tag{11-5-2a}$$

$$G(0,\xi;t,\tau)=G(l,\xi;t,\tau)=0,\tag{11-5-2b}$$

$$G(x,\xi;0,\tau)=G_t(x,\xi;0,\tau)=0.\tag{11-5-2c}$$

其意义是将连续分布在 $0<x<l$ 上,从 0 到 t 的时间内持续作用的外力$F(x,t)=\rho f(x,t)$看成是在点 ξ,时刻 τ 的瞬时作用力 $\rho f(\xi,\tau)\delta(x-\xi)\delta(t-\tau)$的叠加:

$$f(x,t)=\int_0^t\int_0^l f(\xi,\tau)\delta(x-\xi)\delta(t-\tau)\,\mathrm{d}\xi\mathrm{d}\tau.\tag{11-5-3}$$

这样,原方程(11-5-1)的解可以用格林函数写为

$$u(x,t)=\int_0^t\int_0^l f(\xi,\tau)G(x,\xi;t,\tau)\mathrm{d}\xi\mathrm{d}\tau. \tag{11-5-4}$$

也可以只将持续作用力 $F(x,t)$ 看成瞬时作用力 $\rho f(x,\tau)\delta(t-\tau)$ 的叠加，而不改变力的连续分布性质.这样，代替格林函数 $G(x,\xi;t,\tau)$ 应该考虑瞬时作用力所引起的振动 $g(x;t,\tau)$，它满足方程：

$$\frac{\partial^2 g}{\partial t^2}-a^2\frac{\partial^2 g}{\partial x^2}=f(x,\tau)\delta(t-\tau), \tag{11-5-5a}$$

$$g(0;t,\tau)=g(l;t,\tau)=0, \tag{11-5-5b}$$

$$g(x;0,\tau)=g_t(x;0,\tau)=0. \tag{11-5-5c}$$

方程(11-5-1)的解用 $g(x;t,\tau)$ 写出是

$$u(x,t)=\int_0^t g(x;t,\tau)\mathrm{d}\tau. \tag{11-5-6}$$

方程(11-5-5a)形式上是非齐次的，但作用力只存在于瞬时 τ，即除时间 $\tau-0$ 到 $\tau+0$ 之外，方程都是齐次的.注意到 $f(x,t)$ 是作用在单位质量上的力，故瞬时作用力的冲量

$$\int_{\tau-0}^{\tau+0}f(x,\tau)\delta(t-\tau)\mathrm{d}\tau=f(x,t)$$

应该等于速度的增量 $g_t(x;\tau+0,\tau)-g_t(x;\tau-0,\tau)$.但是，初位移和初速度为零，即

$$g(x;\tau-0,\tau)=g_t(x;\tau-0,\tau)=0,$$

由此得到 $g_t(x,\tau+0,\tau)=f(x,\tau)$.这表示弦在瞬时力的作用下获得初速度.因此，如果不用 $t=0$ 而改用 $t=\tau+0$ 作为起始时刻，则问题就归结为有“初”速度而无外力作用的定解问题：

$$\frac{\partial^2 g}{\partial t^2}-a^2\frac{\partial^2 g}{\partial x^2}=0, \tag{11-5-7a}$$

$$g(0,t)=g(l,t)=0, \tag{11-5-7b}$$

$$g(x,\tau)=0,\quad g_t(x,\tau)=f(x,\tau). \tag{11-5-7c}$$

这是齐次方程的问题，可用以前讲过的方法求解.只不过要注意，现在的初始时刻是 $t=\tau$，因此，在解(6-1-15)中应该用 $t-\tau$ 代替 t，于是得解

$$g(x;t,\tau)=\sum_{n=1}^{\infty}B_n\sin\frac{n\pi a}{l}(t-\tau)\sin\frac{n\pi}{l}x, \tag{11-5-8}$$

$$B_n=\frac{2}{n\pi a}\int_0^l f(x,\tau)\sin\frac{n\pi}{l}x\mathrm{d}x.$$

将这个解代入到式(11-5-6)中，最后得到

$$\begin{aligned}u(x,t)&=\int_0^t g(x,t;\tau)\mathrm{d}\tau\\&=\frac{2}{\pi a}\int_0^t\int_0^l\sum_{n=1}^{\infty}\frac{1}{n}f(\xi,\tau)\sin\frac{n\pi}{l}\xi\mathrm{d}\xi\sin\frac{n\pi a}{l}(t-\tau)\sin\frac{n\pi}{l}x\mathrm{d}\tau.\end{aligned} \tag{11-5-9}$$

上述方法的关键是利用了瞬时作用力的冲量等于速度的增量,因此被称为冲量法(又称为杜哈美原理).

习 题

1. 用冲量法解热传导问题

$$\frac{\partial u}{\partial t}-a^2\frac{\partial^2 u}{\partial x^2}=f(x,t),\quad 0<x<l,\quad t>0,$$
$$u(0,t)=u(l,t)=0,\quad t\geqslant 0,$$
$$u(x,0)=0,\qquad 0<x<l.$$

2. 用冲量法解

$$\frac{\partial u}{\partial t}-a^2\frac{\partial^2 u}{\partial x^2}=A\sin\omega t,\quad 0<x<l,\quad t>0,$$
$$u_x(0,t)=u_x(l,t)=0,\qquad t\geqslant 0,$$
$$u(x,0)=0.$$

第十二章 非线性方程的单孤子解

前面讨论的分离变量法、积分变换法和格林函数法都应用了叠加原理，因而只适用于求解线性方程.求解非线性微分方程需引入变量变换或函数变换，将非线性方程化为线性方程或易于求解的方程，所得到的解不满足叠加原理，常常局限在一定空间范围内，称为孤立子(或简称孤子).本章前三节用行波法求得三类典型的非线性偏微分方程的单孤子解，并简单说明孤子理论的发展.后两节介绍了孤子在现代物理中应用的两个例子——瞬子和强子的孤子口袋模型.

孤立子(或孤子)的发现可以追溯到100多年前.1834年8月，英国造船工程师罗素(J.S.Russell)偶然观察到一种奇特的现象.1844年他在《英国科学促进协会第14届会议报告》上发表的《论波动》一文中，对此现象作了生动的描述："有一次，我观察一条船的运动.这条船被两匹马拉着，沿着狭窄的河道快速前进.船突然停止时，河道中被船体搅动的水团却未停下来，它们聚集在船头激烈地搅动着，而后形成一个巨大的圆而平滑的孤立水峰，离开船头以极大的速度向前推进，在行进中它的形状和速度没有明显的改变."后来，罗素等人在实验室的浅水槽中模拟运河的条件，用多种方式激励水波，都观察到了类似的现象.但这一现象的物理本质长期未能得到合理解释.

60年后(1895年)，荷兰科学家科特韦格(D.J.Korteweg)和德夫里斯(G.de Vries)认为，这种不弥散的波包是由非线性效应和色散现象相互抵消所致，从而导出了在浅水沟表面传播的波的运动方程，即著名的KdV方程：

$$\frac{\partial u}{\partial t}+6u\frac{\partial u}{\partial x}+\frac{\partial^3 u}{\partial x^3}=0,$$

并求得与罗素的观察相一致的孤立波解.

KdV方程是非线性方程.非线性方程与线性方程有本质的区别.一个线性方程的任意两个解可以相加构成一个新解，即线性方程遵从叠加原理.实际上，叠加是解决线性问题的方法的关键.前面讲的分离变量法、积分变换法和格林函数法都运用了叠加原理.然而，一个非线性方程的两个解不能加在一起构成一个新的解.在§5-4中介绍的行波法不仅可用以求解线性偏微分方程，而且也可用于求解非线性偏微分方程.许多重要的非线性波方程的解析解，主要是孤立波解，就是通过这种方法求得的.

下面我们来求物理上几个典型的非线性演化方程的孤立波解.

§12-1 KdV方程

用行波法求解非线性方程

$$u_t + 6uu_x + u_{xxx} = 0 \tag{12-1-1}$$

的第一步是设它的解可以写成

$$u = f(\xi),\quad \xi = x - at \tag{12-1-2}$$

的形式,其中 a 为常数.把式(12-1-2)代入 KdV 方程(12-1-1),可将后者化为常微分方程

$$-a\frac{\mathrm{d}f}{\mathrm{d}\xi} + 6f\frac{\mathrm{d}f}{\mathrm{d}\xi} + \frac{\mathrm{d}^3 f}{\mathrm{d}\xi^3} = 0,$$

上式两边对 ξ 积分一次得:

$$-af(\xi) + 3f^2(\xi) + \frac{\mathrm{d}^2 f}{\mathrm{d}\xi^2} = c_1,$$

其中 c_1为积分常数.用 $\mathrm{d}f/\mathrm{d}\xi$ 乘以此式两边,再对 ξ 积分一次,得到

$$-\frac{a}{2}f^2(\xi) + f^3(\xi) + \frac{1}{2}\left(\frac{\mathrm{d}f}{\mathrm{d}\xi}\right)^2 = c_1 f(\xi) + c_2,$$

c_2为积分常数.考虑到孤立波是一种渐近稳定波,在无穷远处应衰减为零,所以有边界条件:

$$\text{当 } \xi \to \pm\infty \text{ 时},\qquad f(\xi) \to 0,\qquad \frac{\mathrm{d}f}{\mathrm{d}\xi} \to 0.$$

因而取 $c_1 = 0, c_2 = 0$.于是有

$$\left(\frac{\mathrm{d}f}{\mathrm{d}\xi}\right)^2 = f^2(\xi)[a - 2f(\xi)],$$

即

$$\mathrm{d}\xi = \pm\frac{\mathrm{d}f}{f(\xi)\sqrt{a - 2f(\xi)}}. \tag{12-1-3}$$

作变换,令

$$\sqrt{a - 2f(\xi)} = \sqrt{a}\, g(\xi),$$

方程(12-1-3)变为

$$\mathrm{d}\xi = \pm\frac{2}{\sqrt{a}}\frac{\mathrm{d}g}{1 - g^2} = \pm\frac{1}{\sqrt{a}}\left(\frac{\mathrm{d}g}{1 + g} + \frac{\mathrm{d}g}{1 - g}\right),$$

为确定起见,取正号(若取负号,最后结果相同),对 ξ 积分,得

$$\xi - \xi_0 = \frac{1}{\sqrt{a}}\ln\frac{1 + g}{1 - g} = \frac{1}{\sqrt{a}}\ln\frac{\sqrt{a} + \sqrt{a - 2f}}{\sqrt{a} - \sqrt{a - 2f}},$$

于是,

$$\frac{\sqrt{a} + \sqrt{a - 2f}}{\sqrt{a} - \sqrt{a - 2f}} = \mathrm{e}^{\sqrt{a}(\xi - \xi_0)}.$$

经过代数运算,并利用双曲函数的性质,可得

$$f(\xi)=\frac{a}{2}\operatorname{sech}^2\left[\frac{\sqrt{a}}{2}(\xi-\xi_0)\right].$$

还原到原来的变量，就得到 KdV 方程的特解

$$u(x,t)=\frac{a}{2}\operatorname{sech}^2\frac{\sqrt{a}}{2}[(x-x_0)-a(t-t_0)].\tag{12-1-4}$$

式(12-1-4)中含有唯一的参数 a，它代表右行波，波速为 a.当$(x-at)=(x_0-at_0)$时，有一峰值，峰的高度为 $a/2$，宽度为 $2/\sqrt{a}$，当 $x\to\pm\infty$ 时，$u\to 0$.在$t>t_0$的任意时刻，仍保持 $t=t_0$时刻的波形，只不过向右平移 $a(t-t_0)$.它的图像如图 12-1-1 所示.我们把式(12-1-4)所描述的钟形定域波包称为孤立波(solitary wave)，又称为孤子(soliton).此式只有一个峰值，故称为单孤子解.

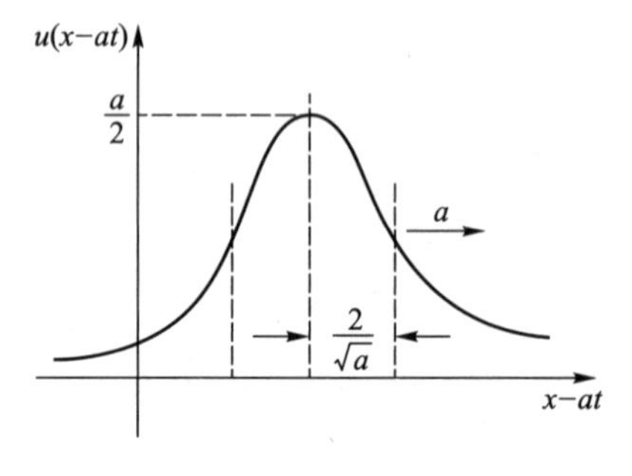

图　12-1-1　孤立波

与普通波包不同，孤立波的振幅与传播速度有关，较高、较窄的波前进的速度较快，而且传播速度 a 不是一个确定的数，而是一个任意常数.对于任一 a 值，KdV 方程有一个单波解.

KdV 方程为什么会有这种局域稳定结构的孤子解呢？考察方程(12-1-1)，它左边第三项为色散项，因为不同的傅里叶分量以不同的速度传播，故色散的作用使波包在传播中不断扩展.而方程(12-1-1)中的第二项为非线性项，振幅与波速有关，振幅越大处，波速也越大.因此，非线性效应使波包变形，波的前沿不断变陡，导致波阵面卷缩.色散效应与非线性效应，两者的作用恰好相反，在一定条件下两种效应达到平衡，形成稳定的波包，这就是孤立波.

§12-2　正弦-戈尔登方程

1958 年，斯克姆(Skyrme)提出一个非线性场论，得到了非线性场方程

$$\frac{\partial^2 u}{\partial x^2}-\frac{\partial^2 u}{\partial t^2}=\sin u,\tag{12-2-1}$$

称为正弦-戈尔登(sine-Gorden)方程(简记为 SG 方程).1962 年，潘宁(Penning)和斯克姆用 SG 方程的孤子解来作为一个基本粒子的模型.现在该方程已在超导光脉冲、晶体位错、磁旋波和非线性量子力学等方面得到广泛的应用.

为解此方程，设

$$u=\theta(\xi),\quad \xi=x-at.\tag{12-2-2}$$

代入 SG 方程，得到

$$(1-a^2)\frac{\mathrm{d}^2\theta}{\mathrm{d}\xi^2}=\sin\theta.\tag{12-2-3}$$

若 $a^2<1$，令 $k^2=1/(1-a^2)$，则方程变为

$$\frac{\mathrm{d}^2\theta}{\mathrm{d}\xi^2} = k^2\sin\theta. \tag{12-2-4}$$

两边乘以 $\mathrm{d}\theta/\mathrm{d}\xi$,再对 ξ 积分,得到

$$\frac{1}{2}\dot{\theta}^2 = -k^2\cos\theta + c,$$

c 为积分常数.当 $\xi\to-\infty$ 或$+\infty$ 时,$\dot{\theta}\to0$,$\theta\to0$.则 $c=k^2$,于是上面的方程变为

$$\frac{1}{2}\dot{\theta}^2 = k^2(1-\cos\theta) = 2k^2\sin^2\frac{\theta}{2},$$

即

$$\dot{\theta} = \pm 2k\sin\frac{\theta}{2}.$$

将它改写为

$$\frac{1}{2}\frac{\mathrm{d}\theta}{\sin(\theta/2)} = \pm k\mathrm{d}\xi,$$

积分得

$$\ln\tan\frac{\theta}{4} = \pm k(\xi-\xi_0),$$

所以

$$\theta(\xi) = 4\arctan[\mathrm{e}^{\pm k(\xi-\xi_0)}].$$

还原到原来的坐标,得 SG 方程的特解

$$u(x,t) = 4\arctan\left\{\exp\left(\pm\frac{(x-x_0)-a(t-t_0)}{\sqrt{1-a^2}}\right)\right\},\quad a<1. \tag{12-2-5}$$

这是 SG 方程的孤波解,又被称为扭结孤子,因为函数有一个扭弯.沿 x 轴正方向运动的扭结孤子[相当于式(12-2-5)中取正号]和反扭结孤子[相当于取负号],如图12-2-1所示.

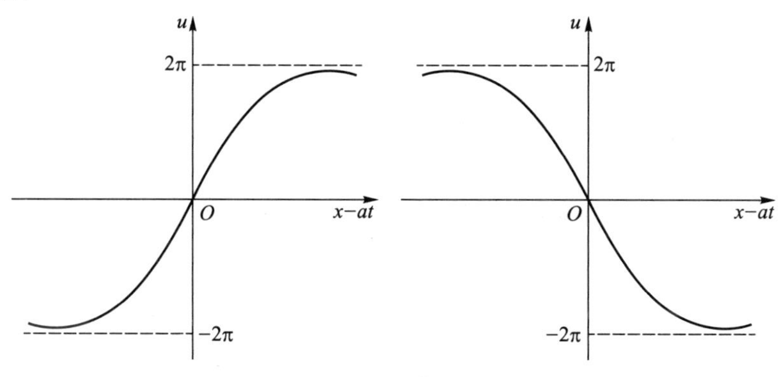

图　12-2-1　扭结孤子与反扭结孤子

若 $a^2>1$,类似地可得

$$u(x,t)=-\pi+4\arctan\left\{\exp\left(\pm\frac{(x-x_0)-a(t-t_0)}{\sqrt{a^2-1}}\right)\right\},\quad a>1. \tag{12-2-6}$$

SG 方程除了扭结孤子解之外,还有一种呼吸孤子解.受到扭结孤子解的形式为 $u(x,t)=4\arctan f(x,t)$ 的启发,我们寻找 SG 方程(12-2-1)的下列形式的特解.设

$$u(x,t)=4\arctan\frac{X(x)}{T(t)}. \tag{12-2-7}$$

代入 SG 方程,经过冗长的微积分运算,可以得到特解①

$$u(x,t)=4\arctan\left(\pm\sqrt{\frac{1-\beta}{\beta}}\frac{\sin\sqrt{\beta}t}{\cosh\sqrt{1-\beta}x}\right),\quad 0<\beta<1. \tag{12-2-8}$$

式中 β 为积分常数.式(12-2-8)叫作**呼吸孤子**解,它是一个周期为 $2\pi/\sqrt{\beta}$ 的周期解,如图 12-2-2 所示.它在 x 轴的上方和下方不断地变化着,像不断呼吸的样子.注意呼吸孤子解不是行波解,它是不传播的.

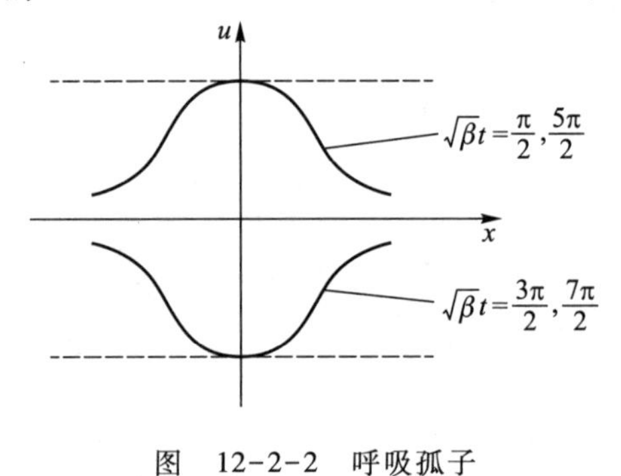

图 12-2-2 呼吸孤子

习 题

证明方程(12-2-3)

$$(1-a^2)\frac{d^2\theta}{d\xi^2}=\sin\theta$$

在 $a^2>1$ 时有解(12-2-6)

$$u(x,t)=-\pi+4\arctan\left[\exp\left(\pm\frac{(x-x_0)-a(t-t_0)}{\sqrt{a^2-1}}\right)\right],\quad a>1.$$

① 例如参看:刘氏适,等.物理学中的非线性方程.北京:北京大学出版社,2000:183.

§ 12-3 非线性薛定谔方程

在对浅水波的描述中,出现过方程

$$\mathrm{i}u_t + u_{xx} + \beta |u|^2 u = 0. \tag{12-3-1}$$

它像一个具有势 $\beta|u|^2$ 的薛定谔方程,故称之为**非线性**(或**立方**)**薛定谔方程**(简记为 NLS 方程).后来,1973 年,在非线性光学的研究中,借助于 NLS 方程,长川谷(Hasegawa)等人首次从理论上指出:在光纤的反常色散区能够形成光学孤子.1980 年,莫兰劳恩(Mollenauen)等人在石英类材料中观察到光脉冲型孤子的传播,孤子通信的可能性得到证实,从而使得 NLS 方程成为非线性理论研究者最为关注的方程之一.现在,NLS 方程已用于等离子体物理、非线性光学、超导性和激光等方面.

因为 NLS 方程在非线性光学中通常反映非线性调制,我们来求它的包络波形式的解,即设解为

$$u(x,t) = E(\xi)\mathrm{e}^{\mathrm{i}(kx-\omega t)}, \quad \xi = x - at, \tag{12-3-2}$$

其中,$E(\xi)$ 为待定的实函数,k 和 a 都是常数.将式(12-3-2)代入方程(12-3-1)得到

$$\frac{\mathrm{d}^2E}{\mathrm{d}\xi^2} + \mathrm{i}(2k-a)\frac{\mathrm{d}E}{\mathrm{d}\xi} + (\omega - k^2)E + \beta E^3 = 0. \tag{12-3-3}$$

因为 $E(\xi)$ 是实函数,故要求 $\mathrm{d}E/\mathrm{d}\xi$ 前的复系数为零:

$$k = a/2.$$

容易看出,NLS 方程也有通常的线性波方程才具有的平面波解 $u=A\mathrm{e}^{\mathrm{i}(kx-\omega t)}$.将它代入方程(12-3-1),得到色散关系

$$\omega = k^2 - \beta|A|^2.$$

或改写为

$$\omega - k^2 = -\gamma \quad (\gamma \equiv \beta|A|^2).$$

这样一来,方程(12-3-3)就简化为

$$\frac{\mathrm{d}^2E}{\mathrm{d}\xi^2} - \gamma E + \beta E^3 = 0.$$

两边乘以 $\mathrm{d}E/\mathrm{d}\xi$,对 ξ 积分,得

$$E_\xi^2 = \gamma E^2 - \frac{\beta}{2}E^4 + c.$$

当 $\xi\to\pm\infty$ 时,$E\to 0$,$E_\xi\to 0$,故有积分常数 $c=0$.于是,

$$\frac{\mathrm{d}E}{E\sqrt{\gamma - \dfrac{\beta}{2}E^2}} = \pm\,\mathrm{d}\xi. \tag{12-3-4}$$

令 $\sqrt{\beta/(2\gamma)}\,E = \mathrm{sech}\ y$,利用微分公式

$$\sqrt{\frac{\beta}{2\gamma}}\mathrm{d}E=-\tanh y\ \mathrm{sech}\ y\mathrm{d}y,$$

则方程(12-3-4)化为

$$\pm\mathrm{d}\xi=\frac{-1}{\sqrt{\gamma}}\frac{\tanh y\ \mathrm{sech}\ y\mathrm{d}y}{\mathrm{sech}\ y\sqrt{1-\mathrm{sech}^2 y}}=-\frac{1}{\sqrt{\gamma}}\mathrm{d}y.$$

故 $y=\pm\sqrt{\gamma}(\xi-\xi_0)$，因而

$$E=\sqrt{\frac{2\gamma}{\beta}}\mathrm{sech}\ y=\pm\sqrt{\frac{2\gamma}{\beta}}\mathrm{sech}\sqrt{\gamma}(\xi-\xi_0).$$

将它代入式(12-3-2)，得到 NLS 方程的解

$$\begin{aligned}u(x,t)&=\pm\sqrt{\frac{2\gamma}{\beta}}\mathrm{sech}\{\sqrt{\gamma}[(x-x_0)-a(t-t_0)]\}\mathrm{e}^{\mathrm{i}(kx-\omega t)}\\&=\pm\sqrt{\frac{2\gamma}{\beta}}\mathrm{sech}\{\sqrt{\gamma}[(x-x_0)-a(t-t_0)]\}\mathrm{e}^{\mathrm{i}[\frac{a}{2}x-(\frac{a^2}{4}-\gamma)t]}.\end{aligned}\qquad(12-3-5)$$

称它为 NLS 方程的包络孤立波解，因为它表示一个被调制的平面波，其包络线

$$\sqrt{\frac{2\gamma}{\beta}}\mathrm{sech}\{\sqrt{\gamma}[(x-x_0)-a(t-t_0)]\}$$

为孤子形状，如图 12-3-1 所示.

以上，我们用行波法求解了三个具有孤立波解的方程，对孤立波有了一定的了解. 但是，这样的孤立波能否保持稳定？两个孤立波相碰撞后能否保持形状和速度不变？从 1895 年求得与罗素的观察相一致的孤立波解以来，这一直是科学家们感兴趣而又长期没有得到解决的问题. 1965 年，萨布斯基(Zabusky)和克鲁斯卡尔(Kruskal)用计算机数值模拟法详细研究了等离子体中孤立波的非线性碰撞过程，证明了两孤立波相碰撞时，它们不受干扰破坏，也不消失，形状和传播速度保持不变. 为表征孤立波的这种类似粒子弹性碰撞的特性，萨布斯基和克鲁斯卡尔称它们为孤子(soliton).

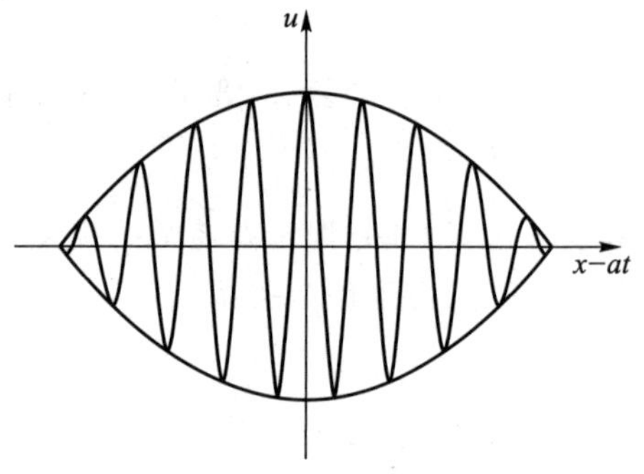

图　12-3-1　包络孤立波

两年后，GGKM(Gardner-Greene-Krausky-Miure)研究小组在解 KdV 方程时，提出了著名的解析方法——逆散射变换，并得出了 KdV 方程的 N 个孤立波相互作用的精确解. 这一方法后来被推广到一大批非线性演化方程中，完善成为了一种较普遍的解析方法.

对于大多数非线性方程，没有普遍适用的解法，无法求得其解析解. 有些情况下，可以引入自变量变换或函数变换，将非线性方程化为线性方程或易求解的方程.

孤子在物理学中应用广泛. 在下面两节里我们讨论孤子在粒子物理中应用的几个例子.

§12-4 双势阱的势垒隧穿 瞬子

设在如图 12-4-1(a)所示的双势阱中有一个单位质量($m=1$)的粒子.如果粒子的总能量

$$E=\frac{1}{2}\left(\frac{\mathrm{d}x}{\mathrm{d}t}\right)^2+V(x) \tag{12-4-1}$$

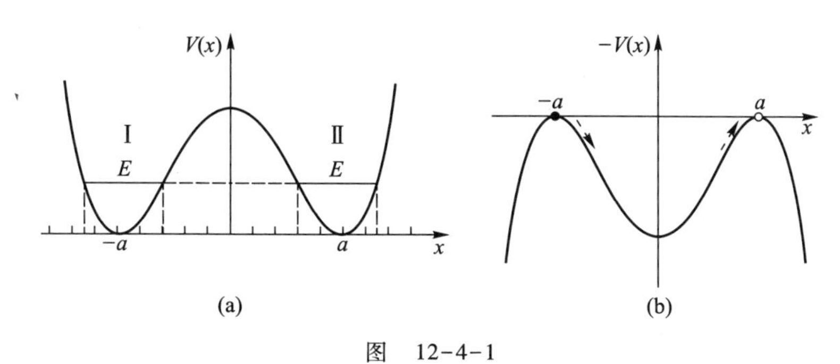

(a) (b)

图 12-4-1

小于两势阱间势垒的高度,而这一粒子又是一个经典粒子,则它只能在势阱 I 中,或者在势阱 II 中运动,如图中横线所示.但如果它是服从量子力学的微观粒子,则由于它具有波动性,就可以隧穿势垒,如图中的虚线,而同时在两个势阱中运动.

假定粒子服从量子力学,但暂时不考虑隧穿,则粒子在势阱 I 中运动和在势阱 II 中运动有相同的能量.因此,在不考虑隧穿时,同一个能量对应两个状态,称为有二重简并.由于势垒的隧穿,粒子可以同时在两个势阱中运动,有**对称**和**反对称**两种状态,相应地有两个不同的能量,使得能级的**简并分裂**.

这一问题可以通过变量代换

$$t\longrightarrow\tau=-\mathrm{i}t \tag{12-4-2}$$

转化为一个经典力学问题.将式(12-4-2)代入式(12-4-1),得到

$$-E=\frac{1}{2}\left(\frac{\mathrm{d}x}{\mathrm{d}\tau}\right)^2-V(x)$$

考虑能量最低的基态,并忽略零点振动,则有 $E=0$,上式成为

$$\frac{1}{2}\left(\frac{\mathrm{d}x}{\mathrm{d}\tau}\right)^2-V(x)=0 \tag{12-4-3}$$

这是总能量等于零的经典粒子在势能 $-V(x)$ 中运动的方程.图 12-4-1(b)上画出了 $-V(x)$.可以看到,原来的势垒变成了两个峰之间的一个势阱.

取 $V(x)=g(x^2-a^2)^2$,方程(12-4-3)成为

$$\frac{1}{2}\left(\frac{\mathrm{d}x}{\mathrm{d}\tau}\right)^2-g(x^2-a^2)^2=0. \tag{12-4-4}$$

讨论从图 12-4-1(a)的势阱Ⅰ的基态向势阱Ⅱ的基态之间的隧穿.初态粒子位于图 12-4-1(b)左边峰的顶点,如图中的黑球.给它施以无穷小的向右的力,使它向右运动,当它降到谷底时获得最大动能,继续运动到右边峰顶,如图中的虚线球.

式(12-4-4)开方以后成为

$$\frac{\mathrm{d}x}{\mathrm{d}\tau}=\pm\sqrt{2g}\,(x^2-a^2), \tag{12-4-5}$$

这是一个非线性方程.分离变量,得

$$\frac{\mathrm{d}x}{x^2-a^2}=\pm\sqrt{2g}\,\mathrm{d}\tau$$

由 $-a$ 到 a 积分得

$$\frac{1}{2a}\ln\left|\frac{x-a}{x+a}\right|=-\frac{1}{a}\operatorname{arctanh}\left(\frac{x}{a}\right)=\pm\sqrt{2g}\,\tau+c,\quad -a<x<a,$$

$$x=a\tanh(\mp\sqrt{2g}\,a\,(\tau-\tau_0)). \tag{12-4-6}$$

c 为常数.符号为正的一支如图 12-4-2(a)所示,它代表从阱Ⅰ的阱底到阱Ⅱ的阱底的隧穿.

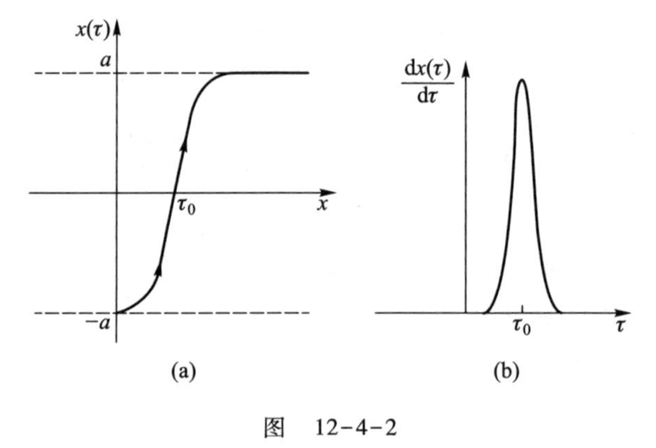

图　12-4-2

以 $\tau=-\mathrm{i}t$ 作为"时间"的瞬子隧穿速度

$$\frac{\mathrm{d}x}{\mathrm{d}\tau}=a\frac{1}{\cosh^2(\sqrt{2g}\,a\,(\tau-\tau_0))}\sqrt{2g}\,a, \tag{12-4-7}$$

如图 12-4-2(b)所示.由图可见,在 τ_0 附近速度非常大,而 τ_0 对应 $x=0$,即势垒最高的地方.粒子在势垒最高的地方一晃即过,所以称之为**瞬子**(instanton).由图又可见,在 τ 轴上的分布局限在一个很小的区域,所以瞬子是时间轴上的孤子.和图 12-2-1 比较可见,它是一种扭结孤子.

强作用的基本理论——量子色动力学(QCD)有复杂的真空结构.它的最低能态——真空态有多重简并.瞬子常用来描述 QCD 的不同真空之间势垒的隧穿.

§ 12-5 拓扑与非拓扑孤子 强子的孤子口袋模型

这一节简单地介绍李政道提出的,核子的(非拓扑)孤子口袋模型①.

我们知道,物质结构有许多层次:从分子到原子,再到原子核;而原子核又是由核子——质子和中子组成.核子也是有结构的,每个核子由 3 个夸克组成.夸克是目前所知的物质结构最小单元.它除了带有电荷之外,还带有另一种荷——色荷."色"是夸克的内部性质,它类似于电荷,差别在于电荷只有 1 种:正(+)和反(-),而色荷有 3 种——正 3 色和反 3 色,常用"红、绿、蓝"(r,g,b)和"反红、反绿、反蓝"($\bar{r},\bar{g},\bar{b}$)表示.但实际上"色"只是夸克的内部性质,和通常的红绿蓝颜色没有任何关系.

夸克有一个特殊性质,称为"夸克禁闭",又称为"色禁闭".意思是说,带色的夸克不能存在于通常的(物理)真空中.但 3 个不同的色荷可以相互抵消,成为无色.核子是由 3 个带色夸克组成的无色体系.

按照现代的看法,真空并不是一无所有的虚空,而是一种物质.和其他物质一样,真空也有能量.李政道引入一种标量场——σ 场来描述真空.通常的(物理)真空对应于 σ 场势能 $V(\sigma)$ 的绝对极小,如图 12-5-1(a)中的 P 点所示.

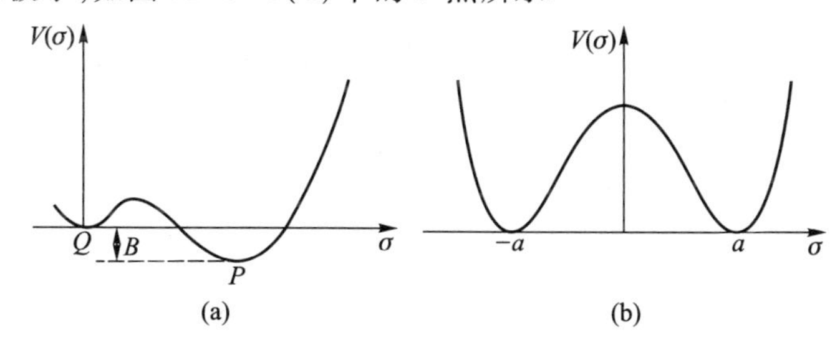

图 12-5-1

当有带色的夸克出现时,它会在物理真空中打出一个"洞"(又称为"口袋").当袋中有 3 个带色的夸克形成无色体系时,由于整体无色,所以这个袋作为一个整体可以存在于通常的(物理)真空中.袋内的真空则和物理真空不同,可以容许带色的夸克在其中存在和运动,称为"微扰真空".它对应于 $V(\sigma)$ 的一个局域极小,如图 12-5-1(a)中的 Q 点所示.真空在微扰真空中的能量高于其在物理真空中的能量.这一能量差(图中的 B)产生一个向袋内的压力,而袋内夸克的色场则产生一个向外的压力与之对抗.两者达到平衡,核子稳定.

在讨论李政道提出的核子的非拓扑孤子口袋模型之前,先考虑一个较简单的情况,即:$V(\sigma)$ 的两个极小等高的情况,如图 12-5-1(b)所示.

σ 场的运动方程为

$$\frac{1}{2}\left(\frac{\mathrm{d}\sigma}{\mathrm{d}x}\right)^{2}-V(\sigma)=\text{常数}. \qquad (12-5-1)$$

① 参看:T.D.Lee.Particle physics and introduction to field theory.New York:Harwood academic publisher,1981.

显然可以看到，只要在方程(12-4-3)中作代换 $x\to\sigma,\tau\to x$，就得到这一方程.同样取 $V(\sigma)=g(\sigma^2-a^2)^2$，如图 12-5-1(b)所示.令方程(12-5-1)右边的常数=0，可以得到和式(12-4-5)相似的方程：

$$\frac{\mathrm{d}\sigma}{\mathrm{d}x}=\sqrt{2g}(\sigma^2-a^2). \tag{12-5-2}$$

其解为

$$\sigma=a\tanh(\sqrt{2g}a(x-x_0)). \tag{12-5-3}$$

见图 12-5-2(a).和图 12-2-1 比较可见，这是 σ 空间中的一个扭结孤子.它表示粒子从一个势阱的底运动到另一个势阱的底.始态和末态——两个势阱的底——是拓扑不同的①，所以称为拓扑孤子.

场 σ 的能量

$$\mathscr{E}=\frac{1}{2}\left(\frac{\mathrm{d}\sigma}{\mathrm{d}x}\right)^2+V(\sigma), \tag{12-5-4}$$

见图 12-5-2(b).

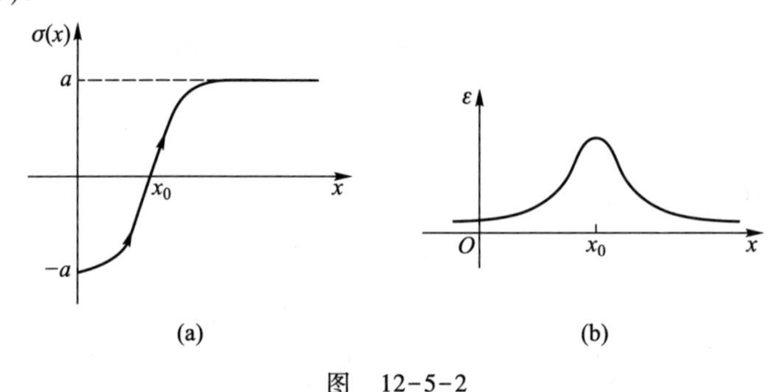

图 12-5-2

下面考虑 $V(\sigma)$ 的两个极小不等高的情况，如图 12-5-1(a)所示.李政道证明了，在此情况下也能形成孤子——非拓扑孤子.

类似于式(12-4-2)，作代换

$$x\to\xi=-\mathrm{i}x, \tag{12-5-5}$$

可以将方程(12-5-1)化为在 $-V(\sigma)$ 中运动的经典力学问题，如图 12-5-3 所示.设粒子在 $\xi=-\infty$ 时位于 O 点，受到一个向右的无穷小力作用而向右运动，到达 A 点后动能为零，于是向左返回，在 $\xi=\infty$ 时回到 O 点.始末态没有拓扑上的差别，因而相应的孤子被称为非拓扑孤子.李政道提出的强子结构模型认为，强子(核子)就是以这样的非拓扑孤子为基础的，内含 3 个夸克的口袋.

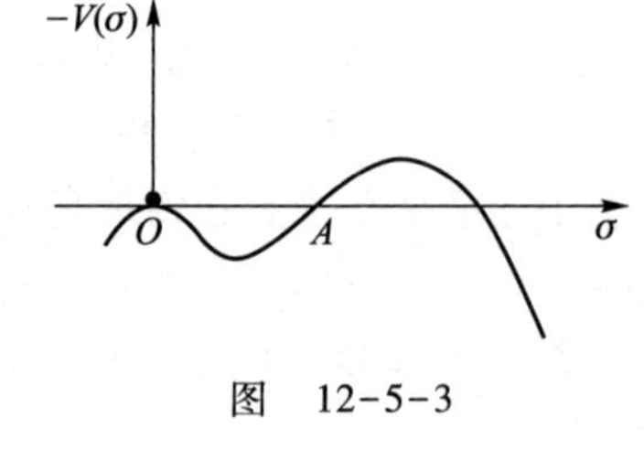

图 12-5-3

① 即不能通过连续变换将一个势阱的底变为另一个势阱的底.

第十三章 泛函方法

本书前几章讨论了复变函数的性质，并以它为基础研究了偏微分方程的定解问题，和与之相联系的常微分方程的本征值问题.本章从完全不同的角度，用泛函极值来求本征值和本征函数.泛函是从函数到数的映射，它在物理学中有多方面的应用.本章第一节举了一些导出泛函的例子.第二节讨论泛函的泰勒展开，泛函的变分和变分导数.第三节讨论泛函的极值条件和求泛函极值的近似方法.最后一节讨论泛函积分.

§13-1 导出泛函的几个例子

在§6-4中看到，用分离变量法解偏微分方程的定解问题，核心是解常微分方程的本征值问题(6-4-2′)：

$$L\varphi_n(x)=\lambda_n\varphi_n(x), \tag{13-1-1}$$

并用它展开具有连续二阶导数且满足边界条件的任意函数 $f(x)$，

$$f(x)=\sum_n c_n\varphi_n(x). \tag{13-1-2}$$

这一本征值问题的解已经在第八章和第九章中详细讨论过.

在本章里，我们要用另一种完全不同的方法来求本征值和本征函数.为了简单起见，假定所讨论的施-刘型方程的权重函数 $\rho(x)=1$.按式(6-4-31′)、式(6-4-33′)有

$$\int\varphi_n^*(x)\varphi_m(x)\,\mathrm{d}x=\delta_{nm}. \tag{13-1-3}$$

$$c_n=\int\varphi_n^*(x)f(x)\,\mathrm{d}x. \tag{13-1-4}$$

利用此二式容易看到

$$\int f^*(x)f(x)\,\mathrm{d}x=\sum_n|c_n|^2. \tag{13-1-5}$$

定义算符 L 在 $f(x)$ 中的平均值为

$$\bar{L}=\frac{\int f^*(x)Lf(x)\,\mathrm{d}x}{\int f^*(x)f(x)\,\mathrm{d}x}. \tag{13-1-6}$$

将式(13-1-2)代入，利用式(13-1-1)、式(13-1-3)、式(13-1-4)得到

$$\overline{L}=\frac{\sum_n \lambda_n |c_n|^2}{\sum_n |c_n|^2}. \tag{13-1-7}$$

我们知道,施-刘型方程的本征值恒正①,可以将它们按从小到大的顺序排列[见式(6-4-23′)]:

$$0 \leqslant \lambda_1 \leqslant \lambda_2 \leqslant \cdots. \tag{13-1-8}$$

这样,如果将式(13-1-7)的和式中所有的 λ_n 都改为 λ_1,则和式只会减小,因而有

$$\overline{L} \geqslant \lambda_1, \tag{13-1-9}$$

其中的等式只在 $f(x)=\varphi_1(x)$ 时才成立.

我们得到了一个求 L 的本征值 λ_1 和相应的本征函数 $\varphi_1(x)$ 的方法:用满足边界条件且有连续二阶导数的任意函数 $f(x)$ 按式(13-1-6)计算 $\overline{L}$,所得到的结果中最小的一个就等于 λ_1,相应的 $f(x)$ 就是 $\varphi_1(x)$.

这样,求算符 L 的(最小)本征值和相应的本征函数的问题,就转化为求 $\overline{L}$ 对所有可能的 $f(x)$ 的极小值的问题.但是,$\overline{L}$ 不是普通的函数,它的极值问题和通常函数的极值问题不同.下面来仔细分析.

由定义式(13-1-6)可见,对于每一个满足条件:"满足边界条件且有连续二阶导数"的函数 $f(x)$,$\overline{L}$ 是一个确定的实数.因此,它是满足条件的函数 $f(x)$ 和实数之间的一个对应关系.正像实数 x 和实数 y 之间的对应关系 $y=f(x)$ 定义为 y 是 x 的函数一样,函数 $f(x)$ 和实数 $\overline{L}$ 之间的对应关系定义为:$\overline{L}$ 是 $f(x)$ 的泛函,并用符号

$$\overline{L}=\overline{L}[f(x)] \tag{13-1-10}$$

表示.在这种表示方法中,方括号中的 $f(x)$ 是泛函的"自变量",而 $\overline{L}$ 则是泛函的值.本节前面的讨论表明,求算符 L 的本征值和本征函数的问题可以化为求泛函 $\overline{L}[f(x)]$ 的极值的问题.在本章第三节中将仔细讨论这一问题.

以上从求泛函极值的角度讨论了泛函的概念.为了更好地理解泛函,下面举一个具体例子进行说明.

一质点沿竖直平面上的光滑轨道从 A 点由静止在重力作用下下滑到 B 点,计算质点从 A 下滑到 B 所用的时间.

为方便计算,建立如图 13-1-1 所示的直角坐标系.其中 A 点坐标为 $(x_1,0)$,B 点坐标为 (x_2,y_2),轨道上 C 点坐标为 (x,y).设质点在 C 点的速率为 v,$\mathrm{d}s$ 为质点从 C 点下落到邻近点 $(x+\mathrm{d}x,y+\mathrm{d}y)$ 的弧长,则质点通过该弧长所用的时间为 $\mathrm{d}t=\frac{\mathrm{d}s}{v}$,其中

$$\mathrm{d}s=\sqrt{(\mathrm{d}x)^2+(\mathrm{d}y)^2}=\sqrt{1+\left(\frac{\mathrm{d}y}{\mathrm{d}x}\right)^2}\,\mathrm{d}x=\sqrt{1+y'^2}\,\mathrm{d}x.$$

质点在下滑过程中,机械能守恒.因此,容易得到质点在 C 点的速率

① 对于以下的讨论,本征值恒正并不是必要的,只要求本征值分立,并有下界.

$$v=\sqrt{2gy}.$$

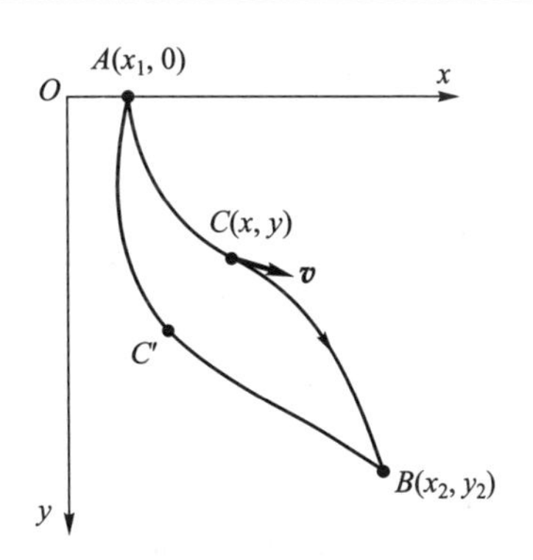

图　13-1-1

于是,质点通过 $\mathrm{d}s$ 的时间为 $\mathrm{d}t=\dfrac{\sqrt{1+y'^2}}{\sqrt{2gy}}\mathrm{d}x.$

这样,质点从 A 点下滑到 B 点所用的时间 T 为

$$T=\int_0^T \mathrm{d}t=\int_{x_1}^{x_2}\frac{\sqrt{1+y'^2}}{\sqrt{2gy}}\mathrm{d}x.$$

显然,T 的值决定于具体的轨道.若起点与终点不变,但另取不同轨道(如图 13-1-1 中的曲线 $AC'B$),则 T 将不同,即 T 是轨道 $y(x)$ 的泛函:$T=T[y(x)]$.

泛函在物理学中有广泛的应用.下面举几个例子.

质量为 m 的质点的保守力学体系有动能

$$T=\frac{1}{2m}\dot{x}^2 \tag{13-1-11}$$

和势能

$$U=U(x). \tag{13-1-12}$$

系统的总能量是 $E=T+U$,而拉格朗日函数 L 定义为

$$L=T-U=L(\dot{x},x). \tag{13-1-13}$$

作用量 S 是拉格朗日函数对时间 t 的积分:

$$S=\int_{t_a}^{t_b}L(\dot{x},x)\mathrm{d}t. \tag{13-1-14}$$

其中已假定质点的运动满足初始-终了条件:

$$x(t_a)=x_a,\quad x(t_b)=x_b. \tag{13-1-15}$$

满足条件(13-1-15)的函数 $x(t)$ 有无穷多个,将其中任一个代入式(13-1-14)可以得到一个作用量的值.这表明,作用量 S 是函数 $x(t)$ 的泛函,

$$S=S[x(t)]=\int_{t_a}^{t_b}L(\dot{x},x)\mathrm{d}t. \tag{13-1-16}$$

经典力学的基本原理可以表述为“**最小作用量原理**”:在初始-终了条件(13-1-15)的限制下,实际发生的运动是使泛函 $S[x(t)]$ 有极小值的那一个 $x(t)$.

泛函极值问题在光学中也有应用.光学中的**费马原理**指出,光线在不均匀介质中传播的路径 C 由积分

$$\psi=\int_C \boldsymbol{n}(\boldsymbol{r})\cdot\mathrm{d}\boldsymbol{r} \tag{13-1-17}$$

取极值决定.路径 C 是两固定点 $\boldsymbol{r}_A$ 和 $\boldsymbol{r}_B$ 之间的一根曲线.矢量 $\boldsymbol{n}(\boldsymbol{r})$ 的大小是 $\boldsymbol{r}$ 处的介质折射率,其方向指向介质折射率增加最快的方向.用 $\boldsymbol{r}=\boldsymbol{r}(\alpha)$ 作为这一曲线的参数化形式,

$$\boldsymbol{r}(\alpha_A)=\boldsymbol{r}_A,\quad \boldsymbol{r}(\alpha_B)=\boldsymbol{r}_B. \tag{13-1-18}$$

将满足式(13-1-18)的任一函数 $\boldsymbol{r}(\alpha)$ 代入式(13-1-17),得到 ψ 的一个值.因此,ψ 是 $\boldsymbol{r}(\alpha)$ 的泛函.光线在介质中的传播路径是使泛函 $\psi=\psi[\boldsymbol{r}(\alpha)]$ 取极小值的 $\boldsymbol{r}(\alpha)$.

再来看一个例子——泛函在量子力学中的应用.量子力学研究的是微观粒子的运动规律.微观粒子不同于经典粒子,它具有波动性;但它也不同于经典波,它具有粒子性,即具有波-粒二象性.在量子力学中,仍然用描述经典粒子的量——位置、路径来描述微观粒子.但是,由于微观粒子的波动性,它的位置、路径等,不能有确定的值,而是以不同的概率取不同的值.量子力学的基本任务就是要确定,在一个微观粒子所处的状态中测量物理量得到不同值的概率,以及这些概率随时间的变化.

通常的量子力学以微观粒子的位置概率作为研究对象,"波函数"$\psi(r,t)$就是所研究的微观粒子在 t 时刻位于 r 的概率幅.以此作为一条基本假设,可以和其他基本假设一道建立起量子力学理论体系.

费曼则提出了建立量子力学的另一方案——不以位置概率幅作为基本假设,而代之以路径概率幅.为简单起见,下面只讨论一维情况.需要回答的基本问题是:在起始时刻 t_a 位于 x_a 的粒子,到终了时刻 t_b 位于 x_b 的概率幅.这一概率幅用 $K(x_b,t_b;x_a,t_a)$表示,称为传播函数.按照量子力学的费曼表述,传播函数可写为如下的泛函积分:

$$K(x_b,t_b;x_a,t_a)=\int_a^b \mathrm{e}^{\frac{\mathrm{i}}{\hbar}S[x(t)]}\mathscr{D}x(t), \tag{13-1-19}$$

其中,$S[x(t)]$是式(13-1-16)定义的作用量泛函,$\int\cdots\mathscr{D}x(t)$ 是泛函积分,它对所有满足初始-终了条件

$$x(t_a)=x_a,\quad x(t_b)=x_b \tag{13-1-20}$$

的函数进行.泛函积分式(13-1-19)的意义将在本章第四节中讨论.

§13-2　泛函的泰勒展开　变分与变分导数

泛函可以看成是普通(实变量)函数的一种推广.在研究普通函数 $f(x)$ 在自变量 x 的整个取值区域 $x_a\leqslant x\leqslant x_b$ 中的性质时,第一步是讨论:当自变量 x 对某一值有微小偏离 $\mathrm{d}x$ 时,函数 $f(x)$ 的变化.这一变化可以用泰勒级数表示:

$$f(x+\mathrm{d}x)-f(x)=\frac{\mathrm{d}f}{\mathrm{d}x}\mathrm{d}x+\frac{1}{2!}\frac{\mathrm{d}^2f}{\mathrm{d}x^2}(\mathrm{d}x)^2+\cdots,$$

其中,对 $\mathrm{d}x$ 的线性项

$$\mathrm{d}f=\frac{\mathrm{d}f}{\mathrm{d}x}\mathrm{d}x,$$

称为函数 $f(x)$ 的微分.

对于有多个变量的多元函数 $f(x_1,\cdots,x_n)$,其泰勒展开为

$$\begin{aligned}&f(x_1+\mathrm{d}x_1,\cdots,x_n+\mathrm{d}x_n)-f(x_1,\cdots,x_n)\\&=\sum_{i=1}^n\frac{\partial f}{\partial x_i}\mathrm{d}x_i+\frac{1}{2!}\sum_{i,j=1}^n\frac{\partial^2 f}{\partial x_i\partial x_j}\mathrm{d}x_i\mathrm{d}x_j+\cdots,\end{aligned} \tag{13-2-1}$$

而函数 f 的微分是各个变量的变化 $\mathrm{d}x_i$ 所引起的 f 的变化对 $\mathrm{d}x_i$ 线性部分之和:

$$\mathrm{d}f=\sum_{i=1}^{n}\frac{\partial f}{\partial x_i}\mathrm{d}x_i. \qquad (13-2-2)$$

类似地,在讨论泛函 $F[x(t)]$ 的性质时,首先要研究:在"自变量"$x(t)$ 有微小改变 $\delta x(t)$ 时[见图 13-2-1],泛函 $F[x(t)]$ 所发生的变化.在这里,特别要注意的是:多元函数 $f(x_1,\cdots,x_n)$ 的自变量有 n 个:$x_i(i=1,\cdots,n)$,其中 i 是自变量的编号;而泛函 $F[x(t)]$ 的自变量 $x(t)$ $(t_a\leqslant t\leqslant t_b)$ 有无穷多个,t 是它们的"编号".通常,一个量的"编号"取 1,2,3,…分离值,两相邻值相差 1;而作为泛函的自变量"编号"的 t,则是连续取值,不存在"相邻值".因此,在讨论从多元函数过渡到泛函时,除了要让自变量的编号由有限个过渡到无限个之外,还要让编号从分离过渡到连续.也就是说:泛函是多元函数在变元的数目趋于无穷,而变元的编号趋于连续时的极限.绝不能只记得前半句而忘了后半句.这样,从多元函数到泛函的极限过渡可写为

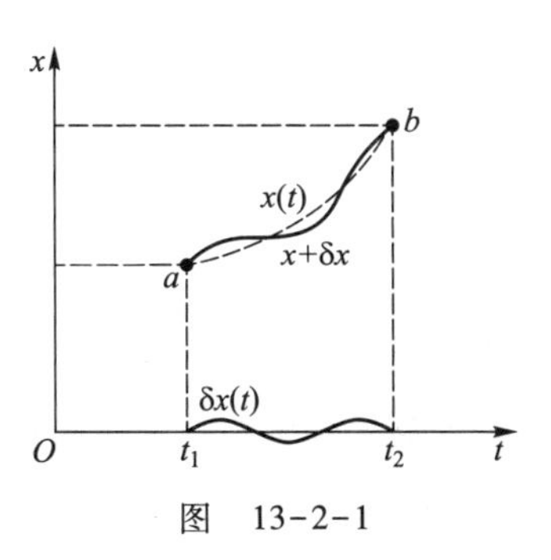

图　13-2-1

$$n\to\infty;\quad \Delta t=t_{i+1}-t_i\to 0\quad (i=1,2,\cdots,n-1). \qquad (13-2-3)$$

前一式子表示变元的数目趋于无穷,而后一式子保证了变元的编号趋于连续.

由于上述原因,在将多元函数的泰勒展开式(13-2-1)推广到泛函 $F[x(t)]$ 的泰勒展开时,对 i 和 j 的求和要推广成对 t_1 和 t_2 的积分:

$$F[x(t)+\delta x(t)]-F[x(t)]=\int_{t_a}^{t_b}\frac{\delta F}{\delta x(t)}\delta x(t)\,\mathrm{d}t$$

$$+\frac{1}{2!}\int_{t_a}^{t_b}\int_{t_a}^{t_b}\frac{\delta^2 F}{\delta x(t_1)\delta x(t_2)}\delta x(t_1)\delta x(t_2)\,\mathrm{d}t_1\mathrm{d}t_2+\cdots. \qquad (13-2-4)$$

比较式(13-2-1)、式(13-2-4)可见,从多元函数的泰勒展开过渡到泛函的相应展开时,多元函数中的变量编号 i 和 j 过渡为泛函的变量编号 t_1 和 t_2,而对分离编号 i,j 的求和 $\sum\limits_{i,j=1}^{n}$ 过渡为对连续编号的积分 $\int_{t_a}^{t_b}\int_{t_a}^{t_b}\mathrm{d}t_1\mathrm{d}t_2$:

$$\left.\begin{aligned}
&i,j\Longrightarrow t_1,t_2,\\
&\frac{\mathrm{d}^2 f}{\mathrm{d}x_i\mathrm{d}x_j}\Longrightarrow\frac{\delta^2 F}{\delta x(t_1)\delta x(t_2)},\\
&\mathrm{d}x_i\mathrm{d}x_j\Longrightarrow\delta x(t_1)\delta x(t_2),\\
&\sum_{i,j=1}^{n}\Longrightarrow\int_{t_a}^{t_b}\int_{t_a}^{t_b}\mathrm{d}t_1\mathrm{d}t_2.
\end{aligned}\right\} \qquad (13-2-5)$$

表面上看来,式(13-2-5)中的前三个过渡很自然,唯独第 4 式的右边(以及式(13-2-4)右边的最后一项)多出了 $\mathrm{d}t_1\mathrm{d}t_2$,其实不然.在此式左边的求和中,原本也应有 $\mathrm{d}i\mathrm{d}j$,只是因为这种分离的编号,两相邻值差 1,$\mathrm{d}i=\mathrm{d}j=1$,因而省去没写出来.式(13-2-5)的第 4 式右边和式(13-2-4)右边的最后一项中的 $\mathrm{d}t_1\mathrm{d}t_2$ 其实是由式(13-2-5)左边和式(13-2-1)

右边的最后一项中省去了的 $\mathrm{d}i\mathrm{d}j$ 过渡而来的.

对于泛函,和微分 $\mathrm{d}x_i$ 相应的 $\delta x(t)$ 被称为 $x(t)$ 的变分,而和 $\mathrm{d}f,\mathrm{d}^2f$ 相应的

$$\delta F=\int_{t_a}^{t_b}\frac{\delta F}{\delta x(t)}\delta x(t)\mathrm{d}t, \tag{13-2-6}$$

$$\delta^2 F=\int_{t_a}^{t_b}\int_{t_a}^{t_b}\frac{\delta^2 F}{\delta x(t_1)\delta x(t_2)}\delta x(t_1)\delta x(t_2)\mathrm{d}t_1\mathrm{d}t_2 \tag{13-2-7}$$

则被称为 $F[x(t)]$ 的一阶和二阶变分. 与此同时,正如多元函数的泰勒展开式(13-2-1)中各项的系数被称为多元函数的各阶偏导数,泛函的泰勒展开式(13-2-4)中各项的系数

$$\frac{\delta F}{\delta x(t)},\quad \frac{\delta^2 F}{\delta x(t_1)\delta x(t_2)},\cdots \tag{13-2-8}$$

定义为泛函 $F[x(t)]$ 的各阶变分导数.

对于一阶等自变量变分,以下不加证明地给出其运算法则.

(1) 基本运算法则

$$\delta(\alpha F+\beta G)=\alpha\delta F+\beta\delta G\quad(\alpha、\beta\text{ 为常数}), \tag{13-2-9}$$

$$\delta(FG)=(\delta F)G+F(\delta G), \tag{13-2-10}$$

$$\delta\left(\frac{F}{G}\right)=\frac{(\delta F)G-F(\delta G)}{G^2}. \tag{13-2-11}$$

(2) 变分和微分、积分运算的可交换性

$$\mathrm{d}(\delta F)=\delta(\mathrm{d}F), \tag{13-2-12}$$

$$\delta\left(\frac{\mathrm{d}F}{\mathrm{d}x}\right)=\frac{\mathrm{d}}{\mathrm{d}x}(\delta F), \tag{13-2-13}$$

$$\delta\int_{x_1}^{x_2}f(x)\mathrm{d}x=\int_{x_1}^{x_2}(\delta f)\mathrm{d}x, \tag{13-2-14}$$

(3) 多变元函数的变分:变分运算法则与微分运算法则相同,对于等自变量变分,只是将微分运算中的“d”换成“δ”即可.例如,设 F 是三个变元 $x、y、y'$ 的连续函数,则

$$\delta F(x,y(x),y'(x))=\frac{\partial F}{\partial y}\delta y+\frac{\partial F}{\partial y'}\delta y'. \tag{13-2-15}$$

注意:在上式中,引起 F 的变化是由于 y 和 y' 的变化:$\delta y、\delta y'$,而不是自变量 x 的变化,即等自变量的变分中,$\delta x=0$.

§ 13-3 泛函的极值问题

(一) 泛函的极值条件 决定泛函极值的欧拉方程

通常的函数 $f(x)$ 的极值条件是它的微分等于零,$\mathrm{d}f=0$.这很容易用 $f(x)$ 的泰勒展开式(13-2-1)证明.类似地从泛函的泰勒展开式(13-2-4)容易证明,泛函的极值条件是它

的变分(13-2-6)等于零，

泛函 $F[x(t)]$ 的极值条件：

$$\delta F=\int_{t_a}^{t_b}\frac{\delta F}{\delta x(t)}\delta x(t)\,\mathrm{d}t=0. \tag{13-3-1}$$

这一极值是在满足初始-终了条件

$$x(t_a)=x_a,\quad x(t_b)=x_b \tag{13-3-2}$$

的一切连续函数 $x(t)$ 族中，泛函 $F[x(t)]$ 的极值.在初始点和终了点 a 和 b，函数之值固定不变，因而

$$\delta x(t_a)=\delta x(t_b)=0, \tag{13-3-3}$$

参看图 13-2-1.

以**作用量泛函**式(13-1-13)、式(13-1-14)：

$$S[x(t)]=\int_{t_a}^{t_b}L(\dot{x}(t),x(t))\,\mathrm{d}t. \tag{13-3-4}$$

$$L=T-U=L(\dot{x},x) \tag{13-3-5}$$

为例.图 13-2-1 中的 a 和 b 是由式(13-3-2)决定的起始点和终了点.它们之间的一根连线表示一个可能的路径 $x(t)$，整个这条路径决定了泛函 S 的值.当路径 $x(t)$ 变为另一条路径 $x(t)+\delta x(t)$ 时，泛函的改变量中对 $\delta x(t)$ 线性的部分，即泛函的一阶变分为

$$\delta S[x(t)]=\int_{t_a}^{t_b}\left[\frac{\partial L}{\partial\dot{x}}\delta\dot{x}+\frac{\partial L}{\partial x}\delta x\right]\mathrm{d}t. \tag{13-3-6}$$

对第一项作分部积分，

$$\int_{t_a}^{t_b}\frac{\partial L}{\partial\dot{x}(t)}\delta\dot{x}(t)\,\mathrm{d}t=\int_{t_a}^{t_b}\frac{\partial L}{\partial\dot{x}(t)}\frac{\mathrm{d}}{\mathrm{d}t}\delta x(t)\,\mathrm{d}t$$

$$=\frac{\partial L}{\partial\dot{x}(t)}\cdot\delta x(t)\bigg|_{t_a}^{t_b}-\int_{t_a}^{t_b}\frac{\mathrm{d}}{\mathrm{d}t}\frac{\partial L}{\partial\dot{x}(t)}\delta x(t)\,\mathrm{d}t.$$

由于初始点和终了点固定，如式(13-3-3)：

$$\delta x(t_a)=\delta x(t_b)=0,$$

上式右端第一项积分出来为零.代入式(13-3-6)得到

$$\delta S[x(t)]=\int_{t_a}^{t_b}\left[-\frac{\mathrm{d}}{\mathrm{d}t}\frac{\partial L}{\partial\dot{x}}+\frac{\partial L}{\partial x}\right]\delta x\,\mathrm{d}t. \tag{13-3-7}$$

作用量泛函的极值条件是变分为零 $\delta S=0$.由于不同 t 的 $\delta x(t)$ 相互独立，上式为零要求被积函数为零，即

$$\frac{\partial L}{\partial x}-\frac{\mathrm{d}}{\mathrm{d}t}\frac{\partial L}{\partial\dot{x}}=0, \tag{13-3-8}$$

称这为决定作用量泛函的极值的**欧拉方程**.在物理学中称它为**拉格朗日方程**.它是力学系统(经过推广，也可以应用于场系统)的运动方程.

（二）求解本征值问题的近似方法

在本章第一节中已经证明，求解算符 L 的本征值问题

$$L\varphi_i(x)=\lambda_i\varphi_i(x), \tag{13-3-9}$$

可以转化为求泛函

$$\overline{L}=\frac{\int f^*(x)Lf(x)\,\mathrm{d}x}{\int f^*(x)f(x)\,\mathrm{d}x} \tag{13-3-10}$$

的极值问题．泛函 $\overline{L}$ 的极小值等于算符 L 的最小本征值 λ_1，而使 $\overline{L}$ 取这一值的函数 $f(x)$ 就是和 λ_1 对应的本征函数 $\varphi_1(x)$．类似地不难证明，在

$$\int\varphi_1^*(x)f(x)\,\mathrm{d}x=0 \tag{13-3-11}$$

的条件下求泛函 $\overline{L}$ 的极值，可以得到第 2 本征值 λ_2，相应的 $f(x)=\varphi_2(x)$．这样下去，原则上可以求得所有的本征值和本征函数．

实际上，这一方法并不比直接解本征值问题（13-3-9）简单，但在它的基础上可以建立一种解本征问题的广泛应用的近似方法，称为里兹方法．

我们来看由式（13-3-10）定义的泛函 $\overline{L}[f(x)]$，其中的 $f(x)$ 是任意的满足边界条件的有连续导数的平方可积函数，而 $\overline{L}[f(x)]$ 就是定义在这一类函数上的泛函．上面已证明它的极小值就是本征值 λ_1．

现在来对式（13-3-10）中的 $f(x)$ 加上限制，使它不再是满足前述条件的任意函数，而只是其中的一部分函数．例如，可以要求 $f(x)$ 是函数族：

$$f(x)=\Phi(x,a_1,a_2,\cdots,a_s) \tag{13-3-12}$$

中的某个函数，其中 $a_1,a_2,\cdots,a_s$ 是函数族的 s 个参量，它们取不同的值得到不同的函数 $f(x)$，但是这些 $f(x)$ 都有共同的形式（13-3-12）．和这样的 $f(x)$ 相对应的泛函 $\overline{L}[f(x)]$ 的值中最小的一个值用 $\lambda_1^{(a)}$ 表示．显然，$\lambda_1^{(a)}$ 不一定等于原本征值问题的最小本征值 λ_1，但是可以将它作为 λ_1 的近似；而和 $\lambda_1^{(a)}$ 对应的 $f(x)$ 用 $\varphi_1^{(a)}(x)$ 表示，它可以作为本征函数 $\varphi_1(x)$ 的近似．这种近似的好坏程度，决定于函数族（13-3-12）的形式．如果从所讨论问题的物理特点出发，找到了合适的函数族（13-3-12），用上述方法可以得到本征值和本征函数的很好的近似．

将式（13-3-12）代入式（13-3-10），得到

$$\overline{L}(a_1,\cdots,a_s)=\frac{\int\Phi^*(x,a_1,\cdots,a_s)L\Phi(x,a_1,\cdots,a_s)\,\mathrm{d}x}{\int\Phi^*(x,a_1,\cdots,a_s)\Phi(x,a_1,\cdots,a_s)\,\mathrm{d}x}. \tag{13-3-13}$$

注意，由于函数族（13-3-12）的形式是事先规定的，所以 $\overline{L}(a_1,\cdots,a_s)$ 不再是泛函，而是以参数 $a_1,\cdots,a_s$ 为自变量的普通函数．这样一来，$\overline{L}(a_1,\cdots,a_s)$ 的极值问题就成为普通多元函数的极值问题，很容易用通常数学分析的方法解决．

前面已指出，$\bar{L}(a_1,\cdots,a_s)$ 的极值 $\lambda_1^{(a)}$，$\varphi_1^{(a)}(x)$ 可以作为 λ_1，$\varphi_1(x)$ 的近似.在得到它们以后，再在条件

$$\int \varphi_1^{(a)*}(x)\Phi(x,a_1,\cdots,a_s)\mathrm{d}x = 0 \qquad (13-3-14)$$

之下求 $\bar{L}(a_1,\cdots,a_s)$ 的条件极值，所得到的 $\lambda_2^{(a)}$，$\varphi_2^{(a)}(x)$ 可以作为 λ_2，$\varphi_2(x)$ 的近似.显然，式(13-3-14)是式(13-3-11)在所讨论的近似中的形式.

这样继续下去，原则上可以近似地求出所有的本征值和本征函数.

例 1　用里兹方法求本征值问题

$$y'' + \lambda y = 0, \qquad (13-3-15)$$

$$y(0) = 0, \quad y(1) = 0 \qquad (13-3-16)$$

的最小本征值及相应的本征函数的近似解.

解　这是分离变量后经常遇到的最简单的本征值问题，它的精确解我们是知道的.这里用它作为例子来说明里兹方法的主要思路，并与精确解比较，以了解里兹方法的准确程度.

方程(13-3-15)可改写为

$$-\frac{\mathrm{d}^2}{\mathrm{d}x^2}y(x) = \lambda y(x), \qquad (13-3-17)$$

和式(13-3-9)比较可见，在现在情况下，算符 L 是

$$L = -\frac{\mathrm{d}^2}{\mathrm{d}x^2}. \qquad (13-3-18)$$

因此，本征值问题(13-3-15)、(13-3-16)可转化为泛函

$$\bar{L}[y] = \int_0^1 y(x)\left(-\frac{\mathrm{d}^2}{\mathrm{d}x^2}\right)y(x)\mathrm{d}x \qquad (13-3-19)$$

在归一化条件

$$\int_0^1 y^2(x)\mathrm{d}x = 1 \qquad (13-3-20)$$

及边界条件(13-3-16)之下的极值问题.

对式(13-3-19)进行分部积分，得到

$$\bar{L}[y] = \int_0^1 y(x)\left(-\frac{\mathrm{d}}{\mathrm{d}x}\right)y'(x)\mathrm{d}x$$

$$= -[y(x)y'(x)]_0^1 + \int_0^1 [y'(x)]^2\mathrm{d}x,$$

注意到边界条件(13-3-16)，上式右端第一项积分的值为零.因而

$$\bar{L}[y] = \int_0^1 [y'(x)]^2\mathrm{d}x. \qquad (13-3-21)$$

我们需要解决的正是这一泛函在归一化条件(13-3-20)和边界条件(13-3-16)之下的极

值问题.为了得到这一问题的近似解,采用里兹方法.

里兹方法的关键在于找出满足边界条件(13-3-16)的含有一定量的参量的试探函数.在上面的情况中,满足式(13-3-16)的最简单的函数是 $x(x-1)$,因此假设试探函数为含有两个参量的函数

$$y(x)=x(x-1)(c_0+c_1x),\tag{13-3-22}$$

算出

$$[y'(x)]^2=9c_1^2x^4+12c_1(c_0-c_1)x^3+[4(c_0-c_1)^2-6c_1c_0]x^2-4c_0(c_0-c_1)x+c_0^2,$$

代入式(13-3-21)得

$$\bar{L}=\int_0^1[y'(x)]^2\mathrm{d}x=\frac{1}{3}\left(c_0^2+c_0c_1+\frac{2}{5}c_1^2\right).\tag{13-3-23}$$

再将式(13-3-22)代入式(13-3-20)得

$$\int_0^1 y^2(x)\,\mathrm{d}x=\frac{1}{30}\left(c_0^2+c_1c_0+\frac{2}{7}c_1^2\right).$$

因而归一化条件(13-3-20)可写为

$$\mathscr{G}\equiv\frac{1}{30}\left(c_0^2+c_1c_0+\frac{2}{7}c_1^2\right)-1=0.\tag{13-3-24}$$

于是,求泛函极值的问题化为关于参量 c_0,c_1 的二元函数(13-3-23)在条件(13-3-24)之下的普通极值问题.利用拉格朗日乘子法得

$$\left.\begin{aligned}&\frac{\partial}{\partial c_0}[\bar{L}-\lambda\mathscr{G}]=\frac{1}{3}(2c_0+c_1)-\frac{\lambda}{30}(2c_0+c_1)=0,\\&\frac{\partial}{\partial c_1}[\bar{L}-\lambda\mathscr{G}]=\frac{1}{3}\left(c_0+\frac{4}{5}c_1\right)-\frac{\lambda}{30}\left(c_0+\frac{4}{7}c_1\right)=0.\end{aligned}\right\}\tag{13-3-25}$$

将它写成关于 c_0,c_1 的代数方程:

$$\begin{aligned}&\left(2-\frac{\lambda}{5}\right)c_0+\left(1-\frac{\lambda}{10}\right)c_1=0,\\&\left(1-\frac{\lambda}{10}\right)c_0+\left(\frac{4}{5}-\frac{2}{35}\lambda\right)c_1=0.\end{aligned}\tag{13-3-26}$$

式(13-3-26)有非零解的条件是 c_0,c_1 的系数行列式为零,即

$$\begin{vmatrix}2-\dfrac{\lambda}{5} & 1-\dfrac{\lambda}{10}\\ 1-\dfrac{\lambda}{10} & \dfrac{4}{5}-\dfrac{2}{35}\lambda\end{vmatrix}=0.\tag{13-3-27}$$

这个方程的两个根是 $\lambda=10$ 和 $\lambda=42$.故所求的最小本征值的近似解为 $\lambda=10$,与精确解 $\pi^2=9.8696$ 相比较,相对误差为 1.3%.将 $\lambda=10$ 代入式(13-3-26)的第二式得 $c_1=0$,所以本征函数的近似解是 $y(x)=c_0x(x-1)$,其中的 c_0 可以由归一化条件(13-3-20)求得为

$c_0=\sqrt{30}$. 【解毕】

习　　题

1. 设质点在势能场 $U(r)$ 中运动.在笛卡儿坐标系中写出其拉格朗日方程.
2. 已知一维运动自由质点的拉格朗日函数是 $L=m\dot{x}^2/2$.

   (a) 证明：当质点按真实运动方式运动时，作用量是

$$S_0=\frac{m(x_2-x_1)^2}{2(t_2-t_1)}. \tag{13-3-28}$$

   (b) 设 $x(t_1)=a, x(t_2)=b$，求 S_0；并任意假定一种非真实的运动方式，计算相应的作用量 S_1，验证 $S_1>S_0$.
3. 写出与本征值问题

$$\frac{\partial^2 u}{\partial x^2}+\frac{\partial^2 u}{\partial y^2}+\lambda u=0,$$

$$u\big|_{\Sigma}=0$$

   相当的泛函极值问题，并加以验证.
4. 用里兹方法求解本征值问题

$$y''+\lambda y=0,$$

$$y'(0)=0,\quad y(1)=0$$

   的最小本征值.

   （提示：设试探函数 $y(x)=(x^2-1)(c_0x^2+c_1)$.）
5. 求半径为 R，边界固定的圆形薄膜横振动的最小本征频率和相应的本征函数的近似解.

   （提示：设试探函数 $y(x)=c_1[1-(x/R)^2]+c_2[1-(x/R)^2]^2$）.

§ 13-4　泛函积分

现在来讨论泛函积分.它可以由多元函数的多重积分

$$\int f(x_1,\cdots,x_n)\,\mathrm{d}x_1\cdots\mathrm{d}x_n=\int f(x_1,\cdots,x_n)\prod_{i=1}^{n}\mathrm{d}x_i \tag{13-4-1}$$

通过极限过渡：变元数目趋于无穷，变元编号趋于连续[如式(13-2-3)]而得到.为了便于进行极限过渡，对多元函数中的变元编号做一个形式上的改写

$$i=1,\cdots,n\xrightarrow[t_i=i]{}t_i,\quad i=1,\cdots,n. \tag{13-4-2}$$

$$\int f(x_1,\cdots,x_n)\,\mathrm{d}x_1\cdots\mathrm{d}x_n=\int f(x_{t_1},\cdots,x_{t_n})\prod_{i=1}^{n}\mathrm{d}x_{t_i}. \tag{13-4-3}$$

取消 $t_i=i$ 的限制，进行极限过渡

$$n\to\infty,\quad \Delta t=t_{i+1}-t_i(i=0,\cdots,n-1)=\frac{t_b-t_a}{n}\to 0, \tag{13-4-4}$$

$$t_0 = t_a, \quad t_n = t_b. \tag{13-4-5}$$

得到

$$\int f(x_{t_1}, \cdots, x_{t_n}) \prod_{i=1}^{n} \mathrm{d}x_{t_i} \xrightarrow[n\to\infty, \Delta t\to 0]{} \int F[x(t)] \prod_t \mathrm{d}x(t). \tag{13-4-6}$$

这里要注意两点.其一是,极限过渡式(13-2-3)只要求:变元数目趋于无穷,变元编号趋于连续,而并不要求在变元编号趋于无穷的过程中始终保持所有的两相邻变元等间距,而在式(13-4-4)中则添加了这一要求.所以式(13-4-4)是式(13-2-3)的一个便于应用的特例.其二是,多重积分(13-4-1)、积分(13-4-3)是对各个变元一重一重地积分,即:完成一个变元积分后再对相邻的下一变元积分.而在进行极限过渡(13-4-4)以后,变元的编号变成连续,不存在"相邻"变元.因此,式(13-4-6)右边的积分具有和通常的(多重)积分不同的意义.它被定义为泛函积分,写为

$$\int F[x(t)] \mathscr{D}x(t), \tag{13-4-7}$$

并规定其中的 $x(t)$ 满足初始-终了条件

$$x(t_a) = x_a, \quad x(t_b) = x_b, \tag{13-4-8}$$

参看式(13-1-20),我们来讨论泛函积分的意义.

在 t-x 图上选定两点 a 和 b.由 a 到 b 的任意曲线称为一条"路径",参看图 13-4-1.它用满足初始-终了条件(13-4-8)的连续函数 $x(t)$ 描述.泛函积分(13-4-7)是对满足初始-终了条件(13-4-8)的一切连续函数 $x(t)$,即一切路径的 $F[x(t)]$ 求和,因而又称为路径积分.注意,按照这样的理解,路径积分(泛函积分)(13-4-7)不是像多重积分(13-4-1)那样,先固定编号 $t_i(i=1,2,\cdots)$,将 $f(x_{t_i})\mathrm{d}x_{t_i}$ 积分,然后再对下一个相邻的编号 t_{i+1} 同样处理;而是将所有编号 t_i 的 x_{t_i} 的整体看成一个函数 $x(t)$,计算 $F[x(t)]$,然后将满足初始-终了条件(13-4-8)的一切连续函数 $x(t)$ 的 $F[x(t)]$ 加起来.这样就不要求在一个编号 t_i 之后有一个"相邻的"编号,因而能和分离编号的变量过渡到连续编号的变量的过程相适应.

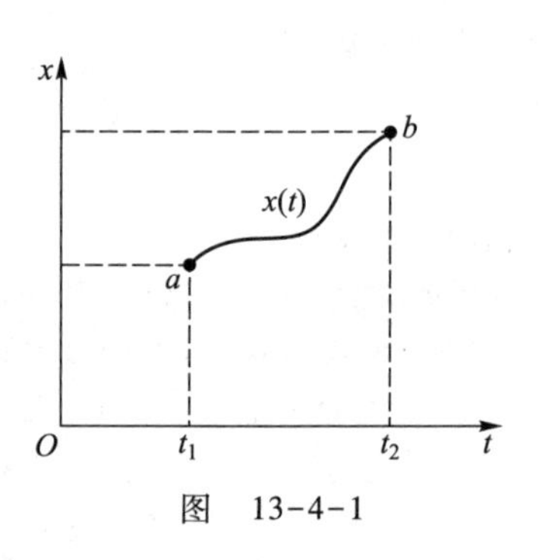

图　13-4-1

但是,在实际计算泛函积分(路径积分)时,仍然可以将它看成多元函数多重积分的极限来完成.即:先将连续编号 t"粗粒化",将 t 的区间 $[a,b]$ 等分为 n 份,得到 n 个分离的 t_i:

$$\Delta t_i = t_{i+1} - t_i = \frac{t_b - t_a}{n}, \quad i = 0,1,\cdots,n-1 \quad (t_0 = t_a, t_n = t_b), \tag{13-4-9}$$

计算相应的多元函数的多重积分,再进行极限过渡(13-4-4).

以量子力学中一维运动粒子的传播函数(13-1-19)为例:

$$K(x_b, t_b; x_a, t_a) = \int_a^b \mathrm{e}^{\frac{\mathrm{i}}{\hbar} S[x(t)]} \mathscr{D}x(t), \tag{13-4-10}$$

$$S[x(t)] = \int_{t_a}^{t_b} L(\dot{x}, x) \mathrm{d}t, \tag{13-4-11}$$

$$L(\dot{x},x)=\frac{\dot{x}^2}{2m}-U(x).\tag{13-4-12}$$

第一步,将连续编号 t“粗粒化”如式(13-4-9),见图 13-4-2 的纵轴.第二步,对每一个 t_i 取一个 x_i,将每两个点(t_i,x_i)和(t_{i+1},x_{i+1})用直线连起来.这样就得到一根从起点 a 到终点 b 的连续折线,如图 13-4-2.将 $t=t_i$ 横线上的每个点从 $x_i=-\infty$ 到 $x_i=\infty$ 跑遍,就得到 t_i 满足式(13-4-9)的,从 a 到 b 的一切可能的折线.它们都是连续函数,但是在转折点(t_i,x_i) $(i=1,\cdots,n-1)$处不可导,即不存在微分和微分导数.在极限过渡(13-4-4)以后,$t_i\to t$ 成为连续分布,相应的路径成为一种“处处连续,处处不可微”的函数.当然,作为极为特殊的情况,在这些函数中也包含有连续而且光滑(可微)的函数,如图 13-4-1 中的曲线.

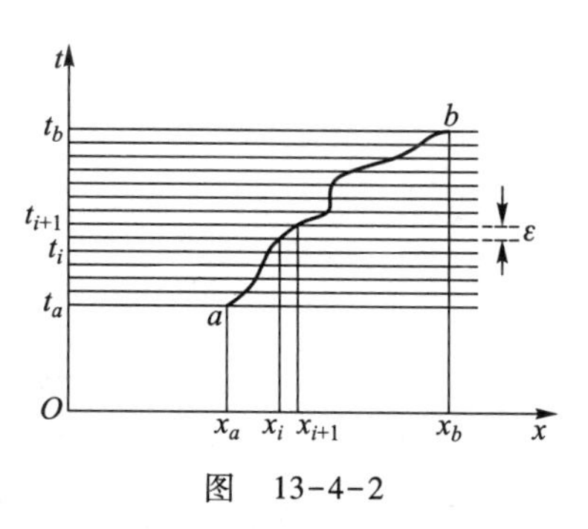

图 13-4-2

回过头来讨论泛函积分(13-4-10)的粗粒化.

粗粒化以后,式(13-4-10)中被积函数指数上对 t 的积分(这一积分是普通的函数积分)成为对 i 的求和,而对 $x(t)$ 的泛函积分则成为对 $x_i=x(t_i)$ 的多重积分,

$$K(b,a)=\lim_{n\to\infty,\varepsilon\to0}A\int \mathrm{e}^{\frac{\mathrm{i}}{\hbar}\sum\limits_{i=0}^{n-1}L(\dot{x}_i,x_i)\Delta t}\prod_{i=1}^{n-1}\mathrm{d}x_i,\tag{13-4-13}$$

其中 A 是归一化常数,其值以后定.注意到 $\Delta t=\varepsilon$ 是无穷小量,可以在 Δt 范围内令

$$x_i=\frac{x_{i+1}+x_i}{2},\quad \dot{x}_i=\frac{x_{i+1}-x_i}{\varepsilon}.\tag{13-4-14}$$

于是有

$$\begin{aligned}K(b,a)&=\int_a^b \mathrm{e}^{\frac{\mathrm{i}}{\hbar}\int L(\dot{x},x)\mathrm{d}t}\mathscr{D}x(t)\\&=\lim_{n\to\infty,\varepsilon\to0}A\int\cdots\int \mathrm{e}^{\frac{\mathrm{i}\varepsilon}{\hbar}\sum\limits_{j=0}^{n-1}L\left(\frac{x_{j+1}-x_j}{\varepsilon},\frac{x_{j+1}+x_j}{2}\right)}\prod_{j=1}^{n-1}\mathrm{d}x_j.\end{aligned}\tag{13-4-15}$$

例 1 求自由粒子的传播函数.

解 按式(13-1-13)、式(13-1-14),质量为 m 的自由粒子的拉格朗日函数是

$$L=\frac{m\dot{x}^2}{2},\tag{13-4-16}$$

作用量是

$$S[x(t)]=\int_{t_a}^{t_b}\frac{m\dot{x}^2}{2}\mathrm{d}t.\tag{13-4-17}$$

代入式(13-4-15)得

$$\begin{aligned}K(b,a)&=\int_a^b \mathrm{e}^{\frac{\mathrm{i}}{\hbar}\int L(\dot{x},x)\mathrm{d}t}\mathscr{D}x(t)\\&=\lim_{n\to\infty,\varepsilon\to0}A\int\cdots\int \mathrm{e}^{\frac{\mathrm{i}m}{2\hbar\varepsilon}\sum\limits_{j=0}^{n-1}(x_{j+1}-x_j)^2}\mathrm{d}x_1\cdots\mathrm{d}x_{n-1}.\end{aligned}\tag{13-4-18}$$

上述多重积分可以分步计算.首先利用积分公式[1]

$$\int e^{-\alpha x^2}dx=\sqrt{\frac{\pi}{\alpha}}\quad(\mathrm{Re}\,\alpha>0).\tag{13-4-19}$$

得到

$$\int\sqrt{\frac{m}{2\pi i\hbar\varepsilon}}e^{-\frac{m}{2i\hbar\varepsilon}(x_{j+1}-x_j)^2}\cdot\sqrt{\frac{m}{2\pi i\hbar j\varepsilon}}e^{-\frac{m}{2i\hbar j\varepsilon}(x_j-x_0)^2}dx_j$$
$$=\sqrt{\frac{m}{2\pi i\hbar(j+1)\varepsilon}}e^{-\frac{m}{2i\hbar(j+1)\varepsilon}(x_{j+1}-x_0)^2}.\tag{13-4-20}$$

选择归一化因子为

$$A=\sqrt{\frac{m}{2\pi i\hbar\varepsilon}}.\tag{13-4-21}$$

代入式(13-4-18),经过反复迭代积分,得到

$$K(b,a)=\int_a^b e^{\frac{i}{\hbar}\int L(\dot{x},x)dt}\mathscr{D}x(t)$$
$$=\lim_{n\to\infty,\varepsilon\to 0}\sqrt{\frac{m}{2\pi i\hbar(t_b-t_a)}}e^{\frac{im(x_b-x_a)^2}{2\hbar(t_b-t_a)}}.$$

由于在迭代积分过程中,所有的 n 和 ε 都已消去,最后结果中不含 n 和 ε,所以取极限 $n\to\infty,\varepsilon\to 0$ 结果不变.于是得到

$$自由粒子:K(b,a)=\sqrt{\frac{m}{2\pi i\hbar(t_b-t_a)}}e^{\frac{im(x_b-x_a)^2}{2\hbar(t_b-t_a)}}.\tag{13-4-22}$$

【解毕】

在§13-3 习题 2 中得到自由粒子沿经典路径运动的作用量为式(13-3-28):

$$S_{经典}=\frac{m(x_b-x_a)^2}{2(t_b-t_a)}.\tag{13-4-23}$$

因而以上用泛函积分(路径积分)计算得到的结果(13-4-22)可以写为

$$自由粒子:K(b,a)=\sqrt{\frac{m}{2\pi i\hbar(t_b-t_a)}}e^{\frac{i}{\hbar}S_{经典}}.\tag{13-4-24}$$

可以证明[2],对所有的高斯型路径积分,即势能只含 x 的一次方和二次方项的路径积分,传播函数正比于 $e^{\frac{i}{\hbar}S_{经典}}$ 都成立.自由粒子是它的一个特例.

---

① 当 $\mathrm{Re}\,\alpha=0$ 时可以先加上一个小实部 $\mathrm{Re}\,\alpha=\varepsilon$ 在完成积分以后再让 $\varepsilon\to 0$,因而式(13-4-19)仍然成立.

② R.P.Feynman, A.R.Hibbs. Quantum mechanics and path integral. McGraw-Hill Inc., 1965.

习 题 答 案

§1－1

1. （1）$2e^{i\frac{4\pi}{3}}$，　　$2\left(\cos\frac{4\pi}{3}+i\sin\frac{4\pi}{3}\right)$

（2）$-\frac{1}{2}+i\frac{\sqrt{3}}{2}$，$\cos\frac{2\pi}{3}+i\sin\frac{2\pi}{3}$，$e^{i\frac{2\pi}{3}}$

（3）$2e^{-i\frac{\pi}{3}}$，　　$2\left[\cos\left(-\frac{\pi}{3}\right)+i\sin\left(-\frac{\pi}{3}\right)\right]$

（4）$e^{i\pi}$，　　$\cos\pi+i\sin\pi$

（5）$e^{i\frac{3\pi}{2}}$，　　$\cos\frac{3\pi}{2}+i\sin\frac{3\pi}{2}$

（6）$\cos(R\sin\theta)+i\sin(R\sin\theta)$

2. （1）i　　（2）$2(-1+i)$

（3）$\pm\left(\frac{\sqrt{2}}{2}+i\frac{\sqrt{2}}{2}\right)$

（4）$\sqrt[8]{2}\left[\cos\left(\frac{\pi}{16}+\frac{k}{2}\pi\right)+i\sin\left(\frac{\pi}{16}+\frac{k}{2}\pi\right)\right]$　　$(k=0,1,2,3)$

（5）$\pm\frac{\sqrt{2}}{2}\left(\sqrt{\sqrt{a^2+b^2}+a}+i\sqrt{\sqrt{a^2+b^2}-a}\right)$，当 $b>0$

$\pm\frac{\sqrt{2}}{2}\left(\sqrt{\sqrt{a^2+b^2}+a}-i\sqrt{\sqrt{a^2+b^2}-a}\right)$，当 $b<0$

4. $\cos 4\theta=\cos^4\theta-6\cos^2\theta\sin^2\theta+\sin^4\theta$

$\sin 4\theta=4\cos\theta\sin\theta(\cos^2\theta-\sin^2\theta)$

§1－2

1. （1）以 $-i$ 为圆心，$\sqrt{5}$ 为半径的圆内及圆上

（2）用直线 $x=\frac{1}{2}$ 切去圆心在原点的单位圆的右半

（3）双曲线 $x^2-y^2=\frac{1}{2}$ 的外部

（4）$2\leqslant x<4$ 的带域

（5）以 $z=1$ 为顶点，顶角为$\frac{\pi}{4}$ 的劈形区域

（6）左半平面 $x<0$，但除去圆域$(x+1)^2+y^2=2$

2. （1）双曲线　　（2）椭圆

（3）双曲线　　（4）抛物线

3. $\sin(x+iy)=\sin x\cosh y+i\cos x\sinh y$

$\cos(x+iy)=\cos x\cosh y-i\sin x\sinh y$

6. (1) w平面的Ⅰ、Ⅱ、Ⅲ象限

(2) w平面的Ⅰ象限

§1-3

2. (1) 不解析 (2) 不解析

(3) 不解析 (4) 解析

5. (1) $(1-2i)z^3$ (2) $\frac{1}{2}-\frac{1}{z}$

(3) ze^z

§1-4

1. (1) $\frac{2}{3}(-1+i)$；$\frac{2}{3}(-1+i)$

(2) $i\pi$；$-i\pi$ (3) 0

§1-5

1. (1) 0 (2) 0

(3) 0 (4) $\frac{1}{5}\pi i$

§2-1

1. (1) $R=1$ (2) $R=\infty$

(3) $R=1$ (4) $R=e$

(5) $R=0$ (6) $R=\infty$

3. (1) $\frac{1}{az+b}=\sum_{n=0}^{\infty}\frac{1}{b}\left(-\frac{a}{b}\right)^n z^n$, $|z|<\left|\frac{b}{a}\right|$

(2) $\frac{1}{(1-z)^2}=\sum_{n=0}^{\infty}(n+1)z^n$, $|z|<1$

§2-2

1. $\sin z=\sum_{n=0}^{\infty}\frac{(-1)^n}{(2n+1)!}z^{2n+1}$；$\cos z=\sum_{n=0}^{\infty}\frac{(-1)^n}{(2n)!}z^{2n}$

$e^{iz}=\sum_{n=0}^{\infty}\frac{1}{n!}(iz)^n=\cos z+i\sin z$

2. (1) $\frac{1}{z}=\sum_{n=0}^{\infty}(-1)^n(z-1)^n$, $0<|z-1|<1$

(2) $\frac{z-1}{z+1}=\sum_{n=0}^{\infty}(-1)^n(z^{n+1}-z^n)$, $|z|<1$

$\frac{z-1}{z+1}=\sum_{n=0}^{\infty}(-1)^n\left(\frac{z-1}{2}\right)^{n+1}$, $0<|z-1|<2$

(3) $\sin^2 z=\frac{1}{2}\sum_{n=1}^{\infty}(-1)^{n-1}\frac{2^{2n}}{(2n)!}z^{2n}$, $|z|<\infty$

$\cos^2 z=1+\frac{1}{2}\sum_{n=1}^{\infty}(-1)^n\frac{2^{2n}}{(2n)!}z^{2n}$, $|z|<\infty$

(4) $e^{\frac{1}{1-z}}=e\left(1+z+\frac{3}{2!}z^2+\frac{13}{3!}z^3+\frac{73}{4!}z^4+\cdots\right)$, $|z|<1$

(5) $\tan z=z+\frac{1}{3}z^3+\frac{2}{15}z^5+\frac{17}{315}z^7+\cdots$, $|z|<\frac{\pi}{2}$

§2 - 3

1. $\dfrac{z}{(z-1)(z-3)}=\dfrac{1}{z-1}-\dfrac{3}{2(z-1)}\sum_{n=0}^{\infty}\left(\dfrac{z-1}{2}\right)^{n},\quad 0<|z-1|<2$

$\dfrac{z}{(z-1)(z-3)}=\dfrac{1}{z-3}+\dfrac{1}{2(z-3)}\sum_{n=0}^{\infty}(-1)^{n}\left(\dfrac{z-3}{2}\right)^{n},\quad 0<|z-3|<2$

2. $\dfrac{1}{z^2(z-1)}=\sum_{n=0}^{\infty}(-1)^{n}(n+1)(z-1)^{n-1},\quad 0<|z-1|<1$

3. $\sin\dfrac{z}{1-z}=-\sin 1\sum_{n=0}^{\infty}\dfrac{(-1)^{n}}{(2n)!}\left(\dfrac{1}{z-1}\right)^{2n}-\cos 1\sum_{n=0}^{\infty}\dfrac{(-1)^{n}}{(2n+1)!}\left(\dfrac{1}{z-1}\right)^{2n+1},$

$0<|z-1|<\infty$

4. $\dfrac{e^{z}}{z+2}=\sum_{n=-\infty}^{-1}\left(\sum_{m=0}^{\infty}\dfrac{(-2)^{m-n-1}}{m!}\right)z^{n}+\sum_{n=0}^{\infty}\left(\sum_{k=n+1}^{\infty}\dfrac{(-2)^{k-n-1}}{k!}\right)z^{n},\quad 2<|z|<\infty$

5. $\dfrac{z}{(z-1)(z-2)^2}=\sum_{n=0}^{\infty}\left[\left(\dfrac{1}{2}\right)^{n}\left(\dfrac{n}{2}+1\right)-1\right]z^{n},\ |z|<1$

$\dfrac{z}{(z-1)(z-2)^2}=\sum_{n=-\infty}^{-1}z^{n}+\sum_{n=0}^{\infty}\left[\left(\dfrac{1}{2}\right)^{n}\left(\dfrac{n+2}{2}\right)\right]z^{n},\quad 1<|z|<2$

$\dfrac{z}{(z-1)(z-2)^2}=\sum_{n=0}^{\infty}\left[(1-2^{n})\left(\dfrac{1}{z}\right)^{n+1}+2^{n+1}(n+1)\left(\dfrac{1}{z}\right)^{n+2}\right]$

$=\sum_{n=-\infty}^{-2}\left[1-\dfrac{n+2}{2^{n+1}}\right]z^{n},\quad |z|>2$

§3 - 1

1. (1) $z=0$ 是一阶极点，$z=\pm 2i$ 是二阶极点

(2) $z=2k\pi i$ 是一阶极点($k=0,\ \pm1,\ \pm2,\cdots$)

(3) $z=1$ 是本性奇点

(4) $z=n\pi$ 是一阶极点 ($n=0,\ \pm1,\ \pm2,\cdots$)

(5) $z=2n\pi i$ 是一阶极点($n=0,\ \pm1,\ \pm2,\cdots$)，$z=1$ 是本性奇点

2. (1) $m+n$ 阶极点

(2) 当 $m>n$ 时，为 $m-n$ 阶极点；当 $m<n$ 时，为 $n-m$ 阶零点；当 $m=n$ 时，为可去奇点

(3) 当 $m\neq n$ 时，为极点，其阶数为 m,n 中之大者；当 $m=n$ 时，可能为极点，其阶数 $\leqslant m$，也可能为可去奇点

3. (1) 本性奇点　(2) 解析

(3) 本性奇点　(4) 一阶零点

(5) n 阶极点

§3 - 3

2. $I=\dfrac{15}{64}\sqrt{\dfrac{\pi}{2}}.$

§3 - 5

1. (1) $z=a, z=b$　(2) $z=a, z=\infty$

(3) $z=a, z=b, z=\infty$　(4) $z=0, z=\infty$

2. $\sqrt{2\sin\varphi}\,e^{i\frac{3}{4}\pi}$　3. $i\sqrt{2}$

4. (1) $e^{-e(1+i\pi)}$　(2) $e^{-e(1-i\pi)}$

5. $w(3)=\ln 8+i\pi$　$w(3i)=\ln 10+2\pi i$

6. $w(0)=e^{i\frac{\pi}{2}}$;　$w(i)=\sqrt{2}e^{i\frac{\pi}{2}}$;

$w(-\mathrm{i})=\sqrt{2}\mathrm{e}^{\mathrm{i}\frac{\pi}{2}}$; $w(-2)=\sqrt{3}$

7. (1) $(1+z)^{\alpha}=\mathrm{e}^{\mathrm{i}2\pi\alpha}\left[1+\alpha z+\dfrac{\alpha(\alpha-1)}{2!}z^2+\cdots+\dfrac{\alpha(\alpha-1)\cdots(\alpha-n+1)}{n!}z^n+\cdots\right]$

(2) $\ln(1+z)=z-\dfrac{z^2}{2}+\dfrac{z^3}{3}-\cdots$

(3) $\dfrac{1}{\sqrt{z}-2}=\dfrac{4}{z-4}+\dfrac{1}{4}-\dfrac{z-4}{64}+\cdots,\quad 0<|z-4|<\infty$

$\dfrac{1}{\sqrt{z}-2}=-\dfrac{1}{4}+\dfrac{z-4}{64}-\dfrac{(z-4)^2}{512}+\cdots,\quad |z-4|<\infty$

§3-6

1. $w(z)=c_1\ln z+c_2$
2. 将 $|z|=1$ 的内部区域变到 w 平面的上半平面
3. $w(z)=\mathrm{e}^{\mathrm{i}\theta}\dfrac{z+24}{3z}$ 或 $w(z)=\mathrm{e}^{\mathrm{i}\theta}\dfrac{2z}{z+24}$,$\theta$ 为任一实数
4. (1) 沿正实轴割开的 w 平面,即 $0<\arg w<2\pi$

   (2) 沿正实轴割开的单位圆,即 $|w|<1,0<\arg w<2\pi$

   (3) 单位圆 $|w|<1$
5. $u(\rho,\varphi)=\dfrac{u_1+u_2}{2}+\dfrac{u_1-u_2}{\pi}\arctan\dfrac{2ay}{a^2-x^2-y^2}$
6. $u=\dfrac{1}{\ln 2}\ln\left|\dfrac{z+\frac{1}{4}}{z+4}\right|$

§4-1

1. (1) $\mathrm{Res}\,f(\pm\mathrm{i})=\dfrac{1}{2}$

   (2) $\mathrm{Res}\,f(0)=-1,\mathrm{Res}\,f(\pm1)=\dfrac{1}{2}$

   (3) $\mathrm{Res}\,f(n\pi)=1,n=0,\pm1,\pm2,\cdots$

   (4) $\mathrm{Res}\,f(2n\pi\mathrm{i})=-1,n=0,\pm1,\pm2,\cdots$

   (5) $\mathrm{Res}\,f(\pm\mathrm{i})=\mp\dfrac{\mathrm{i}}{4}$

   (6) $\mathrm{Res}\,f(\mathrm{i})=-\dfrac{\mathrm{i}}{2\mathrm{e}}$, $\mathrm{Res}\,f(-\mathrm{i})=\dfrac{\mathrm{ie}}{2}$

2. (1) 0　　(2) $-\dfrac{\pi\mathrm{i}}{2}$

   (3) $-4n\mathrm{i}$　　(4) $2\pi\mathrm{ie}$

§4-2

1. $\dfrac{2\pi}{\sqrt{a^2-1}}$　　2. $\dfrac{1+p^4}{1-p^2}\pi$

3. $\dfrac{\pi}{\sqrt{2}}$　　4. $\dfrac{\pi}{2\sqrt{2}}$

5. $\dfrac{1\cdot3\cdot5\cdot\cdots\cdot(2n-1)}{2\cdot4\cdot6\cdot\cdots\cdot2n}\cdot2\pi$　　6. $\dfrac{\pi}{4}$

7. $\dfrac{\sqrt{2}}{4a^3}\pi$

8. $\dfrac{(2n)!}{(n!)^2 2^{2n}}\pi$

9. $\dfrac{\pi}{12}$

10. $\dfrac{\pi}{n\sin\left(\dfrac{2m+1}{2n}\right)\pi}$

11. $\dfrac{\pi\sqrt{2}\,\mathrm{e}^{-\frac{\sqrt{2}}{2}}}{2}\left(\cos\dfrac{\sqrt{2}}{2}+\sin\dfrac{\sqrt{2}}{2}\right)$

12. $\dfrac{\pi}{24\mathrm{e}^3}(3\mathrm{e}^2-1)$

13. $\dfrac{\pi}{4a^3}\mathrm{e}^{-ma}(ma+1)$

14. $\dfrac{\pi}{2}\mathrm{e}^{-ma/\sqrt{2}}$

15. $(1-\mathrm{e}^{-ma})\dfrac{\pi}{2a^2}$

16. $\dfrac{\pi}{2}(\cos 1-1)$

17. $\pi(\cot\pi a-\cot\pi b)$

18. $\dfrac{\pi}{2\sin\dfrac{\alpha\pi}{2}}$

19. $\dfrac{\pi}{\sqrt{3}}$

§5－1

1. $u_{tt}-a^2u_{xx}=0, 0<x<l, t>0;$

$u\big|_{x=0}=0,\qquad u_x\big|_{x=l}=0;$

$u\big|_{t=0}=\dfrac{d}{l}x,\qquad u_t\big|_{t=0}=0$

2. $u_{tt}-a^2u_{xx}=0,\quad 0<x<l, t>0$

3. $u(x,t)\big|_{t=0}=0,$

$$u_t\big|_{t=0}=\begin{cases}\dfrac{I}{2\varepsilon\rho}, & |x-c|<\varepsilon\\ 0, & |x-c|>\varepsilon\end{cases}$$

4. $u_x\big|_{x=0}=\dfrac{F_0}{YS},\quad u_x\big|_{x=l}=\dfrac{F_0}{YS}$

5. $u_{tt}-a^2u_{xx}+\dfrac{h}{\rho}u_t=0$

§5－2

1. $u\big|_{t=0}=\dfrac{x(l-x)}{2};\dfrac{\partial u}{\partial x}\Big|_{x=0}=-\dfrac{q_1}{k},\dfrac{\partial u}{\partial x}\Big|_{x=l}=\dfrac{q_2}{k}$

3. $$\left[k\frac{\partial u}{\partial\rho}+Hu\right]_{\rho=R}=\begin{cases}q\sin\varphi, & 0\leqslant\varphi\leqslant\pi\\ 0, & \pi<\varphi\leqslant 2\pi\end{cases}$$

4. $u_t-\dfrac{k}{c\rho}u_{xx}=\dfrac{j^2\sigma}{c\rho}$

§5－4

1. $u(x,t)=\varphi(x-at)$,只朝一个方向传播

2. $$u(x,t)=\begin{cases}\dfrac{1}{2}[\varphi(x+at)+\varphi(x-at)]+\dfrac{1}{2a}\displaystyle\int_{x-at}^{x+at}\psi(\xi)\mathrm{d}\xi, & t\leqslant\dfrac{x}{a};\\ \dfrac{1}{2}[\varphi(x+at)+\varphi(at-x)]+\dfrac{1}{2a}\left[\displaystyle\int_0^{x+at}\psi(\xi)\mathrm{d}\xi+\int_0^{at-x}\psi(\xi)\mathrm{d}\xi\right], & t>\dfrac{x}{a}\end{cases}$$

3. $u(x,t) = \frac{1}{x}[f_1(x+at)+f_2(x-at)]$

4. $u(x,t) = \begin{cases} 0, & t \leqslant \frac{x}{a}; \\ \frac{Aa}{YS\omega}\cos\omega\left(t-\frac{x}{a}\right), & t > \frac{x}{a} \end{cases}$

5. $u = \frac{y}{f(x^2-y^2)}$,式中$f(u)$为可导函数

§6－1

1. (1) $\lambda_n = \left(\frac{2n+1}{2l}\pi\right)^2, \quad n=0,1,2,\cdots; X_n(x) = \sin\frac{2n+1}{2l}\pi x$

(2) $\lambda_n = \left(\frac{n\pi}{l}\right)^2, \quad n=0,1,2,\cdots; X_n(x) = \cos\frac{n\pi}{l}x$

(3) $\lambda_n = \left(\frac{n\pi}{b-a}\right)^2, \quad n=1,2,3,\cdots; X_n(x) = \sin\frac{n\pi}{b-a}(x-a)$

(4) $\lambda_n = \left(\frac{x_n}{l}\right)^2, \quad n=1,2,3,\cdots; X_n(x) = \sin\frac{x_n}{l}x$, x_n 是超越方程 $\tan\sqrt{\lambda}\,l = -\frac{\sqrt{\lambda}}{l}$ 的根

2. $u_n(x,t) = \left(A_n\cos\frac{2n+1}{2l}\pi at + B_n\sin\frac{2n+1}{2l}\pi at\right)\sin\frac{2n+1}{2l}\pi x$,

单簧管所发出的声音只有奇次谐波而没有偶次谐波,从而构成它特有的音色

3. $u(x,t) = \frac{16h}{\pi^3}\sum_{n=1}^{\infty}\frac{[1-(-1)^n]}{n^3}\cos\frac{n\pi}{l}at\sin\frac{n\pi}{l}x$

4. $u(x,t) = \frac{2hn_0^2}{(n_0-1)\pi^2}\sum_{n=1}^{\infty}\frac{1}{n^2}\sin\frac{n\pi}{n_0}\cos\frac{n\pi}{l}at\sin\frac{n\pi}{l}x$

5. $u(x,t) = \frac{2I}{a\pi\rho}\sum_{n=1}^{\infty}\frac{1}{n}\sin\frac{n\pi}{l}x_0\sin\frac{n\pi}{l}at\sin\frac{n\pi}{l}x$

6. $u(x,t) = \frac{8F_0l}{YS\pi^2}\sum_{n=0}^{\infty}\frac{(-1)^n}{(2n+1)^2}\cos\frac{2n+1}{2l}\pi at\sin\frac{2n+1}{2l}x$

7. $u(x,t) = \frac{8\varepsilon l}{\pi^2}\sum_{n=0}^{\infty}\frac{1}{(2n+1)^2}\cos\frac{2n+1}{l}\pi at\cos\frac{2n+1}{l}\pi x$

8. $u(x,t) = \frac{8v_0l}{\pi^2a}\sum_{n=0}^{\infty}\frac{1}{(2n+1)^2}\sin\frac{2n+1}{2l}\pi at\sin\frac{2n+1}{2l}\pi x$

9. $\nu_{nm} = \frac{v}{2a}\sqrt{n^2+m^2}, \quad n,m=1,2,3,\cdots$

10. $u(x,t) = \frac{4l^2}{\pi^3}\sum_{n=1}^{\infty}\frac{[1-(-1)^n]}{n^3}e^{\frac{n^2\pi^2a^2t}{l^2}}\sin\frac{n\pi}{l}x$

11. $u(x,t) = \frac{l}{2} - \frac{4l}{\pi^2}\sum_{n=0}^{\infty}\frac{1}{(2n+1)^2}e^{-\left[(2n+1)\frac{\pi a}{l}\right]^2t}\cos\frac{2n+1}{l}\pi x$

12. $u(x,t) = \frac{4u_0}{\pi}\sum_{n=0}^{\infty}\frac{1}{(2n+1)}e^{-\left[\frac{(2n+1)\pi a}{2l}\right]^2t}\sin\frac{2n+1}{2l}\pi x$

§6－2

2. $u(x,y) = \frac{Abx}{2a} + \sum_{n=1}^{\infty}\frac{2Ab[(-1)^n-1]}{(n\pi)^2\sinh\frac{n\pi}{b}a}\sinh\frac{n\pi}{b}x\cos\frac{n\pi}{b}y$

3. $u(\rho,\theta)=\dfrac{V_0}{2}+\sum\limits_{n=1}^{\infty}\dfrac{V_0}{n\pi}\left(\dfrac{\rho}{R}\right)^n[1-(-1)^n]\sin n\theta,\quad \rho<R$

4. $u(\rho)=\dfrac{\ln\dfrac{\rho}{r_1}}{\ln\dfrac{r_2}{r_1}}$

5. $u(\rho,\varphi)=\sum\limits_{n=1}^{\infty}\dfrac{4T[1-(-1)^n]}{n^3\pi}\left(\dfrac{\rho}{a}\right)^n\sin n\varphi$

6. $u(\rho,\varphi)=\dfrac{a_0}{2}+\sum\limits_{n=1}^{\infty}\rho^n(a_n\cos n\varphi+b_n\sin n\varphi)$

$a_n=\dfrac{1}{R^n\pi}\int_0^{2\pi}f(\varphi)\cos n\varphi\mathrm{d}\varphi,\quad n=0,1,2,\cdots$

$b_n=\dfrac{1}{R^n\pi}\int_0^{2\pi}f(\varphi)\sin n\varphi\mathrm{d}\varphi,\quad n=1,2,\cdots$

§6-3

1. $u(x,t)=W(x,t)+\dfrac{2T_0}{\pi}\sum\limits_{n=1}^{\infty}\dfrac{[1-(-1)^n]}{n}\mathrm{e}^{-\left(\frac{n\pi a}{l}\right)^2t}\sin\dfrac{n\pi}{l}x$

$W(x,t)=\dfrac{A}{(\alpha a)^2}(1-\mathrm{e}^{-\alpha x})+\dfrac{Ax}{(\alpha a)^2l}(\mathrm{e}^{-\alpha l}-1)$

2. $u(x,y)=x(a-x)-\dfrac{8a^2}{\pi^3}\sum\limits_{n=0}^{\infty}\dfrac{\cosh[(2n+1)\pi y/a]\sin[(2n+1)\pi x/a]}{(2n+1)^3\cosh[(2n+1)\pi b/2a]}$

3. $u(\rho,\varphi)=\dfrac{1}{24}\rho^2(a^2-\rho^2)\sin 2\varphi,$

4. $u(x,t)=\dfrac{Al}{\pi a}\cdot\dfrac{1}{\omega^2-\left(\dfrac{\pi a}{l}\right)^2}\left[\omega\sin\dfrac{a\pi}{l}t-\dfrac{\pi a}{l}\sin\omega t\right]\cos\dfrac{\pi}{l}x$

5. $u(x,t)=\dfrac{4l^2r}{c\rho\pi}\sum\limits_{n=0}^{\infty}\dfrac{\sin\dfrac{2n+1}{l}\pi x}{(2n+1)\left[\dfrac{(2n+1)^2\pi^2a^2}{l^2}+\dfrac{h}{c\rho}\right]}\times\left\{1-\mathrm{e}^{-\left[\frac{(2n-1)^2\pi^2a^2}{l^2}+\frac{h}{c\rho}\right]t}\right\}$

6. $u(\rho,\varphi)=-\dfrac{1}{a^4+b^4}[(a^6+2b^6)\rho^2+a^4b^4(a^2-2b^2)\rho^{-2}-(a^4+b^4)\rho^4]\cos 2\varphi$

7. $u(x,t)=10(x+1)+\dfrac{60}{\pi}\sum\limits_{n=1}^{\infty}\dfrac{1}{2n}\mathrm{e}^{-\frac{2}{9}(2n\pi)^2t}\sin\dfrac{2n\pi}{3}x$

8. $u(x,y)=u_0+\dfrac{4(u_1-u_0)}{\pi}\sum\limits_{n=0}^{\infty}\dfrac{\sin\dfrac{2n+1}{a}\pi x}{(2n+1)}\cdot\dfrac{\sinh\dfrac{2n+1}{a}\pi y}{\sinh\dfrac{2n+1}{a}\pi b}$

9. $u(x,t)=u_1+\dfrac{4(u_0-u_1)}{\pi}\sum\limits_{n=0}^{\infty}\dfrac{1}{2n+1}\mathrm{e}^{-\frac{(2n+1)^2}{2l}a^2\pi^2t}\sin\dfrac{2n+1}{2l}\pi x$

10. $u(x,t)=\left(\dfrac{1}{5}+\dfrac{l}{10}\right)x-\dfrac{x^2}{10}+\sum\limits_{n=1}^{\infty}\left\{\dfrac{(-1)^n2l}{5n\pi}-\dfrac{[1-(-1)^n]2l^2}{5n^3\pi^3}\right\}\cos\dfrac{n\pi}{l}at\sin\dfrac{n\pi}{l}x$

§6－4

1. $N_n^2 = 2\pi$

2. 本征值 λ_n 由方程 $\tan\sqrt{\lambda}\, l = -h\sqrt{\lambda}$ 决定.

$$u(x,t) = \sum_{n=1}^{\infty} c_n e^{-a^2\lambda_n t}\sin\sqrt{\lambda_n}\, x$$

$$c_n = \frac{\int_0^l \varphi(x)\sin\sqrt{\lambda_n}\, x\mathrm{d}x}{\dfrac{l}{2} - \dfrac{1}{4\sqrt{\lambda_n}}\sin 2\sqrt{\lambda_n}\, l}$$

§7－2

1. $w_1(z) = 1 + \dfrac{-\lambda}{2!}z^2 + \dfrac{-\lambda(4-\lambda)}{4!}z^4 + \cdots + \dfrac{-\lambda(4-\lambda)\cdots(4n-4-\lambda)}{(2n)!}z^{2n} + \cdots$

$$w_2(z) = z + \frac{2-\lambda}{3!}z^3 + \frac{(2-\lambda)(6-\lambda)}{5!}z^5 + \cdots + \frac{(2-\lambda)(6-\lambda)\cdots(4n-2-\lambda)}{(2n+1)!}z^{2n+1} + \cdots$$

2. $w(z) = 1 + \displaystyle\sum_{k=1}^{\infty} \frac{1}{2\cdot 3\cdot 5\cdot 6\cdot \cdots \cdot (3k-1)3k}z^{3k}$

3. $w_1(z) = 1 + \displaystyle\sum_{n=1}^{\infty} \frac{(-1)^n}{(2n)!}\lambda(\lambda-2)\cdots(\lambda-2n+2)\times\lambda(\lambda+2)\cdots(\lambda+2n-2)z^{2n}$

$$w_2(z) = z + \sum_{n=1}^{\infty} \frac{(-1)^n}{(2n+1)!}(\lambda-1)(\lambda-3)\cdots(\lambda-2n+1)\times(\lambda+1)(\lambda+3)\cdots(\lambda+2n-1)z^{2n+1}$$

§7－3

1. (1) $z=0$ 是正则奇点,

$$w_1(z) = \sum_{n=0}^{\infty} \frac{(-\lambda)(1-\lambda)\cdots(n-1-\lambda)}{(n!)^2}z^n$$

(2) $z=0$ 是正则奇点, $w_1(z) = 1 + \dfrac{\alpha}{\gamma}z + \dfrac{\alpha(\alpha+1)}{2!\ \gamma(\gamma+1)}z^2 + \dfrac{\alpha(\alpha+1)(\alpha+2)}{3!\ \gamma(\gamma+1)(\gamma+2)}z^3 + \cdots$

$$\equiv F(\alpha,\gamma,z)$$

$$w_2(z) = z^{1-\gamma}F(\alpha+1-\gamma, 2-\gamma, z)$$

(3) $z=0$ 是正则奇点,

$$I_{\pm m}(z) = \sum_{n=0}^{\infty} \frac{1}{n!\ \Gamma(\pm m+n+1)}\left(\frac{z}{2}\right)^{2n\pm m}$$

(4) $z=0$ 为常点

$$w_1(z) = \sum_{n=0}^{\infty} \frac{(2n-3)(2n-5)\cdots(-1)\cdot 6\cdot 8\cdots(2n+4)}{(2n)!}z^{2n}$$

$$w_2(z) = z$$

2. $w(z) = 1 + \displaystyle\sum_{n=1}^{\infty} \frac{\Gamma(l+n+1)}{\Gamma(l-n+1)}\frac{1}{(n!)^2}\left(\frac{z-1}{2}\right)^n$

3. 提示:设 $w = z^v u$,其中 $v = \dfrac{1-\alpha}{2}$

当 $v \neq n$ (整数) 时, $w(z) = z^{\frac{1-\alpha}{2}}[A\mathrm{J}_v(\sqrt{\lambda}z) + B\mathrm{J}_{-v}(\sqrt{\lambda}z)]$

当 $|v| = n$ 时，$w(z) = z^{\frac{1-\alpha}{2}}[AJ_n(\sqrt{\lambda}z) + BN_n(\sqrt{\lambda}z)]$

§8－1

4. $f(x) = \frac{3}{2}P_1(x) - \frac{7}{8}P_3(x) + \frac{11}{16}P_5(x) + \cdots, \quad -1 < x < 1$

5. $u_{内}(r,\theta) = \frac{1}{3} + \left(\cos^2\theta - \frac{1}{3}\right)r^2$

$u_{外}(r,\theta) = \frac{1}{3}\left[\frac{1}{r} + \frac{1}{r^3}(3\cos^2\theta - 1)\right]$

6. $u(r,\theta) = \frac{V_0}{2} + \sum_{n=0}^{\infty}(-1)^n \frac{V_0(4n+3)(2n)!}{2^{2n+2}(n+1)!\ n!}\left(\frac{r}{a}\right)^{2n+1} P_{2n+1}(\cos\theta)$

7. $u(r,\theta) = u_0\sum_{n=0}^{\infty}(-1)^n \frac{(4n+3)(2n)!}{2^{2n+1}(n+1)!\ (n!)^2}\left(\frac{r}{a}\right)^{2n+1} P_{2n+1}(\cos\theta)$

8. $u(r,\theta) = -E_0 r\cos\theta + E_0 a^3\frac{\cos\theta}{r^2}$

9. $u(x,t) = \sum_{n=1}^{\infty}[A_n\cos\omega\sqrt{n(2n-1)}t + B_n\sin\omega\sqrt{n(2n-1)}t]P_{2n-1}\left(\frac{x}{l}\right)$

$A_n = \frac{4n-1}{l}\int_0^l \varphi(x)P_{2n-1}\left(\frac{x}{l}\right)dx$

$B_n = \frac{4n-1}{\omega l\sqrt{n(2n-1)}}\int_0^l \psi(x)P_{2n-1}\left(\frac{x}{l}\right)dx$

§8－2

2. $u(r,\theta,\varphi) = \frac{r}{a}\sin\theta\cos\varphi$

3. $u(r,\theta,\varphi) = \frac{1}{6}A(r^2 - a^2) + \frac{1}{14}Br^2(r^2 - a^2)\sin 2\theta\cos\varphi$

§8－3

1. $f(\theta,\varphi) = \sum_{l=0}^{\infty}\sum_{m=-l}^{l} a_l^m Y_{lm}(\theta,\varphi)$

$a_l^m = \int_0^{2\pi}\int_0^{\pi} f(\theta,\varphi)Y_{lm}^*(\theta,\varphi)\sin\theta d\theta d\varphi$

2. $f(\theta,\varphi) = -\frac{2}{3} - \frac{1}{3}P_2(\cos\theta) + \frac{1}{6}P_2^2(\cos\theta)\cos 2\varphi$

$= -\frac{4\sqrt{\pi}}{3}Y_{00} - \frac{2}{3}\sqrt{\frac{\pi}{5}}Y_{20}(\theta,\varphi) + \sqrt{\frac{2\pi}{15}}[Y_{22}(\theta,\varphi) + Y_{2-2}(\theta,\varphi)]$

3. $u(r,\theta,\varphi) = A_{00} + \sum_{l=0}^{\infty}\sum_{m=-l}^{l} B_{lm}r^{-l-1}Y_{lm}(\theta,\varphi)$ A_{00} 为任意常数，

$B_{lm} = -\frac{a^{l+2}}{l+1}\int_0^{2\pi}\int_0^{\pi} f(\theta,\varphi)Y_{lm}^*\sin\theta d\theta d\varphi$

4. $\cos\theta = \cos\theta'\cos\theta'' + \sin\theta'\sin\theta''\cos(\varphi' + \varphi'')$

§9－1

4. (1) $x^2(8 - x^2)J_0(x) + 4x(x^2 - 4)J_1(x) + C$

(2) $J_0(x) - 4x^{-1}J_1(x) + C$

(3) $x[J_0(x)\cos x + J_1(x)\sin x] + C$

§9－2

1. $1 = \sum_{n=1}^{\infty} \frac{2}{\mu_n^{(0)} J_1(\mu_n^{(0)})} J_0(\mu_n^{(0)} x)$

2. $(N_n^m)^2 = \frac{b^2}{2}\left[1 - \left(\frac{m}{\mu_n^{(m)}}\right)^2\right] J_m^2(\mu_n^{(m)})$

3. $u(\rho,t) = \sum_{n=1}^{\infty} \frac{8}{(\mu_n^{(0)})^3 J_1(\mu_n^{(0)})} J_0(\mu_n^{(0)}\rho) e^{-[a\mu_n^{(0)}]^2 t}$

4. $u(\rho,t) = \sum_{n=1}^{\infty} A_n \cos\frac{\mu_n^{(0)}}{b} at J_0\left(\frac{\mu_n^{(0)}}{b}\rho\right)$

$A_n = \frac{2}{b^2 J_1^2(\mu_n^{(0)})}\int_0^b f(\rho) J_0\left(\frac{\mu_n^{(0)}}{b}\rho\right)\rho d\rho$

5. $u(\rho,z) = \sum_{n=1}^{\infty} B_n \sinh\frac{\mu_n^{(0)}}{b} z J_0\left(\frac{\mu_n^{(0)}}{b}\rho\right)$

$B_n = \frac{2}{b^2 \sinh\frac{\mu_n^{(0)}}{b} h J_1^2(\mu_n^{(0)})}\int_0^b f(\rho) J_0\left(\frac{\mu_n^{(0)}}{b}\rho\right)\rho d\rho$

6. 本征角频率 $\omega_n = ck_n$，k_n 是方程 $J_0(ka)N_1(kb) - J_1(kb)N_0(ka) = 0$ 的根.

7. $u(\rho,z) = \frac{q_0}{k}z - \frac{q_0 H}{2k} + \frac{2Hq_0}{k\pi^2}\sum_{n=1}^{\infty}\frac{[1-(-1)^n]}{n^2}\cos\frac{n\pi z}{H}\frac{I_0\left(\frac{n\pi}{H}\rho\right)}{I_0\left(\frac{n\pi}{H}R\right)}$

§9－3

3. $u(r,t) = \frac{2}{r_0 r}\sum_{n=1}^{\infty} e^{-\left(\frac{n\pi a}{r_0}\right)^2 t}\sin\frac{n\pi}{r_0}r\int_0^{r_0}\rho f(\rho)\sin\frac{n\pi}{r_0}\rho d\rho$

4. $u(r,t) = u_1 + \frac{2(u_1 - u_0)r_0}{\pi r}\times\sum_{n=1}^{\infty}\frac{(-1)^n}{n}e^{-\left(\frac{n\pi a}{r_0}\right)^2 t}\sin\frac{n\pi}{r_0}r$

5. $u(r,\theta,t) = \frac{2}{r_0^3}\sum_{n=1}^{\infty}\frac{j_1(k_n r)}{[j_0(k_n r_0)]^2}P_1(\cos\theta)\times e^{-a^2k_n^2 t}\int_0^{r_0}\rho^2 f(\rho) j_1(k_n\rho)d\rho$

其中，k_n 是 $krj_1'(kr) + hj_1(kr) = 0$ 的第 k 个根

§10－1

1. $F(\omega) = \frac{\sin(2\pi\nu_0 + \omega)T}{2\pi\nu_0 + \omega} + \frac{\sin(2\pi\nu_0 - \omega)T}{2\pi\nu_0 - \omega}$

2. $F(\omega) = \frac{1}{\alpha + i\omega}$

3. $F(\omega) = \frac{2\pi\nu_0}{(2\pi\nu_0)^2 + (\alpha + i\omega)^2}$

6. $y(x) = \frac{a(b-a)}{\pi b[x^2 + (b-a)^2]}$

7. $u(x,y) = \int_{-\infty}^{\infty}\varphi(\xi)\frac{y d\xi}{\pi[(x-\xi)^2 + y^2]}$

§10－2

1. $y(t) = \frac{5}{2} - t - 4e^{-t} + \frac{3}{2}e^{-2t}$

$y(t)=\cos 2t+2\sin 2t$

2. $i(t)=\dfrac{\mathscr{E}_0}{R^2+\omega^2L^2}\left[\omega L\mathrm{e}^{-\frac{R}{L}t}+R\sin\omega t-\omega L\cos\omega t\right]$

3. $i(t)=\dfrac{U}{\omega L}\mathrm{e}^{-\lambda t}\sin\omega t,\quad \lambda=\dfrac{R}{2L}$

4. $i(t)=\begin{cases}0, & \text{当 } t<0\\ \dfrac{A}{R}\left(1-\mathrm{e}^{-\frac{R}{L}t}\right), & \text{当 } 0<t<t_0\\ \dfrac{A}{R}\mathrm{e}^{-\frac{R}{L}t}\left(\mathrm{e}^{\frac{R}{L}t_0}-1\right), & \text{当 } t>t_0\end{cases}$

7. $u(x,t)=bt-b\left(t-\dfrac{x}{a}\right)\mathrm{H}\left(t-\dfrac{x}{a}\right)$

8. $u(x,t)=\dfrac{1}{2a}\displaystyle\int_{-\infty}^{\infty}\dfrac{\varphi(\zeta)}{\sqrt{\pi t}}\mathrm{e}^{-\frac{(x-\zeta)^2}{4a^2(t-\tau)}}\mathrm{d}\zeta+\dfrac{1}{2a}\int_{-\infty}^{\infty}\int_0^t\dfrac{f(\zeta,\tau)}{\sqrt{\pi(t-\tau)}\,\mathrm{e}^{-(x-\xi)^2/[4a^2(t-\tau)]}}$

9. $u(x,t)=6\mathrm{e}^{-\frac{\pi^2t}{4}}\sin\dfrac{\pi}{2}x+3\mathrm{e}^{-\pi^2t}\sin\pi x$

10. $u(x,t)=b\mathrm{e}^{-ht}\left[1-\operatorname{erfc}\dfrac{x}{2a\sqrt{t}}\right]$

其中 $\operatorname{erfc} y=\dfrac{2}{\sqrt{\pi}}\displaystyle\int_y^{\infty}\mathrm{e}^{-\tau^2}\mathrm{d}\tau$

§11－1

1. (1) 1

(2) cosh 1

(3) $-2\sqrt{\pi}$

4. (1) $\displaystyle\sum_{n=1}^{\infty}\dfrac{2}{l}\sin\dfrac{n\pi}{l}x\sin\dfrac{n\pi}{l}x'=\delta(x-x')$

(2) $\displaystyle\sum_{l=0}^{\infty}\dfrac{2l+1}{2}\mathrm{P}_l(x)\mathrm{P}_l(x')=\delta(x-x')$

§11－2

2. $u=\dfrac{Q}{4\pi\varepsilon_0}\left[\dfrac{1}{\sqrt{(x-d)^2+y^2+z^2}}-\dfrac{1}{\sqrt{(x+d)^2+y^2+z^2}}\right]$

4. $u(\rho,\theta)=\dfrac{1}{2\pi}\displaystyle\int_0^{2\pi}f(\theta_0)\dfrac{\rho_0^2-\rho^2}{\rho^2+\rho_0^2-2\rho\rho_0\cos(\theta-\theta_0)}\mathrm{d}\theta_0$

§11－3

1. $u(x,t)=\dfrac{m}{a\sqrt{\pi t}}\mathrm{e}^{-\frac{x^2}{4a^2t}}$

2. $G(x,\zeta;t,\tau)=\dfrac{2}{l}\displaystyle\sum_{n=0}^{\infty}\dfrac{1}{\varepsilon_{n_0}}\mathrm{e}^{-\left(\frac{n\pi a}{l}\right)^2(t-\tau)}\cos\dfrac{n\pi}{l}x\cos\dfrac{n\pi}{l}\zeta$

其中 $\varepsilon_{n0}=\begin{cases}2, & n=0\\ 1, & n\neq 0\end{cases}$

3. $u(x,t)=\dfrac{A}{\omega}(1-\cos\omega t)$

§ 11 - 4

2. $u(x,t)=\int_0^l\int_0^t f(\xi,\tau)G(x,\xi;t,\tau)\mathrm{d}\xi\mathrm{d}\tau$

$$G(x,\xi;t,\tau)=\frac{2}{\pi a}\sum_{n=1}^{\infty}\frac{1}{n}\sin\frac{n\pi}{l}\xi\sin\frac{n\pi}{l}x\sin\frac{n\pi}{l}a(t-\tau)$$

§ 11 - 5

1. $u(x,t)=\frac{2}{l}\sum_{n=1}^{\infty}\int_0^t\int_0^l f(\xi,\tau)\sin\frac{n\pi}{l}\xi\sin\frac{n\pi}{l}x\mathrm{e}^{-\left(\frac{n\pi a}{l}\right)^2(t-\tau)}\mathrm{d}\tau\mathrm{d}\xi$

2. $u(x,t)=\frac{A}{\omega}(1-\cos\omega t)$

§ 13 - 3

3. $J[u]=\iint[u_x^2+u_y^2-\lambda u^2]\mathrm{d}x\mathrm{d}y$

4. $\lambda=2.467\ 44$,精确值为$\frac{\pi^2}{4}=2.467\ 40$

5. $\lambda=\frac{5.784\ 1}{R^2}$,精确值为 $\lambda=\frac{5.783\ 1}{R^2}$

读者意见反馈

为收集对教材的意见建议,进一步完善教材编写并做好服务工作,读者可将对本教材的意见建议通过如下渠道反馈至我社。

咨询电话　400-810-0598

反馈邮箱　hepsci@ pub.hep.cn

通信地址　北京市朝阳区惠新东街 4 号富盛大厦 1 座

高等教育出版社理科事业部

邮政编码　100029